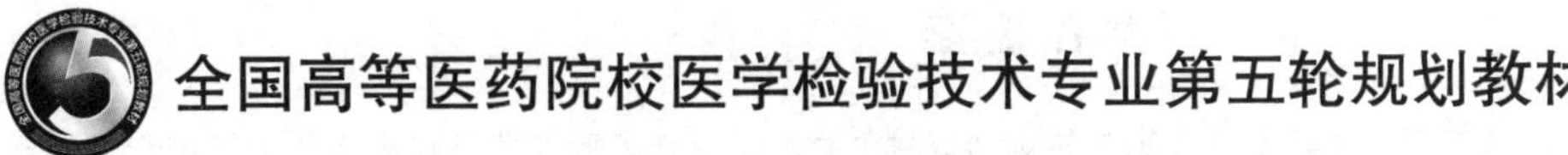

全国高等医药院校医学检验技术专业第五轮规划教材

临床检验仪器

第4版

（供医学检验技术专业用）

主　　编　谢国明　邱　玲

副 主 编　胡嘉波　黄宪章　罗　阳　刘明伟　刘湘帆

编　　者　（以姓氏笔画为序）

马　良（长治医学院）

田　刚（西南医科大学）

冯阳春（新疆医科大学）

刘　聪（河南中医药大学）

刘湘帆（上海交通大学医学院）

邱　玲（北京协和医学院）

邹迎曙（北京市医疗器械检验研究院）

陈明凯（济宁医学院）

金　丹（湖北中医药大学）

赵卫东（大理大学医学部）

夏良裕（北京协和医学院）

黄宪章（广州中医药大学）

程　江（石河子大学医学院）

王冬梅（皖南医学院）

丛　辉（南通大学公共卫生学院）

刘　文（川北医学院）

刘明伟（重庆医科大学）

肖育劲（华中科技大学生命科学与技术学院）

佘钿田（天津医科大学）

张丽丽（遵义医科大学）

罗　阳（昆明医科大学）

孟祥英（山东第二医科大学）

胡嘉波（江苏大学医学院）

黄　健（贵州医科大学）

彭南求（上海健康医学院）

谢国明（重庆医科大学）

编写秘书　夏良裕（北京协和医学院）

中国健康传媒集团
中国医药科技出版社

内容提要

本教材是“全国高等医药院校医学检验技术专业第五轮规划教材”之一。临床检验仪器是临床诊断和健康管理的重要工具，也是医学检验与医疗大数据建立的基石。全书共二十七章，重点讲解了仪器的分类、结构与原理、操作与维护保养以及临床应用。本教材详尽阐述了临床血液与体液、临床输血、临床生化、临床免疫、临床微生物、临床分子生物学等亚专业相关仪器；新增了血型分析仪、血栓弹力图分析仪、粪便分析仪、阴道分泌物与精液分析仪等知识，以及前沿技术、仪器创新、研发与监管等内容。本教材为“书网融合”教材，即纸质教材有机融合电子教材、教学配套资源（PPT、微课/视频等）、题库系统、数字化教学服务（在线教学、在线作业、在线考试）等，使教学资源更加立体化、多样化、使师生便教易学。

本教材不仅适合高等医药院校医学检验技术专业的师生使用，也适合相关专业的本科生和研究生选用。同时，也是检验仪器工程师、临床检验技术人员日常工作、继续教育和职称考试的重要参考书。

图书在版编目（CIP）数据

临床检验仪器 / 谢国明，邱玲主编. -- 4 版. 北京 ：中国医药科技出版社，2024. 8. --（全国高等医药院校医学检验技术专业第五轮规划教材）. -- ISBN 978-7-5214-4848-1

Ⅰ. TH776

中国国家版本馆 CIP 数据核字第 2024UX1936 号

美术编辑 陈君杞
版式设计 友全图文

出版 **中国健康传媒集团** | 中国医药科技出版社
地址 北京市海淀区文慧园北路甲 22 号
邮编 100082
电话 发行：010－62227427　邮购：010－62236938
网址 www. cmstp. com
规格 889mm×1194mm $^{1}/_{16}$
印张 22 $^{1}/_{4}$
字数 624 千字
初版 2010 年 2 月第 1 版
版次 2025 年 1 月第 4 版
印次 2025 年 1 月第 1 次印刷
印刷 天津市银博印刷集团有限公司
经销 全国各地新华书店
书号 ISBN 978－7－5214－4848－1
定价 79.00 元

获取新书信息、投稿、为图书纠错，请扫码联系我们。

出版说明

全国高等医药院校医学检验技术专业本科规划教材自2004年出版至今已有20多年的历史。国内众多知名的有丰富临床和教学经验、有高度责任感和敬业精神的专家、学者参与了本套教材的创建和历轮教材的修订工作，使教材不断丰富、完善与创新，形成了课程门类齐全、学科系统优化、内容衔接合理、结构体系科学的格局。因课程引领性强、教学适用性好、应用范围广泛、读者认可度高，本套教材深受各高校师生、同行及业界专家的高度好评。

为深入贯彻落实党的二十大精神和全国教育大会精神，中国医药科技出版社通过走访院校，在对前几轮教材特别是第四轮教材进行广泛调研和充分论证基础上，组织全国20多所高等医药院校及部分医疗单位领导和专家成立了全国高等医药院校医学检验技术专业第五轮规划教材编审委员会，共同规划，正式启动了第五轮教材修订。

第五轮教材共18个品种，主要供全国高等医药院校医学检验技术专业用。本轮规划教材具有以下特点。

1.立德树人，融入课程思政 深度挖掘提炼医学检验技术专业知识体系中所蕴含的思想价值和精神内涵，把立德树人贯穿、落实到教材建设全过程的各方面、各环节。

2.适应发展，培养应用人才 教材内容构建以医疗卫生事业需求为导向，以岗位胜任力为核心，注重吸收行业发展的新知识、新技术、新方法，以培养基础医学、临床医学、医学检验交叉融合的高素质、强能力、精专业、重实践的应用型医学检验人才。

3.遵循规律，坚持“三基”“五性” 进一步优化、精炼和充实教材内容，坚持“三基”“五性”，教材内容成熟、术语规范、文字精炼、逻辑清晰、图文并茂、易教易学、适用性强，可满足多数院校的教学需要。

4.创新模式，便于学生学习 在不影响教材主体内容的基础上设置“学习目标”“知识拓展”“重点小结”“思考题”模块，培养学生理论联系实践的实际操作能力、创新思维能力和综合分析能力，同时增强教材的可读性及学生学习的主动性，提升学习效率。

5.丰富资源，优化增值服务 建设与教材配套的中国医药科技出版社在线学习平台“医药大学堂”教学资源（数字教材、教学课件、图片、微课/视频及练习题等），邀请多家医学检验相关机构丰富优化教学视频，使教学资源更加多样化、立体化，满足信息化教学需求，丰富学生学习体验。

本轮教材的修订工作得到了全国高等医药院校、部分医院科研机构以及部分医药企业的领导、专家与教师们的积极参与和支持，谨此表示衷心的感谢！希望本教材对创新型、应用型、技能型医学人才培养和教育教学改革产生积极的推动作用。同时，精品教材的建设工作漫长而艰巨，希望广大读者在使用过程中，及时提出宝贵意见，以便不断修订完善。

中国医药科技出版社

2025年1月

全国高等医药院校医学检验技术专业第五轮规划教材

编审委员会

数字化教材编委会

主　　编　邱　玲　刘湘帆

副 主 编　夏良裕　程　江　邹迎曙　刘　聪　谢国明

编　　者　（以姓氏笔画为序）

马　良（长治医学院）

文　琴（四川沃文特生物技术有限公司）

田　刚（西南医科大学）

刘　聪（河南中医药大学）

刘明伟（重庆医科大学）

刘湘帆（上海交通大学医学院）

邱　玲（北京协和医学院）

佘钿田（天津医科大学）

邹迎曙（北京医疗器械检验研究院）

张丽丽（遵义医科大学）

陈明凯（济宁医学院）

林海标（广州中医药大学）

金　丹（湖北中医药大学）

孟祥英（山东第二医科大学）

赵卫东（大理大学医学部）

胡嘉波（江苏大学医学院）

夏良裕（北京协和医学院）

彭南求（上海健康医学院）

程　江（石河子大学医学院）

谢国明（重庆医科大学）

编写人员　（以姓氏笔画排序）

马晓丽　王丹晨　王冬梅　丛　辉　冯阳春　刘　文　肖育劲　欧阳延德

罗　阳　罗　薇　黄　健　黄宪章

前言 PREFACE

随着科学技术进步，临床检验仪器快速迭代，向着自动集成、便携微创、快速智能方向发展，深入理解工作原理和熟练操作常规检验仪器与设备已经成为医学检验技术专业学生的必备技能。《临床检验仪器》作为医学检验技术专业的专业基础课程，在培养学生掌握专业理论知识、提升实践操作技能、构建核心胜任力方面发挥着重要的作用。

本教材是在《临床检验仪器》（第 3 版）基础上修订完成的。本次修订紧跟学科发展趋势，内容紧密贴合临床应用，体系更加科学完整，新增加了血型分析仪、血栓弹力图分析仪、粪便分析仪、阴道分泌物与精液分析仪等临床检验仪器内容，扩充了前沿技术与仪器创新、临床检验仪器研发与监管等章节。教材内容涵盖绪论与临床检验仪器基础、医学实验室通用分析仪器、临床检验亚专业常用仪器、实验室自动化系统、临床检验辅助设备、即时检验设备、前沿技术与仪器创新、临床检验仪器研发与监管等，共二十七章。全书每章按仪器基本原理、仪器分类与结构、操作维护与注意事项、临床应用与评价的基本框架进行编写。紧密结合医学检验技术专业教学的实际需求，在每章中设置了学习目标、知识扩展、案例思考题和章节总结。此外，还精心绘制了仪器原理结构图等图表，制作了内容丰富、形式新颖的数字教材（包括思维导图、PPT、微课、视频、图片和习题库等）。这些努力旨在使本教材层次清楚、重点突出、实用性强，从而更好地激发学生的求知欲和学习兴趣。本教材为“书网融合”教材，即纸质教材有机融合电子教材、教学配套资源（PPT、微课/视频等）、题库系统、数字化教学服务（在线教学、在线作业、在线考试）等，使教学资源更加立体化、多样化、使师生便教易学。

本教材主要供高等医药院校医学检验技术专业的全日制本科和成人教育专升本学生使用，也可作为医学院校本科生或研究生的必修课或选修课教材，同时，也可作为临床检验工作者、检验仪器工程师日常工作、继续教育和职称考试的参考用书。

在本教材编写过程中，得到了重庆医科大学、北京协和医学院和上海交通大学等 26 所高等医药院校及科研院所的支持和帮助。本教材由谢国明和邱玲担任主编，夏良裕、刘明伟、刘湘帆、程江协助进行了全书统稿工作，为本教材的最终定稿付出了艰辛的劳动。在此，向所有给予支持和帮助的单位和个人致以最诚挚的感谢。

由于编者能力所限，内容存在疏漏之处在所难免，恳请各位专家及读者提出宝贵意见，以便再版时进一步修订完善。

编　者

2024 年 9 月

CONTENTS 目录

第一章 绪 论

PPT

学习目标

1. 通过本章学习，掌握临床检验仪器的定义；熟悉临床检验仪器的重要性；了解临床检验仪器的发展趋势。

2. 具有熟练操作常用临床检验仪器的能力；具备良好的仪器设备常规保养及一般维护的能力。

3. 树立团队合作及创新意识，培养较强的理论结合实际的工作能力，满足医学检验和临床实验室的发展需求。

第一节 临床检验仪器的重要性

临床检验仪器是指实施临床检验时，利用相关技术进行样本的采集、处理、检测和分析等操作过程中所使用的仪器和设备。自 17 世纪末荷兰科学家列文虎克发明简易光学显微镜以来，临床检验仪器发展经历了漫长的历史演变和持续的技术创新。得益于生命科学、物理学、计算机科学等多学科的交叉融合，以及化学发光、质谱分析、生物芯片等先进技术及人工智能的应用，临床检验仪器的性能得到了极大提升，推动了临床实验室向智慧化方向的发展。即时检测（point-of-care testing，POCT）设备的应用，促进了床旁检验的便捷性和人性化。作为临床诊断和健康管理的工具，临床检验仪器已成为提升检验能力的关键，国产临床检验仪器为精准医疗与临床研究的实施和医疗数据生态系统的建立提供了重要支撑。

一、临床检验仪器是医学检验和临床实验室的关键工具

临床实验室工作依赖于检验仪器，这些仪器能够检测人体血液或体液等样本，提供数千种检测项目，其质和量的变化对疾病风险预测、病情程度评估、治疗方案选择、疗效预后判断，以及流行病学调查和疾病发病机制的探索至关重要。从最初的显微镜检到手工生化反应与物理量检测，再到半自动、全自动分析以及“模块化”流水线检测系统与全实验室自动化，临床检验仪器经历了快速而显著的进步。这一系列的技术革新极大地提升了仪器的检测性能和效率。

（一）临床检验仪器推动医学检验和临床实验室发展

当前，医学检验已迈入数字化、信息化及精准化新时代。临床检验仪器作为医学检验实施的关键工具，为医学检验高质量与高效率发展提供支撑。

光学显微镜作为形态学检验的工具，不仅在血液、体液检测中发挥着不可替代的作用，还广泛应用于细胞、组织的形态观察。荧光显微镜在自身抗体核型分析、感染性疾病抗原抗体检测和 FISH 染色体 DNA 的定性、定量及定位分析中发挥着重要作用。血细胞分析仪能够实现血液标本中 30 多项参数的检测与分析，为感染性疾病、贫血和血液病等的诊断和健康监测提供信息。尿液分析仪可实现尿液的干化学及形态学分析，为泌尿生殖系统疾病的诊断，以及肾功能与代谢性疾病的监测提供了重要参考。生化分析仪、化学发光免疫分析仪和流式细胞分析仪等为疾病的全病程检测和健康管理提供准确

数据。

其次，以聚合酶链式反应（polymerase chain reaction，PCR）分析仪和高通量基因测序仪为代表的分子生物学检测仪器已成为最具创新性和应用推广性的临床检验仪器。核酸扩增技术极大推动了感染性疾病的大规模筛查与诊断，使得病原体核酸与耐药基因检测成为临床常规检验项目。与此同时，高通量测序技术及相关仪器设备也在产前筛查、肿瘤和感染性疾病等临床诊断中发挥了关键作用。

（二）临床检验仪器是临床实验室检验能力提高的基础

临床检验仪器为临床检验项目的开展提供了支持，推动了检验项目范围的扩展。目前，这些检验项目已涵盖“三大常规”检验、血小板与凝血功能检测、血气与电解质检测、肿瘤标志物检测、微生物检测、遗传基因检测等，形成了从形态学到分子水平的数千项检测项目，为临床决策提供了依据。

随着临床检验仪器的发展，临床微生物检验逐步实现了半自动化甚至全自动化。体液标本自动涂片与染片仪、细菌自动培养分离与药敏系统、微生物质谱等仪器的相继出现，提高了病原微生物的检测效率。液相色谱和气相色谱等分析仪器也已发展到色谱-质谱联用，其应用范围也从药物分析扩展到包括维生素、脂肪酸和氨基酸等小分子检测，有效解决了低浓度、小分子物质检测的临床难题。

此外，全自动流水线已进入越来越多的国内大中型临床实验室，可同时完成生化免疫检测、凝血检测和血细胞分析等。通过标准的硬件接口和软件系统的嵌入，不同功能的“模块化”单机仪器及设备得以连接与集成，实现样本检验前、中、后处理的全流程自动化。

自动化仪器的使用，以及与之要求相适应的检测试剂、质控物及质量控制程序的应用，在提高检验速度、减少分析变异与人为误差的同时，提升了临床实验室规范化与标准化水平，为实验室工作流程优化、质量管理水平提高及运营成本降低提供了空间。通过集成化系统及全自动流水线，多个样本及众多测试在同一平台上按要求完成，极大优化了工作流程，提高了工作效率并降低了整体检测成本。此外，临床实验室按照医学实验室 ISO 15189 认可要求，建立完善的质量管理体系，使得实验室间的结果可比性提高，临床检验的量值溯源及参考实验室网络建设，为检验结果互认提供了有力保障。

二、临床检验仪器是医学检验与医疗大数据建立的基石

临床检验仪器不仅是医学检验大数据来源的关键硬件，也是检验大数据和医疗数据生态系统建立的基石。在疾病全周期医疗决策中，有70%~80%的临床数据来源于临床检验仪器。临床检验仪器不仅能执行各种检测任务，它们还通过检验前、中、后的相关设备与自动化流水线对样本进行处理、检测与分析。同时，实验室信息系统（laboratory information system，LIS）、医院信息系统（hospital information system，HIS）与中间连接软件的使用，为真实离散、复杂多样、高质量检验数据的海量累积提供了来源。在海量图像与文本大数据的推动下，以统计推断、模式识别、机器学习和神经网络为代表的检验大数据信息挖掘与知识发现已成为医学检验发展的重要方向。特别是，在 GPT（generative pre-trained transformer）为代表的人工智能语言大模型推动下，实验室质量风险智能管控、仪器性能全程智能监控、检验项目智能推荐、检验结果自动审核等代表性相关研究与应用开发更是促进了医学检验的数字转型。

三、临床检验仪器是精准医疗与临床研究的基础

临床检验仪器作为临床实验室的重要组成部分，以高灵敏度、高特异性等检测性能为精准医疗与临床研究提供坚实基础。PCR 仪、高通量基因测序仪通过识别特定遗传变异和基因突变，为疾病精准诊治提供重要依据。流式细胞仪通过有效区分正常细胞和癌细胞，识别不同的免疫细胞亚群，在疾病进程与

免疫反应状态评估以及个性化治疗方案实施中发挥重要作用。质谱仪通过鉴定并定量分析生物样本中的蛋白质、肽段和代谢物等分子，帮助发现疾病分子表达变化、揭示代谢途径异常及检测疾病标志物。

第二节 临床检验仪器的发展趋势 微课/视频

临床检验仪器发展经历了从手工到半自动与自动化，从单点设备信息化到流水线与智慧化，从多功能集成到小型便携化，从低通量定性定量到高通量微量精确化，以及从高耗低效到环保可持续化，临床检验仪器在结构、外观、应用场景、检测性能、数据传输与管理等方面经历了重大变革。当前，自动化流水线模块集成、小型便携化高精尖设计、即时快速且微创或无创智能检测已成为临床检验仪器发展的重要方向。此外，为了满足环境友好与可持续性发展需求，临床检验仪器还不断以减少有害物质产生、使用可再生材料的方式推动其向更加环保和绿色方向转型。

一、检测微量化与高通量化

临床检验仪器向微量样本检测和精准检测方向发展，并在生物样本的处理、检测与分析上变得更加精细和可控。全自动血液细胞分析仪、PCR 仪等基于微量血液或体液即可完成单项或多项检测，在样本需求量大幅减少的同时，检测结果精度亦显著提高。

临床检验仪器还在生物芯片和微流控芯片技术推动下，向高通量化检测方向发展，并扩展到代谢、感染和肿瘤等疾病检测。在固相支持物上以密集阵列方式锚定核酸探针、抗原和抗体等，生物芯片仪可在数小时内实现数万个基因、上千种细胞因子与蛋白的高通量检测，微流控芯片仪可实现极微量的样本操控和单细胞水平表达分析。

二、仪器小型化与便携化

随着个体对自我健康状况更加重视以及各类突发公共卫生事件的频发，仪器小型化、便携化越来越受到临床关注。

在分析原理与技术上，POCT 仪器与大中型临床检验仪器所采用的技术大致相同，涵盖了干化学、标记免疫、电化学及核酸扩增等技术，并通过颜色、荧光、电化学等相关信号变化的捕捉来实现目标项目的精准检测。POCT 小型化便携设备在医院急诊室、社区诊所，乃至患者家中获得了广泛使用，其检测结果可在数分钟内获得，并在信息网络支持下实现数据的云端上传与管理分析。

三、仪器自动化、集成化与智慧化

20 世纪中叶，Wallace H. Coulter 和 Leonard T. Skeggs，Jr. 分别发明了库尔特血细胞计数仪与连续流动式生化分析仪。其后，血液学、免疫学和微生物学等自动化检验仪器相继问世，提高了工作效率。自动化仪器还有效提升检测的精密度与准确度，减少人工误差的同时，确保了检验质量。

此外，电子信息、硬件接口和软件系统的标准化与技术更新，使得不同检测仪器或系统可以转变为相应检测模块，从而实现集成与整合，形成一体化的检测平台。这种仪器平台的集成化与一体化是改造实验室空间、降低成本、提高效率和缩短检验报告周期的有效途径。

总之，在电子信息、大数据和云计算等技术的推动下，临床检验仪器向着分析速度更快、自动化程度更高、智能化水平更强、信息传递速度更迅捷、分析精度更高的方向发展。这种发展趋势不仅使得远程数据的存储、分析和共享更加高效，而且还使跨区域、跨机构的临床检验仪器和医疗数据整合成为可能。

四、环境友好与可持续性

在仪器的设计和制造环节中，采用可再生材料并融入先进节能技术，可减少有害物质的排放。此外，临床检验仪器的能源效率标准亦在持续提升。新型仪器在确保性能不受影响的前提下，通过精细化设计降低能源消耗，促进了能源的节约和环境的保护。高端设备甚至集成了智能能源管理系统，能够根据实际运行需求动态调整能源分配，避免无效运行，从而显著提高能效。

在可持续性方面，临床检验仪器的创新表现持续改善着实验室操作环境。通过改进仪器设计减少样本和试剂消耗，耐用材料的使用以及自我诊断实施的预防性维护，均能延长设备寿命，降低运营成本。随着技术革新和设计理念的持续进化，预期未来临床检验仪器将展现出更高的绿色性能和能效比。

第三节　本教材的主要内容与使用方法

本教材共二十七章，分为五个部分：第一部分包括第一章和第二章，分别为绪论与临床检验仪器基础；第二部分涵盖第三章至第八章，主要讲述临床实验室仪器，包括医用显微镜、电泳分析仪、光谱分析仪、色谱分析仪、质谱分析仪和流式细胞仪等；第三部分涵盖第九章至第二十三章，从临床检验亚专业及应用场景，即临床血液与体液检验、临床输血学、临床生物化学、临床免疫学、临床微生物学、临床分子生物学等，介绍常用相关检验仪器，包括尿液分析仪、粪便分析仪、阴道分泌物和精液分析仪、血细胞分析仪、凝血分析仪、自动血型分析仪、血栓弹力图分析仪、血小板聚集分析仪、红细胞沉降率测定仪、生化分析仪、血气分析仪、电解质分析仪、酶联免疫分析仪、化学发光与荧光免疫分析仪、免疫比浊分析仪、临床微生物培养与鉴定仪器和临床分子生物学检验仪器与设备等，以及实验室自动化系统；第四部分为临床检验辅助设备（第二十四章），包括移液器、离心机、培养箱、超净工作台、实验室净水设备和标本分拣设备等；第五部分涵盖第二十五章至第二十七章，分别介绍了即时检验设备、前沿技术与仪器创新及临床检验仪器研发与监管。

使用本教材时，可按上述五个部分来建立系统性知识体系。同时，教材每章的学习目标明确了知识要求、技能要求和素质要求，有助于突出教学重点。而且，每个章节末尾配备了思考题，便于复习巩固本章内容及重要知识点。

（谢国明）

书网融合……

重点小结

题库

微课/视频

第二章 临床检验仪器基础

学习目标

1. 通过本章学习，掌握临床检验仪器的分类方法、基本结构与功能、性能与安全要求；熟悉临床检验仪器操作维护及校准内容；了解临床检验仪器的应用。

2. 具有临床检验仪器的基本识别与分类能力，以及根据检验需求选择合适仪器的能力。

3. 树立持续学习临床检验仪器及其技术发展的意识，充分认识临床检验仪器在诊疗中重要作用。

第一节 临床检验仪器分类

PPT

临床检验仪器是临床诊断领域的重要工具。随着科技的不断发展，临床检验仪器不断更新换代，其种类和数量日益增多。临床检验仪器根据其分析技术的不同，可以分为光学仪器、光谱分析仪器、质谱分析仪器、色谱分析仪器、电泳、电化学、化学发光分析仪器等多个类别。同时，也可以按照临床检验亚专业进行系统分类。

一、按分析技术分类

根据不同的分析技术，临床检验仪器分为以下几类。

（一）光谱分析仪器

光谱分析技术是利用物质对不同波长光的吸收、发射或散射等特性进行分析的方法。根据光谱谱系的特征不同，光谱分析仪器可分为吸收光谱分析仪、发射光谱分析仪和散射光谱分析仪。

1. 吸收光谱分析仪 吸收光谱分析仪是利用物质对特定波长光的吸收特性进行分析的仪器，包括紫外-可见分光光度计、红外光谱仪及原子吸收分光光度计等。紫外-可见分光光度计广泛用于临床生物化学检测。例如，可以定量分析血清中的总蛋白、葡萄糖和尿素氮等生化指标。红外光谱仪可用于分析生物大分子（如蛋白质、核酸）的结构变化，以及药物与生物分子之间的相互作用。原子吸收分光光度计在临床检验中常用于金属元素的定量分析。

2. 发射光谱分析仪 荧光分光光度计是一种常用的发射光谱分析仪。荧光分光光度计是利用物质被激发后发射的光谱进行分析，常见于免疫荧光检测、药物筛选及生物标志物检测等领域。在临床检验中，它可对特定蛋白质、核酸或其他生物分子进行定性和定量分析。

3. 散射光谱分析仪 散射光谱分析仪主要利用物质对光的散射特性进行分析，在临床检验中，散射光谱分析仪被应用于红细胞形态检测、尿液结晶和微粒分析等领域。此外，散射比浊法还被广泛应用于特定蛋白（如免疫球蛋白、补体等）的检测。

（二）电化学分析仪器

电化学分析技术是利用物质的电化学性质，通过测量电流、电位和电导等电化学参数来进行分析的方法。

1. 离子选择电极分析仪 离子选择电极分析仪用于测定溶液中特定离子的浓度。它利用离子选择电极对特定离子的选择性响应来测量离子浓度。在临床中常用于检测血液中的钾、钠和氯等离子的含量。

2. 血气分析仪 血气分析仪通过电化学传感器同时测定血液中的酸碱度（pH）、氧分压（pO_2）、二氧化碳分压（pCO_2）等参数，对于患者的呼吸系统和酸碱平衡的评估具有重要意义。

（三）色谱分析仪器

色谱分析技术是一种分离分析技术的总称，通过混合物在固定相和流动相之间的分配差异实现分离。在临床检验中，主要应用的有气相色谱法和高效液相色谱法。

1. 气相色谱仪 气相色谱仪是通过气态流动相携带样本通过固定相进行分离的仪器。气相色谱仪主要用于分离和分析挥发性有机化合物。它将样本气化后通过色谱柱进行分离，然后用检测器根据组分的物理化学特性将各组分按顺序检测出来。

2. 高效液相色谱仪 高效液相色谱仪是利用高压液体流动相通过固定相进行样本分离的仪器。适用于分离和测定不挥发性或热不稳定的化合物。常用于分离生物大分子、药物浓度监测和激素分析等领域。

（四）质谱分析仪器

质谱分析技术是通过将样本分子转化为离子，并根据离子的质荷比进行分离和检测的技术。其具有高灵敏度、高分辨率、准确可靠等优点。

1. 质谱仪 质谱仪是利用电磁场将离子按质荷比分离并进行检测的仪器。它可用于测定生物样本中的蛋白质、多肽、代谢物等分子的质荷比，从而揭示其结构和功能信息。质谱仪在肿瘤标志物筛查、疾病早期诊断等领域具有潜在的应用价值。

2. 液相色谱-质谱联用仪 液相色谱-质谱联用仪是将高效液相色谱仪与质谱仪相结合，实现对复杂样本中化合物的分离和鉴定的仪器。它可用于分析生物样本中的药物、代谢产物等。

（五）分子生物学仪器

分子生物学技术主要用于对生物大分子（如 DNA、RNA、蛋白质）的研究和分析。这些技术在疾病诊断、基因治疗等方面具有重要意义。

1. 基因扩增仪 基因扩增仪通过扩增特定的核酸片段来实现对目标核酸的检测和定量分析。在临床中常用于病原体的检测、基因诊断等，如乙型肝炎病毒、人类乳头瘤病毒等的检测。PCR 基因扩增仪具有操作简便、灵敏度高等优点，在临床检验中发挥着重要作用。

2. 基因测序仪 基因测序仪用于测定核酸的序列。它可用于基因组学、转录组学等领域的研究，揭示疾病的遗传基础和发病机制。基因测序仪的发展为精准医疗的实现提供了可能，对于个性化治疗和疾病预防具有重要意义。

3. 蛋白质印迹仪 蛋白质印迹仪用于蛋白质的检测和分析。它通过电泳分离蛋白质，然后将其转移到膜上，再用抗体进行检测。常用于蛋白质表达水平的研究、疾病标志物的检测等。

（六）流式细胞分析仪器

流式细胞分析技术是一种对单个细胞进行快速定量分析和分选的技术。它可以同时分析多个细胞参数。

1. 流式细胞仪 流式细胞仪能够在单个细胞水平上进行多参数分析，包括细胞的形态、大小、内部结构、表面特征、抗原表达、DNA 含量及染色体改变等多种生物学特征，并且还能将这些特征逐个地进行高精度的定量测量。

2. 细胞分选仪 基于流式细胞仪技术，能够根据设定的参数对特定细胞群进行分选，如干细胞、诱导多能性干细胞、实体瘤细胞等，为细胞生物学研究和临床治疗提供支持。

（七）电泳分析仪器

电泳分析技术是利用带电粒子在电场中的迁移速度不同进行分离和分析的方法。具有分辨率高、操作简便等优点。

1. 凝胶电泳仪　凝胶电泳仪是利用凝胶作为支持介质进行电泳分析的仪器。在 DNA 或 RNA 分子分析中，凝胶电泳可用于分离不同长度的核酸片段，并通过染色或荧光标记等方法进行可视化检测。

2. 毛细管电泳仪　毛细管电泳仪是一种高分辨率、高灵敏度的电泳分析仪器。它利用毛细管作为分离通道，通过电场作用使带电粒子在毛细管内迁移并分离。毛细管电泳仪可用于蛋白质、核酸、多肽等生物大分子的分析，具有分离速度快、样本用量少等优点。

二、按临床检验亚专业分类

在临床检验领域，基于专业知识与技术的不同，已细分出包括临床血液与体液检验、临床化学检验、临床免疫学检验、临床微生物学检验、临床分子生物学检验等临床检验亚专业组。由于这种临床实践中的亚专业划分，临床检验仪器也因此进行相应的归属分类。

（一）临床血液与体液检验仪器

临床血液与体液检验包括血液一般检验、血栓与止血、尿液和粪便等相关检验，其常用的仪器和类别如下。

1. 血液学检验仪器　血液学检验常用仪器包括血液分析仪、血凝分析仪、血沉分析仪和流式细胞仪等。

（1）血液分析仪　通过电学、光学和细胞化学染色等原理，对血液中白细胞、红细胞、血小板、网织红细胞等成分进行计数和相关参数检测。

（2）凝血分析仪　通过检测血液凝固过程中的多个指标，如凝血酶时间、凝血酶原时间和纤维蛋白原等，用于评估患者的凝血功能状态。

（3）血沉分析仪　主要用于检测血液中红细胞沉降的速度，对于诊断各种炎症性疾病具有重要意义，如风湿性关节炎和系统性红斑狼疮。

（4）流式细胞仪　通过分析细胞的物理化学特征，对细胞进行定量分析、分型与分选。广泛应用于血液疾病的精准诊断、淋巴细胞亚群的分类鉴定以及疾病治疗效果的实时监测。

2. 尿液检验仪器　尿液检验常用仪器包括尿液干化学分析仪和尿液有形成分分析仪等。

（1）尿液干化学分析仪　主要分析尿液理化性质的变化，可以快速、准确地分析尿液样本中的多种成分，如蛋白质、葡萄糖和胆红素等。

（2）尿液有形成分分析仪　主要用于对尿液中的有形成分进行分析，如红细胞、白细胞和管型等微观成分。通过显微镜观察、图像处理技术以及流式细胞技术，尿液有形成分分析仪能够自动识别和计数这些成分，对于诊断肾脏疾病、泌尿系统感染等有着重要价值。

3. 粪便检验仪器　全自动粪便分析仪是一种集前处理、理学检测、化学免疫检测和有形成分镜检为一体的粪便分析仪器。它能够自动化地对粪便样本进行检测和分析，通过对样本中的化学成分、微生物、植物纤维等方面的检测，为下消化道炎症、出血鉴别、寄生虫感染、肿瘤筛查提供帮助。

（二）临床输血学检验仪器

临床输血学检验仪器涵盖了输血相容性检测、血型抗体效价、胎儿及新生儿溶血病检测、输血前传染病检测及指导临床用血相关的凝血功能检测等。常用仪器包括血型及配血分析系统、血库专用离心机、血液冷藏与解冻设备等。血型及配血分析系统是一种用于血型检测、不规则抗体筛查及鉴定、交叉配血等血型血清学检测的分析仪器。此外，输血科需配备其他辅助设备，如专用储血冰箱、血小板恒温振荡仪、智能化血浆解冻仪等。

（三）临床生物化学检验仪器

临床生物化学检验常用仪器包括生化分析仪、电解质分析仪、血气分析仪等。生化分析仪用于检测血液和尿液中的各种生化指标，如肝功能、肾功能和血脂等。电解质分析仪用于检测血液中的各种电解质，如钾、钠和氯等。

（四）临床免疫学检验仪器

临床免疫学检验常用仪器包括化学发光免疫分析仪、散射比浊免疫分析仪、自身抗体分析系统、流式细胞仪等。化学发光免疫分析仪结合了化学发光技术和免疫学原理检测样本中的特定抗原或抗体，具有快速、灵敏和准确的特点，广泛应用于肿瘤标志物、激素和感染性疾病等方面的检测。散射比浊免疫分析仪主要用于检测血液中的特种蛋白，如各类免疫球蛋白、补体等。自身抗体分析系统含免疫荧光、免疫印迹等，对于诊断各种自身免疫性疾病具有重要意义。

（五）临床微生物学检验仪器

随着自动化技术的引入，临床微生物学检验实现了从手工操作到自动化检测的飞跃。其常用仪器包括自动化血培养仪、微生物鉴定与药敏分析仪和全自动微生物样本处理系统。自动化血培养系统能够实时监测血液样本中的微生物生长情况，以判别培养瓶内有无细菌存在；微生物鉴定与药敏分析系统则能够对病原菌进行快速准确地鉴定和药敏分析。全自动微生物样本处理系统主要用于对临床样本中的微生物进行前处理，包括样本采集、处理和保存等环节，以提高检测的准确性和灵敏度。

（六）临床分子生物学检验仪器

临床分子生物学检验常用仪器包括 PCR 仪、荧光定量 PCR 仪、数字 PCR 仪和 DNA 测序仪等。

PCR 仪用于扩增特定 DNA 片段。荧光定量 PCR 仪通过监测 PCR 反应过程中荧光信号的变化，实时定量测定 PCR 产物。广泛应用于基因表达分析、病原体载量检测以及药物疗效评估等领域。数字 PCR 仪是 PCR 技术的又一次革新，通过分割样本量微小单元，精确计算目标 DNA 分子的绝对数量。DNA 测序仪主要用于测定 DNA 片段的碱基序列。DNA 测序仪的发展经历了从一代到三代的显著进步。一代测序仪基于 Sanger 测序法奠定了 DNA 测序技术的基础，但通量较低且成本较高；二代测序仪具有较高通量、高灵敏度和低成本的优势，推动了基因组学研究的发展；三代测序仪更是实现了对单条 DNA 分子的直接测序，提高了测序的连续性和读长，进一步扩展了 DNA 测序技术的应用范围。

（七）实验室通用设备

实验室通用设备包括显微镜、离心机、恒温水浴、电子天平、pH 计和超净工作台等。这些设备在各种检验中都有广泛的应用，是实验室工作的基础设备。

第二节　临床检验仪器基本结构

微课/视频

PPT

在临床检验领域，不同种类的仪器虽然各自具备独特的功能和应用，但它们通常都具备一些共性结构，包括取样或加样单元、反应单元、检测单元、信号处理单元、显示单元、清洗单元、样本前（后）处理单元、辅助单元等。

1. 加样单元　加样单元（sampling unit）主要功能是获取待检测样本或试剂，以便于进行后续的分析和检测。取样单元包括泵、注射器、管路等组件，它们协同工作，共同确保样本和试剂的准确添加。

2. 反应单元　反应单元（reaction unit）通常由多个精密组件构成，包括反应容器、温控装置、搅拌装置。温控装置是反应单元中的重要组成部分，它能够精确控制反应温度，以满足不同检验项目对温度条件的要求。搅拌装置则用于促进样本与检测试剂在反应容器中的均匀混合，以提高反应效率。

3. 检测单元　检测单元（detection unit）主要功能是对待测样本的特性参数进行检测、分析和测量，为后续数据处理及结果判断提供准确的信息。检测单元的工作原理基于多种物理或化学效应，根据被检测参数的不同，检测单元的类型也各异。例如，光电检测器利用光电效应将光信号转换为电信号。高质量的检测单元需要具备高度的灵敏度和分辨率，以便能够准确捕捉样本的微弱信号并精细区分不同组分。同时，稳定性和耐用性也是检测单元不可或缺的特性，确保在各种复杂环境和操作条件下都能稳定工作。

4. 信号处理单元　信号处理单元（signal processing unit）负责接收检测器输出的信号，并对其进行放大、滤波、模数转换等处理。信号处理单元通常包括前置放大器、滤波器和模数转换器等核心部件。前置放大器负责将检测器输出的微小信号进行放大，以提高信号的幅度和信噪比。滤波器则用于滤除信号中的噪声和干扰成分。模数转换器则将经过滤波处理的连续模拟信号转换为离散的数字信号，以便进行后续的数字信号处理和分析。在信号处理过程中，系统还会根据需要对信号进行各种变换和运算，以提取出信号中的特征参数和有用信息。

5. 显示单元　显示单元（display unit）是将信号处理单元获得的检测结果进行模拟显示或数字显示。模拟显示通常由刻度盘上的指针来模拟信号的连续变化，或者由记录笔绘制出信号变化的曲线图像。数字显示则直观表现为数字变化，如生化分析仪、免疫分析仪等临床检验仪器会将模拟信号进行数字转换，从而用数字、符号来显示最终结果。

6. 清洗单元　清洗单元（compensatory unit）主要包括注液组件和废液抽吸组件，这两个组件协同工作，确保仪器在连续使用过程中保持清洁和高效。注液组件通常由精密注射器或者定量泵、电磁阀和喷淋装置等组成，通过精确控制注射器的流量或者定量泵，将清洗液准确地输送到指定位置。这些注射器（或者定量泵）通常具有高精度和可重复性，以确保每次清洗都能达到预定的效果。废液抽吸组件则负责将清洗过程中产生的废液及时抽走并排放到指定位置。废液抽吸组件通常由负压抽吸装置、废液收集容器、电磁阀和排废装置组成。

7. 辅助单元　辅助单元（assistant unit）是仪器基本结构的配套部分，主要负责提供仪器工作所需的能源、介质、配件等，保障检测仪器的稳定运行。辅助单元的种类繁多，包括恒温器、稳压电源、稳压阀、降噪器等，用来保证仪器的测量精度，或者消除、降低相关干扰。

8. 样本前后处理单元　样本前后处理单元其功能包括样本分类和条码识别，自动装载和样本离心，样本管去盖，样本再分注和标记，样本加盖、存储和丢弃等。标本前后处理单元以其高度的自动化、智能化和准确性，为医学实验室的样本处理提供了有力支持。

第三节　临床检验仪器性能要求与维护

PPT

一、仪器性能要求

在临床检验的过程中，仪器的性能直接影响检测结果的准确性、可靠性和重复性，不同的临床检验仪器因其工作原理、应用场景和检测项目的不同，会有各自的性能指标要求。然而，无论仪器的类型如何，准确度、重复性、线性范围和样本携带污染率这四项基本性能指标都是评价仪器性能的关键指标。

（一）准确度

准确度指的是仪器测得量值与真实值之间的一致程度。准确度的评价方法通常包括绝对误差、相对误差等。例如，全自动生化分析仪行业标准《YY/T 0654—2017》中规定的吸光度准确度：当吸光度值为0.5，允许误差为±0.025。当吸光度值为1.0，允许误差为±0.07。

（二）重复性

重复性是指在相同测量条件下，仪器对同一份样本进行多次测量，所获得结果的一致性程度。良好的重复性有利于减少随机误差的影响，提高检测结果的稳定性和可靠性。临床检验仪器需要具备良好的重复性，以保证每次测量的结果都能够准确地反映样本的实际状态。例如，全自动生化分析仪行业标准《YY/T 0654—2017》规定吸光度的重复性用变异系数表示，不应大于1.5%。全自动发光免疫分析仪行业标准《YY/T 1155—2019》中对于发光值的稳定性规定为：采用发光剂法，发光值的变化应不超过±10%。采用参考光源法，发光值的变化应不超过±5%。

（三）线性范围

线性范围是在一定测量范围内，仪器响应信号与被测物浓度或量之间能够保持线性关系的区间。在临床检验中，线性范围应覆盖待测物质的常见浓度范围，以确保检测结果的准确性。在选择仪器时，应根据实际检测需求选择合适的线性范围。中华人民共和国医药行业标准文件中均对各种仪器的线性范围有具体要求。例如，全自动发光免疫分析仪行业标准《YY/T 1155—2019》中规定在不小于3个发光数量级范围内，线性相关系数（r）应≥0.99。全自动生化分析仪行业标准《YY/T 0654—2017》中规定相对偏倚在±5%范围内的最大吸光度应≥2.0。

（四）样本携带污染率

样本携带污染率是指前一个样本对后一个样本测量结果的影响程度。在临床检验中，由于连续检测多个样本时可能会存在样本之间的交叉污染，因此样本携带污染率是一个重要的性能指标。中华人民共和国医药行业标准文件中均对各类仪器的样本携带污染率有明确要求。例如，全自动生化分析仪行业标准《YY/T 0654—2017》中规定样本携带污染率不应大于0.1%。各类临床检验仪器都需要在降低样本携带污染率方面采取有效措施，如优化实验流程、加强仪器维护和清洁、采取适当的冲洗或隔离措施等，以确保检测结果的可靠性。

二、安全要求

临床检验仪器的安全要求涉及多个方面，以确保其在使用过程中的准确性、可靠性和安全性。

1. 环境条件 设备应能适应预期的使用环境，包括温度、湿度、气压、电磁场等因素。设备应能在规定的环境条件下正常工作，且其安全性能不应受到影响。

2. 机械强度 设备的机械结构应具有足够的强度，以承受正常使用过程中可能出现的机械应力。设备的外壳、面板、旋钮等部件应能防止操作人员因误操作或外部冲击而受伤。

3. 过热防护 设备应具有过热防护措施，以防止因设备内部过热而引发火灾等危险。过热防护措施可包括设置温度传感器、使用通风、冷却液、过温保护装置等。

4. 其他安全要求 设备应具有可靠的接地保护措施，以确保操作人员的安全。设备的电源输入端应设置滤波器或压敏电阻等防护措施，以防止因电源波动或雷击等外部因素造成设备损坏。设备应具有明显的警示标识和操作规程，以便操作人员正确使用和维护设备。

三、操作与维护

在临床实验室中，仪器操作与维护直接关系到实验结果的准确性、工作效率、安全稳定以及仪器的使用寿命等多个方面。针对每种仪器的特性、结构和使用过程制定专门的操作程序与维护保养措施是确保实验室高效、准确和安全运行的关键环节。

（一）仪器操作

1. 操作前准备　检查仪器是否处于正常工作状态，包括电源、气源、水源等的连接情况。准备所需试剂，并检查试剂的有效期与存储条件。

2. 正确操作流程　遵循仪器说明书或操作手册，正确使用仪器进行测量或实验。避免误操作或超范围使用，以免对仪器造成损坏。注意仪器显示屏幕上的提示信息，如有异常应立即停止操作并排查原因。

3. 操作后处理　清理仪器内部和外部的残留物，进行必要的消毒工作。记录实验数据，并妥善保存实验报告和结果。关闭仪器电源，并检查电源插头是否已拔掉或处于安全状态。

（二）维护与保养

1. 日常维护　日常维护是保持仪器正常运行的重要措施。维护内容包含仪器表面清洁、加注系统（如加样针、试剂针等）清洁、排废系统清洁；检查仪器的电源线、数据线等是否完好，水质是否达标等。

2. 定期维护　定期维护的目的为预防较大的故障和显著性的系统偏移的发生。根据仪器说明书或维护手册，进行定期的维护工作。例如，定期更换易损部件，如光源灯、滤光片、加注系统密封圈等。定期对仪器进行周、月、年的维护保养工作。定期对仪器进行性能评估，确保其准确性和可靠性。详细记录每次保养的时间、内容、更换的部件等信息，便于追踪和管理。

3. 注意事项

（1）在操作和维护过程中，应严格遵守相关标准和规范，确保实验结果的准确性和可靠性。

（2）操作人员应接受专业培训，了解仪器的原理、性能和操作方法，确保能够正确、安全地使用仪器。

（3）仪器应放置在干燥、通风、无尘的环境中，避免阳光直射和潮湿环境对仪器造成损害。

（4）定期对仪器进行维护和校准，确保其长期稳定运行和准确性。

（三）仪器校准

检验仪器是检验工作的工具，应定期校验，以保证测量结果的准确可靠。校准程序可参照厂家仪器说明书提供的方法和标准，制定校准 SOP 文件、规定校准人资质、校准内容及要求、校准周期和使用校准物，由厂家工程师或经过厂家培训授权的代理商工程师执行校准，使用人员按照 SOP 文件审核校准报告和所附原始数据，在符合要求的校准报告中签字确认。

答案解析

思考题

1. 临床检验仪器的主要分类有哪些？请举例说明每种分类下的典型仪器。

2. 临床检验仪器有哪些常见结构？

3. 临床检验仪器有哪些常用的性能指标?

4. 临床检验仪器有哪些安全要求?

（黄 健）

书网融合……

重点小结

题库

微课/视频

第三章　医用显微镜

学习目标

1. 通过本章学习，掌握普通光学显微镜、特殊功能显微镜、电子显微镜和激光扫描共聚焦显微镜的工作原理与基本结构；熟悉医用显微镜的分类以及普通光学显微镜、特殊功能显微镜、电子显微镜和激光扫描共聚焦显微镜的技术参数。了解医用显微镜的发展史、其他类型超分辨光学显微镜的工作原理和医用显微镜的临床应用。

2. 具有普通光学显微镜、荧光显微镜、相差显微镜和暗场显微镜等显微镜的正确使用和维护保养的能力。

3. 树立求真务实为核心的显微镜使用意识，在显微镜检临床实践中培养深入探究的精神。

医用显微镜是临床诊断和医学研究中重要的工具之一。它利用光学或电子成像技术，把肉眼所不能分辨的样本进行放大成像，以显示和观察其细微形态结构，为临床诊断提供直观科学依据。

显微镜起源可追溯至1590年荷兰工匠 Hans 和 Zacharias 发明显微镜雏形：他们将凸透镜进行简单组合，形成了可供观察的光学装置。到17世纪，Leeuwenhoek 将单个凸透镜固定在金属板或木头上，设计出结构简单的显微镜，并首次观察到了微生物和精子，开创了医用光学显微镜的先河。随着光学理论的发展，光学显微镜在结构和功能上不断改进。20世纪初，荧光显微镜、暗场显微镜等特殊功能光学显微镜相继出现，用于观测更为精细的生物结构。20世纪中叶出现的电子显微镜突破了传统光学显微镜的限制，放大倍数达数百万倍，能够观察到亚细胞结构及分子层次的细节。然而，电子显微镜对样本制备要求高且具有破坏性，限制了其在动态活体样本中的应用。近十余年间，超分辨光学显微镜技术迅速发展，如激光扫描共聚焦显微镜等，突破了光学衍射极限，提供了更高分辨率，为动态活体样本的纳米级形态分析提供了新工具。

根据显微镜的技术原理和应用领域差异，本章将分别介绍普通光学显微镜、特殊功能光学显微镜、电子显微镜、超分辨光学显微镜等四种主要类型的医用显微镜。

第一节　普通光学显微镜

PPT

一、成像原理

普通光学显微镜是一种基于光学折射原理设计的仪器，它通过透镜将微小物体或其微观结构进行放大成像，以帮助观察者获取物体微观结构信息。普通光学显微镜系统通常由两组会聚透镜构成。焦距较短的透镜为物镜（object lens），对物体产生一个倒立且放大的实像。长焦距的透镜为目镜（ocular lens），进一步将物镜所成实像放大，形成一个便于观察者肉眼直接观察的放大虚像（图3-1）。为适应不同的观察需求，光学显微镜通常配备有多个不同放大倍数的物镜。

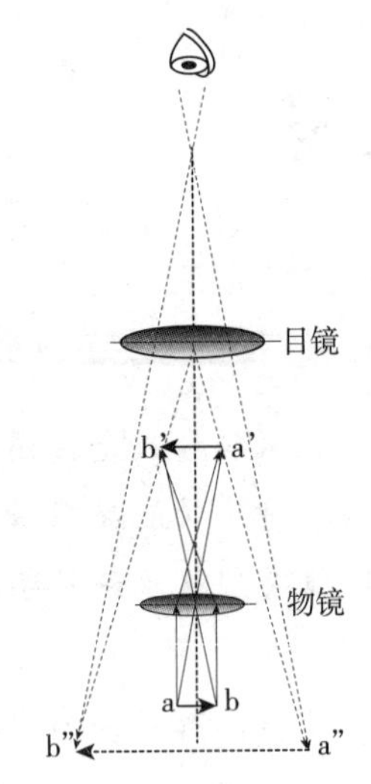

图 3-1　光学显微镜的光路示意图

ab，被观察物；a′b′，第一次放大的实像；a″b″，第二次放大的虚像

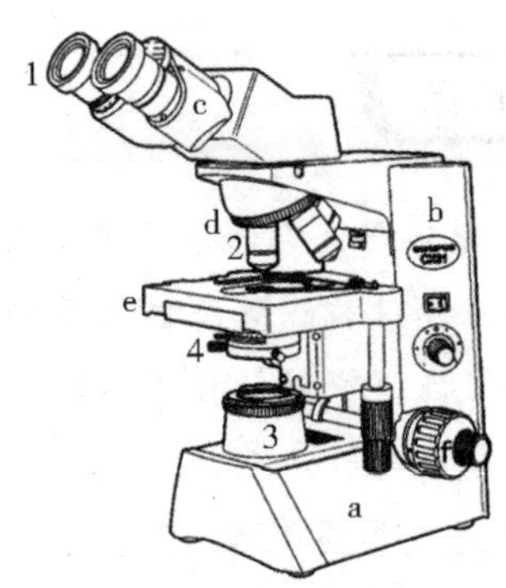

图 3-2　光学显微镜基本结构示意图

1，目镜；2，物镜；3，光源装置；4，聚光器组件；a，镜座；b，镜臂；c，镜筒；d，物镜转换器；e，载物台；f，调焦装置

二、基本结构

普通光学显微镜的结构主要分为光学系统和机械系统两个部分，见图 3-2。

（一）光学系统

光学系统主要由物镜、目镜、照明光源和聚光器等组成。作为显微镜的主体部分，光学系统直接决定光学显微镜的性能和使用效果。

1. 物镜　物镜因在显微镜结构中靠近被观察的物体而得名，通常由 8~10 个透镜组成。它的光学特性直接关系到显微镜的放大效果和成像质量。

根据放大倍数，物镜可分为低倍物镜（低于 10 倍）、中倍物镜（20 倍左右）和高倍物镜（介于 40~65 倍之间）。根据使用环境和条件不同，物镜亦可分为干燥物镜和浸液物镜。浸液物镜通常使用水或油作为介质，而油镜物镜的放大倍数可达 100 倍。

2. 目镜　目镜是进一步放大物镜所成放大实像的组件，因其靠近观察者肉眼而得名。目镜常具有固定放大倍数，常见范围为 5~16 倍。目镜结构相对简单，主要起放大镜作用，通常由管状镜筒连接 2~3 组透镜而成。镜筒近眼端透镜组被称为接目透镜，下方近视野端透镜组为会聚透镜或场镜。两组透镜之间的透镜组则负责校正像差或色差及优化视场。目镜物方焦平面上设有光阑，物镜所成实像恰位于此光阑上。视场大小主要取决于目镜光阑直径。光阑上可装配目镜测量微尺，用以测量被观察物尺寸。

借助物镜，人的肉眼能观察物体的微观结构，但它必须经过目镜放大后才能被人眼所分辨。但是，对于物镜难以解析的微观结构，即使经过高倍目镜的二次放大，观察者仍然无法辨识其细节。

3. 照明光源　照明光源可采用电光源或自然光源。电光源需具备良好的光谱性能，提供均匀的光照，其发光强度应具备可调节性。为了调节入射光的光谱和强度，显微镜通常配备有色玻璃滤光片，这使得通过更换滤光片来提高成像的衬度和分辨率成为可能。自然光源受到环境条件限制，目前已少用。

4. 聚光器　聚光器也称作集光器，其作用是汇聚光线，以增强样本的照明效果。该装置由聚光镜和可变光阑（光圈）组成。聚光镜的结构与物镜类似，由一系列透镜组成，其作用是汇聚光束。光圈则由若干金属薄片组成，位于聚光镜下方，中心部分形成圆孔。通过调节该圆孔直径，可以改变光照强度和聚光镜的数值孔径，以使之与物镜的数值孔径相适应，进而获得具有适宜分辨率与对比度的观察视野。

为能实现图像特征信息的标准化和定量化描述，可将显微图像分析仪整合至光学显微镜光学系统中。显微图像分析仪是一种执行显微图像采集与处理、形态学参数测量和光度分析任务的计算机系统。

（二）机械系统

机械系统是显微镜的骨架，承担着支撑和调节光学元件以及固定和移动样本的任务。它由底座、镜臂、镜筒、物镜转换器、载物台和调焦装置等组件构成。

1. 底座和镜臂 底座和镜臂紧密相连，共同组成显微镜的结构基础。底座主要用于支撑显微镜的整体结构，通常内置光源及其照明光路，以确保光线均匀照射在样本上。此外，底座还装配有视场光阑，用于调节进入光学系统的光量和视场大小。镜臂则连接着底座与显微镜的上部结构，包括镜筒和调焦装置。显微照相装置通常也安装在镜臂上。

2. 镜筒 镜筒是连接目镜和物镜转换器的重要组件。镜筒还可分为单筒、双筒和三筒三种。双筒显微镜用于双眼同时观察，具有瞳距调节功能，可减轻眼睛疲劳。其中，一只目镜配备有屈光度调节装置，能适应不同视力的观察者使用。三筒显微镜在双筒基础上，通过分光镜分出一条光路以专用于CCD 成像，从而便于观察者在显示屏上进行观察。

3. 物镜转换器 物镜转换器固定在显微镜镜筒的底端，其旋转盘配有多个螺旋接口，可安装不同放大倍数的物镜。使用时，通过转动旋转盘来切换物镜至光路中。

4. 载物台 载物台是用于放置观察样本的平台，通常配有固定样本的固定装置和刻度标尺或坐标系统。载物台可在水平方向精确移动，允许观察者通过螺旋或操纵杆对样本位置进行微调，以获得最佳观察视野。

5. 调焦装置 调焦装置固定在镜臂上，包括粗调焦螺旋和细调焦螺旋，是进行焦距调节、实现清晰成像的关键组件。旋动调焦螺旋可实现镜筒或载物台的升降，进而改变物镜与样本之间的距离，以达到调焦目的，确保物像的清晰。粗调焦螺旋能快速改变物镜与样本的距离，适于低倍镜下的初步调焦。细调焦螺旋适于高倍镜下的精细调焦，以获得最佳焦距。

目前，光学显微镜按其结构设计可分为正置式和倒置式两类类型。正置式光学显微镜的物镜位于样本上方，在医学检验中最为常用。然而，对于有些悬浮于组织液中的活体细胞，或者在培养器皿底部生长的细胞及其他培养物，因为其容器体积较大，需载物台提供充足的放置空间，因此物镜必须置于载物台下方，以便能通过容器底部进行观察。由于这种结构与正置式显微镜相反，照明组件需放在样本载物台之上，成像组件置于其下方，故此类型称为倒置式光学显微镜。

三、技术参数

1. 放大倍数（amplification） 又称总放大率，是指显微镜经多次成像后最终所成的（倒立放大的）像的大小相对于原物体大小的比值，可表示为：

$$M=-\frac{25\Delta}{f_e'f_o'}$$

式中，M 为显微镜总放大率；负号表示像是倒立的；25 表示人的正常目视距离 25cm；Δ 为显微镜的镜筒筒长；f_e'和f_o'分别为目镜和物镜的像方焦距。实际使用中，通常用物镜与目镜上所标识的放大倍数的乘积来估计 M 值。普通光学显微镜的总放大倍数一般不超过 2000 倍。

2. 数值孔径（numerical aperture，NA） 又称为镜口率，是指被观察物与物镜之间介质的折射率（n）

和物镜孔径角一半（β）正弦值的乘积。表示为：

$$NA = n \sin\beta$$

NA 是衡量显微镜性能的重要参数。NA 越大，显微镜的总放大率越大，分辨率越高（但景深会变得越小）。NA 的平方与图像亮度成正比。物镜孔径角度通常是固定的，若想增大 NA 值，可以在被观察物和物镜间使用水或者油等折射率大于 1 的物质作为介质。此外，为了充分发挥物镜 NA 的作用，聚光镜的 NA 值应不小于物镜的 NA。

3. 分辨率（resolution） 又称为分辨本领或解像力，是指显微镜分辨物体细微结构的能力。它是指显微镜能辨识的两相邻点间最小距离，表示为：

$$\delta = 0.61\lambda / NA$$

其中，λ 为入射光波长，NA 为物镜的数值孔径。δ 数值越小，分辨率越高。采用短波长光源照明或者提高物镜的 NA 都有利于增强显微镜的分辨率。如采用与物镜 NA 相等的聚光镜，则相当于使物镜 NA 增大了 1 倍，此时分辨率可表示为：

$$\delta = 0.61\lambda / 2NA$$

同样也可以通过增大介质的折射率来增大 NA，从而提高显微镜的分辨率。

4. 焦深（depth of focus） 又称景深，是指当显微镜对焦于某一物平面时，位于该物平面前后仍能够清楚观察两个平面间的距离。当使用高倍物镜进行观察时，景深约为几微米至几十微米。景深与总放大倍数、NA 成反比，与 δ 成正比。

5. 工作距离（object distance） 又称物距，即物镜前透镜表面与被观察样本之间满足观察要求的距离。通常 NA 大的高倍物镜，工作距离相对较小。

四、安装与操作

（一）安装与校准

1. 安装 首先，以右手稳固地握住显微镜的镜臂，同时以左手托住底座，将显微镜主体放置在一个坚固、水平、干燥且洁净的工作台面上。显微镜的后端应留出不少于 10cm 的散热空间。随后，按照说明书的指导正确安装目镜和物镜，并确保螺纹或者卡扣紧密连接。最后，连接电源，检查光源是否正常开启，并确保调光螺旋能顺畅运行。

2. 调校 光学显微镜的调校主要是确保调焦装置的正常使用。首先，检查粗调焦螺旋和细调焦螺旋旋动是否顺畅，并仔细观察调焦过程中的物镜或者载物平台其升降是否存在卡顿现象。随后，打开光源，切换不同放大倍数的物镜，调整可变光阑尺寸，检查通过目镜观察到的光斑是否保持同心。最后，在低倍镜下观察样本，调焦直至聚焦清晰，依次更换至高倍数物镜，以确保所有物镜都能实现精准聚焦。

3. 计量校准 生物显微镜具有计量特性，应按 JJF1402—2013 生物显微镜校准规范，定期对物镜的放大倍数误差和示值误差，以及双目显微镜左右两系统放大倍数差和两视场中心偏差进行校准。

（二）操作与维护

1. 操作 光学显微镜的基本操作步骤如下。

（1）初始设置 调节粗调焦螺旋，将载物台置于物镜转换器的适当位置，留足空间放置样本；用夹具固定样本并打开光源，调节至适宜亮度。

（2）低倍镜观察 旋转物镜转换器的转盘，将 10 倍物镜调整至光路中。接着，调节载物台的水平方向螺旋，确保样本置于 10 倍物镜正下方；通过目镜观察样本，先要调整目镜的瞳距以确保观察者双眼观察到单一图像，然后边观察边调节粗调焦螺旋，使物镜慢慢接近样本，待观察到样本目标时，再用细调焦螺旋进行精细调节，直到双眼看到清晰的样本图像。

（3）光源亮度与对比度调整　调节聚光器的高度和光圈，优化照明和对比度：光圈调至物镜 NA 的 80% 位置可获得高质量的图像。

（4）高倍镜观察与扫描　旋转物镜转换器的转盘，依次更换更大放大倍数的物镜，更换物镜后需适当细调焦距。为确保观察到理想的样本焦平面，需在目镜下同时观察图像细节的变化，特别是视场中样本的不同部位或不同区域的结构特征。注意：切换物镜时要重新调整光圈。

（5）浸油物镜观察　使用浸油物镜可以提高图像的分辨率。需要时，可在样本盖玻片表面滴加一滴浸没油（如香柏油），并将物镜缓慢浸入盖玻片上的油滴中。操作时需注意：①保证油滴能够完全覆盖物镜，仔细调整焦距直至获得清晰图像；②微调焦距时应注意动作轻缓且随时通过目镜注意观察。过快的调焦动作可能造成物镜与样本之间安全距离丧失（油镜物镜此时已非常靠近样本盖玻片，工作距离往往只有几十微米），从而出现镜头物理接触或刮压样本，甚至造成盖玻片破裂、物镜前端透镜光学表面出现损坏；③油浸观察完毕，应及时清理物镜表面的浸没油（取 1~2 滴乙醚或醇溶液滴在擦镜纸上轻擦物镜镜头），以防止油膜固化覆盖在物镜镜头表面。

（6）关闭显微镜　显微镜使用完毕后，关闭光源并切断电源。将光圈调至最大，缓缓降低载物台，并将物镜转为“八”字形位置。

2. 维护　为了使光学显微镜长期保持良好的工作状态，除了需要使用者养成良好的使用习惯外，还需要对显微镜进行必要的日常维护。

（1）环境控制　显微镜应存放在温度为 5~40℃、湿度小于 80% 的环境中。确保室内环境整洁卫生，避免灰尘污染显微镜表面。

（2）使用后清理　显微镜使用完毕后，应立即清理载物台表面的残留物，尤其是挥发性物质，以保持显微镜的清洁。

（3）目镜清洁　对于目镜清洁，先用洗耳球吹去浮尘，再用擦镜纸蘸取少量专用清洗液轻擦，去除如油脂或泪液等人体分泌物。

（4）物镜清洁　物镜清洁时，只需用擦镜纸蘸少量清洗液，轻轻擦拭表面即可去除污垢。

（5）机械系统检查　显微镜的机械系统结构较简单，故障率较低，但仍需经常检查调焦螺旋、载物台夹具、齿条、物镜转换器的转盘以及光圈叶片是否位移正常，如遇卡涩等情况，可在相应部位滴加少量润滑油。

五、临床应用

在临床实验室，普通光学显微镜主要用来获取病人的体液变化、入侵人体的病原体、细胞组织结构的变化等信息，为医生提供辅助诊断的参考依据。

1. 血液学检查　在血液学检查中，借助普通光学显微镜可以获取红细胞、白细胞和血小板等各种血液细胞的形态、大小和数量信息，为多种血液相关疾病的诊断提供依据。例如，红细胞的形态变化可以帮助诊断贫血、溶血性疾病等；白细胞数量和种类变化则是判断感染、炎症或白血病的重要指标；血小板的数量和形态则与出血和血栓性疾病密切相关。

2. 微生物学检测　普通光学显微镜是观察微生物的重要工具，适用于获取细菌、真菌和原生动物等多种微生物的大小、形状和细胞结构等基本形态信息，进而实现分类和识别。此外，普通光学显微镜还能监测微生物的生长和繁殖，评估抗生素效果，以及研究微生物与宿主的相互作用。

3. 组织细胞学检查　普通光学显微镜在组织细胞学检查中用于观察和分析组织和细胞切片的微观

结构。通过应用不同的染色技术，如苏木精-伊红染色，显微镜能够显示细胞和细胞外基质的细节，帮助识别正常和病变组织特征。

4. 遗传学分析 普通光学显微镜在遗传学诊断中可用于染色体畸变、基因突变和核型异常检查，在诊断遗传疾病、评估遗传风险和研究基因表达方面发挥重要作用。

第二节 特殊功能光学显微镜

PPT

特殊功能光学显微镜是在普通光学显微镜结构和功能基础上，融合了荧光染色成像、相差显微技术和暗视场照明等先进光学技术，并配备相应的光学元件，从而赋予了光学显微镜额外的特殊功能。此类显微镜的典型代表包括荧光显微镜、相差显微镜和暗场显微镜等。

一、荧光显微镜 微课/视频

（一）原理与结构

荧光显微镜（fluorescence microscope）利用高发光效率的点光源，通过分光系统发射特定波长的光作为激发光源，以激发样本自身或结合其上的荧光物质发出荧光。不同波长（即不同颜色）的荧光通过物镜和目镜放大成像。荧光显微镜光路示意图见图3-3。相较于普通光学显微镜的明场成像，荧光成像在暗背景下更加突显，便于识别。因此，荧光显微镜主要用于研究细胞表面或内部特定成分的分布及含量，可以揭示细胞的亚细胞结构与功能。

荧光显微镜的结构见图3-4。与普通光学显微镜相比，它在光学系统结构上有较大差异：其光源组件不仅包括了卤素照明光源和与之配套的聚光器，还包含了激发光源。在光路中，荧光显微镜还配备了滤色镜组件。为了便于观察和记录荧光图像，荧光显微镜通常还会配备摄像/照相装置，并与显示器连接。此外，从激发光源到观察样本的整个光路，荧光显微镜的光学元件均需使用能透过紫外光的材料（如石英）制备。

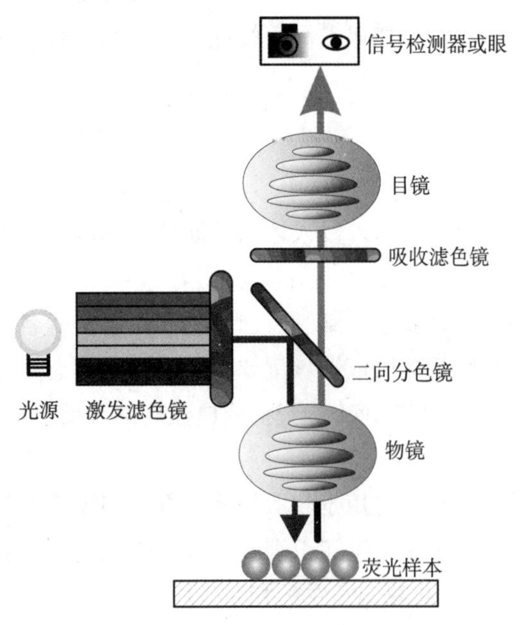

图3-3 荧光显微镜光路示意图

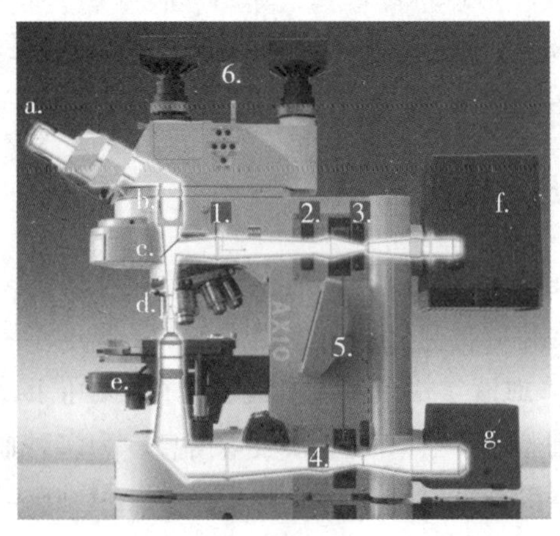

图3-4 荧光显微镜结构示意图

a. 目镜；b. 无限远色差校正系统；c. 反射镜；d. 物镜；e. 聚光镜；f. 荧光光源；g. 普通光源

1. 无限远色差校正系统；2. 落射光视场光阑；3. 落射光孔径光阑 4. 透射光视场光阑；5. 滤光片组件；6. 摄像/照相装置

1. 激发光源　大多数荧光显微镜使用50~200W的超高压汞灯作为激发光源。汞灯由内部呈球形、含有适量汞的石英制成。通电后，汞灯电极间放电，其中的汞被蒸发。随后，汞分子在解离和还原的过程中释放出的强烈紫外光和蓝紫光，足以激发各类荧光物质。为保护人眼安全，必须在载物台和目镜之间安装紫外防护板。值得注意的是，超高压汞灯平均寿命较短，且单次通电工作的时间越短，其寿命越短。因此，使用时应尽量减少汞灯的启动频率，并确保在关闭后汞灯完全冷却后方可再次通电启动。由于激发光源功率较大，必须配备专门电源箱供电，并确保有良好的散热环境。

2. 滤色镜组件　该组件包括激发滤色镜、吸收（阻隔）滤色镜和二向分色镜。激发滤色镜通常位于光源和物镜之间，用以选择激发光范围，确保特定波长的光得以通过；吸收滤色镜位于物镜和目镜之间，其功能在于阻隔（吸收）剩余的激发光，并选择性让特异荧光进入目镜，以实现单一荧光的呈现。二向分色镜则主要负责将荧光透射至目镜，同时反射掉激发光。

（二）分类

按激发光是否进入物镜，荧光显微镜可分为透射式和落射式两种类型。

1. 透射式荧光显微镜　其特点是激发光源直接通过聚光镜对样本进行照射并激发荧光。该显微镜使用的聚光镜为暗场聚光镜，其作用是阻隔激发光进入物镜，仅允许荧光通过进入物镜，从而形成暗背景，获得良好的对比度。不过，随着放大倍数提高，荧光强度会随之降低，因此该显微镜适合观察体积较大且透明度较高的样本。

2. 落射式荧光显微镜　落射式是近年新型荧光显微镜多采用的一种设计结构，其特点是在光路中嵌入了二向分色镜。该装置能将激发光反射至样本，并可将产生的荧光与反射的激发光分离，从而仅让荧光成像。落射式荧光显微镜的物镜不仅具备聚光镜的作用，还能收集荧光，在简化操作上发挥了作用。而且，它还能实现从低倍到高倍的整个视场均匀照明，并能让荧光强度随放大倍数增加而增强，特别适合观察厚度较大或不透明的样本。为了使用的便捷性，制造商通常将针对不同荧光基团的激发滤色镜、二向分色镜以及阻隔滤色镜整合成一个荧光滤片单元，以便在多重荧光基团检测时能灵活选用。

（三）技术参数

1. 激发光源　激发光源的选择有汞灯、氙灯、LED和激光等。低压汞灯主要发射波长为253.7nm，而高压汞灯为365nm。氙灯的波长范围介于300~1000nm，LED的波长范围为350~750nm，激光的波长范围则为405~700nm。

2. 滤片单元　落射式荧光显微镜常配备近紫外光激发模块（U）、紫光激发模块（V）、蓝光激发模块（B）和绿光激发模块（G）等4种荧光滤片单元，以满足不同的荧光染色观察需要。

（四）临床应用

利用荧光染料或荧光标记物对细胞、组织和病原体等样本进行标记，可在荧光显微镜下观察它们的结构及功能。具体应用如下。

1. 细胞生物学研究　荧光显微镜可以对细胞器、细胞膜以及基因表达、细胞周期等细胞内分子级别的生理过程进行实时成像，可以从空间和时间两个维度上揭示细胞基本生理过程的发生、发展和终结过程，例如细胞的迁移、增殖和凋亡等。

2. 肿瘤的诊断　在病理组织切片中应用特定的荧光染料或荧光探针标记肿瘤细胞或癌基因，从而实现肿瘤的早期检测，并可提高肿瘤诊断的特异性。

3. 病原体检测　荧光显微镜可用于观察荧光标记病原体的特征，帮助诊断和鉴别细菌、病毒等病原微生物的感染。

二、相差显微镜

（一）原理与结构

在研究活细胞和未经染色的生物样本时，由于细胞各种细微结构的折射率和厚度略有不同，当光波照射穿透时，其波长和振幅保持不变，仅相位发生改变。这种相位的差异，在普通光学显微镜下人眼是难以分辨的。相差显微镜（phase contrast microscope）正是为解决这一问题由荷兰科学家 Zernike 于 1935 年发明。它利用了光的衍射和干涉原理，采用了特殊光学设计：通过改变直射光或衍射光的相位，将相位差变成振幅差（即明暗差异），使人眼可以观察到不同折射率的介质特征。此外，相差显微镜的光学设计还包括了吸收部分直射光的机制，为明暗反差增大、实现活细胞或未染色样本其透明结构的清晰观察提供了便利。

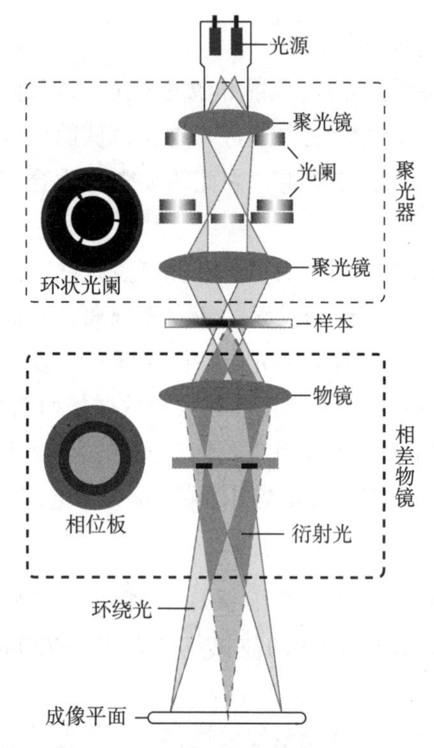

图 3-5　相差显微镜光路示意图

相差显微镜的光路示意图见图 3-5。它的特殊功能主要依赖其结构中的环状光阑和相差物镜。环状光阑通常放置在聚光镜系统内，位于光源和聚光镜之间。该环状光阑是一个中心部分不透光、周围环形区域透光的遮光片。它能使透过聚光器的光线以空心光锥斜射至样本上，从而提升样本与周围背景的对比度，增强图像清晰度。相差物镜则包含一个或多个相位板。这些相位板位于物镜的后焦面上，能使通过的光线产生相位延迟，从而改变直射光和衍射光的相位关系，发生干涉现象。这种干涉过程使得振幅发生增减，让原本难以区分的样本结构在图像上呈现显著的明暗对比，为相差成像创造了条件。

（二）技术参数

1. 物镜数值孔径　常见范围为0. 1~1. 4。相差物镜通常需要高数值孔径以提供足够的光量和对比度。

2. 相位板　在物镜中添加涂氟化镁的相位板，可将直射光或衍射光的相位推迟 1/4λ。它分为两种：①A + 相板 将直射光推迟 1/4λ，两组光波合轴后光波相加，振幅加大，样本结构比周围介质更亮，形成亮反差（或称负反差）；②B + 相板 将衍射光推迟 1/4λ，两组光线合轴后光波相减，振幅变小，形成暗反差（或称正反差），样本结构比周围介质更暗。

（三）临床应用

相差显微镜主要用于观察和研究透明或无色的活体细胞和组织，无需染色。以下是一些具体应用：

1. 用于观察红细胞的形态和数量，帮助诊断贫血等血液疾病；可以清晰地观察白细胞的不同类型及其形态特征，有助于识别白血病、感染等疾病。

2. 用于观察尿液中的细胞、晶体和细菌，帮助诊断泌尿系统感染、肾结石等病症。

3. 无需染色即可观察活细菌的形态和运动，帮助识别不同类型的细菌；可用于观察真菌的形态，结构和繁殖方式，帮助诊断真菌感染。

4. 用于观察和分析精子的数量、形态和活动性，评估男性生育能力。

5. 在组织和病理学检查中，相差显微镜可用于观察活组织样本或无需染色的病理切片中的细胞结构和组织形态，辅助发现组织病变和病理诊断。

三、暗场显微镜

（一）原理与结构

为解决普通光学显微镜低对比度的问题，人们发展出了暗场显微镜（dark-field microscopy）（也称为暗视野显微镜）。暗场显微镜应用丁达尔效应，基于斜射照明技术，即光源光线以倾斜角度投射至聚光镜，直射光线被聚光镜的挡光板所阻挡，只有经过样本散射或衍射的光线才能进入物镜。在视场中，背景保持黑暗，而样本的散射光则在暗背景中形成鲜明对比，从而让样本轮廓和表面结构得以清晰地显现。

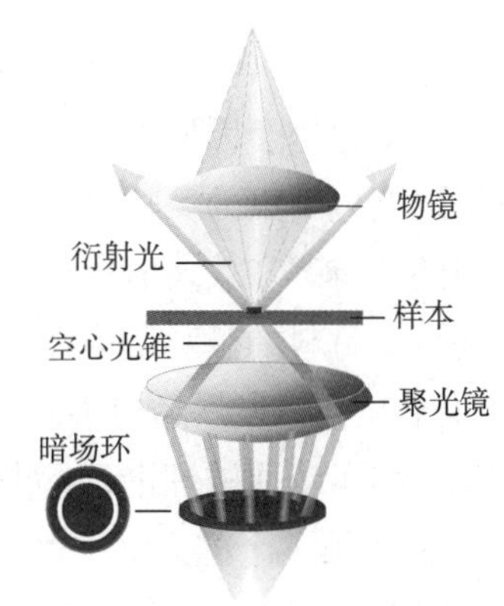

图 3-6 暗场聚光镜光路示意图

暗场显微镜的关键部件是暗场聚光镜（图 3-6）。暗场聚光镜内部多采用抛物面玻璃球体，其上下端经平行切削而成抛物面结构。这种设计能够让光线汇聚成一个倒置的空心圆锥体，并聚焦于样本之上，而减少光线的损失。暗场聚光镜内还设置有暗场环，其中央为圆形挡光板，用于遮挡直射光，进而仅允许样本反射和衍射光线进入物镜。

（二）技术参数

1. 暗场聚光镜数值孔径 暗场聚光镜的 NA 必须大于物镜的 NA，以便实现暗场效果，一般数值为 1.2~1.4。

2. 放大倍率 暗场显微镜的放大倍率通常为 40~100 倍，高倍物镜下效果较好。常使用油浸物镜以提高分辨率。

3. 分辨率 暗场显微镜可以观察到 4~200nm 的微粒子，其分辨率比普通显微镜高 50 倍。这使得暗场显微镜成为观察微小颗粒和细胞器结构的有力工具。

（三）临床应用

通过特殊的光路设计和技术，暗场显微镜使观察对象的轮廓在暗色背景上显现出明亮的光斑，突出细胞和微生物的形态和结构特征，用于观察明场下难以辨认的透明或低对比度的生物样本，如活体细胞、细菌、纤维以及有机或无机结晶体等，被广泛应用于细胞学、生物物理学、神经科学等研究中。

四、紫外光显微镜

紫外光显微镜利用紫外光对样本成像，其分辨率高于普通光学显微镜，可以实现对紫外光有选择吸收物质的显微分光光度测量。紫外光显微镜常用于研究单个细胞的组成与变化情况，观察细胞内核酸的分布状况和在细胞发育过程中核酸的变化，并可区分未被染色的活细胞中细胞质和细胞核等。

五、偏光显微镜

偏光显微镜通过将自然光转变为偏振光来观察样本，用于观察体液、细胞和组织中的晶体，并通过晶体形态推测其成分。它不仅能清晰显示纤维、纺锤体、胶原蛋白、染色体、骨骼、毛发以及活细胞中结晶或液晶状态的内含物，还能观察神经纤维和肌肉纤维等的细微结构，从而用于分析细胞和组织的变化过程。例如，正常细胞对偏振光表现出左旋性，而多种肿瘤细胞则表现出右旋性。通过观察样本的旋光性，偏光显微镜可以初步鉴别正常细胞与肿瘤细胞。

第三节 电子显微镜

PPT

电子显微镜（electron microscope）使用电子束作为照明源：当高速运动的电子在通过磁场或电场时，其运动轨迹会因场力的作用而发生偏转和聚焦，从而实现样本的放大成像。磁场或电场强度的调节可以改变电子束的偏转角度，这是实现放大倍率调整的关键。由于电子的波长远小于可见光，电子显微镜的分辨率和放大倍数远超光学显微镜，这使研究者能够观察到细胞的超微结构、病毒的形态以及某些纳米材料的微观结构等。

电子显微镜发展经历了多个阶段，最早可追溯至20世纪初：1924年法国物理学家Louis Victorde Broglie提出了物质波理论，指出电子具有波粒二象性，为电子显微镜的发明奠定了基础。1926年Hans Bush研制了第一个磁力电子透镜。1931年，世界上第一台透射电子显微镜（transmission electron microscope，TEM）问世。此后，扫描电子显微镜（scanning electron microscope，SEM）、扫描透射电子显微镜（scanning transmission electron microscopy，STEM）和冷冻电子显微镜（cryo-electron microscope，Cryo-EM）相继出现。本节将重点讲述TEM和SEM两种较为常用的电子显微镜。

一、透射电子显微镜

（一）原理与结构

透射电子显微镜简称透射电镜，利用电子束穿透样本，通过电磁透镜放大成像。与光学显微镜不同，电子显微镜主要依靠电子的散射而非吸收来获得图像的对比度。样本的厚度和密度决定电子束的散射程度。当样本较薄或密度较低时，电子束散射较小，因此更多的电子能够通过物镜的光阑，参与到成像过程中，使得这些区域在图像中较亮。相反，样本的某些部分较厚或密度较高，则会引起更多的电子散射，减少通过物镜的电子数量，使得这些区域在图像中显得较暗。因此，图像的明暗差异直接反映了样本内部的结构特性。

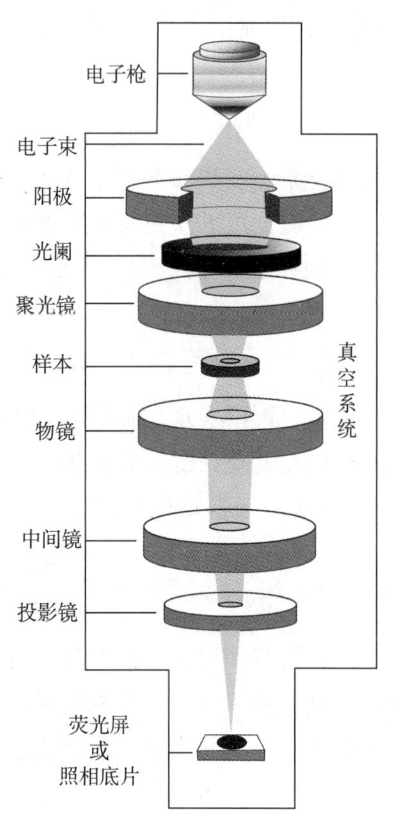

图3-7 透射电镜的基本结构示意图

TEM的基本结构见图3-7，主要包括电子光学系统（照明系统）、真空系统、观察显示和记录系统以及电气系统等。

1. 电子光学系统 电子光学系统是TEM的主体，主要起成像和放大的作用，由电子枪和各级电磁透镜组成。

（1）电子枪 作为电子发射源，形成电子束。电子发射形式有热电子发射和场致发射两种。常用的热电子发射电子枪由V形钨丝或六硼化镧阴极、中心开孔的阳极及控制栅极组成。电子由阴极发出，经阳极高压加速至接近光速。通过控制栅极来控制电子速度、电子束流大小及形状，从而获得一束高亮度和高稳定的照明电子光源。

（2）电磁透镜 类似于光学显微镜的透镜系统，分为静电透镜和磁透镜两类，分别形成静电场和磁场，使电子束汇聚，也称为电子透镜。TEM通常采用5级透镜，包括两级聚光镜、物镜、中间镜和投影镜。通过调节聚光镜电流可以改变图像亮度；调节物镜电流改变焦点；调节中间镜电流可改变放大倍率。高速运动的电子束首先通过两级聚光镜聚焦，然后穿过样本，由物镜成像于中间镜上，再经过中间镜和投影镜逐级放大，最终在荧光屏或照相底片成上像。

2. 真空系统 在真空中，电子束不受空气分子干扰，减少散射，保证成像的清晰度和稳定性。同时，真空还保护样本免受氧化和污染，延长了电子枪的使用寿命以及避免空气对操作的干扰。因此，电子枪、样本室、显微镜的镜筒和照相装置都必须保持真空状态。真空系统主要由机械真空泵、油扩散泵、联动控制阀门、真空排气管道、空气过滤器和真空测量仪组成。

3. 其他 TEM 的电气系统由高压发生器、磁透镜的稳压稳流电源以及各种调节控制单元组成。图像观察显示和记录系统由观察室和照相室或 CCD 系统组成。观察室的荧光屏用于显示经过光电转换的电子成像。最终图像可以在荧光屏上直接观察，也可通过下方的照相室或 CCD 进行记录。

（二）技术参数

1. 分辨率 点分辨率（Point Resolution）通常在 0. 1nm 左右，高分辨率 TEM 可以达到 0. 05nm 或更低。线分辨率（line resolution）通常比点分辨率略高，在 0. 1~0. 2nm。对应的放大倍率通常在 50~1000000 倍之间，根据不同的应用需求进行调节。

2. 加速电压 一般在 10~300kV，特定的高分辨率 TEM 可以达到 1000kV。

3. 电子枪类型 常见的电子枪类型包括钨丝灯丝、LaB6 灯丝和场发射枪等。

（三）临床应用

1. 细胞和组织结构研究 TEM 能够观察到细胞器和组织的超微结构，如细胞核、线粒体、内质网、核糖体等，帮助研究细胞的正常功能和病变过程。

2. 病毒和病原体研究 TEM 可以直接观察病毒和其他微小病原体的形态和结构，帮助理解其感染机制和传播途径。

3. 神经科学研究 TEM 可以观察神经元及其突触的超微结构，研究神经系统疾病如阿尔茨海默病、帕金森病等的病理变化。

4. 免疫学研究 TEM 可用于观察免疫细胞及其在免疫反应中的变化，帮助理解免疫系统在感染和疾病中的作用。

5. 纳米医学研究 在纳米医学领域，TEM 可用于表征细胞分泌的纳米级囊泡如外泌体的结构，帮助理解外泌体在疾病发生发展中的功能以及在疾病诊断中的作用。TEM 还可用于观察基于人工合成纳米材料的药物递送系统在细胞内的分布和作用机制。

知识拓展

冷冻电子显微镜

冷冻电子显微镜简称冷冻电镜（Cryo-electron Microscopy，Cryo-EM）近年取得了革命性的进展，极大地推动了结构生物学发展。与传统的透射电子显微镜相比，冷冻电镜在样本制备过程中无需对生物样本进行染色或固定，从而减少了样本结构被破坏的风险。

冷冻电镜的工作原理是将生物样本如蛋白质、病毒或细胞在液氮温度下迅速冷冻，使其玻璃化，以保持样本的天然形态。随后样本通过冷冻传输系统传输至高真空的电镜样本室内进行观察。电子束对处于超低温状态的样本的损伤被最小化。通过收集不同取向的二维图像，并利用三维重构技术，最终获得接近原子级分辨率的生物大分子三维结构模型。冷冻电镜的优势不仅在于能够观察到生物大分子的动态结构和复杂组装体，还能用于研究生物分子的功能状态和相互作用。

二、扫描电子显微镜

（一）原理与结构

扫描电子显微镜，简称扫描电镜，其电子枪发射的电子束通过电磁透镜聚焦成一个极细的电子探针在样本表面逐点扫描。电子束撞击样本时，产生二次电子、背散射电子和特征X射线等信号。这些信号被样本旁的探测器收集，并转换成电信号。通过同步扫描电子束和显示器上的光点，形成高分辨率的样本表面形貌图像。

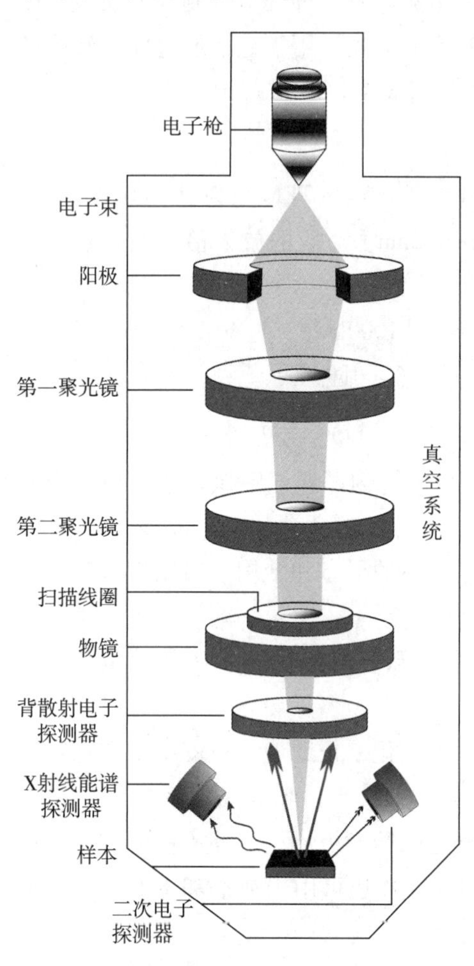

图3-8 扫描电子显微镜结构示意图

SEM的基本结构与TEM类似，见图3-8。它们的主要区别在于SEM的电子束是扫描样本的表面而不是透过，这需依赖其特有的扫描系统来控制电子束在样本表面上进行栅格状扫描。扫描系统由一对偏转线圈构成，分别控制电子束在X轴和Y轴方向上的移动。此外，SEM还需要探测电子束撞击样本后反射或散射出的电子和X射线。这依赖于多种探测器，如用于表面形貌成像的二次电子探测器、用于成分对比成像的背散射电子探测器、用于元素分析的X射线能谱探测器和用于晶体结构和取向分析的电子背散射衍射探测器（EBSD）等。

（二）技术参数

1. 分辨率 SEM的分辨率可以达到1nm左右，这取决于电子枪的类型和工作条件。场发射电子枪通常具有较高的分辨率。

2. 放大倍率 SEM的放大倍率通常在10~1000000倍。实际应用中，常用的放大倍率在100~100000倍。

3. 工作距离 电子枪到样本表面的距离，通常在1~50mm。工作距离越短，分辨率越高，但操作复杂性增加。

4. 扫描速度 图像扫描的速度，可以从几毫秒到几秒不等。快速扫描用于预览和粗略观察，慢速扫描用于高分辨率成像。

（三）临床应用

1. 细胞和组织形态学研究 SEM可以详细观察细胞和组织的表面形态，帮助研究正常和病变组织的结构差异。

2. 病毒和细菌形态研究 SEM能够清晰地成像病毒和细菌等微生物的表面结构，帮助理解病原体的形态特征及其与宿主细胞的相互作用。

3. 生物材料研究 SEM用于研究各种生物材料的表面特性及其与生物组织的相互作用，帮助开发新的生物相容性材料。

第四节 超分辨光学显微镜

PPT

电子显微镜虽然实现了纳米级的分辨率，但是其样本制备过程通常会破坏蛋白质、DNA等生物分子的结构，不适用于生物分子，特别是动态活体样本的观察。超分辨光学显微镜突破了传统光学显微镜衍射极限，能够在纳米尺度下观察动态生物活体样本的细微结构。超分辨光学显微镜主要包括激光扫描共聚焦显微镜（laser scanning confocal microscope，LSCM）、结构光照明显微镜（structured illumination microscopy，SIM）、受激发射损耗荧光显微镜（stimulated emission depletion microscopy，STED）、光激活定位显微镜（photoactivated localization microscopy，PALM）和随机光学重建显微镜（stochastic optical reconstruction microscopy，STORM）等。其中 LSCM 最为常用，本节重点介绍。

一、激光扫描共聚焦显微镜

（一）原理与结构

激光扫描共聚焦显微镜是一种利用激光作为光源，通过共聚焦原理实现超高分辨率成像的光学显微镜。LSCM 的光路示意图见图 3-9，其工作原理是使用激光经过照明针孔逐点扫描样本时，共聚集针孔（与照明针孔焦平面共轭）仅允许焦平面信号通过，而排除焦平面域外散射光和反射光。当焦平面上的激光点同时聚焦于照明针孔与共聚焦针孔时，共聚焦现象发生。这种共聚焦在显著提高成像清晰度和对比度的同时，实现样本的精细成像和断层扫描。

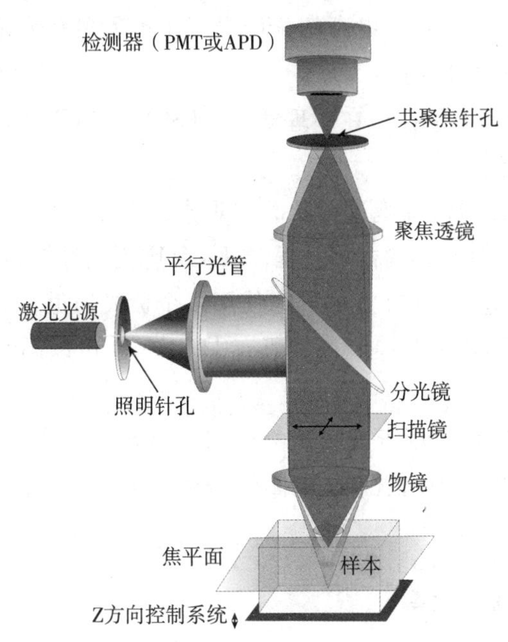

图 3-9　激光扫描共聚焦显微镜光路示意图

LSCM 的基本结构包括激光光源、扫描系统、显微镜光学系统、计算机控制系统以及图像处理软件。

1. 激光光源　提供高强度、单色和相干激光束。激光束经照明针孔，经由分光镜反射至物镜，并聚焦于样本上。常用的激光光源包括氩离子激光器、氦氖激光器、二极管激光器等。

2. 扫描系统　包括扫描镜、共聚焦针孔和荧光检测器。扫描镜通常是两个正交的振镜（galvanometer mirrors），用于控制激光束在样本焦平面上进行 X-Y 平面逐点的扫描。共聚焦针孔（也称作共轭针孔）位于检测器前，其精确放置在成像光路焦点处。它仅允许来自焦平面光线通过，而阻挡离焦光线，这提高了图像的对比度和分辨率。荧光检测器通过滤光片或光谱分光器分光，收集通过共聚焦针孔的荧光信号，利用光电倍增管（photo multiplier tube，PMT）或雪崩光电二极管（avalanche photo diode，APD）进行检测。

3. 显微镜光学系统 显微镜光学系统是 LSCM 的主要组件，其物镜通常采用大数值孔径平场复消色差物镜，有利于荧光采集和更加清晰地成像。

4. 计算机控制系统以及图像处理软件 用于控制显微镜、采集数据、处理图像和进行三维重构。

（二）技术参数

1. 分辨率 最高可以实现 120nm 的超高分辨率。

2. 激光光源 可配备 405/442/458/488/514/543/633nm 的紫外和可见光的激光光源，适用于激发不同的荧光染料。

3. 物镜数值孔径 通常使用高 NA（如 1.2~1.4）的物镜，尤其是油浸或水浸物镜，用于提升成像质量。

4. 扫描速度 即每秒采集图像的帧数，通常为几帧每秒到上百帧每秒。高扫描速度对于活细胞成像尤为重要。

5. 光学切片厚度 光学切片厚度由数值孔径、激光波长和针孔大小共同决定。针孔越小，切片越薄，通常可以实现 0.5~1.5μm 的切片厚度。

（三）临床应用

与传统光学显微镜相比，LSCM 具有更高的分辨率，在实现多重荧光观察的同时还能形成清晰的三维图像，以下是一些主要的临床应用。

1. 细胞和组织结构的高分辨率成像 在病理学中，LSCM 可以更清晰地识别肿瘤细胞的边界和形态特征，有助于癌症的诊断和分级。

2. 活细胞成像 LSCM 可以对活细胞进行长时间观察，无需染色或固定。在细胞生物学研究中，LSCM 可以实时监测细胞分裂、迁移、凋亡等过程，以及细胞内信号传导和物质运输。

3. 多重荧光标记和三维重建 LSCM 能够同时使用多个荧光通道，对细胞内不同组分进行标记和成像，然后通过软件重建三维结构。在神经科学研究中，LSCM 可以同时观察多个神经递质或受体的分布，了解神经网络的复杂性。

4. 药物开发和筛选 LSCM 可以用于观察药物对细胞形态和功能的影响，筛选潜在的有效药物。在药物毒性测试中，LSCM 可以帮助评估药物对细胞结构的损害，以及对亚细胞结构如线粒体和细胞核的影响。

二、其他超分辨光学显微镜

1. 结构光照明显微镜 SIM 是通过结构化的光照模式对样本进行照明，并通过多角度图像采集和计算重建，实现约 100nm 高分辨率成像。SIM 具有快速成像、适用于厚样本和多色成像等优势，适用于观察细胞内复杂的结构和动态过程。国内科研团队自主研发的 HiS-SIM 智能超灵敏活细胞超分辨显微镜在 2019 年实现商品化，标志着我国在高端科研仪器领域迈出了坚实的步伐。

2. 受激发射损耗荧光显微镜 STED 是通过控制荧光分子的激发和发射实现成像。它使用两个激光束：一个激发激光束激发荧光分子，另一个环形的 STED 激光束通过受激发射使周围荧光分子返回基态，仅保留中心极小区域的荧光信号。这种方法可将光斑大小缩小到亚衍射极限，达到 20~30nm 的分辨率，可用于观察活细胞中的纳米级结构。

3. 光激活定位显微镜 PALM 是利用单分子荧光成像实现纳米级成像，其通过低密度的光激活和成像，精确定位可光激活的荧光分子位置，并经过多次循环激活、成像和关闭，收集大量数据后，经过计算机处理和重建，可实现 20~30nm 的高分辨率成像，适用于观察细胞内蛋白质和分子复合物的空间分布和动态过程。

4. 随机光学重建显微镜 STORM 是通过荧光分子的随机闪烁实现纳米级分辨率成像。STORM 利用低强度激发，使每次只有少量荧光分子发光，精确定位单分子位置。通过多次成像累积数据并重建，STORM 可达到 20~30nm 超高分辨率。

思考题

答案解析

案例 某医院计划购置数台显微镜，主要用于血液学、微生物等相关临床检验任务及细胞生物学和遗传学领域的研究需要。

初步判断与处置：为满足不同专业临床检验专业工作的需要，购置显微镜需考虑放大倍数以便观察细胞、细菌等微小结构；应有较高分辨率以确保图像清晰；选择合适的光源类型以适应不同样本的观察需求、考虑合适的成像技术如数字成像、相差成像、暗场成像等。

问题

（1）哪种类型的显微镜可以既满足血液学、微生物学等临床检测要求，又能满足细胞生物学和遗传学领域的研究需要？

（2）这类显微镜具有哪些特点？

（金　丹）

书网融合……

重点小结

题库

微课/视频

第四章　电泳分析仪

学习目标

1. 通过本章学习，掌握电泳仪的结构和原理；熟悉电泳仪的性能特点及保养与维护方法；了解电泳仪在临床中的应用。

2. 具有常用电泳仪的操作能力及保养与维护能力。

3. 树立创新发展意识和思维，以实践探索视角审视电泳技术发展及其技术的创新与应用。

电泳（electrophoresis）是带电粒子或分子在电场作用下移动的现象。不同粒子因大小、形状、所带电荷不同，导致其在一定电场强度中的迁移率不同从而实现分离的技术称为电泳技术，主要用于蛋白质和核酸的分离、鉴定及定量分析。从 1937 年 Arne Tiselius 发明界面电泳（于自由溶液中分离血清蛋白），到 20 世纪 40 年代的区带电泳（以醋酸纤维素膜电泳和凝胶电泳为代表的、基于支持介质的分离），再到 20 世纪 90 年代兴起的毛细管区带电泳（回归自由溶液中的蛋白分离），电泳技术经历了全手工到半自动再到如今的全自动多通道检测。临床检验中，血清蛋白电泳、免疫固定电泳、血红蛋白电泳、糖化血红蛋白电泳等检测项目，可辅助诊断多发性骨髓瘤、糖尿病、地中海贫血等多种疾病。电泳技术还广泛用于蛋白质分离鉴定、蛋白相互作用、核酸分离鉴定等多种科学研究中。

第一节　电泳技术的原理与分类

PPT

一、基本原理

带电粒子或分子在一定电场强度作用下移动。由于不同粒子或分子的分子量、形状、在一定缓冲液中所带电荷性质及电量各不相同，所以在一定电场强度下迁移的方向和速率也不同。迁移率是指在单位电场强度下，带电粒子或分子在单位时间内的迁移距离。通常情况下，带电粒子或分子的分子量越小、所带电荷量越大，形状越小越接近球形，则它在电场中的迁移率就越快，反之，则越慢。迁移率的不同使得不同粒子或分子得以分离。

蛋白质等生物大分子，根据所处缓冲液的 pH 不同，其所带电荷也不同。一般情况下，若 $pH < pI$，则蛋白质带正电荷，向电场的负极移动。若 $pH > pI$，则蛋白质带负电荷，向正极移动。人体内大部分蛋白质 $pI < 7$，因此，在中性或碱性缓冲液中会带负电荷，电泳时一般向正极泳动。

二、影响因素

电泳技术是分子分离的重要技术，其影响因素主要来自电泳技术类型、样本、支持介质、介质缓冲液、电场提供设备、环境条件等 6 个方面。这些因素共同决定了电泳分离的效率、分辨率和准确性。在这些因素中，一些相对静态、易于分析，而另一些因素则因电场施加形成电流后，随着时间的推移变得动态、复杂。理解和分析这些影响因素是有效进行电泳的关键。

（一）静态影响因素

1. 样本特性　包括粒子或分子的大小、净电荷、形状和稳定性等特性决定了它们在电场中的迁移速度和行为。分子量越大，粒子或分子的泳动速度越慢；反之则越快。粒子或分子的形状也影响其速度，如在琼脂糖凝胶电泳中，相同质粒情况下，环状质粒比线状质粒泳动速度快。

2. 支持介质　以凝胶介质为例。凝胶的类型和浓度对分离效率至关重要，凝胶孔径大小影响分子的迁移速度和迁移路径。凝胶浓度越小，则筛孔孔径越大，粒子或分子的泳动速度快；反之，则孔径越小，粒子或分子的泳动速度慢。可以通过调整凝胶浓度来实现良好的分离效果。

3. 介质缓冲液　介质缓冲液的 pH 和离子强度直接影响粒子或分子的电荷状态，离子强度还会影响介质缓冲液的黏度和缓冲能力。对于蛋白质，缓冲液 pH 距离蛋白质 pI 越远，则蛋白质表面净电荷越多，电泳速度越快；反之，则越慢。若溶液 pH 等于 pI，则蛋白质净电荷为 0，在一般情况下不能泳动。因此，要想实现很好的分离效果，应选择合适的 pH，使得混合物中各蛋白所带净电荷量差别较大，以利于分离。电泳合适的离子强度一般在 0. 02~0. 2mol/L 之间。若离子强度过高，会降低粒子或分子的电荷量，使电泳速度减慢，但分离更清晰。若离子强度过低，虽然电泳速度快，但是分离欠清晰，且溶液缓冲能力差，会影响 pH 稳定性从而影响电泳的分离效果。

4. 电泳技术类型　不同的电泳模式（如界面电泳、凝胶电泳等）对分离效果有直接影响。例如，在界面电泳中，蛋白分离是重叠的，而在凝胶电泳中，蛋白则被分离为独立的区带。

（二）动态影响因素

1. 电场强度（E）　影响粒子或分子迁移速度（电泳速度）（v）及方向的关键因素。v 和 E 之间的关系可以简化为下面的公式：

$$v=\mu E$$

注意：该公式为简化的线性关系，其中迁移率 μ 被视为常数（相关静态影响因素相对稳定）。根据该公式，电场强度越高，粒子或分子的泳动速度越快；反之，速度则越慢。根据电压使用的高低，可将电泳分为常压电泳和高压电泳。常压电泳电场强度范围为 2~10V/cm，而高压电泳则为 20~200V/cm。电压越高，分离相同样本所需的时间越短。不过，需要注意的是：电压越高，电流也更强，此时电泳过程会出现焦耳热效应。持续的焦耳热效应会带来系列影响，样本特性、支持介质特性、介质缓冲体系特性等静态影响因素变得不再稳定。此时，迁移率 μ 将不再被视为常数，而是一个受多种因素影响的复合参数。因此，高压电泳需配有散热措施，以保证稳定而良好的分离效果。

2. 焦耳热　在电泳过程中，电流强度（I）与释放的热量（Q）之间的关系可列成如下公式：

$$Q=I^2Rt$$

式中，R 为电阻；t 为电泳时间；I 为电流强度。

公式表明，电泳过程中释放的热量与电流强度的平方成正比。焦耳热是高电压电泳中的一个重要考虑因素。当电场强度升高，电流强度增大时，持续的热量增加和释放会带来系列影响，包括：①样本扩散和变性，样本中的粒子（如蛋白、核酸）扩散速度加快，引起分离区带变宽。同时，持续的高温可能致使蛋白质或其他生物大分子变性，结构发生改变，影响电泳速度和分离效果；②支持介质物理变化，持续的焦耳热可能让凝胶或其他支持介质出现熔化、变形或膨胀、气泡等物理变化，并出现黏度降低（往往导致“弓形”分离带的出现），进而改变样本分子行进方向或影响迁移速度，降低电泳分离分辨率；③介质缓冲体系变化，持续的焦耳热会推高缓冲液的温度，可能导致溶液水分子蒸发，从而引起溶液 pH 值和离子强度的变化，影响样本分子电荷状态，最终影响电泳速度和电泳分辨率；④热对流和电渗流，焦耳热效应还会带来缓冲溶液其温度梯度变化，可能在电泳槽中形成热对流，干扰分子迁移路径，造成分离的样本分子混合，降低分离效果。不仅如此，焦耳热持续带来的温度升高可能改变介质电渗特性，带来电渗流的变化。

3. 电渗流 电渗流是由支持介质吸附离子引起的溶液相对移动现象，它会影响分子的迁移方向和速度。在电场中，由于存在支持介质，如醋酸纤维素薄膜等，会吸附溶液中的正或负离子，使得靠近介质的溶液相对带相反电荷，因此在电场作用下向一定方向移动的现象，称为电渗流。若介质吸附负离子，则邻近的溶液相对带正电荷，向负极移动；若介质吸附正离子，则溶液因带负电荷而向正极移动；溶液移动的同时会带动粒子或分子一起移动。因此，电渗流影响粒子或分子的移动方向和速度。当蛋白质电泳方向与电渗方向一致时，则会加快蛋白质的移动速度；相反，则会降低蛋白质的移动速度甚至改变移动方向。

（三）环境条件

1. 温度 影响介质的黏度以及粒子或分子的迁移速度。为了保持实验的稳定性和可重复性，电泳应在恒温条件下进行。

2. 湿度 在某些情况下，环境湿度可影响电泳仪的运行状态。若湿度过低，可能会增加静电问题，从而影响电泳结果；若湿度过高，可能会影响电路，导致电流不稳定，进而影响电泳仪的正常工作。

3. 电源稳定性 影响电场的均匀性和分离的一致性。为了保证电泳过程的稳定性和实验结果的准确性，应使用稳定可靠的电源。

总之，在进行电泳实验时，为了确保结果的准确性和重复性，需要综合考虑上述影响因素，并采取适当措施（如使用冷却系统、选择热稳定和高纯度的支持介质和缓冲体系）来控制这些变量。通过优化实验条件，可以最大限度地减少这些因素的影响（特别注意样本、支持介质、介质缓冲液、电场强度、焦耳热、电渗流等影响），从而获得高质量的电泳分离结果。

三、分类

根据工作原理不同，电泳技术可分为界面电泳、区带电泳、等电聚焦电泳等。区带电泳根据支持介质的种类，又可分为醋酸纤维素膜电泳、聚丙烯酰胺凝胶电泳、琼脂糖凝胶电泳和毛细管区带电泳等。

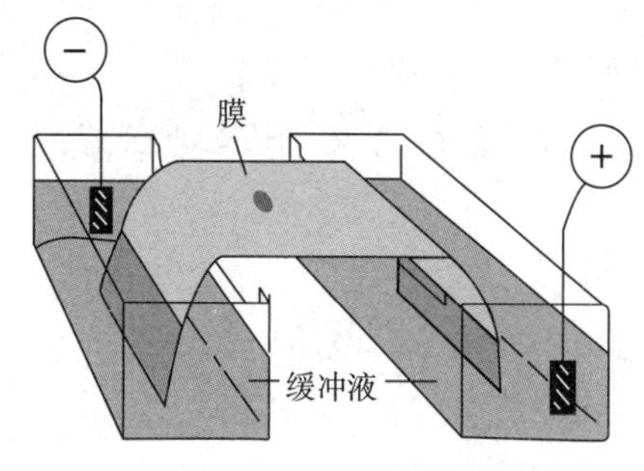

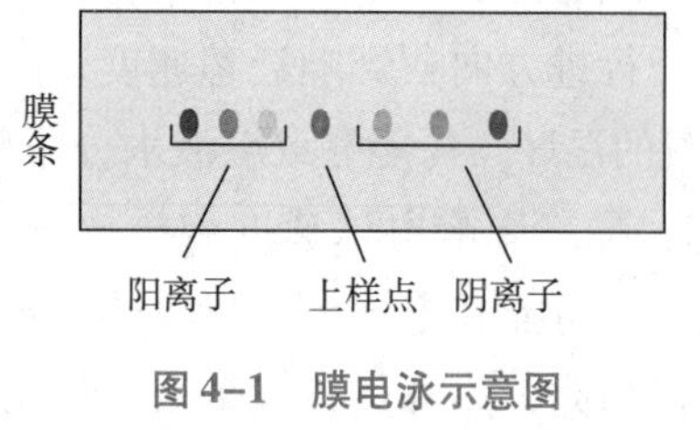

图 4-1 膜电泳示意图

（一）界面电泳（moving boundary electrophoresis）

Arne Tiselius 于 1937 年发明了界面电泳，是一种不需要支持介质，在自由溶液中进行的电泳。其过程大致是：将样本放入“U”形玻璃管中，玻璃管与电极相连。这时，样本中的带电分子因分子量及所带电荷不同而迁移率不同，从而实现分离。其缺点是：① 蛋白质分离不完全，相互重叠；② 需要相对大量的样本，如蛋白质样本至少需要 0.5 克以上；③ 检测边界折射率变化时，需配备复杂且笨重的光学系统。

（二）区带电泳（zone electrophoresis，ZE）

区带电泳（ZE）是在一定电场中，带电粒子或分子因迁移率不同，而被分离成不同的区带或条带。根据支持介质的不同，区带电泳可分为醋酸纤维素膜电泳、凝胶电泳、毛细管区带电泳等。以下是一些常用的区带电泳类型。

1. 醋酸纤维素膜电泳（cellulose acetate electrophoresis） 1958 年，Joachim Kohn 用醋酸纤维素薄膜取代滤纸、作为支持介质进行电泳，为电泳技术的发展做出了重要贡献（图 4-1）。较之于滤纸，这种薄膜不亲水，不含木质素和半纤维素，具有均匀的微孔结构，可缩短电泳时间并提高分辨率。醋酸纤维素膜电泳适用于分离血清/浆蛋白、血红蛋白、脂蛋白和糖蛋白。

2. 凝胶电泳（gel electrophoresis） 凝胶电泳是一种广泛应用的生物化学分析技术，它通过在凝胶介质中进行电泳来分离蛋白质、核酸等生物大分子。凝胶孔隙的大小决定了粒子是否能进入孔隙以及孔内穿过速度。通过调整凝胶浓度和电泳条件，可以实现对不同大小和类型的生物分子的有效分离和鉴定。常用的凝胶有聚丙烯酰胺凝胶和琼脂糖凝胶。

（1）聚丙烯酰胺凝胶电泳（polyacrylamide gel electrophoresis，PAGE） 最常用的是 Ulrich K. Laemmli 于 1970 年发明的十二烷基硫酸钠（sodium dodecyl sulfate，SDS）聚丙烯酰胺凝胶电泳（SDS-PAGE）。SDS 可缩小各蛋白之间的电荷差异，使蛋白质结构变性和展开，从而消除二级和三级结构差异，提高 PAGE 分辨率。SDS-PAGE 适用于分离 200 kD 以下的蛋白，常用于蛋白分离鉴定、蛋白相互作用等生物化学基础研究。

SDS-PAGE 采用非连续的凝胶和缓冲液系统。在该系统中，凝胶分为上层浓缩胶（stacking gel）和下层分离胶（resolving gel）（图 4-2）。浓缩胶通常 pH 值较低（pH6. 8）且孔径较大（5% 的丙烯酰胺），作用是将蛋白混合物浓缩成一个细且边界清晰的区带，从而有利于蛋白在分离胶中的分离。分离胶的 pH 值（pH8. 8）和盐浓度较高，孔径较小（8%~15% 丙烯酰胺），在此环境中，蛋白质根据其分子量大小而被分离成各区带。

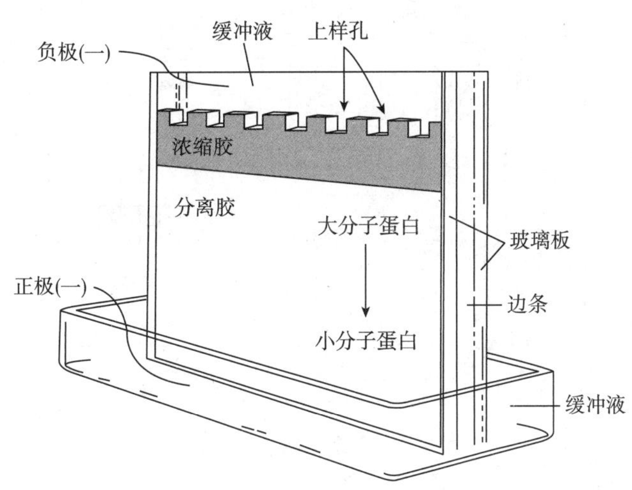

图 4-2　SDS-PAGE 电泳（垂直电泳）示意图

（2）琼脂糖凝胶电泳（agarose gel electrophoresis） 是生物化学、临床检验及生物工程领域常用的实验技术，常用于分析蛋白质与 100bp~25kb 之间的核酸分子。在琼脂糖凝胶中，琼脂糖以非共价方式结合在一起，形成筛孔状结构，其孔隙大小决定了凝胶的分子筛特性。一般来说，琼脂糖浓度越高，孔径越小，适用于分离小的核酸片段或蛋白质。反之，则孔径越大，适用于分离大的核酸片段或蛋白质。常用的琼脂糖浓度为 0. 8%~2%（W/V）。在琼脂糖凝胶电泳过程中，核酸因带负电荷而向正极迁移，主要按分子量及形状不同被分离成不同区带。蛋白质则根据分子量、形状、所带电荷性质及荷质比不同，在琼脂糖孔隙或间隙中的迁移方向和速度不同，从而被分成不同的区带（图 4-3）。

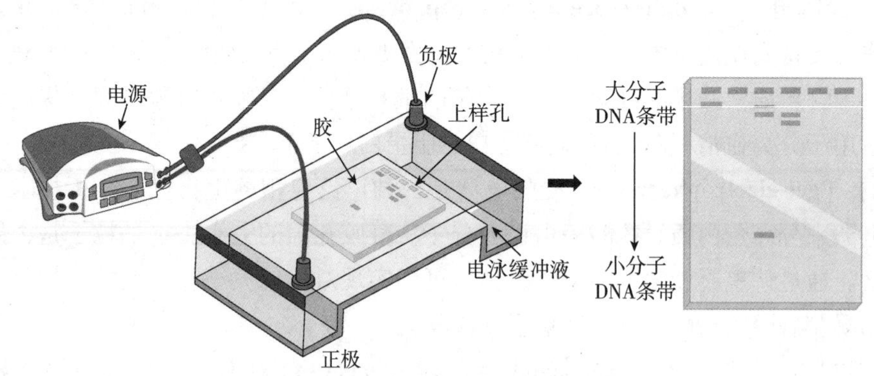

图 4-3 琼脂糖凝胶核酸电泳原理与过程

3. 毛细管区带电泳（capillary zone electrophoresis，CZE） CZE 是在高压直流电场作用下，以毛细管为分离通道，样本中各组分之间依据表观淌度的差异（综合有效电泳淌度和电渗流淌度）而实现分离的电泳分析方法。其基本原理是：石英毛细管两端分别浸入在电泳缓冲液（pH＞3）中，管内壁的 Si—OH 基团在溶液中水解而带负电荷，然后吸附溶液中的阳离子形成正电荷层。当接通高压直流电时，管内阳离子层带动溶液整体向负极移动，形成电渗流。溶液中不同粒子因所带电荷性质以及荷质比不同，其在溶液中的电泳速度就不同。由于电渗力远大于电泳力，正负粒子均向负极移动。不同的粒子因其表观淌度不同导致差速移动，从而实现了分离（图 4-4）。

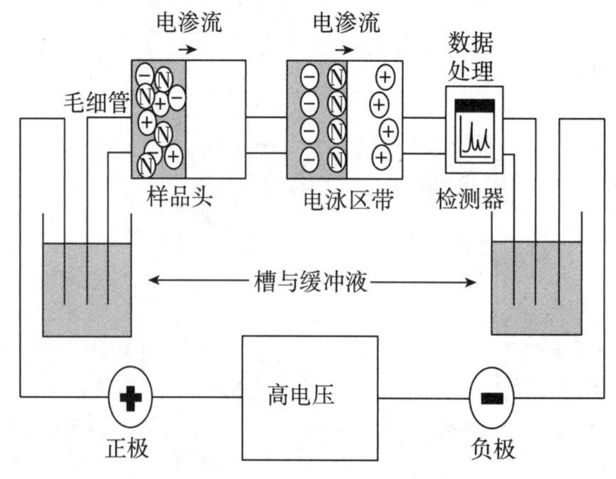

图 4-4 毛细管电泳示意图

（三）等电聚焦电泳（isoelectric focusing，IEF）

IEF 是基于蛋白质 pI 来分离蛋白的电泳技术。其原理是：在一定电场中，不同蛋白质 pI 不同，那么，在 pH 梯度中，不同蛋白质会迁移至其净电荷为 0 的 pH 位置，即 pH＝pI 位置。如果蛋白质扩散偏离其 pI，则会因净电荷（≠0）改变而迁移回 pI 位置。

PPT

第二节 常用电泳仪的结构

一、SDS-PAGE 电泳仪

SDS-PAGE 电泳仪包括电源和垂直电泳槽两个组成部分。

（一）电源

电源可根据分析目的不同分为恒流（constant current）或恒压（constant voltage）。恒流一般设为150~300mA，恒压一般设为80~150V。电压或电流强度越高，电泳时产热越多，则影响蛋白分离效果。因此，需根据目的选择合适的电流或电压，以达到最优的分离效果。

（二）垂直电泳槽（vertical electrophoresis tank）

由盖、胶槽、电泳芯组成，图4-5(a)。盖上含有正负极电源线，胶槽内可容纳1~2个电泳芯，图4-5(a)所示。电泳芯分为带电极插头和不带电极插头两种。电泳槽装好后，接通电源前应注意正负电极是否连接正确。

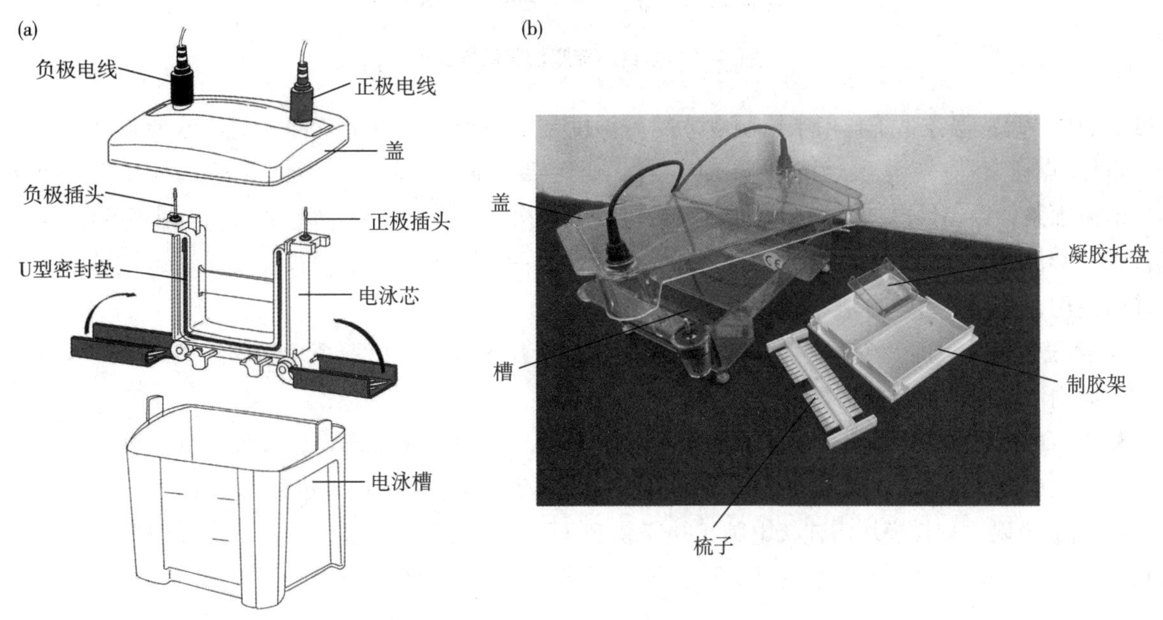

图4-5 垂直电泳槽（a）和水平电泳槽（b）的结构

二、琼脂糖凝胶电泳仪

根据仪器的自动化程度分为手工法、半自动法和全自动法，前者主要用于核酸分析，后两者主要用于血、尿及脑脊液中蛋白质分析。以下重点讲解手工法和半自动法。

（一）手工法相关仪器

1. 电源 详见聚丙烯酰胺凝胶电泳。

2. 水平电泳槽（horizonal electrophoresis tank） 由盖（含电源线）、胶槽、制胶架、凝胶托盘、梳子组成，如图4-5(b)所示。其中，制胶架、凝胶托盘、梳子用于配制凝胶。配胶时，应选择合适尺寸的凝胶托盘、梳子置于制胶架内配胶。

3. 核酸条带分析设备 电泳结束后，凝胶可通过台式紫外切胶仪进行切胶或结果拍照，或通过凝胶成像仪进行分析。

（二）半自动琼脂糖凝胶电泳仪

临床常用的一款半自动琼脂糖凝胶电泳仪由电泳模块、染脱色模块、LCD触摸屏控制系统以及扫描模块构成（图4-6）。

1. 电泳模块 电泳模块包括电泳底板、电极/点样架和动态模具。电泳底板也叫温控板，其下有

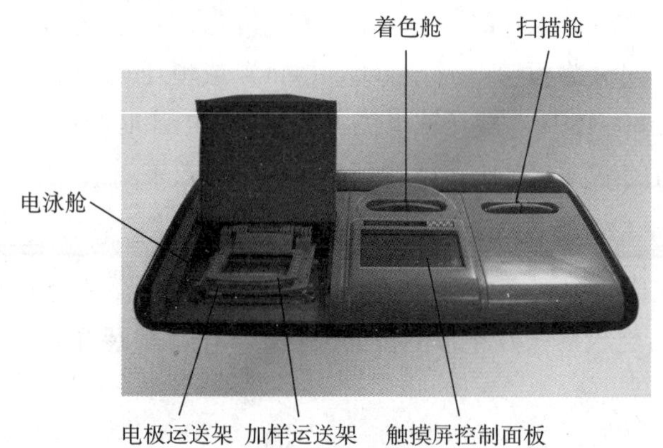

图 4-6　半自动琼脂糖凝胶电泳仪

Peltier（帕尔贴）温控系统，用于控制电泳舱内温度，以利于不同恒温条件下的电泳、免疫固定和烘干。电极/点样架是一个电极运送架和一个点样器运送架：前者在接通电源前，需在正负极套上一次性缓冲液海绵条，以提供电泳缓冲液体系；后者可装载一次性加样梳，用于凝胶上样（图 4-6）。动态模具包括一个加样基准色卡、一个抗血清杯、一个杯架、一个导轨和一个限长装置。动态模具仅在加入抗体时使用，作用是将抗血清均匀涂抹于凝胶各泳道上。

2. 染脱色模块　即一个染色舱，通过泵来吸入或吸出液体，并由一个十通阀连接管来控制液体的流向。舱内液位由液面传感器控制。

3. LCD 触摸屏控制系统　由液晶触摸屏、控制器、驱动程序组成。通过该系统，可选择电泳程序，自动完成电泳过程；也可选择合适的染色程序，自动完成染色和烘干过程。

4. 扫描模块　扫描模块需连接电脑，并安装 PHORESIS 软件。通过该软件，完成对胶片的扫描和分析。

三、全自动毛细管电泳仪

临床常用的一款全自动毛细管电泳仪由样本管理装置、分析装置、试剂舱（包括试剂主舱和试剂副舱）以及控制装置（触摸屏）构成（图 4-7）。

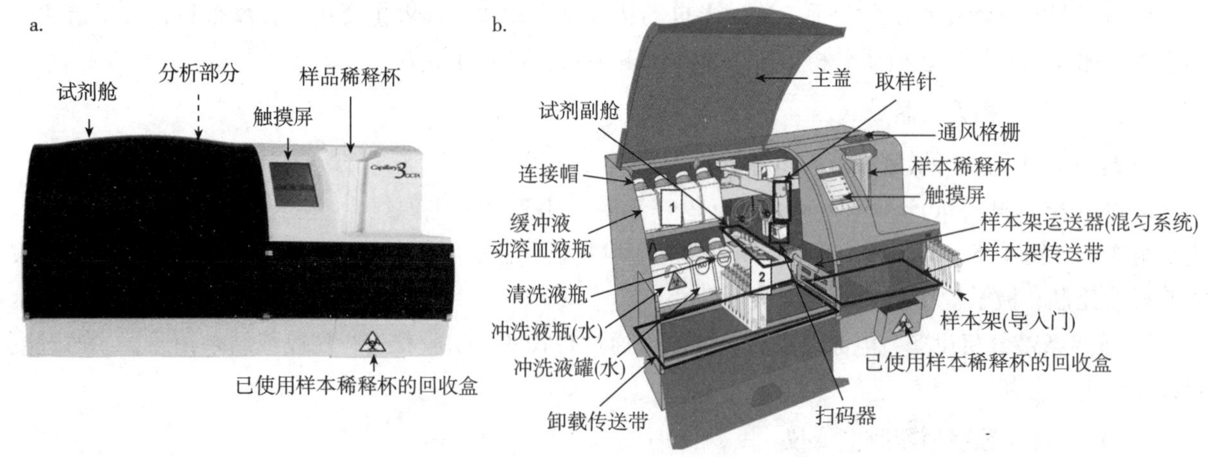

图 4-7　全自动毛细管电泳仪

a，外部结构；b，内部结构

1. 样本管理装置　由进样传送带、条形码扫描器、取样针、样本架运送器（含混匀系统）和卸载传送带组成（图 4-7b）。每个样本架都有一个数字标签和 RFID 标签，仪器通过 RFID 来区分是标准品/质控品架、样本架、项目切换架还是关机架。样本架通过导入门进入仪器，经进样传送带到达样本架运送器（图 4-7b）。对于“不戴帽”的血清或尿标本，样本运送架先推送至仪器内部，进行条形码扫描，后经取样针吸样至样本稀释杯内稀释，再被升至毛细管底端，进行毛细管进样（图 4-7b）。对于“戴帽”的全血标本，在取样针吸样前还需先经样本运送架颠倒混匀，吸样完成后，样本经样本运送架被运至卸载传送带，等待被取走。

2. 分析装置　由 8 根或 12 根石英毛细管、一个 Peltier 效应温控部件、散热风扇、检测系统、泵液系统和一个高压电源构成（图 4-8）。石英毛细管由硅酸盐和导热树脂导热材料包裹、仅在两端露出一小段毛细管，其阴极端含检测窗口（图 4-8c）。Peltier 效应温控部件和其上方的散热风扇共同用于维持毛细管内恒定的温度（图 4-8b）。检测系统的工作原理是：一个氘灯或 LED 光源经输入光纤到达并照射毛细管的检测窗口，再经输出光纤到达 CMOS（complementary metal-oxide-semiconductor，CMOS）传感器，将光信号转换为数字信号，得到每个经过检测窗口的蛋白分离区带在某个波长下的吸光度值。若检测血红蛋白或糖化血红蛋白，仪器开启 LED 灯（λ = 415nm）；若检测其他项目，如血清蛋白、免疫分型，仪器切换至氘灯（λ = 200nm）。泵液系统通过正负气压控制试剂或蛋白在毛细管内循环流动，用于清洗毛细管或向管内注入标本。高压电源给毛细管电泳提供约 1 万伏高压电场（图 4-8a）。微课/视频 1 ~ 2

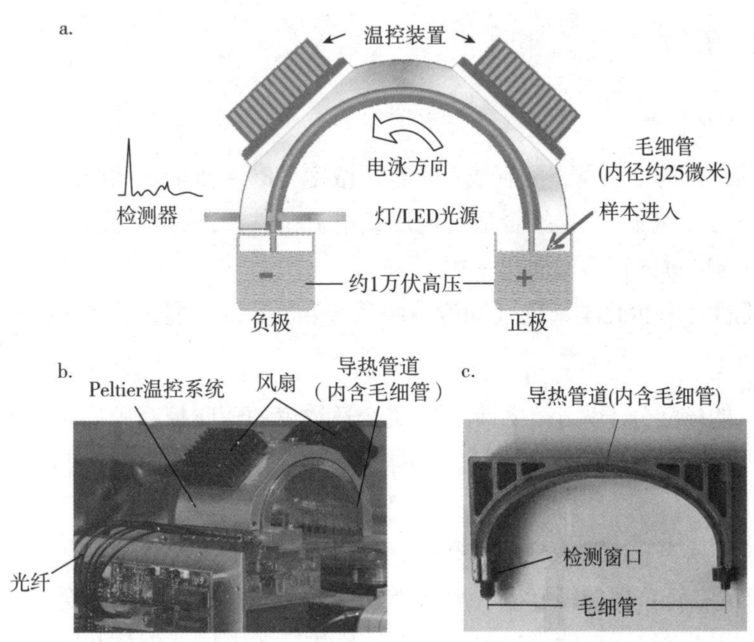

图 4-8　全自动毛细管电泳仪分析部分原理示意图和部件

a，分析原理示意图；b，分析装置；c，毛细管及导热导管

3. 试剂舱　包括一个试剂主舱和一个试剂副舱（图 4-7b 和图 4-9）。试剂主舱分上半部分和下半部分，上半部分可容纳 4 个缓冲液试剂瓶，下半部分从左至右依次是废液瓶、水瓶和清洗液瓶。每种试剂瓶配备有不同的 LED 背光，可通过 LED 的不同颜色、亮起或熄灭以及闪烁来识别不同试剂瓶、提示试剂瓶是否在用以及监测液位水平。试剂副舱位于试剂主舱的右下侧，分室温区和温控区。室温区可放置 3 个维护管和一个试剂瓶；温控区的温度维持在 15℃，其内可放置三个试剂瓶和 6 个免疫分型用的抗血清/对照品（ELP）试管（图 4-9）。

4. 控制部分　仪器内置的软件提供了基本的操作界面，允许用户直接通过液晶触摸屏实现开关机、项目选择、试剂更换、毛细管清洗等工作。用户也可通过电脑上的 PHORESIS 软件，分析处理结果。

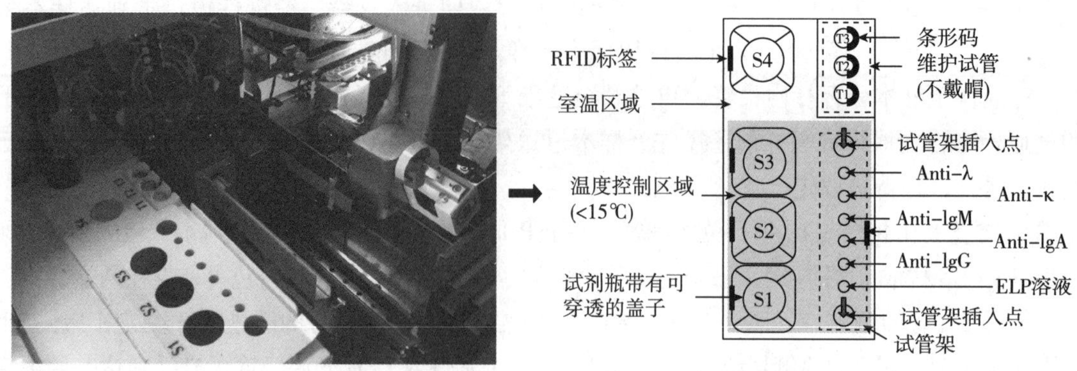

图 4-9　全自动毛细管电泳仪的试剂副舱位置和布局

第三节　操作与维护

一、操作与注意事项

（一）聚丙烯酰胺凝胶电泳

1. 配胶　根据目的蛋白的分子量，配制或购买合适浓度（8%~15%）的胶。

2. 电泳　通常又称为“跑胶”。选择合适的电压或电流条件，进行电泳。电泳前，应确保电泳芯的正负极、盖的正负极与电源的正负极插孔一致。

3. 染色　染色可选择非共价化学染色（如考马斯亮蓝染色）或金属沉积染色（如银染）。

（二）琼脂糖凝胶电泳

1. 手工法　根据目的核酸分子大小，配制或购买合适浓度的琼脂糖凝胶。在手工制胶过程中，在拿取胶时应佩戴手套，以免接触 EB（致癌剂）。

2. 半自动法

（1）电泳　将样本加入至一次性点样梳的孔内，点样梳倒置放入湿盒内，让样本充分扩散。等待期间，将一次性海绵条套在正负极的销钉上，取出凝胶片铺于温控板上。选择合适电泳程序，装载点样梳，启动程序，开始电泳。对于血清蛋白电泳，电泳模块完成上样、电泳和胶片干燥；对于免疫固定电泳，电泳模块还增加了免疫固定的步骤。

（2）着色　将装载好胶片的胶片支架插入染色舱内进行染色。前者用于血清蛋白电泳和血红蛋白电泳的胶片染色；后者用于尿蛋白电泳和免疫固定电泳的胶片染色。

（3）目测　目测胶片，判断是否有异常区带。

（4）扫描　将胶片进行光密度扫描，通过专业软件获得各区带的相对含量。

（三）全自动毛细管电泳仪

直接将合规的采样试管插入样本架中，然后将样本架送入进样区的导入门。通过触摸屏和电脑相关软件启动毛细管电泳、进行区带检测和结果分析。

二、维护与常见问题

（一）半自动琼脂糖凝胶电泳仪

1. 仪器校准　当仪器新引进时、搬迁时或重大故障维修后，需进行校准。校准工作按以下流程进行。

（1）仪器运行之前，检查各部件或试剂瓶。

（2）仪器开启之后，检查仪器开启程序。

（3）维护 检查染色舱水路和水泵。当仪器使用5年以上时，应酌情更换管路；完成指定部件的校准。

（4）测试　①测试电压和电流，并计算电阻；②检测并记录仪器开启时的室温、电泳舱和染色舱的温度传感器温度；③测试并记录染色舱内的低、中、高位液面传感器数值；④测试风扇和所有电磁阀。

（5）检查染色舱内的液体灌注和排液。

（6）检查开关、微开关以及电泳舱盖子的电磁阀运行。

（7）填写仪器校准报告。

2. 保养　半自动琼脂糖凝胶电泳仪需每日、周、季进行保养。保养内容包括：① 使用仪器后，清洁电极和温控板表面；② 清洁电极/运送架和外部零件；③ 清洁所有溶液罐，中和废液罐内的酸性物质等。

3. 常见问题及解决方法

（1）废液罐已满　清空废液罐并中和罐内酸性物质。

（2）电泳无法正常进行　若因电泳舱盖打开，则合上盖，再次启动电泳程序；若因温控板温度不够，则待温度达标后，再次启动程序。

（3）断电　若在电泳时断电，则需重启电泳程序；若在染色时断电，则再次通电即可。

（4）胶片空白、无条带　观察点样梳齿尖是否接触胶面，若没有接触胶面，则调整点样架高度。查看是否放置一次性缓冲液条，若没有，则于电极运送架的正负极套上一次性缓冲液条。

（5）点样后无电泳或部分电泳　查看缓冲液条和电极架是否触及胶面，或点样梳的齿梳是否水平均匀接触胶面。若没有，则调整电极架高度和点样梳位置，并正确放置固定导轨。

（6）电泳条带拖拉、区分不良　原因是胶片受冻，应及时更换新的胶片。

（7）电泳条带变形或条带无法区分　原因可能是缓冲液条或胶片脱水，或缓冲液条接触不良。解决方法有：① 正确放置并储存胶片和缓冲液条（水平放置、不靠近热源）；② 从胶片盒中取出胶片时，需注意薄滤纸的吸水时间；③ 确保缓冲液条的水分均匀分布，以及缓冲液条良好接触胶面。若以上方法均未解决，则可能是电极架损坏，应及时维修或更换。

（8）染色异常　原因可能是染液溶解不充分，需提前配置染液。

（二）全自动毛细管电泳仪

1. 仪器校准　当仪器新引进时、搬迁时或重大故障维修后，需进行校准。校准工作按以下流程进行。

（1）仪器开机前，检查电脑、仪器与网络之间的网线连接；确保仪器内部无漏液。

（2）仪器开机过程中，检查仪器有无错误报警。检查并记录所有毛细管和参考光纤的CMOS传感器的定标信息，并开启专用软件。

（3）备份系统设置。

（4）测试 ①测试废液瓶传感器值；②测试氙灯挡板和单色仪挡板的打开和关闭；③测试水路、电源、Peltier 温控系统、高压值和单色仪的误差；④测试功能，检测背景干扰和交叉污染；验证仪器性能。

（5）安全测试和紧急停止。检查开关和不同盖子的微开关。

（6）测试关机程序。检查开机设置、保养循环和自动关机；运行关机程序并检查是否出现故障。

（7）更新并保存当天的相关数据。

2. 保养 全自动毛细管电泳仪需要日常、每周及每半/一年进行保养。

（1）日常保养包括 清洁废液瓶、更换试剂瓶滤器以及更换已满的稀释杯回收箱。清洁废液瓶与半自动凝胶电泳仪基本一致。更换试剂盒时，需更换滤器。稀释杯回收箱可外接废弃盒，外接时应确保外接口完全伸入废弃盒中。

（2）周保养包括 清洁样本探针和毛细管、试剂舱、稀释杯回收箱和导轨。清洁样本探针和毛细管的目的是清除探针或毛细管内吸附的蛋白质，以防止污染。根据日常标本量不同，清洁探针和毛细管的频次亦不同。

（3）半年或一年保养 这个时期一般会更换维护套件。此外，应按时按需更换光源。

3. 常见问题及解决方法

（1）部分或全部毛细管的结果显示为基线。先查看是否有样本及样本量、样本试管帽是否摘去，再查看稀释杯是否液面过低或毛细管是否堵塞。若无问题，则查看是否光源光路、电压、吸样或液位传感器发生故障，明确问题后予以解决。

（2）部分毛细管内电泳时间过长或延时。先更换样本或项目以排除毛细管堵塞。若明确是毛细管堵塞，则启动清洗程序洗去管内吸附蛋白。

（3）所有毛细管内电泳时间均过长或延时。原因可能是毛细管未清洁干净、试剂瓶放置错误、样本稀释不当或电泳温度过低。明确原因后采取合适的方法解决问题。例如，毛细管未清洁干净，则可更换清洗液或启动清洗程序。

（4）部分或所有毛细管 OD 值或分辨率过低。先排除样本量和稀释杯稀释问题。若未解决，则查看是否血清过于粘稠或毛细管发生堵塞。根据问题采取合适措施予以解决。例如，血清过黏，可稀释血清后再进行分析。若问题仍未解决，查看光源是否出现问题。

第四节 临床应用

PPT

1. 血清蛋白区带电泳 新鲜血清经电泳后可精确地描绘出病人血清蛋白的全貌，有助于临床对疾病的诊断和评估。各种病理现象可表现为血清蛋白电泳图的各峰（区带）发生变化，一般常见的是白蛋白峰（相对）降低，某个或某几个球蛋白峰升高。

2. 尿蛋白高分辨电泳 尿蛋白高分辨电泳的原理与血清蛋白电泳一样，可将尿蛋白分为白蛋白、α_1 球蛋白、α_2 球蛋白、β 球蛋白和 γ 球蛋白，可用于尿蛋白筛查、本周蛋白的定量分析以及肾脏或非肾脏病变的判断。

3. SDS-尿蛋白电泳 以非浓缩尿蛋白电泳为例。以尿蛋白中成分最多的 Alb 为界限，比 Alb 分子量小的轻链双聚体、α_1 微球蛋白和比 Alb 分子量大的转铁蛋白、IgG，它们分别在 Alb 的两侧。尿蛋白电泳后，若呈现中、高分子量蛋白区带，主要反映肾小球病变；若呈现低分子量蛋白区带，则主要反映肾小管病变及溢出性蛋白尿；混合性蛋白尿则可见大、中、小各种分子量区带，反映肾小球和肾小管均受累。

4. 免疫固定电泳（immunofixation electrophoresis，IFE）　IFE 结合了区带电泳技术和免疫沉淀反应，通过电泳区带所处的泳道和形状，对血清 M 蛋白和尿本周蛋白进行检测并鉴定其类型，进而诊断 M 蛋白血症和对相关浆细胞病如多发性骨髓瘤、华氏巨球蛋白血症、原发性淀粉样变性等进行诊断和疗效评估。

5. 免疫分型电泳　也称免疫减法电泳，指用特异的抗血清与血清样本孵育，并在多个通道中同时进行毛细管区带电泳检测。通过设置一个不加抗血清的对照（ELP）（各抗血清通道结果与对照相比），以及用特异性抗血清消除对应的免疫球蛋白峰，可识别特定单克隆成分。

知识拓展

单克隆免疫球蛋白鉴定：免疫固定电泳和免疫分型电泳

通过抗原-抗体反应与电泳技术的结合，半自动琼脂糖凝胶电泳和全自动毛细管电泳均能实现单克隆免疫球蛋白（M 蛋白）的鉴定。不过，它们在 M 蛋白的鉴定原理上彼此有差异和侧重：前者以特定抗体与凝胶电泳分离蛋白结合，将免疫复合物固定在凝胶特定位置（即免疫固定），去除未结合蛋白后，对固定后的蛋白进行染色鉴定；后者则使用特定抗体与血清样本先结合后再进行毛细管电泳，通过加入抗体的类型和特定位置的蛋白峰消除来判断 M 蛋白的类型。M 蛋白在前者表现为致密条带，在后者表现为窄底尖峰。

在灵敏度相近的前提下，免疫分型电泳比免疫固定电泳具有更高的分辨率，尤其在多克隆背景掩饰下的微量 M 蛋白检测方面。此外，免疫分型电泳通过第三方 AI 软件算法计算消减区域面积，可实现 M 蛋白的准确定量。但是，当 M 蛋白迁移位置不在 γ 区时，免疫固定电泳比免疫分型电泳具有更高的检测灵敏度。

答案解析

思考题

案例 1　2021 年 7 月 10 日上午，某医院检验科的王某使用半自动琼脂糖凝胶电泳仪进行血清蛋白电泳时，出现如下结果：

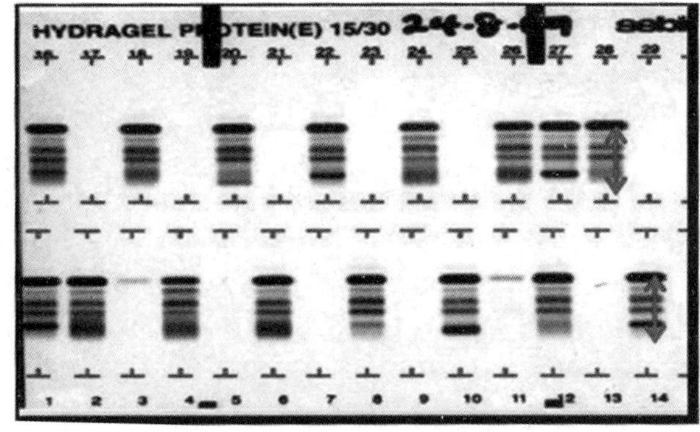

初步判断与处置　分析图片结果的问题，并结合仪器说明书，反推仪器出故障的部位以及配套试剂，逐一排查，解决问题。

问题

（1）该图片结果存在什么问题？

（2）导致该结果的原因有哪些？

（3）该如何解决该问题？

案例 2 2024 年 1 月 12 日上午，某医院检验科的李某在使用全自动毛细管电泳仪进血清蛋白电泳，在标本检测过程中，发现第 3 根毛细管不出结果。

初步判断与处置 解读系统报警或错误提示，并结合仪器操作手册，进行故障排查。

问题

（1）出现该问题的原因有哪些？请写出至少三条可能的原因。

（2）如何解决该问题？请简要描述其流程。

（佘钿田）

书网融合……

重点小结

题库

微课/视频 1

微课/视频 2

第五章　光谱分析仪

学习目标

1. 通过本章学习，掌握紫外-可见分光光度计、原子吸收分光光度计、荧光分光光度计的工作原理、结构组成、主要性能指标及其分析方法；熟悉不同光谱分析仪器的检测原理及其技术优势；了解光谱分析仪的保养与维护知识。

2. 具有使用光谱分析仪器进行物质定性与定量分析的能力，以及具有仪器基本操作、常规保养与维护能力。

3. 树立细致严谨的工作作风和科学探究精神，深入剖析影响仪器操作和使用的各种因素，提高光谱分析实验的能力。

光谱分析仪是一种利用物质与光相互作用的特性来鉴别和测定物质成分的科学仪器。通过测量物质对特定波长或波长范围的光的吸收、发射或散射来获取信息，从而对物质进行定性和定量分析。从原理上看，光谱分析仪可分为两类：基于物质对光的吸收特征，主要包括紫外-可见分光光度计、原子吸收分光光度计和红外光谱仪等；基于物质发射光的特性，主要包括荧光分光光度计、原子发射光谱仪、原子荧光光谱仪等。光谱分析仪因其灵敏、快速、准确的特点，在医药、食品、生物检测等多领域中有广泛的应用。

第一节　紫外-可见分光光度计

PPT

紫外-可见分光光度计（ultraviolet-visible spectrophotometer）是一种利用朗伯-比尔定律测量物质在紫外-可见光区域吸光度的仪器，可检测小分子的无机离子（如钾离子、钠离子、钙离子）和有机物质（如葡萄糖、肌酐、蛋白质、酶等）。该仪器结构简单、分析速度快、灵敏度和准确度高，在医学检验、药物分析和生物检测等领域有广泛应用，例如用于监测血液成分、药物浓度和蛋白质分析等。

一、基本原理

（一）紫外-可见吸收光谱

光是一种电磁波，电磁波谱包含紫外区（200~400nm）、可见区（400~750nm）。紫外-可见分光光度计覆盖的波长范围通常是从200~1100nm，包括紫外区、可见区和一部分近红外区（表5-1）。物质分子或离子团对特定波长的光具有选择性吸收的特性，而对其他波长的光则吸收较少或完全不吸收。这种选择性吸收是分子结构和电子状态的直接反映。我们看到的颜色正是物质选择性吸收了部分可见光而反射其他光波所呈现出来的颜色。

表 5-1 电磁波谱区

光谱名称	波长范围（nm）	能量（eV）
γ 射线	<0.005nm	$>2.5\times10^5$
X 射线	0.005~10nm	2.5×10^5~1.2×10^2
远紫外光	10~200nm	1.2×10^2~6.2
紫外光	200~400nm	6.2~3.1
可见光	400~750nm	3.1~1.7
近红外光	0.75~2.5μm	1.7~0.5
中红外光	2.5~50μm	0.5~0.025
远红外光	50~1000μm	0.025~1.2×10^{-4}
微波	0.1~100cm	1.2×10^{-4}~1.2×10^{-6}

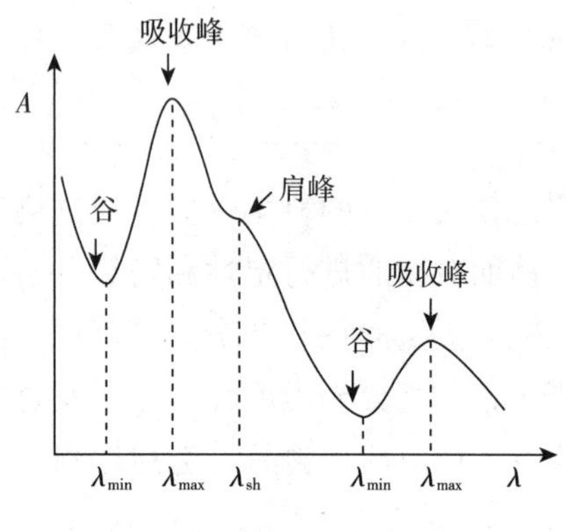

图 5-1 分子吸收光谱示意图

在紫外-可见分光光度计上，改变入射光波长，记录该物质在每一波长处的吸光度 A，以波长（λ）为横坐标，以光强度变化（吸光度 A）为纵坐标作图，可得到紫外-可见吸收光谱（ultraviolet-visible absorption spectroscopy），又称为分子吸收光谱（图 5-1）。

吸收光谱图中，凸起曲线为吸收峰（absorption peak），凹陷曲线为谷（valley），吸收峰旁边形状像肩的弱吸收峰为肩峰（shoulder peak），吸收峰中吸光度最大的峰对应最大吸收波长（maximum absorption wavelength，λ_{max}）。吸收光谱是紫外-可见分光光度法定性和定量的依据，通过绘制吸收光谱可以选定合适的测定波长（一般选择 λ_{max}）来进行定量分析。

（二）吸收光谱分析定律

紫外-可见分光光度法是根据物质对紫外-可见光的选择性吸收而建立的分析方法，定量分析依据光的吸收定律，即朗伯-比尔定律。一束强度为 I_0 的单色光通过样本溶液时，设透过光的强度为 I_t，吸收光的强度为 I_a，透过光强度 I_t 与入射光强度 I_0 之比为透光率，用 T 表示。而吸光度 A 是测量入射光强度 I_0 与通过样本后的光强度 I_t 的比例来确定的，公式如下：

$$A=-\lg T=\lg\frac{I_0}{I_t}$$

实际应用中，透光率通常用百分透光率来表示，即 $T\%$，其值在 0~100 之间，数值越大，表示透过的光越多，而吸收的光越少。

在一定条件下，当一束单色光通过物质的稀溶液时，溶液吸光度与溶液浓度和液层厚度的乘积成正比，公式表示为：

$$A=Kbc$$

式中，A 为吸光度，表示单色光通过溶液时被吸收的程度；K 为比例常数，是指单位浓度、单位液层厚度的溶液的吸光度；b 为液层厚度；c 为吸光物质的浓度。K 与样本溶液性质和入射光波长有关，随溶液浓度单位不同而分别用 ε（摩尔吸光系数）和 a（吸光系数）表示。当溶液浓度为 c mol/L，液层厚度为 $b$cm 时，K 用 ε 表示，单位为 L/(mol · cm)。当溶液浓度为 cg/L，液层厚度为 $b$cm 时，K 用 a 表示，单位为 L/(g · cm)。

二、仪器结构

紫外–可见分光光度计基本结构由光源、单色器、吸收池、检测器和信号显示系统五部分组成（图5–2）。

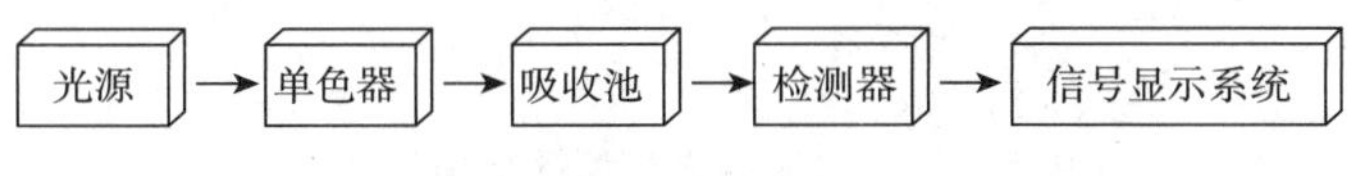

图5–2　紫外–可见分光光度计基本结构示意图

（一）基本结构

1. 光源　光源需要在整个紫外–可见区发射连续光谱，并具备辐射强度好、稳定性好和使用寿命长等特点。不同光源可提供不同波长范围的光，紫外–可见分光光度计通常使用氢灯或氘灯为紫外光区提供光源（波长范围约为180~400nm），钨灯或卤钨灯为可见光区提供光源（波长范围约为350~2500nm）。卤钨灯是一种充有碘或溴的低压蒸气的灯泡，相较于普通钨灯，使用寿命更长。

2. 单色器（monochromator）　是分光光度计的核心部件，主要作用是从连续光源（复合光）中分解出各种波长单一的单色光，再由出射狭缝导出。单色器是一个完整的色散系统，包括入射狭缝、色散元件、准直镜、聚焦透镜和出射狭缝。色散元件是单色器的关键部件，可将连续光源色散成单色光，通常由光栅和棱镜组成。光栅材质一般为玻璃片或金属片，通过在材质上刻划出大量宽度和距离相等的刻痕形成，这种刻痕可利用衍射原理将混合光色散成单色光。棱镜一般为玻璃（对可见光区进行折射）或石英材质（对紫外光区进行折射）制成，利用构成棱镜的光学材料对不同波长光的折射率不同而色散混合光。

3. 吸收池（absorption cell）　又称比色皿，用于盛放样本溶液。一般有玻璃比色皿和石英比色皿两种：进行可见光区测定时，采用光学玻璃或石英比色皿；而紫外光区测定时必须用石英比色皿。使用时，吸收池的透光面必须完全垂直于光束方向。在高精度的分析测定中，仪器应使用配套的比色皿，相同厚度和透光性的比色皿是减少系统误差的有效手段。

4. 检测器（detector）　是将透过溶液后的单色光强度变化信号转变成可测的电信号。常用的检测器有光电管、光电倍增管、光电二极管阵列检测器。其中光电倍增管具有较高的放大倍数，二极管阵列检测器利用二极管的线性阵列特性，能同时检测不同波长的单色光，响应速度快。

5. 信号显示系统　是将检测器输出的信号转换成吸光度或透光率，目前，紫外–可见分光光度计多采用图形显示，可以通过计算机软件进行控制操作。

（二）仪器分类

紫外–可见分光光度计按光学系统可分为单光束、双光束和双波长分光光度计等。

1. 单光束分光光度计　单光束分光光度计的特点是结构简单、操作简便、维修方便，适用于常规分析。这类仪器使用钨灯和氢灯（氘灯）两种光源，石英棱镜作为色散元件。单光束分光光度计只有一个光通道，依次测量参比池和样本吸收池。此类仪器检测结果容易受光源波动、吸收池不匹配等因素影响，误差较大。

2. 双光束分光光度计　双光束分光光度计是在分光后的出射狭缝与吸收池之间增加了一个光束分裂器（切光器）（图5–3）。光束分裂器可将光分为两束，并交替通过样本池与参比池。检测时，采用一个检测器交替接收，或由两个检测器分别接收并计算两种光信号强度之比。双光束仪器有效地克服了光源波动和温度变化带来的干扰误差，比单光束仪器更准确和方便。

3. 双波长分光光度计　双波长分光光度计是将光源发出的光分为两束，经两个单色器分别分光后

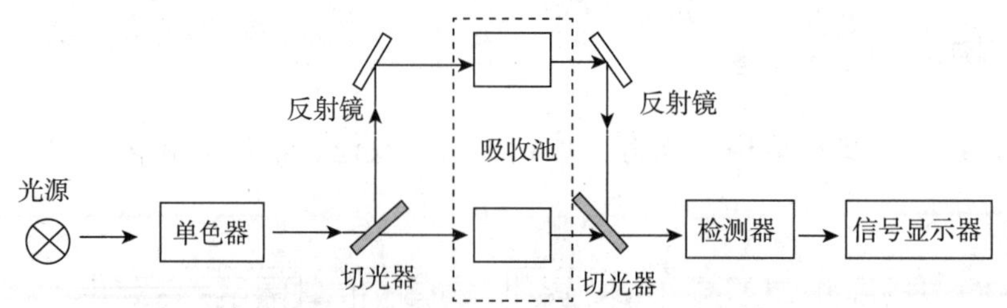

图 5-3　双光束分光光度计结构示意图

得到两种不同波长的光（λ_1和λ_2）。这两种不同波长的光交替照射至同一样本吸收池上，此时检测器可测得两个吸光度之差值（图 5-4）。

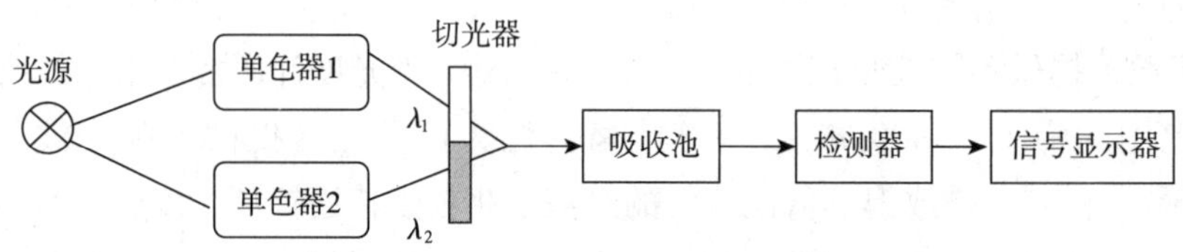

图 5-4　双波长分光光度计结构示意图

其中，λ_1为被测物质的最大吸收波长，λ_2为被测物质没有吸收或很少吸收的波长。通过两个波长上的吸光度差值可以消除干扰物的背景吸收，因此双波长分光测定中只需要一个待测溶液，有效地克服了吸收池不匹配、样本浑浊等引起的误差，提高了准确度。

三、性能指标

1. 光谱带宽　是从出射狭缝导出的单色光的谱线轮廓中，最大强度的 1/2 处的谱带宽度，可以表征仪器的光谱分辨率。尽管光谱带宽越小，光谱分辨率越高，但同时光源透过能量也越弱，这反而会降低仪器的灵敏度。

2. 杂散光　是检测器接收到的被测波长以外的其他波长的光，是光谱测量中误差的主要来源，直接影响准确度。一般采用截止滤光器测定杂散光。

四、操作与注意事项

（一）分析条件的选择

1. 测量波长的选择　为了提高测定的灵敏度，测量波长应选择被测物的最大吸收波长（λ_{max}）。如果λ_{max}有干扰，可选择能避开干扰的次强峰进行测定。

2. 吸光度范围的选择　选择适宜的吸光度范围能保证检测的误差最小。一般适合的吸光度范围在 0. 1~2. 0，该范围可通过调节被测物浓度或改变吸收池厚度来控制。

3. 狭缝宽度的选择　狭缝宽度越大，光的单色性越差；而宽度越小，入射光的强度越弱，这两种情况都会使仪器的检测灵敏度降低。因此，应在产生误差最小的情况下最大限度调节狭缝宽度，以提高仪器的检测灵敏度。狭缝宽度的调节应以不引起吸光度减小的最大狭缝宽度为准。

4. 显色反应条件的选择　有的物质在紫外-可见光区没有吸收或吸收很弱，需要用试剂将待测物转变成有色化合物再进行测定，这个转变称为显色反应，用的试剂称为显色剂。

（二）定性与定量分析

1. 定性分析　由于紫外光谱的信息少，特征性不强，且不少官能团在紫外区没有吸收或吸收很弱，因此这种方法的定性分析能力较弱。但对于不饱和有机化合物，可以结合红外光谱、核磁共振、质谱等方法做定性分析。

2. 定量分析 单组分样本一般采用标准曲线法和直接比较法来做定量分析。① 标准曲线法是先配置一系列不同浓度的标准溶液（一般为5~8个），以空白溶液为参比，在待测物的最大吸收波长处，分别测出系列溶液的吸光度 A。以标准溶液浓度为横坐标，对应的吸光度为纵坐标，绘制浓度-吸光度标准曲线。接着在相同条件下测定样本溶液的吸光度，根据其吸光度从标准曲线上查出样本溶液对应的浓度。② 直接比较法是指与已知浓度 C_s 的标准溶液作对比，分别测出标准溶液的吸光度 A_s 和样本溶液的吸光度 A_x，比较后得出样本的浓度 C_x，公式如下：

$$C_x = A_x C_s / A_s$$

此方法相对简单，但误差较大，使用时，C_x 应与 C_s 尽量接近才能得到较准确的结果。

多组分样本测定时，若两种组分吸收光谱发生重叠时会对待测组分产生干扰，此时可采用双波长分光光度法进行测定来消除干扰。具体操作时，需选择两束波长相近、强度相等的单色光（记为 λ_1 和 λ_2）交替照射吸收池。其中，λ_1 为参比波长，λ_2 为测定波长。由于干扰组分对两束光的吸光度相等，单色光通过吸收池时，可测定计算待测组分对这两束光的吸光度（记为 A_1 和 A_2），公式如下：

$$A_1 = A_{s_1} + \varepsilon_1 bc$$

$$A_2 = A_{s_2} + \varepsilon_2 bc$$

A_{s1}、A_{s2} 是两个组分的背景吸收及光散射强度。当两束光波长相近时，A_{s_1}、A_{s_2} 基本相等。ε_1 和 ε_2 为待测组分在两个波长下的摩尔吸光系数。

当 ε 和 b 一定时，ΔA 与待测组分浓度 c 成正比，以此做定量分析。计算公式如下：

$$\Delta A = A_2 - A_1 = (\varepsilon_2 - \varepsilon_1) bc$$

五、维护与常见问题

1. 日常维护 需保持工作环境的清洁。环境中的尘埃、挥发性有机试剂和腐蚀性气体等都会影响仪器测定性能。还需注意仪器储存的温度和湿度。吸收池（比色皿）应保证清洁干燥。

2. 定期维护 定期校准仪器可确保其准确性和可靠性。校准过程中，需要使用标准品或校准品，并按照规定的程序进行操作。

六、临床应用

紫外－可见分光光度计主要用于物质的定量分析，包括血液、尿液、脑脊液等生物体液中多种生化成分的测定，如血清中无机磷、血糖、胆固醇、血红蛋白、胆红素、维生素的测定等。这种技术不仅可以监测病人体内药物浓度，评估药物疗效和调整用药剂量，也可以通过测定特定酶的活性辅助诊断和监测疾病。有些临床检验仪器，如全自动生化分析仪、酶标仪，也是利用紫外-可见分光光度法的原理。

第二节 原子吸收分光光度计

PPT

原子吸收分光光度计（atomic absorption spectrophotometer）是一种利用待测元素的基态原子蒸气对特征光谱的吸收作用来进行元素分析的仪器。19世纪初，英国化学家沃拉斯顿发现了太阳光谱中的暗线。到了 1814 年，德国物理学家夫琅和费发现，不仅太阳光谱中存在暗线，其他光源产生的光谱中也存在暗线。在 1955 年，澳大利亚物理学家阿兰・沃尔什将原子吸收光谱法应用于分析化学中，成为金属元素测定的主要方法之一。此法灵敏度高、准确度高、选择性好，应用范围广，既可以直接测定从碱金属直至稀土金属的 70 多种金属元素，又能间接测定一些非金属元素和有机化合物。

一、基本原理

（一）原子吸收光谱

元素的基态原子蒸气对特征辐射的吸收所产生的光谱称为原子吸收光谱，利用这种对特征光谱的吸收建立起来的分析方法叫原子吸收分光光度法。气态基态原子吸收特征辐射后会跃迁到激发态，只有当外界某波长对应的光能量与气态基态原子跃迁需要的能量 ΔE 相等时，才会引起气态基态原子对该波长光的吸收，因此原子吸收光谱法具有良好的选择性。其中，原子跃迁到第一激发态（E_1）所需的能量最低，跃迁最易发生，此时吸收的辐射线称为共振吸收线，一般该谱线吸收最强，是元素最灵敏的谱线。每一种原子都有自身特有的原子结构和能级，从基态到第一激发态跃迁所需能量也不同，因此每种元素的原子都有不同的共振吸收线，也称为元素的特征谱线。

（二）原子吸收定量原理

原子吸收光谱分析的定量分析遵循朗伯-比尔定律，该定律确立了吸光度与样本中被测元素浓度之间的线性关系。灯源发出的特征波长光经过基态原子蒸气被吸收而减弱，减弱的程度称吸光度 A，与被测元素的含量成正比。

（三）干扰与消除

1. 背景干扰 原子化过程中，样本基体的分子吸收和光散射引起的干扰，导致吸光度增大，是一种非原子吸收干扰。可以通过背景校正的方式进行消除，如连续光源校正法和塞曼效应校正法。

2. 物理干扰 在溶液转移和蒸发和原子化过程中，因溶液比重、黏度、表面张力等物理因素差异引起的干扰。这些物理性质的变化会影响样本的雾化效率、进样量等，进而影响原子吸收信号强度。消除物理干扰的方法主要有使用标准加入法、使用组成相似的标准溶液、适当稀释高浓度样本。

3. 电离干扰 样本中存在的易电离元素在原子化过程中发生电离，导致基态原子减少，从而降低吸光度的现象。这种干扰通常与火焰温度和元素的电离电位有关。消除电离干扰的方法主要有降低原子化温度和加入消电离剂（更易电离的元素，如钠 Na、钾 K、铯 Cs）。

4. 光谱干扰 共存元素和待测元素吸收线重叠、发射线的邻近线的干扰、光谱通带内存在的非吸收线等原因引起的干扰。消除光谱干扰的方法主要有减小光谱通带宽度、更换没有干扰的分析线和预分离干扰元素。

5. 化学干扰 待测元素与其他组分间发生化学反应生成难挥发或难解离的物质，从而影响了待测元素的原子化效率而引起的干扰。这种干扰是有选择性的，主要影响特定元素的测定。消除化学干扰的方法主要有提高原子化温度、加入释放剂、加入保护剂、添加基体改进剂（改变待测元素的热稳定性）和化学分离。

二、仪器结构

原子吸收分光光度计主要有光源、原子化器、单色器、检测器及信号显示系统五个部件组成（图 5-5）。

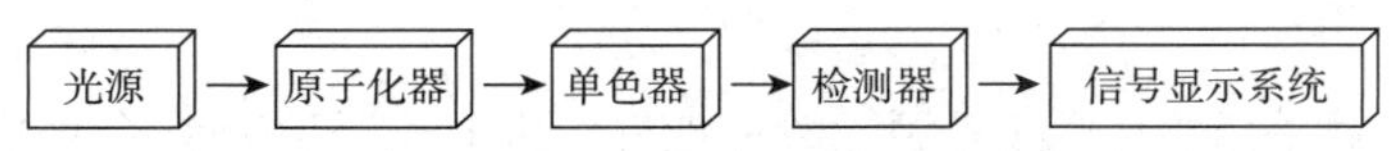

图 5-5　原子吸收分光光度计结构示意图

（一）光源

光源的作用是发射待测元素的特征谱线，提供基态原子跃迁到激发态所需的光能，要求发射的谱线宽度窄、强度高并且稳定。常用的有空心阴极灯（hollow cathode lamp，HCL），它是一个封闭的低压气体放电管，管内充有低压惰性气体（氖或氩），管内密封一个由待测元素金属做成的空心圆筒形阴极和一个由钛、锆、钽或其他材料制成的阳极。当两极间施加一定电压时，阴极放出电子飞向阳极，途中与管内惰性气体碰撞使得气体电离。气体阳离子在电场作用下向阴极内壁猛烈轰击，将阴极表面的金属原子从晶格中溅射出来。这些金属原子大量聚集在空心阴极内，与飞行中的其他粒子（电子、分子、离子）发生碰撞而被激发，其外层电子返回基态时发射出该金属元素的特征谱线。这种特征谱线宽度窄，干扰少，因此空心阴极灯是一种理想的锐线光源。

这种单元素空心阴极灯使用时，每测一种元素需要换一个灯，不够便捷。目前已研制出了多元素空心阴极灯，即阴极内有多个元素，能同时发射多种元素的特征谱线，只需改变波长，就可以一个灯同时测定多种元素。但其辐射强度、灵敏度和使用寿命都不如单元素空心阴极灯。

（二）原子化器

原子化器（atomizer）的作用是提供能量将样本干燥、蒸发，最终转化为基态原子蒸气，以便吸收特征辐射。常见的有火焰原子化器和石墨炉原子化器。

火焰原子化器（flame atomizer）是利用化学火焰的高温热能使试样原子化的装置，包括雾化器、雾化室、燃烧器三部分。试液经毛细管被吸入后经雾化器喷雾形成雾滴，雾滴经撞击球撞击后被分散成细雾，细雾进入雾化室后与燃气、助燃气均匀混合形成气溶胶进入燃烧器形成火焰，而没有细化的雾滴在内壁沉降形成液珠排出（图 5-6）。常见的火焰类型包括空气-乙炔火焰、氧化亚氮-乙炔火焰、氩气-乙炔火焰等。火焰原子化器稳定，重现性好，但原子化效率低导致灵敏度相对较低。

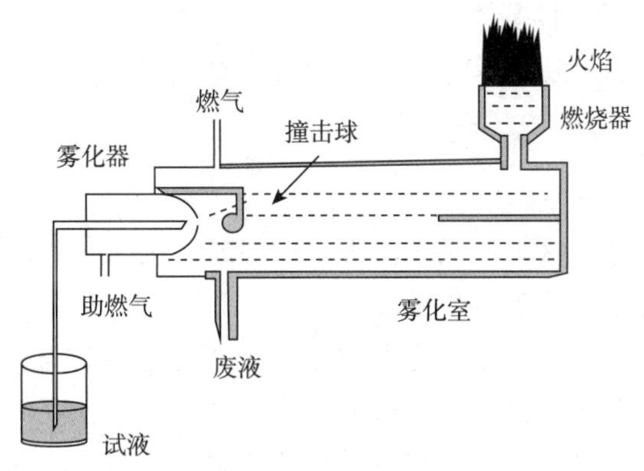

图 5-6　火焰原子化器示意图

石墨炉原子化器（graphite furnace atomizer）是将石墨炉当做一个电阻发热体，溶液或固体试样放在石墨管中。通电后控制电流，石墨管会达到并维持所需高温，使试样干燥、灰化、原子化。石墨炉体周围配有金属套管装有冷却水循环，用于石墨炉原子化器的快速降温。炉内有惰性气体，保护石墨管不被氧化。石墨炉原子化器原子化效率高，灵敏度高，检出限低，但重现性差，且易受基质效应和化学干扰的影响，分析成本高。

（三）单色器

原子吸收分光光度计采用的是锐线光源，单色性好，因此光源后无需单色器。原子化器后的单色器用于将待测元素的共振吸收线与邻近谱线分开，减少火焰的背景光干扰。单色器中色散元件多采用光栅。

（四）检测及信号显示系统

检测及信号显示系统的作用是将光信号转变成电信号并放大、读取，再显示，该系统由检测器、放大器、对数转换器、显示器等部件组成，常用的检测器有光电管、光电倍增管。

三、操作与注意事项

（一）分析条件的选择

1. 分析线 每种元素都有多条吸收线，通常选择最灵敏的共振吸收线作为分析线。若共振线与邻近的干扰谱线很难分开，则选用次灵敏线进行分析。

2. 狭缝宽度的选择 选择合适的狭缝宽度对于光谱分析的准确性非常重要。必须确保吸收线与邻近谱线之间有足够的分离度，以便实现准确的光谱识别。在此前提下，应尽可能增大狭缝宽度，增强光强度，从而提升信噪比。

3. 灯电流 灯电流的设置要考虑入射光的强度、放电稳定性及灯的使用寿命。在保证光源稳定且强度足够的前提下应尽可能选择低电流，以延长灯的使用寿命。

4. 燃烧器高度 燃烧器的高度用来控制入射光通过火焰区域的位置。由于火焰区原子空间分布不均匀，需要调节燃烧器的高度，使入射光从原子浓度最大的区域通过，保证最大的吸光度，得到较高的灵敏度。

5. 原子化条件的选择 火焰原子化法中，火焰的种类和燃助比的选择非常重要。对于易挥发和易电离的元素，需要使用低温火焰；对于难挥发和易形成氧化物的元素，则需要使用高温火焰。石墨炉原子化器的使用，应注意各阶段的温度：干燥是一个低温去溶剂的过程，可在稍低于溶剂沸点的温度下进行；灰化是为了破坏和去除试样基体，故在保证试样无明显损失的前提下，将试样加热到尽可能高的温度；原子化阶段应选择最大吸收信号的最低温度。总之，要根据试样的性质确定各阶段所选定的温度与加热时间。

（二）定量方法

1. 标准曲线法 方法与紫外-可见分光光度法中标准曲线法相同。在测定未知样本时，应随时对标准曲线进行检查，每次实验都要重新制作标准曲线。

2. 标准加入法 一般标准曲线法中配置的标准溶液由于无法做到与未知溶液组成保持一致而产生误差，采用标准加入法可以克服这一缺点。具体方法为：在一系列相同体积的未知样本溶液中，从第二份样本开始加入不同量的已知浓度的标准样本。接着测定这一系列溶液的吸光度，以吸光度为纵坐标，标准样本的加入量为横坐标绘制标准曲线，曲线与横坐标相交点的数值记为样本中待测元素的含量。通过这种方法可以消除样本中的基体干扰。

四、维护与常见问题

（一）仪器校准

1. 波长校准 使用已知波长的元素灯（如汞灯），在找到特征吸收线后，使用寻峰功能确定吸收线的最大吸收点，并与标准波长比较后再调整，以确保仪器波长设置在待测元素的特征线上。

2. 背景校正　样本基体可能产生背景干扰，仪器通常配备有氘灯背景校正和自吸背景校正功能，以消除基体效应的影响。

现代原子吸收分光光度计通常配备有自动化的校准程序，可以简化上述步骤并提高效率。

（二）日常维护

1. 元素灯的保养　装取元素灯时，应佩戴手套，每隔3~4月，应将元素灯通电点亮2~3小时，以保持灯的性能。

2. 原子化器的保养

（1）雾化燃烧系统　①清除残留样本溶液；②及时去除燃烧头表面和狭缝积盐；③点火困难时，可对点火电极进行调整；④当溶液提升量明显变小时，可用随机配置的通针来疏通雾化器；⑤定期检查排液情况，避免雾化室积液。

（2）石墨炉系统　①定期更换石墨管，同时用蘸无水乙醇的棉签清理光窗和石墨锥上的污渍；②自动进样器出现挂水时，使用乙醇对进样针进行擦洗；③定期校正自动进样臂的位置，保证自动进样针能正常进入石墨管中；④每6个月更换一次循环冷却水机中的冷却水，并清洗金属过滤网。

（三）定期维护

1. 定期检查乙炔气路，避免因管路老化造成气体泄漏。

2. 检查废液桶中的液位，超过三分之二及时处理。

3. 检查循环冷却水机的液位，保证冷却液体积处于正常范围。

五、临床应用

原子吸收分光光度计具有较高的灵敏度，检出限可达ng/ml水平，常用于低含量元素分析。临床上，主要用于与人体健康和疾病密切相关的微量元素的定量分析，如血液中镁、锌、铜、硒等微量元素，以及对于可能对健康产生负面影响的重金属离子，如铅、镉等。

第三节　荧光分光光度计

PPT

荧光分光光度计（fluorescence spectrophotometer）通过测量物质的荧光特性进行定性、定量分析。荧光分光光度计与紫外-可见分光光度计相比，灵敏度高（高2~4个数量级），可检测下限达0.001μg/ml，选择性好。此外，荧光分光光度计所需的样本量较少，且操作简便，已经成为生物医学研究和临床诊断中的重要工具。

一、基本原理

（一）分子荧光光谱

荧光分析法是基于物质的光致发光现象建立起来的分析方法。荧光物质在激发光照射下，其分子从基态跃迁至激发态，由于激发态分子不稳定，其以辐射跃迁方式释放能量回到基态，发射出波长较长的荧光。分子荧光通常涉及紫外-可见光区和部分红外光区。

荧光是一种光致发光现象，选择最佳的激发波长（λ_{ex}），以荧光波长 λ 为横坐标，以荧光强度 I

为纵坐标，可以绘制出待测物质的荧光光谱，其中最大荧光强度对应的波长为最大发射波长（λ_{em}）。由于分子结构的差异，不同物质发射的荧光波长具有特异性，这一特性可应用于物质的定性分析。在稀溶液中，荧光物质的浓度与其荧光强度呈正比，为荧光分析法提供了定量分析的基础。

1. 溶剂 溶剂的极性、黏度、杂质都会影响荧光强度。通常荧光物质中具有 π-π 共轭结构的分子在极性溶剂中，荧光强度明显增大，荧光波长向长波方向移动。这是由于激发态电子极性高于基态电子，使得在极性大的溶剂中激发态更稳定，能量降低更多，因此降低了激发所需能量，导致发射光波长变长。此外，溶液黏度越低，分子间的碰撞几率越高，荧光强度会降低。溶液中的杂质会使待测物荧光增强或减弱，有的甚至改变光谱形状，从而影响样本荧光检测。因此，为了减少干扰，应使用纯度高的溶剂或使用前纯化溶剂。

2. pH 荧光物质若为弱酸或弱碱，则其荧光强度受溶液 pH 值的影响较大。这是因为在不同 pH 下，这些物质的分子或离子的存在形式不一样，进而影响其荧光特性。此外，利用金属离子与有机试剂的络合反应进行荧光测定时，溶液的 pH 对络合物的稳定性和组成也会有影响，从而影响荧光强度。比如 Ca^{2+} 与邻二羟基偶氮苯在 pH3~4 的溶液中产生荧光，而在 pH6~7 的溶液中荧光消失。

3. 荧光猝灭 荧光猝灭是指荧光物质分子与溶液中其他分子发生相互作用，导致荧光强度降低的现象。引起猝灭的物质称为荧光猝灭剂，通常包括卤素离子、重金属离子、氧气、硝基化合物和重氮化合物等。溶液中的溶解氧也是荧光猝灭的常见原因，因此在进行精确的荧光测定时，需要对溶液进行除氧处理。

二、仪器结构

荧光分光光度计的基本结构由光源、单色器、样本池、检测器和信号显示系统五部分构成（图 5-7）。

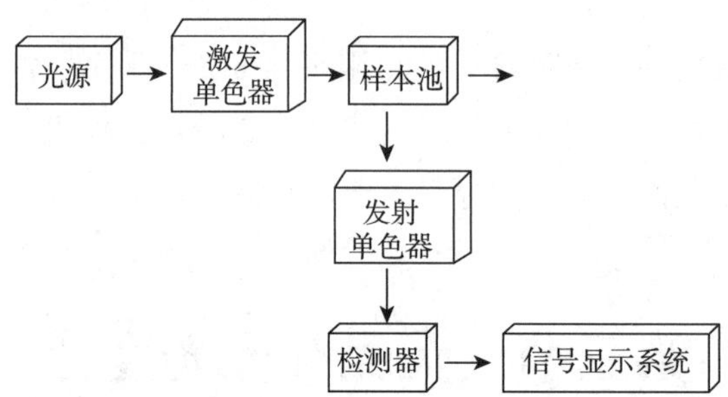

图 5-7 荧光分光光度计结构示意图

（一）光源

光源的作用是激发荧光物质，要求强度大、稳定性好、波长范围宽。常见的有高压氙灯、高压汞蒸气灯、激光器和闪光灯等。高压氙灯是一种短弧气体放电灯，能发射强度较大的连续光源（250~700nm），且在整个波段内发光强度基本一致，是目前用得最多的连续光源。可调谐染料激光器是高性能荧光分析仪中常用的激发光源，其功率大，单色性好，可极大地提高检测的灵敏度，甚至实现单分子检测。

（二）单色器

荧光分光光度计有两个单色器，激发单色器在激发光源后，用来将激发光分成单色光从而选择特定波长的激发光。发射单色器在样本池后，用来将溶液中的杂光（包括容器反射光、溶剂的散射光、杂质产生的荧光）滤去，只让设定波长的荧光通过。早期的荧光计是以滤光片来分离单色光，而现代荧光分光光度计则多用光栅。

（三）样本池

样本池常见的有比色皿（液体样本）或固体样本架（粉末或片状样本）。测量液体样本时，光源、样本池和检测器应成直角；测量固体样本时，光源、样本架与检测器成锐角。液体样本通常使用四周均透明的方形石英比色皿。低温荧光测定时，样本池外还需套上充满液氮的透明石英真空瓶。

（四）检测器

检测器的作用是将光信号转变成电信号，一般有光电管和光电倍增管。电荷耦合器件阵列检测器（CCD）是一种新型的光学多通道检测器，检测光谱范围宽、噪声低、灵敏度高，还可得到彩色的三维图像，但价格也较高。

（五）信号显示系统

电信号经放大后，传递给显示系统，可由图形显示或数字显示来反映信号强度，通常由计算机数据分析软件进行处理。

三、操作与注意事项

（一）分析条件的选择

1. 激发波长的选择 通过绘制激发光谱曲线，可得到最佳激发波长。在最大激发波长光的激发下，物质吸收的光能量最多，处于激发态的分子也最多，发射的荧光也最强。

2. 狭缝宽度的设置 荧光强度与仪器的狭缝宽度设置紧密相关。在实际操作中，应根据测定峰的半峰宽选择合适的狭缝宽度，以确保分析的准确性和重现性。

（二）定性和定量分析

1. 定性分析 荧光物质有激发和发射两种特征光谱，可根据这两个特征光谱与标准品的光谱对照来定性。

2. 定量分析 分子荧光分析法采用与紫外-可见分光光度法相似的定量技术，即直接比较法和标准曲线法。其定量分析的依据是，在荧光物质的稀溶液中，当激发光的强度、波长和液层厚度保持恒定时，溶液的浓度与荧光强度成正比。

四、维护与常见问题

（一）仪器校准

1. 荧光强度校准 通常使用荧光标准样本进行，根据荧光标准样本的荧光强度值与已知的标准值计算校正系数，再进行测量值的校正。

2. 波长校准 通常使用单色片进行，根据多次测量得到的荧光峰值的波长计算波长偏移量，进行波长校正。

（二）定期维护

定期请专业技术人员进行维护和检修，包括清洁光学元件、调整光路、检查电路连接等。一般至少每隔六个月进行一次维护。

五、临床应用

荧光分析仪主要用于有机物的鉴定检测，如维生素 B_2 含量检测、血清 β-*N*-乙酰氨基葡萄糖苷酶

(NAG) 活性的测定。荧光标记技术也广泛应用于生物分子的检测、成像。时间分辨荧光分析法还可与免疫技术结合，形成新型非放射性免疫标记技术—时间分辨荧光免疫分析技术（TRFIA）。该方法具有灵敏度高、操作简便、标准曲线范围宽、有效排除非特异性荧光干扰、无放射性污染，多标记等优势，在癌症诊断、药物检测等方面得到越来越多的关注和应用。

知识拓展

时间分辨荧光免疫分析仪

时间分辨荧光免疫分析仪（TRFIA）是在荧光分析仪基础上发展的一种采用非放射性同位素免疫分析技术的体外微量分析仪器。普通荧光分析仪在进行微量分析时，激发光的杂散光严重影响了分析灵敏度，但普通荧光标志物的荧光寿命非常短，没有激发光，荧光也会消失。而 TRFIA 可以解决这个问题，其原理是利用镧系元素螯合物的长荧光寿命特性，在关闭激发光后再测定荧光强度，即通过时间分辨的方式来测量荧光，待背景荧光衰减完毕，再测量长寿命的镧系元素荧光，从而有效排除了非特异性荧光的干扰。该方法具有高灵敏度、线性范围宽、特异性好、自动化程度高的特点，并且可以进行多标记，在同一试剂盒中同时检测多个项目。

思考题

答案解析

案例 一位临床实验室的技术人员正在使用原子吸收分光光度计来测定一批血液样本中的铅含量，以评估患者是否存在铅中毒的风险。在分析过程中，技术人员发现某些样本的铅含量读数异常高，这与患者的临床症状和历史数据不符。

初步判断与处置：技术人员首先确认了使用的是正确的样本处理方法，并且仪器的校准和操作都按照标准操作程序进行，检测步骤如下：

（1）实验人员首先使用空心阴极灯进行波长校准，确保波长设置在 283.3nm，这是铅的共振线波长。

（2）接着，实验人员使用标准溶液制作标准曲线，浓度范围为 0~700μg/L。

（3）血液样本经过适当的消解处理后，定容至 10mL。

（4）在测定样本之前，实验人员对仪器进行了背景校正，使用了氘灯法。

（5）实验人员测定了血液样本的吸光度，并记录了数据。

问题

（1）根据上述实验步骤和结果，评估实验的准确性和可靠性。

（2）实验人员发现某些样本铅含量异常，可能是什么原因？

（王冬梅）

书网融合……

重点小结

题库

微课/视频

第六章 色谱分析仪

学习目标

1. 掌握色谱的基本概念、色谱分析原理、分类及特点，色谱仪的基本组成和工作原理；熟悉色谱常用检测器的原理及应用范围；了解色谱分析仪的起源、发展及临床应用。

2. 具备色谱分析的应用能力，能够在实际工作中灵活运用所学的色谱知识和技能，解决色谱分析相关的应用问题。

3. 树立发现问题、解决问题的思维意识，以色谱分析的技术和知识为基础，举一反三，培养个人的方法开发能力、问题解决能力、跨学科应用能力，并运用到临床检验工作中，解决实际工作中遇到的各类问题。

1906 年，叶绿素的色谱分离标志着现代色谱学的诞生。色谱分析技术是通过不同物质在流动相和固定相之间的选择性分配，利用流动相对固定相吸附的混合物进行洗脱，从而使混合物中的不同组分以不同的速度在固定相中移动，进而实现分离的一种方法。最终，这一技术能够实现从复杂的混合物中将待测目标物与干扰基质的分离。色谱分析凭借其高超的分离能力，几乎可以用于所有化合物（有机物、无机物、小分子以及生物活性大分子）的分离和测定。得益于微电子、微加工等现代科学技术的进步，以及化工、制药、有机合成、生理生化和医药卫生等领域的应用需求推动，色谱技术历经百年历史，取得了显著发展。作为现代分离分析的重要手段，色谱技术已发展出气相色谱、液相色谱、薄层色谱、凝胶渗透色谱和纸色谱等多个分支。不仅如此，多维色谱、色谱-质谱联用（例如气相色谱-质谱联用、液相色谱-质谱联用）等新技术的出现，为复杂生物样本的分析检测提供了先进工具和创新方法。

第一节 色谱法原理与分类

PPT

一、色谱法基本原理 微课/视频

在色谱分析技术理论体系形成之前，人们已观察到“分离”现象，并进行了一些具体的分离实践。1906 年，茨维特（Tswett）首次使用石油醚和碳酸钙粉末从绿色植物叶片中提取并分离了叶绿素和类胡萝卜素。在实验中，植物叶片中的色素首先采用石油醚进行提取，然后将石油醚提取物倒入装有碳酸钙粉末的玻璃管中，加入纯净的石油醚进行洗脱。在重力作用驱动下，色素提取物在玻璃管中移动。由于碳酸钙粉末对不同色素能发生不同程度的吸附，它们在玻璃管中的移动速度出现差异。因此，玻璃管中出现不同颜色的色素带，不同色素得以分离（图 6-1）。该实验中，玻璃管被称为“色谱柱”。其中，碳

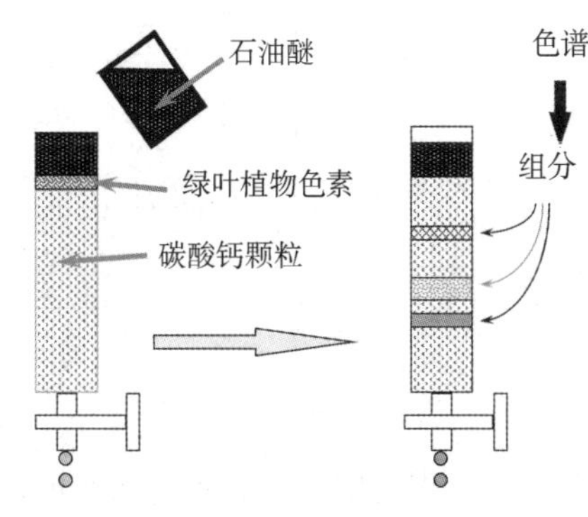

图 6-1 Tswett 实验示意图

酸钙为“固定相”，石油醚作为“流动相”。色带形成过程及其结果被称为“色谱分离”。“色谱”术语也由此得名。

色谱法是基于混合物中各组分在固定相（stationary phase，*S*）和流动相（mobile phase，*M*）间分配系数的差别，对混合物进行分离的物理化学方法。

（一）分配系数及分配比

分配系数（partiton coefficient，用 *K* 表示）是指在一定温度和压力下，组分在两相间分配达到平衡时的浓度比，公式如下：

$$K=\frac{C_S}{C_M}$$

式中，*K* 为分配系数；C_S为 固定相中浓度（g/ml）；C_M为流动相中浓度（g/ml）。

分配系数 *K* 是色谱分离的依据。它是由组分和固定相的热力学性质决定的，是每一种物质的特征值，仅与固定相和温度有关，与两相体积、柱管的特性以及所使用的仪器无关。如果两个组分具有相同的分配系数，则它们的色谱峰重合，无法得到分离；反之，分配系数差异越大，相应色谱峰分离越好。

由于在固定相与流动相中的组分浓度不易测得，在实际工作中，常用分配比（partition ratio，用 *k* 表示）来表征色谱分配平衡过程。*k* 是指在一定温度和压力下，某一组分在两相间分配达到平衡时，分配在固定相和流动相中的质量比，公式如下：

$$k=\frac{m_S}{m_M}$$

式中，*k* 为分配比；m_S为固定相中质量（g）；m_M为流动相中质量（g）。

k 值越大，说明该组分在固定相中的质量越多，相当于色谱柱的容量越大，因此 *k* 又被称为容量因子（capacity factor）或容量比（capacity ratio），是重要的热力学参数。*k* 值是衡量色谱柱对被分离组分保留能力的重要参数。*k* 值也取决于组分及固定相的热力学性质，它不仅随柱温、柱压的变化而变化，还与流动相及固定相的体积有关。

（二）色谱流出曲线

在色谱分析中，以检测器输出的电信号强度随时间变化作图，所得曲线称为色谱流出曲线，又称为色谱图（图 6-2）。图中提供的重要信息有峰高、保留值和区域宽度等。

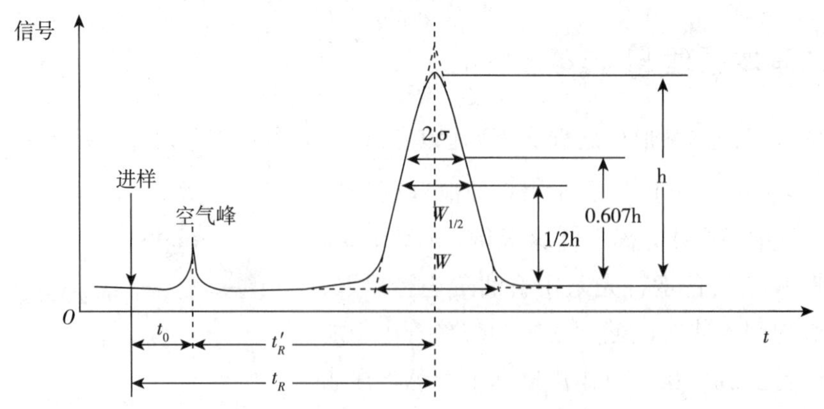

图 6-2　色谱流出曲线（色谱图）

保留值常用时间表示，称为保留时间（retention time），通常用 *t* 表示。*t* 是指组分从进样到柱后出现峰极大值时所需的时间，是色谱法定性的基本依据。t_0为死时间，指不与固定相发生相互作用的组分进入色谱柱，从进样起到出现首个色谱峰极值时所需的时间，目标组分色谱峰不会出现在该区域内。保留值作为定性指标，是某种组分在一定条件下测定的数据，若同时用另一组分作标准物或参比进行测定，可以用保留值之比作为定性指标，称为相对保留值。相对保留值可以消除实验条件波动引入的误差，是定性分析的重要参数，尤其是在需要高精度定性分析的应用中。在缺乏标准品的情况下，气相色谱分析可以通过比较未知样本与已知标准品的相对保留值来识别样本中的组分。此外，相对保留值还可以作为评价色谱柱性能的指标，用于比较不同色谱柱对特定组分的分离效果。

区域宽度是描述色谱峰宽度的参数，可用于评估色谱柱的分离效率，并反映色谱分离过程中的动力学因素。通常表示色谱峰区域宽度的参数有半峰宽 $W_{1/2}$、标准偏差 σ 和峰底宽度 W_b。

从色谱流出曲线可获得色谱峰个数、色谱峰的保留值、区域宽度，以及色谱峰的面积、峰高、峰间距等主要信息，其中：①根据色谱峰的个数，可判断样本中组分的个数；②根据色谱峰的保留值及其区域宽度，可以进行样本中组分的定性分析以及色谱柱的分离效能评价；③根据色谱峰的面积（或峰高），可以进行样本中组分的定量分析；④根据色谱峰两个波峰的间距，可评价固定相的选择是否适宜。

（三）分离度

样本中两个组分实现完全分离需要具备的两个条件：一是两个组分色谱峰之间的距离要足够大，二是色谱峰必须足够窄，只有满足这两个条件，两个相邻组分才能达到完全分离，可用分离度作为量化的评判指标。分离度（resolution，R）是相邻两组分色谱峰保留时间之差与两色谱峰峰宽均值之比，又称分辨率（图 6-3），公式如下：

$$R=\frac{t_{R_2}-t_{R_1}}{1/2(W_1+W_2)}$$

式中，R 为分离度；t_{R_1}、t_{R_2} 分别为组分 1、2 的保留时间；W_1、W_2 分别为组分 1、2 色谱峰的峰宽。

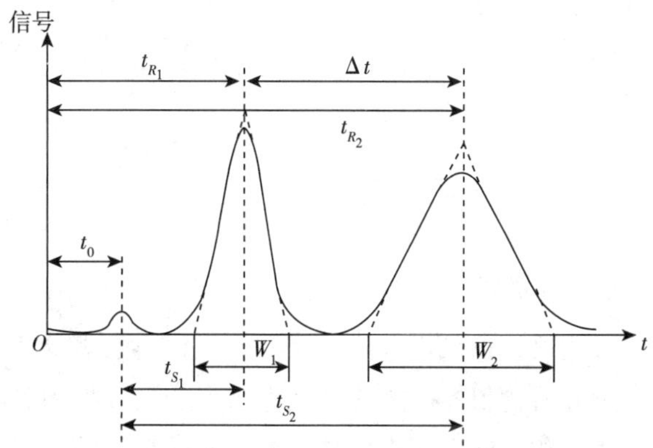

图 6-3　计算分离度和选择性参数

如图 6-3 所示，假设色谱峰为正态峰，且 $W_1 \approx W_2 = 4\sigma$。若 $R=1$，则两峰峰基略有重叠，裸露峰面积为 95.4%（$tR\pm2\sigma$）。若 $R=1.5$，则两峰完全分开，裸露峰面积达 99.7%（$tR\pm3\sigma$）。定量分析时，为了能获得较好的精密度与准确度，应使 $R\geqslant1.5$。

二、色谱法分类

色谱法是现代分离分析的一种重要的方法，具有高效快速分离的特性。这类分析方法适合于复杂混合物的快速分离分析，在化学、生物学、医药和环境等多个领域都有广泛的应用。根据流动相的物理状态和固定相的形态，色谱法可以进行不同分类。以下是色谱法的主要分类及定义。

（一）按流动相的物理状态分类

1. 气相色谱法　以气体为流动相的色谱法称气相色谱法（gas chromatography，GC）。气相色谱仪是一种利用混合物中各组分在气态下与固定相之间的分配差异来进行分离的仪器。

2. 液相色谱法　以液体为流动相的色谱法称为液相色谱法（liquid chromatography，LC）。液相色谱法中又包含多种模式，如正相液相色谱法（normal phase liquid chromatography，NPLC）、反相液相色谱法（reversed phase liquid chromatography，RPLC）、离子色谱法（ion chromatography，IC）、尺寸排阻色

谱法（size exclusion chromatography，SEC）等。液相色谱仪利用流动相携带样本通过固定相，样本中的不同组分因与固定相之间的相互作用力不同而在色谱柱中以不同的速度移动，从而实现分离。

3. 超临界流体色谱法 以超临界流体为流动相的色谱法称为超临界流体色谱法（supercritical fluid chromatography，SFC）。超临界流体是温度或压力在超临界温度或超临界压力之上的，既不是气体也不是液体的流体，这种流体具有接近气体的流动性和接近液体的溶解能力。超临界流体色谱仪利用超临界流体（通常为二氧化碳）作为流动相，通过色谱柱对混合物中的组分进行分离。

（二）按固定相的整体形态分类

1. 柱色谱法 样本在装有固定相的柱管内，从柱头到柱尾沿一个方向移动而进行分离的色谱方法称为柱色谱法（column chromatography，CC）。气相色谱法、液相色谱法、超临界流体色谱法及毛细管电泳色谱法等均属于柱色谱法。

2. 平面色谱法 样本在呈平面状的固定相内，沿一定方向移动而进行分离的色谱方法称为平面色谱法（planar chromatography）。以滤纸作固定液载体的纸色谱法（paper chromatography，PC）、以吸附剂涂布在平板上作为固定相的薄层色谱法（thin-layer chromatography，TLC）等均属于平面色谱法。

PPT

第二节 气相色谱仪

一、分类与结构

（一）分类

气相色谱仪是以气体为流动相，利用色谱分离技术和检测技术，对多组分的复杂混合物进行定性和定量分析的仪器。进入气相色谱仪的混合物中各种组分的分配系数存在差异，被测样本组分在流动相与固定相之间反复多次被分配，不同组分随着流动相在色谱柱中产生位移，进而得到分离并被测定。

根据气相色谱仪使用场景不同，可分为实验室台式气相色谱仪、便携式气相色谱仪和车载式气相色谱仪等。在医学检验领域常用实验室台式气相色谱仪。

气相色谱仪适合测定沸点低、可以气化，或衍生化以后可以气化的物质，如烷烃及其衍生物，低沸点的醇类、酯类、有机酸、有机胺等物质，根据检测目标物选择对应的检测器，气相色谱仪可搭载多个检测器使用。

（二）仪器结构

气相色谱仪主要结构包括气路系统、进样系统、色谱分离系统、温控系统、检测器、数据处理系统，结构如图6-4所示。

1. 气路系统 气路系统主要包括气源、气体净化及气流控制装置等。高压气瓶供给的载气作为流动相，经净化器脱水及净化，由流量调节器调至适宜的流量进入色谱柱，开始色谱分离，再经检测器流出气相色谱仪。

常用的载气有氮气、氦气、氢气和氩气，其来源方式有高压气体钢瓶或气体发生器，通常要求载气纯度达到99.999%以上。在气源与仪器之间连接气体净化装置对载气进行净化，主要去除小分子有机化合物和水蒸气等。

气路还要求控制系统的高精确度，常采用高精度的电子压力控制或电子流量控制技术，使得系统的稳定性和重现性达到理想水平。

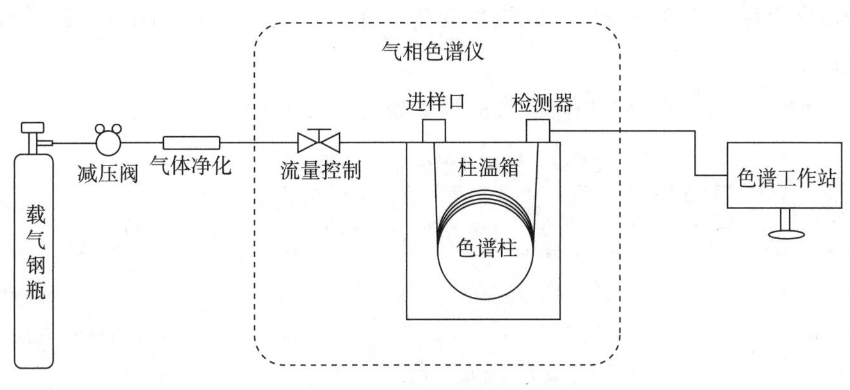

图 6-4 气相色谱仪结构示意图

2. 进样系统 进样系统包括样本导入装置和进样口。其中，样本导入装置可将样本定量引入色谱系统。进样口含有气化室，由加有内衬惰性石英玻璃管的金属腔体组成，能将液体样本瞬间气化。待流量、温度及基线稳定后，即可进样。样本在进样口处气化，被载气带入色谱柱。

目前气相色谱已发展出液体直接进样、顶空进样、热脱附进样和固相微萃取进样等常见进样方式，有力扩展了气相色谱仪的应用场景。

3. 色谱分离系统 色谱分离系统由色谱柱和柱温箱组成，是气相色谱仪进行组分分离的核心部分。样本中各组分在固定相与载气间分配，将按分配系数大小的顺序依次被载气带出色谱柱，实现色谱分离。

（1）气相色谱柱 气相色谱柱有多种类型，可按色谱柱的材料、形状、柱内径和长度、固定液的化学性能等进行分类。

在气相色谱分析中，由于使用惰性气体做流动相，组分与流动相间基本没有作用力，决定色谱分离的主要因素是组分和固定相之间的作用力，固定相的性质对分离起着关键作用。

常见的气相色谱柱为毛细管气相色谱柱，主要由柱管和固定相两部分组成，固定相附着在柱管的内壁上，载气在空心的色谱柱中流动。通常毛细管柱内径为0. 25~0. 53mm 左右，长度为10~50m 左右。

根据功能基团类型和数量的不同，固定相分为非极性、弱极性、中极性和强极性，根据样本的性质选择适合的固定相极性范围，符合相似相容原理（表 6-1）。

表 6-1 气相色谱柱极性、固定相、通用型号及适用范围

极性	固定相	通用型号	适用范围
非极性	100% 甲基聚硅氧烷	-1	脂肪烃类
弱极性	二苯基（5%）-甲基硅氧烷（95%）	-5	弱极性化合物及各种极性组分的混合物
中极性	50% 苯基的甲基硅氧烷	-1701	极性化合物，如农药等
强极性	聚乙二醇	-wax	极性化合物，如类、酯类

（2）温度控制系统 色谱柱的选择固然重要，但还需要通过控制柱温、柱压的高低，使色谱分离效果达到最优。柱温箱可精准控制温度，改变待测组分的分配系数。柱温箱的操作温度范围一般在25~450℃，且带有多阶程序升温功能。程序升温可以让柱温按照预定的程序连续地或分阶段地升温、保温甚至降温，使不同沸点的组分在各自适合的温度条件下得到良好的分离，对于不关注的组分还可进行快速升温以缩短分析时间。

4. 检测器 流出色谱柱的组分最终被载气送入检测器。检测器将各组分的浓度的变化，转变为电压或电流的变化，色谱工作站记录这些电信号随时间的变化得到色谱图。利用色谱图可进行定性和定量分析。

检测器是测量色谱柱流出各组分浓度或质量变化的元件。高灵敏度、高稳定性的检测器是获得准确分析报告的关键。

目前已有数十种气相色谱仪的检测器，常见类型如表6-2所示。

表6-2　气相色谱仪常见检测器类型

检测器名称	载气种类	测定浓度	应用
氢火焰离子化检测器（FID）	氦气、氮气	ppm	有机化合物
热导检测器（TCD）	氦气、氢气、氩气、氮气	50ppm	无机气体、有机化合物
电子捕获检测器（ECD）	氮气	ppb	有机卤素化合物
氮磷检测器（NPD）	氦气、氮气（测磷时可用）	ppb	\
火焰光度检测器（FPD）	氦气、氮气	0.1ppm	硫、磷化合物
介质阻挡放电等离子体检测器（BID）	氦气	0.1ppm	除氖和氦以外的所有可气化化合物

除上述常规气相色谱检测器外，质谱（mass spectrometry，MS）作为一种质量型、通用型检测器，也可作为气相色谱的检测器。它不仅能给出常规气相色谱检测器所能获得的总离子流色谱图，而且能够给出每个色谱峰所对应的质谱图。通过对标准谱库的自动检索，可提供化合物分析结构的信息。第七章中将详细介绍该部分内容。

二、操作与维护

（一）操作与注意事项

1. 气相色谱常规操作及注意事项　气相色谱分析过程可归纳为样本采集，前处理，色谱分析和数据处理等几个阶段，其分析流程及注意事项如表6-3所示。

表6-3　气相色谱仪操作注意事项

<table>
<tr><th>阶段</th><th>步骤</th><th>操作及注意事项</th></tr>
<tr><td>样本采集与前处理</td><td>准备工作</td><td>1. 样本性质是否易分解：对于不稳定的样本应注意保存温度，是否避光保存并注意存放时间
2. 根据待测目标化学性质，选择合适的样本引入系统
3. 根据待测目标化学性质，更换对应型号的毛细管色谱柱</td></tr>
<tr><td rowspan="6">色谱分析与数据处理</td><td>开机</td><td>1. 连接流路，先开载气再开电源，开辅助气
2. 注意气体纯度：确认载气钢瓶、气体发生器、辅助气体的纯度</td></tr>
<tr><td>设定参数</td><td>设定流量、温度、检测器参数</td></tr>
<tr><td>制作标准曲线</td><td>1. 进行单一标品分析，确定单一标品保留时间
2. 分析混合标品，根据图谱调整分析条件，直至得到理想谱图
3. 确定定量方法（外标、内标等）
4. 选择校正点数，编辑ID表（输入组分的保留时间和标样浓度）
5. 选择校正次数
6. 选择曲线计算方式（直线、最小二乘等）
7. 按从低浓度到高浓度的顺序，分析完所有标样，完成曲线制作</td></tr>
<tr><td>分析未知样本</td><td>1. 进行未知样分析，每次分析结束，自动计算定量结果
2. 打印报告</td></tr>
<tr><td>关机</td><td>分析完成，关机，系统降温后，关电源，关载气</td></tr>
</table>

2. 气相色谱校准及注意事项　在仪器校准中，气相色谱应从仪器外观、气路系统、柱温箱温度、程序控温、定性定量重复性5个方面进行：①仪器外观，要求外观整齐，各开关按钮正常；②气路系统，注意检查气路紧密，无漏气；③柱温箱温度，主要检查温度的稳定性，偏差不能超过0.2%；

④程序控温，程序在进行升温控制时，有良好的重复性，偏差不超过1.0%；⑤定性定量重复性，具体要求如表6-4所示。

表6-4　FID和TCD检测器的定性定量重复性要求

要求内容	FID检测器	TCD检测器
定性重复性	0.02%	0.03%
定量重复性	0.2%	0.3%

（二）维护与常见问题

气相色谱在使用过程中经常会出现重复性差、峰型不正常和基线不规则或不稳定的问题，其对应故障排除措施如表6-5所示。

表6-5　气相色谱仪常见问题及故障排除措施

现象		故障排除措施
重现性差		更换进样隔垫、衬管 检查色谱柱两端接口 更换分流/吹扫流路捕集阱 维护微量进样针
峰型不正常	峰丢失	注射器、检测器、色谱柱检查
	前延峰	色谱柱过载，进样口温度低，样本冷凝、分解
	拖尾峰	柱温太低，进样口温度低，衬管损坏，色谱柱污染
	分叉峰	流量、柱温、进样量、分流比、柱长等问题排查
	鬼峰	老化/切割色谱柱，清洗注射器，更换进样隔垫、衬管，更换捕集阱等
基线不规则或不稳定		更换隔垫、衬管，切割色谱柱 清洗检测器和进样器 检查载气源压力，更换气瓶 使用载气净化装置，清洁气路 检查漏气情况等

三、临床应用

气相色谱仪在医学检验领域可用于有机溶剂残留和血液乙醇浓度的检测。

（一）有机溶剂残留检测

气相色谱仪适合进行挥发性有机物的分析。药物制剂中的残留溶剂是指原料药或赋形剂在生产中，以及在制剂制备过程中产生或使用的、用现行的生产技术不能完全除尽的挥发性有机化合物。由于残留溶剂没有疗效，所有残留溶剂在药品生产过程中应尽可能地去除。气相色谱仪搭载顶空进样器，可精准获取顶空瓶中药品上层平衡的挥发气体浓度，避免药品复杂基质的干扰，常采用顶空气相色谱法分析药物中的有机溶剂残留。

（二）血液中乙醇浓度检测

我国法律以血液中的乙醇浓度作为酒驾处罚的法律判定依据。气相色谱仪的氢火焰离子化检测器对醇类化合物有良好的响应，当前血醇检测主要采用气相色谱分析法。血醇的组成主要有乙醇及其同源化合物，所测定的物质主要有乙醇、甲醇、正丙醇、丙酮、异丙醇和正丁醇等6种微量组分，这些物质的种类和浓度与它们的代谢和生成规律有关。相对于手持快检设备，气相色谱仪可区分不同种类的醇类物质，提供更加准确的血液中醇类浓度的定量结果。

PPT

第三节　液相色谱仪

一、分类与结构

（一）基于液相色谱分离原理的分类

液相色谱是指根据组分与流动相、固定相间物理化学性质的差异进行分离。基于这个分离原理可以将液相色谱仪分为：反相液相色谱仪、正相液相色谱仪、离子交换色谱仪、体积排阻色谱仪等。

1. 反相液相色谱仪　反相液相色谱是以表面非极性载体为固定相，用极性强于固定相的溶剂为流动相的一种液相色谱分离模式。反相色谱仪的色谱柱效高、分离能力强，是液相色谱分离模式中使用最为广泛的一种。

2. 正相液相色谱仪　正相色谱和反相色谱的分离原理相反，正相色谱的固定相极性大于流动相，固定相通常是硅胶或氧化铝等极性材料，而流动相通常是含高比例的非极性有机溶剂，主要适用于大极性化合物的分离。

3. 离子交换色谱仪　离子交换色谱主要用于分离和检测离子型化合物。它采用离子交换树脂作为固定相，通过电导检测器检测离子的浓度。离子交换色谱在环境监测、水质分析、食品检测等领域有广泛应用，可用于检测阴离子（如氟离子、氯离子、硝酸根离子等）和阳离子（如钠离子、钾离子、铵离子等）。

4. 体积排阻色谱仪　体积排阻色谱的保留机理类似于分子筛作用，依据组分分子尺寸与凝胶孔径间的差异进行分离，主要用于生物大分子的分离。

（二）基于液相色谱分离效率的分类

根据色谱柱尺寸或固定相颗粒大小进行分类，液相色谱仪可分为纳升液相色谱仪（柱内径小于100μm）、毛细管液相色谱仪（柱内径小于500μm）、高效液相色谱仪（high performance liquid chromatography，HPLC）（一般柱内径为3~5mm）、超高效液相色谱仪（ultra performance liquid chromatography，UPLC）（一般柱内径小于3mm，填料粒径为亚2μm）和半制备液相色谱仪（柱内径大于10mm）。其中，纳升液相色谱仪由于流速低，色谱柱体积小，柱外效应显著，对色谱仪器系统各个模块的性能以及系统柱外效应的优化提出了较高的要求。

（三）仪器结构

高效液相色谱仪是目前使用最为广泛的一种液相色谱仪，主要由溶剂输送系统、进样系统、分离系统、检测器和系统控制与数据采集处理系统等单元组成，此外，它还包含柱温控制、在线脱气和检测器辅助装置等组件，以及相应的连接管路、接头等，仪器系统的结构示意图如图6-5所示。

1. 溶剂输送系统　溶剂输送系统包括储液装置、流动相脱气装置、梯度洗脱装置和高压输液泵，其主要作用为驱动流动相携带样本进入色谱柱实现分离，并送至检测器完成检测。液相色谱溶剂输送系统应该满足以下3个方面的要求，包括：①耐高压 HPLC最高工作压力一般为6000psi左右，UPLC耐压甚至超过14000psi；②流量稳定且范围宽 不仅需要输液平稳，重复性好，压力波动小，而且要求流量范围宽且连续可调；③功能完整 具有压力检测与保护功能，以及拥有流速程序控制和梯度功能。

2. 进样系统　进样系统主要包括进样针、注射器、进样阀等，是液相色谱仪确保进样量准确、重复性好的关键部件，需满足耐高压、死体积小、残留低、进样量可调节且流量和压力波动小的特性，

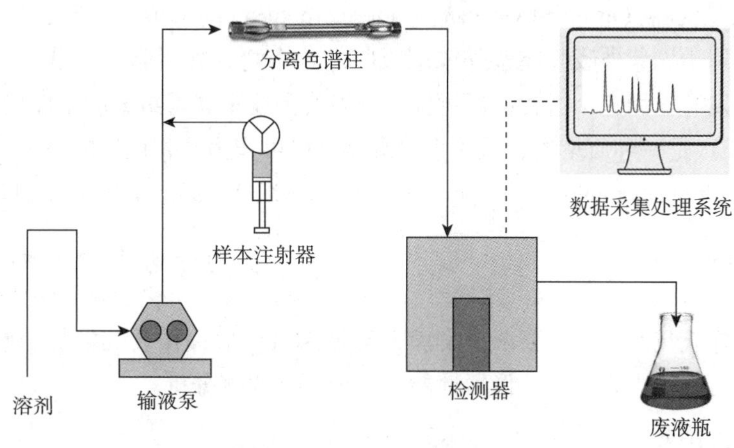

图 6-5 高效液相色谱系统

包括手动进样阀和自动进样器两种类型。自动进样器在程序控制下自动完成吸样、进样、清洗等操作，并配备温控系统确保样本稳定性。

3. 分离系统 分离系统包括色谱柱、保护柱以及柱温箱。色谱柱作为核心部件之一，使用小粒径固定相以提升分离效率，需在高压下运行，要求耐高压、死体积小且无渗漏。其结构包括柱管、压帽、卡套等，需考虑不同品牌色谱柱的接头兼容性。保护柱可防止杂质污染色谱柱，应与色谱柱匹配并定期更换。柱温箱则确保色谱柱温度恒定，保证分离效果及保留时间的稳定。

4. 检测器 检测器是高效液相色谱仪的核心部件之一。样本组分经色谱柱分离后与流动相一同进入到检测器中。检测器将样本的物理或化学特性信息转换为易测量的电信号，输入到数据处理系统，从而得到色谱图，进行定性、定量分析。根据测量原理分类，常见 HPLC 检测器可分为以下 6 种。

（1）紫外-可见光检测器（ultraviolet-visible light detector，UV-Vis） 是液相色谱仪常见的检测器之一，既可检测紫外光区范围（190~350nm）的光吸收变化，也可检测可见光范围（350~700nm）的光吸收变化。其特点是灵敏度高，线性范围宽，噪声低，适用于梯度洗脱，对流速和温度变化不敏感，检测后不破坏样本，可用于样本制备，且能与其他 HPLC 检测器串联使用。

（2）光电二极管阵列检测器（photo-diode array detector，PDAD） UV-Vis 检测器只能测定某一波长吸光度与时间的关系曲线。PDAD 能够同时测定时间、吸光度、波长三者之间的关系曲线，可做出任意时间的吸光度-波长曲线和任意波长下的吸光度-时间曲线。PDAD 扫描速度极快，远远超过色谱峰流出速度，因此可用来观察色谱柱流出物的每个瞬间的动态光谱吸收图。

（3）示差折光检测器（refractive index detector，RID） RID 也称光折射检测器，是一种通用型检测器，基于连续测定色谱柱流出物光折射率的变化来测定溶质浓度。凡是与流动相光折射率有差别的样本都可用其检测，由于液体折射率是压力和温度的函数，该检测器对温度、流量等环境因素要求较高，一般不能用于梯度洗脱。

（4）荧光检测器（fluorescence detector，FLD） 液相色谱中荧光检测器的应用仅次于紫外吸收检测器，特点是它具有较高的选择性和灵敏度。通常采用氙灯作为光源，可在 250~600nm 波长范围内发出强烈的连续光谱。许多化合物，特别是芳香族化合物、生物物质包含某些代谢产物（如有机胺、维生素、激素、酶等）都可使用荧光检测器检测。

（5）电化学检测器（electrochemical detector，ECD） 基于化学反应产生的电流，通过电极与电解质间的反应，化学物质浓度与电流强度成正比，从而实现物质成分的分析。这种方法灵敏度高，适用于检测具有氧化还原性质的化合物，如硝基、氨基化合物等。

（6）蒸发光散射检测器（evaporative light-scattering detector，ELSD） 蒸发光散射检测器是一种通用型检测器，特别适用于无紫外吸收或紫外末端吸收的化合物，如磷脂、皂苷、生物碱等。其工作原理主要分为雾化、蒸发和检测三个过程，通过检测散射光强度来获得组分的浓度信号。

此外，质谱（MS）是一种质量型、通用型检测器，也可作为液相色谱的检测器，常被称为液相色谱-质谱联用（liquid chromatography mass spectrometry，LC-MS）。第七章中会详细介绍该部分内容。

二、操作与维护

液相色谱仪对操作人员有较高的要求。实验人员加深对仪器操作及维护的了解，一方面可以避免出现故障，另一方面可以最大程度发挥仪器性能，实现更好检测分析。

（一）操作与注意事项

1. 液相色谱仪常规操作及注意事项见表6-6。

表6-6 液相色谱仪常规操作及注意事项

仪器模块	涉及部件	操作及注意事项
泵模块	溶剂瓶	1. 使用清洁的玻璃器皿并标注流动相日期及名称 2. 不要向已放置在系统上的流动相瓶中“添加”流动相 3. 水相每24~48小时更换，有机相3~7天更换。若有较易挥发的添加剂或者项目对pH敏感，则需现用现配 4. 溶剂瓶要用合适瓶盖盖好
	溶剂	1. 反相色谱常用溶剂：水、乙腈、甲醇以及异丙醇等 2. 正相色谱常用溶剂：正己烷、环己烷、甲苯以及乙酸乙酯等
	添加剂	1. 调节pH：甲酸、乙酸、氨水、磷酸 2. 缓冲盐：甲酸铵、乙酸铵、七氟丁酸、磷酸盐及硼酸盐
	泵	1. 泵的排气：停机4小时后再次开机或者更换流动相时 2. 压力检测：压力波动值大小监控 3. 停机前：缓冲盐管路先用纯水冲洗，再保存在含高有机相溶剂中
柱温箱模块	色谱柱	1. 连接：结合系统压力，检查是否漏液或者堵塞 2. 清洗：每次实验后及时清洗色谱柱（如常规反相色谱柱：高水相冲洗，再切换有机溶剂清洗，避免盐析出） 3. 保存：保存在纯乙腈（常规反相柱）
	在线过滤器或预柱	色谱柱的物理防护和化学防护，检查连接
	柱温	柱温会影响系统压力以及色谱分离，日常记录柱温
进样器模块	进样瓶	1. 测试样本与样本瓶的兼容性：部分目标物可能吸附于样本瓶表面。此外，样本瓶可能带来干扰 2. 测试样本瓶与针之间的兼容性：针高度调节，推荐采用预开口盖垫
	清洗溶剂	选择合适的针阀清洗溶剂：与样本极性相符，可充分溶解样本物质
	注射剂及进样针	仪器运行前对注射器进行灌注，清除气泡
其他	管路	1. 使用时：保持全部溶剂管路都已灌注；保持柱塞清洗管路已灌注；保持注射器清洗并灌注 2. 长时间不使用：建议把系统保存在高比例有机相
	废液瓶	查看是否已满
	液相系统	系统压力可以反映色谱系统正常与否，日常使用应记录系统压力

2. 液相色谱仪的校准及注意事项 液相色谱仪最常用的检测器是紫外-可见检测器，每次开机仪器都会自动进行紫外波长校正。如果自动校正不通过，可以进行手动校正。如果连续运行检测，建议每周执行一次波长验证。校正过程是检测器的氘弧灯和积分铒滤光器将参照已知波长，列出传输光谱

中的峰，仪器启动后，检测器根据其内存中存储的校正数据，通过对比这些峰与预期波长的位置来验证校正。如果验证结果与存储的校正相差大于1.0nm，会显示验证失败，需要重新校正验证，也可以随时启动手动波长校正。

（二）维护与常见问题

周期性维护分为日常维护、季度维护以及年度维护。日常维护主要涉及到溶剂的配制及更换，检查流动相、柱塞杆清洗液、洗针液以及注射器洗液的种类及体积；季度维护包括溶剂系统、溶剂滤头、在线过滤器、单向阀的清洗；年度维护需要对易损件进行更换，如泵柱塞杆、柱塞杆密封圈、溶剂过滤头、单向阀、进样针、进样密封圈、进样阀、针筒注射器、检测器等。

日常使用过程中，仪器会出现报错或者检测结果异常等现象，需要实验人员根据不同的问题查找原因并进行维护。异常现象发生时，实验人员需对检测项目进行检查：选择的方法、流动相以及样本的配制方法、流动相的配置日期等。故障排除时，首先观察色谱图及运行参数，尝试将问题分类。合理的逻辑判断将会节省解决问题时间，提高效率。

三、临床应用

（一）液相色谱串联电化学检测器

在液相色谱质谱联用技术还未在临床崭露头角时，液相色谱串联电化学检测器（LC-ECD）曾在儿茶酚胺（CAs）的测定中占据了举足轻重的地位。CAs 作为关键的神经递质和激素，其血液和尿液中的含量对多种疾病的诊断具有重要意义。LC-ECD 技术能够灵敏且准确地测定人血清和尿液中的CAs 含量。例如，通过氧化铝富集结合 HPLC-ECD 检测方法，研究者们成功建立了一种测定人尿液中CAs 浓度的方法。

（二）液相色谱串联荧光检测器

液相色谱串联荧光检测器（LC-FLD）在临床应用中同样发挥着不可或缺的作用，特别是在内分泌疾病的诊断和治疗过程中。LC-FLD 技术也可以应用于血清和尿液样本中类固醇的定量检测，这些类固醇通过特定的羟基与荧光试剂如9-蒽基乙腈发生酯化反应而被标记，从而实现高灵敏度的检测。

（三）液相色谱串联紫外检测器

液相色谱串联紫外检测器（LC-UV）是临床分析中常用的技术之一。它利用液相色谱对样本进行分离，并通过紫外检测器对特定波长的紫外光进行检测，进而对药物、代谢物或其他生物分子进行定量分析。例如，LC-UV 技术用于人血清中抗生素的测定，如头孢他啶，实现了对这些抗生素的高灵敏度和高选择性检测。此外，该技术还广泛应用于新生儿干血斑（dried blood spot，DBS）样本分析，以支持药物动力学研究，这对于新生儿感染治疗中药物剂量的优化至关重要。同时，LC-UV 技术也被用于系统性毒理学分析，通过分析大量 UV 光谱数据，研究者能够识别和确认具有潜在危害的化学物质。

知识拓展

液相色谱微流控技术

液相色谱微流控技术是将传统的毛细管液相色谱技术与微流控技术相结合，通过在微流控芯片上制备色谱柱并集成相应的流体控制系统和检测系统，实现对样本的分离和检测。与传统的毛细管液相色谱相比，微流控液相色谱具有更高的灵活度和可集成性，能更好地实现微型化、模块化、智能化和自动化。液相色谱微流控技术在生物医学领域具有广泛的应用前景，可以用于药物筛选、蛋白质分析和基因测序等方面。未来该领域的研究着重关注新型微流控芯片基底材料的开发以及微流控芯片通道结构的统一设计。此外，液滴微流控系统作为微流控学的一个新研究方向，具有突出的独特优势，未来也将成为液相色谱微流控技术的重要发展方向。

答案解析

思考题

案例 某医院检验科色谱质谱组工作人员在处理当天批次他克莫司药物浓度监测样本时，观察到他克莫司色谱峰保留时间漂移的现象，无法确定他克莫司的出峰位置。

初步判断与处理 检查仪器警报系统，并未有错误提示。初步检查液相系统的管路接口，发现并未有明显的漏液。

问题

（1）其他出现色谱峰保留时间漂移的原因及如何排查？

（2）如何保证色谱分析检测结果的准确性？

（邱 玲）

书网融合……

重点小结

题库

微课/视频

第七章　质谱分析仪

学习目标

1. 掌握各类气相色谱-质谱联用仪、液相色谱-质谱联用仪和电感耦合等离子体质谱的仪器结构、工作原理以及基本操作流程；熟悉基质辅助激光解吸飞行时间质谱的仪器结构和工作原理；了解各类型质谱仪的适用场景及临床应用。

2. 具有质谱技术相关知识，具备实际应用中的问题解决能力和技术理解能力，培养质谱分析领域基本的专业能力。

3. 树立创新意识，学会运用质谱新技术和新方法，提高临床实验室检测能力和对新型标志物开发的能力，为提升少见病、疑难罕见病的诊疗水平提供支持。

自20世纪初质谱（mass spectrometry，MS）技术发明以来，经过一百多年的发展，质谱仪已成为生命科学研究、法医毒物分析、化学/生物制药及临床检测等领域不可或缺的工具。为了满足复杂样本的检测需求，质谱技术和色谱技术相结合，发展出了多种联用技术，如液相色谱-质谱联用技术（liquid chromatography-mass spectrometry，LC-MS）和气相色谱-质谱联用技术（gas chromatography-mass spectrometry，GC-MS）。

第一节　原理、结构与分类

PPT

质谱仪是一种能够对样本中的分子或原子进行质量和组成分析的仪器，它将物质离子化后，根据不同离子的质量与其所带电荷的比值，即质荷比（m/z）的差异来分离和确定分子量、分子组成与分子结构等生物信息。

质谱仪的离子化方式有多种，以适应不同的分析需求。电喷雾电离（electrospray ionization，ESI）是LC-MS的常用离子化方法，而GC-MS常用的则是电子轰击源（electron ionization，EI）。其他离子化技术包括化学电离（chemical ionization，CI）、电感耦合等离子体（inductively coupled plasma，ICP）以及基质解析激光辅助电离（matrix-assisted laser desorption ionization，MALDI）等。

根据质量分析器的不同原理，质谱仪还可分为四极杆（quadrupole，Q）、离子阱（ion trap）、飞行时间（time of flight，TOF）、静电场轨道离子阱（orbitrap）以及傅里叶变换-离子回旋共振（fourier transform ion cyclotron resonance，FT-ICR）等不同类型。除此之外，不同质量分析器还可以串联组合形成串联质谱，如三重四极杆（QQQ）、四极杆-离子阱（Q-Trap）、四极杆-飞行时间（QTOF）、四极杆-静电场轨道阱（Q-Orbitrap）、四极杆-傅里叶变换-离子回旋共振（Q-FT-ICR）等。

不同类型的质谱技术以其独特的技术优势被应用于不同的临床场景。液相色谱串联三重四极杆质谱（LC-QQQ MS）同时具备液相色谱优良的分离能力和三重四极杆质谱高灵敏度、高特异性的分析性能，在科学研究和临床检测中得到广泛的应用。基质辅助激光解吸电离飞行时间质谱（MALDI-TOF MS）由于其所具有的准确性和时效性，在微生物领域有着十分广泛的应用。电感耦合等离子体质谱（ICP-MS）技术凭借着高灵敏度、宽线性范围、干扰少等技术优势，正逐渐取代原子吸收技术，成为微量元素检测及重金属筛查中综合分析性能最优秀的技术之一。此外，高分辨质谱技术以其超高分辨率和质量准确度开始在淀粉样变分型、M 蛋白血症分型及药物毒物筛查等临床诊断和鉴别诊断中发挥作用。

一、工作原理

质谱仪的工作原理基于三个主要步骤：首先，样本通过进样系统被引入质谱仪，进入离子源后被电离生成带电的离子；其次，这些离子根据其质荷比（m/z）的不同，在时间或空间上被分离；最后，检测器捕捉到不同离子的信号强度，并将这些信号转化为电信号。随后，数据处理系统将这些电信号转化为可读取的结果。

二、仪器结构

质谱仪由进样系统、离子源、质量分析器、检测器和软件与数据处理系统组成，其中，GC-MS 的离子源、质量分析器和检测器均处于真空状态，而 LC-MS 离子源处于常压与真空的过渡状态，如图 7-1 所示。

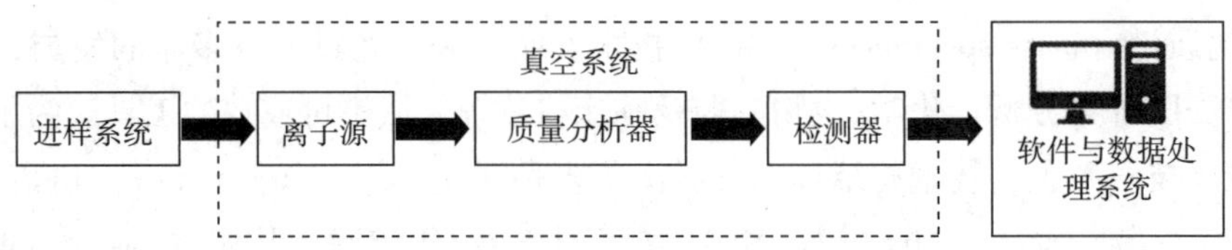

图 7-1　质谱仪的基本结构

（一）进样系统

进样系统将样本引入至离子源。当样本成分复杂时，可以在进样系统前串联色谱仪进行预分离，以降低基质效应，确保分析的精确性。此外，为了提高操作的便捷性，目前大部分质谱仪都配备了自动进样器，这大大提高了工作效率。

（二）离子源

常用的离子源包括 EI、CI、MALDI、ESI、大气压化学电离源（APCI）和 ICP 等。

1. 电子轰击源（EI）和化学电离源（CI）　如图 7-2 和图 7-3 所示，EI 和 CI 是两种传统的离子源。它们特别适用于挥发性和热稳定性较好的样本，在气相色谱-质谱联用技术（GC-MS）中得到了广泛应用。

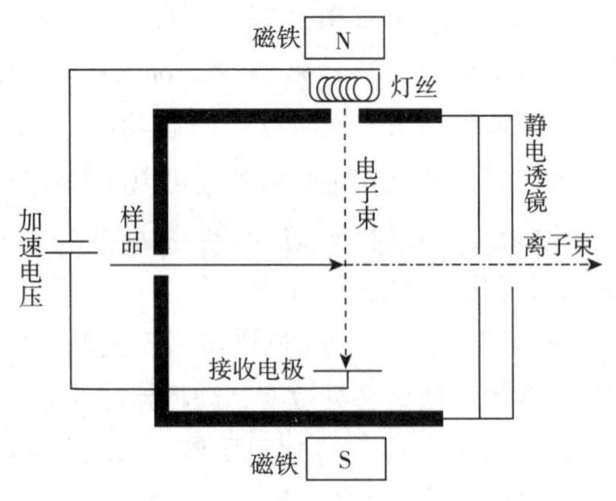

图 7-2　EI 源的基本结构

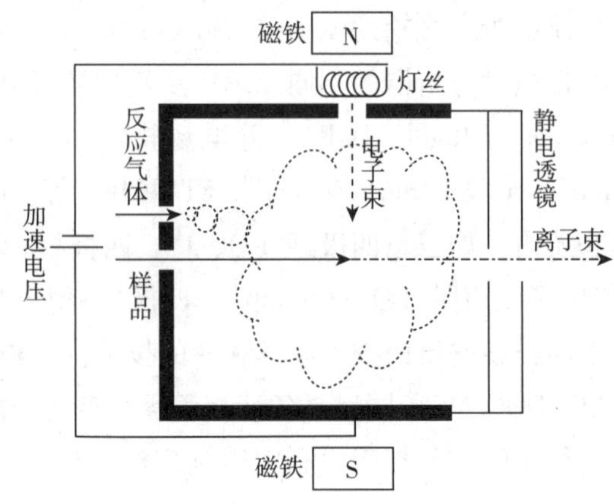

图 7-3　CI 源的基本结构

在 EI 中，灯丝发射的电子在电场或磁场的作用下被引导至接收电极。在这个过程中，电子与目标分子发生碰撞，导致目标分子化学键断裂，产生碎片离子。这些碎片离子携带丰富的结构信息，使得 EI 产生的质谱图可进行谱库检索，从而实现化合物的鉴定。

在某些情况下，样本在 EI 中只能产生碎片离子，而无法获得分子离子。CI 为克服这一限制提供了替代方法。如图 7-3 所示，在 CI 中，离子室内首先引入反应气体，灯丝发射的电子将这些反应气体电离。随后，产生的反应气离子与样本分子相互作用，促使样本分子电离产生分子离子。这种方法特别适用于那些在 EI 中难以获得分子离子特征信息的样本。不过，需要注意的是，与 EI 源相比，其样本产生的碎片模式不同（通常也更复杂），CI 产生的质谱图通常不具备谱库检索特征。

2. 基质辅助激光解吸电离源（MALDI） MALDI 的工作原理如图 7-4 所示：首先，将样本与基质溶液混合后滴加在样本板上，自然干燥后形成结晶状的薄膜。激光照射样本表面，基质分子吸收激光的能量，迅速升温并瞬间气化。随着基质的气化，样本中的大分子被解吸并进入气相。在此过程中，基质分子与大分子间的相互作用促使大分子带上电荷，从而形成带电离子，最终在金属网电极的作用下被引入质量分析器。MALDI 是一种高效的电离技术，特别适用于电离大分子，如蛋白质、多肽和核酸等。

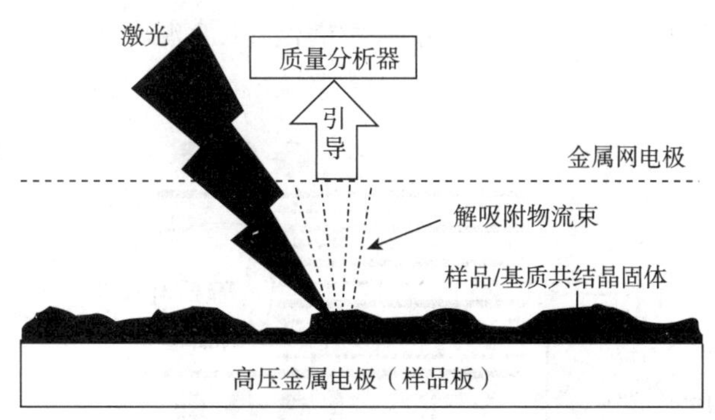

图 7-4 MALDI 源的基本结构

3. 大气压化学电离源（APCI） APCI 工作原理如图 7-5 所示：首先，样本溶液流经雾化器，在气体辅助下被雾化成细微的液滴。在加热器的作用下，液滴中的溶剂迅速蒸发，目标化合物转变为气态的分子。气态分子被电晕针放电产生的高压电场电离，形成带电离子。最终，离子化的目标化合物被送入质量分析器中检测。APCI 适用于常规大气压下的液态样本电离，特别适合于分析中等极性和弱极性的化合物。

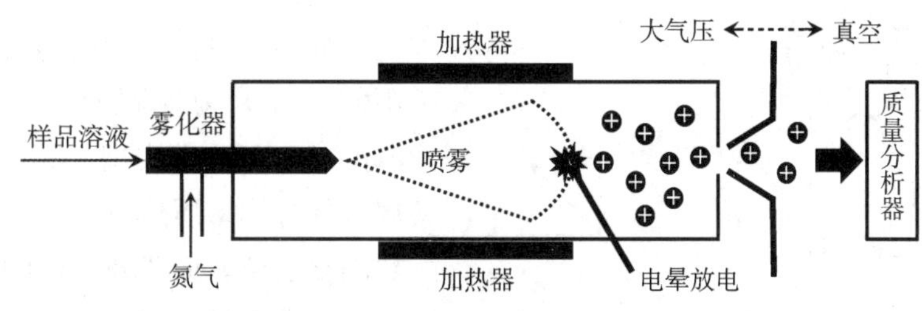

图 7-5 APCI 源的基本结构

4. 电喷雾电离源（ESI） ESI 工作原理如图 7-6 所示：样本溶液在雾化气和高压静电场作用下形成电喷雾，其中带电小液滴在加热气的作用下去溶剂化形成带电离子，最终在反吹气作用下进一步去除中性溶剂分子，并在电场作用下进入质量分析器。与 APCI 源不同的是，ESI 源中样本溶液先离子化后雾化，APCI 源则是先雾化后离子化。ESI 源被广泛应用于 LC-MS 中，一般不产生碎片峰，特别适合于分析极性化合物和生物大分子。

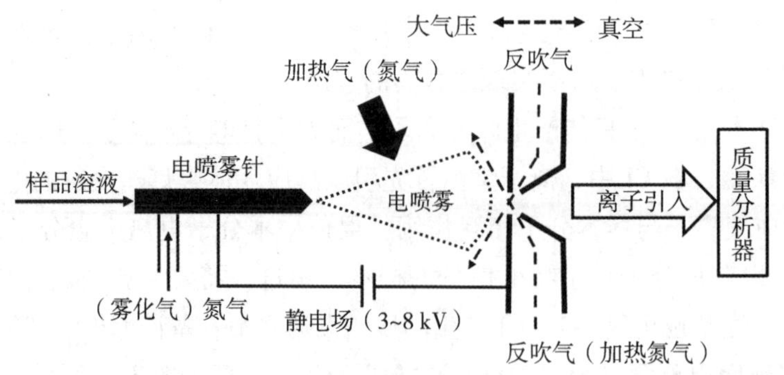

图 7-6　ESI 源的基本结构

5. 电感耦合等离子体源（ICP）　ICP 工作原理如图 7-7 所示：样本溶液在雾化器的作用下形成气溶胶，经过雾化室的筛选后，稳定的小雾滴进入通有惰性气体（通常是氩气）的炬管中。炬管外部缠绕有射频感应线圈，交变磁场与矩管内的气体相互作用，产生电离，形成等离子体（等离子体是由高频电磁场加热惰性气体而形成的高温、电离态气体）。等离子体的高温足以使样本中的大多数元素原子化、离子化，得到分析物离子，再由真空接口引入质谱仪。ICP 源常用于元素分析和同位素比率测量，适用于无机样本的分析。

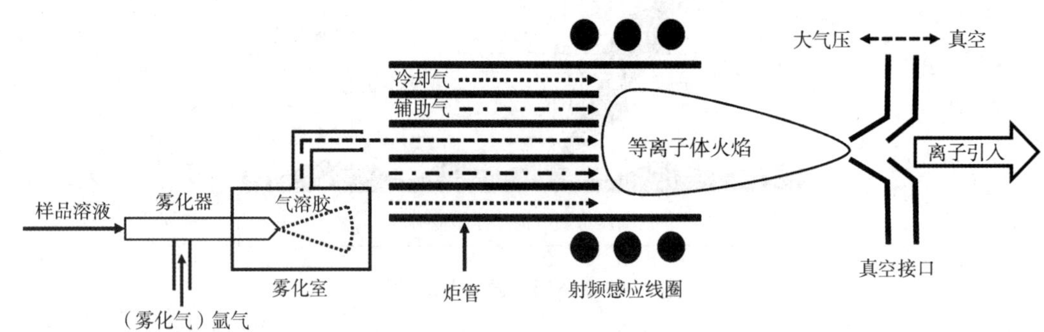

图 7-7　ICP 源的基本结构

（三）质量分析器

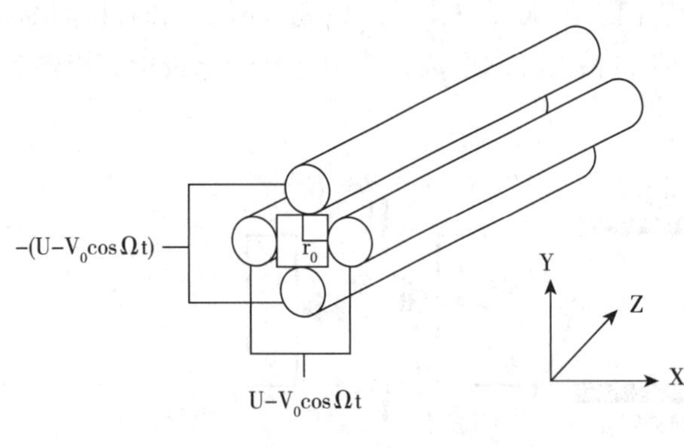

图 7-8　四极杆结构示意图

质量分析器是质谱仪中的关键组件，其主要作用是将离子源产生的离子按质荷比（m/z）进行分离。质量分析器的工作原理和设计各有不同，可分为四极杆、离子阱、TOF、Orbitrap、FT-ICR 等类型。其中，四极杆和离子阱属于低分辨率质量分析器，仅能测得离子质量数的整数位。而 TOF、Orbitrap 和FT-ICR 属于高分辨率质量分析器，通常能精确测至小数点后 3 位以上。因此高分辨率质谱能更精确测定化合物的分子量，并能借助同位素丰度比来推断分子式。另外，通过质量分析器的串联衍生出的 QQQ、Q-Trap 是低分辨质谱，而 QTOF、Q-Orbitrap 和 Q-FT-ICR 则属于高分辨质谱。

1. 四极杆　是由四根完全一样的平行排列的柱状电极构成，如图 7-8 所示。这些电极被配置为两对，每对电极之间相互连接。在这些电极上施加特定的射频交流电压和直流电压。通过精确调节电压，四极杆能够产生一个随时间变化的电场，以对离子的运动产生影响。通过设定，可以选择具有特定质荷比（m/z）的离子在电场的作用下稳定地穿过四极杆并到达检测器，而其他离子则因轨迹不稳定而偏离路径并被排除。这种选择性传输特性使得四极杆质量分析器能够对离子进行精确的质量分析。

2. 离子阱（ion trap） 该类质量分析器利用三维电场来捕获和存储离子，后通过改变电场强度让质荷比不同的离子逐个或批量释放，达到分离分析不同目标离子的目的。

3. 飞行时间（TOF） TOF 是一个离子漂移管。由离子源产生的离子首先被收集，并将初始动能变为 0。经相同脉冲电场加速后进入漂移管，并以恒定的速度飞向检测器。离子质量越大，到达检测器的所用时间越长；离子质量越小，到达检测器所用时间越短，根据这一原理，可以把不同离子按 *m/z* 值大小进行分离。TOF 具有结构简单、分辨率高、灵敏度高和质量范围宽等优点。

4. 静电场轨道阱（Orbitrap） 是由中央金属轴和一个环形电极组成，两者之间通过施加一个直流电压和一个射频电压来建立一个非均匀的静电场。在该静电场的作用下，进入轨道阱的离子被限制在一个三维轨道中，沿轴向做往复运动，同时在径向做圆周运动。*m/z* 不同的离子以不同的频率在轨道阱内振荡，并产生周期性的电荷分布变化。检测电极将捕捉到的电荷分布变化转换为电信号，并通过傅里叶变换（fourier transform，FT）将时间域信号转换为频率域信号，从而获得每个离子的 m/z 值。

（四）检测器

在质谱仪中，检测器的作用是将质量分析器筛选后的分析物离子转换为电信号。根据工作原理的差异，检测器可分为无增益式和增益式检测器两大类。

1. 无增益式检测器 无增益式检测器是一种无内置信号放大功能的检测器，它能够直接读取离子信号。这类检测器特别适合于那些不需要前置放大的质谱技术，如 FT-ICR MS 和 Orbitrap 等。无增益式检测器的一个显著特点是它们能够提供高信噪比的离子信号。

2. 增益式检测器 增益式检测器具备信号放大能力，与无增益式检测器相较，它能提供更高的检测灵敏度。根据工作原理的不同，增益式检测器可以进一步细分为电子倍增器、微通道板和光电倍增器等几种类型。

（五）软件与数据处理系统

软件是实现质谱仪人机交互的重要工具，通过软件可对仪器的各个工作过程进行控制。数据处理系统通常包含一系列集成的分析功能，如谱图解析、特征峰比对、标准曲线拟合以及分析物浓度计算等。

三、临床应用

临床常用的质谱仪类型主要包括 LC-MS、GC-MS、MALDI-TOF MS、ICP-MS 等。根据不同的应用场景和检测需求，选择合适的质谱仪类型对于提高检测效率和结果的准确性非常重要。以下是几种主要临床待测物种类及其适用的质谱仪类型的简要介绍。

（一）小分子化合物检测

GC-MS 和 LC-MS 都适用于小分子化合物，其中 GC-MS 适用于低极性、易挥发及热稳定的化合物，LC-MS 适用于高极性、沸点高或热稳定性差的化合物。GC-MS 采用 EI 源时，可得到碎片离子谱图，通过检索标准谱库可鉴定分子结构。而 LC-MS 采用的 ESI 源是软电离，一级质谱只得到分子离子峰，可以继续选择离子做二级质谱或者多级质谱（MSn），得到进一步裂解的碎片离子，通过与数据库比对进行结构鉴定或者自行解析。

（二）微生物检测

MALDI-TOF MS 在微生物的检测中具有快速、便捷、稳定等优势。蛋白质是微生物中的重要标志，通过 MALDI-TOF MS 检测微生物中的特征蛋白质获取特征谱图，再与谱库中的特征谱图比对，可完成微生物的属、种甚至亚种的鉴定。

（三）多肽或蛋白分析

与疾病相关的蛋白或多肽类生物标志物或药物，通常可使用 LC-MS 进行分析。利用纳升液相色谱-高分辨串联质谱技术，可完成对肽段序列的鉴定和半定量分析，在临床上具有重要意义。常规流速或微升液相-三重四极杆质谱或高分辨串联质谱技术，也被进行特征蛋白肽段定量的应用探索。

（四）元素检测

临床医学中通常使用 ICP-MS 进行元素检测。ICP 源具有足够高的能量，是理想的无机质谱源。ICP-MS 具有灵敏度高、动态范围宽、精密度高、分析速度快、可同时分析多元素等优势。

知识拓展

流式质谱

流式质谱（flow cytometry mass spectrometry，FC-MS）是一种将流式细胞术与质谱技术相结合的分析技术。原理是利用流式细胞术对细胞或颗粒进行快速筛选和分类，然后通过质谱技术对这些经过筛选的粒子进行成分和质量分析。流式质谱可应用在免疫学研究中，用于分析免疫细胞的表面标志物、细胞内蛋白质和代谢产物等，帮助深入了解免疫细胞的功能和分化。例如，通过流式质谱可以同时检测多种细胞表面标志物，精确地对不同免疫细胞亚群进行分类和定量。在血液学研究中，可用于对血液细胞进行详细的分析，包括白血病细胞的分型和监测。在肿瘤研究中，有助于识别肿瘤细胞的特异性标志物，对肿瘤细胞进行精准分型和监测肿瘤细胞的异质性。

第二节　气相色谱-质谱联用仪

PPT

气相色谱-质谱联用是分析仪器中较早实现联用的仪器。目前已成为复杂体系中挥发性和半挥发性物质定性、定量分析的常用技术。气相色谱可与绝大多数类型的质谱仪进行联用。其中临床检测常用的气相色谱质谱联用仪类型为气相色谱-单四极杆质谱联用仪（GC-Q MS）和气相色谱-三重四极杆质谱联用仪（GC-QQQ MS）。

一、气相色谱-单四极杆质谱联用仪

GC-Q MS 相较于 GC-QQQ MS、气相色谱-飞行时间质谱联用仪（GC-TOF MS）等其他类型气相色谱质谱联用仪，在成本和操作简便性方面具有明显优势。

（一）工作原理

在 GC-Q MS 中，样本首先通过进样口气化后进入气相色谱柱，因不同组分的化合物与固定相的相互作用差异而被分离。分离后的组分通过接口传输进入离子源并被离子化，随后进单四极杆中进行质量选择，只有特定 m/z 的离子能通过四极杆并被检测器检测，最终生成质谱图用于化合物的鉴定和定量分析。

（二）仪器结构

GC-Q MS 主要由气相色谱、离子源、质量分析器、检测器和真空系统等几部分构成（图 7-9）。

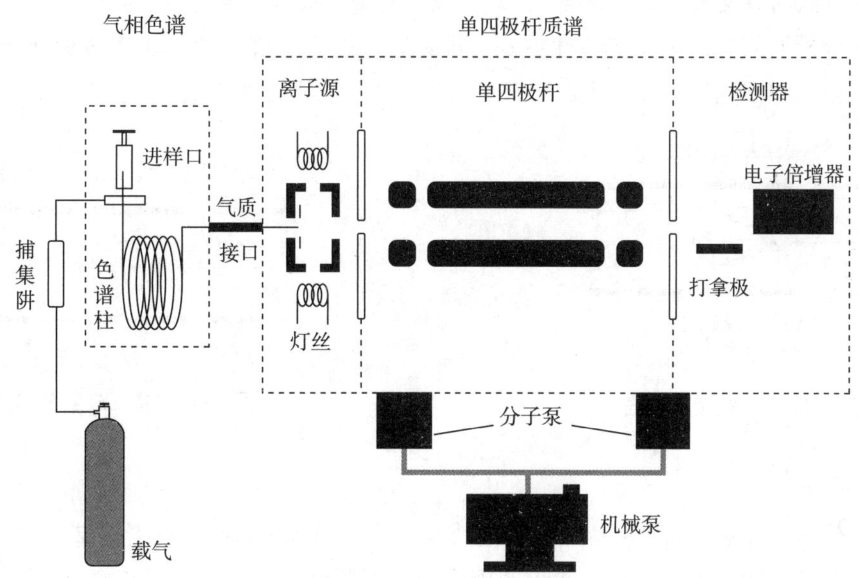

图 7-9　气相色谱-单四极杆质谱仪器结构示意图

二、气相色谱-三重四极杆质谱联用仪

GC-QQQ MS 相较于 GC-Q MS，联用的质谱仪从单四极杆质谱变为三重四极杆质谱，可以进一步得到化合物的二级质谱信息，在选择性和灵敏度等方面都有了很大的提高。

（一）工作原理

待分析的目标化合物通过气相色谱进行初步分离后，在离子源的作用下转化为带电离子，Q_1 四极杆对目标离子进行筛选，筛选后的离子在碰撞池内转化为碎片离子，碎片离子进入 Q_2 四极杆中进行筛选，筛选后的子离子进入检测器产生最终的检测信号。

三重四极杆质谱除了具有上面的单四极杆质谱的全扫描和选择离子监测模式外，因为其结构特点，还有子离子扫描（product-ion scan）、母离子扫描（precursor-ion scan）、中性丢失扫描（neutral-loss scan）以及多反应监测（multiple reaction monitoring，MRM）等扫描模式。在三重四极杆的应用中以 MRM 方式为最多。

1. 子离子扫描　在 MS_1 中选择目标离子（简称母离子）（图 7-10），在适宜的电压下将母离子打碎，在 MS_2 中获得其碎片离子（简称子离子）的质谱图。通过子离子谱分析碎片峰的可能组成，从而获得组分的分子结构信息。该模式多用于物质组分的结构分析和鉴定。

2. 母离子扫描　选择 MS_2 中的某个子离子，在 MS_1 中获得该离子的所有母离子（图 7-11）。该模式可用于追溯碎片离子产生的来源，能对产生某种特征离子的一类组分进行快速筛选。

图 7-10　子离子扫描　　　　图 7-11　母离子扫描

3. 中性丢失扫描 通过固定母离子和子离子的质量差（Δm），同时扫描 MS_1 和 MS_2，所得谱图中是 MS_1 通过裂解丢失了 Δm 的母离子（图 7-12）。该模式用于筛选结构中含有特定官能团的组分。

4. MRM 类似选择反应监测（SRM），但可以同时监测多个母离子-子离子对（图 7-13），所以比单四极杆质量分析器的 SIM 方式选择性更好，排除干扰能力更强，适用于多目标化合物的同时定量分析，提高分析效率和准确性。在三重四极杆的应用中以 MRM 方式为最多。

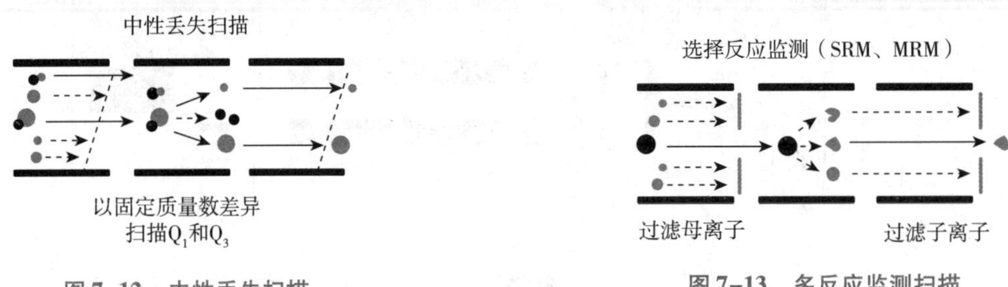

图 7-12 中性丢失扫描　　图 7-13 多反应监测扫描

（二）仪器结构

GC-QQQ MS 的结构除质量分析器外，其他结构与 GC-Q MS 类似。仪器构造如图 7-14 所示。质量分析器与单四极杆不同点在于，它由两组四极质量分析器组成，中间设有碰撞室。

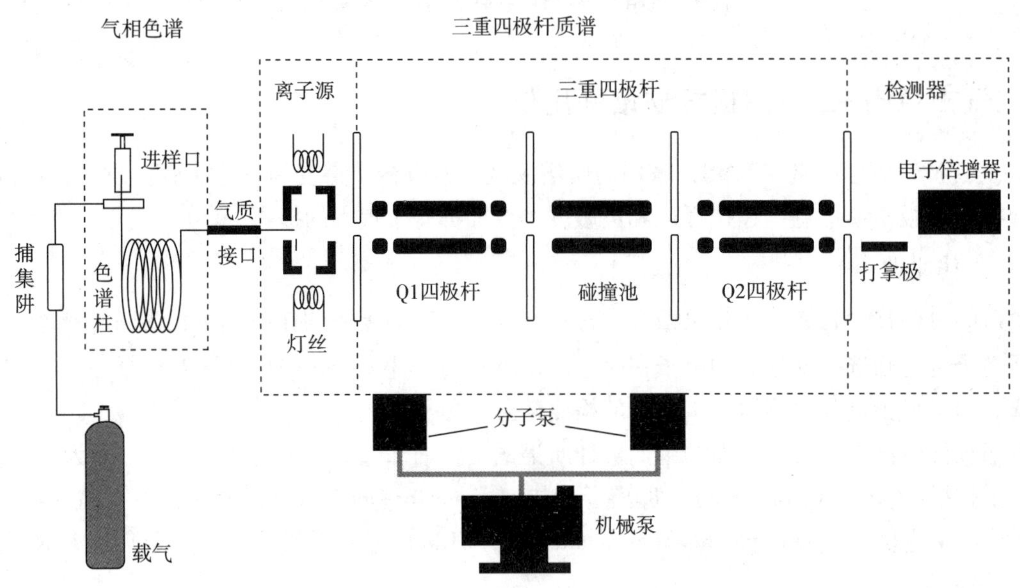

图 7-14 气相色谱-三重四极杆质谱仪器结构示意图

三、其他气相色谱-质谱联用仪

GC-MS 种类很多，最常联用的是四极杆，其次是离子阱。与其他类型质谱相比，离子阱因体积小，结构简单，尤其是价格便宜，因此受到 GC-MS 用户的喜爱。离子阱质谱属低分辨仪器，质量范围在 10~1000u，质量精度 ±0.1u。与气相色谱联用的离子阱质谱同样可配置 EI 和 CI 两种电离源。

目前飞行时间质谱主要的应用是在生物质谱领域，GC-TOF MS 可配置 EI、CI 和 FI 源，与四极杆和离子阱质谱相比，它的应用尚较少。

四、操作与维护

（一）操作与注意事项

气相色谱-质谱联用仪使用过程中的操作与注意事项见表7-1。

表7-1　气相色谱-质谱联用仪的操作与注意事项

维护任务	维护内容和要求
系统检查	1. 载气系统：载气纯度应达到99.999%。当气瓶压力小于1~2MPa时，应及时更换气瓶 2. 进样系统：定期清洗进样口，并根据需要更换配件。检查进样器是否堵塞或污染，并在必要时更换配件 3. 色谱柱：选择合适的色谱柱型号，并遵守色谱柱使用的温度限制 4. 真空系统：在质谱开机前对进样口之前的部分进行渗漏测试，并通过监测真空度和分析空气/水的信号谱图来判断是否存在泄漏 5. 废液：检查废液瓶是否满，并在必要时清空
耗材更换	1. 进样系统：根据进样量、进样模式和溶剂类型选择合适的衬管，并及时清洗或更换 2. 色谱柱：定期更换色谱柱以保证良好的分析性能，拆下色谱柱后应使用进样隔垫密封以防止色谱柱污染
性能维护	1. 载气系统：确保载气系统无泄漏，以维持分析的稳定性 2. 色谱柱：防止氧气等可能损害固定相的物质进入色谱柱，并避免在无载气通过的情况下高温烘烤色谱柱 3. 真空系统：确保真空系统在工作2~4小时后达到稳定状态，并满足制造商规定的真空度指标 4. 质谱调谐：在调谐前确认所有连接正确并无泄漏，使用前先老化色谱柱以去除污染物，并在调谐时适当调整温度以优化性能。检查峰形和泄漏情况，确保峰形平滑对称，以保证分辨率的准确性

（二）维护与保养

气相色谱-质谱联用仪应按仪器使用手册进行维护保养，具体的维护内容和要求见表7-2。

表7-2　气相色谱-质谱联用仪的维护保养的项目

维护阶段	维护内容
日常维护	1. 气源和载气系统维护：检查气源、载气压力是否符合仪器要求 2. 进样系统维护： （1）检查进样器是否堵塞、污染、必要时更换 （2）检查是否有洗针液，以保持进样针的清洁 （3）根据使用频率和状况，定期更换进样系统的易损配件，以保证进样系统的密封性 3. 废液处理系统维护：定期检查废液瓶的容量，确保废液不会溢出 4. 系统气密性检查：检查色谱柱与传输连接螺帽以及进样口螺帽是否拧紧
月度维护	1. 质量轴校准：长时间关机或质量轴偏移时应对仪器进行调谐 2. 离子源维护：离子源污染严重导致响应异常时应清洁离子源
年度维护	1. 真空系统维护： （1）真空规校正，避免真空显示异常 （2）检查前级泵油，前级泵油量不足时添加泵油，泵油颜色变深棕褐色变浑浊时更换新泵油 2. 预防性维护： （1）对仪器内部进行深度清洁，避免影响仪器散热及性能 （2）气体在线过滤器，污染严重时更换，避免气路堵塞 （3）每12个月左右应联系仪器厂家做一次全面保养

五、临床应用

（一）遗传代谢疾病

自1966年Tanaka首次运用GC-MS技术报告首例异戊酸血症以来，已有超过250种具有临床意义的有机酸指标被检测。GC-MS检测技术因其高灵敏度和特异性，已成为遗传代谢性疾病辅助诊断和高危筛查的重要手段之一。例如，高平明等人应用GC-MS技术对1330例高危婴儿进行了分析，确诊了

21 例遗传代谢病（占比 1.6%）。张万巧等人自主建立了一个包含有机酸、氨基酸和糖类等 168 种化合物的尿液特征代谢物气相质谱筛查谱库，并利用 GC-MS 技术，以同期 357 例代谢正常的患儿为对照，对 1200 例遗传代谢病高危患儿进行了筛查诊断，最终确诊了 61 例遗传代谢病。这些研究表明，GC-MS 技术在遗传代谢病的早期诊断和高危筛查中展现出显著的价值。

（二）体内药物分析

GC-MS 技术因其高灵敏度和特异性，在体内药物浓度监测中发挥了重要作用。具体应用包括：①用于检测人血浆中依替唑仑的 GC-MS 方法，为临床药理学研究和治疗药物监测提供了可靠的技术支持；②用于测定人尿中沙丁胺醇的 GC-MS 方法，该方法可用于运动员尿样的兴奋剂检测，确保体育竞赛的公平性；③利用 GC-MS 准确测定人尿中柯铁宁含量的方法，该方法能够满足痕量分析的要求，适用于药物滥用筛查和临床诊断。这些应用实例展示了 GC-MS 技术在药物浓度监测中的广泛适用性和高可靠性。

（三）中毒物筛查

由于毒物分析所面对的测定对象多为未知物，并且含量较低，同时检测样本多为血液、尿液、组织及呕吐物等复杂样本，因此研究和寻找适合多种化合物同时分析，具有一定通用性的快速分析筛选方法就成为急救医学的重要研究内容之一。GC-MS 技术凭借其高灵敏度、高特异性、强大的分离能力和快速响应能力，在中毒药物筛查中展现了显著的优势。通过应用 GC-MS 分析技术筛查和确定中毒物种类，为临床明确诊断和救治提供了科学依据。例如通过 GC-MS 技术快速准确地检测出有机磷农药、钩吻碱食物中毒等，用于应急检测，帮助明确中毒原因，及时指导临床救治。

第三节　液相色谱-质谱联用仪

PPT

液相色谱-质谱联用是指将液相色谱分离与质谱检测进行联用的技术，不仅能发挥液相色谱的分离优势，还能基于质谱的高灵敏、高特异性优势对被测物质进行定性定量分析，获得更多维度的分离和检测。

在气相色谱与质谱联用获得成功后，液相色谱与质谱的联用仍然存在挑战，直到电喷雾离子化技术的诞生使得液相色谱-质谱联用技术获得长足发展和广泛应用。液相色谱质谱联用技术已成为生物样本等复杂体系中痕量物质定性、定量分析的强有力手段。

在临床检测最常用的仪器类型为液相色谱-三重四极杆质谱联用仪（LC-QQQ MS）和液相色谱-四极杆串联飞行时间质谱仪（LC-QTOF MS），并且已广泛应用于新生儿遗传代谢病筛查、维生素激素检测、血药浓度监测、中毒筛查及新型标志物发现等多个领域。

一、液相色谱-三重四极杆质谱仪 微课/视频

（一）工作原理

该三重四极杆质谱仪和气相色谱连用的三重四极杆质谱仪的工作原理相同。

（二）仪器结构

LC-QQQ MS 作为临床最常见的液质联用系统之一，基本构造主要分为五个部分（图 7-15）：液相系统、离子源、质量分析器、检测器、真空系统。测试样本经过液相色谱分离后进入离子源，在离子源中待测物电离形成带电离子，离子经过聚焦和传输进入 QQQ 质量分析器进行特定模式选择扫描，最后离子进入质谱检测器产生检测信号，信号经数据转化后得到质谱分析图谱。

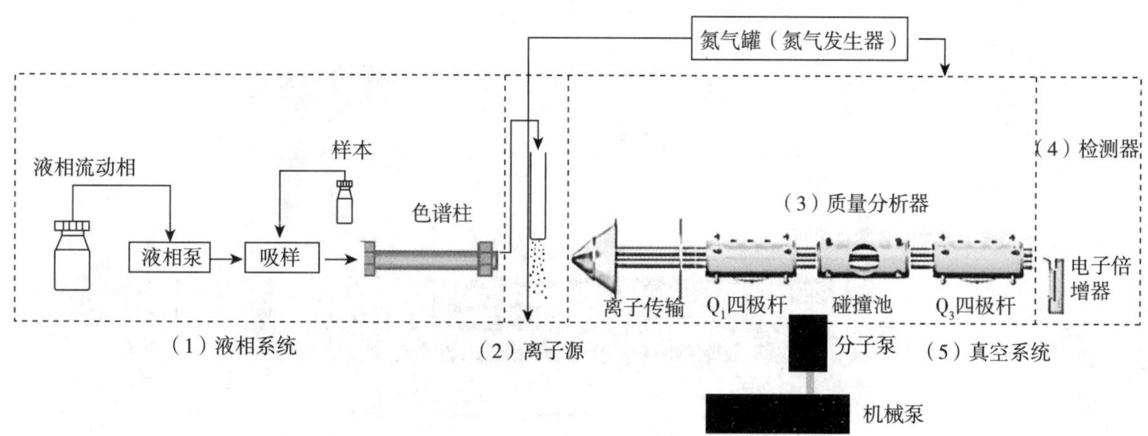

图 7-15　液相色谱-三重四极杆质谱仪构造示意图

二、液相色谱-高分辨质谱联用仪

（一）液相色谱-四极杆串联飞行时间质谱仪

1. 工作原理　QTOF 质谱仪中四极杆质量分析器同三重四极杆中四极杆的原理相同，发挥离子选择的作用。在 TOF 分析器中，所有离子首先被同一电场加速至相同的速度，然后在无场的飞行管中飞行。若离子所带电荷数为 z 质量数为 m，加速电场的电势差为 V，则加速后其动能计算公式为：

$$zeV=\frac{mv^2}{2}$$

式中，z 为离子电荷数；e 为单个电子电荷；V 为加速电场电势差；m 为离子质量；v 为离子速度。

所以不同离子在飞行管中的飞行速度与 m/z 成反比，即轻的离子会比重的离子飞得更快，因此它们会以不同的时间到达检测器，从而实现分离。如果飞行管的距离为 L，则可得出离子的飞行时间为：

$$t=\frac{L}{v}=L\times\sqrt{\frac{m}{2zeV}}$$

式中，t 为离子飞行时间；L 为飞行管距离；v 为离子速度。

由此可见，离子的飞行时间 t 是离子进行质量分析的测量依据。测定得到 t 之后则可以推算出离子的质荷比。

2. 仪器结构　LC-QTOF MS 的基本构造与 LC-QQQ MS 相同，也分为五个主要部分（图 7-16）：液相系统、离子源、质量分析器、检测器、真空系统。测试样本经过液相色谱分离后进入离子源，在离子源中待测物电离形成带电离子，离子经过聚焦和传输进入 QTOF 质量分析器进行特定模式扫描，最后离子进入质谱检测器产生检测信号，信号经数据转化后得到质谱分析图谱。

LC-QTOF MS 的液相系统、离子源、检测器和真空系统的工作原理和 LC-QQQ MS 相同。区别在于质量分析器，QTOF 是由四极杆质量分析器（Q）和飞行时间质量分析器（TOF）串联而成的，中间由碰撞池相隔。因此，QTOF 既具有四极杆的质量选择性，又有 TOF 的高分辨率特性。

（二）液相色谱-四极杆串联静电场轨道阱质谱仪

1. 工作原理　待测物经液相色谱分离后，进入离子源形成带电离子。带电离子被离子传输透镜聚焦、除杂后进入四极杆。四极杆是 Q-Orbitrap 质谱的核心部件之一，可以对目标离子进行过滤、筛选。离子通过主四极杆后，进入到 C-trap。C-trap 的主要作用是将离子冷却并聚焦，为传输到 Orbitrap 或 IRM 碰撞池做准备。离子进入到 C-trap 后可以做两个方向传输：①传输入 Orbitrap，进行一级高分辨

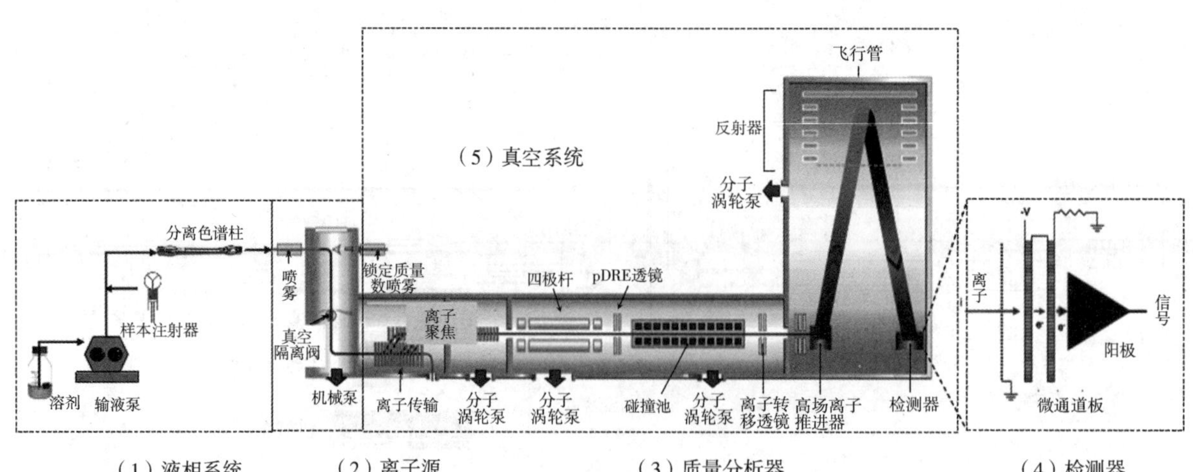

图 7-16　液相色谱-四极杆串联飞行时间质谱仪构造示意图

质谱扫描；②传输进入到 IRM 碰撞池，进行离子碎裂，产生的碎片再返回 C-trap 冷却聚焦，传输到 Orbitrap 进行扫描，这就是二级高分辨质谱扫描。QTOF 和 QQQ 采用传统的碰撞诱导解离模式（collision-induced dissociation，CID）来进行离子碎裂，而 Orbitrap 质谱则采用高能碰撞解离模式（higher-energy collisional dissociation，HCD）。主要原因在于，HCD 可以提供更佳的谱图质量和信息完整度，尽可能呈现更多的子离子碎片信息，为定性提供足够信息用于碎片离子的确证。

2. 仪器结构　LC-Q-Orbitrap MS 的基本构造分为四个主要部分（图 7-17）：液相系统、离子源、质量分析器/检测器、真空系统。测试样本经过液相色谱分离后进入离子源，在离子源中待测物电离形成带电离子，离子经过聚焦和传输进入 Q-Orbitrap 质量分析器进行特定模式扫描。Q-Orbitrap 由四极杆、C 型阱（C-Trap）、Orbitrap 和碰撞池（IRM）组成。Orbitrap 可以同时用作分析器和检测器。离子在 Orbitrap 中的运动会产生电流，这个电流随着离子的运动频率而变化。通过测量这个电流信号的频率，可以精确地测定离子的 m/z。

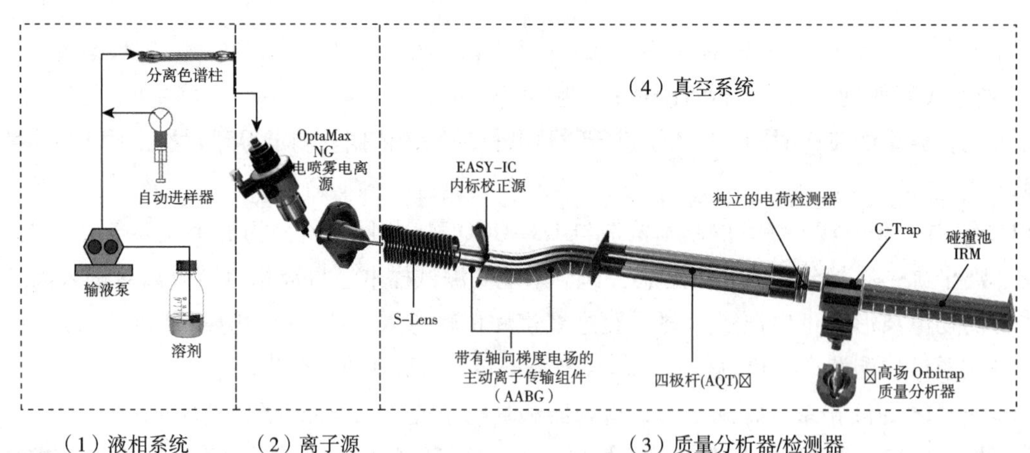

图 7-17　液相色谱-四极杆串联静电场轨道阱质谱仪构造示意图

三、操作与维护

（一）操作与注意事项

质谱仪的操作是一个精密而有序的过程，要求操作者具备一定的理论知识和实践经验。使用前仪器需要进行校准，通常使用标准物质进行校准，以确保质谱仪的准确度和分辨率。分析样本前，必须对样本进行前处理，如样本提取、富集或衍生化，以提高离子化效率并减少基质干扰。

1. 仪器准备　在操作仪器之前，确保仪器已经正确安装、校准和校验。检查离子源、进样接口、离子选择器等部件是否正常工作，确保仪器处于适当的工作温度、工作电压和真空状态等。

2. 样本准备　根据实验需要，准备好适当的样本。确保样本的浓度和体积符合仪器的要求。注意样本处理的洁净度，以防发生管路堵塞。

3. 仪器调试　在开始实验之前，进行仪器的调试和优化。检查离子源参数、离子选择器参数和质谱仪参数，确保仪器的性能和稳定性。

4. 仪器操作　按照仪器操作手册和操作指南进行操作。包括打开仪器软件、选择实验方法、设置仪器参数、加载样本、开始运行实验等步骤。

5. 数据获取和处理　在实验运行期间，及时监控仪器运行状态和数据质量。根据实验目的和要求，设置合适的数据采集参数。

（二）维护与常见问题

质谱维护是确保仪器长期稳定运行的关键，需要定期进行日常清洁，包括清洗离子源外部；其次，根据仪器的使用频率和分析样本的复杂性，安排合理的校准周期。同时建立详细的维护记录，记录每次使用和维护的具体情况，这有助于追踪仪器的状态和预防故障。以下是常见问题及其解决方法：

1. 信号强度低　如果校准品质谱信号强度较低，可能是由于参数设置不正确、离子传输效率低或仪器污染等原因。解决方法包括优化离子源参数、清洁离子源和离子传输路径、检查仪器真空状态等。

2. 质谱图峰形不好或出现较多杂峰　如果质谱图峰形不对称或者峰形不好，首先，确认色谱系统是否存在问题；如果质谱图中存在较多的杂峰，可能是由于样本污染、仪器内部污染或离子源参数设置不当等原因。解决方法包括净化和优化样本处理过程、定期清洁仪器内部、优化离子源参数。

3. 其他仪器故障　在使用过程中，可能会发生仪器故障或错误提示。解决方法包括检查仪器的电源和连接、重新启动仪器软件、查看仪器故障代码和手册等。

四、临床应用

（一）液相色谱-三重四极杆质谱仪

1. 妇幼新生儿疾病诊断

（1）新生儿遗传代谢病筛查　采用快速、简单、灵敏的检验方法，对新生儿体内代谢异常进行筛检，给予及时治疗，避免代谢物蓄积，造成身体机能永久性损伤。LC-QQQ MS是研究代谢异常的主要检测方法，仅通过干血斑即可对新生儿体内氨基酸、脂肪酸或肉碱等多种代谢物进行快速筛查，提高确诊率。

（2）妇女儿童性激素检测　传统免疫法对于女性及儿童的低浓度检测缺乏足够的灵敏度，而LC-QQQ MS方法的灵敏度高、特异性强，适用于低浓度的雌激素或雄激素检测。同时检测多种女性性激素的质谱方法也已经应用于对多囊卵巢综合征及不育症的辅助诊断。

2. 内分泌相关疾病诊断

（1）血清中多种类固醇激素同时测定　类固醇激素在维持机体正常内分泌、调节性功能、免疫调节等方面有重要作用。许多临床疾病会与多种类固醇激素的升高或者降低相关，如：先天性肾上腺皮质增生、多囊卵巢综合征、原发型醛固酮增多症、库欣综合征等。LC-QQQ MS因其特异性强、灵敏度高、具有同时检测多种类固醇激素的优势，被作为类固醇激素检测的优选方法。

（2）儿茶酚胺及其代谢物的测定　儿茶酚胺（catecholamine，CA）是人体内重要的神经递质和激素。其在嗜铬细胞内儿茶酚-*O*-甲基转移酶的作用下生成变肾上腺素类物质（metanephrines，MNs 包括了 MN 和 NMN），MNs 能更加稳定且直接地反映嗜铬瘤细胞状态，高特异性和敏感性使其成为嗜铬细胞瘤诊治导则中推荐的标志物，相关专家共识已推荐基于液质联用技术进行儿茶酚胺代谢物的检测。

3. 营养代谢相关指标的检测　脂溶性维生素包括维生素 A、维生素 E、维生素 D 和维生素 K，在人体生长、代谢、发育过程中发挥着重要的作用。基于 LC-QQQ MS 测定人体中脂溶性维生素的含量，可以指导人们科学合理的补充维生素，预防疾病，保持健康。如通过对 25-OHD_2、25-OHD_3及其差向异构体分别定量，精准反映人体维生素 D 的含量，同时可追踪患者服用维生素 D_2 或维生素 D_3 后体内代谢物浓度的变化。

4. 治疗药物监测

（1）精神类药物监测　随着精神类药物品种和类别的不断更新，应用于临床的精神类药物越来越多。而精神类药物通常有效区间和毒性区间的个体化差异大，所以需要进行血药浓度监测以给病人合适的药量。LC-QQQ MS 技术具有快速、灵敏、特异性强的优势，可同时检测多种精神类治疗药物，如米氮平、氯氮平、利培酮、文拉法辛等。

（2）免疫抑制剂药物监测　免疫抑制剂应用于临床上肝、肾等多器官移植，常见如环孢菌素 A、他克莫司、西罗莫司和依维莫司。其治疗窗口较窄，治疗剂量与中毒剂量差别小，因此免疫抑制剂类药物浓度监测，对于临床用药至关重要。

（二）液相色谱-高分辨质谱联用仪

1. 毒物药物筛查　液相色谱-高分辨质谱联用仪（liquid chromatography-high resolution mass spectrometry，LC-HRMS）已成为临床毒理学中的常规分析方法。LC-HRMS 的分析工作流程依赖于特定的毒物药物数据库，通过比对数据库中的化合物特性值，提供匹配的化合物列表。这种技术的应用使得毒理学实验室能够快速、准确地筛查和识别出多种毒理学相关药物和代谢物。此外，基于 LC-HRMS 的全扫描数据可以对积累的临床案例进行回顾性分析。这意味着，在 LC-HRMS 数据采集后，所获得的数据可以被存档，以便在未来进行重新分析，从而提高了分析的灵活性和数据的可用性。

2. 蛋白标志物的分型鉴别　不少疾病的分型需要基于对不同蛋白标志物的鉴别，如淀粉样变蛋白等。高分辨质谱基于蛋白组学的方法路径，也可以在临床疾病分型中发挥作用，目前已有实验室进行了探索。

第四节　基质辅助激光解吸电离飞行时间质谱仪

PPT

基质辅助激光解吸电离飞行时间质谱（matrix-assisted laser desorption/ ionization time-of-flight mass spectrometry，简称 MALDI-TOF MS）是 20 世纪 80 年代发展起来的一种新型软电离有机质谱，具有灵敏度高、准确度高及分辨率高等特点。该技术的发明为生物大分子提供快速、可靠的检测手段。

目前 MALDI-TOF MS 应用最广泛、最成熟的领域是微生物鉴定。2001 年，Ryzhov 等人采用质谱技术分析微生物细胞内丰富的核糖体蛋白分子，并指出利用 MALDI-TOF MS 鉴定微生物的可能性。这种质谱蛋白指纹技术经验证比基于微生物实验室通常使用的各种表型和生物化学测试方法更精确、检测速度更快，而且也解决了微需氧菌、厌氧菌、真菌、结核分枝杆菌及病毒等微生物的鉴定难题，大大降低了微生物鉴定的时间和成本。随着质谱检测技术的不断完善和发展，MALDI-TOF MS 用于微生物鉴定的方法已经得到广泛认可。

一、工作原理

MALDI-TOF MS 主要由基质辅助激光解吸电离离子源（MALDI）和飞行时间质量分析器（TOF）组成。MALDI 的原理是用激光照射样本与基质形成的共结晶薄膜，在脉冲激光的作用下，基质吸收激光的能量并传递到样本分子，使样本实现电离和气化。TOF 的原理是使用脉冲电场，使在 MALDI 离子源内产生的离子加速并以恒定的速度飞向检测器。根据离子在飞行管内的飞行速度与 *m/z* 平方根成反比，不同 *m/z* 值的离子到达检测器的时间不同，从而形成对不同生物样本检测的质谱图（图 7-18）。

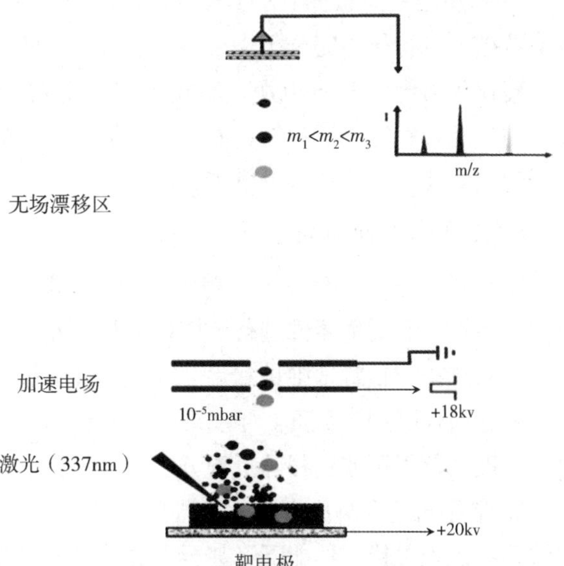

图 7-18　MALDI-TOF MS 工作原理示意图

MALDI-TOF MS 用于微生物鉴定的主要依据是通过采集待测菌株样本中高度保守且持续表达的蛋白指纹图谱与数据库中的标准蛋白指纹图谱进行比较，实现对不同种类微生物的鉴定。

二、仪器结构

MALDI-TOF MS 检测系统由标本板、控制质谱仪主机的数据工作站、质谱仪主机（基质辅助激光解吸电离离子源和飞行时间质量分析器、检测器、真空系统）和软件（含数据库）组成。

三、操作与维护

（一）操作与注意事项

1. 操作流程　MALDI-TOF 的操作流程如下。

（1）开启仪器电源。

（2）启动仪器控制软件。

（3）检测仪器状态，确保各部件正常运行。

（4）仪器出靶：将仪器的样本托盘移出。

（5）放入样本标本板：将载有样本的标本板放置在样本托盘上。

（6）仪器进靶：将样本托盘重新推入仪器中。

（7）设置仪器进入数据采集模式。

（8）等待仪器达到所需的真空度。

（9）进行仪器校准，确保准确度。

（10）开始采集质谱图，并进行后续的数据分析。

2. 仪器使用注意事项

（1）使用前注意事项　①样本前处理 用于质谱仪鉴定的菌需先分离成纯菌或单个菌落，临床标本和混合菌不能直接用于质谱仪检测。所有检测用的样本需为新鲜制备，尽量在 2 小时内完成检测，如需延长检测时间，可考虑放入真空环境保存样本；②质量校准 MALDI-TOF MS 质量校准对确保结果准确性起到至关重要的作用，必须定期进行。

（2）使用中注意事项　①真空，待机时不要关闭仪器电源，仪器待机运行可持续保持系统内部高真空状态；等待样本完全干燥后再导入系统，防止样本内部潮湿含有大量水分子影响系统真空；②电源，建议仪器配备 UPS 电源，防止突然断电对仪器电子器件造成损伤；禁止仪器工作时打开仪器机壳，防止意外触电；③耗材，如果标本板为一次性标本板，建议不要重复利用，防止标本板折弯影响离子起飞距离，影响仪器分辨率。

（二）维护与常见问题

1. 仪器维护　为保证质谱检测系统的性能可靠、良好工作状态和使用寿命，需要对飞行时间质谱仪的一些模块和辅助器件进行定期维护和保养。

仪器维护包括日常维护和年度维护。日常维护内容包括仪器密封件及表面清洁、参数调整及校准等，一般由仪器用户负责。年度维护内容包括仪器易损件的更换、重要配件性能评估、仪器深度清理等，一般由仪器厂家工程师负责。

2. 常见问题及解决方法　仪器在使用过程可能会因为操作不当、参数设置有误、外界影响等因素导致系统出现报错、性能下降甚至无法工作的情况。系统常见问题及解决方法参考表 7-3。

表 7-3　常见问题分析及解决方法

类型	问题	可能原因	解决方法
激光器	激光能量衰减较快	激光发射次数有限	样本前处理及点靶过程的标准化有助于减少不必要的重复打靶次数，延长激光器使用时间
真空系统	等待样本打样时间较长	真空设备没有持续工作	尽量减少仪器重启次数
		样本潮湿，内部水分影响真空度	等待样本完全干燥
		出靶时间较长	降低换靶时间
	真空设备寿命变短	各级真空设备运行负荷过大	保证仪器内部高真空度，降低各级真空设备运行负荷及功率
标本板	靶点加样溢圈	靶板表面划伤	1. 清洗靶板时温柔擦拭 2. 移动靶板时手指尽量不要触碰靶面 3. 一旦发现表面弯曲和严重划伤请及时更换
	标本板腐蚀	保存方式错误	尽量将标本板置于干燥环境
		清洗方式错误	1. 选择合适的清洗剂确保靶面清洗干净、无残留 2. 清洗后及时用洁净无尘布擦去表面水渍，干燥保存
其他辅助器件	真空度差	进样口及周边 O 圈落灰或有异物	佩戴无粉手套蘸取无水乙醇进行日常清理
	仪器温度过高	仪器热平衡温度较高	检查冷却风扇入口过滤棉是否污染严重，定期进行更换

四、临床应用

相较于传统微生物鉴定繁琐、耗时的工作流程，MALDI-TOF MS 技术因其快速、灵敏、简便、省时和特异性高等特点，在临床微生物菌种鉴定、耐药检测、病原菌分型、核酸检测等方面发挥巨大的作用，逐渐成为临床微生物实验室不可或缺的检测工具。例如在核酸检测方面的应用，飞行时间质谱核酸检测作为一种高通量、高灵敏度、准确便捷的技术，被广泛应用于多种疾病的分子诊断和研究，已经成为精准医学不可或缺的分子诊断技术。

第五节　电感耦合等离子体质谱仪

PPT

电感耦合等离子体质谱（ICP-MS）作为一种先进的元素分析仪器，因其卓越的灵敏度、准确度和广泛的适用性，在现代分析化学中占据了举足轻重的地位。自 20 世纪 80 年代初首次商业化以来，ICP-MS 技术不断发展和完善，已经成为元素分析领域的核心技术之一。

一、工作原理

ICP-MS 结合了电感耦合等离子体（ICP）和质谱（MS）的原理。首先，制备好的液体样本通过气动雾化过程将其转化为细微气溶胶颗粒。然后，这些颗粒通过中心炬管进入等离子体中。等离子体的高温使样本气溶胶迅速发生去溶剂化、原子化和离子化最终形成带电粒子。最终，离子化的样本进入质谱仪中检测。在质谱仪中，通过一系列的偏转器、聚焦装置和分离装置，将不同 m/z 比率的离子分离和聚焦，以保证只有目标离子进入质谱仪的检测器中。质谱仪输出的数据会通过数据采集系统进行记录和分析。通常使用专业的数据处理软件进行峰识别、定量计算和质量校正等操作，得到最终的分析结果。

二、仪器结构

ICP-MS 主机可分为五个主要组件，包括：进样系统、离子源、离子光路组件、质量分析器、检测器。ICP-MS 的进样系统与 GC-MS 和 LC-MS 有一些差别，为了保证等离子体的稳定，要求样本能够以气体或者气溶胶的形式引入中心通道。一般的标准液体样本进样系统包括蠕动泵、雾化器、雾化室、制冷装置。同时包括外置辅助系统：冷却循环水、机械泵、气体管路以及用于仪器控制和数据处理的计算机系统等。ICP-MS 主机基本结构见图 7-19。

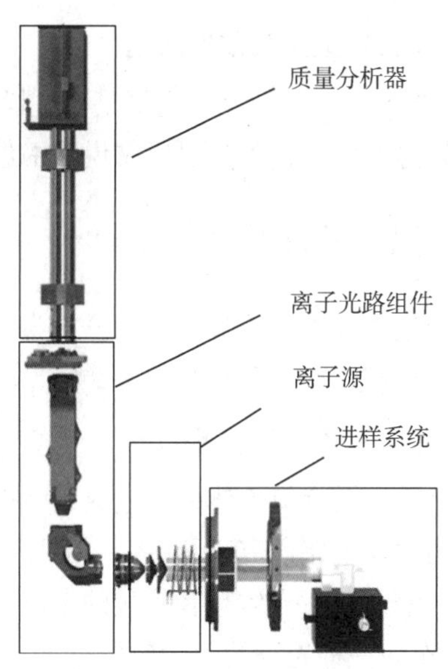

图 7-19　ICP-MS 基本结构示意图

三、操作与维护

（一）操作与注意事项

1. 仪器操作　ICP-MS 的基本操作如下。

（1）样本制备　将待分析的样本进行适当的预处理和制备，以确保样本适合进入 ICP-MS 系统进行分析。

（2）仪器准备　检查气体供应、校准质谱仪、清洁采样系统等，以确保仪器正常运行。

（3）进样操作　将制备好的样本通过自动进样系统或手动方式导入 ICP-MS 系统。确保样本进入 ICP-MS 系统的过程中没有泡沫或颗粒，确保样本进入等离子体区域进行离子化。

（4）样本分析　启动 ICP-MS 仪器和相关软件。根据分析要求，在数据系统中设置合适的分析参数，如气体流量、功率和离子光学参数。

（5）校准和质控　根据需要进行仪器的校准和质控。使用标准溶液进行校准，确保准确的质量定量。

（6）数据采集和分析　开始数据采集，并在仪器的数据系统中记录和保存数据。使用适当的数据处理软件对数据进行分析，生成质谱图和报告

（7）清洗和维护　在分析完成后，进行适当的清洗和维护操作。清洗进样系统和离子光学系统，更换必要的零部件并保持仪器的清洁状态。

（8）关闭仪器　完成检验后，按照仪器的操作手册或指导关闭 ICP-MS 仪器和相关设备。

2. 注意事项　为了确保分析结果的准确性和仪器的长期稳定运行，操作者需要密切关注 ICP-MS 检测过程中的污染问题和干扰问题。表 7-4 对两种现象的产生原因和改善方法进行详细总结。

表 7-4　ICP-MS 操作注意事项

现象	产生原因	改善方法
污染问题	环境污染：环境及器皿中引入的灰尘，会极大地影响痕量元素的检出限	1. 样本制备和检测应使用洁净器皿 2. 制备过程应防止污染
	试剂影响：样本前处理过程中使用的试剂（包括硝酸、曲拉通、氨水等）、实验用水中含有杂质，影响痕量元素的检出	1. 使用满足检测要求的高纯试剂 2. 纯水中待测元素的含量要定期监控
干扰问题	非质谱干扰： 1. 物理干扰：任何能够影响样本雾化、传输效率的干扰因素（如样本黏度等） 2. 化学干扰：任何能够影响等离子体状态的干扰因素（如高盐、高碳基体等）	1. 基质匹配 2. 内标校正
	质谱干扰： 1. 同位素干扰：由同质异位素引起的干扰 2. 多原子离子干扰：由多个原子组成的化合物引起的干扰 3. 双电荷干扰：由电离出两个电子的元素离子引起的干扰	1. 通过数学校正方程校正 2. 采用碰撞反应池模式

（二）维护与常见问题

ICP-MS 日常维护主要是对进样系统进行维护，包括泵管更换，雾化器、雾化室、中心管、矩管、锥体等的清洁，可参照厂家说明书进行操作。

四、临床应用

生物样本中的痕量元素分析为临床诊断和法医毒理研究提供了重要支撑。ICP-MS 在临床检测中有多种应用。以下是其中一些常见的应用领域。

（一）重金属检测

重金属会对人体机能造成诸多损害。例如，铅是一种环境中不可降解的有毒金属元素。大量的流行病学及临床研究表明，铅可能导致胎儿流产、死胎、早产、先天畸形以及宫内发育迟缓等问题。此外，镉元素对人体具有明显的生殖发育毒性，会导致低出生体重、胚胎吸收和各种畸形的发生。ICP-MS 作为一种先进的元素分析技术，可以用于检测血液、尿液和组织样本中的重金属含量，如铅、汞、镉等。这对于评估患者的重金属暴露水平以及监测治疗效果非常重要。

（二）药物测定

部分元素可以用来治疗疾病，如顺铂（又称顺氯氨铂），是一种常用的金属铂类络合物，具有抗癌谱广、对乏氧细胞有效及作用力强等优点。然而，顺铂在治疗癌症时具有一定毒副作用，因此有必要对临床样本中的顺铂进行精确定量。ICP-MS 可以用于测定药物及其代谢产物在血液和尿液中的浓度，为个体化治疗和副作用管理提供了科学依据。

（三）微量元素分析

部分元素对人体健康至关重要。例如，铁是人体必需的微量元素之一。当机体对铁的需求与供给

失衡，体内贮存铁耗尽时，会导致红细胞内铁缺乏，最终引发缺铁性贫血。电感耦合等离子体质谱（ICP-MS）作为一种高灵敏度和高准确度的元素分析技术，可以用于分析血液和尿液中的微量元素，如铁、锌、铜、镁等。这对于评估患者的病理状态、营养状况和监测疾病进展具有重要意义。

（四）免疫标记分析

ICP-MS 可以用于测定免疫分析中使用的标记元素，如金（Au）、银（Ag）和铯（Cs），以及稀土同位素等。这些元素可以与抗体或探针结合，用于检测特定生物分子，如蛋白质、肽段和核酸等。

知识拓展

质谱成像与便携式质谱笔

随着技术进步，质谱分析已经发展出多种高级形态及应用，为满足不同分析需求提供了有力支撑。质谱成像技术（MSI）通过扫描组织切片或材料表面，在每个扫描点上对样本表面的分子进行电离和检测，从而获取分子质量和信号强度信息，利用这些信息可以构建出分子在样本表面的分布图像。该技术为生物标志物的发现、疾病机理研究及材料科学提供了强有力的工具。便携式质谱笔（Mass Spec Pen）是一种高度便携的手持式质谱仪，专为现场即时分析设计。这种设备通常采用电喷雾电离（ESI），能够实现样本表面分子的电离及活体样本的实时检测。该仪器具有良好的便携性和操作简便性，为现场检测、法医学、环境检测等领域提供了新的技术手段。

思考题

答案解析

案例　某医院检验科新引进了一台质谱仪器用于检测患者血液中的药物浓度。某天进行临床样本检测时，质控品检测出的药物浓度与靶值之间存在较大差异，CV > 15%。

初步判断与处理　检查当天的实验数据，核实标准曲线和质控品中的化合物自动积分有无问题，进行初步的失控原因排查。

问题

（1）可能导致这台质谱仪器检测结果出现偏差的仪器因素有哪些？

（2）针对这些可能的因素，应采取怎样的措施来校准和优化这台质谱仪器，以确保检测结果的准确性？

（邱　玲）

书网融合……

重点小结

题库

微课/视频

第八章　流式细胞仪

学习目标

1. 通过本章学习，掌握流式细胞仪分析原理、基本结构及功能；熟悉流式细胞仪的操作使用、设门方法、数据分析及其临床应用；了解流式细胞仪的分类及其性能指标。

2. 具有正确操作和维护流式细胞仪的能力。

3. 树立临床准确诊断和患者利益为核心的意识，基于临床需求选择合理的流式细胞仪检验项目与项目组合方案，确保诊断的准确性和患者利益的最大化。

流式细胞仪（flow cytometer）是结合了单克隆抗体技术、流体力学原理、光学检测系统、荧光染料标记技术以及计算机软件等多领域技术，能对细胞、细胞器或颗粒进行快速、高通量、多参数分析和分选的仪器。流式细胞仪已普遍应用于免疫学、血液学、肿瘤学、细胞生物学、细胞遗传学、生物化学等基础学科以及临床医学的各个领域。流式细胞仪的发明、完善直至今天在各个领域应用的拓展，每一步都凝集了人类的智慧，是人类不断探索和进取的结晶。下面以编年史表格（表 8-1）的形式简单介绍流式细胞仪的起源、发明和发展。

表 8-1　流式细胞发展简史

年代	代表性进展
1930 年	Caspersson 和 Thoell 细胞计数方法研究开启了人类细胞研究的先河
1934 年	Moldaven 首次尝试用光电仪研究流过毛细管的细胞，迈出了显微镜观察静止细胞向流动状态研究细胞的第一步
1936 年	Caspersson 等引入显微光度术
1940 年	Coons 创造性地用结合荧光素的抗体标记细胞质内的特定蛋白
1947 年	Guclcer 引入了流体力学计数气体中的微粒
1949 年	Wallace Coulter 发明了流动悬液中计数血液中颗粒的方法即库尔特原理（Coulter princes）并获得专利。这一原理迄今仍然是血细胞分析仪和流式细胞仪计数细胞的基本原理
1950 年	Caspersson 用显微分光光度计的方法在紫外线（UV）和可见光光谱区检测细胞
1953 年	Croslannd-Taylor 应用分层鞘流原理，成功地设计红细胞光学自动计数器
1953 年	Parker 和 Horst 描述一种全血细胞计数器装置，成为流式细胞仪的雏形
1954 年	Beirne 和 Hutcheon 发明光电粒子计数器
1959 年	B 型 Coulter 计数器问世
1965 年	Kamemtsky 等提出两个设想，一是用分光光度计定量细胞成分；二是结合测量值对细胞分类
1967 年	Kamemtsky 和 Melamed 在 Moldaven 方法的基础上提出细胞分选方法
1969 年	Van Dilla、Fulwyl 等在 Los Alamos，NM 发明第一台荧光检测细胞计
1972 年	Herzenberg 研制出细胞分选器的改进型，能检测出经荧光标记抗体染色细胞较弱的荧光信号
1975 年	Kochler 和 Milstein 发明了单克隆抗体技术，开创了特异标志细胞研究的道路

2010 年起中国科技企业开始流式细胞仪的设计、研发和生产，迄今已推出了自主研发的流式细胞分析仪，这些仪器有着自身的特色和优势。随着光电技术、计算机技术进一步发展，流式细胞仪已开始向模块化、经济型发展，其光学系统、检测器单元和电子系统更加集成化、自动化及标准化，并可按照使用要求进行灵活的调整和更换。流式细胞仪的单光源、逐级增色无限多色和细胞立体切割分析功能，智能化、微小体积、便捷操作界面与公用的分析软件、共享的云数据和专家平台，已逐步展现在我们面前。

PPT

第一节　仪器原理与结构

一、基本原理 微课/视频1

流式细胞仪应用流式细胞术（flow cytometry，FCM）来进行细胞的分析和分选。该技术的核心是鞘流系统和流体动力聚焦原理的使用：在压力驱动下，经荧光染色的样本（细胞悬液）由中央轴线通道向喷嘴流动，并在喷嘴出口形成单细胞液滴进入流动室。同时，环绕在轴线通道外围的鞘液在液流压力下，由喷嘴外围缝隙流出，将单细胞液滴包裹、混合，进而形成单细胞样本层流液（单个细胞直线排列的流液），并一同进入流动室。在样本层流液裹挟下，单个细胞依次通过检测区。检测区的激光发生器发出特定波长的激光束，经激光照射和激发的单细胞产生相应的散射光与荧光信号。这些光信号经多个光电检测器的捕获和电信号转换并传输给计算机系统。在计算机的处理和分析下，每个细胞的物理、化学特征数据被获取，相应的定性、定量分析结果也得以获得。此外，具备分选功能的流式细胞仪还能根据分析结果，将目的细胞分选出来，以供进一步的研究或应用。

二、分类与结构

（一）仪器结构

流式细胞仪在结构上主要包括液流系统（fluidic system）、光学系统（optical system）和电子系统（electronic system）等。此外，分选型流式细胞仪还包括分选系统（sorting system）。

1. 液流系统　液流系统是流式细胞仪的核心，主要功能是利用鞘液和气体压力，使细胞逐个通过激光光斑中央并接受检测。

（1）流动室与液流驱动系统　流动室（flow cell）是仪器的核心部件，含有待测样本的液流柱、激光束和检测器三者在此垂直相交，焦点称为检测区。流动室由石英玻璃制成，呈圆管形，中间设有长方形孔，供单个细胞流过，检测区在该孔的中心。鞘液在压力的作用下注入流动室，待分析的细胞悬液从圆管轴心注入，鞘液和细胞液流形成层流，通过外层鞘液流动的压力将样本承载并聚集于轴线，依次通过检测区，压力迫使鞘流裹挟着样本单向流动，并且使样本流不会脱离液流的轴线方向，保证每个细胞通过激光照射区的时间相等，从而得到准确的散射光和荧光信号，此即流体动力聚焦（图8-1）。

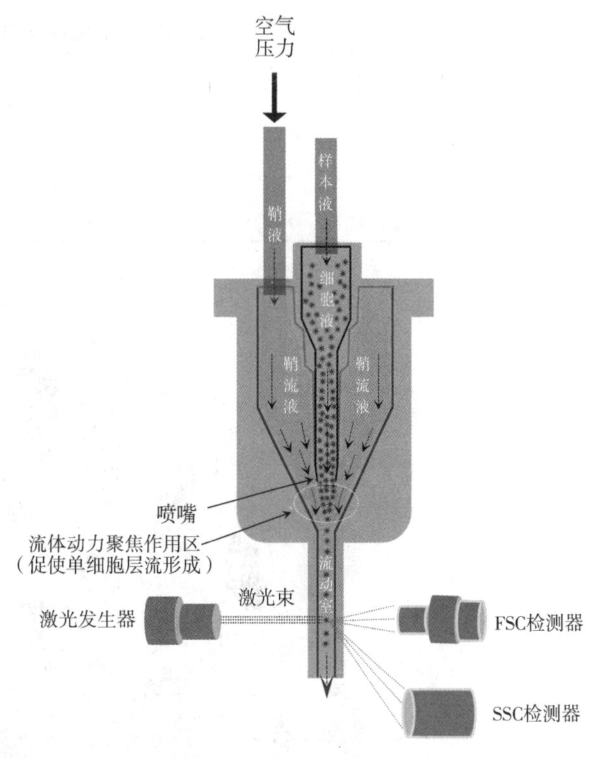

图8-1　流式细胞仪的流动室

（2）样本流速控制系统　流式细胞仪一般使用正压空气泵驱动来保证鞘液流过流动室时的流量稳定。流量稳定使得鞘液能够匀速流过流动室，从而在检测过程中保持恒定的样本检测流速。样本检测流速可以通过进样管中的压力调节来实现（图8-2）。样本检测流速不仅会影响细胞在样本流中的移动速度，还可能影响样本流的直径，进而影响实验数据的变异系数。因此，根据实验要求来选择合适的流速是十分关键的。

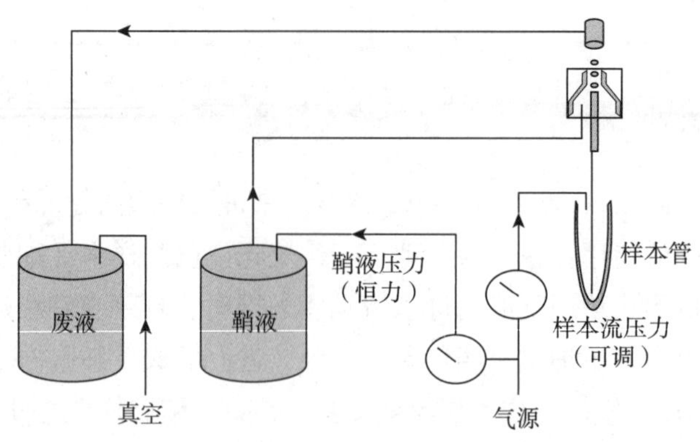

图8-2　流式细胞仪液流驱动系统

2. 光学系统　流式细胞仪通过检测液流在激光照射细胞产生的散射光和荧光信号对目标细胞进行分析。光学系统是由激光器、光束成形系统以及光信号收集系统组成。

（1）激发光源　流式细胞仪的激发光源主要为激光（laser）。激光具有良好的单向性和单色性，能提供高强度和稳定的光照。激光器按产生激光的物质可以分为气态激光器、固态激光器、半导体激光器和染料激光器等。流式细胞仪多使用空冷固态激光器或半导体激光器。固态激光器、半导体激光器具有体积小、重量轻、发热低、效率高、性能稳定、光束质量高和功率可调等特点。常用的流式细胞仪为双激光四色，即配备了488nm的蓝激光器和638nm的红激光器。常用的激光器及其支持的荧光染料信息如表8-2所示，仪器经典的光学系统布局见图8-3。

表8-2　常用激光器及支持的荧光染料

激光器	常用荧光染料
488nm 蓝激光器	PE-TexasRed、PE-Cy5、PE-Cy7、PE-CF594、PerCP
638nm 红激光器	APC-Cy7、APC-R700、APC
405nm 紫激光器	Cascade Yellow、Cascade Blue/Paciffic Blue
355nm 紫外激光器	Hoechst/DAPI、PI

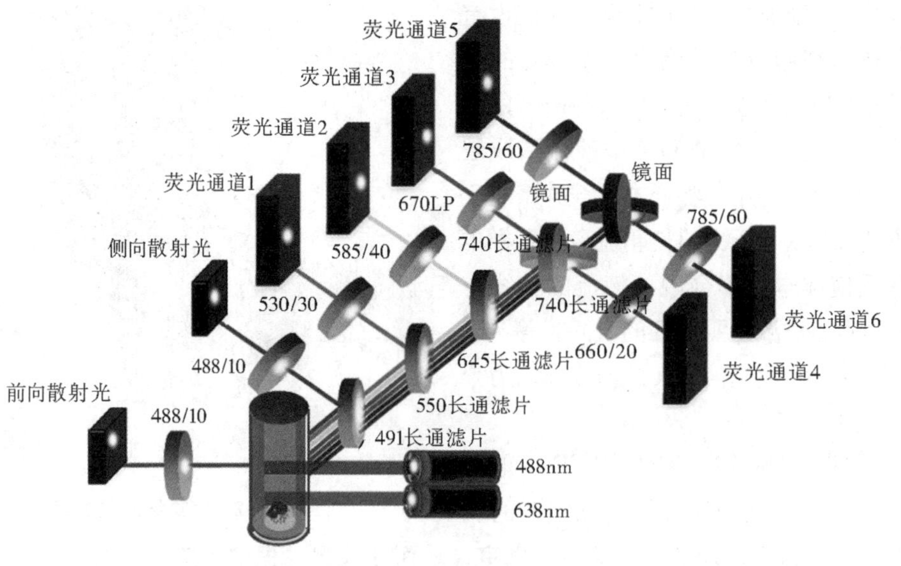

图8-3　经典光学系统布局

（2）光束成形系统　激光光束直径一般为1~2mm，在到达流动室前，先经过透镜聚焦，形成直径较小且具有一定几何尺寸的光斑，以便将激光能量集中在细胞照射区。这种椭圆形光斑激光能量分布属于正态分布，为保证样本中细胞受到的光照强度一致，须将样本流与激光束垂直相交于激光能量分布的峰值处。

（3）光信号收集系统　流式细胞仪中的光信号收集系统含有一系列光学元件，包括透镜、光栅、滤片等，其主要功能是收集细胞受激发后产生的散射光和荧光信号，然后将这些不同波长的光信号传递给相应的检测器，实现光信号检测。

流式细胞仪的光信号收集系统中若干组透镜、滤光片和小孔，可分别将不同波长的荧光信号送入不同的光信号检测器。其中滤光片是光信号收集系统的主要光学元件。如果细胞同时标记有几种不同发射波长的荧光素，流式细胞仪则需要通过一系列的滤光片组合将不同波长的荧光送入不同的检测器以完成检测，即在光路设计上需要不同的滤光片组合。滤光片一般为二向色滤镜，根据其功能的不同可分为3种（图8-4）：①长通滤片（long-passfilter，LP），使大于特定波长的光通过，小于该波长的光不能通过。②短通滤片（short-passfilter，SP），使小于特定波长的光通过，大于该波长的光不能通过。③带通滤片（band-passfilter，BP），允许波长范围内的光通过，而其他波长的光则不能通过。一般滤片上有两个数值，一个是允许通过波长的中心值，另一个为允许通过光的波段范围。一般在光路上使用LP滤片或SP滤片将不同波长的光信号引导到相应的检测器上，而BP滤片一般放置于检测器之前，以保证检测器只能检测到相应波段的光信号，降低其他荧光对检测器的干扰。激光光斑在一个固定点与鞘液中的细胞交汇，激发细胞产生的光信号由一系列滤光片引导至光电检测器中，检测器将光信号转变成电信号，然后进入电子系统进行分析。

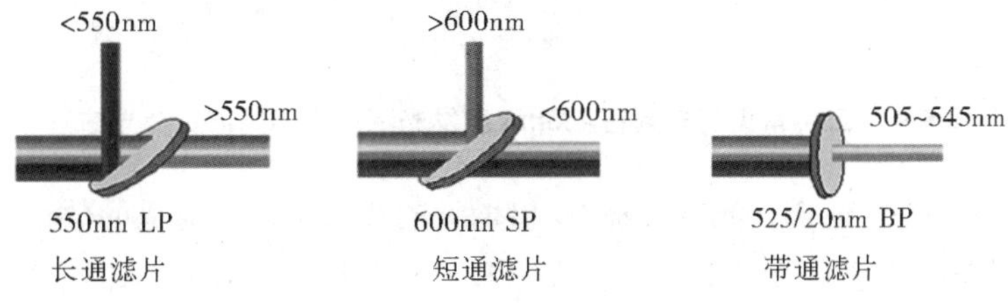

图8-4　滤光片示意图

细胞被激光照射后，发出光学信号：①散射光信号，细胞被激光照射后，向四周产生折射或散射，可利用细胞发射的光散射信号的不同对细胞加以分类。散射光可分为前向散射光（forward scatter，FS）与侧向散射光（side scatter，SS），它们常被用于细胞物理特征分析（图8-5）。FSC是在激光束照射的前方设置透镜接收的小角度散射光信号强度，其与细胞大小成正相关。SSC是在与激光束垂直处设置透镜接收的90°角散射光信号强度，其与细胞内部的精细结构和颗粒度成正相关。通过检测区的细胞不论是否被染色都能发射散射光，使用FSC和SSC双参数对细胞进行分类、分群是细胞分析的常用手段。②荧光信号，细胞受激光激发后，可产生两种荧光信号，一种是细胞自身在激光照射下，发出的微弱荧光信号，称为细胞自发荧光；另一种是细胞结合标记的荧光素，受激发照射得到的荧光信号（图8-6）。通过对这类荧光信号的检测和分析，就能推测出所检测细胞的数量以及所标记分子的表达与含量。

3. 电子系统　电子系统就是将光学系统得到的光信号转换成电脉冲信号，再进一步转化成不同的数字信号，对这些信号进行处理并存储于电脑。

（1）光电检测器　光电检测器（photodetector）是将接收到的光学信号转换成电脉冲信号。流式细胞仪的光电检测器主要有光电二极管（photodiode，PD）和光电倍增管（photomultiplier，PMT）两种。PMT在光信号较弱时有更好的稳定性，电子噪声低；而当光信号较强时，PD比PMT稳定。为了提高检测灵敏度并且具有更好的信噪比，通常在检测FSC时使用PD，检测SSC与荧光时使用PMT。

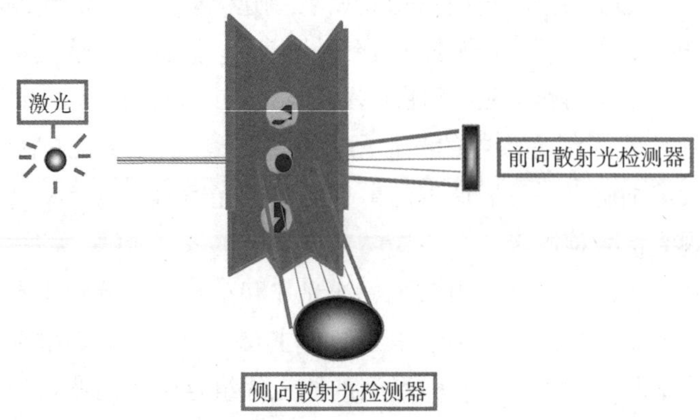

图 8-5 前向散射光和侧向散射光信号示意图

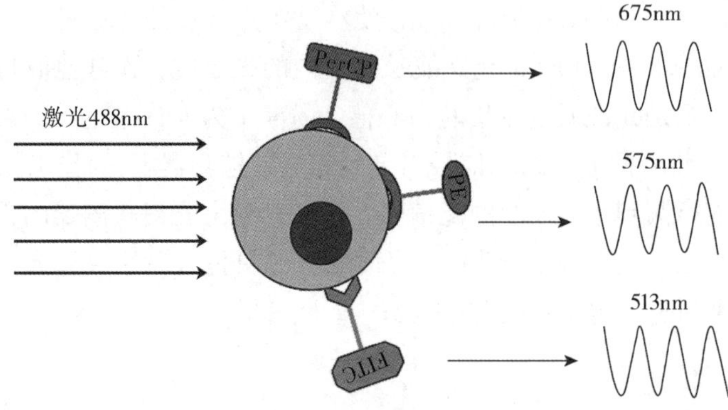

图 8-6 三种常见荧光素在 488nm 激发光下产生不同波长荧光信号

一个光电检测器就是一个通道，光电二极管/倍增管的数量决定了通道的数量。主要包括：①散射光通道，FSC 通道和 SSC 通道；②荧光通道，用 FL（fluorescence，FL）加数字命名，如 FL_1、FL_2、FL_3 等，也可根据该通道接收的主要荧光素命名，如 FITC 通道、PE 通道、APC 通道等。

信号经光电检测器转换为电脉冲时，每一个信号脉冲都用高度（height，H）、宽度（width，W）、面积（area，A）三个参数来衡量（图 8-7）。当电压处于一定范围内时，电脉冲信号的强度与光信号的强度成正比，通过改变电压就可以调节电脉冲信号的大小。

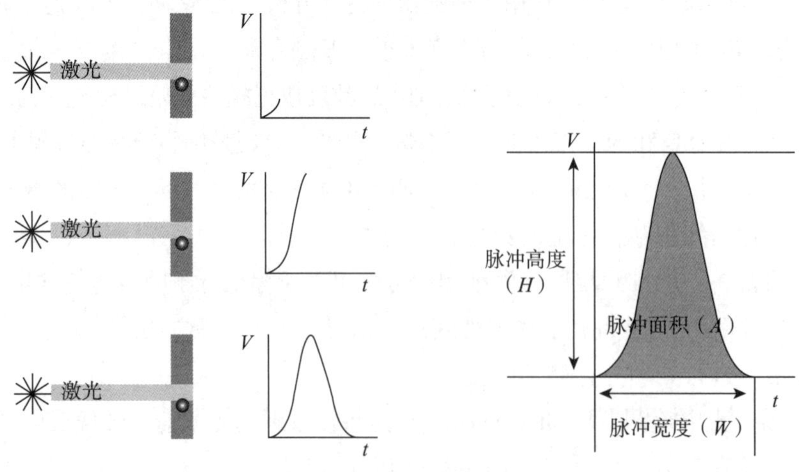

图 8-7 荧光脉冲信号形成示意图

（2）电信号放大　由于所收集的光电信号较微弱，需要对其进行放大，信号放大方式有线性（linear）放大和对数（logarithmic）放大：①线性放大，是指放大器的输出与输入呈线性关系，适用于较小范围内变化的信号，如FSC和SSC信号；②对数放大，是指放大器的输出与输入呈对数关系。假设原来输出为1，当输入增大10倍时，输出增大2倍；当输入增大100倍时，输出增大3倍，以此类推。对数放大适用于变化范围较大的信号，如荧光信号。

（3）数字信号处理系统　传统模拟信号仪器的分辨率为256或1024。在线性直方图上显示为0~255或0~1023。对数放大的显示范围通常为10^3或10^4。对数放大器在进行对数信号转换时会出现误差，从而影响精确度，且动态范围和分辨率都较低。流式细胞仪一般用数字信号处理，通过数模转换器（analog digital converter，ADC）将电子信号转换为数字信号，并利用转换公式计算放大对数信号。数模转换器的性能决定了数字信号的精确度和分辨率，它主要由比特（bit）数和数据分析速度决定。数据分析速度越快，信号获取的能力越高，比特数越高，对信号的转换越精确，从而提高了信号分辨率和动态范围。数字信号可以被计算机后续处理和分析，例如进行离线补偿调节以及使用“比例”一类计算参数。

4. 分选系统　分析型流式细胞仪经过样本分析后不能被回收利用。分选型流式细胞仪既能对细胞进行分析，还能对目的细胞进行分选并收集，从而用于进一步培养、回输等。但由于进样管道较长且需要保持无菌状态，所以分选型流式细胞仪一般仅用于分选。

分选型流式细胞仪采用电荷分选，通过给目的细胞施加电荷使其偏转，从而实现细胞分离。流动室中的压电晶体在高频信号控制下产生振动，导致流过的液流也随之振动，由喷嘴射出并分割成一连串的小水滴，根据选定的某个参数由逻辑电路判断是否将被分选，而后由充电电路对选定细胞液滴充电，带电液滴携带细胞通过静电场而发生偏转，最终落入收集器中，而其他液体被当作废液抽吸掉（图8-8）。

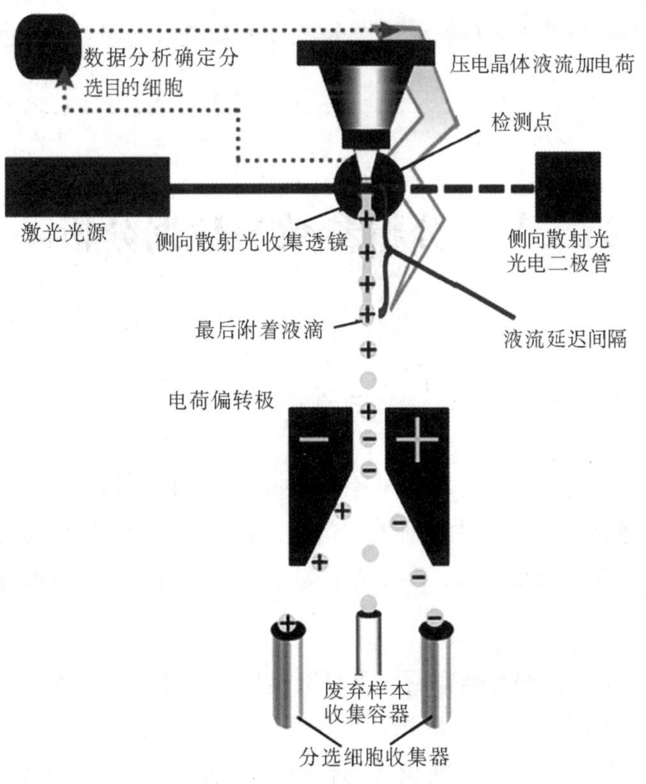

图8-8　流式细胞仪分选示意图

(二) 仪器分类

1. 分析型流式细胞仪 用于快速分析检测细胞组分，通过同时检测分析液流中细胞的多种信号，对其加以区分鉴别，临床主要使用此类流式细胞仪。除了传统分析型流式细胞仪，还有光谱流式细胞仪、质谱流式细胞仪、全自动流式细胞仪、图像型流式细胞仪等。

2. 分选型流式细胞仪 用于快速分离获取目的细胞，在分析检测基础上，通过分选模块对细胞加以分离。电荷式分选是目前主流的分选方式，具有高效、高纯度等特点。

知识拓展

质谱流式细胞术

质谱流式细胞术（mass cytometry），又名飞行时间细胞术（cytometry by time-of-flight，CyTOF），是利用电感耦合等离子体质谱原理对单个细胞进行多参数分析的技术。CyTOF 既继承了传统流式细胞仪高速分析的特点，又具有质谱分析的高分辨能力，是流式细胞技术一个新的发展方向。质谱流式细胞仪主要由四部分组成：流动室和液流系统、电感耦合等离子体质谱分析系统、信号收集和信号转换系统、计算机与分析系统，其工作原理是主要是利用带有非放射性金属同位素标签的抗体对细胞进行标记，依次通过雾化、蒸发、电离将细胞悬液转变为离子云，在飞行时间（time-of-flight，TOF）室中离子按质荷比分离，获得标记细胞各个标签元素的含量。CyTOF 通过金属元素标签而非荧光素与抗体相结合，检测参数通道数可超过 40 个，且测量通道之间没有明显信号重叠，其相邻通道间的干扰 < 0.3%。随着技术进步，更多元素可以用来作为标签，其种类会进一步增加。CyTOF 目前还存在一些局限性，主要包括：检测速率明显低于传统流式细胞术，检测后的细胞活性低等，无法像传统流式一样直接分选，一般在实际操作中需要将传统流式细胞分析结合起来使用。

随着 2009 年 DVS Sciences 正式推出第一代商用质谱流式-CyTOF 以来，CyTOF 在造血、免疫、干细胞、癌症、感染、药物筛选以及疫苗研发等多个领域有着广泛的应用，正逐渐成长为先进的细胞分析工具之一。

第二节　分析参数与数据分析

PPT

一、分析参数

(一) 物理参数

当细胞颗粒通过聚集的激光束时，激光会向各个方向散射，FSC 和 SSC 反映细胞的物理特征。流式细胞仪可根据光散射信号将人外周血白细胞分成淋巴细胞、单核细胞与粒细胞三群，淋巴细胞在 FSC 与 SSC 值均小，单核细胞在 FSC 较大，SSC 值中等，而粒细胞 FSC 与 SSC 值均大（图 8-9）。

(二) 荧光参数

荧光标记的单克隆抗体与待测细胞孵育后，单克隆抗体与细胞抗原特异性结合，细胞被染色。染色细胞在进行 FCM 分析时被激光激发产生荧光，荧光信号代表了待测细胞膜表面抗原的表达水平或其细胞质、细胞核内物质的浓度。通过对荧光信号的检测和分析，以可视化图形展示并计算分类结果，从而能够推测出所检测细胞的数量、所标记分子的表达与含量（图 8-10）。

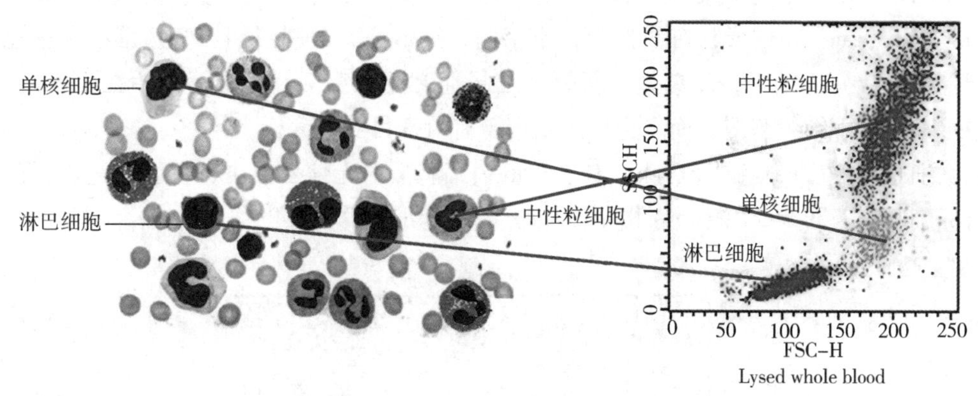

图 8-9　溶血后外周血白细胞的散射光信号

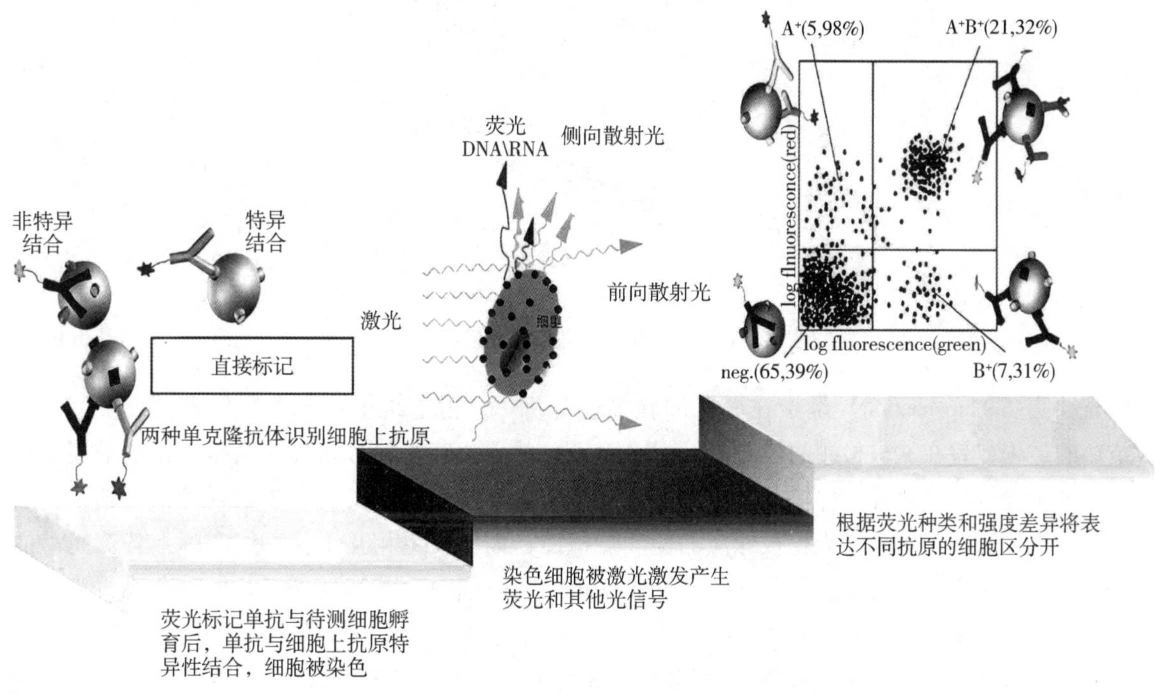

图 8-10　流式细胞仪荧光信号参数获取示意图

二、数据分析

每个被分析的细胞都能获得多个参数，最基本的有 FSC 和 SSC，标记荧光素抗体后，还能获取荧光信号。流式细胞仪采用图形方式直观地展示分析中所获得的信息，常见的图形有直方图和散点图、等高线图、三维图和雷达图等多种，以前两种最常用。直方图只能显示一个通道的信息，散点图可以显示两个通道的信息，雷达图则可以显示任意数量通道的信息。

阈值（threshold）是 FCM 中一个重要的概念，指的是一个界限或下限值，由于流式细胞仪检测敏感度较高，溶液中稍有杂质就会产生干扰信号，只有信号值大于阈值时才被记录和保存。阈值可以设定在 FSC 上，也可以设定在其他参数上。合理地设置阈值可以有效地降低细胞碎片、噪声信号等对检测的干扰，同时又可保证样本的信号被完整地检测到。

在流式细胞检测和分析中，“设门”（gating analysis）是决定识别能力和准确性的关键技术。它通过在细胞分布图中指定一个范围或区域来实现对目标细胞群的分析。设门可以是单参数设门也可以是双参数设门，“门（gate）”的形状有线性门、十字门、矩形门、椭圆形门、多边形门和任意门等。线性门只用于单一参数分析结果；双参数分析显示结果通常用十字门；矩形门多用在十字门、线性门、多边形门中定义更精确的细胞群；而多边形门则用于有特殊目的地分析。

外周血红细胞溶解后，根据 FSC 和 SSC 获得的白细胞散射光信号强度，可以通过设置门来选定需要分析的目标细胞群。图 8-11 矩形门 R_1 内的待分析目标细胞群为淋巴细胞。

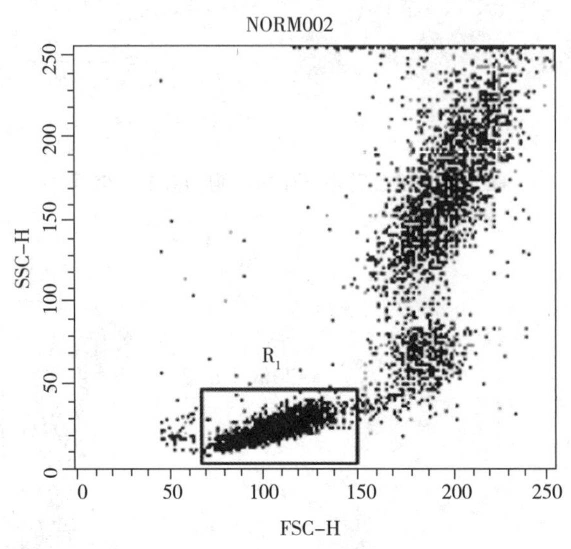

图 8-11　FSC 和 SSC 散点图及设门示意图

荧光补偿（compensation）是指在流式细胞多色分析中，用于纠正荧光素发射光谱重叠（spectral overlap）的过程，旨在从被检测的荧光信号中去除无关的干扰荧光信号。流式细胞分析常采用两种或两种以上的荧光标记单克隆抗体进行多色分析。这些荧光素受激光激发后产生发射光谱，理论上通过选择不同的滤片可以使每种荧光仅被相应的检测器检测，而不发生相互干扰。但实际上各荧光素的发射波并非单一峰，而是呈正态或偏态曲线，即有一定的宽度范围。以 FITC 和 PE 两种荧光素为例，两者的发射波长如图 8-12 所示，显示出两者的发射波长均为偏态分布，FITC 受激发后将多数光源转变为 525nm（从 480~650nm）的光；PE 将其多数转变为 575nm 左右（530~725nm）的光。故流式细胞仪对 FITC 检测 525nm 附近的光，对 PE 则检测 575nm 左右的光。如果同时使用这两种荧光染料，就会出现发射光谱相互叠加的现象，就要通过仪器内设置进行荧光补偿，以纠正发射光谱重叠导致的误差。

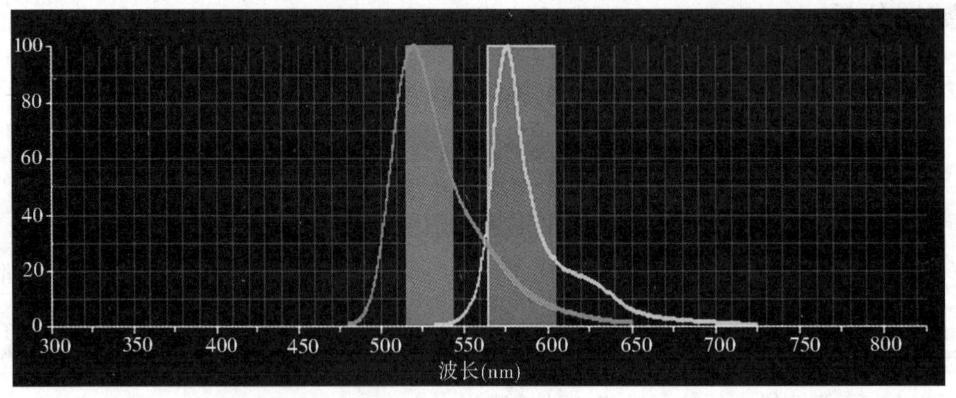

图 8-12　受 488nm 激光照射后 FITC 和 PE 分子发射光谱互相干扰

（一）单参数分析

细胞单参数的检测数据可整理成统计分布，以直方图（distribution histogram）显示。横坐标表示荧光信号或散射光信号相对强度，单位是道数，可以是线性关系也可以是对数关系；纵坐标一般是相对数量。红色荧光 PE-Cy5 标记的 H 门内 $CD3^+$ 占设定门内细胞的 67.38%，左边一群是 $CD3^-$ 细胞群（图 8-13）。

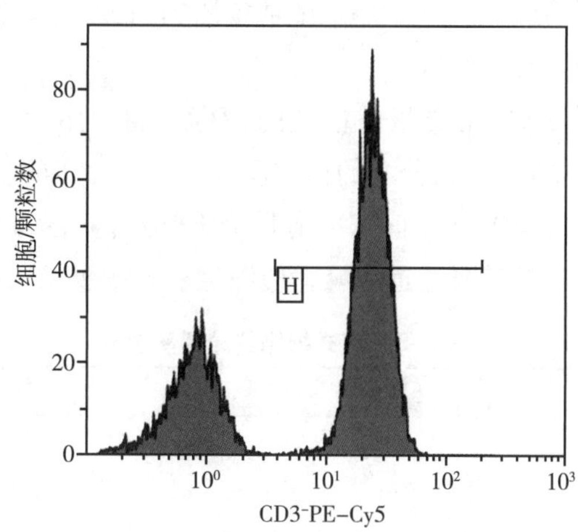

门	细胞数	总的百分比	门内细胞百分比	x轴平均荧光强度	x轴变异
All	9983	23.42	100.00	1886	76.95
H	6727	15.78	67.38	2337	32.71

图 8-13　流式细胞单参数分析直方图

（二）多参数分析

流式细胞仪能够同时检测多种荧光参数，多参数分析可从更多角度分析细胞的特性，提高分析的准确性。在多参数分析中，最常用于的图形为二维散点图，其中横坐标一般表示该细胞一个参数的相对量，纵坐标则表示另一参数的相对量。

如图 8-14 所示，通过十字门设门分析，可以得到 $CD8^+CD4^-$、$CD8^+CD4^+$、$CD8^-CD4^-$ 及 $CD8^-CD4^+$ 各细胞群的统计结果。针对复杂样本的表达分析，仅借助于二维散点图可能无法提供足够的信息，可采用三维图等来获得更多信息。

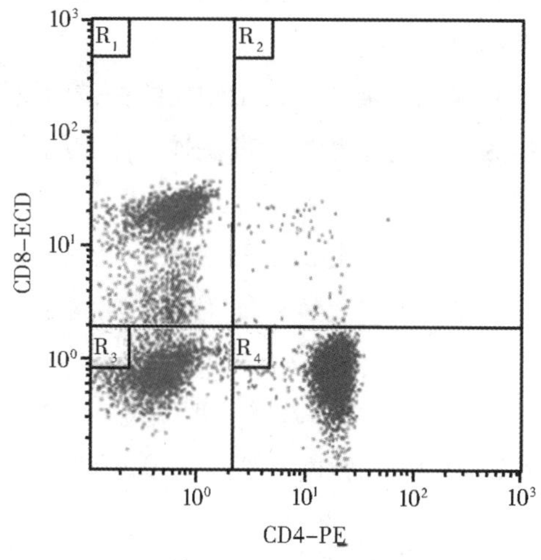

图 8-14　流式细胞分析荧光散点图（十字门）

第三节　性能指标与影响因素

PPT

一、性能指标

1. 荧光检出限　荧光检出限是指能检测到的最少荧光分子数。检出限的高低是衡量仪器检测微弱荧光信号的重要指标，荧光检出限以等量可溶性荧光分子（molecules of equivalent soluble fluorochrome，MESF）表示，应满足异硫氰酸荧光素(FITC)≤200 MESF，藻红蛋白(PE)≤100 MESF。流式细胞仪对其他激光器（如红激光、紫激光、紫外激光、绿激光）所对应通道荧光素的荧光检出限应符合制造商要求。

2. 荧光线性 荧光强度的线性相关系数满足(r)≥0.98。

3. FSC检出限 FSC检出限是指流式细胞仪能够检测到的最小颗粒大小，以FSC能检测到的最小颗粒直径表示，要求FSC检出限≤1.0μm。

4. 仪器分辨率 分辨率是衡量仪器测量精度的指标，通常用变异系数（coefficient of variation，CV）值来表示：$CV = d/m \times 100\%$（d为分布的标准误差，m为分布的平均值）。如果用流式细胞仪测量同一样本，理想的情况下，CV=0，CV值越小则曲线分布越窄、越集中，测量误差就越小。

流式细胞仪FSC和荧光信号的荧光通道全峰宽应满足表8-3要求。

表8-3 流式细胞仪分辨率要求

光信号	仪器分辨率（CV）
FSC	≤3.0%
FL_1(FITC)	≤3.0%
FL_2(PE)	≤3.0%
其他荧光通道	符合制造商要求

5. FSC分辨率 应可以将外周血中红细胞和血小板分开，应可以将外周血白细胞三群（淋巴细胞、单核细胞、粒细胞）分开。

6. 倍体分析线性 流式细胞仪进行二倍体细胞周期分析时，G_2/M和G_0/G_1平均荧光强度比值应在1.95~2.05范围内。

7. 携带污染率 流式细胞仪的携带污染率应≤0.5%。

8. 表面标志物检测的准确性 流式细胞仪检测质控血时，淋巴细胞表面表达的CD3、CD4、CD8、CD16/CD56和CD19阳性百分比结果应在给定的范围内。

9. 表面标志物检测的重复性 流式细胞仪重复检测样本CD3、CD4、CD8、CD16/CD56和CD19阳性百分比结果的变异系数（CV）应满足：①阳性百分比≥30%时，CV值应≤8%；②阳性百分比<30%时，CV值应≤15%。

10. 仪器稳定性 环境温度变化不超过设定温度的5%时，在8小时内检测FSC及所有荧光通道峰值荧光道数的波动范围不超过±10.0%。

二、影响因素

流式细胞仪性能稳定性的影响因素涉及多个方面，这些因素直接关联到仪器的检测精度、可靠性以及长期使用的效果。

1. 仪器设计与制造质量 流式细胞仪的硬件设计、组件选择以及制造工艺直接决定了其基础性能。例如，激光器和光学组件的质量会直接影响检测结果的准确性和重复性。低质量的激光器可能导致数据完整性受损，而光学组件的性能不佳则可能降低信噪比，导致结果不可信。

2. 系统流路中的气泡 在流式细胞仪运行过程中，流路内压力的变化可能导致气体在液体中的溶解率下降，进而产生气泡。这些气泡会干扰检测部分获取有效信息，导致分析结果的偏差。因此，脱气设备在流动室前的安装至关重要，可以有效避免气泡的产生。

3. 操作规范与保养　操作人员的技能、经验，以及仪器使用过程中的规范性，都会对性能稳定性产生影响。不当的操作可能导致数据误差，而仪器的定期保养和校准也是确保其长期稳定运行的关键。

4. 温度　环境温度对荧光染色有明显的影响。一般来说，溶液的荧光强度随着温度的降低而增强，温度升高与荧光强度的减弱在一定范围内呈线性关系。

5. 酸碱度　如果荧光物质为弱酸或弱碱性，则溶液酸碱度（pH）的改变将对荧光强度产生较大的影响。荧光色素发光的最有利的条件是其溶剂中呈离子化或极化状态，从而通过染料分子本身所具有的斥力作用，尽可能避免分子之间的相互碰撞。因此，要使每一种荧光染料的量子产率最高，就需要使荧光染料分子在溶剂中保持与溶剂间的电离平衡。具体到每一种荧光染料，表现出来都有自己最合适的 pH。

6. 荧光染料浓度　在荧光染色的过程中，必须确定所用荧光染料的浓度是否与荧光强度有直接的比例关系。当染料浓度较低时，荧光强度与浓度成正比，随浓度加大，荧光强度也增大。然而，当荧光染料达到一定浓度后，如继续增加浓度，不仅不会使荧光信号再有相应的增强，反而会使荧光强度下降。这种因浓度增大会使量子产量减少，荧光染料的浓度与其量子产率之间这种关系，称为浓度猝灭。

第四节　操作与维护

PPT

一、基本操作 微课/视频2

运用流式细胞仪进行免疫标记分析时，采用适当的方法制备样本的单细胞悬液、选择合适的荧光素标记抗体、检测中执行严格的质量控制程序、保持仪器的正常状态、针对不同的细胞群体进行合理的分析，这些都是获得正确结果的必要前提。

（一）操作前准备

在开启仪器电源之前，操作者须按以下要求进行检查，确保系统准备就绪。所有物品（样本、质控物、废液等），以及同这些物质接触的区域都有潜在的生物传染性危险。操作者在实验室接触相关物品和区域时，应遵守实验室安全操作规定，并穿戴好个人防护装备（如实验室防护衣，手套等）。

（二）样本采集与处理

临床检测中，可用于流式细胞分析的样本有血液、骨髓、各种体液（如脑脊液、胸腔积液、腹腔积液）以及人体或动物的组织（如淋巴结、肝、脾）等。

1. 样本采集与保存　流式细胞分析除 DNA 含量相关的分析如细胞周期和凋亡细胞检测以外，用于其他检测目的的样本均应保持细胞活力在最佳状态，细胞表面蛋白的表达、荧光染料的结合部位均与细胞活力相关。细胞活力下降，膜蛋白表达质和量均会改变，细胞活力下降意味着膜结构破坏，荧光染料将渗入细胞膜内，从而影响检测结果。

（1）抗凝剂选择　血液样本可采用 EDTA、ACD 或肝素（肝素锂）抗凝。如果同一份样本同时需要进行白细胞计数和分类，则选择 EDTA 抗凝。ACD 及肝素锂抗凝样本在 72 小时内细胞是稳定的；EDTA 抗凝的样本在 48 小时内细胞是稳定的，但超过 24 小时将影响细胞活力。骨髓样本优先选择肝素抗凝，不推荐使用 ACD 抗凝，因为 pH 改变会影响细胞活力，可以使用 EDTA，但要在 24 小时内处理。其他体液用 EDTA、ACD 或肝素抗凝均可，样本尽快检测，不宜久置。

（2）样本保存　样本完整性和细胞活力与抗凝剂的选择、运输、保存和温度息息相关。理想状态下，样本应在采集后立刻处理、标记和分析：①血液及骨髓，抽取样本后于室温（15~25℃）保存，12 小时内处理完毕，若未能及时处理，放置时间超过 24 小时最好选择肝素抗凝，4℃保存，标记抗体前半小时恢复室温；②体液，抽取样本后室温（15~25℃）保存，注意抗凝，12 小时内处理完毕，样本贮存于 4℃冰箱时间不宜超过 24 小时；③各种组织细胞，新鲜采集的样本置于生理盐水或 PBS 中，如红细胞较多，则可加入少量肝素抗凝，为保持细胞的抗原活性，不宜选取甲醛、乙醇等固定组织。

2. 样本处理

（1）单细胞悬液的制备　①血和骨髓 天然单细胞悬液。当有血凝块时，应用 50μm 尼龙网过滤，同时进行细胞计数和血涂片以判断靶细胞群体是否仍然存活。②组织块 可使用机械分离、酶消化和化学试剂处理成单细胞悬液。分离不仅是要获得最大产量的单细胞，还要尽量保证细胞结构的完整性和抗原性。大多数淋巴样组织可用轻柔的机械方法快速分离。某些组织由于细胞间连接紧密，需在机械分离的基础上用蛋白水解酶如胰蛋白酶、胃蛋白酶、胶原酶等。骨髓样本亦可能因骨细胞成分污染而需要酶消化。选用蛋白酶要在分散细胞的同时保证目的抗原不受损伤，细胞活力未显著降低。

（2）分离靶细胞群体　样本的任何处理方式都可能导致靶细胞群体的丢失，所以应尽可能使用最接近原始样本状态的处理过程。去除红细胞是外周血、骨髓等体液样本进行单个核细胞流式分析的必然步骤；①红细胞裂解要求操作简单、快速，尽可能保持原始样本的白细胞分布，溶血剂的选择应基于其选择性去除成熟红细胞而最低程度地影响其他细胞的特点，最好在染色后溶血；②密度梯度离心白血病细胞回收较好并可能得到富集，同时去除死细胞，但繁琐、费时，某些重要细胞群体可能选择性丢失。

（3）评估细胞悬液　①样本外观 有严重溶血和血凝块的样本可能会有白细胞的损伤以及细胞亚群的丢失或改变，应重新采集样本；②细胞丢失和分布 确认细胞形态和原始样本相似，密度梯度离心之后更应检查细胞分布，可做血涂片判断；③细胞计数和浓度调整 厂家推荐的抗体浓度通常是假定靶细胞数量在一定范围内（$500\sim1000\times10^{3}$/测试抗体），抗体使用前需认真阅读使用说明书，了解标记方法、缓冲液的条件、抗体与细胞比率范围，实验室若选择不同于厂家推荐的方法（如自己稀释抗体），抗体一定需要进行测试以得到抗体和细胞的最佳比率；④细胞活性 死细胞由于膜结构破坏，抗体和荧光染料会进入细胞内，而细胞膜的泵功能受损或丧失，荧光染料的泵出能力下降，导致异常结果。

3. 样本标记

（1）标记方法　流式细胞仪可用于检测细胞表面标记物、胞质标记物、核内标记物及可溶性成分等，常用的标记或染色方法有：①荧光素偶联抗体，通过抗原抗体反应，使目标细胞特异性地结合荧光标记的抗体，从而发出荧光；②荧光染料/荧光化合物如 PI、DAPI 等插入核酸链中，CFSE 与蛋白质共价结合，Annexin V 的亲脂特性直接与细胞膜脂质结合 FITC 检测凋亡；③荧光蛋白如 GFP，无须染色直接检测。免疫荧光标记主要包括直接和间接荧光标记两种方法。间接标记有第二次放大和通用二抗，应用于在没有直接标记抗体可用或抗原表位少时。但是，间接法难以多色标记，标记过程复杂、信噪比高，目前临床少用。同时，常用的标记主要包括：①细胞膜表面标记，表面抗原分析在流式应用中最广泛，标记步骤也相对简单。大多数细胞分化抗原都在细胞膜上，但由于许多抗原也同时存在于细胞质内，所以在细胞表面抗原检测时应特别注意保持细胞膜的完整，以保证检测的准确性；②细胞质标记，一些细胞质内特异性抗原的检测对白血病的免疫分型尤为重要，多在抗原名称前加 c 表示，如 cCD3、cCD22 和 cIg 等，而膜免疫球蛋白则以前缀 m 表示即 mIg，细胞质染色的关键是使细胞膜穿孔，抗体才能导入胞质且不影响细胞膜结构的完整，需要固定和破膜的步骤不影响标记蛋白的抗原性和抗体结合能力；③细胞膜和细胞质同时标记，通常先标记膜抗原再固定，破膜后再标记胞质抗原，最后是 DNA 标记或染色，固定剂和通透剂对细胞和分析参数都有不同影响，应根据情况选择。

（2）标记抗体选择 用于流式细胞检测的荧光抗体，常常需要进行选择。选择荧光抗体的方式通常包括三种：①根据流式细胞仪检测的通道数（由激光器种类、数量和使用的光学滤片）选择；②根据抗原表达强弱选择，不同的荧光素波长不同，高表达的抗原可用不太“亮”（波长较短）的染料，表达低的抗原用更“亮”（波长更长）的荧光素；③选择荧光波谱重叠较小的荧光染料组合，同时需要正确调节补偿。

选择抗体组合基本原则主要有三个。①多样性与覆盖性，一方面，抗体组合应包含多种抗体，以覆盖样本中的所有细胞谱系，确保能够捕捉到各种细胞类型的信息；另一方面，通过使用多种荧光标记的同一抗体，可以针对白血病等病症中细胞谱系抗原的异常表达或缺失进行更精确的检测。②区分性，抗体选择应能够区分正常细胞和异常细胞，利用正常细胞作为内对照，提高对异常细胞表达比例的准确评估。③荧光特性与死细胞排除，在选择抗体时，应考虑荧光强度和表位密度，对于抗原表位表达较少的蛋白，选择合适波长的荧光素以优化信号检测。同时，还需要注意，通过检测细胞活性，排除死细胞可能引起的非特异性干扰，确保实验结果的准确性和可靠性。

临床上白血病免疫分型时，常遇到多种抗体组合的问题，一般情况有大而全的抗体组合和分步标记两种方案。前者能够一次性全面了解抗原表达，无须再次标记、检测，省时，但费用高。后者先参考临床、血液分析和骨髓涂片细胞形态学等得出的初步诊断，针对性地选用抗体，获得谱系初步判断，再采用特异性更高的二线抗体组合，这种方法经济、但较耗时。各实验室需根据临床和实验条件灵活选用。

（三）仪器参数设置和质控

启动流式细胞仪，开启计算机，进入操作系统后，运行已安装的配套软件。检查流式细胞仪的状态，确保所有零部件正常运行。

仪器参数设置主要包括：①根据标记荧光染料的激发波长，选择适当的激光；②根据荧光染料的发射波长，设置相应的滤镜，确保准确检测信号；③设置细胞在流动时的速度，以确保获得清晰的数据。

在进行样本检验前，每日需对仪器进行质控分析，确保仪器得到可靠的分析结果。

（四）实验运行及数据获取与分析

将准备好的样本注入流式细胞仪样本室，确保样本流动正常，检测开始运行。随后，计算机将获取的数据输出至屏幕。通过观察细胞分布图，选择感兴趣的细胞群进行数据的初步分析，调节相关参数设置直至固定。仪器会获取各光电检测器探测到的信息，并在数模电路转换下，以标准 FCM 数据传至计算机进行分析和存储。FCM 数据是一种 listmode 列表格式存储，它详细记录了每个细胞的详细信息，这种数据在仪器自带相关分析软件或其他专业软件协助下，可形成相关作图表，进而获得样本中细胞亚群的分布。

（五）仪器关闭及系统冲洗与废液处置

实验完成后，停止流式细胞仪的运行；根据仪器使用要求，进行系统冲洗；关闭流式细胞仪，关闭电脑，断开电源；按规定处置废液、检测后的样本。

二、维护与保养

良好的仪器维护与保养离不开专业人员及日常的维护与保养。

（一）人员培训

人员培训需要做好培训内容的全面性和详尽性，包括样本采集、运送、处理、保存、单细胞悬液制备、单克隆抗体选择及与细胞结合比例、细胞活性检测、细胞表面标记、细胞质标记、胞膜和胞质同时标记等，让使用者了解和掌握每一个影响检测结果的因素和环节。

（二）仪器操作与日常保养

经培训合格的检测人员在仪器日常使用中，应根据标准操作规程（standard operation procedure，SOP）做好仪器开、关机，日常维护保养和仪器状态监测工作，并做好记录。

1. 仪器状态监测 包括开展室内质控监测仪器的稳定性、参加室间质量评价监测仪器的正确性以及进行仪器比对监测检测结果的可比性。未参加室间质评计划的仪器、同一实验室有两台以上的仪器均应做仪器间比对，至少每半年进行一次。两仪器比对时应使用配套检测试剂、质控品和校准品，进行规范操作。

2. 仪器校准及验证 根据仪器使用情况以及法规和标准等要求制定仪器校准计划，校准包括流路稳定性、光路稳定性、多色标记荧光颜色补偿、PMT 转换线性和稳定性。标准微球已成为流式质控中常用的校准品。审核人员根据校准计划对校准后的仪器和校准报告进行核查并签字确认，校准报告需附有校准时检测结果的原始数据。

3. 检测结果审核 具有报告审核资质的检验人员要结合仪器散射光和荧光信号 PMT 电压、增益、荧光补偿等参数的设定以及对照、设门、样本等情况和病人信息综合考虑，审核并发出报告。对照的设置有：未标记荧光细胞作为空白对照，用于去除被流式细胞仪检测到的细胞自身荧光（自发荧光），也即背景荧光，避免假阳性。已知、已使用过证实为阳性的抗体作为阳性对照，用于确定荧光抗体有效，但并不是每次分析时都必须设置，在使用新的或者存储时间较长的荧光抗体时需设阳性对照。单荧光标记对照，两色以上的多色标记需设置每一种荧光的单一标记对照，用于调节补偿。流式结果中的荧光强弱是一个相对值，PMT 电压越大，电子信号越强，反之越弱，通过调节电压，使阴性对照管的荧光强度处于阴性的位置。

4. 仪器日常保养及故障处理 应严格按照仪器操作规程对仪器进行日常维护保养，必要时由厂家工程师进行特殊的维护保养。

第五节 临床应用

PPT

1. 淋巴细胞亚群分析 淋巴细胞是参与机体免疫应答的主要细胞，通过测定其中的细胞比值可以了解机体的免疫状况。在评价肿瘤患者淋巴细胞免疫状态、细胞治疗监测、感染程度、免疫缺陷病、自身免疫性疾病以及器官移植排斥反应中具有参考价值，是临床应用最广的检测项目之一，检测外周血淋巴细胞亚群（表 8-4，图 8-15）、淋巴细胞活化（HLA-DR、CD69、CD25、CD45RA、CD45RO等）、Th_1（CD4/IFN-γ）细胞、Th_2（CD4/IL-2）细胞、细胞调节性 T 细胞即 Treg 细胞（$CD4^+CD25^+Foxp3^+$/ $CD4^+CD25^+CD127^-$）等。

表 8-4 淋巴细胞亚群标记及在淋巴细胞中的比例参考区间

表型与细胞亚群	百分比（%）
总 B 细胞（$CD19^+$）	9.0~14.1
NK 细胞[$CD3^-$/$CD(16+56)^+$]	8.1~25.6
总 T 细胞（$CD3^+$）	61.1~77.0
辅助性 T 细胞（$CD3^+$/$CD4^+$）	25.8~41.6
杀伤性 T 细胞（$CD3^+$/$CD8^+$）	18.1~29.6

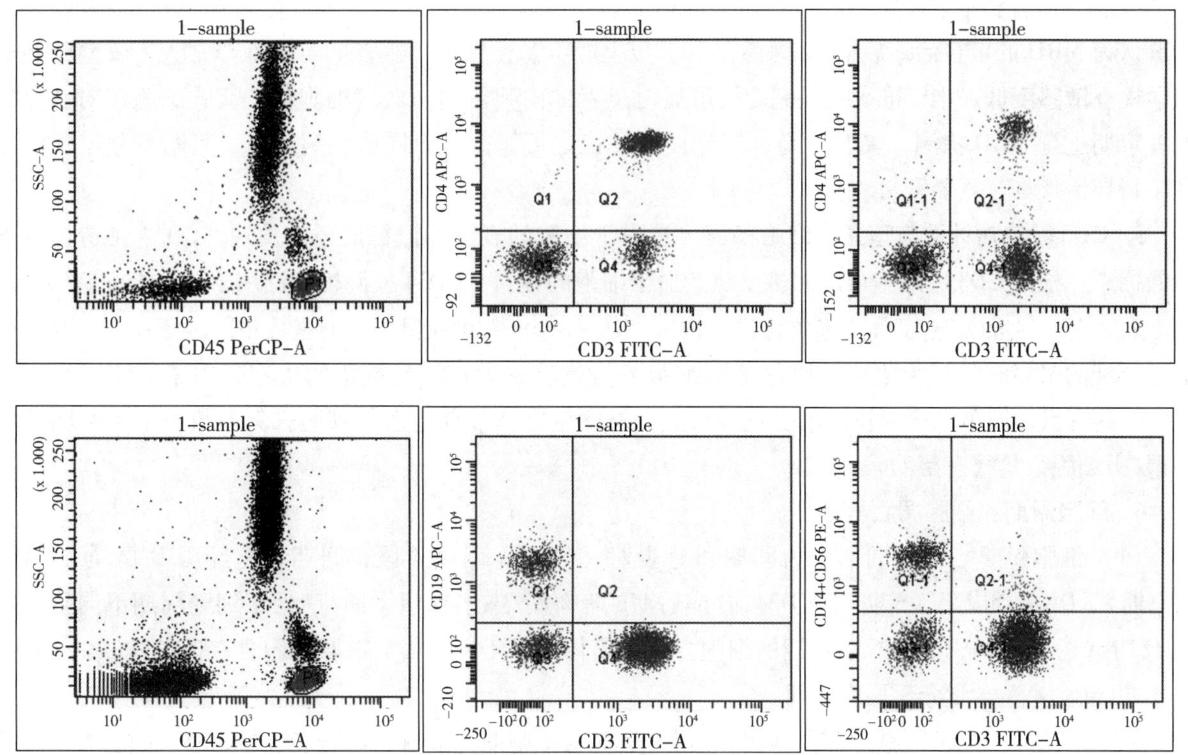

图 8-15　四色荧光标记外周血淋巴细胞亚群检测散点图

T 淋巴细胞（上）和 B、NK 淋巴细胞（下）

2. HLA-B27 检测　人类白细胞分化抗原（human leukocyte antigen，HLA）Ⅰ类位点 B27 是迄今为止人类发现的与疾病关系最为确定的基因，HLA-B27 与脊柱关节病，尤其是强直性脊柱炎（ankylosing spondylitis，AS）的相对危险度（relative risk，RR）为 101.5（大于 10 关联很强），此外，与 Reiter 病以及葡萄膜炎等也相关。HLA-B27 抗原表达于几乎所有有核细胞，特别是淋巴细胞表面含量丰富。FCM 分析具有简便、快速、高特异性的特点，成为目前最常用的 HLA-B27 检测方法。95% AS 病人表达 HLA-B27 抗原，但并非 HLA-B27 阳性的均是 AS 病人。此外，另一方面还有 5% 左右的 AS 病人 HLA-B27 阴性，因此并不能依据 HLA-B27 阴性排除该疾病。

3. 阵发性睡眠性血红蛋白尿症诊断　阵发性睡眠性血红蛋白尿症（paroxysmal nocturnal hemoglobinuria，PNH）是以补体介导血管内溶血为特征的获得性造血干细胞克隆性疾病。糖基磷脂酰肌醇（glycosyl-phosphatidyl ionositol，GPI）合成缺陷，导致血细胞膜锚定蛋白 GPI 如 CD55、CD59 等缺乏，使血细胞膜在受到补体攻击时稳定性下降而致溶血。采用荧光标记 GPI 相关抗体，结合 FCM 检测缺乏这些膜蛋白的异常细胞，计算出异常细胞所占百分数，能够客观地判断异常细胞群和 GPI 蛋白缺乏的种类与程度。

4. 造血与淋巴组织肿瘤免疫分型及微量残留病检测　造血与淋巴组织肿瘤主要表现为异常白细胞克隆性增殖、分化停滞所导致的一组造血系统恶性肿瘤。不同类型的造血与淋巴组织肿瘤，因其发病机制、病理学特点、临床病程不同，治疗方案及预后也不尽相同，所以对其类型的识别是临床诊疗的关键依据。FCM 免疫分型是白血病 MICM 分型方法中最重要的组成部分。流式细胞仪使用的荧光素抗体种类多，可获取的细胞信息量大，短时间内可以完成几万甚至几十万个细胞的检测，对细胞的鉴别快速、准确，流式细胞仪已成为造血与淋巴组织肿瘤免疫分型的最重要工具。

微小残留病（minimal residual disease，MRD）是指白血病患者按疗效标准，经过治疗取得形态学完全缓解（即骨髓中显微镜下看不到显著的白血病细胞）后，体内仍然残存微量白血病细胞的状态，一般认为 MRD 的量在治疗后第 12 周还在 10^{-4}以上时，急性白血病复发的可能性非常大。骨髓细胞形态学检查敏感度低，难以准确反映完全缓解后时患者体内残留的白血病细胞数。流式细胞仪对白血病患者定期进行 MRD 检测，灵敏度高、特异性强及稳定可靠，对于评估疾病状态、判断疗效、预测复发、指导治疗具有重要意义。

5. $CD34^+$绝对计数与造血干细胞移植　造血干细胞的表面标记目前还未发现，CD34 是造血祖细胞的标志，检测 $CD34^+$细胞可以间接反映造血干细胞的数量。CD34 检测被广泛用于造血干细胞移植以及癌症病人大剂量放/化疗后的造血重建。临床上通常要求移植的 $CD34^+$细胞数量要大于 1.2×10^6/kg，确定合理的采集时间和采集次数以保证干细胞的质量就成为移植或重建的决定性因素。流式细胞仪 $CD34^+$具有操作简单、速度快、精度高等特点，对医生掌握最佳造血干细胞采集时机，准确判断采集的干/祖细胞数量很有帮助。

6. 细胞周期和细胞凋亡检测

（1）细胞周期　细胞周期分为间期和分裂期（M 期）两个阶段，间期细胞经历 DNA 合成前期（G_1 期）、DNA 合成期（S 期）与 DNA 合成后期或有丝分裂前期（G_2 期）。处于细胞周期不同阶段的细胞 DNA 含量不同，处于 G_0/G_1 期的细胞含有二倍体量的 DNA，G_2/M 期细胞含有四倍体量的 DNA，而 S 期细胞 DNA 含量介于两者之间。

利用亲核酸的荧光染料如 PI、DAPI、DRAQ7 等与细胞的 DNA 碱基结合或插入 DNA 碱基对中，结合或插入荧光染料的量与细胞内 DNA 的含量成正比，通过流式细胞仪检测荧光强度经过软件拟合，推算出细胞内 DNA 的含量，区分各细胞周期。

（2）细胞凋亡　细胞凋亡也称细胞程序性死亡，是细胞受基因调控的一种主动性、高度有序地结束细胞生命的过程。

凋亡细胞在形态和生化上有明显的特征，如细胞皱缩、细胞膜卷曲、DNA 片段化、线粒体电位变化等，根据这些特征流式细胞仪有多种方法能定性及定量检测细胞的凋亡情况。常用的有：①Annexin V/PI 双染色法，细胞凋亡时细胞膜磷脂外翻，通过亲磷脂酰丝氨酸的绿色荧光染料 Annexin V 标记，并与 PI 联合使用，可以区别活细胞、凋亡早期、凋亡晚期或者死细胞；②染料摄取与排除能力检测，根据死细胞泵出荧光染料的能力下降或丧失，鉴别凋亡细胞（荧光标记阳性）和活细胞（荧光标记阴性）；③光散射分析，适用于群集性好的细胞，凋亡细胞皱缩、体积变小，在 FSC 和 SSC 直方图中表现为向下、向左移；④细胞 DNA 含量分析，凋亡细胞由于其断裂的小片段 DNA 从细胞内泄漏，细胞内 DNA 减少，出现亚 G1 期峰即 AO 峰（apoptotic peak）；⑤DNA 链断裂点标记，常用末端核苷酸转移酶脱氧三磷酸腺苷（dNTP）缺口末端标记法，只要有 DNA 断裂，即可检出，早于形态学改变。

7. 血小板检测

（1）血小板计数　流式细胞仪是血小板计数最准确的平台，国际血液学标准化委员会（ICSH）/国际实验血液学协会（ISLH）在 2001 年向全世界推荐使用流式细胞仪作为血小板检测方法，尤其适用于血小板预输注病人的检测。

（2）网织血小板检测　网织血小板反映骨髓中血小板增生程度，在血小板减少症的鉴别诊断和外周血干细胞移植后判断输注血小板效果中均有重要价值。网织血小板的细胞质内含有较多量 RNA，可以被核酸荧光染料噻唑橙（thiazolorange，TO）染色，通过流式细胞仪检测可以获得网织血小板数量。

（3）活化血小板检测　血小板膜糖蛋白有规律地分布在脂质双层内外，一旦血小板活化，首先发生膜糖蛋白内翻和外翻的改变，这种膜糖蛋白表达的改变可以作为血小板活化的检测标志物。正常血小板表面糖蛋白 GPⅡb（CD41）、GPⅢa（CD61）、GPⅨ（CD42a）和 GPⅠb（CD42b）表达在 95% 以上，而 CD63p 和 CD63 表达率约在 5% 以内。结合血小板早期活化的指标纤维蛋白原受体 PAC－1，FCM 可检测处于活化状态血小板的数量。

8. 流式细胞微球多重分析技术　流式细胞微球多重分析技术又称为 CBA（cytometric bead array）技术，是基于液相芯片（也称为微球悬浮阵列）和可选择性多重分析基础上的多种可溶性物质流式细胞分析技术平台，理论上一个反应孔可以完成多种不同的标记目的分子的快速检测。该技术的最大特点就是一个体系内实现高通量、大数据的快速分析结果。因此，凡需要高通量检测的分子，都可以利用该平台实现。例如细胞因子的检测、血小板自身抗体检测等。其优势在于样本用量少，一次检测的目的分子多，速度快，省时、省力、准确、重复性好、成本相对低廉。核酸分析也是流式细胞微球多重分析技术特点适宜的目标。比如，多种感染病毒的鉴定、基因分型单核苷酸多态性（single nucleotide polymorphism，SNP）分析等，单管反应即可检测多种 SNP 的优点。

流式细胞仪开发和应用的研究方兴未艾，相信随着科学技术发展和社会需求的增加，流式细胞仪必将以其独特的功能不断发展，在生命科学进步和人类健康保护中作出卓越贡献。

答案解析

思考题

案例　流式细胞仪进样启动后，FSC 和 SSC 无信号。

初步判断与处理　根据流式细胞仪的工作原理，分析出现无计数现象的原因主要有以下几个方面：①样本进样针堵孔；②鞘液压力不足或压力维持装置故障；③无激光或光路故障。通过计算机软件观察鞘液压力，排除了鞘液压力不足的问题。在流动池观察激光出现，初步排除光路问题。进一步运行冲洗程序，观察进样针无水柱出现，判断故障原因是否为进样针堵孔。

问题

（1）物理散射光信号检测有何意义？

（2）488nm 激发光常使用的荧光有哪些？

（3）淋巴细胞表型分析，如何“设门“？

（胡嘉波）

书网融合……

重点小结

题库

微课/视频 1

微课/视频 2

第九章　血细胞分析仪

学习目标

1. 通过本章学习，掌握血细胞分析仪的基本原理；熟悉血细胞分析仪的分类和基本结构；了解血细胞分析仪的性能指标和操作要求。

2. 具有血细胞分析仪的操作使用、常规保养和一般维护的能力。

3. 树立客观科学工作态度和职业责任观，认识和了解血细胞分析仪在检测过程中存在的局限性，通过细致的操作和严格的质量控制，防止漏检或误检的发生，确保检验结果的可靠性和准确性。

自20世纪50年代血细胞分析仪发明以来，随着基础医学和科技的发展，检测原理逐渐完善，检测技术不断创新，为临床需求提供了有效的血细胞检测参数。近年来，国产自主研发的血细胞分析仪在性能参数和技术指标方面与进口血细胞分析仪的差距逐渐缩小。同时，借助计算机强大的信号采集与分析运算能力，国产血细胞分析仪在检测结果溯源、分析质量控制及临床参考依据建立等方面，已形成了完善的方法和体系。血细胞分析仪已成为医学检验领域不可或缺的装备。

PPT

第一节　工作原理

血细胞分析仪，又名血球仪或血球计数仪，是对一定体积全血内细胞种类、数量和异质性进行自动分析的常规检验仪器。它主要检测血液中的有形成分，包括红细胞、白细胞、血小板，以及红细胞中的血红蛋白。血细胞分析仪已由早期的三分类功能发展到现代的五分类。血细胞分析仪检测原理主要有电阻抗法和流式激光法两大类。电阻抗法通过测量细胞通过小孔时引起的电阻变化来实现细胞数量和大小的检测。流式激光法则利用激光照射细胞，测量细胞在流动状态下的荧光信号和散射光信号，从而获取细胞的多种特征信息。

一、电阻抗法血细胞检测原理

20世纪50年代初，美国库尔特发明并申请了粒子计数技术的设计专利，这一原理的应用实现了血细胞计数的自动化。电阻抗法血细胞检测原理是利用了血细胞物理大小和电容介质特性：悬浮在电解质溶液中的血细胞通过测量孔时，电流会通过测量孔两侧的电极导线、细胞膜介质形成的回路进行传导。由于细胞膜具有电容充电、放电特性，测量孔处的电流会因为细胞膜这种充放电过程，发生暂时的改变，进而产生电阻抗现象。细胞体积越大，细胞膜对电流流动产生的阻碍作用越突出，电阻抗变化也越显著。将这种电阻抗变化转换成脉冲信号，并进行测量，即可实现血细胞的计数和体积测定，该原理也称为库尔特原理。白细胞、红细胞及血小板的计数技术很大程度上依赖于该原理。

（一）白细胞计数原理

全血样本用稀释液在仪器的外部或内部进行一定比例的稀释，加入一定量的溶血剂，使红细胞全部破坏，随后倒入一个不导电的容器中，悬浮在电解液中的颗粒随电解液通过小孔管时，取代相同体积的电解液，在恒电流设计的电路中导致小孔管内外两电极间电阻发生瞬时变化，产生电位脉冲。脉冲信号的大小和次数与颗粒的大小和数目成正比。小孔是电阻抗法细胞计数的一个重要组成部分，计数孔直径<100μm（厚度75μm左右），这样的尺寸允许单个细胞依次通过小孔。小孔内外侧分别充满稀释液和细胞悬液，并分别安装有内外电极（图9-1）。检测期间，当电流接通后，位于小孔两侧的电极产生稳定的电流，细胞悬液向小孔内部流动。悬浮在电解质溶液中的细胞相对于电解质溶液是非导电颗粒，当体积不同的血细胞通过计数小孔时，可引起小孔内外电压的变化，形成脉冲信号，电压增加的程度取决于细胞体积，细胞体积越大，引起的电压变化越大，产生的脉冲越大。因此，通过对脉冲高低的测量可测定出细胞体积，记录脉冲的数目可得到细胞数量。根据对各种细胞所产生脉冲高低区分不同种类的细胞，并进行分析。利用库尔特原理，能够计数白细胞；对红细胞和血小板根据体积区分并分别计数。

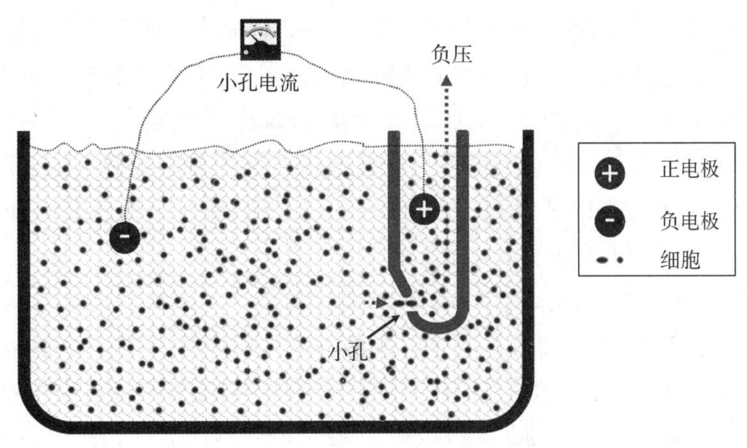

图9-1 库尔特原理示意图

电阻抗检测原理是根据白细胞体积的大小对白细胞进行分类。如与淋巴细胞体积相似的一类小细胞群，被归类为“淋巴细胞”。然而，这并不意味着该群体中所有细胞都是淋巴细胞，实际上可能包含其他类型的小细胞。但在临床应用中，白细胞分类是在显微镜下，观察经染色的血涂片，根据细胞形态（包括细胞胞体大小；胞浆的颜色及量的多少；胞浆中颗粒的颜色、大小及数量；核的形状及染色质的特点）综合分析，进而得出准确分类的细胞群，如检测结果淋巴细胞25%意味着100个白细胞中有25个淋巴细胞。因此采用电阻抗法对白细胞“分类”不能代替显微镜涂片分类。

（二）红细胞计数原理

大多数血细胞分析仪采用电阻抗法进行红细胞计数和红细胞比容（hematocrit，HCT）测定。红细胞通过小孔时，形成相应的脉冲，脉冲的多少代表红细胞的数量，脉冲的大小代表单个红细胞的体积。脉冲高度叠加，经换算即可得到红细胞比容。有的仪器先以单个细胞高度计算红细胞平均体积，再乘以红细胞数量，得到红细胞比容。仪器根据测得的单个细胞体积和相同体积细胞占总体的比例，可得出红细胞体积分布直方图。一般情况下，被稀释的血细胞混悬液（含白细胞）进入红细胞检测通道进行测量，但因正常血液有形成分中白细胞比例很少（红细胞/白细胞≈750：1），故白细胞因素可忽略不计。但在某些病理情况如白细胞明显增多时，可使红细胞测定参数产生明显误差。

红细胞平均指数是指导临床医生了解红细胞性质的重要依据。平均红细胞体积（mean corpuscular volume，MCV）、平均红细胞血红蛋白含量（mean corpuscular hemoglobin，MCH）、平均红细胞血红蛋白浓度（mean corpuscular hemoglobin concentration，MCHC）、红细胞体积分布宽度（red cell volume distribution width，RDW），均是根据仪器检测的红细胞数、红细胞比容和血红蛋白含量检验数据，经仪器程序换算出来的。

$$MCV\ (fl) = HCT/RBC$$

$$MCH(pg) = HGB/RBC$$

$$MCHC(g/L) = MCH/MCV = HGB/HCT$$

HCT，红细胞比容；RBC，红细胞计数；HGB，血红蛋白含量；MCH，平均红细胞血红蛋白含量；MCV，平均红细胞体积

RDW 是反映红细胞体积异质性的参数，即反映红细胞大小不等的客观指标。当红细胞通过小孔的一瞬间，计数电路得到一个相应大小的脉冲，不同大小的脉冲信号分别贮存在仪器配套计算机的不同通道中，计算出相应的体积及细胞数，统计处理而得 RDW。多数仪器用所测红细胞体积大小的变异系数表示，即红细胞分布宽度-CV 值（red cell volume distribution width-CV，RDW-CV），也有的仪器采用红细胞分布宽度-s 值（red cell volume distribution width-s，RDW-s）报告方式来表示。

（三）血小板检测原理 微课/视频 1

电阻抗法计数红细胞和血小板时使用同一个计数通道，因血小板体积与红细胞体积有明显的差异，仪器设定了特定的阈值，在 36~360 fl 范围内分析红细胞，在 2~30 fl 范围内分析血小板。但由于血小板和红细胞测量信号常有交叉，例如巨大血小板或者聚集血小板的脉冲信号可能被认为红细胞而计数；小红细胞或者红细胞碎片的脉冲信号可能进入血小板通道误认为血小板而计数，造成实验误差。为此很多血细胞分析仪使用了多种特殊装置和技术，以确保红细胞和血小板的准确分析，避免相互干扰。这些技术包括扫流装置、浮动界标装置、鞘流装置等。

1. 扫流装置 这种装置通过特定的水流模式，确保血液样本中的细胞能够均匀分布，避免细胞聚集或重叠，从而提高分析的准确性。比如在仪器的红细胞计数微孔旁有一股持续的稀释液流，也叫扫流液体，其流向与计数微孔呈直角，使计数后的液体流走，可防止计数后颗粒重新进入循环而再次计数。

2. 浮动界标装置 这种装置可以根据细胞的大小自动调整检测界标，使得不同大小的细胞能够被准确区分，特别是在红细胞和血小板的分析中，这种装置能够确保数据的准确性，避免小红细胞及大血小板对计数的干扰。

3. 鞘流装置 鞘流技术是一种重要的流体动力学技术，它通过在样本周围形成一层流动液体（鞘流），避免计数时血细胞从小孔边缘流过或受湍流、涡流的影响，保证血细胞单个依次通过检测区域，避免了细胞之间的相互作用，从而提高了分析的精确度和可靠性。

电阻抗法血细胞分析仪尚存在一些缺点：①不能探测单个红细胞的结构；②由于 MCHC 数据来源于 MCV 的测定结果，而 MCV 测量受细胞体积以外诸多因素的影响，最终造成 MCHC 的误差；③红细胞通过小孔时都经受一定的形态变化，红细胞形态与细胞质黏度有关，细胞质黏度受血红蛋白含量影响，故血红蛋白浓度可影响红细胞形态，也影响 MCV 及 MCHC 的准确性；④血小板计数常受大血小板和非血小板颗粒（如小红细胞、红细胞碎片等）的干扰。

电阻抗法与下面介绍的流式法相结合，即鞘流直流阻抗法（RBC/PLT 通道）可极大改善红细胞及血小板计数结果的准确性。在 RBC/PLT 通道中，稀释后的血液从喷头的前端喷出，被鞘液包裹着的血细胞从小孔中央沿着规定的轨道通过。小孔内充满电解质溶液，并有一个内电极，小孔管的外侧细胞悬液中有一个外电极。接通电源后，小孔管两侧电极产生稳定电流，血细胞逐个地通过小孔中央，产生的脉冲信号可正确地反映血细胞的体积信息，并通过数字波形处理技术灵敏地捕捉细胞的信号，从而对红细胞和血小板计数（图 9-2）。

电阻抗法结合核酸荧光染色技术检测血小板，可得到光学法血小板参数（PLT-O），仪器可根据光学血小板的检测结果，对电阻抗法检测的血小板结果自动校准。

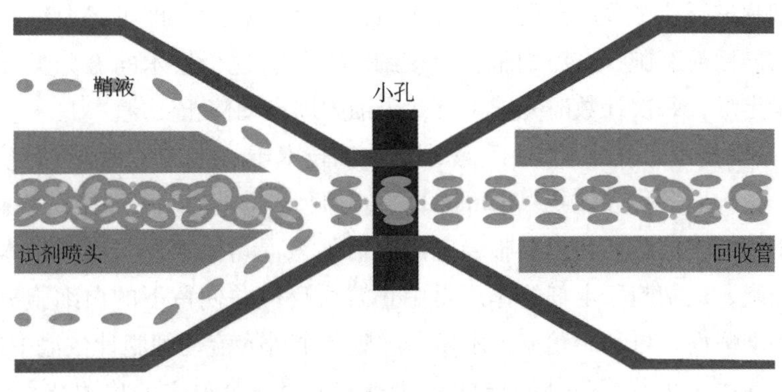

图 9-2　鞘流直流阻抗法示意图

二、流式法血细胞检测原理

流式法血细胞分析的多种技术都是基于流式的鞘流技术产生的。鞘流技术根据“流体动力聚焦”的原理，待测样本及鞘液在压力作用下经过流动室，鞘液流包裹着细胞流，经过流动室喷嘴流出时形成单一的细胞液柱，液柱与入射的激光在测量区垂直相交，这就是鞘流技术。它可以有效地减少和避免细胞重合导致的漏检和误检，同时，规范细胞流经过检测区的路径，使细胞在测量区的脉冲信号更加规整，为细胞体积、内容物的精准分析提供保证。稳定有效的鞘流技术是激光散射检测法实现的关键前提技术之一。

（一）流式技术结合物理方法

1. 多角度偏振光散射法　仪器结合流式细胞仪中的液流聚焦技术 - 双鞘液原理，以氦-氖激光为光源，利用其独特的多角度偏振光散射（multi angle polarized scatter separation，MAPSS）法对细胞进行检测分析。技术的核心是在检测区或测量区设置四个角度（0°、10°、90°和 90°D）的散射光探测器，模拟三维立体视角更全面地探测细胞结构和内部特性，更好地识别不同特性的细胞群（图 9-3）。

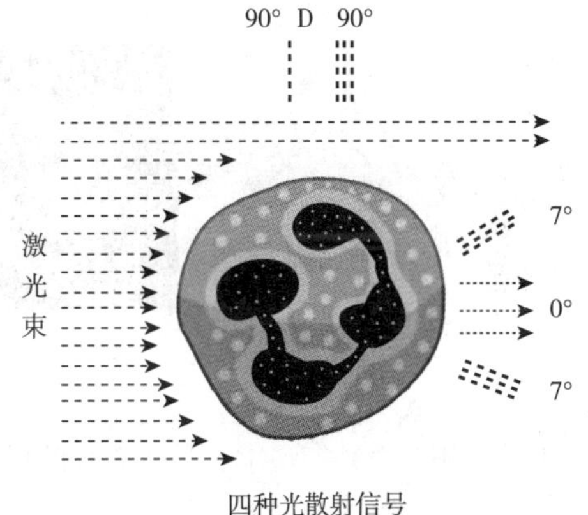

图 9-3　MAPSS 分析原理图

当全血样本用鞘液按比例稀释后形成细胞悬液，白细胞内部结构近似于自然状态，因嗜碱性粒细胞具有吸湿的特性，所以嗜碱性粒细胞结构有轻微改变，红细胞内部渗透压高于鞘液渗透压而发生改变，红细胞内的血红蛋白从细胞内游离出来，鞘液内的水分进入红细胞中，细胞膜的结构保持完整，但此时的红细胞折光指数与鞘液的相同，故红细胞不干扰白细胞检测。

细胞悬液与鞘液分别进入流动室。因两者流速及压力均不一样，从而形成一个直径大约 30μm 的液体管道，使细胞悬液中的细胞颗粒单个排列，一个接一个地通过激光检测区，即流式法血细胞仪分析原理。仪器通过 4 个独特角度检测散射光信号强度。其中：①0°（1°~3°）前向散射光，反映细胞大小，同时检测细胞数量；②10°（7°~11°）小角度散射光，反映细胞结构以及核质复杂性；③90°（70°~110°）垂直角度散射光，反映细胞内部颗粒及核分叶情况；④90°D（70°~110°）垂直角度去偏振散射光，基于嗜酸粒细胞的嗜酸颗粒具有将垂直角度的偏振光去偏振的特性，可将嗜酸粒细胞与中性粒细胞进行鉴别。

仪器对单个白细胞进行4个角度散射光信号进行测量和分析后，即可将白细胞划分为嗜酸性粒细胞、中性粒细胞、嗜碱性粒细胞、淋巴细胞和单核细胞5种。这个技术的五分类不是采用传统的体积定量，而是采用数量定量，每次计数时完成10000个细胞即自动停止测定。

2. VCS/VCSn分类技术 该技术集三种物理学检测技术于一体，在细胞进行接近自然原始的状态下对其进行多参数分析。VCS代表体积（volume）、传导性（conductivity）和光散射（scatter）的英文单词首字母缩写。将红细胞溶解剂和白细胞稳定剂先后加入混匀池中，与血液样本混匀，红细胞溶解剂的作用是溶解红细胞，白细胞稳定剂的作用是中止溶血反应并使留下的白细胞表面、胞浆、体积维持不变，保证分析的准确性，再利用鞘流技术使白细胞单个进入流动细胞计数池中进行检测。

该系统的组成包括由一个石英晶体制成的流动池，采用三个独立的检测技术同时分析一个细胞。即利用电阻抗法测量细胞体积（V）大小；传导性（C）是利用高频电磁波测量细胞内部结构，如细胞核、细胞质的比例，细胞内颗粒的大小和密度；光散射（S）是利用激光对每一个细胞进行扫描分析，区别细胞表面的构型和颗粒质量。根据将体积、传导性和光散射三种方法测定的数据经计算机处理分析后对白细胞进行五分类（图9-4）。微课/视频2

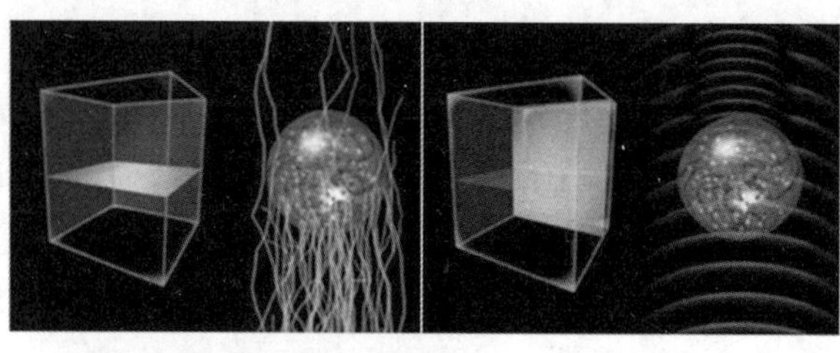

体积(V)检测示意　　传导性(C)检测示意

光散射(S)检测示意

图9-4　VCS检测原理示意图

（1）体积（V）　利用经典库尔特的电阻抗原理测量处于等渗稀释液中的完整接近原态细胞的体积。无论细胞在光路中的方向如何，这种方法都能准确地测量出所有细胞的大小。

（2）传导性（C）　细胞膜对高频电流具有传导性。利用测量探针收集有关细胞大小和内部构成的信息，包括细胞的化学组成和核体积。通过纠正传导信号使它不受细胞大小影响，可获得只与细胞内部构成相关的测量信息。这种新的测量探针（也叫阻光性），使得VCS技术利用细胞内部构成的不同，将大小相近的细胞区分开来。同时，仪器通过计算细胞核/细胞浆比值，区分嗜碱性粒细胞和淋巴细胞。

（3）光散射（S）　采用氦-氖激光发出单色椭圆形的激光束，细胞受激发后，可向360°发射散射光，收集细胞散射光信号可获得颗粒信息、核分叶情况及细胞表面特性。库尔特血细胞分析仪消除了光散射信号中的有关体积的部分，给出了旋转光散射（rotated light scatter，RLS）参数。只要选择每种细胞最佳的光散射角度，并设计出能覆盖这一范围（10°~70°）的散射光检测器，无需数学处理便可准确地把混合的细胞（如中性粒细胞和嗜酸性粒细胞）区分成不同的细胞亚群，并且能够提高非粒细胞群之间的分群效果。

每个细胞通过检测区域时，它的体积（Y轴）、传导性（Z轴）和光散射（X轴）的参数，被定位到三维散点图中的相应位置。在散点图上，一个个细胞的位置就形成了相应细胞的群落，计数群落中细胞的数即为不同分类白细胞的数量。

VCSn 技术将散射光信号进一步细分为 5 个角度的光散射，分别为轴向光吸收（axial light，AL2）、低角度光散射（low-angle light scattering，LALSL）、中位角光散射（mid-angle light scattering，MALS）、低中位角光散射（LMALS）和高中位角光散射（UMALS），对细胞内部复杂的结构检测更为精细，同时可获得 10 倍以上细胞内部结构和颗粒情况的数据和信息，使得白细胞分类更加精确，同时也增强了异常细胞的检出能力。

（二）流式技术结合化学方法

1. 流式细胞术结合核酸染色 单纯采用物理方法进行五分类检测，不能有效地分析形态各异的原始细胞或异常细胞。新一代的五分类血细胞分析仪采用流式技术结合生物化学法或细胞化学染色法对血细胞进行多参量检测，不仅提高了分类的准确性，更加突出对异常样本的筛选能力。借助生物化学法，根据不同细胞在不同成熟时期对各种溶血试剂、组化染料和荧光染料的反应性不同，将其细胞生物特性转化为差异较大的物理学特征之后，再进行物理学方法检测。这类血细胞分析仪以半导体激光器为光源（波长 633nm），采用了近蓝色的荧光染料聚次甲基（polymethine）以配合红色波长的半导体激光器，它可对细胞胞浆中的核酸物质（RNA/DNA）染色（图 9-5）。检测 90°侧向散射光，提高对细胞核形态的分辨能力，同时也可满足侧向 90°荧光的检测，仪器常使用以下几个通道来检测血细胞。

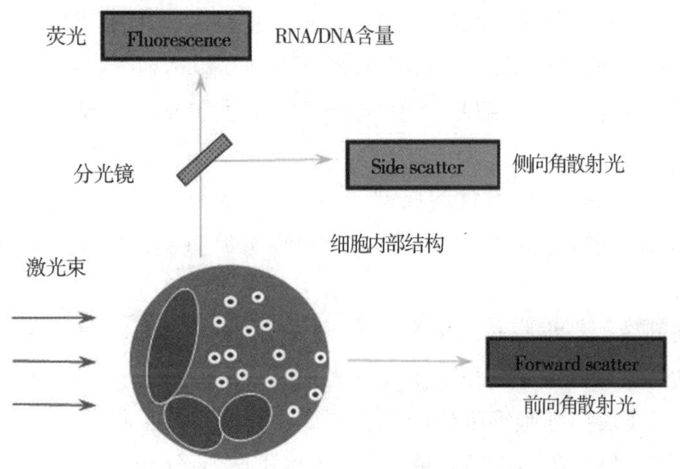

图 9-5 核酸染色检测原理示意图

（1）DIFF 通道 根据不同白细胞类型和不同成熟度的细胞对荧光染料的着色能力不同，检测散射光信号和荧光信号就可区分出淋巴细胞、单核细胞、嗜酸性粒细胞、中性粒细胞/嗜碱性粒细胞。在某些病理状态下，外周血中的白细胞还会出现各种异常，如异型淋巴细胞、幼稚细胞等，这些异常细胞主要是幼稚细胞，其特点是胞内含有大量核酸（DNA/RNA），核酸的含量随着细胞成熟度的增加而逐渐减少。因此，利用核酸荧光染料标记细胞，血细胞分析仪中设定滤光片和侧向荧光（side fluorescence，SFL）探测器，用以检测细胞内标记的荧光染料的量，进而区分出正常细胞和幼稚细胞（图 9-6）。

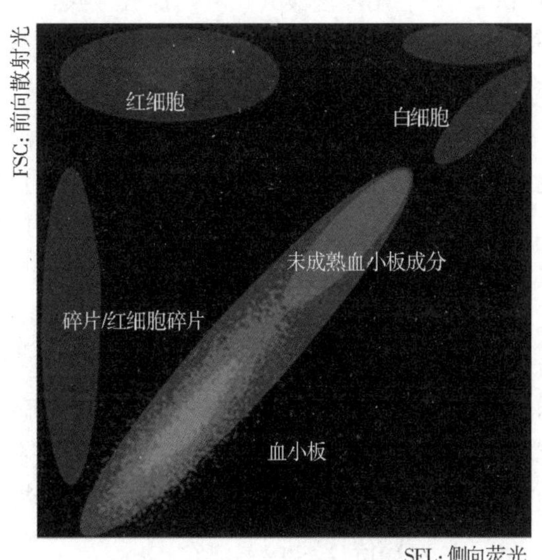

图 9-6 PLT-F 通道示意图

（2）BASO 通道 为了区分中性粒细胞和嗜碱性

粒细胞，设立了单独的BASO通道，加入表面活性剂，使除嗜碱性粒细胞以外的白细胞溶解破碎，只剩下裸核，而嗜碱性粒细胞可抵抗表面活性剂的溶解保持细胞的完整。完整的嗜碱性粒细胞和裸核之间的体积差异可表现为散射光信号的差异，因此检测散射光信号可准确区分中性粒细胞和嗜碱性粒细胞。

（3）网织红细胞（RET）计数　也采用流式技术与核酸染色相结合的方法。用荧光染料标记网织红细胞内RNA，荧光标记的量与RNA含量成正比，依荧光强度可将其区分为高荧光强度（HFR）、中荧光强度（MFR）、低荧光强度（LFR）三部分。

（4）血小板（PLT）计数　在血细胞分析中对低值血小板的检测一直是个难点。采用传统的阻抗法检测技术，单纯靠细胞体积一个检测参数，无法有效区分其他干扰物质，特别是无法区分病变样本中的大血小板、小红细胞、红细胞碎片和大的网织红细胞。采用流式技术与核酸染色相结合的方法也可用于血小板计数。血小板荧光通道（PLT-F）中，荧光染料对稀释液处理的血小板进行特异性的染色并且计数。另外，将荧光强度较强的区域划分为IPF（immature platelet fraction），根据FSC和SFL的差异，明确地区别血小板和其他的血细胞（图9-6）。

2. 流式细胞术结合过氧化物酶染色　因嗜酸性粒细胞有很强的过氧化物酶活性，中性粒细胞有较强的过氧化物酶活性，单核细胞次之，而淋巴细胞和嗜碱性粒细胞无此酶。将血细胞经过过氧化物酶染色，胞浆内部即可出现不同的酶化学反应。细胞通过测量区时，因酶反应强度不同和细胞体积大小差异，激光束射到细胞上的前向角和散射角光散射强度不同，以透射光检测酶反应强度的结果为X轴，以散射光检测细胞体积为Y轴，每个细胞产生两个信号结合定位在细胞图上，从而得到白细胞分类结果。

3. 流式细胞术结合嗜碱性粒细胞酸性溶血剂　“差异性裂解”技术是基于对细胞体积和细胞核分叶/复杂程度的分析来完成。通常情况下，嗜碱性粒细胞/分叶核测定通道（BASO通道）的细胞化学反应包含以下两个步骤。

（1）酸性表面活性剂裂解红细胞和血小板。

（2）利用BASO试剂及反应池中增高的温度（控制在32~34℃），将除嗜碱性粒细胞外的所有白细胞的细胞质剥离。根据剥离后白细胞细胞核的形状及复杂程度，将其归类为单个核细胞或多形核细胞。根据细胞体积大小，可将完整的嗜碱性粒细胞与较小的细胞核区分开。

4. 流式细胞术结合新亚甲蓝染色　经新亚甲蓝染液（A液）着色网织红细胞中嗜碱性物质（RNA），然后用漂洗液（B液）漂去成熟红细胞内的血红蛋白。细胞在流式通道中运用VCS三维技术分析染色后的网织红细胞，在散点图上分布于红细胞的右侧，网织红细胞成熟度越低，在散点图上分布越靠右侧。

网织红细胞的细胞化学反应包含两个步骤：①利用网织红细胞试剂将红细胞和血小板等体积球形化；②基于网织红细胞内含有残存RNA，通过染色将其与成熟红细胞区分。染色试剂包含具有表面活性作用的两性离子洗涤剂，将红细胞等体积球形化，还包含阳离子染剂氧氮杂芑750（Oxazine 750），对细胞内RNA染色。

测量时低角度光散射信号与细胞大小成正比，高角度光散射信号和血红蛋白浓度成正比，吸收光信号与RNA含量成正比。染色后网织红细胞将比成熟红细胞吸收更多的光信号。根据吸收光信号的强弱，可将网织红细胞分成低吸光度网织红细胞（L Retic）、中吸光度网织红细胞（M Retic）和高吸光度网织红细胞（H Retic）三部分，分别代表高成熟度、中成熟度和低成熟度的网织红细胞。幼稚的网织红细胞显示最强的吸收光，反之越接近成熟红细胞则极少或没有吸收光。

（三）双鞘流技术

双鞘流（double hydrodynamic sequential system，DHSS）检测技术是一种通过流式细胞技术结合细

胞化学染色、光学分析和鞘流阻抗三种方法的白细胞分类技术（图 9-7），双鞘流五分类血细胞分析仪，通过白细胞计数通道（WBC/HGB）、双鞘流通道（DHSS）、嗜碱细胞通道（BASO/WBC）3 个通道的相互协作完成白细胞五分类分析和异常白细胞的测定。

双鞘流技术的核心部件是含有红宝石小孔的复杂的鞘流池，在双鞘流系统的上下两端分别加上恒定电流，是保证电阻法的测量要素。为了保证被检测的细胞能够正确通过计数孔和鞘流通道，需要利用外来鞘流进行矫正，因此通过左侧鞘流泵注入稀释液形成第一鞘流液，其作用是保护溶液能够直接通过计数小孔，并且保证其携带的细胞处于中心部位，液流不发生偏移和扭曲；溶液通过计数小孔后，再通过中间鞘流泵注入稀释液形成第二股鞘流，用以保证吸光度测量。这样的检测过程被称为双鞘流检测技术。

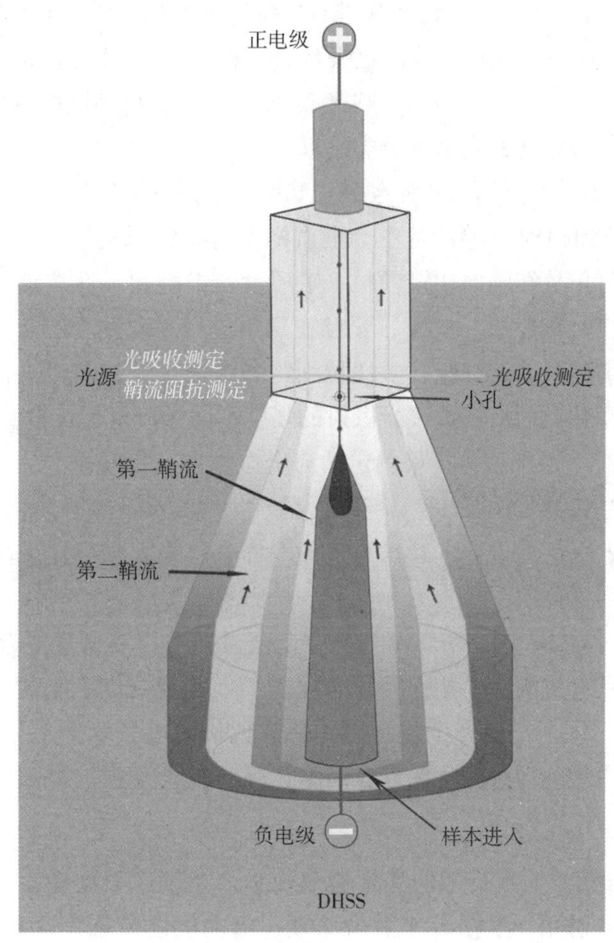

图 9-7 DHSS 检测技术原理示意图

1. WBC/HGB 检测通道 应用无氰化物的溶血剂，采用鞘流阻抗法和比色法测定白细胞和血红蛋白，白细胞为 256 分析通道。该类仪器中有 2 个辅助通道（DHSS 和 BASO/WBC），分别进行白细胞的计数，所得结果与 WBC/HGB 通道的白细胞结果进行比较，称为平衡检测技术，从而保证白细胞计数和分类的准确性。仪器在 WBC/HGB、DHSS、BASO/WBC、网织红细胞（reticulocyte，RET）等 4 个通道中同时进行白细胞的计数和比较，在网织红细胞检测通道中可把有核红细胞从白细胞的计数中扣除，保证了白细胞结果的准确可靠。

白细胞平衡检测原理（WBC balance）：在 WBC/HGB 通道中的白细胞计数结果与 DHSS 双鞘流池及 BASO/WBC 通道结果相联系，当 DHSS 通道中的结果超过或低于白细胞参考计数通道（包括 WBC/

HGB 和 BASO/WBC）时，按设定的偏差范围，仪器会自动发出 LMNE 报警，提示白细胞数量与预期的参考值不符，从而保证了白细胞分类结果的准确可靠。

2. DHSS（双鞘流）通道 是此类仪器白细胞分类的核心技术，联合流式细胞化学染色技术、吸光比率法、聚焦流阻抗法，对白细胞进行精确分析。细胞化学染色液对细胞脂质和蛋白组分进行染色，其中对单核细胞初级颗粒，中性粒细胞和嗜酸性粒细胞的特异颗粒进行不同程度的染色。散点图中同时能得到嗜酸性粒细胞、中性粒细胞、单核细胞、淋巴细胞、异型淋巴细胞和巨大未成熟细胞的结果。

（1）DHSS 技术　流式通道中有 2 个检测装置：①60μm 鞘流微孔用于测定细胞体积；②42μm 的光窗测定吸光比率用于分析细胞内容物。细胞经鞘流稀释液作用，排列在流式通道中央，细胞经第一束鞘流后经过电阻抗微孔测定细胞的真实体积，然后经第二束鞘流后，到达光窗测定细胞的光散射及光吸收，分析细胞的内部结构。DHSS 通道实现了对大量细胞进行有序、准确、快速地测定。

（2）时间检测装置　DHSS 检测时间的固定设计，能保证每个细胞依次通过鞘流微孔，检测细胞体积，并在 200μs 内细胞应到达光窗，检测细胞光散射/吸收，分析细胞内容物。此装置能有效防止气泡及静电的干扰，保证获得高精度的白细胞分类结果。

（3）细胞化学染色技术　是经典的细胞分类方法，染色剂中含有溶血素及氯唑黑活体染料（chlorazol Black E）。在仪器的 DHSS 检测池中，全血样本与染色剂充分混匀，35℃下孵育，此反应过程为：①溶解红细胞；②对单核细胞的初级颗粒、嗜酸性粒细胞和中性粒细胞的特异颗粒进行不同程度的染色，同时对细胞的膜（细胞膜、核膜、颗粒膜）也进行不同程度的着色；③固定细胞形态，使其保持自然状态。因淋巴细胞、单核细胞、中性粒细胞和嗜酸性粒细胞对染色剂的着色程度不同，每种细胞特定的细胞核形态和颗粒的结构造成光散射的强度不同，产生了各自特定的吸光比率。

（4）样本自动混匀系统　血细胞分析仪测定的为全血样本，所以样本的均一性是保证结果重复性和准确性的关键环节。此类仪器采用了 360°旋转混匀技术，能保证全血样本达到最佳的混匀状态。自动采样针，采用了自下而上穿刺通过样本管帽方式抽取样本，最大限度地减少因真空管的负压不足使采血量减少而导致的仪器吸样误差。

3. BASO/WBC 通道 在 BASO/WBC 检测池中，全血样本与溶血素混合，在 35℃恒温下，溶解红细胞，因嗜碱性粒细胞具有抗酸性，能保持形态完整，而其他白细胞胞浆溢出，成为裸核状态。细胞通过鞘流微孔（80μm），每个细胞产生与细胞体积成比例的电子脉冲信号，绘制 BASO/WBC 直方图。依据阈值设定，区分白细胞裸核与嗜碱性粒细胞，进而能准确测定嗜碱性粒细胞和白细胞。

（四）SF Cube 技术

SF Cube 采用激光结合荧光检测技术的光学检测技术，经过试剂处理、荧光染色的细胞通过流动室，在激光的照射下产生散射光，根据米式散射原理，前向散射光强度（FS）与细胞的体积信息相关，而侧向散射光强度（SS）与细胞的内部结构和复杂度信息相关。细胞通过流动室，被激发出荧光，荧光强度与细胞被染色的程度相关（FL）。

通过体积、复杂度、染色程度三个维度信息的收集和识别，更准确地获得不同种类细胞的可区分特征，从而实现血液细胞的分类检测，以及异常细胞的识别。

SF Cube 作为一项综合型高端技术，在国产血细胞分析仪中发挥着重要的作用，成为了我国自主创新血细胞分析仪发展史上又一个闪光的里程碑。

三、血红蛋白测定原理

目前各型血细胞分析仪测定血红蛋白（HGB）原理都是采用光电比色原理，即在被稀释的血液中加入溶血剂溶解红细胞，释放的血红蛋白与溶血剂中有关成分结合形成血红蛋白衍生物，进入血红蛋白测试系统，在特定波长下（多为530~550nm）进行光电比色，吸光度的变化与溶液中血红蛋白含量成正比，仪器便可报告其浓度。不同系列血细胞分析仪配套溶血剂配方不同，形成的血红蛋白衍生物亦不同，吸收光谱也各异。

氰化高铁血红蛋白（HiCN）测定法是国际血液学标准化委员会（International Council for Standardisation in Haematology，ICSH）推荐的参考方法，该方法的测定结果是其他血红蛋白测定方法的溯源标准。常规实验室多使用血细胞分析仪或血红蛋白计进行测定，无论采用何种原理的测定方法，均要求实验室通过使用血细胞分析仪配套校准物或溯源至参考方法的定值新鲜血实施校准，以保证HGB测定结果的准确性。

为了减少溶血剂的毒性，避免含氰血红蛋白衍生物检测后的污染，近年来，有些血细胞分析仪使用十二烷基月桂酰硫酸钠血红蛋白（SL-Hb）法，形成的衍生物（SLS-Hb）与HiCN吸收光谱相似，检测结果的精密度、准确性达到与含有氰化物溶血剂同样水平，既保证了实验质量，又避免了试剂对分析人员的毒性损伤和环境污染。

第二节　分类与结构

PPT

一、仪器分类

按照血细胞分析仪对白细胞分类的能力可分为两分类血细胞分析仪、三分类血细胞分析仪和五分类血细胞分析仪。目前各级医疗机构所使用的以三分类和五分类血细胞分析仪为主；也可根据自动化程度分为半自动和全自动血细胞分析仪。

二、仪器结构

虽然各类型血细胞分析仪原理、功能不同，结构亦有差异，但除了干式离心分层型血细胞分析仪外，基本都由机械系统、电学系统、血细胞检测系统、血红蛋白测定系统、计算机系统以不同形式组合而成。

1. 机械系统　包括机械装置（进样针、分血器、稀释器、混匀器、体积计量装置等）和真空泵，用于样本的定量吸取、稀释、传送、混匀，以及将样本移入各种检测区。机械系统还兼有清洗管道和排除废液的功能。

2. 电学系统　包括主电源、电子元器件、控温装置、自动真空泵电子控制系统，以及仪器的自动监控、故障报警和排除等。

3. 血细胞检测系统　国内常用的血细胞分析仪使用的检测系统可分为电阻抗检测系统和流式光散射检测系统两大类。

（1）电阻抗检测系统　由检测器、放大器、甄别器、阈值调节器、检测计数系统和自动补偿装置组成。这类检测系统主要应用于“二分类”“三分类”仪器中。

检测器由测样小孔管（个别仪器为微孔板片）、内外部电极等组成。仪器配有两个小孔管，其中一个孔管的微孔直径约为80μm，用来测定红细胞和血小板；另一个小孔管的微孔直径约为100μm，用来测定白细胞总数和分类计数。外部电极上安装有热敏电阻，用来监视补偿稀释液的温度，温度高时其导电性增加，从而发出的脉冲信号较小。放大器将血细胞通过微孔产生的微伏（μV）级脉冲电信号进行放大，以触发下一级电路。

甄别器用于筛选出符合特定条件的信号，剔除噪声和无效信号。它将初步检测的脉冲信号进行幅度甄别和整形，根据阈值调节器提供的参考电平值，将脉冲信号接收到特定的通道中，每个脉冲的振幅必须位于对应通道参考电平之内。白细胞、红细胞、血小板先由它们各自的甄别器进行识别，再作计数。

现代血细胞分析仪都有补偿装置，理想的检测是血细胞逐个通过微孔，一个细胞只产生一个脉冲信号，以进行正确的计数。但在实际测定中，常有两个或更多重叠的细胞同时进入孔径感应区内，此时电子传导率变化仅能探测出一个单一的高或宽振幅脉冲信号，引起一个或更多的脉冲丢失，使计数结果较实际偏低，这种脉冲减少称为复合通道丢失或重叠损失。补偿装置在白细胞、红细胞、血小板计数时，能对复合通道丢失进行自动校正，也称重叠校正，以保证结果的准确性。

（2）流式光散射检测系统　由激光光源、检测装置和检测器、放大器、甄别器、阈值调节器、检测计数系统和自动补偿装置组成。这类检测系统主要应用于“五分类”“五分类＋网织红细胞计数”的仪器中。激光光源多采用氩离子激光器、半导体激光器提供单色光。检测装置主要由鞘流形式的装置构成，以保证细胞悬液在检测液流中形成单个排列的细胞流。散射光检测器系光电二极管，用以收集激光照射细胞后产生的散射光信号；荧光检测器系光电倍增管，用以接收激光照射荧光染色后细胞产生的荧光信号。

4. 血红蛋白测定系统　和分光光度计基本相同，由光源、透镜、滤光片、流动比色池和光电传感器等组成。

5. 计算机控制系统　计算机在血细胞分析仪中的广泛应用，使得检测报告的参数不断增加。微处理器 MPU 具有完整的计算机中央处理单元（CPU）的功能，包括算术逻辑部件（ALU）、寄存器、控制部件和内部总线四个部分。此外还包括存储器、输入/输出电路。输入/输出电路是 CPU 和外部设备之间交换信息的接口。外部设备包括显示器、键盘、磁盘、打印机等。键盘是血细胞分析仪的控制操作部分，通过控制电路将键盘与内置电脑相连，主要有电源开关、选择键、重复计数键、自动/手动选择、样本号键、计数键、打印键、进纸键、输入键、清除键、清洗键、模式键等。

三、血细胞分析流水线

血细胞分析流水线是一台或多台全自动血细胞分析仪通过特制的轨道系统或管道系统与一台或多台全自动推片染色仪和（或）自动阅片机连接：

全自动推片染色仪通过软件控制液路系统，对血液样本进行取样、滴样，高度自动化集成，替代人工繁琐工作，提高血涂片的质量稳定性和规范性。

血细胞形态学分析仪也叫自动阅片机，是可以自动扫描载玻片进行细胞定位和分类的设备，它通过应用大规模的人工智能阅片，可以将平均阅片时间从 25~30 分钟大幅缩短至半分钟，减少人工工作量，保证复检结果的质量。

目前在市场上比较常见的血细胞分析流水线主要有以下两种组成模式：①台式血细胞分析流水线，一般由全自动血细胞分析仪和推片染色仪组成，这种血细胞分析流水线的主要特点是组成模式固定，不能进行系统扩展；②柜式血细胞分析流水线，一般由一台或多台全自动血细胞分析仪和一台或多台推片染色仪组成，这种血细胞分析流水线的主要特点是整个系统可以根据发展的需求不断扩展。

（一）流水线工作模式

1. 轨道输送样本模式　在血细胞分析仪检测完血液样本后，通过特制的轨道系统，将样本管自动传送到推片染色仪，在软件控制下，根据使用者设定的复检规则自动选择需要推片的样本，进行取样、推片、染色。

2. 管道输送样本模式 在血细胞分析仪检测血液样本时，吸取一定量的血液样本，部分样本用于血细胞分析仪检测，剩余样本在负压吸引下，通过管道将样本传送到推片染色仪，在软件控制下，根据使用者设定的复检规则自动选择需要推片的样本进行推片、染色。

3. 单机独立工作模式 在血细胞分析仪检测完血液样本后，通过人工或软件判断后，由操作员将需要推片的样本管放置在推片染色仪上，完成取样、推片和染色。

（二）推片染色仪工作流程

1. 进样 利用空气负压泵产生的负压，将样本管中的血液样本吸入采样针，再用正压将血液样本点放在载玻片上。有三种进样方式：全自动轨道式穿刺进样模式、单个样本闭盖穿刺进样模式和微量血开盖吸样模式。

2. 推片 由机械手模拟人工方式，利用楔形专用推玻片对已加载到载玻片上的血液样本推片。使用者可选择 8 个 HCT 不同水平设置条件，再由 LASC 集成管理软件自动接收仪器检测的 HCT 值，并据此控制仪器的点血量、推片的角度和速度。

3. 玻片运送 机器采用机械手将已制备好的血涂片送入专用玻片盒，通过内置传送轨道将血涂片传送至染色槽。

4. 染色方式 仪器配置的专用试剂针，将染液和缓冲液分别加入单个玻片盒内，根据不同的染色要求，可任意设定染色时间，并内置有以下染色方法可供选择：瑞氏染色(Wright stain)、甲醇预固定瑞氏染色(Wright stain with methanol pre-fix)、梅-吉染色(May Grünwald-Giemsa)、甲醇预固定梅-吉染色(May Grünwald-Giemsawith methanol pre-fix)、瑞-吉染色(Wright-Giemsa stain)和刘氏染色(Liu stain)等。

5. 玻片标识 内置条码打印机，可直接在载玻片上打印病人条码或样本号和日期等信息，使玻片保存具有唯一性。

目前血细胞分析流水线已实现了不同程度的自动化，一个样本可以全自动完成血细胞检测、自动推片染色、自动形态学复检、特定蛋白、糖化血红蛋白、血沉等检测。部分实验室结合信息系统，将患者病史信息、临床资料、历史检测信息加入血液分析流水线的自动审核、自动复检和危急值报警等规则中，实现了全流程数据融通。

随着越来越多的细胞物理和化学特性不断被挖掘，借助计算机强大的运算、分析能力和基于临床研究实践，新的参数不断丰富着血细胞分析仪性能。如网织红细胞和未成熟网织红细胞百分比（RET% 和 IRF%），高荧光、中荧光和低荧光网织红细胞百分比（HFR%、MFR% 和 LFR%）等参数，在各种贫血的诊断、鉴别诊断以及治疗方案制定和疗效监测中发挥了重要作用。

除了多参数化，基于人工智能的智能诊断技术也是一次革命性变化。例如采用人工智能将血常规信息、血细胞形态信息及其患者其它生化、免疫检测结果的融合实现对白血病精准筛查、重症感染预测、疟疾及登革热精准筛查等均是未来人工智能在血细胞分析领域的重要应用。

知识拓展

血常规联合其他检测

血细胞分析流水线是一种高度自动化的医疗检测系统，它极大地提升了血液检测的效率和准确性。现代的血细胞分析流水线已经集成了多种分析模块，包括血液分析、特定蛋白分析、糖化血红蛋白测定和血沉测试等。通过装卸载台、前处理系统、后处理系统、中间缓存模块、浓缩稀释液系统、自动推片染色机、自动形态学分析仪等优化的流程模块，展现出前所未有的 EDTA 抗凝血整合检测能力和高度自动化程度。

近年来，血常规、C 反应蛋白（CRP）、血清淀粉样蛋白 A（SAA）、血沉的四联检一体机，由于单项可选、应用灵活而很快得到普及。随着项目增多和技术的进步，联检速度也不断提升。如血常规、CRP 联合检测的速度，已从最初的 60 测试/小时，上升到 100 测试/小时，样本周转时间（turnaround time，TAT）进一步缩短。

PPT

第三节　性能指标与评价

一、性能指标

1. 测试项目　包括实际测试项目 WBC、HGB、RBC、HCT（有的仪器先以单个细胞高度测得 MCV，再乘以 RBC 换算出 HCT）、PLT、PCT 和计算项目 MCV、MCH、MCHC 等。测试项目数有 16~46 个不等。相对于低端仪器的报告项目，高端仪器报告的项目更多。

2. 细胞形态学分析　半自动血细胞分析仪除了白细胞两分类及 RBC、WBC、PLT 三个直方图外，无其他指标。低端全自动血细胞分析仪可做白细胞三分类计数及三种细胞直方图，高端仪器除能做白细胞五分类及幼稚血细胞提示外，还可进行网织红细胞计数分析。但必须明确，迄今为止，无论多么先进的血细胞分析仪，进行的血细胞分类都只是一种过筛手段，并不能完全取代人工镜检分类。

3. 测试速度　一般在 40~150 个/小时不等。

4. 样本量　样本用量一般为 20~250μl，用量的多少与仪器设计有关，除能用静脉抗凝血进行测试外，还能用末梢血进行计数，以适应不同人群的需求。

5. 技术要求　我国对血细胞分析仪的相关技术要求，如空白技术和线性误差要求见表 9-1、检测性能的对比允许误差见表 9-2、检测精密度要求见表 9-3、携带污染率指标见表 9-4。

表 9-1　血细胞分析仪的空白计数和线性误差要求

参数	仪器空白计数	线性范围	线性误差
WBC	≤ 0.5×10^9/L	$(1.00\sim10.00)\times10^9$/L	不超过 ±0.5×10^9/L
		$(10.10\sim99.90)\times10^9$/L	不超过 ±5%
RBC	≤ 0.05×10^{12}/L	$(0.30\sim1.00)\times10^{12}$/L	不超过 ±0.5×10^{12}/L
		$(1.01\sim7.00)\times10^{12}$/L	不超过 ±5%
HGB	≤ 2g/L	20~70g/L	不超过 ±2g/L
		71~200g/L	不超过 ±3%
PLT	≤ 10×10^9/L	$(20\sim100)\times10^9$/L	不超过 ±10×10^9/L
		$(101\sim999)\times10^9$/L	不超过 ±10%

表 9-2　全自动和半自动血细胞分析仪检测性能的对比允许误差

参数	全自动仪器	半自动仪器
WBC	±5%	±5%
RBC	±2.5%	±2.5%
HGB	±2.5%	±2.5%
PLT	±8%	±8%
HCT/MCV	±3%	±3%

表 9-3　全自动和半自动血细胞分析仪检测精密度要求

参数	检测范围	全自动仪器	半自动仪器
WBC	$(3.5\sim9.5)\times10^9$/L	≤4.0%	≤ 6.0%
RBC	$(3.8\sim5.8)\times10^{12}$/L	≤2.0%	≤ 3.0%
HGB	115~175g/L	≤2.0%	≤ 2.5%
PLT	$(125\sim350)\times10^9$/L	≤8.0%	≤ 10.0%
HCT	35%~50%	≤3.0%	≤ 3.0%
MCV	80~100 fl	≤3.0%	≤ 3.0%

表 9-4　全自动和半自动血细胞分析仪携带污染率指标

参数	全自动仪器	半自动仪器
WBC	≤ 3.5%	≤ 1.5%
RBC	≤ 2.0%	≤ 1.0%
HGB	≤ 2.0%	≤ 1.0%
PLT	≤ 5.0%	≤ 3.0%

二、性能评价

国家公布了血细胞分析仪的评价方案，对全血细胞计数的分析质量要求及验证方法进行了规定，要求对仪器的本底计数、携带污染率、批内精密度、日间精密度、线性范围、正确度、不同吸样模式的结果可比性、实验的结果可比性和准确度等进行规范评价，以确保检测系统的可靠性。评价时按照中华人民共和国卫生行业标准《临床血液检验常用项目分析质量标准》（WS/T 406—2024）进行评价。白细胞分类的评价对于五分类仪器至关重要。评价方案按美国临床实验室标准化协会（CLSI）发布的 CLSI-H20 文件“白细胞分类计数（百分率）参考方法和仪器方法评价”制定，包括样本制备、比较分类计数不准确度和不精密度、临床灵敏度、统计学方法。该文件建议使用已知精密度和偏倚的白细胞分类计数参考方法评价血细胞分析仪的白细胞分类计数性能（灵敏度和特异性）。具体分类计数的评价见表 9-5。

表 9-5　白细胞分类技术评价

评价内容	评价方法
分类计数	每张血涂片应该计数 200 个白细胞，如白细胞减少，应该同时增加血片数量
血片检查量	熟练检验技师按每张涂片分类计数 200 个细胞，一般每天 15~25 张血涂片
评价用血涂片	血涂片①：含分叶核中性粒细胞、杆状核中性粒细胞、正常淋巴细胞、异型淋巴细胞、单核细胞、嗜酸性粒细胞、嗜碱性粒细胞；血涂片②：含少量有核红细胞；③：含少量未成熟白细胞

第四节　操作与维护

PPT

为确保仪器的正常工作，在安装使用之前和使用中都应认真详细地阅读仪器操作说明书，熟悉血细胞分析仪检测原理、操作规程、操作注意事项、维护保养以及一般故障的处理。

一、操作与注意事项

（一）操作人员上岗前的培训

1. 理论培训 ①上岗前仔细阅读仪器说明书或接受相关培训，对仪器的原理、操作规程、使用注意事项、细胞分布直方图的意义、异常报警的含义等。②熟悉患者生理或病理因素对检验的误差或服用药物的干扰作用，对可引起实验误差的因素及仪器维护有充分的了解。

2. 实践操作 ①监控仪器的工作状态，注意工作环境的电压变化和磁场、声波的干扰。②根据质控图的变化判断、分析和纠正失控。③测试结束根据临床诊断、直方图变化、各项参数的关系和复检规则做出判断，确认无误后方能发出报告。

（二）选择符合仪器安装要求的环境

血细胞分析仪系精密电子仪器，因测量电压低，易受各种干扰。为了确保仪器的正常工作，安装时要注意以下几点。

1. 远离电磁干扰源、热源的位置。
2. 工作台要稳固，工作环境要清洁。
3. 通风好，能防潮、防阳光直射。室内温度应在15~25℃，相对湿度应<80%。
4. 为了仪器安全和抗干扰，仪器用电子稳压器并妥善接地；不使用磁饱和稳压器以避免电磁波干扰。
5. 必要时，实验室可配置不间断电源（UPS）和（或）双路电源以保证设备的正常工作。

（三）仪器的验收

新仪器安装后或每次维修后应进行性能验证，必要时需校准。内容至少包括精密度、正确度、可报告范围等，验证方法和要求见卫生行业标准（WS/T 406《临床血液学检验常规项目分析质量要求》）。要求至少每年对每台血细胞分析仪的性能进行评审。

（四）开机检查

开机后要检查仪器的电压、气压等各种指标在仪器自检后是否在规定范围内，试剂量是否充足，本次室内质控测试是否通过等。

（五）试剂和耗材要求

应提供试剂和耗材检查、接收、贮存和使用的记录。商品试剂使用记录应包括使用效期和启用日期，自配试剂记录应包括试剂名称或成分、规格、储存条件、制备或复溶日期、有效期、配置人等。

（六）质控程序

严格执行操作规程，每日需保证室内质控各参数在规定范围内才允许检测临床样本。

二、维护与常见问题

（一）日常维护保养

1. 日常质控 每天测标本前应先进行质控测试，确保结果报告的准确性。

2. 液路清洁 每日正常关机，关机时会自动执行清洁液维护，如不能每日正常关机，则每隔24小时或做完100个样本后执行一次清洁液维护。清洁维护不到位就会因蛋白质的逐步积聚而导致测量结果不稳定，RBC堵孔和仪器内部漏液等故障。

3. 日常清洁（关机状态） 用稀释后的中性清洗液浸湿软抹布，拧干后擦去设备表面的灰尘，然后用干抹布擦干仪器。

4. 更换试剂 每天开机前尽可能确保有足够量的试剂满足当天的样本使用，如试剂量不足应及时补充。在更换试剂时，一定要确保没有灰尘粘到试剂吸管上，更换后需执行自动清洗和本底测量，确认本底值在可接受的范围内再开始样本分析。

5. 废液处理 依据当地法律规定中关于传染性医用废物处理条例对废液进行处理。

（二）按需维护保养

1. 清洁

（1）流动室　当散点图出现异常放大的细胞群，且 WBC 相关参数本底均偏高，可能有气泡黏附于流动室，可执行流动室除气泡。

（2）分析仪整机　当分析仪各参数本底值均偏高，可执行整机清洗。

（3）分血阀　分析仪运行两个月左右时，应手工清洗分血阀。

（4）采样针漏液池　如果采样针漏液池中累积有盐分和污垢，应手工清洗漏液池。

2. 探头保养 根据需要，利用探头清洁液对分血阀、流动室、RBC 池和整机进行日常清洗和浸泡。

（三）常见故障

1. 本底异常

（1）电源与接地　确保机器的电源接地良好，避免因接地不良导致的干扰；按照规范要求，将接地端直接接到适宜的接地点。

（2）环境干扰　检查仪器周围是否有大功率电器或信号塔等干扰源。如存在干扰，应更换仪器位置以减少外部电磁干扰。

（3）试剂与耗材　检查所有试剂，包括稀释液，确保它们在有效期内且无沉淀、浑浊或颜色异常；如有必要，使用新试剂替换现有试剂，并重新检测本底。

（4）仪器清洁与维护　使用浓缩清洗剂彻底清洗样本室，以去除可能影响本底的污染物；检查并清洗样本室上方的打液嘴，确保无污染；检查样本室下方的管道和阀是否工作正常，必要时进行清洗或更换。

（5）稀释系统检查　检查稀释器打出的液体是否有沉淀或小颗粒，以确保稀释系统的准确性和可靠性；如发现问题，拆开稀释器清洗泵体内部，以恢复其正常功能。

（6）吸样系统检查　观察吸样针运行时冲洗室是否有漏液现象，确保吸样系统的密封性和准确性。

2. 堵孔

（1）样本问题　血样中可能混入了棉签的纤维或其他杂质；血液样本的抗凝处理没有做好，导致血液样本部分凝固；仪器使用后长期不及时清洗，导致微小的通道口被堵塞。

（2）稀释系统检查　确保有足够的稀释液，同时请检查稀释液是否能够正常有效地加入到样本杯内。

（3）仪器清洁　长按几次排堵键冲洗同时使用探头清洗剂来清洗样本杯，然后再做几次本底测量。必要时用 84 消毒液配 1∶3 倒于样本室，灌注 3 次，浸泡半小时后再开机、进行几次本底测量。

（4）排液系统　检查排液是否顺畅。如果浮球没有正常落在体积管中，则说明液路堵塞，需要检查相应的阀和管道，如果浮球正常但问题依然存在则可能是体积板出现异常，需要更换一块新的体积板，然后重新检查。

3. HGB 错误 结合溶血剂、液位、HGB 电压、维修数据、HGB 空白及计数值来综合判断。

（1）HGB 空白 先做几次空白，再检测 HGB 电压是否稳定。

（2）电压 检查电压是否稳定，如多次测量电压稳定，则直接调整电压即可。若电压不稳定，检查 WBC 样本杯外壁以及 HGB 组件是否干燥，检查 HGB 线缆是否与主板连接良好；若 HGB 重复性差，HGB 本底电压不正常，调节 HGB 本底电压。

（3）HGB 模块 若模块有 WBC 样本杯中流出的液体，需要清理 HGB 组件和 WBC 样本杯；若 HGB 组件松弛，重新固定 HGB 组件。

（4）试剂 若发生试剂污染或过期，要及时更换试剂。

4. 分类错误 结合数据图形，各通道情况来做进一步的判断。可能原因有：①反应池排废不好或出口堵塞；②压断阀压断不好；③鞘流注射器漏液；④流动室堵塞等。

5. 气泡 可能由管道漏气或者管道内的气泡引起，遵循如下步骤来解决问题：①确保有足够的稀释液，同时检查稀释液是否可以正常地加入到样本杯；②按灌注键对管道进行灌注，将管道中的气泡排除掉后，然后再进行检查；③检查浮标管内是否有气泡，如有，需要检查相关液路是否有漏气，认真排查。

三、仪器校准

血细胞分析仪的校准应遵循国家卫生健康委员会 2024 年 4 月发布的《血细胞分析校准指南》（WS/T 347—2024）。校准内容至少包括：所用校准物的描述（制造商、提供者、批号、溯源性和保存方法等）、校准方法及步骤、校准时机和校准负责人等。

（一）校准时机

实验室应遵循以下校准周期和触发校准的条件：①血液分析仪至少每 6 个月进行一次校准；②新安装的血细胞分析仪投入使用前，必须进行校准；③在更换可能影响检测结果准确性的部件或维修后，应进行校准；④血细胞分析仪在搬动后，为确认检测结果的可靠性，需要进行校准；⑤当室内质量控制显示检测结果出现漂移，且在排除仪器故障和试剂因素后，应进行校准；⑥实验室内或实验室间的比对结果超出允许范围，在排除所有已知影响因素后，应进行校准；⑦在实验室根据具体情况判断需要进行校准的其他任何情况下。

（二）校准的性能要求

背景计数应符合仪器说明书标示的性能要求；精密度应符合仪器说明书标示的性能要求，当仪器说明书的要求高于行业标准（WS/T 406）要求时，以说明书要求为准；当仪器说明书的要求低于行业标准（WS/T 406）要求时，以行业标准（WS/T 406）要求为准。

（三）校准的环境条件

环境温度、湿度等条件遵循产品说明书的要求，环境温度宜在 18~25℃范围内。

（四）校准方法及步骤

1. 校准物选择 使用有溯源性的国际公认参考方法标定的健康人新鲜血液（检测结果在血细胞分析成人参考区间范围内，无脂血、黄疸、溶血等），或按说明书要求用仪器制造商的配套校准物进行校准。不得混用不同厂家或型号不配套的非新鲜血校准物，更不能用所谓定值的全血质控物校准仪器。

2. 仪器准备 先用清洁剂对仪器内部各通道及测试杯处理 30 分钟。确认仪器的背景计数、携带污染率、线性要求和精密度符合仪器说明书标示的性能要求范围。确认以上测试无异常后方可进行校准，否则须查找原因，必要时请维修人员进行检修。

3. 校准物准备　若使用仪器制造商推荐配套校准物，应使用 2 管校准物，分别用于校准物的检测和校准结果的验证（如校准系数有调整，应进行校准验证）；若使用新鲜血作为校准物，则由校准实验室采集新鲜血分装于 3 个试管中，取其中 1 管，用标准检测系统连续检测 11 次，计算第 2~11 次检测结果的均值，以此均值为新鲜血的定值；同时计算第 2~11 次检测结果的变异系数，变异系数应满足 WS/T 347—2024《血细胞分析校准指南》第 5. 2 的要求，其他 2 管新鲜血作为定值的校准物，用于仪器的校准及校准结果的验证。

4. 校准物校准　①取 1 管校准物，连续检测 11 次，舍弃第 1 次检测结果，以防止携带污染。②仪器若无自动校准功能，则将第 2~11 次的各项检测结果手工记录于工作表格中。计算均值，均值的小数点后数字保留位数较日常报告结果多一位。有自动校准功能的仪器可直接得出均值。③用上述均值与校准物的定值比较以判别是否需要调整校准系数。计算各参数的均值与定值的偏倚（不计正负号）计算公式：$b=(m-c)/c\times100\%$，其中 b 代表偏倚，c 代表定值，m 代表均值，与表 9-6 的标准数据进行比较。④各参数均值与定值的差异全部等于或小于表 9-6 中的第一列数值时，仪器不需进行调整，记录检测数据即可。⑤若各参数均值与定值的差异大于表 9-6 中的第二列数值时，需请维修人员检查原因并进行修理。⑥若各参数均值与定值的差异在表 9-6 中第一列与第二列之间时，需对仪器进行调整，调整方法可按照说明书要求进行。⑦若仪器无自动校准功能，则将定值除以所测均值，求出校准系数，将仪器原来的系数乘以校准系数即为校准后的系数，将校准后的系数输入仪器替换原来的系数。

表 9-6　血细胞分析仪校准标准表

参数	百分数差异（%）	
	第一列	第二列
WBC	1. 5	10
RBC	1. 0	10
HGB	1. 0	10
HCT	2. 0	10
MCV	1. 0	10
PLT	3. 0	15

5. 校准结果验证　将第 2 管未用的校准物充分混匀，用仪器重复检测 11 次，去除第 1 次结果，计算第 2~11 次检测结果的均值，再次比较均值与校准物定值，计算偏倚，判断校准是否合格。如达不到要求，需请维修人员进行检修和校准。

第五节　仪器测量参数

PPT

一、测量参数

实验室应根据本实验室的任务、主要病种的病人群体，选择需要购买的仪器。血细胞分析仪的测量参数主要包括血细胞的三大系列：红细胞系列参数、白细胞系列参数和血小板系列参数。有些血细胞分析仪还兼有检测网织红细胞的功能。常见红细胞参数包括红细胞计数、血红蛋白浓度、血细胞比容、平均红细胞体积、平均红细胞血红蛋白含量、平均红细胞血红蛋白浓度；白细胞参数包括白细胞计数、中性粒细胞计数、中性粒细胞百分比、淋巴细胞计数、淋巴细胞百分比、单核细胞计数、单核细胞百分比、嗜酸性粒细胞计数、嗜酸性粒细胞百分比、嗜碱性粒细胞计数、嗜碱性粒细胞百分比；血小板参数包括血小板计数、平均血小板体积、血小板压积。

二、检测参数结果显示

血细胞分析仪在检测血细胞常见测量参数外，还可以同时获得相应的细胞分布图形，以更直观更准确地描述细胞特性。分析此类图形的变化，不仅可以评估仪器的工作状态或仪器是否受非检测成分（如冷球蛋白、聚集血小板及细胞碎片等）的干扰，而且可提示各类细胞比例（如白细胞分类、网织红细胞分群）的变化或血液内出现非正常血细胞（如白血病细胞）等。常见的图形包括直方图和散点图。

（一）直方图

血细胞体积分布直方图是用于表示细胞群体分布情况的曲线图形。它可显示出某一特定细胞群的平均细胞体积、细胞分布情况、是否存在明显异常的细胞群。直方图（histogram）由测量通过感应区的每个细胞脉冲累积得到，根据库尔特原理可在计数的同时进行分析测量（图9-8），左图为示波器显示的所分析细胞的脉冲大小，右图为相应的体积分布直方图，横坐标为体积，纵坐标为相对数量。血细胞分析仪在进行血细胞分析时，将每个细胞的脉冲数根据其体积大小分类，并储存在相应的体积通道中。从每个通道收集的数据统计出细胞的相对数量（REL No.），表示在“Y”轴上；细胞体积数据以fl为单位，表示在“X”轴上。

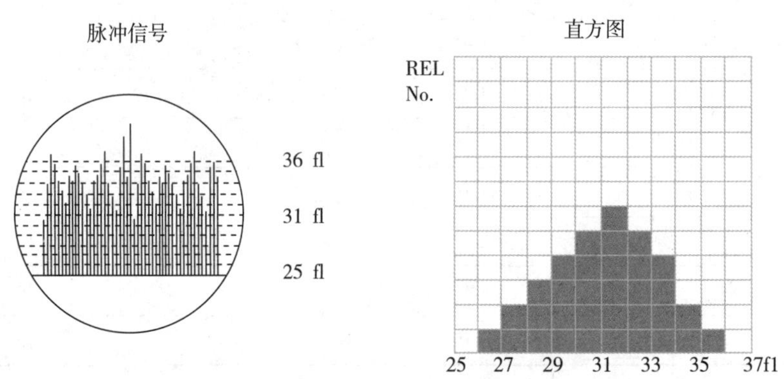

图9-8　直方图与脉冲信号的关系

除白细胞直方图外，红细胞、血小板同样常常以直方图的形式表示。在红细胞直方图中可以直观地判断细胞的体积分布，区分大细胞性贫血、正细胞性贫血和小细胞性贫血，以及一些治疗后恢复时期的过渡状态的红细胞，RDW也能提供直观的图示。

（二）散点图

由电阻抗法发展起来的多项技术（激光、射频及化学染色等）联合检测白细胞，由于不同白细胞大小及内部结构（如胞核的大小、胞质颗粒的多少等）不同，综合分析后的检验数据也不同，从而得出不同的白细胞散点图（scatter diagram）和较为准确的白细胞五分类结果。流式法测定白细胞分类的仪器通常能同时根据细胞的体积大小、颗粒情况，结合物理或化学方法等给出DIFF分类散点图。利用该图形在判断原始细胞、异常淋巴细胞等方面更具优势。

第六节 临床应用

血细胞分析仪作为血细胞分析的检测仪器，在临床的诊断与治疗工作中发挥着不可或缺的重要作用，特别是在感染性疾病以及血液性疾病的诊断中。现阶段细胞检测种类以红细胞、白细胞、血小板为主。血细胞分析仪通过测试上述细胞参数判断是否病变，并重点关注异常参数，从而了解疾病详情。

近年来，伴随着科学技术的发展尤其是电子科技、激光光源和生物化学技术的发展，生命医学领域检测仪器迎来了发展良机。一方面，临床诊疗对血液检查有更准、更快、更便捷以及能满足不同使用场景的需求；另一方面，国家对医院高质量、均质化发展、控费降本和自主知识产权等方面出台了一系列政策，在这样的发展态势下，血细胞分析技术也在不断更新和发展。

1. 多参数化 随着仪器原理和技术的提升，越来越多的细胞物理和化学特性不断被探测，借助计算机强大的运算、分析能力，新的参数不断丰富着血细胞分析性能。白细胞检测参数则从到幼稚粒细胞计数（IG#）到幼稚粒细胞百分比（IG%）、中性粒细胞/淋巴细胞（NLR）比值。从血小板计数（PLT）到红细胞分布宽度与血小板计数比值（RPR）和未成熟血小板比率（IPF%）等，这些参数单独或联合使用，对感染性疾病、炎症、创伤和血液病的早期诊断或治疗监测具有重要临床价值。此外，多通道检测同一类型细胞参数的应用，如 PLT-O 与 PLT-I，当 PLT-O 显著大于 PLT-I 时，提示血小板聚集、大血小板干扰；当 PLT-O 显著小于 PLT-I 时，提示细胞碎片干扰。同样，光学法红细胞通道（RBC-O）和阻抗法红细胞通道（RBC-I）对于红细胞冷凝集和红细胞溶血等都是重要提示。

2. 基于 AI 的智能诊断 以检验大数据和患者临床信息、检查结果为基础，借助机器深度学习建立的检验人工智能，将患者治疗方案、药物影响因素、标本采集条件、检验项目的不确定度等结果的发展变化与患者具体诊断治疗情况结合进行大数据的综合分析，并给出其发展变化趋势及预后等信息，将是一个革命性的变化，也是检验医学与临床诊断治疗最佳的结合。智能化的信息系统在判断结果的过程中，可提供该检测项目在某类疾病诊断中的敏感性和特异性，该指标的进一步应用及相关检验检查的追加选择建议等，甚至可以结合更多的患者临床资料和实验检查结果，汇集给临床医师，给出诊断选项，辅助临床诊断或提出治疗方案选择。例如采用人工智能将血常规信息、血细胞形态信息及其患者其他生化、免疫检测结果的融合实现对白血病精准筛查、重症感染预测、疟疾及登革热精准筛查等均是未来人工智能在血细胞分析领域的重要应用。

多参数化、大数据智能诊断技术的加入，也使得血细胞分析系统能够在门急诊临检、基层医疗机构均质化发展中显示出优势，同时更加智慧、便捷、小型化血细胞分析仪的发展，也可满足不同临床质量管理需求。

思考题

答案解析

案例 1 某二级医院拟采购新的血细胞分析仪，用于门诊患者日常检验工作。

初步判断与处置 结合医院预算、门诊患者数量及实验室空间综合考虑拟采购一台全自动五分类血细胞分析仪。在仪器投入使用前期需要做仪器校准及性能验证准备工作。

问题

（1）请分析三分类和五分类血细胞分析仪各自的优缺点。

（2）如何对血细胞分析仪进行校准？

案例2 检验人员在血细胞分析仪屏幕上发现有“Clog”（堵塞）标志，且标本检测结果不显示。

初步判断与处置 结合设备使用说明书，解读报警信息，进行故障排除。

问题

（1）引起该故障的原因是什么？

（2）如何解决该故障？

（马 良）

书网融合……

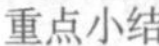

重点小结

题库

微课/视频1

微课/视频2

第十章　凝血分析仪

学习目标

1. 掌握凝血分析仪基本的工作原理，熟悉相应的临床检测指标，了解仪器的结构及故障处理方法。

2. 具有操作常规的凝血分析仪和日常维护保养的基本知识和能力。

3. 树立对出凝血检验项目的正确认识，了解影响因素，合理高效使用分析设备与技术，为出凝血相关疾病的诊断、治疗监测提供客观准确的依据。

止血和凝血是机体重要的生理功能，它既可阻止血液流出血管外，也可防止血液在血管内凝固形成血栓。临床上，血栓的形成与止血功能主要与血流和血管、血小板数量与功能、凝血系统及抗凝系统和纤溶系统等密切相关。通过对参与凝血、抗凝和纤溶过程的各组分进行精确测定，有助于全面评估机体的止血和凝血功能，从而为临床诊疗提供重要依据。

凝血分析仪（blood coagulation analyzer），简称为血凝仪，是一种利用特定分析技术自动检测人体血液凝固功能及有关成分的临床检验仪器。随着科技的进步，血凝仪的发展主要经历了半自动、全自动和检测流水线三个阶段。 微课/视频

1. 半自动血凝仪　此类仪器操作简便、检测方法少、价格便宜，测量精度优于手工操作，但需手工加样（包括样本和试剂），检测速度较慢，主要检测一些常规凝血项目。

2. 全自动血凝仪　这类仪器自动化程度高，检测方法多样，拥有多个检测通道，检测速度快，能灵活组合不同的检测项目。同时，它测量精度高，易于进行质量控制和实现操作的标准化。除了能检测常规的凝血、抗凝和纤溶系统相关项目外，还能监测抗凝、溶栓治疗效果。

3. 全自动血凝检测流水线　这类仪器是在全自动血凝仪的基础上进一步发展起来：通过轨道传递系统将一台或多台血凝仪与离心机等设备连接整合，形成一条完整的检测流水线。在计算机控制系统的指令下，该流水线系统能自动识别和接收样本、自动离心、自动进样、自动检测分析、自动传输数据，并自动管理检验后的样本。此外，全自动血凝流水线系统还能与其他血液自动化分析系统集成，实现全实验室自动化。

血凝仪的检测原理已从最初单一的凝固法发展到包括免疫学和生物化学方法在内的多种检测方法。这些方法使得检测项目变得更加丰富多样，检测过程更加简便和迅速，结果更加准确与可靠。高级血凝仪能集常规凝血指标、血栓四项、血小板聚集功能等多种检测项目于一体，对出血和血栓性疾病诊断、溶栓与抗凝治疗监测及疗效评估等具有重要临床应用价值。

第一节　工作原理

PPT

早期的血凝仪主要采用凝固法进行检测。随技术不断革新，血凝仪的检测原理已发展出多种，包括凝固法、发色底物法、免疫法、聚集法，以及新兴的微流控技术。现代血凝仪通过集成多种检测原理，能实现血液凝固功能的综合检测。特别地，通过采用聚集法原理，血管性血友病因子瑞斯托霉素

辅因子(vWF:RCo)和血小板的检测已能够实现全自动化操作。此外，微流控技术的应用为血凝仪发展提供了广泛前景，让更高的检测效率与检测创新成为可能。

一、凝固法原理

凝固法是发展最早、应用最为广泛的检测方法之一。该方法通过向待检血浆中加入凝血激活剂来引发体外凝固过程。血凝仪能连续检测血浆凝固过程所产生的系列信号（如光学变化、电导率变化、机械运动等），并在计算机分析相关数据下，获得最终检测结果。目前，不同厂家的血凝仪在凝固法的应用上略有差异，主要分为光学法、磁珠法、干化学法、微流控电化学法等四大类。

1. 光学法（又称比浊法）

（1）散射比浊法　根据血浆样本其凝固过程中散射光的变化来确定凝固终点。血浆凝固过程中，形成的纤维蛋白凝块引起来自光源的光被散射。该方法的检测通道由一个波长660nm左右的发射光源和位于一定角度（如90°）的光探测器组成。随着血浆样本中纤维蛋白凝块的逐渐形成，光散射作用逐渐增强，直至血浆完全凝固后，散射光强度达到稳定。光探测器检测到散射光的强度变化，并将其转化为电信号，经放大后传输至中央处理单元进行进一步的分析处理（图10-1）。

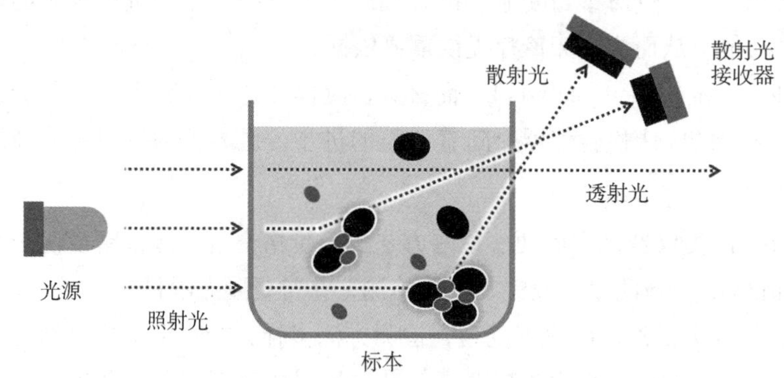

图10-1　散射比浊法原理图

仪器通过捕捉这种光学变化来绘制凝固曲线，并采用特定的方法来确定凝固终点。这些方法包括百分比法和微积分法。前者是将凝固曲线最大散射光变化值的相应百分比所对应的时间定义为凝固点，而后者则以凝固曲线其最大变化率的切点所对应的时间为凝固点。

（2）透射光法　又称为透色比浊法，该方法是根据待测样本在凝固过程中的吸光度变化来确定凝固终点。在具体检测中，检测通道通常将光源与接收光探测器置于180°水平角度。随着样本中纤维蛋白凝块的形成，光源照射光受到的阻碍会逐渐增大，透射光强度逐渐减弱，光探测器捕捉到这种光的变化，并将其转化为电信号，经放大后在中央处理单元处理，最终绘制成凝固曲线。凝固终点可以按一定方法，如透射光强度下降到某一特定百分比时其对应的时间，来确定。

（3）多波长检测光法　其检测原理为：卤素灯光源的光束通过5个滤光片进行分光处理，可对应获得340nm、405nm、575nm、660nm和800nm的单色光。随后，每种光波由光纤引导至检测位。在每个检测位，光照射到装有样本和试剂混合物的试管上，感光元件检测透射过样本的光，并将其转换为电信号，储存到微机中。最终，计算出凝固时间和吸光度变化量（△OD/min）。由于系统使用了五种波长检测样本，因此被称为“多波长检测系统”。

在测定脂血样本和低纤维蛋白原样本时，多波长检测系统会对所有波长进行分析，并自动选择适宜的波长。当检测结果受到样本中的干扰物质（乳糜、黄疸和溶血）影响时，系统会自动选择适宜的副波长并计算凝固时间。多波长分析技术增强了抗干扰能力，并能够全自动监测干扰因素，为异常结果提供了客观提示。在凝固检测中，通常使用660nm作为默认波长，800nm作为副波长（纤维蛋白原测试Clauss法除外）。纤维蛋白原测试Clauss法则使用405nm作为默认波长，660nm作为副波长。通过使用波长转换功能，纤维蛋白原的检测范围得到了扩展。

2. 磁珠法　又称黏度法，亦称双磁路磁珠法，是一种通过检测样本中的磁珠运动来判断凝固的方法。在样本测试杯中加入小磁珠，测试杯两侧施加变化的电磁路。其中，磁路一方面用于吸引磁珠摆动：磁珠在电磁场作用下保持恒定的运动（左右振动或旋转运动）。当凝血激活剂加入后，血浆开始凝固，黏稠度逐渐增加，磁珠的运动强度会逐渐减弱。另外，磁路还利用磁珠摆动过程中对磁力线切割所产生的电信号，来实现对磁珠摆动幅度的检测。根据磁珠运动强度的变化（通常磁珠摆动幅度衰减到50%）从而确定凝固终点（图10-2）。

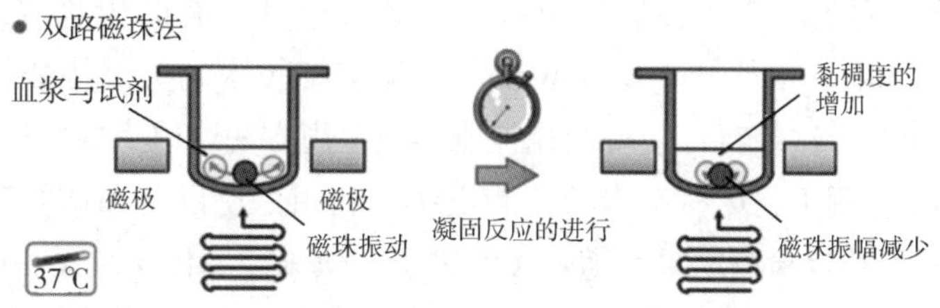

图10-2　双路磁珠法检测原理

相较于光学法，磁珠法检测凝血功能的最大优点是不受样本乳糜、溶血、黄疸的影响。光学法与磁珠法检验原理的特点比较见表10-1。

表10-1　光学法与磁珠法检验原理的特点比较

	光学法	磁珠法
优点	应用于发色底物法和免疫法 敏感性和重复性好 不易受外界环境干扰 可连续监测凝血反应全过程 可作纤维蛋白原浓度的PT演算报告 测试杯成本低	乳糜、溶血或黄疸标本对检测结果影响小 定量项目线性更宽
局限性	乳糜标本影响检测结果 线性较磁珠法窄	对明显和牢固的凝块形成检测敏感 不能演算纤维蛋白原浓度 对弱凝固反应判断有误差 对外界强磁场干扰敏感 血浆黏度影响检测结果 测试杯成本较光学法更贵

3. 干化学法　是广泛用于床旁血凝分析仪的检测技术，它以微量全血为样本，能快速、简便地进行血凝筛选项目的分析。这种方法已逐渐用于各个临床科室，尤其是ICU、急诊科、手术室、心胸外科和心内科等关键部门，能现场快速对患者血栓与止血状况进行初步筛检。根据检测方式的不同，干化学法可分为光电检测系统和电机学检测系统两大类。

（1）光电检测系统　该系统又分为以下两类。①磁颗粒光电检测系统：在血凝或纤溶试剂中均匀分布的磁颗粒可随电磁场移动。当血液凝固与纤溶反应发生时，磁颗粒在电磁场中的位移或摆动幅度变化（变化反映了血液凝固和纤维蛋白形成或溶解的动力学特征）。这种由磁颗粒位移或摆动幅度所产生光电变化通过光电检测器记录，经信号转换、放大，最终计算出结果。TAS系列和COAG-/2等床旁血凝仪是这类方法的代表。②单纯的光电检测系统：分析试剂和样本混合后产生恒定运动，血凝块的形成会阻碍标本流入试剂系统的路径。这种流动过程中所产生的变化通过光电转换被记录、放大并计算结果。Hemochron Jr 仪是这类方法的代表。

（2）电机学检测系统　该系统可分为三大类。①磁感器检测系统（magnetic sensor detection system）：利用磁感应器检测试剂系统中磁体在血凝块形成时产生的位移变化进行分析。Hemochron 401 和 Hemochron Response 是这类系统的代表。②传感器检测位移阻抗（transducer detect motion resistance）系统：利用传感器检测在血凝块形成时产生的位移阻抗进行分析。Sienco Sonoclot 分析仪是这类系统的代表。③光-电传感器（photo-optical sensor）检测系统：对光-电传感器检测标本与试剂混合后血凝块形成过程中塑料反应板的位移变化进行分析。ACTⅡ分析仪是这类系统的代表。

4. 微流控电化学法　该方法利用微流控装置和技术，将微管道（尺寸为数十到数百微米）处理或微小流体（体积为纳升到阿升）操纵系统纳入其中，所涉及学科有化学、流体物理、微电子、新材料、生物学和生物医学工程等。微流控装置也称为微流控芯片，有时也称为芯片实验室（lab on a chip）或微全分析系统（micro-total analytical system）。微流控技术的关键特征是微尺度环境下的独特流体性质，如层流和液滴等。这些特性使得微流控能实现常规方法难以完成的微加工和微操作。

微流控电化学法主要应用于临床科室床旁检测设备，利用手持设备和试纸条，操作方便，检测时间短，通常 4~10 分钟即可获得检测结果。随着技术进步，微流控电化学法设备的检验灵敏度和准确度也将会逐渐提高，不断接近实验室大型设备的精度水平，展现出强大的发展潜力。

二、发色底物法原理

发色底物法又称生物化学法，是一种通过测定特定发色底物的吸光度变化来推算物质含量和活性的技术。该方法使用一个 405nm 波长的 LED 灯作为检测光源，探测器则与光源呈 180°对置。血凝仪使用发色底物法检测血栓与止血指标的原理是：首先，人工合成具有特定作用位点且与天然凝血因子（一种蛋白水解酶）有相似氨基酸序列的小肽。因为这些小肽被设计为凝血因子的作用底物，当凝血因子作用时，小肽水解并释放出化学产色基团，从而让样本溶液呈现颜色变化。根据凝血因子的活性与颜色变化成正比例关系，从而实现精确定量。目前，最常用的人工合成多肽底物为对硝基苯胺（PNA），其水解后呈黄色，可用 405nm 波长测定。

生物化学法以酶学方法为基础，具有定量检测能力强、重复性和准确性高、样本需求量小等优点，便于实现自动化和标准化。同时，由于发色底物无法全面反映人体内凝血、抗凝的复杂环境，其检测有时可能与凝固法的结果不一致，这需要引起足够注意。

多数血凝仪采用生物化学法检测血栓与止血过程中多种酶（原）的活性，如凝血酶（原）、纤溶酶（原）、蛋白 C、蛋白 S、抗凝血酶等。根据不同检测对象，该方法可分为如下三种模式。

1. 对酶的检测　将产色物质加入含酶（如凝血酶）的血浆样本中，在酶的作用下产色物质释放出产色基团 PNA，样本溶液发生颜色变化。由于溶液吸光度变化与样本酶含量呈正相关关系，为此以 405nm 波长光源照射样本溶液，通过检测溶液吸光度变化即可获得样本中酶的浓度。

2. 对酶原的检测　在含酶原的血浆样本中加入过量激活剂，将酶原激活为活性酶。由于酶原含量与酶活性呈一定的数学关系，为此再加入发色底物，通过检测发色基团 PNA 的吸光度变化，可推算出酶原的含量，如蛋白 C 的检测。

3. 对酶抑制物的检测　在含酶抑制物的血浆样本中加入过量对应的酶中和抑制物，剩余酶裂解发色底物释放 PNA。由于 PNA 变化与酶抑制物含量呈负相关，检测吸光度变化可推算出酶抑制物的含量，如抗凝血酶的检测。

三、免疫学方法原理

该方法以被检物作为抗原。在制备相应的单克隆抗体后，利用抗原-抗体特异结合反应进行被检物的定量测定。在实际检测中，该方法又分为免疫扩散法、免疫电泳、酶联免疫吸附试验和免疫比浊法等。临床上，全自动血凝仪多采用免疫比浊法来进行定量分析。实际应用中，免疫比浊法又分为直接浊度分析和乳胶比浊分析。

直接浊度分析又分为透射比浊和散射比浊。①在透射比浊法中，光源光线通过待检样本时，待检样本抗原与特异抗体形成抗原-抗体复合物，导致透过光强度减弱。光的减弱程度与抗原含量成比例关系，通过测定透过光强度变化来获知抗原含量。②在散射比浊法中，抗原与特异抗体形成的复合物使得溶质颗粒增大，光散射增强。散射光强度变化与抗原含量呈比例关系，通过测定散射光强度变化来获知抗原含量。

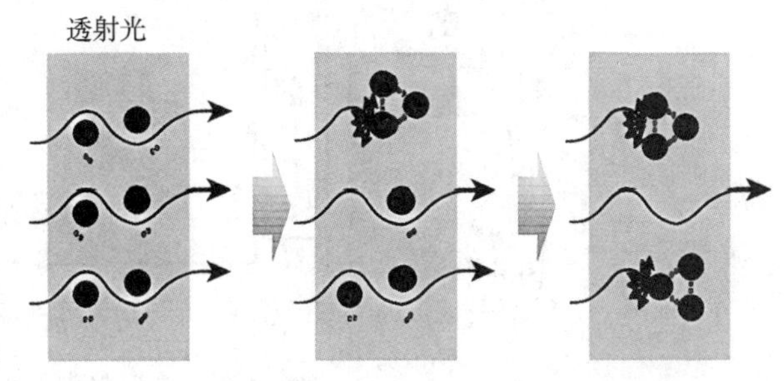

图 10-3　乳胶免疫比浊实验原理

乳胶比浊法是将抗体包被于乳胶颗粒（直径一般为 15~60nm）上，与待测物抗原形成颗粒更大的抗原-抗体复合物，增强光的透射和散射变化，从而提高检测敏感性（图 10-3）。

四、聚集法原理

聚集法检测实现了 vWF:RCo 检测和血小板聚集检测的全自动化。检测方式类似于光学法仪器中的透射光检测，采用光源波长为 800nm。在光学检测通道基础上，增加了磁场搅拌装置，确保 PRP 血浆与激活剂在血小板聚集试验中的充分混匀。

PPT

第二节　仪器结构

一、全自动血凝仪结构

全自动血凝仪分析过程由仪器各个部件全自动完成，具体流程和步骤包括自动吸取样本和试剂、自动稀释试剂和试剂预温控制、自动输送和丢弃反应杯、自动检测与结果显示，以及自动重检等。吸样过程中，可直接使用离心后的原始采血管进行上机操作。采样针一般配备液面感应装置，而部分高配置仪器还具备穿刺采样装置，能够直接对真空采血管进行穿刺采样，无需开盖。通过这些结构和功能，血凝仪实现了血凝检测的高度自动化，检测精密度得到了大大提高。

全自动血凝仪在结构上主要包括以下六大部分。

1. 样本传送及处理装置　目前多采用轨道式连续进样及抽屉式存放，以适应大批量样本的处理需求，实现简单、快速、准确的操作。抽屉式存放设计最多可容纳 200 多个标本同时上机，支持随时设置急诊检测以及增加删除检测项目，有利于样本复查与审核。

2. 试剂冷藏装置　为避免试剂变质，血凝仪配置了 4~8℃试剂冷藏位，可同时放置 70 余种试剂。部分血凝仪还提供微量试剂位，有助于保证试剂的充分利用，减少浪费。

3. 样本及试剂分配系统　具备样本和试剂条码扫描识别功能，确保样本快速吸取和准确操作。首先，样本臂抓取已加样本的测试杯，置于预温槽预温，试剂臂随后将试剂注入测试杯，自动旋涡混合器则将样本和试剂充分混合，以送入检测系统中进行检测（图 10-4）。

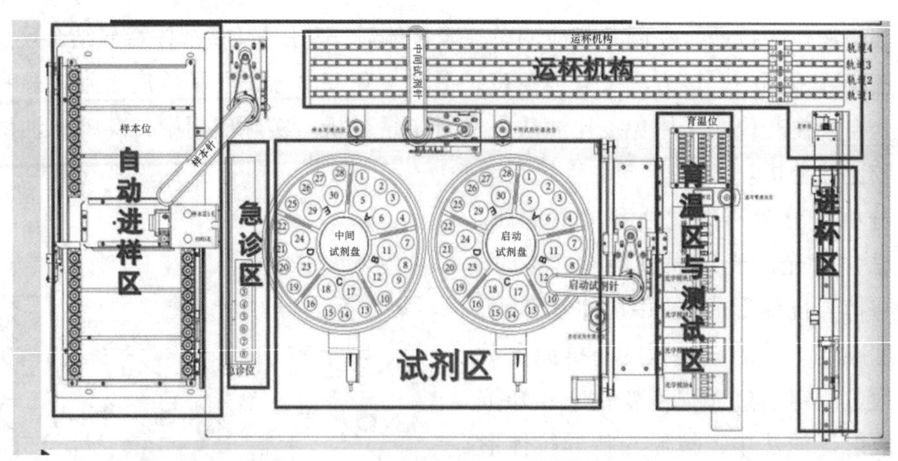

图 10-4　血凝仪内部结构（SF9200 为例）

4. 检测系统　全自动血凝仪普遍具备凝固法、发色底物法和免疫法三种检测方法，并拥有多个独立的检测通道。

5. 电脑控制处理器及操作系统　血凝仪配备了高性能的电脑控制处理器。根据设定程序，电脑指挥血凝仪完成检测工作，还可存储大量样本检测结果，并能方便地与 LIS、HIS 连接和双向传输，实现实验室的数字化管理。仪器操作系统提供了便捷的人机对话界面，具备完善的定标和质控系统以及良好的安全性和全溯源性管理功能。

6. 输出设备和附件　血凝仪可通过计算机屏幕或打印机输出测试结果。主要附件包括样本条码扫描识别装置、试剂条码扫描识别装置、样本管穿刺装置等。

二、全自动血凝流水线组成结构

全自动血凝流水线系统是在现有全自动血凝仪基础上进一步发展出来的高级自动化仪设备。它通过与实验室全自动化样本输送系统的连接，实现了血凝仪之间的互联，以及与其他检测仪器的整合。总的来说，凝血流水线主要包括标本接收处理系统、全自动离心系统、全自动样本分配轨道（或样本机械手）、样本进样装置、全自动检测系统，以及检测结果传输系统与信息扩展系统等。

第三节　仪器性能评价与影响因素

PPT

为了确保血栓与止血检验质量，对血凝仪的各项性能进行准确评价至关重要。血凝仪在投入使用后，不仅要进行全面的血栓与止血检验指标检测，还需加强日常的维护保养来确保仪器各项性能处于正常状态。

一、仪器性能评价

血凝仪的性能评价主要分一般性能评价和技术性能评价两个方面。

（一）一般性能评价

一般性能评价主要关注：①产品质量，涵盖检测性能的准确性、自动化程度、操作的便捷性与维护的简易性；②使用者评价，基于用户对仪器的综合使用体验；③售后服务，包括服务的及时性、有效性和用户满意度。

（二）技术性能评价

技术性能评价主要按国际血液学标准化委员会（ICSH）所制定的标准进行。

1. 精密度 通过使用相同或不同的质控血浆，或新鲜患者血浆，在相同或不同时间进行检测，来分析批内（within-day）、批/间（between-day）及总重复性。推荐采用高、中、低三个水平的样本进行至少 15 次的测定。总重复性的评估涉及 20~100 份患者标本。这些标本应随机排列，每个标本测定 2~3次，通过计算总变异系数（CV）、批内精度、仪器稳定性及交叉污染等因素的综合表现，来全面反映仪器精密度。批内精密度通过连续检测结果的变异系数来评价，凝血初筛实验的批内精密度应满足表 10-2 中相应要求。批间精密度则通过室内质控的在控结果变异系数来评价，批间精密度应满足表 10-3 中的相应的要求。

表 10-2 常规凝血指标批内精密度要求

检测项目		PT[a]	APTT[a]	Fib[b]	TT[c]
变异系数	正常样本	≤3.0%	≤4.0%	≤6.0%	≤6.0%
	异常样本	≤8.0%	≤8.0%	≤12.0%	≤8.0%

注：a，异常样本的检测结果宜大于参考区间中位值的 2 倍；b，Fib 异常样本的浓度要求大于6g/L 或小于 1.5g/L；c，异常样本的水平超出参考区间范围。

表 10-3 常规凝血指标批间精密度要求

检测项目	PT[a]	APTT[a]	Fib[b]	TT[c]	检测项目
变异系数	正常样本	≤6.5%	≤6.5%	≤9.0%	≤10.0%
	异常样本	≤10.0%	≤10.0%	≤12.0%	≤12.0%

注：a，异常样本的水平要求大于仪器检测结果参考区间中位值的 1.5~2 倍；b，Fib 异常样本的浓度要求大于 6g/L 或小于 1.5g/L；c，异常样本的水平超出参考区间范围。

2. 线性 线性评估是通过测定不同稀释度的质控物、定标物或混合血浆来完成。在不同稀释度（一般 4~5 个浓度）下，观察血凝仪相关参数是否与血浆稀释程度成比例降低。理想的线性结果应在直角坐标图上呈现一条通过原点的直线。根据 WS/T 406—2024 标准，线性回归方程的斜率应处于 1 ± 0.05 范围内，相关系数 $r \geq 0.975$ 或决定系数 $r^2 \geq 0.95$。此外，各浓度水平检测均值与理论值的允许偏差控制在 ±10% 以内。

3. 携带污染率 该指标指的是不同浓度样本对测定结果的潜在影响。根据 WS/T 406—2024 标准，要求纤维蛋白原（FIB）（g/L）携带污染率应≤10%。凝血酶原时间（PT）或活化部分凝血活酶时间（APTT）携带污染率应符合生产厂家的标准。

4. 准确性 该指标是指测得量值与被测量的真实值之间的一致性。通过使用参考方法确定的参考品或校正品（calibrator）来评价血凝仪测定的准确性。定值参考品应由厂家提供或使用规定的校标物。准确性也可通过传统的回收率来评价，其中 FIB 测量的相对偏差不超过 ±10%。

5. 相关性 也称可比性分析，主要用于比对不同方法的性能。理想情况下，应选择参考方法作为对比方法，以便在解释结果时能够将方法间的分析误差归于待评价的血凝仪。如果使用已知偏差法作为对比方法，则部分误差可能来自对比方法本身，剩余的误差则属于血凝仪的分析误差。如果使用未知偏差的方法，分析误差可能来自任一方法或两者都有，使得误差来源难以确定。由于大多数血凝分析参数缺乏参考方法，可以使用被评价的血凝仪与已知性能并经校正的血凝仪进行平行测定。如果偏差表现为固定误差或比例误差，可能是由于仪器未校准；重新校准后即可使用。如果偏差没有规律性，则可能是仪器本身的缺陷，用户难以自行解决。实验室间结果的相对偏差应符合表10-4的相应要求。

表10-4 实验室间凝血结果可比性验证的允许偏差

检测项目	PT	APTT	Fib	IT
允许偏差	±15.0%	±15.0%	±20.0%	±20.0%

6. 干扰 即血凝仪在有异常样本或干扰物存在情况下的抗干扰能力。干扰因素包括溶血、高脂血、高胆红素血等。

需要指出的是，相比传统手工法，自动血凝仪虽显著改善了血栓与止血项目检测结果的准确性和精密度，但评价准确性和精密度的方法尚不完善，项目检测的标准化仍难以解决。一方面，不同品牌及型号的自动血凝仪检测原理不同，随之可能参考范围不同，评估彼此之间准确性的方法不统一；另一方面，评估准确性的参考方法尚未建立和完善。关于血栓与止血检验项目自动检测标准化的诸多问题，还有待于进一步研究解决。

二、仪器性能影响因素

血凝仪的性能主要受物理环境、人工操作、维护与保养等因素影响：

1. 物理环境 良好的稳定的物理环境是仪器运行稳定、结果准确的前提。仪器应远离潮湿处，勿使仪器发生倾斜、震动、碰撞（含搬运情况）等危险情况。室内温度应控制在15℃~30℃，相对湿度不应超过75%，而大气压应保持在86.0~106.0kPa之间。同时应避免受气压、温度、湿度、通风、光照、灰尘、含硫空气等不良因素的影响。

2. 操作 正确操作既是仪器性能稳定的保证，也是确保仪器寿命的必要手段。不同品牌不同原理的血凝仪操作程序各有差异，一定要严格按照说明书执行，养成良好操作习惯。

3. 维护和保养 良好的维护和保养是确保血凝仪性能的重要因素。各实验室应根据自身样本量建立相应的维保制度。维保频率一般有日、周、月、季度差异，具体维保内容见下节。

第四节 操作、校准与维护

PPT

血凝仪的正确操作和良好的维护保养，是保证检验结果准确的重要环节。不同仪器的操作程序在细节上会各不相同，但基本流程大致一致。在安装及首次使用仪器前，需仔细阅读仪器自带的安装使用说明书，充分理解其中的相关内容。在仪器使用说明书的基础之上，实验室应根据各自特点，制定符合自身实验室的标准操作程序（standard operating procedure，SOP）。在后续的仪器使用过程中，仪器操作、维护保养、注意事项等均应严格按照SOP执行。

一、操作与注意事项

（一）抗凝剂选取及用量

凝血功能相关检查所用抗凝剂选用105~109mmol/L、3.13%~3.2%（通常描述为3.2%）枸橼酸钠（Na3C6H5O7·2H2O），肝素、EDTA、草酸盐等其他抗凝剂均不符合使用要求。抗凝剂与血液混合后的终浓度通常为10.9~12.9mmol/L，抗凝剂与抽血量的比例为1∶9。若病人红细胞压积（Hct）大于55%或小于20%时，通常需要调整抗凝剂的用量。因临床多使用商品化的真空采血管，已先预置定量抗凝剂，故需通过转换公式（如下）调整静脉采血量，抽取血样一般不少于2ml。样本上机前需检查是否有溶血、黄疸、脂血和明显凝块。

$$采血量=抗凝剂用量/[(100-Hct)\times 0.00185]$$

（二）样本放置

许多实验误差都来源于技术的错误。在实验技术、试剂、温度及pH上很微小的变化都可能导致试验结果出现显著的差异。如：凝血酶原时间测定时（PT）应严格控制孵育时间与温度；凝血活酶测定（TT）要求放置时间不能超过说明书所规定的时限；检测血浆绝不能在37℃下放置超过10分钟，反应混合物的pH必须处于7.2~7.4之间等。

在环境温度为18~24℃的前提下，PT应在24小时内、APTT及其他（如FIB、PC、Factor V、Factor Ⅷ等）应在4小时内测试。如果不能及时测试，血浆样本可在4℃下保存2个小时，-20℃以下冰冻保存两周，-70℃保存6个月。

（三）试剂制备

在试剂使用前，需仔细阅读试剂盒说明书。由于不同厂家仪器的差异，有的试剂是干粉，需精确配置，有的试剂是水剂，可直接上机使用。同一凝血试剂会有不同批号，在前一批号试剂用完将启用新批号试剂时，需做定标工作，此时，必须使用定标血浆。一定注意不同批号、不同组分的凝血试剂不能混合使用。

（四）项目设置及仪器状态

仪器设置必须按试剂厂家提供的说明设定，如育温时间、测试时间、测试试剂、缓冲液、清洗液等。

二、仪器校准

校准工作必须在一定的实验室条件下完成，如环境温度(10~30)℃、相对湿度≤80%、大气压力(86.0~106.0)kPa等；也需用到具体的试剂，如血浆纤维蛋白原标准物质、分析仪配套诊断试剂和临床质控血浆样本等。

通过校准，使血凝仪达到相应国家标准，见表10-5。具体各项目的校准方法参见《凝血分析仪校准规范》JJF1945—2021。

表10-5　血凝仪的主要校准项目及要求

校准项目	校准要求	
温度控制	检测部和温育位恒温装置部(37.0℃)温度示值误差	±1.0℃
	试剂冷却位温度	≤20℃
通道差（半自动分析仪）	≤10%	
携带污染率（全自动分析仪）	FIB样本浓度的携带污染率	≤10%
	FIB或TT对PT或APTT的携带污染率	符合厂家标称水平

续表

<table>
<tr><th>校准项目</th><th colspan="4">校准要求</th></tr>
<tr><td rowspan="16">测量重复性</td><td rowspan="8">半自动分析仪</td><td rowspan="2">PT</td><td>正常样本</td><td>≤5.0%</td></tr>
<tr><td>异常样本</td><td>≤10.0%</td></tr>
<tr><td rowspan="2">APTT</td><td>正常样本</td><td>≤5.0%</td></tr>
<tr><td>异常样本</td><td>≤10.0%</td></tr>
<tr><td rowspan="2">FIB</td><td>正常样本</td><td>≤10.0%</td></tr>
<tr><td>异常样本</td><td>≤20.0%</td></tr>
<tr><td rowspan="2">TT</td><td>正常样本</td><td>≤15.0%</td></tr>
<tr><td>异常样本</td><td>≤20.0%</td></tr>
<tr><td rowspan="8">全自动分析仪</td><td rowspan="2">PT</td><td>正常样本</td><td>≤3.0%</td></tr>
<tr><td>异常样本</td><td>≤8.0%</td></tr>
<tr><td rowspan="2">APTT</td><td>正常样本</td><td>≤4.0%</td></tr>
<tr><td>异常样本</td><td>≤8.0%</td></tr>
<tr><td rowspan="2">FIB</td><td>正常样本</td><td>≤8.0%</td></tr>
<tr><td>异常样本</td><td>≤15.0%</td></tr>
<tr><td rowspan="2">TT</td><td>正常样本</td><td>≤10.0%</td></tr>
<tr><td>异常样本</td><td>≤15.0%</td></tr>
<tr><td>FIB 相对示值误差</td><td colspan="4">±10.0%</td></tr>
<tr><td>FIB 线性</td><td colspan="4">r≥0.980</td></tr>
</table>

三、维护与常见问题

血凝仪安装调试好后，使用过程中的日常维护和保养对于保证仪器性能、延长使用寿命等都有重要作用，应确保正确执行。加样针维护和管路维护是不同仪器共有的维护单元。加样针维护的目的在于清洁加样针外壁，避免交叉污染影响测试结果。管路灌注维护的目的在于使加样系统的管路部分充满清洗液，减少管壁气泡。避免加样量不准从而影响测试结果。每次开机测试前都要进行加样针和管路维护。

由于检测原理的差异，光学法原理血凝仪和磁珠法原理血凝仪在仪器维护上是不同的。不同厂家的血凝仪，如是采用同一原理，则维护大同小异。以下为光学法自动血凝仪和磁珠法自动血凝仪的一般性维护保养策略。

（一）光学法自动血凝仪一般性保养

1. 每日维护 清洗样本针 → 清空垃圾箱 → 清空废液 → 查看仪器防逆流瓶有无水，防止因有水而导致真空泵不能抽真空 → 在洗液瓶中注蒸馏水。注入的蒸馏水最高不要超过上面的凹槽，防止因水过满，工作时水回流到压力泵和压力传感器上导致人为破坏。

2. 定期保养 每周保养：做一次管路清洗 → 清洁仪器；每 3 个月或 6 个月保养：清洁传动滑轨（X 轴 、Y 轴）并上润滑油。每半年保养：清洗洗液瓶内部 → 指示灯校准。

（二）磁珠法自动血凝仪一般性保养

1. 每日维护 点击一键维护 →清洁仪器台面 →清倒垃圾筐和废液。

2. 定期保养 每周保养：清洗清洗池和吸样针 →清洁检测块 →清洁反应杯传送带和梭子 →清洁运动导杆和丝杆。每月保养：清洁防尘网 →清洁加样针 →管路灌注。

必要的保养是自动血凝仪正常运行的基本保证，运动导杆及丝杆、反应杯、试剂或样本针、抽屉、注射器等是仪器故障多发部位，也是日常保养的关键。自动血凝仪在使用过程中，每年至少请一次厂家专业工程师进行专业维护保养。

（三）全自动血凝仪常见问题

1. 样本质量　抽血量不足；高血红蛋白血症患者血浆层量少；样本有凝块致堵孔；样本未离心或离心不完全等都可致检验结果异常。

2. 进样/出样过程　传送带/轨道异常，致样本堵塞或打翻；抓手异常，不能正常抓取试管等。

3. 检测过程　样本脱盖异常，试剂量不足，试剂仓温度异常，光路检测系统故障，吸样针堵塞，电流波动，废液桶满或未放置到位等。通常仪器故障有报警提示，根据提示检查对应区域，严重内部问题宜及时联系厂家工程师。

4. 检测后过程　样本检验后归位异常，样本架库存区满等。

5. 数据传送　样本条码识别错误，HIS 系统故障、LIS 系统故障等。

总之，掌握血凝仪检测原理，熟悉仪器工作程序，了解仪器内部结构，在遇到问题时才能有的放矢，得心应手。遇到不能解决的问题时应及时与仪器工程师联系寻求帮助。

第五节　临床应用

PPT

血凝仪极大地提高了临床出血性与血栓性疾病的诊断和治疗水平。血凝仪临床检测内容包括常规止凝血指标、凝血因子含量或活性、抗凝系统和纤溶系统成分测定等。自动血凝仪主流产品的检测指标及其检验原理统计见表 10-6，由表可见，大部分检测指标所采用原理是一致的。同时，也存在个别检测指标（如 XⅢ、AT）在不同仪器上采用不同原理的现象。

表 10-6　全自动凝血常用检测指标及检验原理统计表

检测指标		凝固法	发色底物法	免疫法	聚集法
筛查试验	PT	√			
	APTT	√			
	TT	√			
凝血因子	vWF:Ag			√	
	vWF:Rco				√
	FIB	√		√	
	Ⅱ	√			
	V	√			
	VI	√			
	VⅢ	√			
	IX	√			
	X	√			
	XI	√			
	XII	√			
	XⅢ		√	√	

续表

检测指标		凝固法	发色底物法	免疫法	聚集法
抗凝物质	AT		√	√	
	PC	√	√		
	PS	√		√	
	LA	√			
	ProC Global	√			
	heparin		√		
	抗 Xa	√	√		
	C1-inhibitor		√		
	DiXal	√			
	Hemoclot TI		√		
纤溶系统	PLG		√		
	α_2-AP		√		
	PAI		√		
	FDP			√	
	D-dimer			√	

随着检验技术和方法的不断发展，血凝仪越来越自动化、智能化，检测内容会不断更新，丰富的临床项目和不断缩短的 TAT，对于临床疾病的诊断和治疗将起到重要作用。同时我们在使用血凝仪时应该清楚认识到血栓与止血项目的检测影响因素较多，所以，也需对血凝仪进行全面质量管理。

答案解析

思考题

案例　某三乙县级医院计划新购全自动凝血分析仪，每日检测凝血相关标本约 100 份。

初步判断与处置　选购凝血分析仪需要考虑检测原理，不同方法的优势与不足，使用前需要对仪器进行性能评价。

问题

（1）血凝仪的检测原理有哪些？

（2）如何评估一台全自动血凝仪的性能？

（3）选择全自动血凝仪要从哪些方面考虑？

（刘　文）

书网融合……

重点小结

题库

微课/视频

第十一章　自动血型分析仪

学习目标

1. 通过本章学习，掌握血型分析仪工作原理；熟悉血型分析仪结构、维护与保养；了解血型分析仪分类、性能指标及影响因素。

2. 具有血型分析仪操作使用、常规保养及日常维护的能力。

3. 树立临床血型分析责任观，理解血型分析仪在输血安全、遗传咨询、法医学鉴定、器官移植匹配和个人身份识别中的关键作用，提高正确使用血型分析仪的认知。

ABO 血型系统自 1900 年由 Karl Landsteiner 发现以来，一直是输血医学和器官移植领域的基石。ABO 抗原不仅广泛分布于红细胞表面，也分布在血小板和多种组织细胞表面。Rh 血型系统作为人类最为复杂的血型系统，对临床输血安全至关重要。目前，约有半数的 Rh 阴性受血者在接受 Rh 阳性血液后，可能产生抗-D 抗体。

不兼容的 ABO 血型输血可能引发急性血管内溶血、肾衰竭甚至致命风险。而 Rh 血型不兼容的输血则可能引起血管外溶血。因此，在进行输血治疗前，ABO 和 Rh 血型的鉴定及相容性检测是确保输血安全的关键步骤，自动血型分析仪的使用为此提供了保障。

第一节　原理、分类与结构

PPT

血型分析仪（blood grouping analyzer）是一种用于血型检测、抗筛、交叉配血等血型血清学检测的分析仪器。该设备旨在特定介质条件下，为抗原与抗体之间的反应创造最佳环境，从而确保检测的准确性和可靠性。作为现代医疗科技的结晶，血型分析仪，将样本的液体处理、孵育、试剂混合、穿刺操作、离心分离及结果分析等一系列步骤高效整合，并通过精密的智能设计对整个检测流程进行优化。血型分析仪不仅适用于血型鉴定、交叉配血、抗体筛查与鉴定等多种医疗检测场景，而且能够精准地评估反应结果及其强度，具有操作简便，结果准确可靠，可追溯性强等优点。

一、工作原理 微课/视频

血型分析仪是一种基于凝胶或玻璃珠微柱检验（包括凝胶分子筛技术、离心技术及免疫学抗原抗体特异反应）的光机电一体化设备。通过调节凝胶的浓度，可以控制凝胶孔隙的大小，从而控制红细胞的迁移。在离心力作用下，不能参与抗原抗体反应的游离红细胞能通过凝胶孔隙，而参与抗原抗体反应的红细胞因凝块形成不能通过。凝块大小直接反映了抗原-抗体的反应强度，不同大小的凝块在离心力作用下会停留在凝胶柱不同界面。通过仪器内置的判读仪，可以判断是否存在抗原抗体反应，并评估反应强度。根据这一原理，血型分析仪能进行 ABO 和 Rh 血型检测、Rh 血型分型、抗体筛查及交叉配血试验等多种检测。

二、分类与结构

根据血型分析过程中的自动化水平程度，血型分析仪主要分为半自动和全自动两种，它们均采用微柱凝胶法进行血型分析。半自动血型分析仪在运行中往往需要更多的人工参与环节，诸如标本前处理、标准细胞准备、细胞稀释剂配置及微柱凝胶卡的手动安装等步骤。相对而言，全自动血型分析仪具有结果判读准确、操作简便、检测快速、灵敏度高等优点，是临床广泛应用的仪器。

不同型号的自动血型分析仪虽然在内部构造和软件存在差异，但通常都包括加样器、孵育器、离心机、判读仪和微机系统等主要部件。其中，加样器负责自动分配和转移样本与试剂；孵育器的作用是为微柱凝胶卡提供适宜的孵育环境；离心机则提供微柱凝胶卡的离心以促进抗原-抗体反应并分离凝块；判读仪配备 CCD 数码扫描技术，能对微柱凝胶卡进行高精度图像采集；微机系统则利用智能算法对采集的图像进行对比分析，自动识别和判读结果。图 11-1 为全自动血型分析仪的一般平面结构示意图，它为操作者提供了直观的设备布局和工作流程的参考。通过这些高度集成的组件，血型分析仪能够实现从样本处理到结果输出的全自动化操作。具体工作流程图如图 11-2 所示。

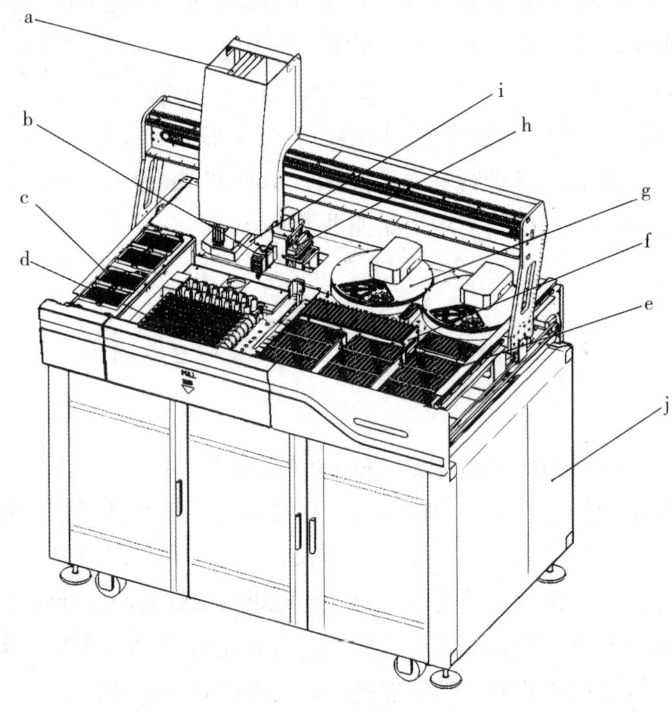

图 11-1　全自动血型分析仪的平面结构示意图

a，加样通道；b，机械手抓手；c，吸头载架区；d，样本试剂区；e，新卡区；f，孵育区；g，离心区；h，穿刺装置；i，判读区；j，底柜

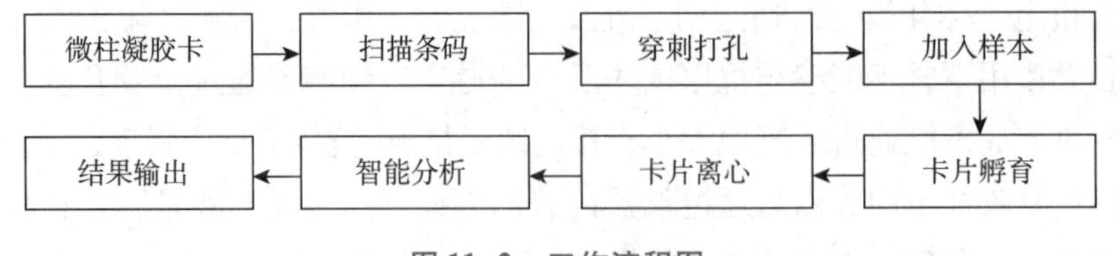

图 11-2　工作流程图

（一）加样单元

加样单元，又称加样装置，主要由加样电机、气动系统、接近开关和加样针头组成。气动系统包

括气缸、推动杆和磁环活塞。推动杆一端连接到活塞，另一端通过机械传动装置与加样电机相连。接近开关作为位置传感器，安装在气缸外部，用于检测活塞是否达到预定位置。在运行过程中，加样电机通过传动装置带动推动杆，进而驱动活塞在气缸内进行往复运动。当活塞行进至接近开关的特定位置时，触发传感器发出信号。控制系统接收到信号后，根据预设程序切断电源或改变电机的旋转方向，使活塞停止运动并准确复位，同时完成对死体积的控制，确保与缸体分隔。随后，加样电机再次驱动活塞运动，推动液体进入加样针头（Tip 头）。这一过程确保了活塞的精确控制，保证了加样单元的加样精度和重复性。加样单元主要用于完成人血液样本及血型卡相关试剂的加样，如图 11-1 a-c 所示。加样精度要求：当加样为 10μl 时，重复性变异系数（CV）≤3.0%，准确性≤ ±5.0%；而当加样量达到 100μl 时，重复性 CV≤1.0%，准确性≤ ±1.0%。

（二）离心机

离心机主要由控制系统、离心腔、驱动系统、转子、安全保护装置等组成。离心机转子高速旋转可产生强大的离心力，从而加快颗粒沉降速度。抗原-抗体反应中，凝集的红细胞即便在离心力作用下也不能通过凝胶孔隙，滞留在凝胶表面或分散在凝胶中，判读为阳性；无抗原-抗体反应时，红细胞不发生凝集，可在离心力的作用下通过凝胶孔隙而沉积在微柱凝胶管底部，判读为阴性。全自动血型分析仪的离心装置通过控制电路实现血型卡离心速度的调节与定时离心，如图 11-1g 所示。

（三）恒温反应单元

恒温装置由加热丝、温度传导模块、风扇、温度传感器、过温保护装置组成。加热丝提供加热，温度传感器通过温控机制将腔体环境保持在 37 ±0.5℃，调整步长为 0.1℃。若温控失效导致持续升温，过温保护装置将在温度超过警示温度时自动启动，进而切断电源以停止加热。温度传导模块中的铝件具有良好的散热效果，当风扇从底部送风时，整个腔体能维持在均匀温度。另外孵育时间为长度 0~240 分钟可调。恒温反应单元为血型卡中的抗原抗体反应提供精准的温控环境，如图 11-1f 所示。

（四）检测器

检测器负责拍摄物体的图像并转化为数据供系统处理和分析。检测器采用漫反射 CMOS 成像和背光源确保成像系统能获取凝胶卡正面图像及凝胶柱透视轮廓。通过光电检测系统的自适应调整，实现产品的自动分选功能。检测装置对离心后的血型卡进行拍照，并将图像上传至电脑终端控制软件，如图 11-1i 所示。

（五）清洗单元

清洗单元用于移液探针的清洗，通常配备两个清洗孔，其中深反应孔用于清洗完整探针，浅反应孔主要用于清洗探针末端。清洗孔内储有清洗液，清洗后的废液通过小孔排至废液容器。第一代全自动血型分析仪采用吸样针吸取样本，需要清洗以避免携带污染。后续型号采用 Tip 头吸样，有效避免了加样环节可能造成的污染，如图 11-1 a-b 所示。

第二节　校准与维护保养

PPT

为保证血型分析仪在实验运行中的精确度和可靠性，定期进行校准、维护和保养是必不可少的。校准过程通常涉及对仪器运行环境、凝胶卡孵育系统、离心系统等关键部分。考虑到设备关键部件的稳定性和使用寿命，进行仪器的定期维护和保养尤为重要。

一、仪器校准

通常每年校准一次，使用的检测设备必须具备有效资质，耗材也必须在有效期内。校准内容一般包括使用环境评估、孵育系统校准、离心系统校准、加样系统校准、机械抓手校准、判读系统校准和整机校准。

1. 使用环境评估 电源接口是否接地线、实验室温度是否能全年维持在15~30℃，以及实验室相对湿度是否能满足20%~80%等。

2. 孵育系统校准 使用探头测温仪定期对孵育位进行温度测量，记录并监测温度曲线，确保温度在35.1~38.9℃之间。

3. 离心系统校准 离心机开关仓门顺畅度（是否卡滞、是否异响）、运行时（低速、中速、高速）的稳定性和噪声以及转速准确性（900±2.5% rpm，1500±2.5% rpm）。

4. 加样系统校准 加样针在各位置（试管位、试剂位、深孔板、生理盐水位）的状况，是否擦边、是否触底，以及加样是否出现加到孔外等现象。

5. 机械抓手校准 抓卡器抓取血型卡的牢固性，以及向离心机放置血型卡的走位正常性、准确性和稳定性。

6. 判读系统校准 通过相机拍照和识别操作，确认图像清晰度、亮度均匀性、识别准确性和速度，确保自动判读结果与实际情况一致。

综合以上单元模块的检测结果，对全自动血型分析仪进行整机校准判定结果，得出合格或不合格的结论。

二、日常维护

血型分析仪日常维护分为实验前和实验后维护两个环节。

1. 实验前维护 实验前确保废液桶已清空、系统液桶中的液体充足。为了防止交叉携带污染，仪器的加样部件和清洗部件必须清洁，当加样针的外壁有污渍或其他附着物时应使用蘸有酒精和蒸馏水的棉绒纸彻底依次清洁；在实验开始前均需用蘸有消毒酒精的棉签对清洗站内壁进行擦拭，并依次使用专用洗液和蒸馏水进行冲洗。完成以上步骤后方可开启电源进行初始化。

2. 实验后维护 实验完成后清空废液桶和废卡桶，并将检测完成的样本与剩余试剂放回指定放置。实验完成后对仪器关键部件进行清洁，包括使用蘸有消毒酒精的棉绒纸或棉签轻柔地擦拭加样针外壁，用沾有酒精的棉签清洁清洗站的内壁和外壁（并依次使用专用维护液和蒸馏水进行冲洗），另外要保证工作舱平台及各模块表面清洁，可用含有蒸馏水的湿棉布和75%乙醇进行擦拭。

三、定期维护

1. 周维护 在开机状态下对加样针进行冲洗，管路浸泡、随后用系统液冲洗管路。关闭仪器电源后，检查加样器的加样针有无刮伤，必要时更换。清洗所有试剂瓶、稀释板（一次性使用的除外）。定期维护时需要检查离心机外壳是否损坏或有裂痕，如有损坏及时更换；保证离心机托盘转子径向润滑十分重要，可用75%酒精棉球清洁离心机外表面及卡位，在托盘转子部位喷适量润滑剂，并沿径向方向摆动卡位，确保充分润滑。

2. 年维护 通常由具备专业资质的工程师完成，包括对仪器的全面清洁保养、检查日常维护和周维护的完整性，必要时可由工程师对仪器操作人员进行再培训。

知识拓展

微流控芯片技术检测血型

随着血型检测技术的持续发展，相关检测仪器也在不断推陈出新。血型检测技术手段已从早期的瓷板法（玻片法、制片法）发展到试管法、微孔板法、微柱凝胶法等多种方法。

微流控技术诞生于20世纪90年代，是一种在微尺度上精确控制、操作流体的技术，具有微型化、集成化、精确化等特点。这一技术能快速、自动完成整个分析过程，在生物医学研究中展现出巨大的发展潜力和广泛的应用前景。

2020年，我国成功研发出全球首个获得上市许可的微流控血型分析系统。基于微流控技术的血型分析系统以承载不同功能的微流控芯片为反应载体，以离心力等为微流体驱动力，以离心盘为承载主体芯片的流体驱动模块。将微流体控制技术、凝胶过滤技术和血液免疫学相结合，以微通道、微阀门、微柱等血型微流控芯片主体结构来完成微米级样本的自动分样、定量，微混合，微反应，微分离等过程，再通过CCD成像技术对实验结果进行捕捉、分析并记录在软件系统中，最终完成血型检测实验。

该技术优化了检测流程，显著提升了检测效率。它让输血检测变得更加简便和可靠，并且实现了仪器的小型化，为血型检测领域带来了变革。

思考题

答案解析

案例 某实验室工作人员在利用自动血型分析仪对初诊慢性粒细胞白血病患者进行血型鉴定时发现仪器报警，结果不能自动传输至LIS系统，查看后发现仪器正反定型结果不一致，血型卡结果表现为-A(+++)、-B(-)、-D(+++)、control(-)、Ac(++,出现双群)、Bc(+++)。

初步判断和处理 根据血型卡结果，可以初步推断患者红细胞表面存在A抗原，血清中存在A抗体和B抗体，根据抗原情况判断该患者为A型，根据抗体情况可判断该患者为O型，结果不一致，不符合Landsteiner规则。检测质控在控，更换试剂卡仍是同样结果，检查仪器运行，情况均好。查阅病史，发现此患者WBC计数很高，而且纤维蛋白原浓度较高，对标本再次离心，自动血型分析仪重新检测，同时试管法测定，发现仪器法与试管法正反定型一致，此患者为A型。

问题

（1）自动血型分析仪进行ABO血型检测时，有哪几种情形可导致抗原抗体结果不一致？

（2）自动血型分析仪进行ABO血型检测时，出现抗原抗体结果不一致时应如何处理？

（丛 辉）

书网融合……

重点小结

题库

微课/视频

第十二章　其他血液检测仪器

学习目标

1. 通过本章学习，掌握血栓弹力图分析仪、血小板聚集仪、血沉仪原理与分类；熟悉各仪器报告参数、样本采集及操作；了解各仪器测定的临床应用。

2. 具有独立完成血栓弹力图分析、血小板聚集仪、血沉仪样本采集能力，简单仪器操作和日常维护保养能力；能够将所学知识为临床提供一定的咨询服务。

3. 树立国产自动化仪器的品牌意识，培养学生创新精神和批评性思维。

第一节　血栓弹力图分析仪

PPT

血栓弹力图分析仪能够在体外模拟人体生理条件，动态监测全血标本从血凝块形成到纤维蛋白溶解的全过程。通过仪器检测血凝块粘弹性参数，可监测血凝块的形成速度、强度和稳定性，从而评估凝血因子、纤维蛋白及血小板等各种指标的功能和水平。

1948 年，德国 Harter 博士首次描述了血栓弹力图（thromboelastography）分析技术。自 20 世纪 80 年代起，该技术开始应用于术中输血指导，并在心脏外科、麻醉科、重症监护（ICU）、体外循环和器官移植等领域取得了显著成效。血栓弹力图分析仪在 2006 年已成为临床检验常规凝血试验仪器的重要补充，从 2009 年开始在国内大型医院得到推广。与国外相比，尽管国内应用起步较晚，但临床样本检测量大的需求使得血栓弹力图分析仪迅速普及至三级医院，并催生了迫切的仪器自动化需求信号。国内体外诊断（In Vitro Diagnostics，IVD）行业抓住市场机遇，在成功攻克相关技术难题下，已批量生产全自动血栓弹力图分析仪，填补了全球全自动血栓弹力图检测空白。

一、分类与原理

血栓弹力图分析仪主要是指传统血栓弹力图分析仪（TEG）和旋转式血栓弹力测定仪（ROTEM），两仪器检测原理相似，两者均属于血栓粘弹性测定仪，ROTEM 属于 TEG 的改进版。对凝血全过程检测的血栓粘弹性测定仪还有凝血和血小板分析仪（CPA）、自由振荡流变测定（ReoRox）和血小板收缩力测定（PCF）等。

按仪器自动化程度水平和检测能力，分为多通道（如 2、4、8、16、30 通道）的半自动、全自动血栓弹力图分析仪；按技术方法可分为机械类和超声类，例如 TEG 采用的是机械技术，而 CPA（Century Clot 和 Sonoclot）则采用超声技术；按使用场景，可分为便携式、台式设备。在临床应用中，TEG、ROTEM 和 CPA 较为常见。

（一）传统血栓弹力图分析仪工作原理　微课/视频 1

TEG 分析仪检测过程中，承载的样本杯旋转，该杯以一定角度缓慢往复转动(4.75°/5 秒或 4°45′/5 秒)。链接于扭力丝的探针置于血液样杯中。初始阶段，由于血栓尚未形成，杯上方的金属探针不会与血液发生粘连，保持静止状态，此时图形记录为直线。随着血栓的形成，探针与测试杯之间发生粘连，样本杯的旋转带动探针和扭力丝一起转动，该变化与血栓的强度成正比，通过机电转换器将扭力转换为电信号。计算机实时监测并记录这些信号，生成反映血凝块形成强度的动态轨迹图。当血凝块开始溶解时，探针的旋转角度减小，轨迹图的振幅降低，从而可以测量血块形成、凝结强度、血块崩解和纤溶的过程（图 12-1a）。

（二）旋转式血栓弹力测定仪工作原理 微课/视频 2

ROTEM 与 TEG 的原理基本相同，都是在低切应力状态下检测血样粘弹性。ROTEM 样本杯是静止的，并且探针信号通过光学探测系统检测。旋转部件由传感器轴、镜子和探针组成，安装在精密的滚动轴承上，以 4.75°的角度进行精确的往复运动。在向样本中加入钙离子和特定活化剂后，凝块在探针周围形成，限制了传感器轴的振荡。随着凝块的增大，粘滞力导致弹簧的扭力发生变化，轴的旋转幅度降低。光电探测器捕捉到由凝块引起的光反射率变化，系统将这些变化转换为凝块大小的电信号，并生成相应的动态轨迹图（图 12-1b）。

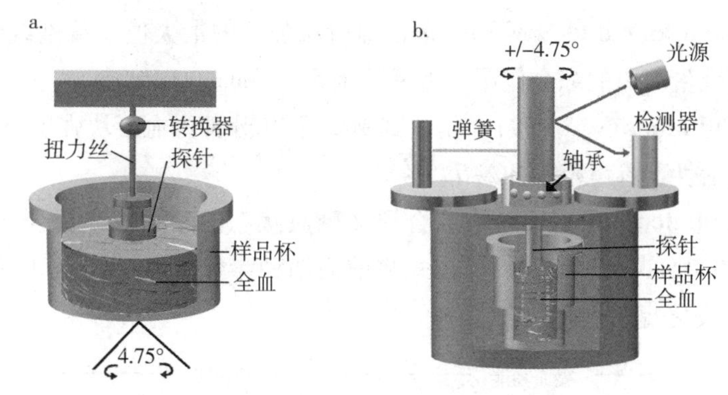

图 12-1　血栓弹力图分析仪

a. 传统血栓弹力图仪；b. 旋转式血栓弹力测定仪

（三）凝血和血小板分析仪（CPA）工作原理 微课/视频 3

CPA 采用一次性使用的塑料探针，该探针安装在超声波换能器上，并浸入含有 0.36ml 全血或血浆的测试杯中。探针以 200Hz 的频率和 1μm 的振幅进行垂直振动。血凝块形成过程中，纤维蛋白沉积在探针顶端，阻碍其振动，探针传感器检测到的阻力增加被转换为电信号。这些输出信号则反映了血凝块形成的黏弹性特征（图 12-2）。

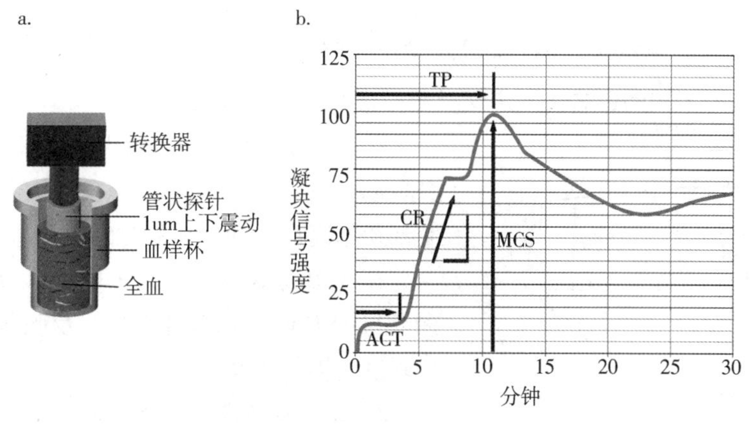

图 12-2　血小板分析仪结构及血栓块分析曲线图

a. CPA 分析仪结构；b. CPA 曲线特征及参数图

二、测量参数

（一）传统血栓弹力图（TEG）测量参数

血栓弹力图分析仪通过一系列参数来评估血液的凝血特性。传统血栓弹力图分析仪通常评估6种参数：

1. R时间（reaction time，R） 指从血液样本加入诱导剂到形成可检测的血凝块（振幅达到2mm）所需的时间，反映凝血因子的活性，参考范围5~10分钟（图12-3）。

2. K时间（kinetic time，K） 指测量血凝块描记图振幅从2mm增长到20mm所需的时间，K时间主要受纤维蛋白原功能和水平影响，参考范围1~3分钟。

3. α角度（alpha angle，Angle） 指从描记图分叉点至最大曲线弧度作切线与水平线的夹角，反映血凝块形成的速率，α角主要受纤维蛋白原和部分血小板功能影响，因Fib水平增高而增大，因Fib缺乏或功能不足而减小，参考范围59~74deg。

4. MA值（maximum amplitude，MA） 表示血凝块强度的最大值，从基线到曲线最高点的垂直距离，反映血小板和纤维蛋白原的综合作用，参考范围50~70mm。

5. LY30（lysis at 30 minutes，LY30） 指达到MA后30分钟内血凝块强度下降的百分比，这一参数用于评估纤溶系统的活性，参考范围0%~7.5%。

6. 凝血指数（coagulation index，CI） 综合评估凝血状态的参数，计算公式为 $CI = -0.2454R + 0.0184K + 0.1655MA - 0.0241\alpha - 5.0220$。该公式将前面四种参数（R、K、α和MA）进行综合计算。CI增高提示高凝状态，反之提示低凝状态。

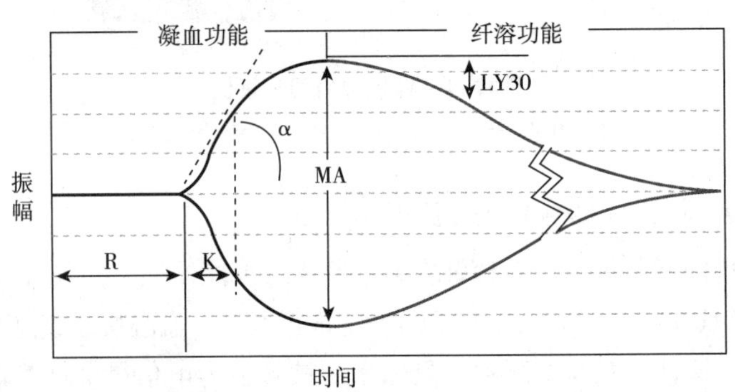

图12-3 传统血栓弹力图（TEG）曲线特征及参数

（二）旋转式血栓弹力测定仪（ROTEM）测量参数

ROTEM分析仪采用不同的命名法来定义其测量参数，具体包括：

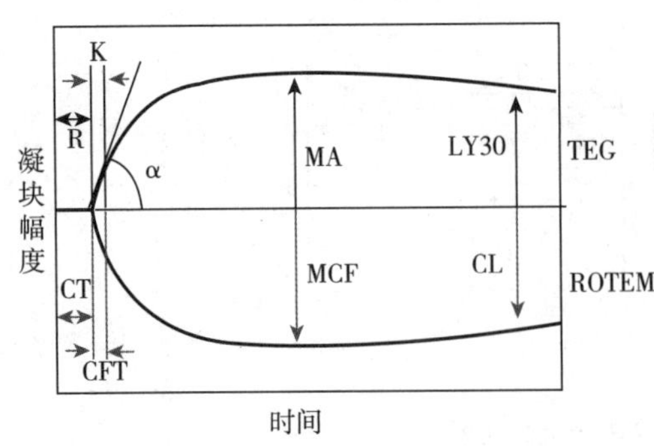

图12-4 TEG与ROTEM参数对照

1. 凝血时间（clotting time，CT） 该参数相当于TEG的R时间（图12-4），表示从样本中加入试剂到检测到初始凝血活动所需的时间。

2. 凝块形成时间（clot formation time，CFT） 该参数与TEG的K时间相对应，反映凝块从形成到达到一定硬度所需的时间。

3. 最大凝块硬度（maximum clot firmness，MCF） 该参数类似于TEG的MA值，表示凝块达到的最大硬度或强度。

4. 凝块溶解（clot lysis，CL） 这个参数与TEG的LY30相对应，评估凝块稳定性，反映一定时间后凝块硬度的减少。

尽管TEG和ROTEM测量的凝血过程相似，但由于它们使用的试剂和检测原理存在差异，相同的血液样本在两种设备上可能产生不同的测量结果。因此，两种设备的测定数据不能直接互换使用。此外，市场上存在一些采用旋转式弹力分析原理的仪器，它们使用与TEG相同的参数命名方法。统一命名方法有助于推动血栓弹力图分析技术的标准化，简化不同设备间结果的比较和解读。

（三）凝血和血小板分析仪（CPA）测量参数

1. 激活凝血时间（ACT） 主要反映凝血因子功能，测量曲线表现为水平状态（图12-2B）。

2. 凝血速率（CR） 评估单位时间内纤维蛋白凝胶的转化速度。

3. 血小板功能（PF） PF是ACT后上升和下降曲线各点微积分值计算出的相对值。

4. 高峰时间（TP）和最大峰值（MCS） 两者均反映凝血收缩强度

三、操作

以传统TEG为例，阐述仪器操作使用、维护与保养。

（一）血样采集

1. 抗凝处理 经静脉穿刺采集全血，置于含有枸橼酸钠的采血管中，抗凝剂与血液的比例应为1∶9。采血后轻轻颠倒混合数次，确保血液与抗凝剂充分混合，并在室温下静置至少15分钟。枸橼酸化血样应在2小时内完成测试，以避免凝血。

2. 采血技术 建议使用双注射器技术，即第一个注射器或真空采血管中的2~3ml血液不用作本项目测定，将第二个注射器或真空采血管中的血液用作样本。以减少导管管路可能的组织液或污染。注意采血管使用顺序，避免肝素污染。

（二）操作使用 微课/视频4

开始测定前需完成各通道自检、试剂复温、室内质控等，根据临床不同的需求，血栓弹力图检测可以选择以下几种类型。

1. 普通杯测试（CK） 在进行普通杯测试前，需将样本充分混匀。非枸橼酸抗凝全血可用于检测，但应立刻进行测试。将340μl的枸橼酸盐抗凝血液转移到测试杯中，随后加入20μl的0.2mol/L氯化钙溶液以启动凝血过程，并使用高岭土作为诱导剂。高岭土是一种主要由水合硅酸铝组成的矿物，通过激活因子XII来启动内源性凝血途径。确保血液与诱导剂的精确配比对于获得准确和可重复的TEG结果至关重要。

2. 快速TEG（rTEG） 快速TEG使用组织因子作为诱导剂，替代了高岭土试剂，以加速外源性凝血途径。组织因子直接激活凝血级联反应中的因子Ⅶ，从而缩短检测时间至15分钟内完成，这对于紧急情况下大量输血的管理尤为关键。

3. 肝素酶对比检测（hTEG） 通过同时使用普通杯和肝素酶杯测试来进行。肝素酶杯中包括肝素酶和高岭土，肝素酶用于中和血液中的肝素及其类似物。采用未经肝素酶处理的R时间（R_1）和经肝素酶处理后的R时间（R_2）比较（表12-1），判断肝素抗凝效果及含量。

表12-1　肝素酶对比检测测定结果临床意义

测定结果	报告解读
$R_1>10min$ 且 $R_1-R_2>2min$	提示肝素起效，或提示肝素残留
$R_1>20min$，或 $R_1>2R_2$	提示肝素过量，建议用药中和肝素
$R_1-R_2<2min$	提示肝素无效或无肝素残留

4. 血小板图（TEG-PM） 血小板图检测是将普通杯对照（CK）凝血曲线、单纯激活纤维蛋白（A）的凝血曲线和抗血小板药物（ADP/AA）抑制后的凝血曲线同时绘制，记录三条曲线各自的 MA 值，进而判断在去除纤维蛋白的血凝块强度后，正常血液和抗血小板药物影响后的血液血凝块强度的差异，由下列公式计算出药物对血小板的抑制率（图 12-5）。TEG-PM 有助于评估氯吡格雷、阿司匹林等药物的疗效，抑制率的不同区间指示了药物效果的不同级别。一般认为，抑制率在 50%~75% 时，药物抑制血小板作用开始起效；抑制率大于 75% 时提示有较好的抑制作用。医师根据测定参数综合判断，决定是否加大剂量或更换药物进行治疗。

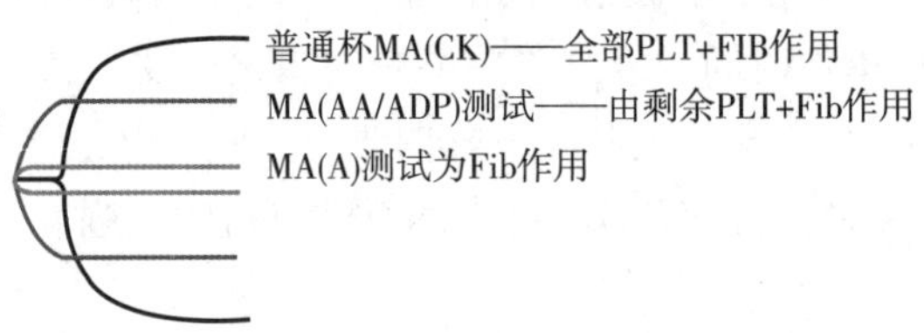

图 12-5 TEG 血小板抑制率测定示意图

血小板抑制率可通过下面这个公式进行计算：

$$\text{AA(ADP)抑制率(\%)} = \frac{\text{MA(CK)} - \text{MA(AA/ADP)}}{\text{MA(CK)} - \text{MA(A)}} \times 100\%$$

四、临床应用

血栓弹力图分析仪与常规凝血试验相比，主要优势是：①使用全血，不需要离心；②便携式 TEG 非专业人员操作，显著缩短检测 TAT，常规凝血检测有一定技术难度；③可以动态了解血凝块的生成速度、强度和稳定性，单个项目即可对凝血全貌进行综合评估。

TEG 有助于精确输血，通过识别特定凝血因子或成分的缺陷，实现针对性的血液制品补充，减少不必要的同种异体血液制品使用，从而降低输血率和血制品的滥用。

TEG 用于监测抗血小板药物的疗效，评估患者的凝血状态，为个性化治疗提供依据。在围手术期，TEG 监测肝素的抗凝效果，指导低分子肝素和抗血小板药物的使用，确保手术安全。

第二节　血小板聚集仪

PPT

血小板聚集有两种诱发机制，一种为各种化学诱导剂所导致的聚集，另一种由流动状态下的剪切应力所导致的聚集。血小板聚集率的测定是一种功能性测定，即反映血小板活化反应、释放反应以及膜糖蛋白受体作用等功能。化学诱导剂分为内源性和外源性诱导剂，外源性诱导剂引起的初级聚集（第一相聚集）反应，如初级聚集反应低下，可能存在 GPIIb/IIIa 或 Fg 缺陷，血小板释放的内源性诱导剂引起次级聚集（第二相聚集）反应，如次级聚集低下，则可能存在血小板释放缺陷。剪切应力所导致的聚集反应中，切变应力强度较大时，血小板聚集不易解聚，可形成稳定的血小板聚集体。

一、分类与原理

血小板聚集功能检测技术一般有光学比浊法、电阻法、剪切诱导聚集法、连续血小板计数法、闭合时间法、流式细胞术、黏弹性法等。本节主要介绍光学比浊法、电阻法和闭合时间法。

1. 光学比浊法　此类仪器多采用透射比浊法。在该方法中，将富血小板血浆（PRP）置于比色池中，加入诱导剂，用涂硅小磁粒连续搅拌，血小板相互聚集或血小板与包被纤维蛋白的珠粒发生聚集，血浆浊度降低，透光度逐渐增加。光探测器记录血小板聚集反应光强度的连续变化，将透光强度变化绘制成曲线，反映血小板聚集全过程。通过描记曲线可计算出血小板聚集的程度，以血小板聚集率方式报告（图 12-6）。

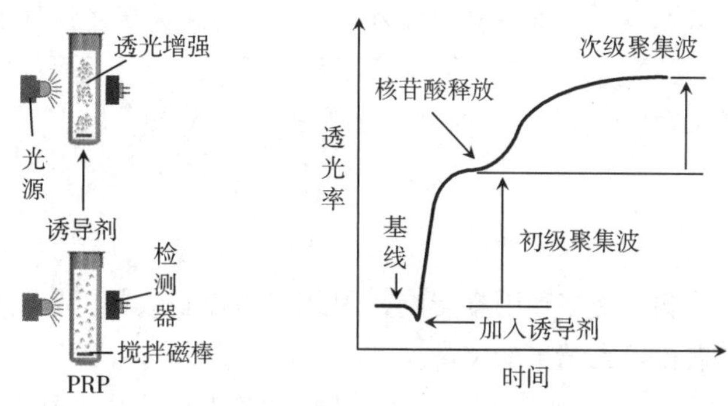

图 12-6　血小板聚集透射比浊法原理及曲线特征

2. 电阻法　将全血或 PRP 稀释液加入恒温搅拌的反应体系中，插入一对由铂制成的细丝电极，并加入诱导剂，血小板发生聚集覆盖于铂电极表面，引起电阻变化（图 12-7）。铂电极电阻抗变化与血小板聚集程度呈正相关，经过放大和计算机处理，绘制成血小板聚集曲线。

3. 闭合时间法　在高剪切力条件下，抗凝全血经毛细管吸入，流入胶原膜孔隙。至少设有两种胶原膜测试盒，一种是含肾上腺素的胶原膜（COL/EPI 测试盒），另一种是含 ADP 的胶原膜（COL/ADP 测试盒）。血小板与胶原膜接触被激活，引起血小板相互的黏附和聚集。血流逐渐减缓并最终阻滞通过，这时血小板聚集在孔膜形成血小板血栓。从检测开始到血小板血栓完全阻塞膜孔的时间为闭合时间（CT）（图 12-8）。闭合时间以秒为单位报告，如果患者受到抗血小板治疗的充分抑制，则无法测量 CT，结果显示为 >300 秒。

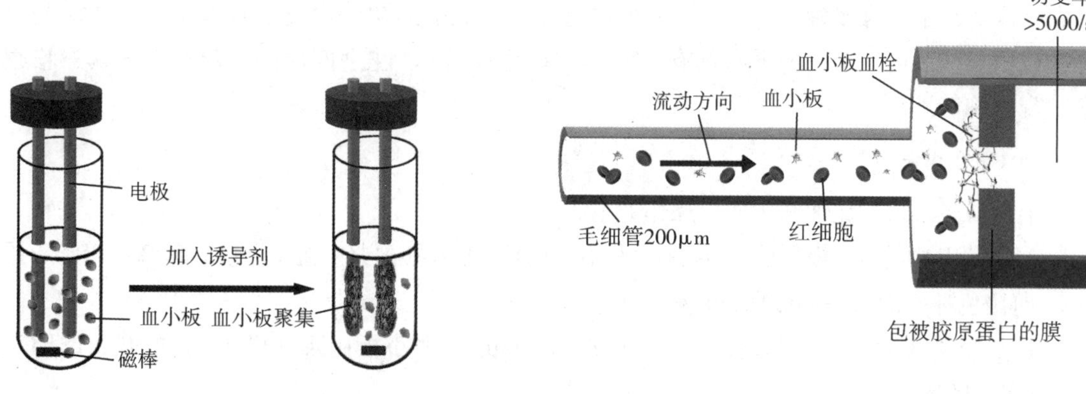

图 12-7　全血电阻聚集法的检测原理

图 12-8　闭合时间法的测量原理

知识拓展

全自动血小板聚集仪

全自动血小板聚集仪应用于临床检验，解决了手工、半自动血小板聚集仪检测过程中操作复杂，结果变异性大的问题，降低了样本损失和交叉污染的风险。测定方法采用光学法和电阻法等原理，仪器可实现自动加样、液面感应、自动混匀、自动清洗、自动控温、自动搅拌、试剂设有冷藏位，部分机型整合离心微流控技术，自动分离 PRP 和 PPP。检测项目包括血小板最大聚集率和多个时点的聚集率，可显示聚集动态曲线。多通道设计提高检测效率，支持多种诱导剂的检测模式，并允许用户根据不同的实验需求设置诱导剂的使用量。国产全自动血小板聚集仪在技术、功能和操作简便性方面不断更新，能够满足国内外市场的需求，并且价格相对较为经济，为临床和研究提供了更多的选择。

二、操作

（一）标本要求

血小板的聚集和活化功能检测易受多种因素影响，因此严格控制这些因素对确保检测结果的准确性至关重要。进行质量保证是获得可靠结果的关键。

1. 患者准备 在采集标本前，应详细了解患者的用药史和输血史，特别是女性患者应考虑其月经周期。某些药物如阿司匹林、吲哚美辛等可抑制血小板的黏附和聚集，而女性在月经期血小板功能可能降低。对于疑似血小板功能缺陷的患者，若无特殊原因，应在实验前至少一周停用影响血小板功能的药物，如阿司匹林建议停药 2 周。

2. 标本采集 使用 109mmol/L 的枸橼酸钠与血液以 1∶9 的比例进行抗凝。采血时应控制止血带的压力，并在 1 分钟内完成。

3. PRP 和 PPP 制备 抗凝后的标本使用普通离心机 500~1000r/min（离心力 200g）离心 5~10 分钟，所得上清液即为 PRP（富血小板血浆）。若需制备 PPP（乏血小板血浆），则将剩余的标本以 3000r/min（离心力 1500g）离心 10~20 分钟。制备时血小板很容易被激活，吸样时应轻缓，避免剧烈振荡。

4. 标本存放 标本采集后置于室温，因冷却血小板会导致活化，并在 4 小时内完成检测。

（二）诱导剂

在临床实践中，有多种血小板诱导剂可供选择，一般根据初始检查结果和疑似异常情况调整诱导剂种类或诱导剂浓度。常用的诱导剂有 ADP（二磷酸腺苷）、花生四烯酸、瑞斯托霉素、胶原、肾上腺素、凝血酶等。

（三）操作过程

以半自动光学透射比浊法为例，操作如下：

1. 调整 PRP 中的血小板数量，用乏血小板血浆调整富血小板血浆中血小板数量为(200~250) $\times 10^9$/L。

2. 向比色杯中加入一小磁珠或磁棒。

3. 加热至 37℃达到稳定基线，比色杯中加入 300μl 乏血小板血浆（PPP），加 30μl 诱导剂测定通道调透光率 100%。

4. 向比色杯中加入 300μlPRP，调透光率 0% 后，加 30μl 诱导剂，记录反应曲线。

5. 使用另一组诱导剂重复上述步骤测试。

（四）报告参数

曲线分为 5 个阶段：①基线；②添加诱导剂后，血小板的形状从盘状变为棘球状，导致基线透光率短暂降低；③初级聚集波；④核苷酸释放；⑤次级聚集波（图 12-6）。肾上腺素和低剂量的 ADP 通常给出双相聚集曲线，而其他诱导剂只能出现单个波。

常规报告参数为血小板最大聚集率，报告中需注明所用诱导剂。根据临床需要，还可选择报告的参数包括：1 分钟和 5 分钟血小板聚集率、最大聚集幅度（MA）、达到最大聚集所需的时间（TMA）、聚集斜率（K）和 5 分钟有效解聚率。

三、临床应用

比浊法是一种广泛使用的血小板聚集功能检测方法，至今仍是临床和研究中最常用的技术。该方法在样本处理过程中可能导致血小板体外激活，且相较于其他方法用血量较多，检测结果的重复性也有待提高。此外，乳糜和溶血的标本可能影响比浊结果。

电阻法血小板聚集仪可用全血或 PRP 测定血小板聚集功能。用全血进行测定时，血小板更稳定，样本前处理更简单；该方法不受脂血浑浊标本的影响。缺点是电极重复使用时每次测定需要清洗，易受血小板数量和红细胞压积影响，对微小聚集不敏感。

闭合时间法在高剪切力条件下，诱导血小板聚集，能够反映动脉粥样硬化等退行性病变患者的血小板聚集情况。动脉粥样硬化血管的局部狭窄可能形成高剪切应力，这些部位附近最易发生剪切诱导的血小板聚集，对血栓性疾病的防治具有重要意义。

PPT

第三节　红细胞沉降率测定仪

红细胞沉降率（erythrocyte sedimentation rate，ESR），简称血沉，是衡量全血中红细胞在特定条件下聚集及沉降的速度，这一过程通常表现为缗钱状的聚集现象。随着技术的发展，血沉测定已由传统的魏氏法逐渐过渡到自动化测定方法，后者以其高效率和稳定性，为临床提供了更丰富的参数，从而推动了血沉检测的进步。

一、分类、原理及基本结构

（一）分类及原理

血沉测定方法经历过魏氏法、斜管法、快速法、微量法和自动测定法。自动测定法主要有血沉管自动仪器法和毛细管动态光学检测法。

1. 血沉管自动仪器法　基于魏氏法原理，采用红外线或其他光电探测技术，定时扫描红细胞与血浆界面，动态记录血沉过程，提高了测定的效率和稳定性。

2. 毛细管动态光学检测法　利用激光光源对毛细管中的微量血液进行照射，通过 20 秒内 1000 次的快速扫描，动态监测红细胞聚集和沉降的变化，将光密度的变化转换为 ESR 值。

（二）基本结构

目前临床大多采用血沉管自动仪器法，其基本结构包括：光源、血沉管、检测器和数据处理系统。

1. 光源　通常采用红外光源或激光，以提供稳定的光照。

2. 血沉管　透明硬质玻璃或塑料管，用于容纳血液样本。

3. 检测器　采用光电二极管阵列，实现光信号到电信号转换。

4. 数据处理系统　包括放大电路、数据采集软件和打印机，负责处理检测信号并输出结果。软件具备数据采集、分析、存储和打印功能。

二、使用和维护

自动测定法仪器的使用和维护注意事项如下。

1. 应将仪器安装在清洁、通风的环境下，室内温度控制在15~32℃，相对湿度不超过85%，以防止仪器受潮。应将仪器安装在稳定的实验台上，避免高温、直接阳光照射和远离电磁干扰源。

2. 自动测定法可以使用EDTA为抗凝剂，抗凝剂浓度为5~5.5mol/L，如EDTA-K_2（相对分子质量368.4），浓度为1.4~2.0mg/ml。

3. 血沉测定室内质控除使用商品化质控物外，也可采用患者样本的日累计平均值进行室内质控图的绘制。

4. 为确保检测结果的一致性，应定期对血沉自动仪器法进行不同方法的比对，与魏氏法比对符合率应不小于90%。

三、临床应用

血沉测定作为一种非特异性的血液检查指标，其结果可以反映体内炎症活动的强度。多种健康问题都可能导致血沉率超出参考范围，如感染、自身免疫疾病、恶性肿瘤以及某些代谢性疾病等。

自动化血沉测定法提供了多种参数，包括血沉高度（H）、动态血沉曲线（HT）、红细胞最大沉降速度（V_m）和终末时间（T_m），这些参数的临床意义需要进一步研究。

答案解析

思考题

案例　某天检验技师小李，在做某患者样本的血栓弹力图普通杯测试，测定完毕，图形显示呈一条直线。

初步判断与处置　小李向主管技师张老师请教，张老师说："图形呈一条直线，常见的原因是系统未检测到血栓凝块，比如氯化钙漏加，没有启动反应"。建议小李重新测定该样本，重新测定后果然图形出现。

问题

（1）普通杯测试包括哪几个主要步骤？

（2）血栓弹力图普通杯测试操作细节还应注意哪些？

（3）血栓弹力图除普通杯测试外，还有哪些类型？

（程　江）

书网融合……

重点小结

题库

微课/视频1

微课/视频2

微课/视频3

微课/视频4

第十三章　尿液分析仪

PPT

学习目标

1. 掌握尿液分析仪的基本结构和原理；熟悉尿液分析仪的操作使用、可测量项目与报告；了解尿液分析仪的发展简史、现有应用状况及发展前景。

2. 具备尿液分析仪正确使用和日常维护的能力。

3. 树立尿健康管理与疾病早诊早治意识，利用自动化分析仪辅助泌尿系统、肝脏及内分泌相关疾病的早期诊治。

通过尿液物理性状、化学成分和有形成分的检测，尿液分析能实现泌尿系统疾病、肝脏相关疾病以及内分泌代谢疾病等的诊断及疗效观察与预后判断。尿液分析仪（urine analyzer）主要分为尿液干化学分析仪和尿液有形成分分析仪两大类。早期此类设备被称作尿试纸阅读器（urine strip reader），而用于尿液有形成分分析的设备则被称为尿沉渣分析仪（urine sediment analyzer）或尿液颗粒分析仪（urine particle analyzer）。许多仪器品牌已将这两种设备集成在一起，形成了尿液分析工作站、尿液分析流水线或一体化尿液分析设备。

第一节　尿液干化学分析仪

尿液干化学分析仪起步于干化学试纸分析技术。干化学试纸分析技术的历史可以追溯至17世纪英国物理学家罗伯特·波义耳（Robert Boyle）将石蕊试纸（litmus paper）用于溶液pH值测定。20世纪70年代，具备8项检测指标的半自动尿液干化学分析仪得以推出。到1980年，全自动尿液干化学分析仪在国外兴起，并投入生产。1985年，国内多家厂商开始引入了这种尿干化学试纸条（test strip）生产线。1990年，国产尿液分析仪开始大量进入市场。2005年，国产全自动干化学分析仪在临床科室广泛应用，这标志着国内尿液分析仪生产技术已经成熟。

一、仪器分类与结构 e 微课/视频

（一）仪器分类

尿液干化学分析仪按自动化程度分为手动、半自动和全自动三类，按使用场景分为便携式和固定式两种，按试纸条所能检测的尿液指标项分为有8、10、11、14项等多联试带尿液干化学分析仪。按检测原理主要包括反射光度法和数字影像分析法。

1. 手动便携式尿液干化学分析仪　适合在偏远地区或需移动操作检测的场景中使用，具有轻巧的体积和重量，可在干电池或电源适配器供电下使用。一般每次仅能分析一条试纸，分析完成后可进行结果的展示或打印。

2. 半自动尿液干化学分析仪　操作时，需要人工将样本充分混匀后，试纸浸入尿液样本，放置于检测台由传动装置将试纸送入仪器，自动完成测定。市面上的品牌和型号众多，多为台式仪器，检测

速度也因设计而异。

3. 全自动尿液干化学分析仪 操作时，除完成半自动操作步骤外，仪器可自动完成尿液混匀、滴加等手工操作，尿液样本滴加方式，有浸入式和点滴式两种。检测原理除用反射光测定外，不少机型还采用折射法、散射法和颜色传感器法分别测定尿比重、尿液浊度和尿液颜色。全自动尿液干化学分析仪在各级医院已普遍使用，有众多品牌和型号，体积尺寸较大，大型尿液干化学分析仪多为立式。

（二）仪器结构

尿液干化学分析仪通常由机械系统、光学系统、电路系统和尿液处理系统等四大部件系统组成。半自动与全自动分析仪的主要区别在于样本输送器、取样针和清洗管道的设计。

1. 机械系统 指的是机械传输装置，主要功能包括干化学试纸的拾取、运送与检测，以及将检测完毕的试纸传送至废物收集盒。在全自动尿液干化学分析仪中，机械系统还承担尿液标本的运送、干化学试纸的自动浸入功能。一些使用取样针的分析仪，机械系统功能还包括尿液的自动混匀与吸取、取一定量逐滴加至各干化学测试垫上，以及检测完毕后吸样针的自动清洗。一些尿液分析仪还在仪器内部配置位置参考块（又称定位块），以帮助仪器正确识别和定位试纸条上各个测试垫的位置，防止因试纸条放置不当或测试垫受到污染带来的误读结果。这个小装置对于仪器自动调整正确读取位置十分关键，是仪器自动化、自我检查与校准、批量处理试纸条，以及不同品牌或类型试纸条的重要部件。

2. 光学系统 主要由光源及光接收与转换器组成。常用的光源器件有卤灯、卤钨灯、发光二极管（LED）或高压氙灯。作为光源配套装置，光接收与转换器将测试垫的反射光转换为可测量的电信号或数字图像。转换器通常有三种类型：①基于光电转换器（如光电二极管或光电晶体管）的反射光接收与电信号转换；②基于三基色（RGB）颜色传感器的颜色感知与电信号转换；③基于光电图像传感（CCD或CMOS）的数字图像拍摄与数据转换。

3. 电路系统 由微处理控制器、数字转换器（模拟信号-数字信号转换过程中的数模转换器）等组成，以控制整个系统的程序化运行，从而将光学系统信号转换为电信号，并换算为相应物质的浓度值，最终实现结果的显示、储存和打印。当然，这些结果能进一步通过接口传入LIS，出具最终的检验报告单。

4. 处理系统 部分尿液干化学分析仪配备了样本定量滴加和真空吸引处理装置，用以移除超出测试垫承载能力的多余尿液样本，以及确保每个测试垫合理的承载量。该设计有效避免了这样的现象：由于测试垫之间物理间距较小，过量的尿液样本可能溢出并流入相邻测试垫之间的间隙。这种溢出和填充可能使两个相邻的测试垫连接在一起，引起其各自附着的固相试剂发生迁移，进而引起不期望的化学反应，导致交叉污染。在全自动尿液干化学分析仪中，通过精确控制，每个测试垫上的反应都使用最佳量的尿液进行定量滴加。这种方法不仅确保了每个测试垫上样本反应的精确性，而且通过尿液样本滴加量的控制，有效避免了测试垫之间的交叉污染，提高了检测的准确性和重复性。

5. 折射计 部分全自动尿液干化学分析仪还采用折射法来测定尿比重。此类仪器内部会加装折射计部件以取代干化学比重测定法，以获得更准确的尿比重检测结果。

（三）试纸条结构

每一条尿液干化学检测试纸条由多个测试垫（test pad）和载体片（carrier foil）构成。按测试垫结构，试纸条还可分为单层结构和多层结构试纸条。在多层结构试纸条中，测试垫由多层浸渍了相应化学试剂、能与特定尿液成分发生反应的试剂垫（reagent pad）构成。为防止临近测试垫带来的反应污染，多层结构试纸条表面用特制的尼龙膜覆盖，中间包含1~3个试剂垫层（它们具有参与尿化学反应、吸水、抗维生素C干扰等作用），底层为塑料载体片（作起固定和支撑测试垫的作用）（图13-1）。测试垫按预先设计的位置、顺序和间距逐一粘贴到载体片上，最终形成多联试纸条。同时，在每一条试纸条上，会额外增加一个补偿垫，起空白对照作用。一般情况下，每种试纸条都为特定型号的尿液干化学分析仪设计，应特别注意试纸条使用时的匹配。

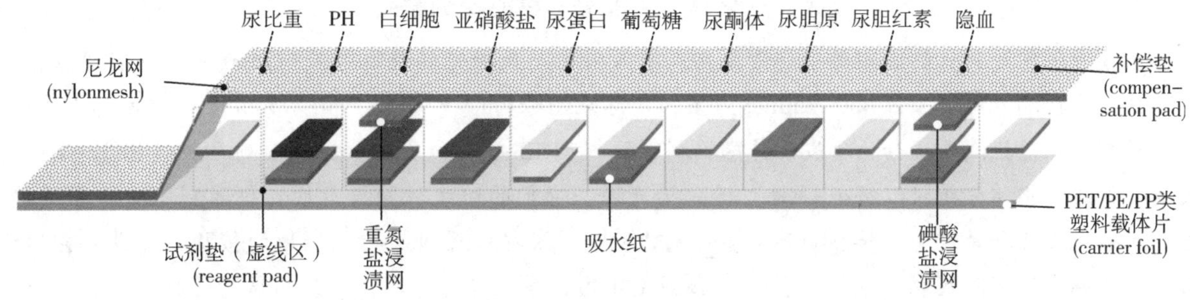

图 13-1　尿干化学试纸结构示意图

二、仪器检测原理

早期尿液干化学分析仪主要采用单波长反射光度法作为基本检测原理。近年来，许多新型分析仪利用发光二极管（LED）作为光源，以多波长反射光检测方式来适应不同试纸的颜色反应特性。新一代分析仪采用高精度的颜色传感器、电荷耦合器件（CCD）或互补金属氧化物半导体（CMOS）相机来捕捉试纸上反应颜色的变化，并通过分析这些变化来提高检测的精度和灵敏度。

（一）反射光度法检测原理

该检测原理为：试纸条上的每一个测试垫与尿液特定成分分别发生特异呈色反应。由于这些测试垫其颜色深浅变化与相应物质的浓度成正比，因此，读取各测试垫的颜色进而换算，即可实现尿液各成分检测。

如图 13-2 所示，尿液干化学仪检测系统由光源和光电接收器组成，具体工作原理为：光源发射特定波长的光，经光路系统的传导照射在各尿测试垫上。此时，与尿液接触反应而出现颜色深浅变化的各测试垫可对照射光产生相应的吸收和反射，测试垫呈现的颜色越深，其光量吸收越大，反射率越小；反之颜色越浅，光量吸收越小，反射率越大。这种反射光经光电传感器的接收和电信号转换，由计算机进行信号处理与数据分析，在与空白测试垫颜色的比较计算下，完成尿液多种成分的定性与半定量分析。最终，检测结果转化为相应的浓度数值或定性描述结果，通过屏幕显示或网络输出。一些分析仪还具备测试垫本底色检测功能，能有效校准尿液样本颜色所带来的影响，并能实现尿液颜色和透明度的初步识别。

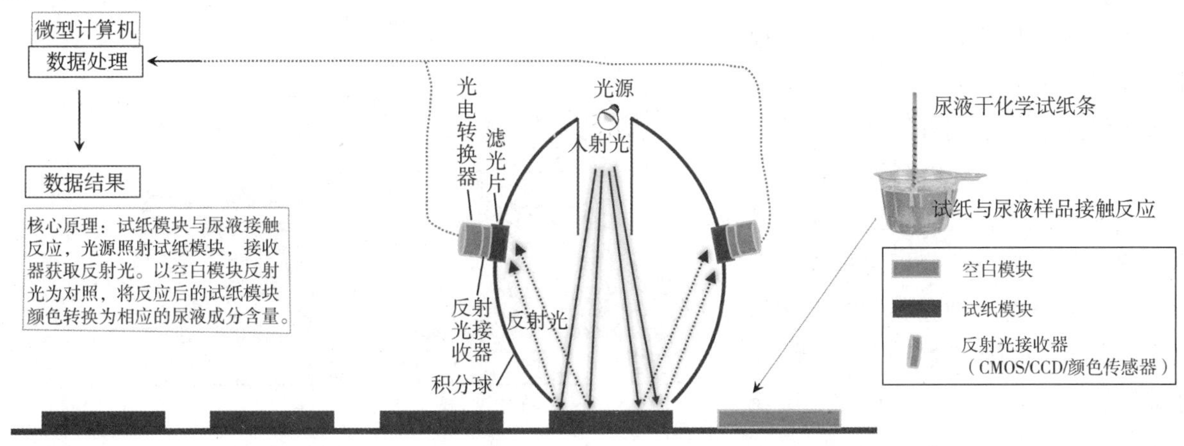

图 13-2　尿液干化学分析仪（积分球式、多波长）检测原理

知识拓展

尿液干化学分析仪光学核心检测结构

尿液干化学分析仪的检测核心要素主要包括入射光与反射光的获取以及试纸颜色的真实还原。干化学分析仪检测光源波长以450~750nm为主，实际应用分为“单波长”和“多波长”两种波长进行。与此对应，仪器检测系统分为单波长传感检测系统（图13-3）和多波长传感检测系统（图13-2）两大类。传统干化学分析仪以多个LED灯泡作为光源，它们的组装位置与角度在仪器制造中十分关键：光源入射光位置和角度会直接影响测试垫对光的反射以及接收器对反射光强度的接收，并最终会影响对测试垫颜色的有效获取与还原。尽管CCD或CMOS光电图像传感器能捕获高质量的测试垫反射光图像（高达7776色素图像），检测速度优势也很明显，不过还是会因光源入射光角度调整和反射光强度损失问题，最终出现测试垫颜色获取偏差而导致检测结果问题。传统尿液干化学分析仪存在结构复杂、体积大、仪器价格高的缺点，如何有效改进光学核心检测结构成为仪器创新发展的关键所在。

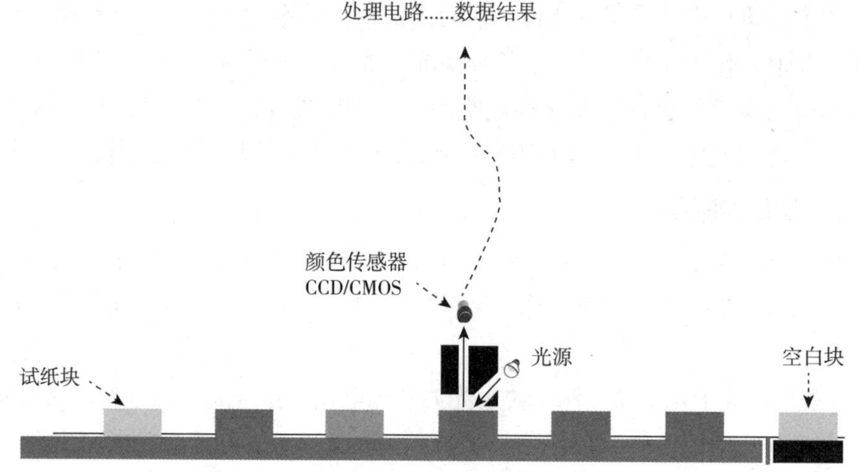

图13-3 基于颜色传感的单波长光学检测核心结构

（二）折射法比重测定原理

光线从一种介质向另一种介质照射时，会发生相应的折射现象，计算入射角与折射角的变化即可获得折射率。在尿液分析仪中安装一折射计，一束光线通过一个充有尿液的三棱镜槽后，折射率改变，检测器接收到这一改变的折射率，进而算出该尿液样本的比重值，折射计分析原理参考图13-4。影响折射率的主要因素有物质性质和浓度，浓度越高，折射率越大。尿液各物质浓度是改变折射率、影响比重的重要因素。

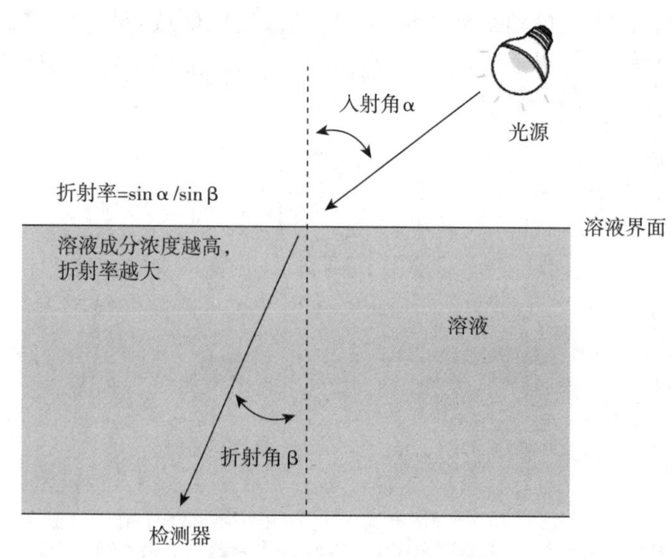

图13-4 折射法测定原理

三、可测量项目与报告

尿液干化学分析仪能够对多项尿样本指标进行快速检测。这些可检测项目由干化学试纸上的测试垫数目多少来决定。基于这些项目组合，可形成我们通常所说的“多联试纸（multi-strip）”和特定的“组合试纸条”（combine strip）。此外，干化学分析仪通常与尿液有形成分分析仪联合使用，以提供更全面的尿液分析结果。

现有尿液干化学分析仪最多能提供14项检测指标结果，临床实际通常提供10项（又称“尿10项”）（5组）检测结果，包括：①尿比重、尿白蛋白、红细胞和白细胞；②红细胞、白细胞、亚硝酸盐；③尿糖（葡萄糖）、尿酮体和尿比重；④尿胆红素和尿胆原；⑤pH、尿比重和维生素C等。这些项目检测结果最终还会显示定性报告和定量报告两类：如尿白细胞、亚硝酸盐、尿隐血、尿酮体等指标一般为定性报告，结果以阴性（-）、阳性（+）显示。而pH（单位：无）、尿比重（单位：无）、尿肌酐（单位：mmol/L）等指标一般为定量报告，显示为具体数值。同时，还需注意的是，目前临床实验室检测结果中，干化学检测结果一般与尿液有形成分分析结果出现在同一份报告单中。

四、操作与维护保养

（一）操作使用

半自动尿液干化学分析仪的使用应遵照规范的标准操作程序（SOP）。主要包括开机预热、仪器状态检查与质控、样本准备、加样反应、比色分析和结果判读等过程。同时，仪器使用前需要阅读用户手册，了解仪器的具体操作流程和参数设置方法。

1. 开机预热　开启仪器电源，让仪器进行预热，达到稳定工作状态。

2. 仪器状态检查与质控　在预热过程中，检查仪器的各个部件是否正常工作，包括光源、光电转化器、传感器或CCD/CMOS等。随后，对尿液干化学分析仪进行室内质控。

3. 样本准备　采集患者尿液样本，按照样本采集手册进行处理。

4. 加样反应　在进行测试前，需要输入样本的唯一标识符和选择测试的项目。随后，将尿液样本加入到多联试剂条上，或将试纸条浸没至尿液样本中，并用吸水纸沾吸多余尿液。各测试垫上的固相试剂发生反应，产生颜色变化。

5. 比色分析　将试剂条放入仪器比色槽内，此时仪器光源会照射至试剂条上产生不同强度的反射光。颜色传感器、CCD或CMOS器件随即进行光线获取与颜色提取，并进行电信号转换，后经微处理器计算获得各测试项目的反射率。

6. 结果显示与判断　与标准曲线比较后，仪器会自动以定性或半定量的方式输出结果，并给出判断。

全自动尿液干化学分析仪与半自动分析仪的操作大同小异，主要差别在于检测试纸条的安装。全自动分析仪一般都配有专门的试纸仓，操作者只需将试纸条按仪器使用说明放置好即可。一旦试纸放置好，试纸仓不可随意打开。

7. 操作使用注意事项　操作中要特别注意干化学试纸的质量保证。通常需要将干化学试纸存放在干燥、避光、室温的条件下（切忌放入冰箱中保存）。每次使用时取出适量试纸即可，未用完的试纸应放回原瓶，并注意干燥剂不可随意取出。同时还需注意，开启的试纸应在一周内使用完毕。不得使用受潮、过期或颜色异常的试纸。

（二）维护保养

尿液干化学分析仪使用后的日常维护保养十分重要，一般会进行以下几个方面的工作。

1. 仪器清洁维护　操作结束后，进行仪器的清洁和保养，包括清洁比色槽、废液处理等。

2. 仪器定期保养　定期对仪器进行保养，并制定日常、周常和月常保养计划。例如，使用清水或中性清洗剂擦拭仪器表面，清洁试纸托盘、传输装置和废试纸容器。对于容易积累尿液残液或积垢的部位，应拆下后进行刷洗和清水冲洗，擦拭干燥后重新安装。仪器的光路、基准白块区等主要部位必须保持清洁，避免灰尘和颜色污染。

五、临床应用

尿液干化学分析仪在泌尿系统疾病、糖尿病、肝脏疾病等的诊断和治疗中发挥重要作用。

（一）疾病筛查应用

尤其在泌尿系统疾病中，尿干化学实验室检查是早期发现慢性肾病的重要手段。例如，尿白蛋白为多种类型的肾病，特别是早期到进展阶段的肾病发现提供了一项敏感性指标。采用干化学试带法测定尿白蛋白，能快速、简便进行泌尿系统疾病（如肾炎、膀胱炎等）、肝脏相关疾病（如肝炎、肝硬化等）及内分泌代谢疾病（如糖尿病）的初步筛查和早期诊疗。

例如，临床“肝病二联”（尿胆红素、尿胆原）、“肾病四联”（尿 pH、尿白蛋白、尿隐血或红细胞、尿比重）、“糖尿五联”（尿 pH、尿白蛋白、尿糖、尿比重、尿酮体）等检查，以及常用的“尿 10 项”（共 5 组）检测正是在这种目的得到广泛应用。

此外，近年一些研究发现的尿液相关肿瘤成分，为今后开展基于干化学检测的乳腺癌、肝癌、肾癌等早期发现提供了前景。

（二）应用优势与局限

在临床应用中，尿液干化学分析仪具有手工操作所不具有的优势，主要表现为多项目联合测定和基于数字图像传感器（CCD 或 CMOS）的更高比色测定性能。

不过，尿液干化学分析仪局限性也有诸多方面，包括非折射计法测定不准确性、尿蛋白选择性检测局限、尿糖特异性检测局限、酮体灵敏度检测局限、胆红素抑制性检测局限，以及尿红、白细胞交叉反应检测局限。

第二节　尿液有形成分分析仪

尿液有形成分分析仪是用于尿液有形成分定量和定性分析的临床检验仪器。它可以检测红细胞、白细胞、上皮细胞、管型、结晶、病原体、细菌等尿液成分，并能对某些检测结果，如病理管型、小圆上皮细胞、类酵母细胞、结晶、精子等进行提示性和定量报告结果。

一、仪器分类与结构

尿液有形成分分析仪根据检测原理和流程，分为流式细胞尿液有形成分分析仪和数字成像尿液有形成分分析仪，其中数字成像尿液有形成分分析仪又分为平面流式图像有形成分分析仪和显微数字成像有形成分分析仪。

1. 流式细胞尿液有形成分分析仪　该仪器除采用流式细胞分析技术，还使用了电阻抗技术、荧光染色技术、彩色 CMOS 传感器技术来综合分析尿液有形成分，甚至能够与其他干化学分析仪或尿液颗粒数字图像分析设备相连接，共同构成一个完整的尿液分析流水线系统。

2. 平面流式图像尿液有形成分分析仪　该设备以液体鞘流技术实现了样本在流动池中的连续流动和高清显微数字拍摄。同时，它还通过神经网络算法和专用的自动粒子识别（Auto-Particle Recognition Software，APR）软件，高效进行图像分割和有形成分的鉴别与计数。国内厂商通过技术创新，开发出了具有自主知识产权的全自动尿液有形成分分析仪，推出了模块化流水线分析系统。通过集成先进的数字影像技术和自动化处理流程，极大提高了尿液有形成分分析的效率及其准确性与重复性。

3. 显微数字成像尿液有形成分分析仪 与平面流式显微图像分析仪不同，在该仪器中，尿液样本有形成分会先以离心或自然沉淀的方式沉积在专用的计数池内，数字相机随即以人工或半自动或自动化方式对有形成分目标进行数字拍摄和分析，并获得形态特征定性和细胞计数定量检测结果。

上述三种分析仪均旨在分析尿液有形成分（包括细胞、管型、结晶、细菌等），但彼此也有区别：前两类仪器均利用了液体鞘流技术。其中，流式尿液分析仪通过鞘流技术提供细胞或颗粒的定量（包括管型数量计数）检测，平面流式图像尿液分析仪则将鞘流技术和显微拍摄技术进行结合，在定量分析同时提供有形成分显微图像，提高了有形成分定量分析与形态学定性识别的能力。显微数字成像尿液分析仪尽管在分析效率和通量上不如前两种分析仪，但它独特的染色分析能力让有形成分特征图像更加清晰和鲜明，强化了有形成分形态学显微拍摄与详细观察定性分析。

（一）流式细胞尿液有形成分分析仪结构

1. 自动进样装置 自动进样装置是现代实验室仪器自动化的关键部件，具有条码扫描和样本自动识别功能。该装置包括试管架自动进样传输装置、样本混匀器、定量吸样装置、样本传输管路等组成。仪器在进样装置处吸取尿液标本并转移至测量系统中的反应器。同时，各管道和电子阀门将试剂送入反应器中与尿液反应，相关检测将随后开启。

2. 鞘流系统 鞘流系统是流式细胞技术中单细胞层流形成的关键组件，由样本池与样本管、鞘液池（sheath fluid reservoir）与鞘液管、喷嘴（nozzle）和流动池/流动室（flow cell）组成。这些组件通常由透明、化学性质稳定的光学玻璃或石英玻璃制成，能确保不挂残留液体。样本管和鞘液管在喷嘴位置汇合。其中，样本管处于中央轴线区，以轴线通道方式贯穿至喷嘴，鞘液管则环绕在样本管周围，以膨大中空结构延伸至喷嘴外围。喷嘴的孔径和形状经过精确设计控制，其前方是单细胞或单颗粒层流形成的流体动力聚焦作用区，其出口连接流动池，并继续连接至排出管。流动池呈圆管形，采用高纯度石英玻璃制成，中央孔径仅供单细胞通过（图 13-5）。

3. 光学检测系统 作为仪器检测的核心结构，系统通常包括流动池和氩离子激光系统。其中，氩离子激光系统包括氩离子激光发生器（波长 488nm）与反射器、前向光收集器与检测器、侧向光收集器与检测器，以及荧光信号检测器等。

4. 电阻抗检测系统 与血细胞计数仪电阻抗检测系统类似，是流式细胞术应用仪器的一个标准组成部分，由流动池入口内外两端安装的电极及其形成的恒定直流电场组成。

5. 电子和电路系统 该部分主要包括对电子信号处理（包括获取、放大、转换、电子信号整理）的部件及微处理器系统。

6. 微机系统及屏幕显示与输出设备 流式细胞尿液有形成分分析仪器标配了电脑硬件和软件系统，操作人员可在电脑显示屏上对仪器进行操作，以及查看数据（如散点图和直方图）与报警信息、执行清洗、质控和数据等管理任务。

（二）平面流式图像尿液有形成分分析仪结构

从整体结构上看，此类仪器与流式尿液有形成分分析仪有较多相同之处，都包含自动进样装置、鞘流系统、光学与电阻抗检测系统、电子和电路系统及微机系统、屏幕显示与输出设备。不同的是，它还额外增加了显微镜镜头和 CCD 自动拍摄相机，在细胞、管型等定量计数基础上提供了精度更高的有形成分形态学识别与分类定性分析。其中，仪器的鞘流系统采用薄层平板结构，在充分利用鞘流原理的同时，强调样本在分析中的流动性（flow-through）。

1. 平板鞘流系统与平面流式图像模块 采用薄层平板鞘流技术，待检样本经样本管到达喷嘴，并在被鞘液在此包裹样本进入流动池内。样本液在流动池持续流动中，数字显微摄像镜头进行全自动、智能高速拍摄，获取有形成分照片。

2. 计算机分析处理系统 由电脑主机、软硬件系统、显示器和电脑外设（鼠标、键盘等）组成，并能双向通讯接入 LIS 或 HIS 系统。利用电脑主机运行能力，软件系统能对拍摄的数字图像进行自动分割、分析、处理和归纳，并通过显示器对图像、数据进行显示、存储和管理。近年来，这种分析系统还利用神经网络算法、深度学习（deep learning）等机器学习、人工智能（artificial intelligence，AI）技术进行自主学习（self learning）、训练（training）和改进（reforming），实现尿有形成分的智能鉴别。

（三）显微数字成像尿液有形成分分析仪结构

显微数字成像尿液有形成分分析仪在结构上均包含自动传输系统、进样混匀和取样系统、样本定量装置、显微镜、数字相机（自动对焦）、高级图像分析系统（基于电脑系统的神经网络图像识别算法及软件）、打印系统等结构。

二、仪器检测原理

（一）流式细胞尿液有形成分分析仪检测原理

流式细胞尿液有形成分分析仪采用流式细胞技术来实现尿液有形成分的自动化定量分析：通过将半导体激光、流体动力学聚焦（鞘流）及荧光染色等技术进行综合应用与构建，形成了一个有效的尿液有形成分检测系统。仪器检测原理见图 13-5，涉及到特定荧光染料染色、鞘液流体动力聚焦、荧光激发与鞘流流动检测、电阻抗检测。

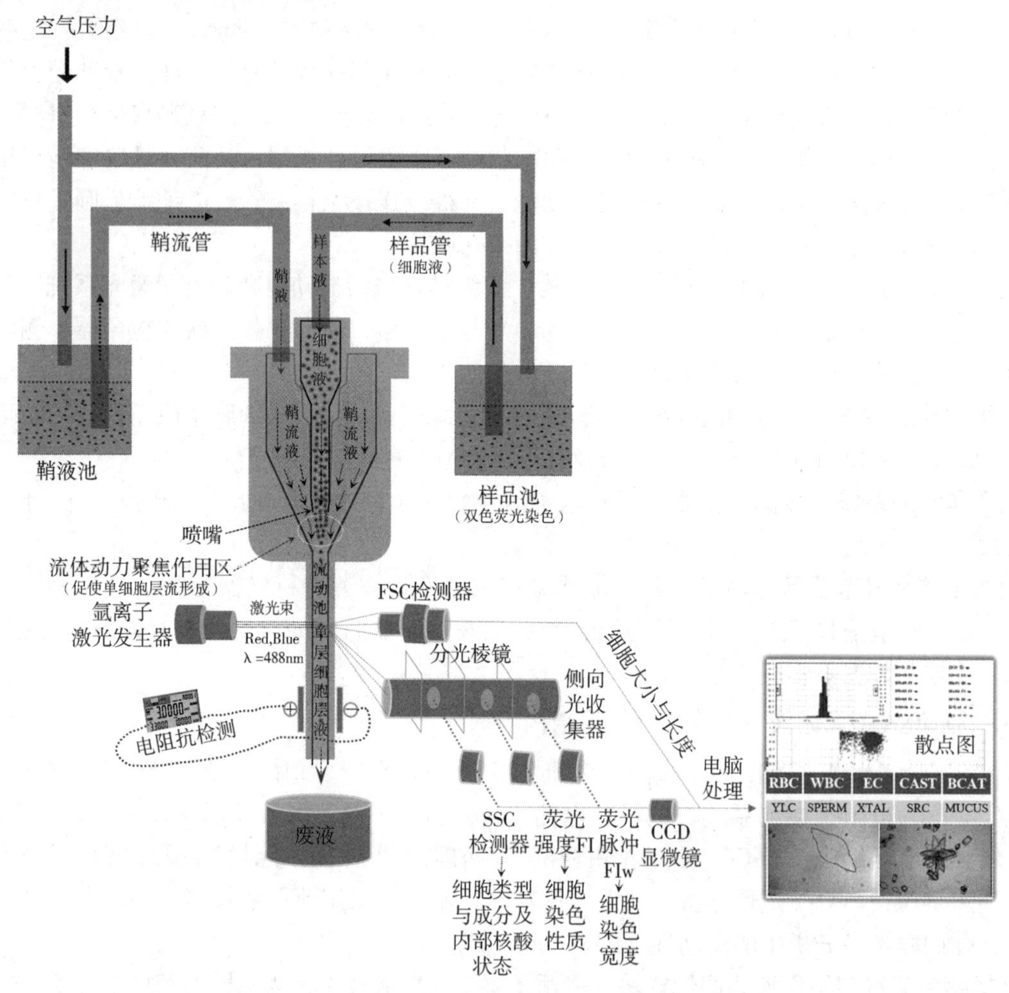

图 13-5　流式细胞尿液有形成分分析仪原理示意图

1. 两种特殊荧光染料染色　检测前，样本会通过菲啶和羰花青两种荧光染料进行染色。菲啶染料（如 DAPI、SYTOX Green）能够特异性地对样本中的细胞核酸物质进行染色，在 480nm 激光照射激发下可产生 610nm 橙黄色荧光。该波段荧光强度与细胞内核酸含量成正比，可区分有-无核细胞（如白细胞与红细胞）和有-无内含物管型（如颗粒管型与透明管型）。而 CY3、CY5 和 CY7 等羰花青染料具有较强的膜穿透能力，能与细胞质膜（细胞膜、核膜和线粒体）的脂质层结合，460nm 激光可激发产生 505nm 绿光荧光。通过对该波段的荧光检测可分析和评估细胞大小差异。

2. 鞘液流体动力聚焦　鞘液是一种含有抗凝剂和稳定剂的等渗、无颗粒缓冲液，能抑制尿液细菌繁殖。由于能有效防止样本细胞/颗粒发生聚集或堵塞，减少多细胞同时通过检测点而导致信号重叠的错误发生，因此它被用来包裹并推动待测样本在流动池中保持持续的单细胞层流。鞘流流体动力聚焦是指：样本管中的尿细胞悬液在液流压力作用下以流动方式由喷嘴喷入流动池。与此同时，鞘液池中的鞘液亦在液流压力下经鞘液管形成鞘流，并流向喷嘴。此时，喷嘴的特殊形状、包覆在外的鞘液管、鞘液及鞘液压力迫使喷嘴前方局部空间变成流体动力聚焦区。当鞘液在喷嘴处能以 360°包覆方式与细胞/颗粒样本液混合时，将裹挟迫使样本液中的细胞形成单细胞（或单颗粒）流。

3. 荧光激发与鞘流流动检测　尿液样本经过离心、重悬、染色等预处理后由样本管加入，随后在喷嘴前方局部空间在鞘液裹挟下形成稳定的单细胞/颗粒流喷入流动池。该单细胞液流动通过流动池，氩离子激光器产生的激光（488nm）对染色单细胞或单颗粒进行照射并荧光激发实现流动检测。仪器可获得每种细胞或颗粒的相应直方图与散射图，对尿液中各类有形成分的大小、横截面、染色长度、细胞容积等信息进行区分，并根据这些信息来识别红细胞、白细胞、上皮细胞、管型、细菌等成分，从而得出定性和定量分析结果。

（二）平面流式图像尿液有形成分分析仪工作原理

平面流式图像尿液有形成分分析仪利用液体鞘流技术，使尿液样本在流动室内连续流动，并通过高分辨率数字摄像装置捕获动态图像。在尿液流动过程中，摄像装置捕捉有形成分的图像，之后软件系统对这些图像进行详细分析。

1. 自动数码影像拍摄　显微镜物镜固定在流动池一侧，CCD 数码相机则位于显微镜目镜后。单层（薄层）鞘液由喷嘴喷出，从流动池流经显微镜物镜镜头时，镜头会自动调焦获取标本的最大面积视野。位于物镜后的数码相机自动进行焦距调整，在高频闪光光源配合下，将经过物镜镜头的有形成分会拍摄下来（拍摄频率 24 次/秒，照片数≥500 张/样本，速度≥100 标本/小时）。原理见图 13-6。

2. 自动粒子识别软件 APR 与有形成分智能识别　连接到计算机分析系统的仪器，具有较强的数字照片存储能力（≥10000 份）。而且，通过电脑端预置的自动粒子识别软件 APR 和数据库，能实现 12 种典型有形成分的图像分割与识别。这些被识别出来的单独“粒子”图像信息（包括大小、外形、对比度、纹理等特征）经过与数据库中的标准模板对比，最终获得有形成分的鉴别。

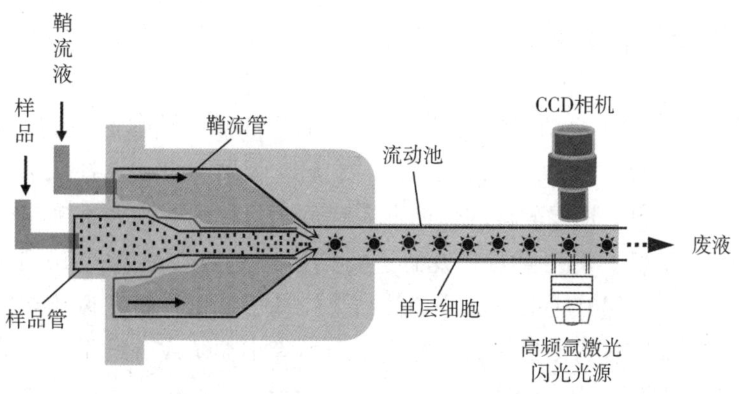

图 13-6　薄层平板鞘流技术原理图

（三）显微数字成像尿液有形成分分析仪工作原理

采用尿液样本专用计数池，通过离心沉淀、或静止沉降、或染色后静止沉降等方法，使尿液中的有形成分沉积于计数池底部。随后，利用数字成像技术对沉淀的有形成分进行高清晰度拍摄，获取其数字图像。最终，通过专用图像分析软件对这些图像进行处理，以识别和计数尿液中的有形成分，从而提供较为可靠的检测结果。

按尿样本预处理方法的不同，此类有形成分分析仪又分为离心沉淀、自然沉淀、染色自然沉淀三种机型（图 13–7）。

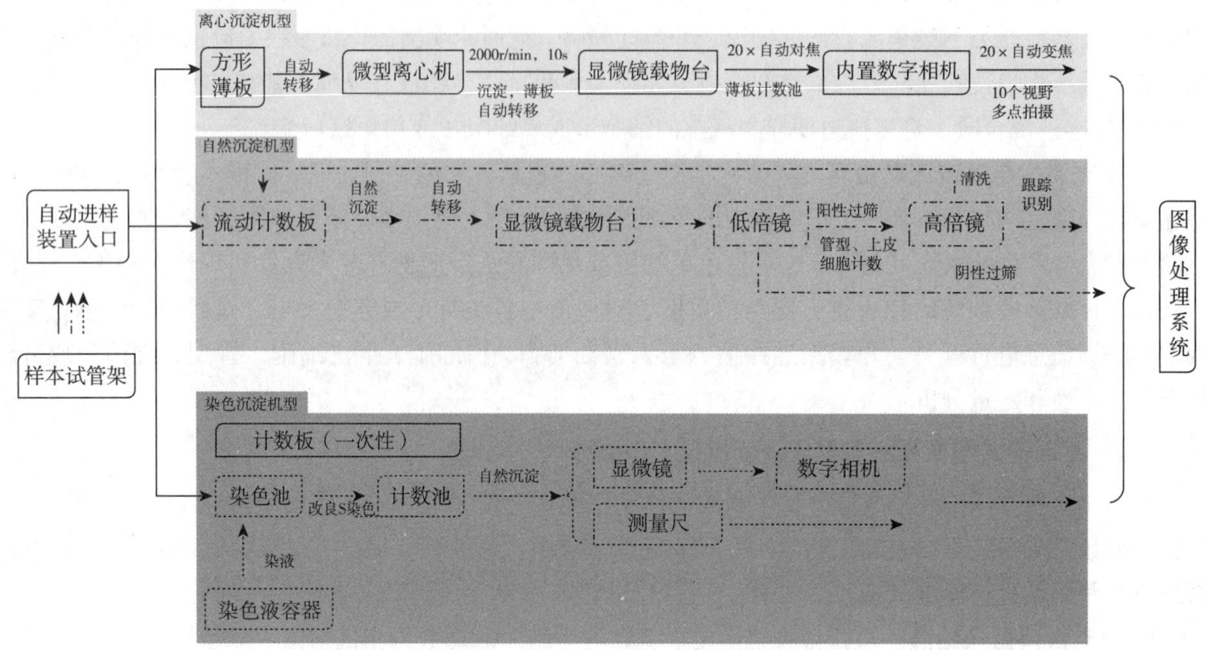

图 13–7　三种典型显微数字成像尿液有形成分分析仪工作原理

1. 离心沉淀机型　仪器开机自检后，将待测标本置于自动进样装置的入口。取样针插入至标本溶液的中下部，打出气泡混匀样本。取样针吸取混匀样本（200μl）注入到方形薄板中。薄板随之被转移到内置的离心机中，进行离心（2000r/min，10s）处理。此时，离心后的样本溶液将出现沉淀分层，将薄板置于内置的显微镜载物台上（20 × 物镜镜头），由数字相机（20 倍变焦）进行多点拍摄，并进行样本成分的识别和判定，不能识别的有形成分，或者因形态特征接近而产生的误判结果，会通过图片复核的方式由有经验的检验人员进行确认、核实或修改。有形成分检查最终结果通常采用定量数据和传统的高倍视野报告进行，其灵敏度和准确性与模型算法、数据库提供的粒子特征信息更新情况直接相关。

2. 自然沉淀机型　样本置于自动进样装置入口后，取样针伸入样本中反复吹吸混匀。混匀后的样本被吸取注充至特制的流动计数板中进行自然沉淀。之后，仪器会自动选择低倍镜，对计数板内的样本有形成分目标进行扫描，并在图像软件的辅助下实现可疑目标的寻找和准确定位。高倍显微镜在可疑目标出现时会自动转换启用，对可疑目标视野进行拍摄（一般会拍摄 8~16 张照片）。最后，分析高、低视野中的目标影像，即可获得有形成分相关结果：基于低倍视野图像能获得上皮细胞、管形等大颗粒分析结果，而基于高倍视野图像能获得细胞、结晶等小粒子成分结果。在神经网络算法和数据库预置模型助力下，数字图片中的目标颗粒特征信息（如大小、颜色、灰度、纹理等）能很好进行比对、拟合、分析和理解，最终实现分类、计数及图文定量结果报告。与前一种机型类似，不能识别或错误识别的成分会被直接提示显示在电脑屏幕上，专业人员可在屏幕上对告警信息的图像进行浏览，并对相关提示信息进行查看、甄别与纠错。

3. 染色自然沉淀机型　此类仪器其系统配置了独特结构的计数板，能同时进行样本染色和计数。样本检测时，计数板内的染色池会首先滴入染液（一般是阿利新蓝和派洛宁 B）混匀，随后尿液样本被注入其中进行染色。染色后的样本被转移到计数池中，经一段时间的自然沉淀再进行显微拍摄，并最终获得彩色图文检验结果。该类型仪器通过三种方式来获得最佳检测结果：①样本一般采用改良 S 染色进行。这种方法能让颗粒内部的细微结构更凸显，防止彼此干扰，可大大提高有形成分的辨识度，进而降低误判率、提高检测阳性率；②具有能容纳精确样本体积的计数池，它对于显微镜细胞计数十分关键；③该仪器还配有独特的测量尺，能对有形成分大小进行测量。

三、可测量项目与报告

对尿液有形成分的形态描述、术语与结果名称应统一规范，建议参照尿液检验有形成分名称与结果报告专家共识（2021 年）。该共识总结了生理与病理状态下可通过显微镜观察的尿液有形成分，并针对这些成分提出了应用广泛、实用性较强的形态学名称建议。同时，针对尿液检查中出现的异常有形成分数量和种类，共识也给出了分层报告及诊断与描述性诊断的建议。此外，共识对尿液细胞、管型、结晶、病原体形态进行了描述，提示了鉴别要点、来源与机制及意义与应用。具体见表 13-1。

表 13-1　尿液有形成分常见报告名称及分类

类型	报告分类名称
红细胞	正常红细胞、大红细胞、小红细胞、红细胞、大小不等、棘细胞、球状突起样红细胞、锯齿状红细胞、皱缩红细胞、红细胞碎片、环形红细胞、影红细胞
白细胞	中性粒细胞（多形核白细胞或分叶核粒细胞、闪光细胞、脓细胞、小吞噬细胞）、淋巴细胞、嗜酸性粒细胞、单核细胞、巨噬细胞
上皮细胞	鳞状上皮细胞、尿路上皮细胞（表层、中层、底层）、肾小管上皮细胞、柱状上皮细胞
其他细胞	脂肪颗粒细胞、诱饵细胞、含铁血黄素颗粒细胞、多核巨细胞、精子细胞、异常上皮细胞（高级别尿路上皮癌细胞、可疑高级别尿路上皮癌细胞、非典型尿路上皮癌细胞、低级别尿路上皮肿瘤细胞）
管型	透明管型、红细胞管型、血液管型、血红蛋白管型、白细胞管型、肾小管上皮细胞管型、脂肪颗粒细胞管型、颗粒管型、蜡样管型、脂肪管型、宽大管型、蛋白管型、混合管型、结晶管型、空泡变性管型、泥棕色管型、肌红蛋白管型、嵌套管型、胆红素管型、含铁血黄素管型、细菌/真菌管型
结晶	草酸钙结晶、非晶型尿酸盐结晶、尿酸盐结晶、尿酸钠结晶、尿酸按结晶、马尿酸结晶、非晶形磷酸盐、磷酸铵镁结晶、磷酸钙结晶、碳酸钙结晶、胆红素结晶、胱氨酸结晶、亮氨酸结晶、酪氨酸结晶、胆固醇结晶、2,8-二羟基腺嘌呤结晶、含铁血黄素颗粒、磺胺类药物结晶（磺胺嘧啶、乙酰基磺胺嘧啶、磺胺甲基异噁唑、磺胺甲噁唑结晶）、青霉素类药物结晶（氨苄西林、阿莫西林、阿莫西林/克拉维酸结晶）、抗病毒类药物结晶（阿昔洛韦结晶、茚地那韦结晶）、抗菌药物结晶（头孢曲松结晶）、对比剂结晶（泛影葡胺结晶）
病原体	细菌（杆菌、球菌、分枝杆菌等）、真菌（酵母样真菌、镰刀菌等）、寄生虫（班氏丝虫、微丝蚴、埃及血丝虫、肾膨结线虫、艾氏小杆线虫、阴道毛滴虫）

四、操作与维护保养

1. 标本要求　遵守尿液常规标本采集程序，重点关注足够的尿量和尽快送检方面，此外，还应注意在干化学分析与尿沉渣使用同一杯（管）尿，标本不要被污染，不要将标本的检测顺序和编号混淆。

2. 操作人员要求　进行尿液有形成分检查，要求操作者经过良好的相关专业培训，具有良好的仪器操作基础。在操作中，流式类有形成分分析仪还应关注其检测局限性和影响因素，以及仪器报警信息与数据图（如直方图和散点图）特点等。特别是，操作人员需了解本科室制定的尿液有形成分筛检规则，熟悉显微镜观察法与数字成像分析法的差异，对计算机屏幕相关信息有良好识别与判断。

3. 技术参数要求 尿液有形成分分析仪质量标准依据《尿液理学、化学和有形成分检验》（WS/T229—2024）进行。该标准规定了尿液有形成分分析仪性能验证、复检规则、室内质控、室间质控、内部比对、参考区间、结果报告等技术参数要求。其中，数字成像尿液有形成分分析仪在性能验证上至少包括检出限、重复性、符合率、假阴性率、携带污染率等参数，且仪器性能判定标准符合YY/T0996中所规定的要求。流式细胞尿液有形成分分析仪在性能验证上则至少包括重复性、携带污染率、线性范围等参数，仪器判定标准可依据制造商技术手册所规定，如当红细胞 >40/ul 时，重复率和中间精密度 <10.0%，携带污染率≤0.05%。

4. 仪器维护保养 在日常维护保养上，每个型号的仪器都应按设计要求进行，使用者应遵循厂商推荐的方法自行建立符合实验室规范的SOP程序，并严格执行。例如，流式细胞尿液有形成分分析仪维护保养的重点是管道清洗。仪器每日操作完毕后，在执行关机程序前，应采用厂家提供专用清洗剂对仪器进行清洗。清洗剂由仪器内的清洗装置吸入后，会自动对取样针、管路和流动池等重要部件执行清洗。当仪器运行过程中出现进样或管路故障时，应随时执行清洗程序。有些仪器的清洗和维护相对简便，使用蒸馏水，无须特殊清洗液。

五、临床应用

临床应用中，尿液有形成分检测是尿常规分析的重要组成部分。它通常与尿液的理学和化学检查结果相结合，以进行综合分析，从而提升诊断价值。有形成分检测多用于泌尿系统疾病的初步筛查，并辅助血液系统、循环系统、内分泌系统和代谢系统疾病的诊断，为这些疾病的临床诊断、治疗和预后评估提供重要信息。

近年来，国内外研发的全自动尿液分析一体机整合并优化了尿液干化学与有形成分检测，实现了一机多用、高速联检，并简化了操作和维护。这些一体机通常包括样本输入系统、干化学分析模块、有形成分分析模块和清洗维护系统。随着技术进步，这些一体化系统进一步整合了尿液生化分析仪等设备，并在人工智能系统和软件技术的支持下，形成了具有更高实验室管理标准的尿液自动化分析设备。全自动化尿液分析流水线能够实现从干化学半定量到湿化学法定量的分析，显著提升了临床综合检测能力。全自动尿液分析一体机在慢性肾病的早期筛查和诊断与预后评估中发挥重要作用，被称为“体外肾活检”。它还可以结合质谱、分子检测技术，在深度学习算法配合下，有效解读尿液中的基因、蛋白质、代谢物等信息，为疾病诊断和治疗提供新思路。此外，2024年，一种以微流控技术为核心的尿液检测设备出现在市场，它通过100多种尿液代谢物检测为尿健康管理提供了新型工具。

答案解析

思考题

案例 某慢肾患者，常规查尿液分析，尿液干化学分析仪检测结果：隐血阴性，尿蛋白±，维生素C为2+，其他指标无特殊变化。某型号尿液有形成分分析仪检测结果：红细胞15/μl，白细胞（WBC）18/μl（参考区间：红细胞0~18/μl，白细胞0~26/μl），鳞状上皮细胞少，无管型或细菌。

初步判断与处置 报告审核人员因发现检测结果维生素C为2+，患者诊断为慢肾，由此决定对样本进行人工显微镜复检，结果为：红细胞计数为60/μl，其中75%的红细胞直径小于正常红细胞。

问题

（1）根据案例描述，尿液干化学分析仪检测结果显示维生素C为2+，这可能对其他检测结果产生什么影响？考虑到患者诊断为慢肾，为什么报告审核人员决定进行人工显微镜复检？

（2）尿液有形成分分析仪的检测结果显示红细胞和白细胞数量均在参考区间内，但人工显微镜复检却发现红细胞计数显著增加，且大部分红细胞直径小于正常值。这种情况可能是什么原因导致的？

（3）在案例中，人工显微镜复检结果显示75%的红细胞直径小于正常红细胞，这一发现对于慢肾患者的临床诊断和治疗有什么意义？针对这种情况，应该如何调整患者的治疗方案或进一步的检查计划？

（刘明伟）

书网融合……

重点小结

题库

微课/视频

第十四章　粪便分析仪

学习目标

1. 通过本章学习，掌握粪便分析仪的基本结构、检测原理和性能指标；熟悉粪便分析仪的分类及临床应用；了解粪便分析仪的新进展。

2. 具有对粪便分析仪进行日常使用、定期维护和故障处理能力；具有对粪便分析仪进行性能评价和判定的能力。

3. 树立科学、严谨的工作态度，高效使用粪便分析仪，提高粪便寄生虫及肠道病原微生物的检测能力，提供准确的检验报告。

自动粪便分析仪（automated feces analyzer）是能自动完成粪便标本前处理、显微镜摄像、免疫化学试剂卡项目检测，并结合人工智能技术，对粪便标本理学指标、有形成分和免疫化学项目进行全面分析，提供粪便综合分析报告的仪器。该仪器技术发展历史可追溯至上世纪 80 年代全球首台“全自动便潜血测定仪”。2008 年和 2009 年，我国分别推出了两款注册为一类医疗器械的“自动粪便分析前处理系统”，用于粪便标本检测前的液化处理。2013 年 2 月，我国自主研发的二类医疗器械“多功能粪便分析工作站”正式获批上市。该仪器集成了自动粪便标本处理、全自动取图、胶体金检测等多项功能，配备了全自动显微镜、多个胶体金试剂位及检测位，是首台能够实现无人值守操作的粪便分析仪。随着技术的进步，自动粪便分析仪已经发展成为集前处理、自动检测及自动（智能）审核为一体的“多功能粪便分析工作站”。

第一节　工作原理

自动粪便分析仪的基本结构由标本处理模块、形态学检测模块、免疫化学检测模块和数据处理模块构成。自动粪便分析仪通过标本前处理、自动上样、扫码录入患者信息、内置显微镜理学分析（颜色、性状拍照）及人工神经网络训练和预测等过程，最终完成有形成分、试剂卡项目等检测，形成粪便检验报告单。粪便分析仪的工作流程见图 14-1。微课/视频 1

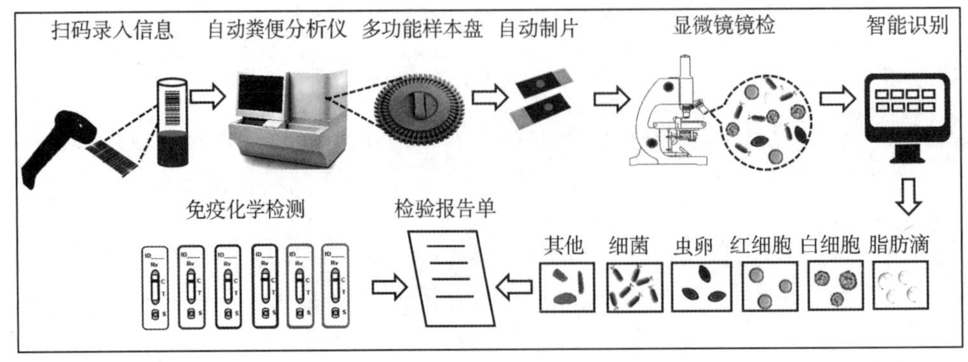

图 14-1　粪便分析仪工作流程示意图

一、理学指标检测

粪便理学指标检测主要包括粪便颜色和性状。自动粪便分析仪在进行理学指标检测时，首先使用内置摄像头对采集管或检测杯内的粪便标本进行拍照，利用粪便标准颜色库进行校准、对比，获取并标记图片的像素点和颜色。随后，利用图像处理软件（如卷积神经网络模型）进行测试，对导入的图片进行识别、标记、判断，最终在人工辅助下完成粪便理学指标检测结果的复核和判定（图 14-2）。

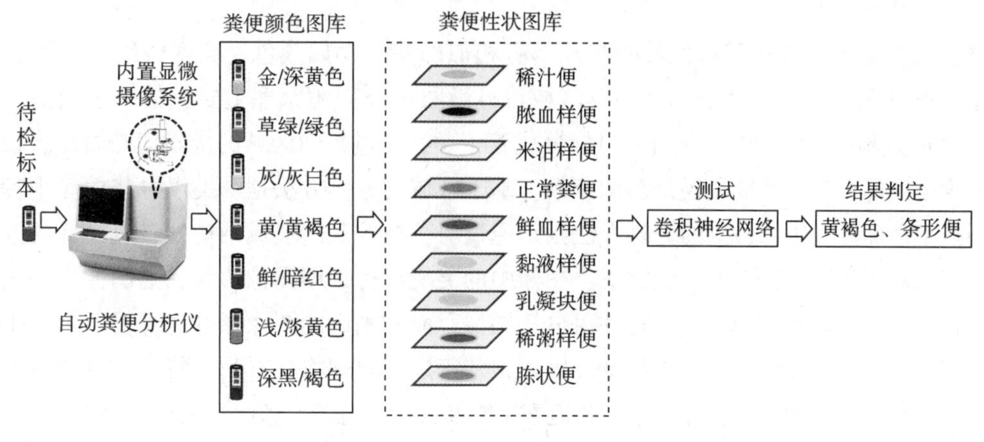

图 14-2　粪便理学指标检测原理图

二、前处理

由于粪便标本多为条带状固态或半固态，因此在进行有形成分和其他免疫化学检测前，需将固态状的粪便标本预处理成液态状。该过程主要包括稀释、混匀、过滤、分离和充池等步骤。其中，标本稀释和混匀主要通过自动添加稀释液后进行物理机械搅拌或气动混匀实现。过滤和分离过程可以提升有形成分如虫卵等的检出率。通常，粪便标本可通过过滤和抽滤等技术实现有形成分和食物残渣的分离，为后续有形成分分析、免疫化学检测和（或）染色等奠定基础。

三、有形成分分析 微课/视频 2

粪便有形成分是指显微镜下粪便中有形物质的总称，包括红细胞、白细胞、吞噬细胞、肠道寄生虫及虫卵、霉菌，植物纤维和结晶成分等，粪便显微图像背景复杂、有形成分种类繁多，同种细胞形态差异较大，破损与粘连严重，识别和鉴定需要经过制片、显微镜扫描摄图、图片降噪与切割等过程。

（一）制片方式

主要采用玻片法、流动计数池法或一次性计数池法。玻片法是指将粪便标本涂抹在洁净的载玻片上，再使用显微镜观察其有形成分的方法。流动计数池法或一次性计数池法是指将前处理后的粪便通过计数池，以便观察粪便颜色和分析粪便中的有形成分。

（二）扫描摄图

在全自动粪便分析仪中，仪器模拟手工操作对显微镜进行调焦，然后采用城垛式扫描或多层扫描方式进行自动拍照，获取数十或百张图片。获得的图片随后上传至图像识别系统进行储存、预处理和对比分析。

（三）显微图像降噪

显微镜拍照后，需进行降噪以去除干扰信息对图片的影响。图像降噪处理主要采用中值滤波、均值滤波和高斯滤波三种技术。其中，中值滤波技术通过将图像中某个像素值（原始图片数字化时计算机的赋值）替换为该点邻域中各点值的中值，旨在去除图像拍摄过程中外界光线或其他环境因素导致的亮点和（或）暗斑。均值滤波技术需要先选取一个滤波模板（由当前待处理像素的多个相邻像素点组成），求出模板中所有像素点的均值，然后将该均值赋给当前待处理的像素点。高斯滤波技术是一种线性平滑滤波，通过自身和邻域内其他像素值的加权平均值，计算图像中每一个像素点的值，主要用于图像分割前的降噪。

（四）显微图像分割

由于显微镜拍摄的图像中某些区域的像素具有相似的特征，如颜色、亮度或纹理等，需要通过图像分割技术将某些独有信息或特征归为一类区域。显微图像分割的原理主要包括基于阈值、区域、边缘检测等。阈值分割通过设置像素阈值把目标分成若干类，通过判断区域的像素值是否符合设定的阈值范围，最终确定该区域是目标成分还是图像背景。基于区域的分割方法是一类以寻找图像中特定区域为基础的分割技术。而基于边缘检测的分割方法则是通过对图像的灰度值或结构处具有突变的区域进行检测、识别，从而对图像进行分割的一类方法。图像中的突变部分，即图像边缘，是图像中一个目标的终结或另一个目标的开始。利用图像边缘特性可分割图像，而分割后的图像经过边缘提取可获得图像的整体区域以及图像的几何形态特征和纹理特征。因此，基于以上原理将具有某些特有信息或特征的区域分类，用于区分红细胞、白细胞、吞噬细胞、肠道寄生虫及虫卵、霉菌、植物纤维和结晶等。

在完成显微图像分割和细胞特征提取后，可采用机器学习模型，如决策树、贝叶斯、卷积神经网络或支持向量机（SVM）等提升分类效率和图像的识别准确率。单色图片是一个二维数字矩阵，以灰度值表示每个像素点的颜色。彩图是红、黄、绿三个单色图片的组合。每张图片的每个像素点是一个数值，被整体可看成一个三维矩阵。以卷积神经网络为例：对一个彩色图像做卷积，原始图像有红、黄、绿三个通道，对应有 3 个卷积核（convolution kernel），每一个通道的图片与对应的卷积核做乘、加运算后得到的数值再相加，最终加上总体的偏倚得到特征图。图像经过卷积神经网络提取特征后，转换为一维数据，再输入多层感知器人工神经网络（MPL-ANN）。MPL-ANN 通过模拟人大脑神经元的工作特征，数据经过输入层、隐含层最后由输出层进行分类和预测（图 14-3）。

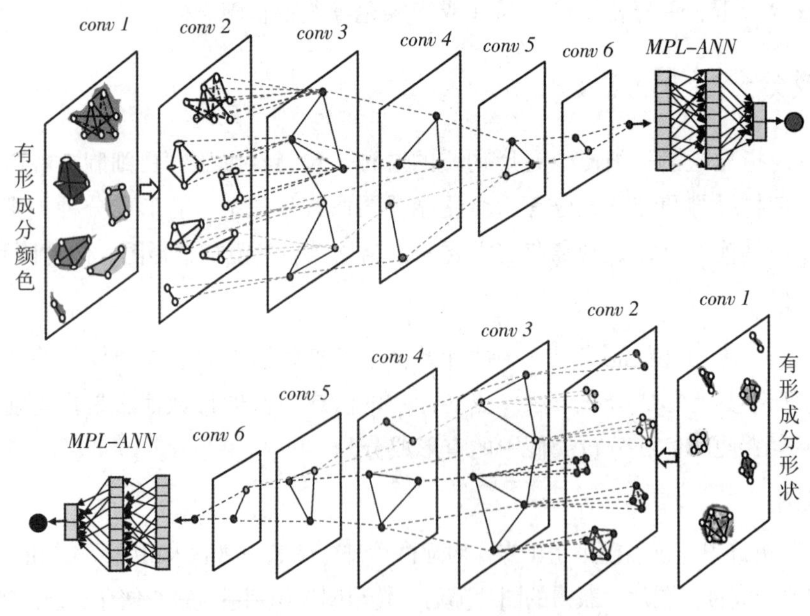

图 14-3 卷积神经网络粪便有形成分鉴定原理示意图

四、免疫化学检测

临床上有重要意义的粪便免疫化学检测项目主要有：粪便潜血检测、转铁蛋白检测、钙卫蛋白检测、乳铁蛋白检测、细菌（如幽门螺杆菌）抗原检测、诺如病毒抗原检测、轮状病毒抗原检测、肠道腺病毒抗原检测等。采用抗原抗体反应（主要为胶体金免疫层析技术）或干化学显色判断结果，用于筛查结直肠癌、幽门螺杆菌感染、炎症性肠病和病毒性腹泻等。

第二节　分类及结构

粪便分析仪按照分析方法可分为直接涂片式、过滤悬浮式和离心浓缩式。

一、直接涂片式粪便分析仪

直接涂片式粪便分析仪由标本前处理、制片、镜检、耗材处理和计算机系统构成，采用一次性载玻片，由仪器模拟人工涂片并采用高清电荷耦合器件（charge-coupled device，CCD）摄影机拍照获取理学信息。直接涂片式粪便分析仪具有成本较低、操作简便、检测速度较快的特点，能实现基于免疫化学试剂卡项目同步检测。

二、过滤悬浮式粪便分析仪

过滤悬浮式粪便分析仪由定量泵、蠕动泵、摄像头和成像系统组成，可实现标本自动定量稀释、混匀、灌注并计数的全程封闭检测。悬浮式粪便分析仪采用多视野显微镜断层扫描成像技术获取理学信息并具有跟踪功能，通过基于人工智能技术及云数据库能有效鉴别有形成分及虫卵，并采用多通道试剂卡仓设计，实现多项免疫化学试剂卡项目同时检测。

三、离心浓缩式粪便分析仪

离心浓缩式粪便分析仪包括标本浓缩收集管、自动加样装置、流动计数室、显微镜和计算机系统，具有自动吸样、染色、混匀、重悬浮和有形成分定量计数等功能，可采用粪便寄生虫离心管和特殊过滤装置对粪便混悬液进行过滤、分离、沉淀、染色，混匀和重悬浮，并结合内置相差显微镜拍照，实现对粪便有形成分及虫卵的有效识别。

第三节　操作维护与性能指标

规范、正确的操作和严格执行维护保养可确保仪器正常运行、降低故障并延长使用寿命。粪便分析仪在标本检测前应检查配套试剂、耗材（清洗液、稀释液、检测卡），及时清理废液和废检测卡。参照设备制造商说明书，依次打开仪器电源、启动电脑、登录账户、添加试剂及耗材、完成室内质量控制，检测粪便标本。

粪便分析仪在标本检测后应进行日、周，月和年维护保养。日维护主要包括关闭粪便分析仪电源，清洁条码阅读器扫描窗、仪器面板、反应台、显微镜、样本针，清理废杯、废液桶及反应杯（盒）等。周维护主要包括清洁清洗槽内壁及样本针内壁。月（年）维护主要包括光源检测、更换样本针、清洗（更换）过滤网、灌充及排空液路等。

粪便分析仪的性能指标主要包括检出率、重复性和携带污染。

1. 检出率 在仪器正常工作条件下，采用质控品或参考标准（YY/T 1745—2021）附录A的方法，准备10个/μl的模拟标本，再按照仪器正常测试方法测定20次，或用人工或计算机自动识别与分类，审核后得出仪器结果。最终通过统计结果大于0的次数N，计算出检出率（$Dr = N/20$）。自动粪便分析仪的检出率应≥90%。

2. 重复性 粪便分析仪中重复性特指有形成分分析重复性。准备浓度分别为50个/μl和200个/μl的模拟标本，按粪便分析仪的正常测试方法分别测试每种浓度样本各20次，将所得数据计算均值（$\bar{x}$）、标准差（s）和变异系数（CV）。判断标准：有形成分浓度50~200（个/μl）时，CV≤20%，有形成分浓度>200（个/μl）时，CV应≤15%。

3. 携带污染 粪便分析仪检测粪便样本时由于试剂、样本或反应杯等残留物对后续项目检测结果的影响，需评估携带污染率。携带污染需准备浓度约为5000个/μl的模拟样本和生理盐水，先对模拟样本连续检测3次，检测结果分别为i_1、i_2、i_3；接着对生理盐水连续检测3次，检测结果分别j_1、j_2、j_3，按照公式携带污染率$(C_i)=(i_1-j_3)/(i_3-j_3)$计算$C_i$，自动粪便分析仪的携带污染率应≤0.05%。

第四节 临床应用

临床上粪便分析仪主要用于以下三种项目的检测。

1. 理学指标检测 通过粪便颜色和性状初步判断消化道功能、炎症、出血等。

2. 有形成分检测 主要用于鉴别红细胞、白细胞、巨噬细胞、脓球、虫卵、细菌、真菌、脂肪滴、结晶和淀粉颗粒等，提示消化道出血、肠道功能及炎症、寄生虫感染和菌群紊乱等。

3. 化学及免疫学项目检测 主要包括粪便潜血、轮状病毒抗原、腺病毒抗原、幽门螺杆菌抗原、钙卫蛋白，乳铁蛋白和转铁蛋白等检测。粪便潜血检测主要用于发现消化道出血、判断出血的严重程度以及筛查结直肠癌。粪便钙卫蛋白和乳铁蛋白检测主要用于辅助诊断炎症性肠病。病毒（诺如病毒、轮状病毒、肠道腺病毒、札如病毒、星状病毒）等抗原检测主要用于病毒性腹泻的筛查。粪便幽门螺杆菌抗原检测结果阳性可提示幽门螺杆菌感染。此外，粪便乳糖检测可用于乳糖耐受与否的辅助诊断。

知识拓展

显微粪便图像中寄生虫卵自动识别与分类的挑战

粪便含有大量杂质、图像背景复杂，导致显微粪便中图像分割和目标虫卵的获取困难。因此，显微粪便图像可借助图像灰度化、图像平滑化、数学形态学、图像分割及连通域标记算法等对背景复杂的显微粪便图像进行有效分割、处理并去除大量杂质。由于粪便中可能含有形态、大小各异的虫卵。需要借助寄生虫卵的几何形态（面积、椭圆硬度参数、离心率及圆形度）和纹理（能量、熵、对比度及相关度）对虫卵进行特征提取。基于提取后的特征参数对虫卵进行识别及分类，借助K最近邻（KNN）分类方法、人工神经网络模型、SVM分类器、决策树等模型进行对比分析，获取自动识别及分类准确率高的方法并应用于临床显微粪便图像中寄生虫卵的自动识别与高效分类。

答案解析

思考题

案例 某医院检验科需购置一台全自动粪便分析仪,科主任要求体液组组长在调研省内三甲医院检验科粪便分析仪的使用情况后，提供一份国产全自动粪便分析仪的招标参数。

初步判断与处理 体液组组长通过咨询省内多家三甲医院检验科后，发现A、B、C三个厂家的全自动粪便分析仪市场占有率较高，其中A的仪器招标参数最严格。体液组组长最后以A厂家全自动粪便分析仪的参数作为后续仪器招标参数。

问题

(1) 体液组组长的选择是否合理?

(2) 以A仪器的招标参数招标是否会流标?

(3) 在提供国产全自动粪便分析仪的仪器招标参数时，应重点考虑哪些性能指标和其他指标?

（田 刚）

书网融合……

重点小结

题库

微课/视频1

微课/视频2

第十五章　阴道分泌物和精液分析仪

学习目标

1. 通过本章学习，掌握阴道分泌物分析仪和精液分析仪的工作原理、结构组成。熟悉阴道分泌物分析仪和精液分析仪的日常操作与维护保养流程与临床应用，了解仪器的性能验证方案。

2. 具有阴道分泌物分析仪和精液分析仪的性能评价的基础理论知识和基本能力，能够根据临床需求选择相关仪器。

3. 树立生殖健康管理意识，合理应用相关设备评价生殖健康状态，提升相关疾病的诊治能力，为提高人口素质提供保障。

阴道分泌物和精液分析仪是一种专用的医疗检测设备，临床上主要用于对女性阴道分泌物和男性精液的快速分析。此类设备集成了先进的生物传感技术、光学分析技术和计算机辅助诊断技术，能够对标本中的细胞、微生物、化学成分和物理特性进行精确、快速地分析检测结果，为医生提供重要的诊断依据。

PPT

第一节　阴道分泌物分析仪

阴道分泌物分析仪是用于阴道分泌物检查的主要检验设备之一。根据仪器检测功能差异可将仪器分为两类：半自动阴道分泌物分析仪（具备干化学检测功能）和全自动阴道分泌物分析仪（具备干化检测和形态学检测功能），部分机型可以对检测出的念珠菌进行分类鉴定。

一、工作原理与结构　微课/视频1

阴道分泌物分析仪是通过对阴道分泌物的理化性质进行检测，系统使用智能识别算法，判断样本的形态学指标如：清洁度、真菌、滴虫、pH 值等及干化学指标（功能学指标）是否正常，根据检测结果对阴道的健康状况做出判断，协助医生出具诊断结果。

全自动阴道分泌物检测仪器的结构一般由样本前处理模块、染色制片模块、加样模块、显微镜镜检模块、温育模块、CCD（charge coupled device，电荷耦合器件）图像采集及智能 AI 处理等模块组成（图 15-1）。亦可简单分为样本前处理及染色系统、显微镜检系统、干化学判读系统。

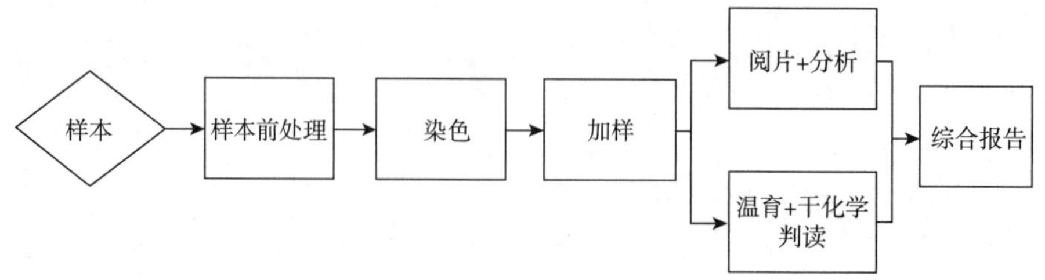

图 15-1　阴道分泌物检测分析仪系统示意图

（一）前处理及染色系统

该模块实现全自动进样、传送样本、依次进行样本管识别、条形码扫描、稀释液加注、样本洗脱混匀及加样染色等操作。目前仪器常用的自动化制片方式有模拟手工制片、虹吸进样制片和流动池直接镜检。

（二）显微镜检系统

该模块通过扫描控制平台实现玻片送检、镜头对焦、显微视野切换。利用显微拍照系统拍摄图片和视频资料，利用人工智能识别算法对样本的影像资料中的成分进行判断，起到代替人工镜检的作用。

1. 扫描控制平台 扫描控制平台由硬件板卡驱动、运动控制算法、精密运动控制平台三部分组成。通过对在轨玻片的位置控制，显微镜头的位置控制等方式实现玻片的顺利送检，镜头的显微对焦及视野切换，是整个显微镜检系统功能实现的基础。

2. 显微拍照系统 系统采用 40 倍物镜，使每个有形成分粒子图像更加清晰地呈现在相机靶面。高速摄像技术可实现对每个样本在一定时间内能拍摄大量的高清图片，拍摄样本信息量大，避免有形成分漏检。在人工智能算法模块的加持下将图像数据分析处理，算法模块把识别后的结果发送给控制系统进行处理，并在客户端软件上进行展示。

（三）干化判读系统

该系统是利用反射光度计法或 CCD/CMOS（Charge Coupled Device/Complementary Metal Oxide Semiconductor，电荷耦合器件/互补金属氧化物半导体）相机拍摄或扫描法实现对干化学试纸样本酶反应结果的采集，通过判读算法的整理输出干化学反应结果（图 15-2）。

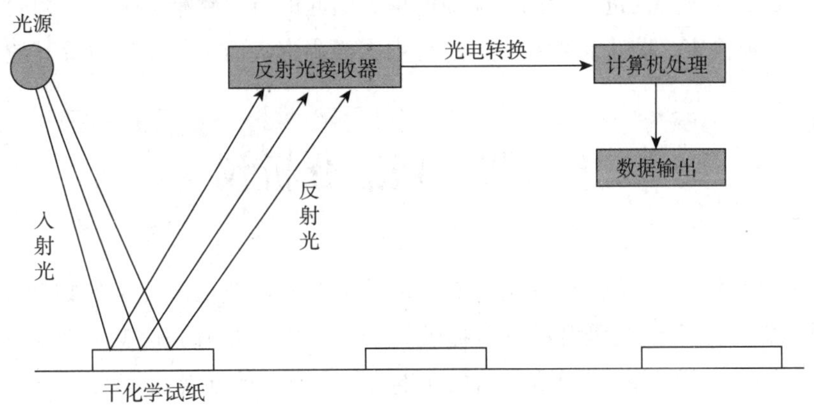

图 15-2 干化学检测模块反射光检测原理图

1. 反射光检测原理 试纸与样本中相应成分发生特异性显色反应，颜色深浅与相应物质浓度成正比。仪器的检测系统由光源和光电接收管组成。

2. CCD/CMOS 相机拍摄法 采用数字图像颜色识别原理，根据仪器内部高清摄像头拍摄的检测卡图像，分析试剂块与标本中生化成分反应产生的颜色变化 H 值（曝光量）或 S 值（感光度），从而定性测定标本中生化成分的含量。数字图像颜色识别模型通常有：RGB（红，绿，蓝）和 HSV（色调，饱和度，亮度）模型，而 HSV 模型（图 15-3）更符合人描述和解释颜色的方式，其中，色调（H）表示检测卡试剂块的颜

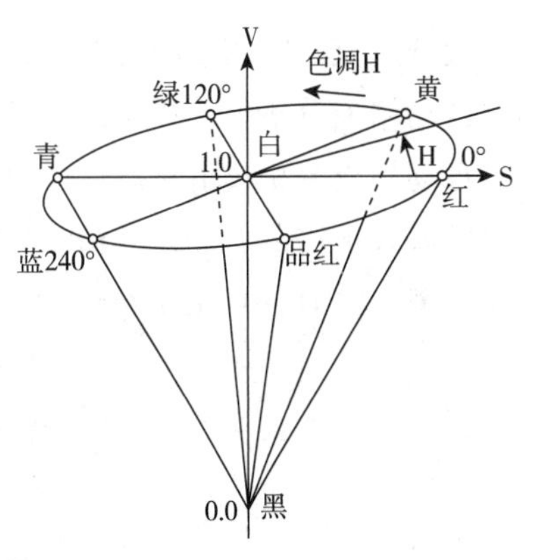

图 15-3 HSV 颜色模型示意图

色区间，饱和度（S）表示试剂块的颜色深浅，根据H值和S值大小即可判断显色程度。仪器识别检测卡试剂块显色图像并转换成H值和S值，通过H值或S值识别出试剂块所显颜色，若颜色为该检测项目的阳性颜色，则判断该项目为阳性，反之判断为阴性。

二、操作与维护

阴道分泌物分析仪各型号仪器应按照设计要求进行相关操作、日常维护的培训，使用者应遵循厂家推荐的方法建立自己的维护保养程序，并严格执行。一般需要对加样系统和显微成像系统进行必要的维护。

三、临床应用

阴道分泌物自动化仪器的使用的重要意义在于在大量样本检测时可明显提高检测速度、节省人力、提高检测流程的标准化。但是此类设备目前为止依然是一种过筛性检验方法，实验室应制定适宜的复检规则，防止出现漏检和因仪器固有的缺陷而导致的错误结果。

阴道分泌物检测仪的性能指标主要包括有形成分识别准确率、重复性、检出限、携带污染率和稳定性。操作方法和判断标准可参照尿液有形成分检测仪的相关标准。

阴道分泌物分析仪在临床的主要应用及需求如下。

1. 妇科检查 细菌性、霉菌性，滴虫性等各类阴道炎筛查；治疗后期疗效评估，是否达到治疗目的；预后检查，避免复发可能。

2. 产前体检 在女性分娩前进行检测，避免阴道炎引起的母婴感染、早产、胎膜早破等。

3. 术前检查 术前检查，防止患者在手术过程中因为阴道炎而引起生殖道等其他部位感染。

PPT

第二节　精液分析仪

精液分析仪是一种用于评估男性精液质量的医用设备。通过对精液样本的物理性状、浓度、运动能力和形态等进行测量和分析，精液分析仪可提供关于男性生育能力的信息。精液分析仪通常用于临床生育诊断、生育辅助技术的选择以及研究与男性生育能力相关的问题。

一、工作原理与结构 微课/视频2

精液分析仪是临床精液常规检查工作的主要检验设备。根据仪器自动化程度分为半自动精液分析仪和全自动精液分析仪，其系统组成示意图分别见图15-4和图15-5。

半自动精液分析仪由显微镜、CCD图像采集系统、操作软件组成，仅支持有形成分检查项目，理学检查仍需人工完成。全自动精液分析仪由样本前处理模块、温控模块、理学检测模块、加样制片模块、显微镜、CCD图像采集系统、操作软件组成，可以完成理学和有形成分自动检测。

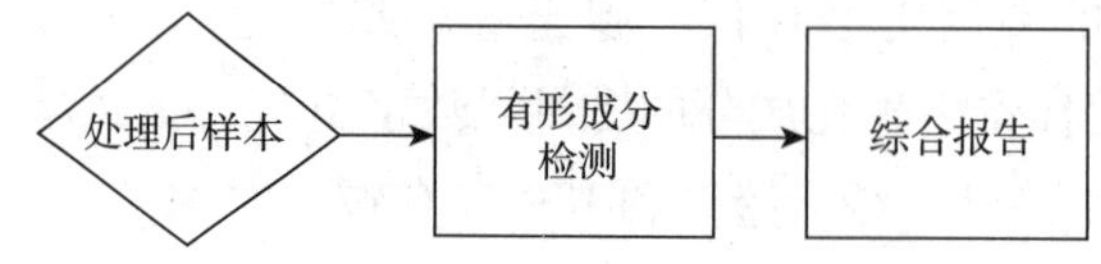

图15-4　半自动精液分析仪系统组成

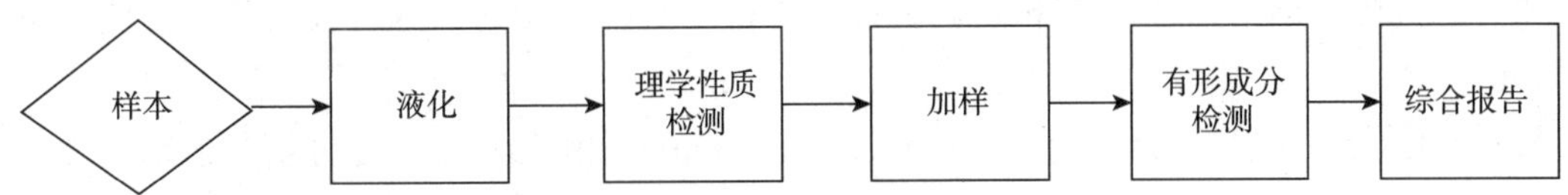

图 15-5　全自动精液分析仪系统组成

精液分析仪在有形成分检查方面多采用计算机辅助精液分析（CASA 系统），其基于显微镜检金标准，通过显微成像系统采集精子图像，并使用智能识别算法分析识别得到精子的动力学结果。

（一）温控模块及自动液化

仪器温控模块包括精液检测前的液化系统、计数池和镜检区域的预热系统。样本杯可直接放入样本盘，全自动液化系统开始温育液化样本，并自动定时检测样本的液化情况，记录样本液化时间。

液化检测原理：吸样针对样本的吸取和吐出动作会产生气压变化，而气压的变化会经吸样针上方传感器转换成电压值变化，由电压差异可区分样本液化情况。图 15-6 中 X 轴为时间，Y 轴为电压，由于未液化样本的吸样和吐样动作产生的气压差值较大，而液化样本的吸样和吐样动作产生的气压差值较小，因此可明显区分液化样本与未液化样本。

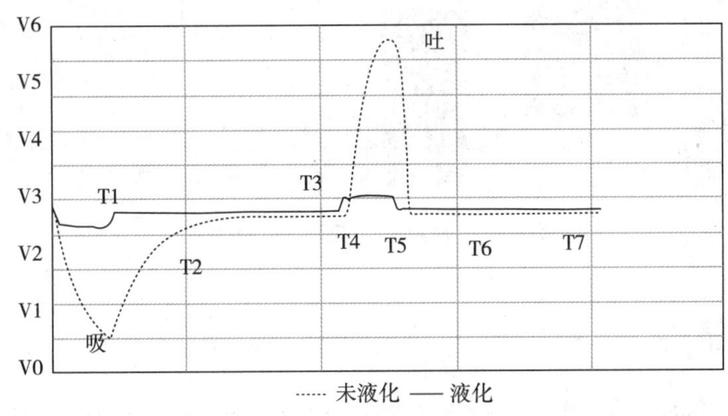

图 15-6　液化检测气压变化图

（二）理学性质检测模块

1. 精液外观　采用 CCD 相机拍照、数字图像颜色识别原理，根据仪器内部高清摄像头拍摄的样本图像判断样本外观颜色。

2. 精液量　仪器采用称重法，使用已知重量的样本杯承装样本并进行称重，根据样本重量、精液密度（1.01g/ml）计算出样本体积。

3. 酸碱度　通过分析 pH 试剂与样本反应产生的颜色变化确定酸碱度。

（三）有形成分检测模块

全自动精液分析仪可自动完成计数卡加样，CCD 摄像头拍摄多个视野图片及视频，并基于智能算法识别计算每个视野精子的分布、数量及运动参数。

1. 显微图像扫描模块　显微图像扫描模块主要包括相机、物镜、镜检平台和光源，光源经过汇聚并透过镜检平台上的待测样本后，物镜对样本成像并投影在相机的感光芯片，最后转换成对应的信号输出。

2. 精子识别　精液分析仪采用正相差原理检测精子，即利用物体不同结构成分之间折射率和厚度的差别，把通过物体不同部分的光程差转变为振幅（光强度）的差别，经过带有环状光的聚光镜和带有相位片的相差物镜来实现观测。在相差显微镜下，精子头部光滑的细胞膜会发亮，而尾部不发亮与背景色相近。

3. 精子活力分级 利用高斯混合模型识别动（静）态图像中的精子，并分析其运动轨迹位移长度对其进行活力分级。

（四）算法工作原理

利用高斯混合模型对动态的精子进行检测，该模型将背景、背景内的小幅度运动以及阴影等的混合信号表示成混合高斯概率统计模型，为不同的状态建立不同的高斯模型，采用最大似然概率来实现背景建模，并利用学习因子实时地更新背景高斯模型，适用于动态背景下的运动检测。

利用高斯混合模型在进行前景检测前，先对图像中每个背景采用一个混合高斯模型进行模拟，每个背景的混合高斯个数可自适应。在测试阶段，对新来的像素进行匹配，如果该像素值能够匹配其中一个高斯，则认为是背景，否则认为是前景。整个过程模型在不断更新学习中，所以对动态背景有一定的稳健性（图 15-7）。

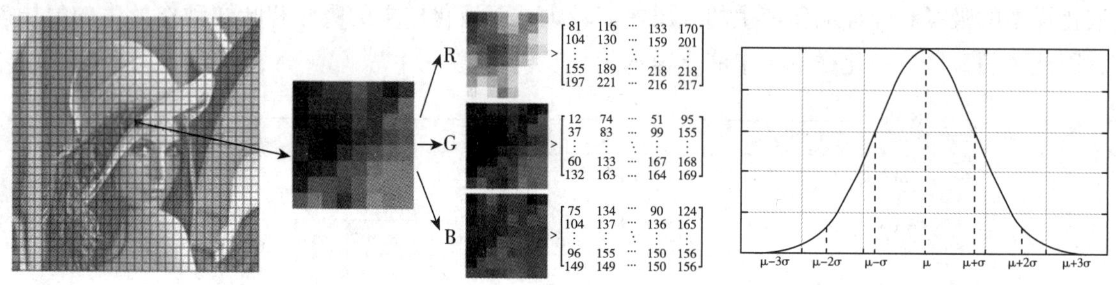

图 15-7 高斯混合模型识别原理图

二、维护与保养

精液分析仪各型号仪器应按照要求进行日常维护和保养，使用者应遵循厂家推荐的方法建立适用于自己实验室的维护保养程序，并严格执行。

三、临床应用

精液分析是评估男性生育能力的重要方法，也是辅助生殖治疗策略制定、避孕节育效果评估、男科疾病诊断、疗效观察的依据。精液分析仪通过自动化的机械操作搭配人工智能算法分析系统，可减少检验结果偏倚、提高检测速度、同时实现检测流程的标准化，减少人工误差，是较为理想的精子分析法。

实验室应根据 YY/T 1795—2021《精子质量分析仪》行业标准对制造商提供的性能指标进行验证，验证项目应该包括显微图像、恒温板温度、浓度分析准确度、精子动力学分析符合率、重复性、稳定性等。

知识拓展

应用阴道分泌物分析仪检测念珠菌

根据美国 CDC《2021 年性传播感染诊疗指南》，白假丝酵母菌主要使用克霉唑、氟康唑等唑类药物治疗，而非白假丝酵母菌对唑类药物有天然耐药性，推荐使用非氟康唑类方案（口服或局部）并延长治疗时间（7~14 天）。因此，针对不同的假丝酵母菌应选择性使用抗真菌药物，区分白假丝酵母菌和非白假丝酵母菌有重要意义。阴道分泌物分析仪在显微镜检系统的基础上，根据不同种念珠菌的形态特征（周径、长短轴比例、芽孢出芽位置等），利用人工智能算法可以将念珠菌鉴定到种。

答案解析

思考题

案例　某实验室于2024年7月10日安装全自动精液分析仪1台，8月2日完成性能验证并投入使用。现场未见对员工进行设备操作培训的相关记录。考查1名工作人员，未能回答出性能验证的内容。

初步判断与处理　该实验室工作人员解释该设备投入使用后均是按照作业指导书进行操作，未出现错误报告。同时实验室负责人解释性能验证报告为厂家工程师独立完成，实验室工作人员未参与，但对实验原始数据进行了验证。

问题

（1）该实验室工作人员未进行的培训及操作设备是否合理？

（2）检测系统性能验证应由实验室工作人员完成还是厂家工程师完成？

（3）全自动精液分析仪性能验证应该包括哪些内容？

（陈明凯）

书网融合……

重点小结

题库

微课/视频1

微课/视频2

第十六章　生化分析仪

学习目标

1. 通过本章学习，掌握分立式生化分析仪和干式生化分析仪的工作原理、单波长及双波长的测定原理。熟悉常见的生化分析仪种类、基本结构、实验参数的设置。了解生化分析仪的常用分析方法。

2. 具有生化分析仪主要性能评价、仪器操作与维护保养的基础知识和基本能力。

3. 树立科学发展观，积极了解国产生化分析仪研发与应用的快速进展，树立民族自豪感和爱国主义情怀。

自动生化分析仪（automated biochemical analyzer）能把生物化学分析过程的取样、加试剂、去干扰、混合、保温反应、检测、结果计算以及试验后的清洗等步骤自动化，是集电子学、光学、计算机技术和各种生物化学分析技术于一体的临床生物化学检测仪器。生化分析仪的发展十分迅速，测量速度快、准确性高、消耗试剂量小，减少了人为误差，提高了检验质量和工作效率，生化分析仪的应用大大促进了临床化学的发展。

第一节　分类与工作原理

PPT

生化分析仪，顾名思义是采用化学分析方法对临床标本进行检测的仪器，其检测的范围十分广泛，有小分子的无机元素，如临床上经常测定的钾离子、钠离子、氯离子、钙离子等；有小分子的有机物质，如葡萄糖、尿素、肌酐等；有大分子物质，如蛋白质等。

一、仪器分类

目前已很难对繁多的不同功能的生化分析仪进行分类，因为任何分类都可能以偏概全，一般可按以下分类。

1. 根据仪器自动化程度　分为全自动和半自动两大类。

（1）半自动生化分析仪　需要手工完成样本及反应混合体递送，或是人工观测及计算结果，一部分操作则可由仪器自动完成，特点是体积小，结构简单，灵活性大，价格便宜。

（2）全自动生化分析仪　从加样到加试剂、去干扰物、混合、保温反应、自动检测、数据处理及实验后的清洗等，全过程完全由仪器自动完成，由于分析中没有手工操作步骤，故主观误差很小，且由于该类仪器一般都具有自动报告异常情况、自动校正自身工作状态的功能，因此系统误差较小，给使用者带来很大方便。

2. 根据反应装置的结构　分为连续流动式、离心式、分立式和干片式。

（1）连续流动式　在微机控制下，通过比例泵将样本和试剂注入连续的管道系统中，由透析器使反应管道中的大分子物质（如蛋白质）与小分子物质（如葡萄糖、尿素等）分离后，样本与试剂被混合并加热到一定温度，反应混合液由光度计检测、信号被放大并经运算处理，最后将结果显示并打印出来。由于不同含量的样本通过同一管道，前一样本不可避免会影响后一个样本的结果，这就是所谓的“携带污染”，已成为制约此系统应用的一个重要因素。此类常见于第一代生化分析仪，在大型仪器上较少使用。

（2）离心式 先将样本和试剂分别置于转盘相应的凹槽内，当离心机启动后，受离心力作用，试剂和样本相互混合发生反应，经适当的时间后，各样本最后流入转盘外圈的比色凹槽内，通过比色计检测。在整个分析过程中，不同样本的分析几乎是同时完成的，又称为“同步分析”，因此分析效率相对较高。随着分立式速度的快速提高，离心式加样与测定分离的分析方式成为其速度提高的瓶颈，无法满足临床检验高速分析的需求，在大型仪器上较少使用。

（3）分立式 目前临床实验室所用的大部分分析仪都属于此类。其特点是模拟手工操作的方式设计仪器并编制程序，以机械臂代替手工，按照程序依次有序地操作，完成项目检测及数据分析。工作流程大致为：加样探针从待测样本管吸取样本，加入各自的比色杯中，试剂探针按一定的时间自动从试剂盘吸取试剂加入该比色杯中。经搅拌棒混匀后，在一定的条件下反应，反应后将反应液吸入流动比色器中进行比色测定，或直接将反应杯作为比色器进行比色测定。通过计算机进行数据处理、结果分析，最后将结果显示并打印出来。

（4）干片式 上述三种类型均为湿化学分析仪，干片式是把样本（血清、血浆或全血及其他体液）直接加到滤纸片上，以样本作溶剂，使反应片上试剂溶解，试剂与样本中待测成分发生反应，在载体上出现可检测信号，测定该信号的反射光强度，得到待测物结果。干片式完全革除了液体试剂，均为一次性使用，故成本较贵。干化学分析仪目前多用于急诊和床旁检验。

3. 根据可同时测定的项目 分为单通道和多通道两类，单通道每次只能检验一个项目，但项目可更换；多通道可同时测定多个项目。

4. 根据仪器复杂程度 分为小型、中型和大型三类。一般小型为单通道，中型为单通道（可更换几十个项目）或多通道，常同时可测 2~10 个项目，有些仪器测定项目不能任意选择，有些可任意选择，大型均为多通道，可同时测 10 个以上项目，分析项目可自由选择。

5. 根据分析系统开放程度 分为封闭系统和开放系统。

6. 根据各仪器之间的配置关系 分为单一普通生化分析仪和组合式分析仪。组合式分析仪即把功能相同或不同的各种大型生化分析仪组合在一起，用同一计算机控制，共同处理标识样本，测定后共同显示和处理结果，使测定统一化，方便管理。

二、工作原理 微课/视频1

生化分析的最基本原理是对化学反应溶液进行光学比色或比浊，通过计算反应始点和终点吸光度的变化或监测反应全过程的吸光度变化速率对待测物进行定量分析，在溶液化学反应定量测定中，朗伯-比尔定律则是湿式生化分析仪测定透射比色法原理的基础。

（一）生化分析光学原理

分光光度法是自动生化分析仪工作的基础，在溶液里进行反应并通过反应颜色的改变进行透射比色定量测定的仪器分析方法采用朗伯-比尔定律的原理。

（二）生化分析测定原理

生化分析测定的工作原理是基于分光光度法，通过定量检测特定波长下反应溶液的颜色或浊度改变进行定量。波长可选择单波长或双波长，目前多使用双波长。全自动生化分析仪对吸光度变化的监测贯穿整个反应过程，全部测试过程均自动完成。

1. 单波长测定 用手工法进行比色测定时，都选择单波长测定。如双缩脲终点法测定总蛋白，选定波长540nm，在反应前后测定吸光度，计算反应前后吸光度的差值，与校准曲线比较可得出总蛋白的含量。单波长测定主要在手工法测定和部分半自动生化分析仪中使用，因其抗干扰能力差等原因，大型生化仪中少用。

2. 双波长测定 双波长是在整个反应过程中，主、副波长同时监测，全过程每点主波长吸光度值减去同点副波长的吸光度值，是全自动生化分析仪参数设计中常用方法。由于全自动生化分析仪普遍采用后分光技术，透镜对来自光源的混合光聚集，首先通过比色杯，然后用光栅进行分光。分光后的各波长由8~16个固定检测器同时接收，对其中的两个波长的信息用前置放大器对数放大，求出其吸光度差。双波长的特点是通过两个波长的吸光度差，有效减少样本脂血、溶血、黄疸的干扰，并将噪声降到最低限度，因为仪器噪声对主、副波长的干扰是同步的。

双波长分析法的应用原则：干扰因素对主、副波长的影响接近，不影响测定的灵敏度。具体来讲可遵循以下原则。

（1）主波长取吸收光谱曲线波峰对应的波长，副波长取其波谷对应的波长，使得主、副波长吸光度之差最大，提高检测灵敏度。

（2）主波长取吸收峰对应的波长，副波长取等吸收点对应的波长。所谓等吸收点，是指待测物不同浓度的吸收光谱曲线的交汇点，该点对应波长的吸光度与浓度无关。

（3）反应中显色产物的吸收峰对应的波长为主波长，试剂空白的吸收峰对应的波长为副波长。

3. 自动生化分析仪的工作原理 自动生化分析仪也是基于光电比色法的原理进行工作，可以粗略看成是光电比色计或分光光度计加微机两部分组成。

第二节 基本结构

PPT

临床上常用的分立式生化分析仪的基本结构包括样本处理系统、检测系统、清洗系统和计算机软件系统。干式生化分析仪的主要结构包括样本加载系统、干片试剂加载系统、孵育反应系统、检测系统和计算机系统。

一、分立式生化分析仪

（一）样本处理系统

样本处理系统一般包括样本装载和输送装置、试剂仓、样本取样单元、试剂取样单元、探针系统和搅拌混匀装置等。

1. 样本装置和输送装置 一般可分样本盘式、传运带或轨道式、链式进样三种。

（1）样本盘 即放置样本的转盘，有单圈或内外多圈，单独安置或与试剂转盘或反应盘相套合，运行中与样本分配臂配合转动，有的采用更换样本盘，分工作区和等待区，其中放置多个弧形样本架作为转载台，仪器在测定中自动放置更换，均对样本盘上放置的样本杯或试管的高度、直径和深度有一定的要求，有的需要专用样本杯，有的可直接用采样试管。

（2）传运带或轨道式进样 即样本架不连续，常为10个一架，靠步进马达驱动传送带，将样本架依次装载，再单架逐管横移至固定位置，由采样针采样。

（3）链式进样 试管固定排列在循环的传送链条上，水平移至采样位置采样。

2. 试剂仓 主要用来储存试剂，多数仪器将试剂仓设为冷藏室，配备有单独的电源，将温度保持在2~8℃以提高在线试剂的稳定性。试剂仓与反应转盘相连，当主机电源关掉后，试剂仓仍能正常冷藏保温。

按照结构试剂仓可有单试剂仓和双试剂仓之分。不同型号的仪器试剂仓储存试剂的种类不同，一般可有20~60种。工作速度较快的，一般配备有大规格试剂盒可供选择。冷藏仓的冷藏温度为2~8℃，效果比冰箱要差，不同试剂开盖后的稳定期也不一样，因此试剂使用过程中需注意其稳定性，对使用量较少的试剂尽量选用小规格的试剂盒。试剂盒的位置须预先设定，使用过程中放置在固定位置；配套试剂一般配有条形码，可放置在任意位置，仪器可通过配备的条形码扫描装置自动识别。

3. 样本取样单元 由取样臂、采样针、采样注射器、步进电机（或油压泵、机械螺旋传动泵）组成。采样针和采样注射器是一个密封系统，内充去离子水形成水柱。加样量由步进电机精确控制，通过推进或缩回活塞，使密封系统内的水柱上下移动来达到吸取样本和将样本注入反应杯的目的。目前有的生化分析仪每个步进可达0.1μl（即最低加样量）。为了防止样本间的交叉污染，采样针在吸取新的样本时，先吸入一定量空气，使样本和密封系统内的水隔离，同时吸取比实际需要更多的量，待一个样本加完所有测试项目后，采样针内空气柱和剩余样本被采样注射器内的水柱冲出，清洗采样针内外后方进行下一样本的吸取。

4. 试剂取样单元 结构组成与样本取样单元基本相同。试剂冷藏室的试剂臂中有加温装置。双试剂仓则有两套试剂取样单元。试剂采样针通过指令吸取液体试剂。为防止交叉污染，试剂针吸取试剂的量也比实际需要量大，注入反应杯后，剩余的试剂在加另一部分试剂时被弃去。

5. 探针系统 控制采样针动作的结构，实际上包含在样本和试剂取样单元中。探针包括样本针或试剂针，通过密封的活塞进行工作，具有气密性好，加样精度高的特点。目前试剂探针的最低加样量可达1μl，样本最低加样量为0.1μl。最低加样量是评价分析仪器基本性能的重要指标之一。

现在分析仪多使用智能化的探针系统，具有液面感应功能，可保证探针的感应装置到达液面时自动缓慢下降并开始吸样，下降高度则是根据需要吸样量计算得出。最新的智能化探针系统还具有防堵塞功能，即能自动探测血样或试剂中纤维蛋白或其他杂物堵塞探针的现象，并可通过探针内压感受器对堵塞物进行处理。当探针堵塞时，会移至冲洗池，探针内含有强压水流向下冲，以排除异物。通过探针阻塞系统报警，可跳过当前样本，进行下一样本的测定。另具备防碰撞保护功能，可使探针遇到各方向的高力度碰撞后自动停止，以保护探针。

6. 搅拌混匀装置 指在样本与试剂加入反应杯后将其迅速混合均匀的装置，其目的是更好更快地测定其反应体系的吸光度变化。混匀的方式有机械振动混匀和搅拌棒混匀。前者常引起反应液外溢和起泡，导致吸光度测定不准确，引起检测结果不精确。目前自动分析仪采用的搅拌系统多为四头双回旋式双重清洗搅拌棒，搅拌棒表面采用不黏涂层，不黏异物，降低携带污染。分步回旋技术较传统技术具有更快速、更高效、更干净、更彻底的特点，使测试更精确，搅拌棒也无须维护保养。亦有部分生化分析仪采用超声波混匀。

（二）清洗系统

目前自动生化分析仪多采用激流式单向冲洗和多步骤冲洗。样本、试剂探针的冲洗采用全新的“激流”（瀑布）式单向冲洗池，水流为从上到下的单向冲洗，将探针携带的污物冲向排水口，冲洗干净彻底，防止交叉污染。多步骤清洗指通过注入、吸干酸性清洗液、碱性清洗液、去离子水等多个步骤完成清洗，多用于比色杯的清洗。清洗系统一般包括负压吸引装置、清洗管路系统、废液排出装置。

1. 负压吸引装置 清洗液的吸入和排出依赖于仪器内部的真空负压泵的正常工作。真空负压泵通过负压阀将空气排出造成一定负压，清洗液依赖负压定量吸入到比色杯，清洗完毕后尽可能地抽吸干净。

2. 清洗管路系统 仪器的管路由优质塑料软管制成。大型生化分析仪器的比色杯清洗系统一般都有两套管路同时工作以提高效率。浓废液、清洗液以及空白用清水均由塑料管吸入或排出。纯水机内的纯水通过一个粗管进入仪器，然后分流到样本和试剂探针注射器、样本和试剂探针及搅拌棒冲洗池、比色杯清洗系统等。另外，酸性或碱性清洗液通过管路吸入比色杯中，冲洗池和比色杯清洗后的废水通过管路排至仪器外。

3. 试剂探针清洗 如果一个项目的测定与另一个或几个项目的测定试剂有交叉影响，可将有影响的项目登记到试剂探针清洗项的选框中，然后设定所需的探针清洗液（水、酸性清洗液、碱性清洗液或特殊清洗液）。生化分析仪分析时自动回避有影响的分析项目，利用无影响的检测项目穿插在有影响的项目之间。在确定无法回避的情况下，在两个有影响的项目之间增加试剂探针清洗（亦称特殊清洗），以提高分析的准确性，但这样处理会降低分析速度。

4. 反应杯清洗 当试剂间的影响涉及反应杯时，可登记有影响的试剂名称及所需的清洗液。生化分析仪多采用温水按步骤自动冲洗反应杯，使用更新的抽干技术，每次冲洗后遗留水量少于1μl，然后风干，使反应杯冲洗更干净、彻底，防止项目间的交叉污染。为了不影响分析速度，反应杯实行分组清洗，即测定与冲洗同步进行，随时准备好测定使用的反应杯。

5. 样本探针清洗 设置此项后，探针在吸取样本前快速清洗，可根据不同的检测项目选用合适的清洗液。清洗液分为酸性和碱性两种。自动生化分析仪一般都配备两个清洗液通道，还在仪器内部安装清洗液储液箱。清洗液用于反应杯的清洗，通过管道吸入，再和去离子水按一定比例稀释后加入反应杯，停留一定时间再通过清洗装置吸走。

（三）温浴系统

生化分析仪一般设有30℃和37℃两种温度，以固定37℃多见。温度对测定影响很大，尤其是酶类的测定，因此要求温度波动范围控制在±0.1℃。

1. 水浴式恒温 即在比色杯周围充水。水浴式恒温装置可以将反应温度控制在37.0℃±0.1℃的水平，测定期间恒温水浴不断循环流动，通过恒温水的导电性保持恒定的水浴量，通过温控装置保持水温恒定水平。水浴的优点是温度均匀稳定；缺点是升温缓慢，开机预热时间长，因水质（微生物、矿物质沉积等）影响测定，因此要定期换水和反应杯。为了加热均匀和防止变质，往往要设置电机循环转动和添加防腐剂。水浴槽内也容易积淀沉积物，需要定期手工清洗，一般每月清洗1次。

2. 空气浴恒温 即在比色杯与加热器之间隔有空气。恒温系统采用氟利昂使反应槽恒温。反应杯放置在内部密封有氟利昂的金属环上，机内专设一块温度控制电路板，控制反应恒温，使反应盘内的温度始终保持在目标温度的±0.1℃温差范围内。优点是升温迅速，恒温可靠，无须保养；缺点是温度易受外界环境影响。

3. 恒温-循环间接加热法 新近发展起来的恒温方式，集空气浴和水浴的优点于一身，在反应杯周围循环流动一种无味、无污染、不变质、不蒸发的恒温液。恒温液为热容量高、蓄热量强、无腐蚀的液体，使温度均匀稳定。反应杯与恒温液间有1mm的空气狭缝，恒温液通过加热狭缝的空气达到恒温。这种技术既有水浴恒温温度稳定、均匀的优点，又具有空气浴升温迅速、无须维护保养的优点。

（四）检测系统

分立式生化分析仪的检测系统由光学系统、分光装置、比色杯和信号检测系统四部分组成。由光源发出的光（复合光）透过比色杯进入仪器的入射狭缝，由光学准直镜准直成平行光，再通过分光装置色散成不同波长的单色光，不同波长离开分光装置的角度不同，由聚焦反射镜成像于出射狭缝，再由检测器接收光信号转换成电信号进行检测。

1. 光学系统 包括从光源到信号接收的全部路径。

（1）光源　自动生化分析仪的光源多采用卤素灯和闪烁氙灯。理想的光源应在整个所需要的波长范围内具有均匀的发光强度，它的光谱应该包括所用的波长范围内所有的光，光的强度应该足够大，并且在整个光谱区中，其强度不应随波长的改变有明显的变化。①卤素灯 一般是卤素钨丝灯，是在灯泡内加入适量的卤化物而制成的。其灯壁多采用石英式高硅氧玻璃，卤素灯有比较强的发光效率，其寿命在1000~5000小时左右。卤素灯的工作电压为12~36V。目前多数分析仪采用这种光源，工作波长范围325~800nm。②高压闪烁氙灯 高压闪烁氙灯有专门的一块电路板为其提供120~1500V的高压触发脉冲，不用灯丝，内部充有惰性气体—氙气，灯内的正、负极在高压脉冲触发下短弧放电，使灯发出在可见光波段内能量比较均匀的光。氙灯的最大特点是低波长的能量高，可检测部分需紫外光检测的项目，一次闪烁发出的能量比较均匀。但氙灯的价格较为昂贵。少数分析仪使用这种光源，工作波长范围是285~750nm，24小时待机，可工作数年。

（2）分光方式　可分为前分光和后分光。传统生化分析仪采用前分光技术，现代自动生化分析仪普遍采用后分光技术。前分光指的是根据不同波长需要，先将光源灯用滤光片、棱镜或光栅分光，取得单色光之后再照射到比色杯，再通过光电池或光电管作为检测器，测定样本对单色光的吸光度（图16-1）。后分光技术是将一束白光（混合光）先照射到比色杯上，通过后再经分光装置分光，被各个波长同时接收，用检测器检测任何波长的光吸收量（图16-2）。后分光技术主要是针对光栅分光的。

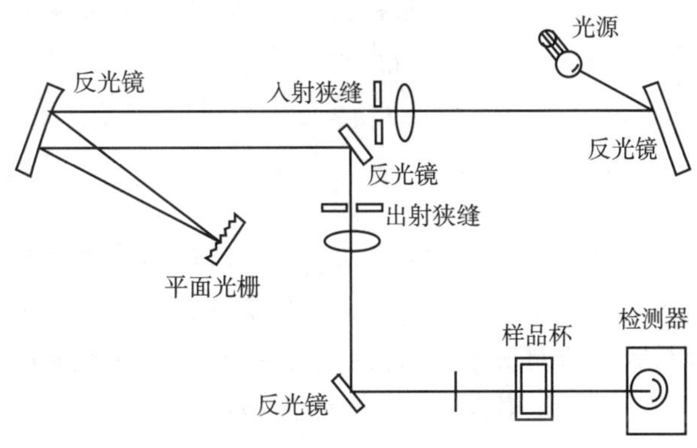

图16-1　前分光测光示意图

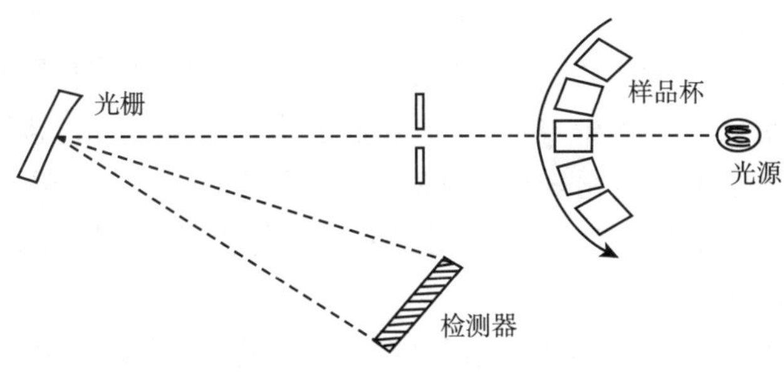

图16-2　后分光测光示意图

后分光技术较前分光技术具有以下优点：①同时选用双波长进行测定，大大降低了噪声；②光路中无可动部分，无须移动仪器的任何部件；③通过双波长或多波长测定可有效地抑制浑浊、溶血、黄疸对结果的影响；④双波长或多波长可有效地补偿电压波动的影响。后分光技术使测定结果更加准确、稳定、可靠，优于前分光技术。

2. 分光装置　包括干涉滤光片和光栅两种。

（1）滤光片式分光装置　光学干涉滤光片是建立在光学薄膜干涉原理上的精密光学滤光器件。光学干涉滤光片有插入式和可旋转的圆盘式两种。插入式是将需用的滤光片插入滤片槽内，一般用于半自动生化分析仪；可旋转圆盘式是将仪器所配备的滤光片安装于一圆盘中，使用时旋转圆盘定位所需滤光片即可。干涉滤光片的优点是价格便宜，但使用时间久了容易受潮霉变，引起波长偏差，影响检测结果的准确性，尤其是340nm的滤光片受影响最大。由于酶测定多采用340nm，因此使用干涉滤光片对酶测定影响最大。干涉滤光片在全自动生化分析仪中使用较少，但在半自动生化分析仪中应用普遍。

（2）光栅式分光装置　光栅是衍射光栅的简称，利用光的衍射原理进行分光。光栅分光的原理如图16-3所示，光栅起到将入射的自然光或复色光分解成一系列光谱纯度高的不同波长的单色光的作用。

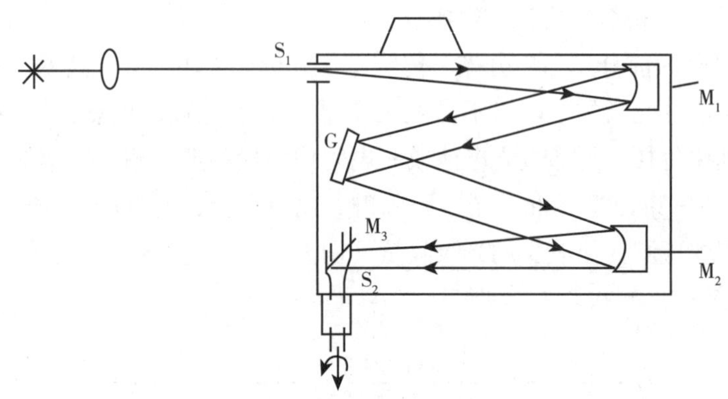

图16-3　光栅分光示意图

光栅可分为全息反射式光栅和蚀刻式凹面光栅两种。全息反射式光栅是由激光干涉条纹光刻而成的，在玻璃上覆盖一层金属膜，有一定程度的相差，而且金属膜容易被腐蚀。新近发展起来的无相差蚀刻式凹面光栅是将所选波长固定地刻制在凹面玻璃上，1mm可以蚀刻4000~10000条线，波长精确，半宽度小，使检测线性提高，而且有耐磨损、抗腐蚀、无相差等优点，最多可以同时采用固定的12种波长，优于传统的全息反射式光栅。既可色散，也能够聚光，检测吸光度线性范围0~3.2；光栅使用寿命长，无须任何保养，结合后分光技术大大降低了因多次反射和折射所产生的杂散光的干扰；减少了光学部件出现的故障，并使体积缩小，提高了测定精度。

光栅分光较干涉滤光片有明显的优点，特别是采用340nm波长测定酶类结果更加稳定可靠。光栅广泛应用于全自动生化分析仪。近年来一些半自动生化分析仪也逐渐使用光栅作为分光器。

3. 比色杯　样本与试剂混合进行化学反应的场所，也称反应杯，一般采用塑料比色杯和硬质玻璃比色杯或石英杯。目前的自动生化分析仪多使用硬质玻璃比色杯或石英杯，具有透光性好、容易清洁、不易磨损、使用时间长、成本低廉的优点。

4. 信号检测器　光电信号转换装置，其作用是接收从分光装置射出的光信号并转换成电信号进行测量。

既往光度分析的检测器采用光电管和光电倍增管（photo multiplier tube，PMT）。光电管是一个真空或充有少量惰性气体的二极管。光电倍增管是灵敏度极高，响应速度极快的光探测器。光电管、光电倍增管通常易受其他电磁波的干扰而影响测试结果。现代大型的自动生化分析仪多采用光信号数字直接转换技术，大大减少了来自其他仪器、电机或电源等的噪声对信号的干扰，提高了检测的精度和可靠性，并保证了超微量检测时数据的稳定性。数字信号由光导纤维传导，无衰减和干扰。

（五）计算机控制系统

计算机是自动生化分析仪器的“大脑”。分析仪自动化程度的高低、精密度、准确性良好与否，差错多少及每小时检测次数等均与计算机的设计有关。自动生化分析仪在计算机的控制下具有以下功能：通过条形码识读系统自动识别样本架及样本编号，识别试剂及校准品的种类、批号和失效期，有的还可识别校验校准曲线等信息；根据计算机的操作指令自动完成加样、加试剂、样本和试剂的反应、恒温调控、吸光度检测、清洗、数据处理、结果打印、质量控制等。自动化分析仪的数据分析都通过仪器中微处理机与 LIS 进行联网管理。自动化分析仪的计算机控制系统主要包括微处理器和主机电脑、显示器、系统及配套软件、数据接口等组成。

二、干式生化分析仪

与传统的“湿化学”生化分析仪相比，干式生化分析仪最主要的结构特点表现在干片试剂和检测器两个部分。

干式生化分析仪干片最主要的功能就是携带试剂和提供反应场所，所以最简单的干片就是包含支持层和试剂层的二层结构，在此基础上增加样本过滤层后即为三层结构的干片，其中，最完善的干片为多层涂膜技术，它以 Kubelka-Munk 理论为主要的分析原理，由于具有完善的功能分层，在检测性能方面，其定量的准确度和精密度已经可以与常规湿化学媲美。

（一）基于反射光度法的多层膜

固相化学涉及的反射光度法基于漫反射原理，它的两个主要特点是：① 因显色反应发生在“固相”上，但固相载体本身对透射光和反射光均有明显的散射作用，因而不服从朗伯-比尔定律，此时适用 Kubelka-Munk 理论；② 如固相反应膜的上下界面之间存在多重内反射，则需对 Kubelka-Munk 理论加以修正，各制造商根据自身产品的多层膜系统的特点，选用修正后的公式用于计算。

应用涂层技术制作的多层膜干片一般包括 5 层，从上至下依次为：渗透扩散层、反射层、辅助试剂层、试剂层和支持层。图 16-4 显示了基于反射光度法的多层膜的干片结构及检测示意图。

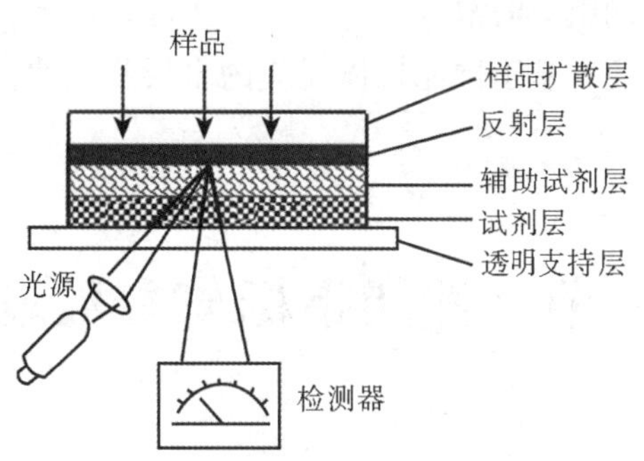

图 16-4　基于反射光度法的多层膜干片结构与检测示意图

1. 样本扩散层　由高密度多孔聚合物组成，其特点是能够快速吸附液体样本并使之迅速、均匀地渗透，并阻止细胞、结晶和其他小颗粒物质透过，也可以根据分析项目的需要而设计，让蛋白质等大分子物质滞留。事实上，经过样本扩散层的过滤后，进入以下各层参与反应的基本上是无蛋白滤液。

2. 反射层　也称为光漫射层，为白色不透明层，下侧涂布反射系数大于 95% 的物质，可有效隔离样本扩散层中有色干扰物质，使反射光度不受影响，这是其抗干扰能力强的物质基础；同时这些具有高反射系数的光反射物质也给下面各层提供反射背景，使入射光能最大限度地反射回去，以减少因光吸收而引起的测定误差。

3. 辅助试剂层　主要作用是去除血清中的内源性干扰物，从而使检测结果更加准确。如在辅助试剂层固定维生素 C 氧化酶，用来消除血清中维生素 C 对 H_2O_2 的还原作用。

4. 试剂层　又称为反应层，由亲水性多聚物构成，该层固定了项目检测所需的部分或全部试剂，使待测物质通过物理化学反应或生物酶促反应发生改变，产生可与显色物结合的化合物，再与特定的指示系统进行定量显色。

5. 支持层 为透明的塑料基片，主要起支持作用，并允许入射光和反射光完全透过。

以上基本结构是干化学多层膜试剂载体最常见的类型，除 K^+、Na^+、Cl^- 等需用电极法测定的项目，葡萄糖、尿素等检测干片均由上述多层膜构成，但会根据各项目的具体特点做针对性的改动。

（二）基于差示电位法的多层膜

K^+、Na^+、Cl^- 等无机离子测定采用差示电位法的多层膜干片结构，如图 16-5 所示。

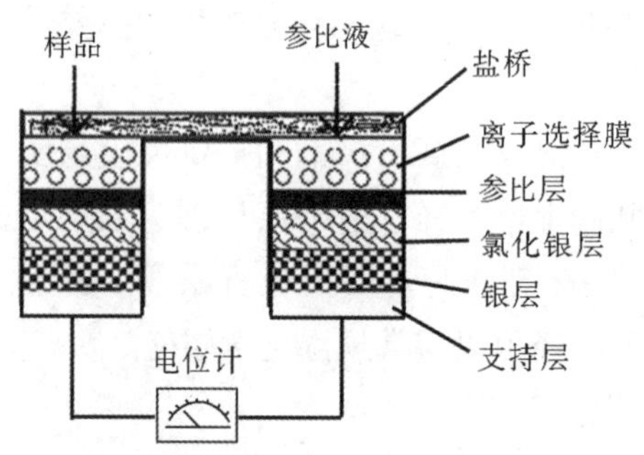

图 16-5 基于差示电位法的多层膜结构示意图

与前述干片不同的是，基于差示电位法的多层膜结构包含两个离子选择电极，每个电极均由 5 层组成，从上至下依次为离子选择膜、参比层、氯化银层、银层和支持层，两个电极以盐桥相连。两个离子选择电极分别为样本电极和参比电极。测定时在样本电极侧加入待检样本，参比电极侧加入已知浓度的配套参比液，两个电极间就会出现电位差，电位计测量电位差，由于参比液中的离子浓度是已知的，故可通过电位差计算出待测组分的浓度。

除前述两种多层膜系统外，还有基于抗原抗体反应的多层膜干片，它基于竞争免疫反应原理，主要用于半抗原如药物浓度等的测定。

第三节 性能指标与参数设置

PPT

一、性能指标

正确评价仪器性能，选择适合自己实验室的仪器，对实验室来讲非常重要。性能指标是评价仪器的主要依据。检测准确度至关重要，分析效率、自动化程度、应用范围、检测成本等仪器的使用价值也有重要影响。

（一）仪器的准确度

生化分析仪的准确性需要通过校准仪器来实现。由仪器工程师或计量部门技术人员在仪器安装后及使用中定期进行，主要校准仪器的光学系统、控温系统、吸样装置（试剂针、样本针）等光、机、电的技术参数。

仪器校准的具体内容包括：①光学系统，杂散光、吸光度的线性范围、吸光度的准确性、吸光度的稳定性、吸光度的重复性等；②控温系统，温度的准确度和波动度；③吸样装置，样本携带污染率、加样的准确性、加样的重复性等。仪器校准结果需满足制造商声称的要求或行业要求。每次校准都应做好记录，建立校准登记制度。

（二）检测系统的准确度

检测准确度包含精密度和正确度，由检测仪器、试剂、校准品、校准程序等共同组成的检测系统决定。精密度是正确度的基础，主要取决于仪器各部件诸如加样和加试剂系统、温控系统、光路检测系统等的加工精确度和良好的工作状态；还依赖于试剂盒的质量。目前自动生化分析仪普遍采用了先进的感应探针、特殊的搅拌材料和方式、高效清洗装置，不仅能准确吸取微量样本和试剂，并充分混合，还能有效抗交叉污染。与此同时，恒温方式和测光方式也得到不断改进，均为生化分析仪的检测项目检测结果的精密度提供了有力保证。试剂盒的质量首先评估其精密度，再评估其他性能指标。

（三）分析效率

即在分析方法相同的情况下分析速度的快慢，主要取决于一次测定中可测样本和可测项目的数量以及取样周期。多通道生化分析仪可同时检测多个项目，提高分析效率；多针取样生化分析仪取样周期短，可提高分析效率。目前大多数自动生化分析仪单个模块的分析速度从200~2000测试/小时不等，甚至超过2000测试/小时，多模块时分析速度更快模块式组合分析仪分析效率更高。用户可根据实验室需求，灵活选择不同类型和数量的模块以满足对测试速度的需求。

（四）应用范围

与仪器的设计原理和结构有关，是一个综合性指标。主要包括分析方法和可测试的项目种类。近年来新推出的一些自动生化分析仪，除了注明有终点法、速率法外，还注明有比浊法、比色法、离子选择法、酶学电极法、免疫法等。测定方法多意味着测定项目范围会更加广泛，为将来开展或开发新项目提供备用条件。

（五）最小反应体积

试剂用量与样本用量的总和，反应体积越小，所需试剂和样本量就越少，试剂成本越低。需注意反应体积并非越小越好，若仪器自动取样精度达不到相应要求，势必影响检测的正确度和精密度，降低检验质量。

（六）自动化程度

仪器能够独立完成检测操作程序的能力。一般而言，自动化程度越高的仪器使用越简单、越方便，但维护要求也越高。自动化程度的高低，取决于仪器的计算机处理功能和软件的智能化程度，表现为：① 自动处理样本、自动加样、自动清洗、自动开关机等；② 单位时间内处理样本的能力、可同步分析的项目数量等；③ 软件支持功能是否强大，例如，是否有样本针和试剂针的自动报警功能、探针的触物保护功能、试剂剩余量的预示功能、数据分析和处理能力、故障自我诊断功能等。

（七）其他性能

仪器寿命、仪器的维修保养方式和途径、消耗品及零配件的供应、试剂和耗材的性价比、试剂使用是封闭式还是开放式等。在选用时都应一并考虑，使选用的自动生化分析仪性能价格比达到最优状态，从而发挥仪器的最大效能。

二、参数设置 微课/视频2

仪器参数即仪器工作的指令，参数的合理选择与正确设置是仪器正常工作的前提。全自动生化分析仪的参数包括基本分析参数和特殊分析参数，前者是检测的前提，没有则无法进行检测，特殊分析参数与检测结果的准确性有关。基本分析参数主要包括分析方法、试剂、样本量与试剂量、分析波长、校准方法、分析时间、线性范围等。

（一）分析方法

测定方法的选择首先应考虑方法的准确度和精密度，其次可根据仪器性能、实验室条件、需要进行选择。常用的分析方法有终点法、固定时间法、连续监测法和免疫比浊法等。

1. 终点法 又称为比例终点法，是通过检测终点时吸光度的改变大小计算被测物含量，是最常用的分析方法，又分为一点终点法、两点终点法：①一点终点法（one point end），当样本和试剂充分混合后，经过一定时间的反应，通过比色系统测得反应平衡后特定的波长下的吸光度值，经计算机系统处理并计算测定结果；②两点终点法（two point end），使用单试剂时，试剂与样本充分混合后在最初时间读取吸光度值，一定时间后，第二次读取吸光度值，利用两次吸光度的差值来求得待测物含量或活性。

2. 固定时间法 指在时间-吸光度曲线上，选择两个测光点，这两点既非反应初吸光度，亦非终点吸光度，利用这两点吸光度差值计算结果，如苦味酸法测肌酐。

3. 连续监测法 根据反应速度与待测物的浓度成正比，连续选取时间-吸光度曲线中线性期的吸光度值，并以此线性期的单位吸光度变化值（$\Delta A/\mathrm{min}$）计算结果。该方法一般用于酶活性的测定：①两点速率法（two point rate）在反应过程中，适当地选择两个点，通过测定两点间（A_1，A_2）的单位时间内吸光度的变化，即 $\Delta A=(A_2-A_1)/\Delta t$，来求出待测物含量或活性的方法；② 速率A法（rate A）又称最小二乘法，是通过测定两点间每分钟的吸光度，用最小平方二乘法求出每分钟的反应吸光度的变化，以求得待测物含量或活性的方法。它是全自动生化分析仪最常用的测定酶活性的方法。

4. 免疫比浊法 用于测定产生抗原抗体特异性浊度反应的项目，如血清特种蛋白类的测定。

（二）试剂

自动生化分析的检测试剂经历了自配试剂、多种试剂单独配制、干粉试剂和液体试剂（包括单一试剂和双试剂）四个发展阶段。液体双试剂因其具有抗干扰能力强，稳定性能优良，可提高实际测定的准确性，加之目前大多数全自动生化分析仪都具备双试剂检测功能，液体双试剂使用较为广泛。双试剂的组成可分为液体双试剂和干粉双试剂，由试剂1（R_1）和试剂2（R_2）组成。通常 R_1 含有可与样本中干扰物质发生反应的必要成分，R_2 试剂作为反应的启动剂，含有与被测物质发生反应的必要成分。所选择的生化试剂盒应通过国家药品监督管理部门的批准，除了对试剂盒选用方法有所了解外，还应检查其实验参数是否符合本实验室生化分析仪的实验参数要求。应对试剂盒的使用方法及性能指标（正确度、精密度、线性范围等）进行考察和验证，方可用于患者样本测定。

（三）样本量与试剂量

通常，生化分析仪器都设置有样本最小用量及样本加试剂的最小体积，多数试剂生产商在试剂说明书上标出样本与试剂的比例，在实际应用中务必要考虑这些因素。在不影响结果的正确度、精密度的前提下，可适当调整样本和试剂的用量。

样本与试剂的比例（SV/RV），也可表示为样本体积分数，即样本体积与反应液总体积的比值（SV/TV），是方法学的基本参数，在其他参数不变时，直接影响结果的计算，一般情况下应以试剂说明书为准，不宜轻易改动。使用双试剂时要兼顾 R_1、R_2 和样本三者的比例，尤其不宜改动试剂间的比例。R_2 要考虑仪器规定的加样最小体积，试剂瓶无效腔体积导致试剂浪费的经济问题等。

（四）分析波长

波长的正确选择有利于提高测定的灵敏度和减少测定误差。光度学方法有单波长和双波长之分，有的仪器可用三波长、多波长以及两波长比率等。有的仪器可作导数光谱分析。单波长测定易受样本

溶血、黄疸、脂血等因素干扰。双波长分析就是选择主波长同时选择副波长，在计算时用主波长的吸光度减去副波长的吸光度。

（五）吸光度线性范围

当反应吸光度处于线性范围内时，检测结果与吸光度变化成正比，能准确地反映待测物的浓度。如果吸光度设置过小，则非线性机会出现增多，或观察时间延长，工作效率降低；如吸光度设置过大，则失去了判断线性的意义。线性范围应定于数据收集窗时间内吸光度变化的允许范围，对于全自动生化分析仪而言，主要是设定吸光度的最大值和最小值。

（六）分析时间

分析时间主要包括反应时间、监测时间（读数点）和读数间隔时间、延迟时间。根据反应类型、仪器和试剂状况，应遵循有利于抗干扰、有足够灵敏度以及准确度的原则适当调配延迟时间和读数时间的长短。

1. 反应时间指仪器的一个分析周期中，试剂和样本混合到最末一点测定的时间。反应时间的长短与方法学选择、试剂组成密切相关。目前多数自动生化分析仪设置有多个反应时间可预先选定，多数仪器设定在 10 分钟左右。

2. 监测时间指用于结果计算的测定读数。它的设置与加样点、加试剂点、监测时间（读数点）、读数间隔时间及试剂样本比例等有关，要结合方法学，兼顾权衡。读数时间最理想的应选择在反应中 ΔA 同步变化区。反应监测时间还要考虑延迟时间的长短、测定物质的浓度范围，若监测时间过长则容易发生底物耗尽，使得测定结果偏低。

3. 延迟时间指试剂与样本混合后到监测开始之间的时间，常用于速率 A 法。正确选择延迟时间的长短，有利于准确测定，减少试验误差。动态测定是以监测显色速率定量的，延迟时间的选择应根据显色反应快慢、温度平衡状态及反应启动时间确定，对于用双试剂测定的项目，延迟时间一般设置在加入 R_1 与 R_2 之间的时间段内，对某些初期有非特异性显色的反应可通过适当延长延迟时间来排除。

（七）校准方法

自动生化分析仪内部设置的校准方法一般包括一点校准、两点校准和多点校准等。

1. 一点校准法 一点校准法曲线为通过坐标零点和校准点的一条直线，常用于酶类项目测定。

2. 两点校准法 两点校准法是指用一个浓度的校准品和一个空白试剂进行校准的方法。两点法校准曲线是通过设定的两个校准点，但不通过坐标零点的一条直线，该法要求反应必须符合朗伯-比尔定律。这种校准方法可用于终点法和连续监测法的校准。

3. 多点校准法 多点校准法是多个具有浓度梯度的校准品非线性校准的方法。多点法的校准所产生的曲线为非线性曲线，多用于免疫比浊法等工作校准曲线。非线性曲线包括对数曲线、指数曲线、二次方程曲线、三次方程曲线、logit 转换和 logistic 函数等。

第四节 维护保养与故障处理

PPT

一、维护与保养

自动生化分析仪是由光学、精密机械以及计算机三者紧密结合而成的光谱仪器，是临床生化检验分析的重要工具。要获得准确可靠的分析结果，延长仪器的使用寿命，减少维修次数，提高仪器的使用效率，必须建立仪器使用规范，对仪器进行相应的维护与保养。自动生化分析仪的维护保养分为三级。

（一）一级维护与保养

自动生化分析仪在工作过程中虽可进行主要部件的自动清洗，为保证仪器的正常运行，还需严格按照操作手册要求做一些定期维护。

1. 日常维护 在每日的开机时和关机时进行保养。开机保养主要是对仪器进行清洁和例行检查，如用蘸有清洁剂的布或纸巾去除仪器的表面脏物，但注意不能使用酒精，因为酒精会破坏仪器表面的光洁度。清洁样本针和试剂针、清洁反应盘等。倒空废液桶，进行光路检测，进行孵育槽换水等操作。关机维护保养主要是对样本针、试剂针、比色杯等进行冲洗，一般仪器都设有关机冲洗功能，可以自动完成。

2. 定期维护 包括每周和每月维护。①每周维护清洁冲洗站，用洗液冲洗样本针冲洗站，防止滋生细菌或沉淀物堵塞清洗站。用浸有蒸馏水的纱布清洗排废液口的结晶，防止结晶堵塞。一般的自动生化分析仪也都有每周清洗程序，可自动进行每周清洗，主要是清洗反应部件和反应杯空白检测。②每月维护清洁孵育槽、清洁离子试剂管路、冲洗仪器风扇空气滤网、进水管道的过滤网等。清洁废液桶及传感器。

（二）二级维护与保养

二级维护与保养即针对性保养，这种保养一般要求对仪器结构有一定了解，能够拆卸一部分仪器部件，例如加样针、石英比色杯等。如果出现管道堵塞等问题，会发生仪器漏水、溢水的现象，此时常规的清洗程序不能达到效果，就需要拆下仪器元件手工清洗。由于堵塞的原因大多是蛋白凝集所致，可以先做物理清通，再用血细胞分析仪的去蛋白液浸泡即可。对于橡胶的管道，可以用厂家提供的清洗液清洗，不建议用含氯消毒液浸泡，因此会造成橡胶老化。而有时仪器轴承阻力增大，或是噪声增大，这种情况先要弄清楚是不是轴承元件缺乏润滑引起的。如果需要，可以针对性地使用润滑剂。

（三）三级维护与保养

三级保养指定期进行一些易损件的更换，常见的如离子电极、光源灯泡、试剂和样本注射器活塞头、冲洗器的靴形头以及泵管密封圈等。当光源能量降低时，首先出现的是405nm 波长的吸光度发生变化，这时应及时更换光源，以免影响检测结果。

二、常见故障与处理

仪器发生故障时，一般会在电脑屏幕上显示带有故障编号的报警信息，但有的仪器或者有的故障没有报警，则需要操作人员主动发现。下面介绍比较常见的故障及排除方法。

1. 反应杯故障 反应杯是最常出现故障的部位，报警信息为杯空白超限。一般是由于反应杯污染造成的，可按保养介绍的内容进行排除；若不见效，则考虑更换反应杯组。当反应杯有划痕时不能再用。

2. 样本针故障 可能出现的故障为阻塞、针尖挂水滴。阻塞可导致测定结果均在 0 值上下或为极低值。排除方法是：关掉电源，卸下针臂盖，断开液面感受器的连线，卸下针，将针内疏通即可。针尖挂水滴也会导致加样量偏少，或者同一样本多次加样时试管内液体越来越多，其原因是注射器密封垫圈磨损导致气密性下降，更换即可排除。

3. 试剂针故障液面感应器故障 在试剂量充足的情况下，仪器仍报警提示“更换试剂”。主要原因是针臂上软管老化漏水导致感应器失灵。此时卸下针臂盖更换软管即可。

4. 清洗装置故障 容易出现的故障是浓废液管或喷嘴的阻塞，直接用较粗的钢丝捅开并清洗干净即可。喷嘴方块下面的十字凹槽若被脏物填充，可用小毛刷刷洗干净。预防的有效办法是每天做好保养。

5. 通信线路故障 偶尔出现通信中断，数据不能传输到中文报告电脑。可能是因为受到周围电磁场的干扰或仪器进行其他无关操作造成的，一般进行手工传输即可。若传输不成功则需重启报告电脑。如果报告电脑连接到医院局域网，当网线断开不能连接到医院数据库时，打不开数据接收器，也不能实现通信。

6. 真空泵故障负压过低或者进水 前者会导致仪器停机，一般是因为橡胶皮塞漏气，塞紧皮塞或将漏气的皮塞换掉即可。真空泵进水，一般是因为废液管不通畅，废液流入真空泵。检查浓废液出口是否阻塞，若阻塞疏通即可；当出口处无阻塞时，边执行机械检查边用洗耳球抽吸，可以使管路通畅。

7. 试剂盘故障 试剂盘不能探测起始或停止位置，或不能停在指定位置。先执行机械检查，若不能恢复则属于试剂盘下边位置探测器的故障。打开仪器面板，找到探测器，用棉签蘸乙醇擦拭探测器内侧，目的是除去灰尘，一般可恢复正常。若彻底除尘后还出现相同故障，则需要更换探测器。样本盘也可出现同样的故障，处理方法相同。

8. 储水箱故障 若水箱空，则仪器报警“储水箱水位过低”，检修纯水机即可。若水箱水位正常，仪器也以同样原因报警，则一般是进水口过滤网被生长的细菌等杂物堵死了，清除之后即可恢复正常。

第五节 临床应用

PPT

生化检验在临床各种疾病的诊断和治疗中具有相当重要的位置。随着生化检验自动化水平的全面提高以及各项先进科学技术的快速发展和广泛应用，自动生化分析仪在临床检验工作中的使用越来越普遍，大大提高了检验质量和工作效率，为临床疾病诊断和治疗提供了客观、科学的实验依据。自动生化分析仪在临床的应用可根据其主要检验项目概括为以下几个方面。

1. 比色法检验项目 目前大型全自动生化分析仪的生化检验项目一般都高达数十项，甚至一百多项，可进行肝功能、肾功能、脂类、血糖和多种血清酶等项目的检查。通过这些检查项目，结合患者病史、体征和其他检查，可对肝脏疾病、肾脏疾病、高脂血症、糖尿病、心肌损伤等多种疾病进行诊断和鉴别诊断、疗效观察、病情预后的判断等。

2. 比浊法检验项目 多数大型全自动生化分析仪配有紫外光、透射光免疫比浊功能，可用于检测免疫球蛋白、补体 C3 和 C4、类风湿因子、抗链球菌溶血素 O、C 反应蛋白和超敏 C 反应蛋白、尿微量白蛋白、转铁蛋白等多种特定蛋白。这些指标可供临床评价各种人群的免疫功能以及自身免疫病、血液免疫病、缺铁性贫血、糖尿病肾病等疾病的诊断或辅助诊断。有些临床用于疾病治疗的药物需要进行药物浓度监测，多数大型全自动生化分析仪配有紫外光、透射光免疫比浊功能，可以快速检测血中药物浓度。

3. 离子选择电极法检验项目 除常规的临床化学项目外，多数仪器配有离子选择电极，能检测钾离子、钠离子、氯离子，结合比色法检验项目和比浊法检验项目，可开展多项急诊项目检查，可对水电解质代谢功能紊乱、酸碱平衡紊乱等多种疾病进行诊断和鉴别诊断、疗效观察、病情预后的判断。

答案解析

思考题

案例 生化组某品牌全自动生化分析仪临近校准周期，生化组长将该工作交给小李负责，如何制定校准计划并开展校准工作。

初步判断与处理 全自动生化分析仪校准是保证检验结果准确性的重要工作，实验室应定期对其准确性进行校准，确保仪器的稳定性和可靠性。目前临床实验室向医院设备管理部门提出仪器校准申请，由厂商授权人员或第三方计量机构人员开展校准，实验室相关岗位人员参与并监督校准，并审核校准报告。

问题

（1）可参考什么文件开展仪器校准？

（2）什么情况下需要进行仪器校准？

（3）请制定一份全自动生化分析仪校准工作流程。

（黄宪章）

书网融合……

重点小结

题库

微课/视频1

微课/视频2

第十七章　电解质分析仪和血气分析仪

学习目标

1. 通过本章学习，掌握电解质分析仪和血气分析仪的工作原理及结构组成；熟悉电解质和血气分析参数和性能指标、检测项目的临床应用；了解电解质分析仪和血气分析仪的发展历程及新技术应用。

2. 具有正确操作电解质分析仪和血气分析仪，并进行日常维护和故障排除的基础知识和基本能力。

3. 树立严谨、科学态度和高度的责任心，确保快速准确完成电解质和血气检测，提高危重患者救治水平。

第一节　电解质分析仪

PPT

电解质分析仪（Electrolyte Analyzer）用于测量人体血液和其他体液中的离子浓度，如钠（Na^+）、钾（K^+）、氯（Cl^-）及钙（Ca^{2+}）等。电解质失衡会导致多种生理功能紊乱，尤其对心脏和神经系统影响显著。

电解质分析技术自20世纪中期发展至今，经历了几个重要阶段：初始阶段（20世纪50至70年代）依赖色谱法和滴定法，操作复杂且精确度有限。电子化阶段（20世纪70至90年代）引入离子选择性电极（ion selective electrode，ISE）技术，显著提高了测量速度和准确度。自动化阶段（20世纪90年代至21世纪初）实验室自动化技术使仪器与生化系统集成，实现快速批量分析。现代智能化阶段（21世纪初至今）融合人工智能和信息技术，实现高速度、高准确度、智能诊断和远程监控，推动个性化医疗发展。

一、工作原理　微课/视频1

电解质分析仪的工作原理如图17-1所示。待测溶液由采样针抽进电极中，所有电极都感知到待测溶液后，管路系统停止抽取样本。不同的离子被分别感测到并与参比电极进行比对。参比电极的作用是为其他电极提供一个共同的参考点，确保准确性。其他电极（即指示电极）的电位以参考电极电位为基准。各指示电极将检测到的离子电位差转换成不同的电信号。电位差大小与溶液中离子活度呈正比，亦与离子浓度呈正比。离子选择电极只对水相中活化离子产生选择性响应，与标本中脂肪、蛋白质所占体积无关。这些信号经过放大处理，再经过模数转换器转换为数字信号，最终传输至微机单元。微机单元对信号进行处理、运算，然后显示或打印。

电解质分析仪常用的测定方法包括滴定法、火焰光度法、分光光度法及离子选择电极法等。美国临床实验室标准化协会（Clinical and Laboratory Standards Institute，CLSI）将火焰光度法定为 Na^+、K^+ 检测的参考方法，然而，该法仅能检测单一元素，易受气流等因素的影响，对环境的要求高，不是临床常规检测方法（详见拓展知识部分）。因此，本节重点介绍ISE法。

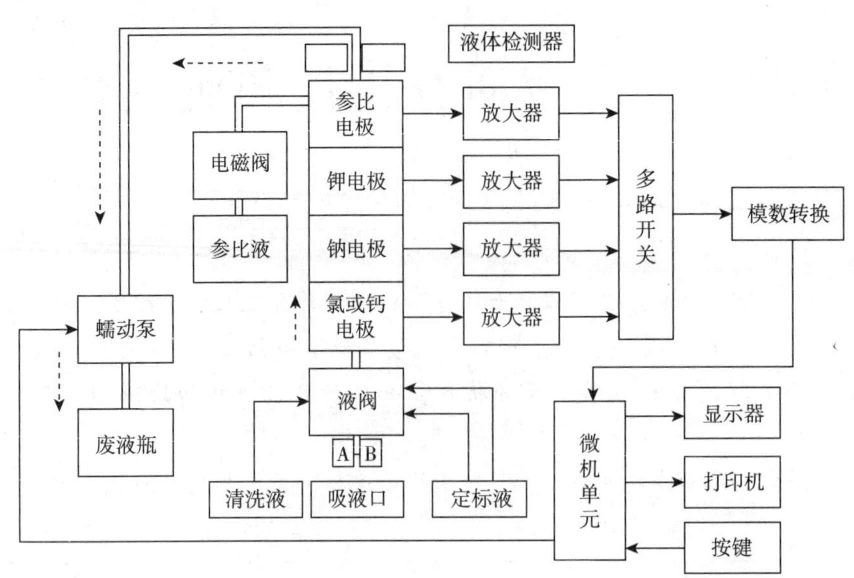

图 17-1 电解质分析仪工作原理

ISE 法又分为直接 ISE 法和间接 ISE 法。直接法使用 ISE 直接测量未稀释血液样本中的电解质浓度。这种方法省去了样本稀释步骤，直接测量血浆中的电解质浓度；间接法是样本先吸引到测量室和高离子强度的稀释液进行高比例稀释，然后送到电极测量部位。大多数电解质分析仪及附有一次性 ISE 电极的自动分析仪都是用直接 ISE 方法，全自动生化分析仪的 ISE 部分则以间接法为主。

知识拓展

电解质排斥效应 微课/视频 2

血浆中的固体物质（血脂和蛋白质）约占 7%，水相占 93%，电解质存在于水相中。固体物质含量变化会导致水相变化，从而影响电解质测定结果的准确性，这种现象称为电解质排斥效应。在临床检测中，血浆按 100 份计算，水相占 93 份，电解质仅溶解在水相中。测定时仅测量水相中的电解质，但计算时按 100 份血浆中的浓度计算，导致结果偏低。在某些病理（如高蛋白血症、华氏巨球蛋白血症、多发性骨髓瘤）和严重高脂血症会增加固体成分比例，降低水相比例，从而假性降低电解质浓度。直接离子选择电极法只测量水相中的电解质浓度，可避免电解质排斥效应。但实际工作中多使用间接离子选择电极法。

二、分类和结构

（一）仪器分类

电解质分析仪的分类方法较多，最常用的分类方法有三种，一是按照自动化程度：手动、半自动和全自动；二是按照测量方法：直接法和间接法；三是按照结构：台式和便携式。

（二）仪器结构

电解质分析仪主要由电极系统、管路系统和电路系统等部分组成。

1. 电极系统 作为核心部件，按一定的排列顺序安置在流动室中，样本通过流动室时，各电极可对相应的离子进行电位测定。目前，ISE 法由于使用安全，可自动化运行，精密度和准确度较高等优点，在临床中得到广泛应用，已取代火焰光度法成为大规模检测的主流方法。

（1）离子选择电极的组成 ISE 是一种化学传感器，可用于测量溶液中特定离子的活度。基于能斯特方程（Nernst equation）的工作原理，其电位与溶液中给定的离子活度的对数呈线性关系。ISE 由敏感膜、电极帽、电极杆、内部参比电极和内部参比溶液等部分组成，如图 17-2 所示：①敏感膜（sensitive membrane）ISE 的核心部件，通常由特定的离子选择性物质制成，例如离子载体或离子交换物质。这一连续层的特性使其能够选择性地吸附和透过特定的离子，并根据离子的浓度变化产生电势变化，从而实现对待测离子浓度的测量；②电极帽（Electrode Cap）位于敏感膜的顶部，用于保护敏感膜免受外部环境的影响，同时允许待测溶液与敏感膜接触，通常由耐化学腐蚀的材料（如玻璃或塑料）制成；③电极杆（electrode shaft）电极杆是 ISE 的支撑结构，负责将电极帽连接到电极体并插入待测溶液中。它通常由非导电材料制成，如塑料或陶瓷，以防止短路；④内部参比电极（internal reference electrode）用于提供稳定电势参考电极。通常采用银-氯化银电极或银丝等材料，其电位对于待测溶液中的离子活度几乎保持不变；⑤内部参比溶液（internal reference solution）与内部参比电极配套使用的，用于维持内部参比电极的稳定性。根据 ISE 的类型，有些 ISE 可能不需要内部参比溶液，因为它们的设计可以自我稳定。

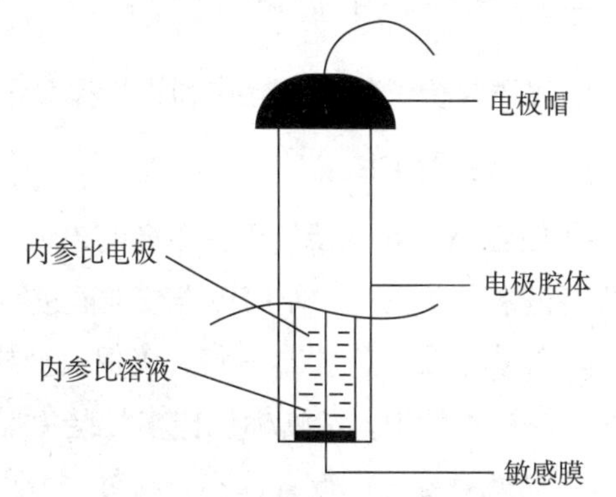

图 17-2 电极结构示意图

（2）离子选择电极的分类 电极的分类主要基于敏感膜材料，可分为原电极和敏化电极两类：①原电极（primary ion-selective electrodes）是指敏感膜直接与试液接触的 ISE，它们对特定离子的选择性响应直接取决于敏感膜的成分和结构；②敏化电极（modified ion-selective electrodes）是在原电极的基础上通过改进膜材料、表面改性、掺杂技术和电极设计，以提高其对特定离子的选择性、灵敏度和稳定性。

ISE 对离子的特异性选择受敏感膜结构的影响，例如对 H^+ 响应的 pH 玻璃电极和对 Na^+、K^+ 响应的 Na、K 玻璃电极。以 pH 玻璃电极为例，该电极是最早出现的 ISE，其关键部分 72% SiO_2、22% Na_2O 和 6% CaO 的敏感玻璃膜，内部填充 0.1mol/L 盐酸溶液作为内部参比溶液，内部参比电极为 Ag | AgCl。当接触待测溶液时，Na_2SiO_3 晶体骨架中 Na^+ 与水中 H^+ 发生交换，形成 0.05μm 的水化层，在膜表面产生跨膜电位。不同的 ISE 对不同离子有选择性响应，如 Na 玻璃电极选用钠敏感玻璃制成，对 Na^+ 高度选择；K 玻璃电极选用含缬氨霉素的聚氯乙烯中性载体膜制成，对 K^+ 高度选择；Cl 膜电极选用聚氯乙烯的四价胺的液膜制成，对 Cl^- 高度选择。

2. 管路系统 电解质分析仪管路系统类似于血细胞分析，主要包括蠕动泵、电磁阀、转换阀等通用元件：①蠕动泵，用于精确控制液体样本、试剂和废液的流动，其封闭式设计可起到防止交叉污染；②电磁阀，控制液体流路的开闭和切换，确保了液体处理的精确性及系统自动化；③转换阀，控制液体流路的切换，精细调控液体流动路径，确保分析过程的精准性和可靠性。

3. 电路系统 负责对 ISE 所产生的微弱电位变化信号进行放大，随后再经过模数转换成数字信号，并进行公式运算以显示或打印测量结果：①电源模块，提供稳定的电压和电流，确保各个组件正常工作。如交流电/直流电（AC/DC）转换器、稳压器等；②微处理器模块，作为系统的“中枢”，控制各部件的工作顺序和状态，负责信号处理、数据计算和系统协调；③输入输出模块，提供用户交互界面，包括显示屏（如 LCD 或触摸屏）、按键或触控板，用于输入命令和显示结果；④信号处理模块，处理从传感器（如离子选择性电极）接收到的信号，包括放大、滤波、模数转换等，以便得到准确的电化学数据。

三、操作和维护保养

电解质分析仪的正确操作和维护保养不仅能保证测量结果的准确性，还能延长设备的使用寿命。

（一）仪器操作

1. 检查电源和连接 确保设备与电源、计算机连接正常。①开机自检，启动设备并进行自检，确保功能正常；②校准，使用标准校准液进行校准，频率根据厂家建议或实验室标准执行。

2. 样本准备 ①样本采集，确保血液样本无溶血、无污染；②样本处理，根据需要进行离心等前处理；③样本标识，清晰标识样本，避免混淆。

3. 测量过程 ①放置样本，将处理好的样本放置在指定位置，确保样本量符合设备要求；②运行分析程序，选择测量程序并启动分析。

4. 结果读取 ①从显示屏或连接的计算机系统读取结果；②将结果记录在 LIS 或手动登记，按需进行数据分析。

（二）维护保养

1. 日常维护 ①清洁电极，每次使用后，进行电极清洁，防止污染和结晶沉积；②更换试剂，定期检查和更换试剂，确保试剂在有效期内使用；③废液处理，妥善处理废液，遵循安全规定。

2. 定期维护 ①校准和质控，定期进行设备校准和质控测试；②电极维护，根据使用频率和厂家建议，定期更换电极或深度清洁；③软硬件升级，按厂家要求进行软件更新和硬件维护，确保设备运行在最佳状态。

3. 故障处理 ①常见故障排除，了解常见故障和解决方案（如电极污染、校准错误等）；②技术支持，无法解决的复杂故障及时联系厂家技术支持。

四、性能参数

根据国家医药行业标准 YY/T 0589—2016《电解质分析仪》，在仪器选择和使用过程中，除了对仪器的精密度、准确度、线性范围、临床可报告范围及参考区间进行性能评价和验证外，尤其需要对电极性能进行评估。

1. 电极的选择性 电极选择性指 ISE 对待测离子和其他共存离子的选择程度的差异，通常用选择系数表示。理想的 ISE 仅对特定的一种离子产生电位响应，但实际上其他离子也可能在电极膜上产生不同程度的交换，因此干扰越小越好。

2. 线性范围 电解质分析仪的线性范围是指在特定的浓度范围内，仪器对电解质浓度的测量值与实际浓度之间保持线性关系的范围，通常由制造商在设备的验证过程中确定，并在使用手册中明确标出。

3. 电极斜率 在线性响应范围内，电极对离子活度所引起的电位变化理想斜率为 Na^+、K^+ 的斜率值参考范围为 40~70mV，Cl^- 的为 >35mV，斜率过小会增加误差。

4. 电极响应时间和稳定性 电极响应时间指达到稳定电位（±1mV）所需的时间；稳定性为连续 3 次结果的波动，Na^+、K^+、Cl^- 的稳定性均≤2%。

5. 电极寿命 电极寿命指电极保持其符合能斯特方程功能的时间。ISE 使用寿命与电极的种类、制作材料结构、被测溶液浓度以及应用保养情况等因素密切相关。随着时间的推移，电极响应时间延长，电极斜率降低，逐渐老化失效，应及时更换电极。

五、临床应用

1. 监测电解质水平　①肾功能不全，用于监测肾功能障碍患者 Na^+、K^+ 和 Cl^- 水平，评估肾功能；②心血管疾病，监测电解质水平，评估心脏功能，指导治疗心律失常和心肌梗死；③代谢紊乱，诊断和管理代谢性酸中毒、碱中毒和高血糖等，监测治疗效果。

2. 监测液体治疗效果　①补液治疗，在严重脱水或失血后，通过电解质分析调整补液方案；②营养支持，定期监测接受静脉营养支持的患者电解质水平，避免不良反应和并发症。

3. 手术前后监测　①肾脏手术，评估术前术后的 Na^+、K^+ 和 Cl^- 水平，预防术后肾功能损伤；②消化系统手术，术前术后监测电解质水平，调整治疗方案，减少并发症；③神经外科鞍区占位性病变手术，术前术后检测 Na^+ 水平，防止水钠紊乱，影响预后。

4. 监测特定疾病状态　①糖尿病酮症酸中毒，监测钠和钾水平，评估酸中毒严重程度，指导治疗；②高血压危象，监测钠和钾水平，指导抗高血压治疗和液体管理，预防严重并发症。

第二节　血气分析仪

PPT

血气分析仪（blood gas analyzer，BGA）通过检测人体动脉血中的气体含量，如氧分压（partial pressure of oxygen，pO_2）、二氧化碳分压（partial pressure of carbon dioxide，pCO_2）和酸碱度（pH），评估患者的血氧水平和酸碱平衡。

BGA 技术发展经历了几个关键阶段：①化学方法初期（20 世纪初）操作复杂且准确性不高；②pH 计应用（50 年代）提升了血液酸碱度测量的准确性；③电极技术（60 年代），引入 pCO_2 和 pO_2 电极，实现了血液气体的直接测量；④自动化和微型化（70 至 80 年代），微电子技术推动了 BGA 的自动化、小型化；⑤无创技术，新型传感器和光纤技术的发展，实现了无创血气监测，避免传统采血的痛苦和风险。现代 BGA 已实现智能化诊断，可与医院信息系统无缝连接，提升了诊断和治疗的准确性和便捷性。这些技术进步使 BGA 成为临床实践中的重要工具。

知识拓展

血气分析即时检验的质量管理

血气分析的即时检验（point-of-care testing，POCT）在急救和重症监护中至关重要，但非专业操作环境给质量管理带来挑战。为确保结果的准确性和可靠性，Clinical and Laboratory Standards Institute（CLSI）制定了“EP18”质量管理标准，强调实验室技术人员、管理人员和仪器制造商的协作。EP18 标准要求如下。

1. 设备校准和维护　定期校准和维护，以减少误差。

2. 人员培训　制定标准化的培训程序，提升操作技能和知识。

3. 质量控制　实施内部质量控制并参与外部质量评价（EQA），定期验证检测结果的准确性。

4. 管理体系　建立完善的质量管理体系，确保从样本采集到结果报告的每个环节符合标准。

遵循 EP18 标准，血气分析 POCT 能够提供可靠结果，提高护理质量和临床决策支持。

一、工作原理

血气分析仪的工作原理主要基于电化学传感技术，采用离子选择性电极法。检测样本时，待测血液被抽吸进检测室，检测室的管壁上布置有 4 个电极检测点，分别检测 pH、pH 参比、pO_2 和 pCO_2。这些电极检测点与待测血液接触，通过化学反应产生相应的电信号，检测到的电信号经过放大和模数转换等处理步骤，经由内置的电脑微处理器进行运算和分析，根据预设的算法和标准，计算出血液中氧气、二氧化碳和酸碱平衡等参数的浓度或指数，见图 17-3。

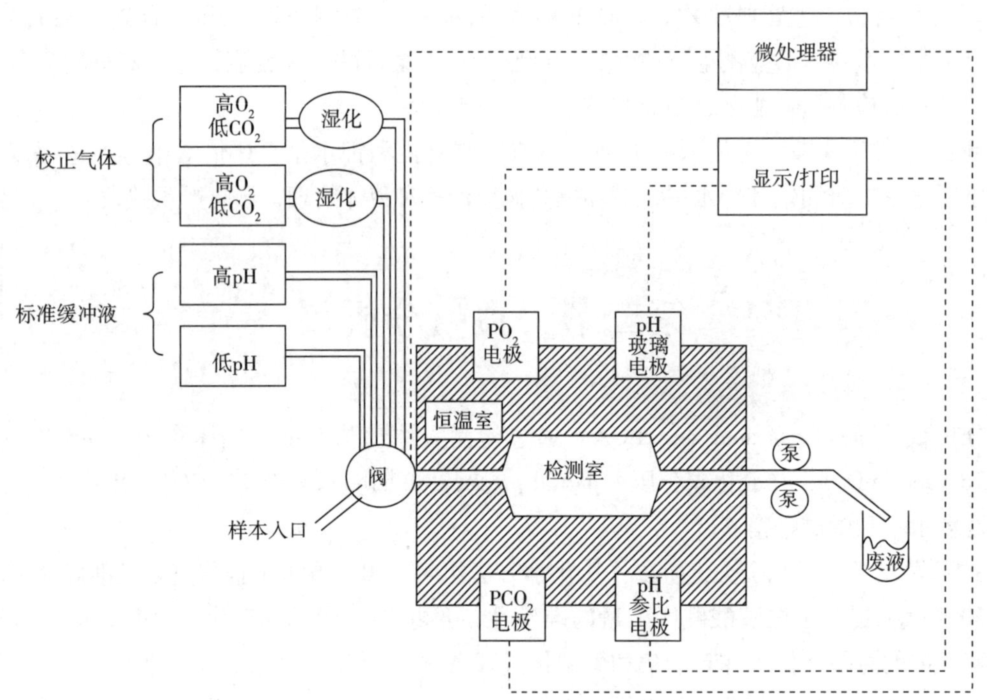

图 17-3　血气分析仪工作原理

二、分类和结构

（一）仪器分类

BGA 最常用的分类标准主要有两种：一是按照结构型式分为台式和便携式；二是按照检测项目分为基本型和综合型。

（二）仪器结构

BGA 主要由电极系统，管路系统和电路系统组成。

1. 电极系统　电极是 BGA 的核心部件，不同厂商的 BGA 结构类似，均包括 pH、pH 参比、pO_2 和 pCO_2 四种电极。

（1）pH 电极及其参比电极　二者共同组成 pH 检测系统，其结构如图 17-4 所示。pH 电极通常是玻璃电极，其原理是测量血液与电极接触时，样本中的 H^+ 与 pH 敏感膜中的金属离子进行交换，在电极表面产生的电势差。参比电极多为甘汞电极，提供稳定的参考电位，与 pH 电极的电位差作比较，计算 pH 值。pH 电极包括测量电极、缓冲液和敏感玻璃膜，参比电极主要包括水银、甘汞（Hg_2Cl_2）和饱和氯化钾（KCl）溶液。

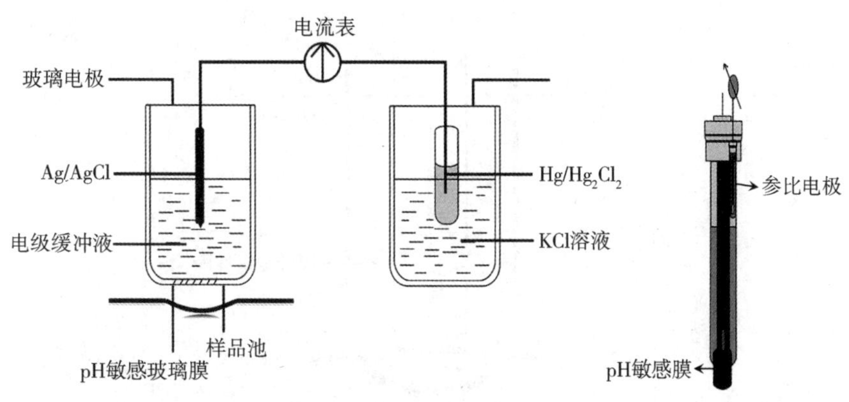

图 17-4　pH 电极示意图（左）及复合型 pH 电极示意图（右）

（2）pO_2电极　是一种气敏电极，常用的是 Clark 氧电极，最早由美国科学家 L. C. Clark 研制（1953 年），通常由铂阴极和银/银氯化物阳极（参比电极）组成。这两个电极浸泡在含有氯化银的磷酸盐缓冲液中，并被一层氧气渗透膜（如聚乙烯或聚四氟乙烯）隔开，其结构如图 17-5 所示。氧气通过渗透膜扩散到电极表面，并在铂阴极上被还原为水：$O_2 + 4H^+ + 4e^- \rightarrow 2H_2O$。在阳极上，银被氧化为氯化银：$4Ag + 4Cl^- \rightarrow 4AgCl + 4e^-$。这些反应导致电极之间产生电流，其大小与氧分压成正比。

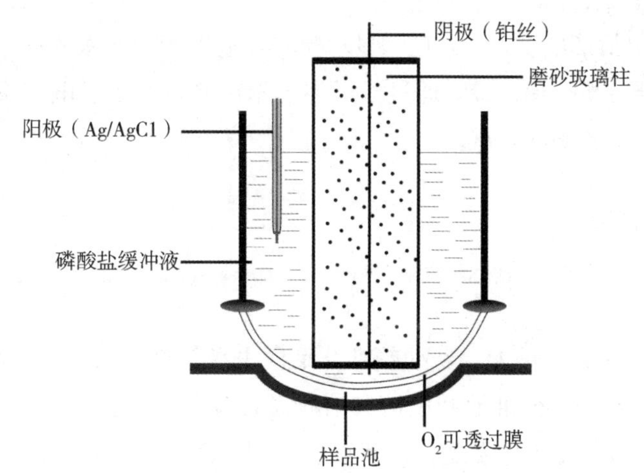

图 17-5　pO_2电极示意图

（3）pCO_2电极　也是一种气敏电极，pCO_2电极（Severinghaus 电极）包含一层薄膜，隔离血样和碳酸盐溶液。这种薄膜通常由半透性材料制成，允许二氧化碳通过而阻止其他物质的渗透。电极中还包含有测量 pH 的部分，通常是玻璃膜或其他酸碱敏感材料，其结构如图 17-6 所示。当样本中的 CO_2 通过薄膜扩散到碳酸盐溶液中时，与水反应生成碳酸溶液，导致 H^+浓度增加并使 pH 下降。pCO_2电极中的 pH 敏感元件检测到 pH 变化，通过测量 pH 的变化间接地计算出样本中的 pCO_2。

2. 管路系统

（1）气路系统　分离血样中的气体供电极分析，并排出废气：①空气泵，提供 O_2、CO_2 等气体，用于校准和维护分析条件；②气体流量控制器，确保气体以稳定的流速进入分析系统，保证测量的精确性；③气体混合阀，按特定比例混合不同气体，模拟血液气体成分；④气体过滤器，确保进入检测室的气体纯净，防止污染传感器和影响测量结果；⑤校准气体接口 用于定期校准分析仪，确保测量的准确性和可靠性。

（2）液路系统　负责血样的输送、分配以及与电极的接触，同时清洁电极和管路，保证分析的准

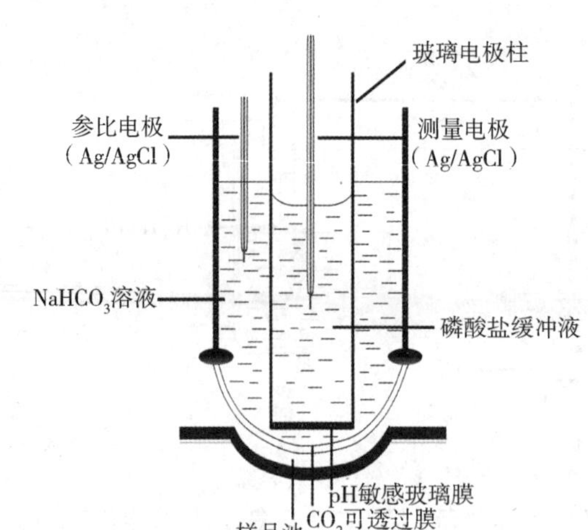

图 17-6 pCO_2电极示意图

确性：①样本针和进样口，用于采集血液样本并将其引入分析系统；②蠕动泵，精确控制液体（如样本、校准液、清洗液）的流动和分配；③液体管路和转换阀，引导和切换不同液体的流动路径，确保样本和试剂准确到达测量单元；④废液瓶，收集分析过程中产生的废液；⑤清洗和维护系统，用于定期清洗液路系统，防止交叉污染。

3. 电路系统 主要包括信号放大、处理和显示模块。电极产生的微弱信号经过放大器放大后转换成数字信号，供微处理器分析处理，最终通过显示器显示出测量结果。电路系统还负责校准、温度补偿等功能，确保测量结果的精确和可靠。

三、操作和维护保养

（一）仪器操作

1. 准备工作 ①校准仪器，每天全自动校准，定期手动校准，高、中、低三点校准确保准确性；②检查试剂和耗材，确保试剂、校准液和废液容器状态良好，并在有效期内，检查样本针和传感器；③预热仪器，开启仪器，预热至工作温度，时间视仪器型号而定；④样本准备，采用无菌技术，从桡动脉、肱动脉或股动脉采集动脉血，并使用肝素抗凝，确保样本无气泡。

2. 样本输入 将样本注射器插入仪器，自动吸取样本。

3. 数据分析 ①启动分析 按分析按钮，仪器开始测量；②读取结果 几分钟内显示 pO_2、pCO_2、pH 值等，并打印或保存结果。

（二）仪器校准

校准是确保测量准确性的关键步骤，通常通过两点校准和一点校准来实现。

1. 两点校准 使用两种不同浓度的标准液或标准气体测量电位，确定电极斜率，建立电位与浓度的数学关系。例如，pH 系统常用 7.383 和 6.840 的两种标准缓冲液进行校准，而氧和二氧化碳系统则使用含 5% CO_2和 20% O_2以及含 10% CO_2，不含 O_2的混合气体进行校准。

2. 一点校准 频繁测量某一标准液的电位，监控电极性能的稳定性，并用于实际血样测量的校正。

血气分析仪在测定前需要进行两点校准，以确保测量的准确性。在测量过程中，仪器会自动进行一点校准，检查电极是否偏离工作曲线，一旦发现问题，立即停止测量，要求重新校准，以保证数据的准确性。

（三）仪器维护

1. 日常维护 ①清洁传感器，定期清洁传感器和样本针，防止残留影响测量；②更换耗材，定期更换试剂、校准液、废液容器等；③检查管路，确保管路无泄漏、无堵塞，定期清洗。

2. 定期维护 ①校准和质控，定期进行室内质控和室间质评确保长期准确性和稳定性；②软件更新，定期更新仪器软件，使用最新版本；③耗材更换，根据使用频率和仪器提示定期更换耗材。

四、性能参数

根据国家医药行业标准 YY/T 1784—2021《血气分析仪》，对仪器的精密度、准确度、线性范围、临床可报告范围及参考区间进行性能评价和验证。

1. 精密度 pH 精密度区间 7.35~7.45，CV≤0.3%，pCO_2精密度区间 35~45mmHg，CV≤3.0%，pO_2精密度区间 80~100mmHg，CV≤3.0%。

2. 准确度 采用绝对偏差或相对偏差测试仪器的准确度。pH 绝对偏差不超过 ±0.04，pO_2和 pCO_2绝对偏差不超过 ±5mmHg，相对偏差不超过 ±5.0%。

3. 线性 pH 线性区间 6.80~7.80，pCO_2线性区间 20~120mmHg，pO_2线性区间 30~420mmHg，相关系数均≥0.99。

4. 稳定性 pH 稳定性≤0.5%，pO_2和 pCO_2稳定性均≤4.0%。

5. 携带污染率 pH 携带污染率≤1.0%，pO_2和 pCO_2携带污染率均≤3.0%。

五、临床应用

BGA 可提供实时血气参数，广泛应用于急救、重症监护、手术室和新生儿护理等临床实践中：①急救，快速诊断和监测急救措施效果；②手术室，管理麻醉和术中调整治疗方案；③重症监护，连续监测危重患者状态，优化生命支持；④内科，管理慢性病，评估和调整治疗效果；⑤新生儿护理，评估和处理新生儿急症，指导氧疗和呼吸支持。

思考题

答案解析

案例 患者，男，60 岁，因乏力、头晕、心悸就诊。血液检测发现其血清蛋白质水平升高：总蛋白 96g/L，白蛋白 25g/L，球蛋白 71g/L，M 蛋白 30g/L，κ 轻链 80mg/L。进一步检查诊断为多发性骨髓瘤（MM）。为了评估电解质平衡，医师进行了血钠浓度检测，测量方法为间接离子选择电极法（ISE）。结果显示血钠浓度偏低，但临床并未出现明显的低钠血症症状。医师联系检验科对血钠结果提出质疑。

初步判断与处理 电解质排斥效应：由于多发性骨髓瘤导致血浆中固体成分比例显著增加，从而影响间接 ISE 法检测钠浓度的准确性，可能导致结果偏低。

为进一步确认，需要采用直接离子选择电极法检测血钠浓度，避免固体成分对结果的影响，并结合临床症状进行综合判断。

问题

（1）为什么多发性骨髓瘤患者更容易出现电解质排斥效应？

（2）假性低钠血症的原因有哪些？如何进行鉴别？

（3）在检测电解质浓度时，直接ISE法和间接ISE法各有哪些优缺点？

（赵卫东）

书网融合……

重点小结

题库

微课/视频1

微课/视频2

第十八章　酶联免疫分析仪

学习目标

1. 通过本章学习，掌握酶标仪的工作原理及关键性能指标；熟悉全自动酶联免疫分析仪的仪器结构和维护校准；了解酶联免疫分析仪在临床检验工作中的应用。

2. 具有酶标仪、全自动酶联免疫分析仪操作的基础知识和基本能力，具有仪器的维护保养与常见故障分析能力，确保设备长期稳定运行。

3. 树立科学的世界观、人生观和价值观，养成终身学习的习惯。积极了解国产酶联免疫分析仪快速发展的现状与前景，增强民族自豪感和爱国主义情感。

酶免疫测定技术是一种将酶催化作用与抗原–抗体免疫反应相结合的微量分析技术，属于非放射性核素标记免疫分析技术。随着单克隆抗体技术、生物素–亲和素放大系统等技术的应用，酶免疫分析技术的检测特异性和敏感性得到了显著提高，已成为临床免疫学检验中应用最为普遍的标记技术之一。

酶联免疫吸附测定（enzyme–linked immunosorbent assay，ELISA）技术成熟，不需要昂贵的设备，操作简便、性价比高，是许多临床及科研实验室的常用方法。随着技术的进步，ELISA 分析方法已实现自动化检测，提高了检测的精密度，缩短了检测时间。ELISA 技术引入生物素–亲和素放大系统后，进一步提高了分析的灵敏度。

第一节　酶标仪

PPT

酶联免疫分析仪，简称酶标仪，是一种基于光电比色计或分光光度计原理的分析仪器，它利用 ELISA 技术和朗伯–比尔定律，通过测量待测样本对特定波长光的吸收或透过程度，来定量或定性分析抗原或抗体等生物分子的含量。在临床实验室，它既可以单独使用，也可以作为全自动酶联免疫分析仪的读数分析模块使用。

一、结构与特点

酶标仪主要由光源和单色器系统、样本室、自动进样系统、光路系统、光电检测器、微处理器、显示与输出系统等组成（图 18–1）。

1. 进样系统　最初的酶标仪需要手工移动微孔板进行检测，没有自动进样系统，结构相对简单。现代酶标仪配备有 X 和 Y 方向的机械驱动装置，通过控制电路实现微孔板的自动移动，从而实现自动化进样检测。

2. 样本室　聚苯乙烯塑料微孔板放置在载板架，单色光进入含有待测样本的聚苯乙烯塑料微孔板中的液体，其中一部分光被反应系统吸收，另一部分光透过样本。

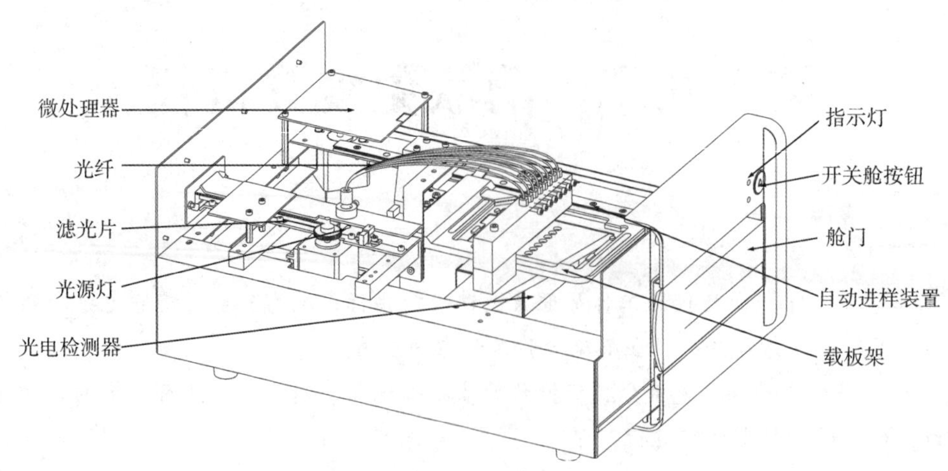

图 18-1 酶标仪基本结构示意图

3. 光源和单色器系统 酶标仪的光源可以是传统的卤素灯或钨灯，现代酶标仪多采用 LED 光源，其具有更长的使用寿命和更稳定的发光特性。光源发出的光波通过滤光片或单色器进行筛选，形成一束特定波长的单色光，以保证测量的特异性。

4. 光路系统 酶标仪在使用滤光片作滤波装置时与普通比色计一样，滤光片既可放在微孔板的前面，也可放在微孔板的后面，效果一样。光源灯发出的光经聚光镜、光栏后到达反射镜，经反射镜作90°反射后垂直通过比色溶液，然后再经滤光片传到光电管。

5. 光电检测器 透过的单色光照射到光电检测器上，光电检测器将光信号转换为电信号。转换得到的电信号经过前置放大、对数放大和模数转换等处理步骤，以适应后续的数据处理。

6. 微处理器 信号处理后的电信号送入微处理器，进行数据处理和计算。

7. 显示与输出系统 微处理器将处理结果通过显示器展示，并可通过打印机输出，方便用户记录和分析。

酶标仪与普通光电比色计在设计和应用上存在一些关键的区别，这些区别体现了酶标仪的设计和应用特点，主要体现在以下几个方面。

（一）容器的差异

酶标仪使用微孔板作为盛装待测比色液的容器，而普通光电比色计通常使用比色皿。微孔板由透明的聚乙烯材料制成，具有对抗原抗体较强的吸附作用，适合作为固相载体。

（二）光束的传输方式

由于微孔板的多排多孔结构，酶标仪的光束必须垂直穿过微孔板，无论是从上到下还是从下到上，都需要确保光线能均匀地照射到每个微孔中的样本。

（三）样本体积和检测能力

酶标仪通常要求样本体积较小（在 250μl 以下），这与普通光电比色计能够处理的样本体积不同。酶标仪中的光电比色计是一种高性能的读数仪器，能够同时测试多个样本，提高了测试速度和效率。

（四）测量单位

酶标仪通常使用光密度（optical density，OD）来表示吸光度，这是一种衡量溶液对特定波长光吸收程度的单位。

（五）自动化和多功能性

酶标仪具备更高的自动化水平，能够进行批量样本的自动读取和数据分析，而普通光电比色计在功能上更为简单，主要用于单次或少量样本的测量。

（六）软件和数据处理能力

酶标仪通常配备有专用的软件，可以进行复杂的数据处理和分析，包括标准曲线的构建、数据拟合等，而普通光电比色计可能只提供基本的数据读取和存储功能。

（七）应用领域

酶标仪特别适用于 ELISA 等生物化学分析，而普通光电比色计则更广泛地应用于一般的化学分析和物理测量。

酶标仪与普通光电比色计的区别使得酶标仪在生物医学研究和临床诊断中具有独特的优势，特别是在需要高通量和高灵敏度分析的临床检验实验室。

二、工作原理

酶标仪的光源灯发出的光经平行处理后，透过滤光片或光栅变成单色光后射入样本室，经过聚苯乙烯塑料微孔板中的待测液体后，该单色光一部分被标本吸收，另一部分则透过标本照射到光电检测器上，光电检测器将不同待测标本的强弱不同的光信号转换成相应的电信号，电信号经前置放大，对数放大，模数转换等处理后送入微处理器进行数据处理和计算，最后由显示器和打印机显示结果。同时仪器的微处理器通过控制电路控制机械驱动装置 X 方向和 Y 方向的运动来移动微孔板，实现自动进样检测过程（图 18-2）。

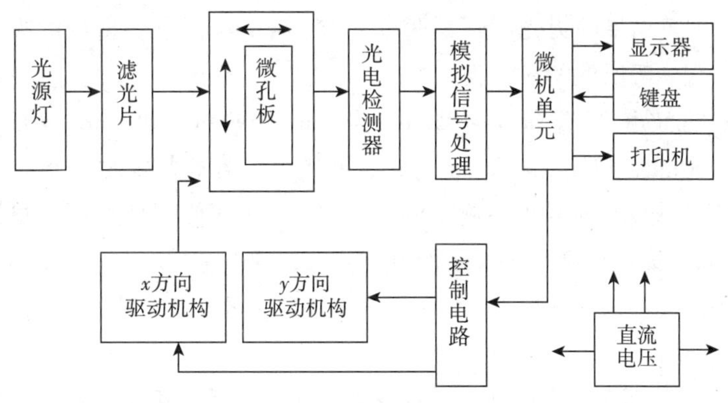

图 18-2　酶标仪工作原理示意图

三、仪器分类

（一）按通道分类

酶标仪根据通道数量不同，有单通道和多通道两种类型。

1. 单通道酶标仪　只有 1 个光束和 1 个光电检测器，聚苯乙烯塑料微孔板上的小孔依次进入光束区域进行检测，检测速度较慢。

2. 多通道酶标仪　设有多个光束和多个光电检测器。如 8 通道的仪器，设有 8 条光束（或 8 个光源）和 8 个光电检测器。在机械驱动装置的作用下，每 8 个样本一排进行检测。多通道酶标仪的检测速度快，是目前主流的酶标仪类型，但其结构比较复杂，价格也较贵。

（二）按滤光方式分类

酶标仪根据滤光方式可以分为滤光片式酶标仪和光栅式酶标仪。

1. 滤光片式酶标仪 这种酶标仪使用固定波长的滤光片来选择所需的特定波长。它内置有滤光片轮，可以根据实验需求选择不同的滤光片进行分光。光源发出的全波谱光在通过滤光片后，除了滤光片允许的特定波长外，其余波长的光都会被过滤掉。滤光片轮通常包含4~6块不同波长的滤光片，例如405nm、450nm、490nm、630nm等，通过更换滤光片来获得不同的波长。这种酶标仪的局限性在于不能获得任意所需的波长，且更换滤光片的成本相对较高。

2. 光栅式酶标仪 又称波长连续可调式酶标仪，与滤光片式酶标仪相比，光栅式酶标仪更先进，它使用光栅进行分光。光源发出的全波谱光线经过光栅后，通过一系列狭缝分光，从而获得连续可调的任意波长的单色光，波长的递增量一般为1nm。这种酶标仪的使用非常灵活方便，可以通过软件选择所需的任意波长，并且能够进行全波长的扫描，以识别未知样本的吸收峰。光栅式酶标仪由于检测波长范围广泛，目前在包括临床检验在内的各个检测领域的普及程度越来越高。

四、性能指标

酶标仪的性能指标是衡量其检测能力和可靠性的关键因素。

1. 标准波长 指酶标仪能够准确测量所需的特定波长。酶标仪的标准波长配置根据实验需求和常用的底物设定。不同的应用可能需要特定的波长，以确保测量的准确性和特异性。450nm和492nm两个波长在ELISA测定中最常用，除了这两个基本的滤光片外，考虑到双波长比色的需要，还应有620nm、630nm、650nm和405nm波长的滤光片，其它滤光片可根据需要进行选择。双波长比色除了用对显色具有最大吸收波长即450nm或492nm进行比色测定外，同时用对特异显色不敏感的波长如630nm进行测定，最后判读结果的吸光度则为两者之差，630nm波长下得到的吸光度是非特异的，来自于板孔上诸如指纹、灰尘等所致的光吸收。

因此酶标仪常见的波长配置包括405nm、450nm、490nm、655nm；405nm、450nm、492nm、630nm；以及405nm、450nm、490nm、630nm等，这些组合覆盖了大多数ELISA实验的需求。

2. 吸光度可测范围 表示酶标仪能够测量的吸光度值（OD值）的范围。早期的酶标仪可测定的OD值一般在0~2.5之间，即可以满足ELISA的测定要求，现在基本上可达到3.5以上，并且能保持很好的精密度和线性。酶标仪不必刻意追求大的OD值范围，主要应关注在一定的OD值范围内的线性和精密度。

3. 线性度 指在一定范围内，吸光度与样本浓度之间的关系是否呈线性。高线性度意味着在宽浓度范围内，吸光度与浓度的关系是一致的。

4. 读数准确性 指酶标仪测量结果与真实值之间的接近程度，通常以百分比（%）表示。不同仪器的准确度略有差异，同一仪器的准确度，随吸光度测量范围，以及选择单或双波长测定有所改变。OD值范围在0~1.00范围内，准确度要求±0.02；OD值范围在1.00~2.00范围内，准确度要求±0.03；OD值范围大于2.00时，准确度要求±2%。

5. 重复性 不同仪器的重复性不同，同一仪器在不同的吸光度测量范围和不同测定波长下的重复性也不同，通常不大于1.0%。

6. 测读速度 指酶标仪完成一次测量所需的时间，对于高通量实验尤为重要。

7. 软件功能 指酶标仪所具有的对ELISA定性和定量测定及其它测定数据的统计分析并报告结果的功能。软件功能是酶标仪的一个非常重要的功能。例如ELISA定性测定，酶标仪如具有阳性判断值（cut-off）及其测定“灰区”（即指测定吸光度处于cut-off周围的一定区域，此区域内结果应为“可疑”）的统计计算功能，不但方便了实验室工作人员，而且在某些特定的情况下，有很高的实用价值。合适的软件功能对于ELISA定量测定同样很重要。有研究表明，四参数方程能较好地反映免疫测定的剂量反应曲线，最适合定量酶免疫测定的曲线拟合。因此，酶标仪的软件功能中，最好有这种曲线回归方程计算分析功能。

8. 其他功能　包括微孔板振动功能和紫外光测定功能等。其中酶标仪的振板功能是指酶标仪在对ELISA板孔进行比色测定前对其进行振荡混匀，使板孔内颜色均一。使用有振板功能的酶标仪，在ELISA测定显色反应完成加入终止剂后，可不必振荡混匀，直接放入酶标仪上测定。

第二节　全自动酶联免疫分析仪 微课/视频

PPT

全自动酶联免疫分析仪又称为全自动酶联免疫工作站，可以全自动完成ELISA试验，包括样本稀释、加样、试剂加样、孵育、洗板、酶标判读、结果打印等全步骤。该仪器一般配备了先进的智能软件操作系统，功能强大，操作简便，检测速度快。全自动酶联免疫分析仪实现了操作过程的自动化、标准化，克服了既往ELISA手工操作的繁琐和局限性，节省人力和时间，提高了工作效率。

一、仪器结构

全自动酶联免疫工作站一般包括条形码识别系统，加样系统，温控孵育系统，洗板机，酶标仪，液路系统和智能软件操作系统等组成。

（一）条形码识别系统

全自动酶联免疫工作站通常配备先进的条形码识别技术，以确保实验流程的准确性和效率。该系统具备以下特点。

1. 扫描器　一般配置POSID条形码扫描器，用于快速准确地识别实验材料。

2. 多类型条码支持　扫描器支持多种不同类型的条码，以适应不同实验室的需求。

3. 自动识别功能　条形码识别系统能够自动识别试管、微孔板和试剂槽上的条码，确保实验材料的正确追踪和管理。

4. 智能跳过机制　在加样过程中，如果自动识别试管架上没有试管，系统能够自动跳过该位置，避免不必要的操作，提高加样效率。

通过条形码识别系统的应用，不仅提高了实验操作的自动化水平，而且减少了人为错误，确保了实验数据的准确性和可追溯性。

（二）加样系统

加样系统是全自动酶联免疫工作站的关键组件，负责精确地分配样本和试剂。该系统具备以下特点。

1. 自动液面感应与凝块检测　加样针配备有传感器，能够自动检测液面高度和潜在的凝块，实现在加样过程中的实时监控，从而避免携带污染和漏加样的风险。

2. 加样针材质与设计　目前存在两种加样针选项，一种是固定加样针，其表面涂有聚四氟乙烯（TEFLON）涂层，确保极低的交叉污染率（<1ppm）；另一种是一次性使用的Tip头，以保证实验的无菌性和避免交叉污染（图18-3）。

3. 自动清洗与内部冲洗功能　在使用固定加样针时，系统能够在加样针自动抬起后，通过流动式清洗机制清洁其外壁，同时允许用户根据需要设置加样针内部的冲洗量，范围从50~2500μl。

4. 精确的取样控制　加样注射器一般由高精度步进阀控制，每个阀具有不同的分度，确保最小取

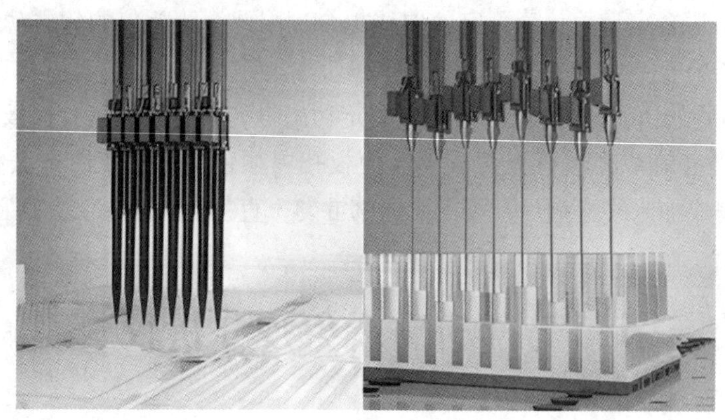

图 18-3　一次性 Tip 头加样和固定加样针加样

样量一般可达 2μl，满足微量取样的需求。

5. 样本预稀释功能　系统允许用户自定义设置样本预稀释的比率和体积，支持进行多次稀释，以实现准确和快速的样本处理。

6. 高效率的样本和试剂分配　加样系统能够高效地将 96 个标本分配到微孔板中，一般控制在 4 分钟左右；同时，将试剂分配到 96 孔微孔板的时间可以缩短至 30 秒。

通过这些特性，加样系统不仅提高了实验的准确性和重复性，而且优化了实验流程，减少了样本和试剂的消耗，提高了实验效率。

（三）温控孵育系统

温控孵育系统是全自动酶联免疫工作站的关键组成部分，其设计和功能因不同制造商和型号而异。该系统通常具备以下特性。

1. 温育板位的独立温控功能　允许用户针对不同的实验需求，对每个板位进行精确的温度调节。

2. 温度控制范围　不同型号的仪器提供不同的温度调节范围，以适应多样化的实验条件。

3. 振荡式孵育能力　部分仪器具备振荡功能，这有助于提高抗原-抗体反应的效率，从而增强检测的灵敏度。

4. 自动加盖功能　部分仪器能够根据用户设定或实验需求自动加盖，以减少长时间孵育过程中的样本蒸发，同时提供避光环境，确保酶联免疫反应的准确性和重复性。

5. 独立振荡器和温控加热器　某些高端型号的仪器为每个孵育室配备了独立的振荡器和温控加热器，这进一步提高了实验操作的灵活性和精确度。

这些特性共同确保了全自动酶联免疫分析仪在进行复杂医学实验时的高效性和可靠性。

（四）洗板机

洗板机是全自动酶联免疫工作站实现高效、精确洗板操作的关键设备（图 18-4），通常具备以下核心功能。

1. 多针洗板头设计　多数洗板机配备 8 针或 16 针洗板头，以适应不同通量的实验需求。

2. 微板类型兼容性　支持多种微孔板类型，包括平底形板和 U 形底板，以满足不同类型的实验板需求。

3. 微孔板尺寸记忆功能　部分洗板机能够存储多种微孔板尺寸信息，确保洗板过程的准确性。

4. 注液参数调节能力　洗板机允许用户调节注液量、注液速度和位置，注液精度通常控制在小于 4% 的误差范围内。

5. 自动检测与报警系统　系统具备注液量自动检测功能，并能在发生堵针等异常情况时自动报警。

6. 排液方式的灵活性　采用中心排液和两点排液方式，用户可以根据实验需求调整排液速度、位置、高度和时间。

7. 低残液量标准　洗板后，每孔的残液量应低于2μl，以减少对实验结果的影响。

8. 振荡功能　部分洗板机具有振荡功能，允许用户调节振荡频率和幅度，以优化洗涤效果。

9. 液面感应与监测　配备液瓶和废液瓶的液面感应装置，能够实时监测液面高度并自动报警。

10. 交叉吸液技术　采用交叉吸液技术，可进一步降低吸液残留体积至小于2μl，提高洗板精度。

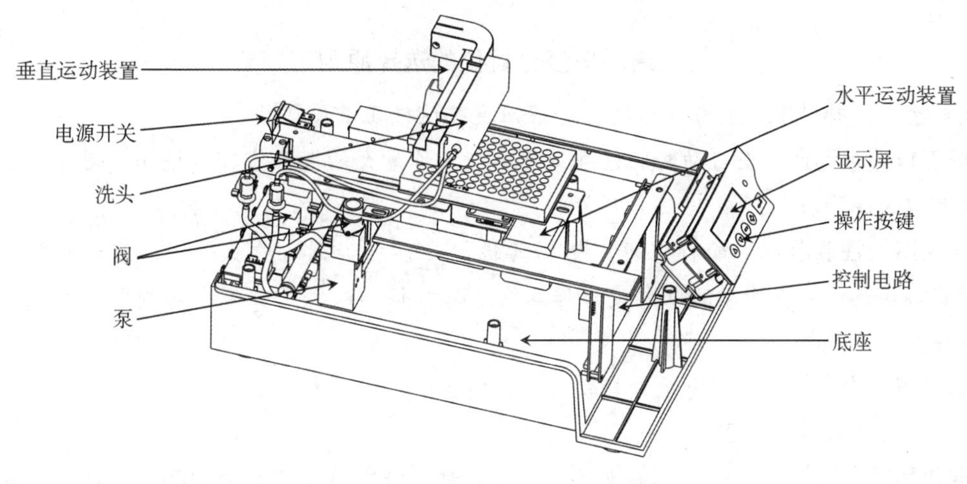

图18-4　洗板机模式图

（五）酶标仪

详见本章第一节。

（六）液路系统

全自动酶联免疫工作站的液路系统是一个高度精密和自动化的组件，负责将稀释器活塞的精确移动传输至加样针。它确保了实验过程中液体的准确转移和分配。

1. 传输机制　通过管道、阀门和连接器，液路系统在整个分析仪内部吸入和分配系统液。

2. 分配精度　系统液的分配受到稀释器活塞在多个冲程中的移动影响，精密的稀释器保证了液体和气隙的准确吸入与分配。

3. 气隙分隔　气隙用于分隔不同液体，防止交叉污染，确保实验的准确性。

4. 防污染设计　液路系统设计通常包含防污染措施，如使用一次性Tip头或定期自动清洗功能，以维持系统的清洁和可靠性。

5. 自动化控制　液路系统通常与分析仪的控制软件紧密集成，实现自动化的操作流程和实时监控。

6. 多功能性　除了基本的液体分配，一些液路系统还能够执行更复杂的功能，如稀释、混合或加热样本和试剂。

7. 维护简便　绝大多数仪器设计上考虑到了维护的便捷性，允许快速更换耗材和进行必要的清洁工作。

（七）智能软件操作系统

智能软件操作系统是全自动酶联免疫工作站实现ELISA实验高度自动化、智能化的关键。可以全面控制ELISA实验的样本稀释、加样、试剂加样、孵育、洗板、酶标判读、结果打印等全步骤。其一般要求包括：①界面美观、易操作，设计人性化；②能和医疗系统信息系统连接，实现双向通信；③一般采用开放式软件平台，以方便匹配各厂家不同项目的酶联免疫吸附试验试剂盒；④定量拟合曲线丰富，有线性回归、点对点、二项式、三项式、四参数等，使检测结果更接近理想值；⑤可以添加手工项目，用户手动做的项目结果可以和本软件检测的结果添加到一起，保存到数据库，方便用户查询，防止数据丢失。此外，先进的全自动酶联免疫工作站智能软件操作系统还具有三维动画模拟功能，可以模拟ELISA试验的全过程。

知识拓展

酶联免疫分析仪的选择原则

临床实验室在选择酶联免疫分析仪时，一般应遵循这样几条原则。

1. 根据工作需求选择 全自动酶联免疫工作站对工作量大的实验室较为适用，对于日常工作量较少的实验室可以选择酶标仪。

2. 根据仪器的性能选择 酶标仪可以根据其性能指标譬如测定波长范围，滤光片配置，检测速度，吸光度范围等选择。全自动酶联免疫工作站除了酶标仪的配置还要综合考虑加样系统、洗板机等的性能，统一考虑后选择。

3. 根据经济能力选择 酶联免疫分析仪由于性能不一，价格相差较大，实验室可根据经济能力去选择性能和价格比较合适的仪器。

4. 根据售后服务选择 实验室购买仪器后，会面对保修或维修方面的问题，因此一定要选择售后服务好的产品。

二、维护保养

按照仪器的维护保养指南进行“日常维护”“月维护”和“定期维护”，保持仪器处于良好的工作状态。

（一）日常维护

仪器的类型不同日常维护的程序和内容也不同，酶标仪的日常维护比较简单，全自动酶联免疫分析仪尚需对仪器的加样、洗板系统等进行全面维护，主要包括：①保持仪器工作环境和仪器表面的清洁，可用中性清洁剂和柔软的湿布擦拭仪器的外壳，清洁仪器内部样本盘和微孔板托架周围的泄漏物，及冰箱周围的冷凝水等；②定期检查加样系统，执行标准清洁程序，手动清理加样针上可能的蛋白质沉积物；③使用蒸馏水清洁洗液管路及洗板机头等，确保无残留物。

（二）每月维护

进行月维护时需关闭仪器电源，拔下电源插头操作。①检查所有管路及电源线是否有磨损和破裂，如果破损则更换；②检查样本注射器与加样针间管路是否泄漏及破损，如果破损则更换；③检查微孔探测器是否有堵塞物，使用适当工具轻轻除去；④检查机械臂支撑轨道的稳定性，并清除机械臂和轨道上的灰尘。

（三）定期维护

根据仪器故障发生的频率和特点，按计划定期对仪器设备进行全面的功能检查、电气安全检查、性能测试和校准，以及对设备易损部件进行更换和故障重点部位进行拆卸检查，通过更换、调试、加油、自检以及安全防护等技术手段，使设备符合出厂时的技术参数和性能指标要求。这项工作技术要求较高，执行时需要严格参照相关操作规程进行，通常由仪器生产厂家工程师完成。比如洗板头清洗、检查皮带的张紧度、所有组成加样 Z 轴的活动件检查、清洁酶标仪透镜等。

三、检定校准

全自动酶联免疫分析仪应按时按需进行关键部件的校准，同时按照国家要求定期强制参加检定，以保持其良好的工作性能。其中全自动酶联免疫分析仪的校准主要包括加样系统、孵育系统、洗涤系统以及酶标仪的校准，具体如下。

（一）加液体积示值误差和加液重复性

将可密封容器（如 500μl 带盖离心管）在电子天平上称量质量，去盖后放到全自动酶联免疫分析仪板架的合适位置，控制样本针往该容器中加入 20μl 平衡至室温的脱气纯水，立即盖上盖子，在电子天平上称量质量，根据室温下纯水的密度，计算加液体积，重复测量 6 次，计算 20μl 校准点加液体积重复性。同时根据最后 3 次测量结果计算 20μl 校准点加液体积示值误差。按照该方法，评估 200μl 校准点加液体积示值误差和加液重复性。

（二）孵育温度示值误差

将全自动酶联免疫分析仪的孵育温度设置为 37.0℃，把温度测量仪的传感器放置在酶标板架上并关闭仓门，平衡 30 分钟待读数稳定后，读取酶标板上有代表性的至少 6 孔的实际温度，每孔测量 3 次，计算每孔的孵育温度示值误差。

（三）洗涤残留校准

取一块 96 孔酶标板，在电子天平上称其质量。按照设定好的程序用纯水进行全板洗涤，每孔清洗用量 300μl，重复清洗 5 次。清洗完成后，再用电子天平称量 96 孔酶标板的质量。计算洗涤前后酶标板的质量差，除以纯水的密度，再除以 96，即得到洗涤前后，每孔的液体平均残余体积，一般要求每孔残液量小于 2μl 或者满足仪器说明书的要求。

（四）滤光片波长精度校准

将不同波长的滤光片从酶标仪上卸下，在波长精密度较高（波长精度 ±0.3nm）的紫外-可见光分光光度计上的可见光区对每个滤光片进行扫描，其检测值与标定值之差为滤光片波长精度。一般酶标仪无 585nm 滤光片，可选用 550nm 或 630nm 滤光片。450nm 滤光片的检定选用普鲁兰溶液（校正波长为 630nm）。

（五）通道差与孔间差校准

通道差检测是取一只酶标板小孔杯（杯底须光滑，透明，无污染），以酶标板架作载体，将其（内含 200μl 甲基橙溶液，吸光度调至 0.500 左右）置于 8 个通道的相应位置，蒸馏水调零，于 490nm 处连续测三次，观察其不同通道的检测器测量结果的一致性，可用极差值来表示。孔间差的测量是选择同一厂家，同一批号酶标 2 板条（8 条共 96 孔）分别加入 200μl 甲基橙溶液（吸光度调至 0.100 左右）先后置于同一通道，蒸馏水调零，于 490nm 处检测，其误差大小用 ±1.96s 衡量。

（六）零点飘移（稳定性观察）

取 8 只小孔杯分别置于 8 个通道的相应位置，均加入 200μl 蒸馏水并调零，于 490nm 处每隔 30 分钟测一次，观察各个通道 4 小时内吸光度的变化。

（七）精密度评价

每个通道 3 只小杯分别加入 200μl 高、中、低 3 种不同浓度的甲基橙溶液，蒸馏水调零，于 490nm

作双份平行测定，每日测 2 次（上、下午各一次），连续测定 20 天。分别计算其批内精密度、日内批间精密度、日间精密度和总精密度及相应的 CV 值。

（八）线性评价

用电子天平精确称取甲基橙配制 5 个系列的溶液，于 490nm 平行测 8 次，取其均值。计算其回归方程，相关系数及标准估计误差，并用 ±1.96s 表示样本测量的误差范围。双波长测定评价：取一份甲基橙溶液，分别加入 3 种不同浓度的溶液（测定波长为 490nm，校正波长为 585nm），先后于 8 个通道检测，每个通道测 3 次，比较各组之间是否具有统计学差异，以考查波长消除干扰组分的效果。

此外，医疗机构应定期对其所使用的全自动酶联免疫分析仪中的酶标仪进行强制检定，检定周期一般不超过 1 年，在此期间仪器经修理或对检测结果有疑问时，应及时检定。主要检定指标包括示值稳定性、波长重复性、吸光度示值误差、吸光度重复性和通道差异等。通常由省市级计量测试单位提供该项服务，并出具检定合格证书。

四、临床应用

由于酶免疫分析技术具有高度的敏感性和特异性，酶标仪已广泛应用于临床医学实验室，成为各级医院检验科必备的检验设备。全自动酶联免疫分析仪具有快速、简便，适用于大批量样本测定，易于进行质量控制的优势，在大型医院已经广泛使用。酶联免疫分析仪在临床检验实验室常用的领域如下：

1. 病原体抗原及其抗体检测 各型肝炎病毒、人类免疫缺陷病毒、巨细胞病毒、疱疹病毒、轮状病毒、流感病毒等血清学标志物；以及幽门螺杆菌、伤寒杆菌、布氏杆菌、结核杆菌等细菌感染和梅毒螺旋体、肺炎支原体、沙眼衣原体、寄生虫等感染的抗原或抗体血清学标志物检测。

2. 自身抗体检测 抗可提取性核抗原抗体组合、抗双链 DNA 抗体、抗环瓜氨酸肽抗体（抗 CCP 抗体）、抗心磷脂抗体、抗肾小球基底膜抗体等。

3. 细胞因子、激素及其受体和肽类物质检测 干扰素、白细胞介素、肿瘤坏死因子、人免疫反应性生长激素、促肾上腺皮质激素、雌激素受体、肥胖相关肽、心血管调节肽等。

4. 其它 肿瘤标志物、心肌标志物、免疫球蛋白、补体和药物浓度测定等。

答案解析

思考题

案例 1 某二级甲等医院，床位数 500 张，检验科每天做乙肝五项的标本大概 50 个，拟购置一台酶联免疫分析仪用于乙肝五项的检测，现在进行设备立项论证，讨论的焦点在于如何选择酶标仪。

初步判断与处理 经过初步论证，不适宜购置全自动酶联免疫分析仪，拟购置一台滤光片式多通道的酶标仪。

问题

（1）临床实验室购置酶联免疫分析仪的选择原则。

（2）滤光片式多通道酶标仪的特点。

案例 2 某医院检验科的全自动酶联免疫分析工作站进行 HIV 抗体检测，最近实验结果经常出现“花板”现象，导致检验报告经常发放延迟。

初步判断与处理 检验科工作人员经过观察，发现是由于 HIV 抗体检测的 96 孔板洗板后残液量过多，导致洗板不干净最后出现“花板”现象。因此要求厂家工程师对洗板机进行维修。

问题

（1）洗板机维修后需要进行的校准项目是什么？

（2）该校准项目如何校准？

（冯阳春）

书网融合……

重点小结

题库

微课/视频

第十九章　化学发光与荧光免疫分析仪

学习目标

1. 通过本章学习，掌握化学发光免疫分析仪、流式荧光免疫分析仪、电化学发光免疫分析仪、时间分辨免疫分析仪、荧光偏振光免疫分析仪等各种化学发光和荧光免疫分析仪的仪器原理及分类与结构。了解仪器的临床应用、操作维护流程及注意事项等。

2. 具有操作各化学发光和荧光免疫分析仪的基础知识和基本能力，具有识别分析常见故障的能力。

3. 树立科学发展观，积极了解国产化学发光与荧光免疫分析仪快速发展的现状，建立独立自主、创新发展的信心。

化学发光免疫分析技术（CLIA）是一种高灵敏度的生物检测技术，它通过化学反应产生可检测的光信号，用于定量分析样本中的特定抗原或抗体。CLIA 技术的发展经历了几个重要阶段，从最初的直接化学发光标记免疫分析、酶促化学发光分析、电化学发光免疫分析（ECLIA）到荧光免疫分析技术，如时间分辨荧光免疫分析技术（TRFIA）和均相荧光偏振免疫分析技术（FPIA）等。每一种技术都在提高检测灵敏度、特异性和操作性方面做出了贡献。近年，CLIA 技术与流式荧光技术等新兴技术相结合，实现了多参数检测，从而大大提高了检测的效率和信息量。

化学发光及荧光免疫分析技术的重要发展里程碑（表 19–1）包括了从传统的放射免疫分析向非放射性、高灵敏度的化学发光技术的转变，以及这些技术在自动化、微型化和多参数检测方面的不断发展，为临床诊断和生物医学研究提供了强大的工具。

表 19–1　化学发光及荧光免疫分析技术的重要发展里程碑

时间	进展
20 世纪 70 年代中期	应用发光信号进行酶免分析
1981 年	建立化学发光免疫分析技术
1983 年	TRFIA 理论的建立与应用
1984 年	在 CLIA 中加入荧光素作以提高 CLIA 的敏感性
20 世纪 80 年代初期	FPIA 应用于临床检测
20 世纪 80 年代中期	建立基于吖啶酯的全自动 CLIA 系统
20 世纪 90 年代	建立 ECLIA

第一节　化学发光免疫分析仪

PPT

化学发光是指某些物质（发光剂）在化学反应时，吸收了反应过程中产生的化学能，使反应的产物分子（或反应的中间态分子）的电子跃迁到激发态。由于激发态分子的不稳定性，电子会迅速返回到较低的能级或基态，以发射光子的形式释放出能量，产生可见光。

一、工作原理

化学发光免疫分析仪通常包含两个核心系统：免疫反应系统和化学发光分析系统。在免疫反应系统中，抗原或抗体与待测样本中的特定分子发生特异性结合，形成免疫复合物；而化学发光分析系统是通过发光物质或酶标记在抗原或抗体上，在免疫反应完成后，加入氧化剂或酶底物促发发光反应，通过测量发光强度进行定量分析，并将结果转换成被测物质的浓度。

（一）免疫反应系统

根据免疫反应的模式不同可分为夹心法、竞争法、捕获法等。

1. 夹心法 是一种高特异性和灵敏度的免疫分析技术，用于测定抗原或抗体的浓度。以测定抗原为例，包被有特异性抗体的磁珠捕获目标抗原，形成磁珠-抗体-抗原复合物，然后加入吖啶酯标记的二抗体，与抗原的另一表位结合，构建起磁珠-抗体-抗原-抗体-吖啶酯的复合物，利用磁场吸附分离磁珠并清洗去除未结合的样本和试剂，之后加入预激发液和激发液，触发吖啶酯产生化学发光反应，利用光检测装置测量发光强度，根据发光强度与定标曲线的对应关系，实现对样本中目标抗原的准确定量分析（图 19-1）。

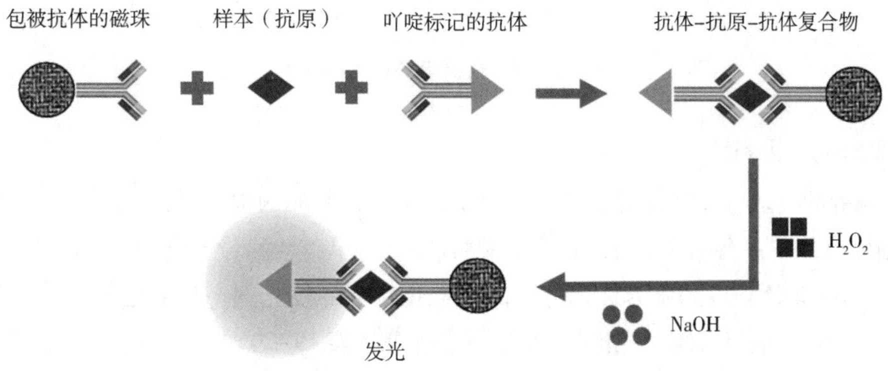

图 19-1 双抗体夹心的反应示意

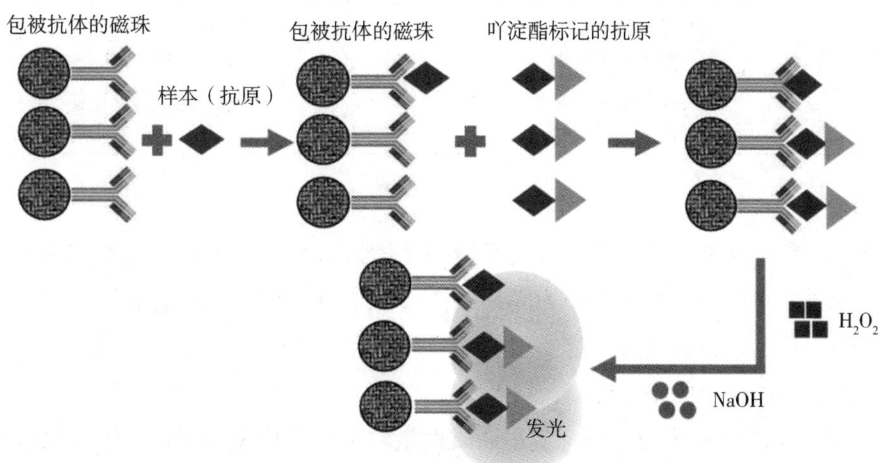

图 19-2 竞争法的反应示意

2. 竞争法 将包被有特异性抗体的磁珠与待测样本进行反应。样本中的特异性抗原和吖啶酯标记的特异性抗原竞争性地与磁珠上包被的抗体结合，形成两种不同的复合物："磁珠-抗体-抗原"和

“磁珠-抗体-吖啶酯抗原”（图 19-2）。这种竞争反应的结果取决于样本中抗原的浓度，样本中待测抗原的浓度越高，与固相抗体结合的标记抗原就越少，从而导致检测信号的减弱。这种方法的优点是可以直接应用于不纯的样本，且数据的重复性较高。

3. 捕获法 是一种专门用于检测特异性免疫球蛋白 M（IgM）抗体的免疫分析技术。通过使用抗人 IgM 抗体包被的磁珠与样本进行反应，形成“磁珠-抗人 IgM 抗体-人 IgM 抗体”的复合物，加入特异性抗原和吖啶酯标记的特异性抗体，形成“磁珠-抗人 IgM 抗体-人 IgM 抗体-抗原-抗体-吖啶酯”的复合物，然后加入预激发液和激发液触发吖啶酯标记物产生化学发光反应（图 19-3）。

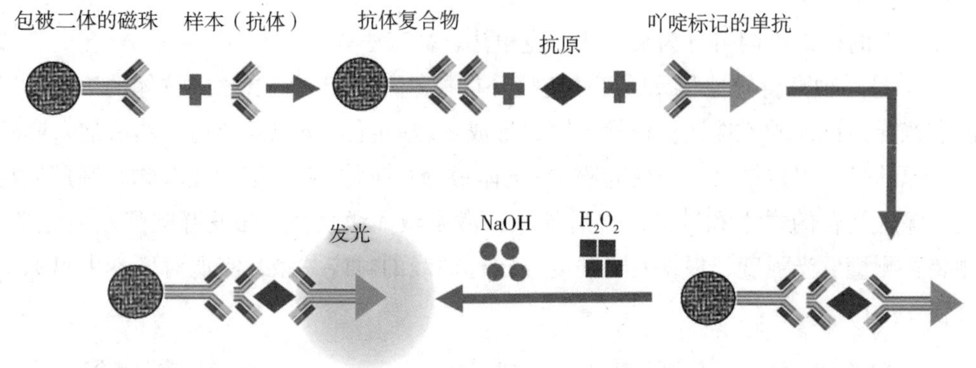

图 19-3 捕获法的反应示意

（二）化学发光分析系统

按照化学反应的类型可以将化学发光分为酶促化学发光和非酶促化学发光。酶促化学发光主要包括辣根过氧化物酶(HRP)-鲁米诺系统、碱性磷酸酶(ALP)-单磷酸腺苷系统(AMPPD)和黄嘌呤氧化酶-鲁米诺系统等。这些系统均以酶作为标记物，能够催化特定的发光剂产生光信号。非酶促化学发光系统包括吖啶酯系统、草酸酯系统和三价铁-鲁米诺系统等（表 19-2）。

表 19-2 主要发光标记物与底物

分类	发光标记物	底物/氧化剂
酶促化学发光	辣根过氧化物酶（HRP） 碱性磷酸酶（ALP）	鲁米诺及其衍生物 1,2-二氧环乙烷衍生物
直接化学发光	吖啶酯（AE） 异鲁米诺（ABEI）	氢氧化钠-过氧化氢 氢氧化钠-过氧化氢

1. 酶促化学发光

（1）基于 HRP-鲁米诺系统的仪器 多用于增强化学发光技术、酶联免疫技术和生物素亲和素技术。此类仪器使用子弹头形塑料小孔管作为固相载体（反应杯），以 HRP 标记抗原或抗体，鲁米诺为化学发光剂。增强化学发光技术通过特定的增强剂或反应条件的优化，显著提高发光强度，同时延长发光的持续时间，并增加信号的稳定性。

（2）基于 ALP-AMPPD 系统的仪器 使用顺磁性微粒子或塑料珠为固相载体，以 ALP 标记抗原或抗体，AMPPD 为化学发光剂。该发光剂发光稳定，持续时间长，容易测定与控制。

在酶促化学发光分析系统中，作为标记物的酶基本不被消耗，发光剂的使用量通常远超过酶的需求量，因此可以保证在整个反应过程中发光信号强且稳定。这种系统通常采用速率法进行测定，它通过测定一定时间内的发光强度来评估分析物的浓度。但反应过程中生成的中间产物可能会发生分解或裂变，这可能导致反应的不稳定性，从而影响测量结果的准确性。此外，工作曲线可能会随时间发生漂移，尤其是在测量低浓度分析物时，工作曲线的低端斜率可能会出现非线性下降，这可能是由于发光信号的自然衰减或反应条件的微小变化所引起的。

2. 非酶促化学发光 使用顺磁性微粒子为固相载体，吖啶酯为发光剂。吖啶酯作为一种高效的化学发光标记物，能够在不需要催化剂的情况下迅速发光，提供了快速且灵敏的检测手段，适用于检测不同分子大小的抗原、半抗原和抗体等。

非酶促发光分析系统中，吖啶酯等发光剂被消耗，使得发光剂的含量总是相对不足，因此发光信号持续时间较短，重复性较差。为降低检测成本并实现重复测量，非酶促发光分析系统通常采用原位进样和流动池的测量方式。这种方法可以在同一个反应容器中进行多次测量。但这种设计也会带来高成本和维护费用，流动池的反复使用可能导致交叉污染。

二、结构

全自动化学发光免疫分析仪是一种高效、精确的临床检测设备，主要由主机和控制系统两部分组成。主机包括原材料配备、液路、机械传动、光路检测、电路部分等。控制系统作为仪器的关键部分，负责程控操作、自动监测、指示判断、数据处理、故障诊断等。此外，仪器还配备了计算机系统、显示器、条码扫描仪、打印机等，以实现自动化操作和数据管理（图 19–4）。

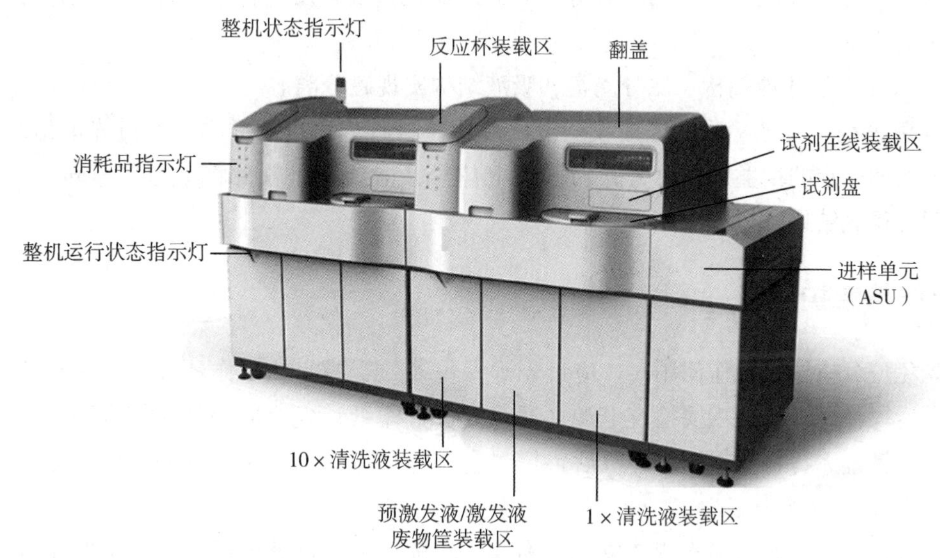

图 19–4 全自动化学发光仪器

化学发光免疫分析仪按功能分为样本和试剂区、消耗品区和测定区（图 19–5）。

1. 加样装置 包括试剂针结构、样本针结构和清洗池结构。样本针和试剂针结构下方，分别有一个清洗池结构，负责样本针和试剂针的清洗，以避免样本交叉污染和试剂污染。

2. 试剂处理系统 试剂处理系统包括试剂盘、试剂盘控制按钮、试剂条码读取器和制冷系统。试剂处理系统主要负责试剂的保存与处理。在试剂盘的下面安装有制冷系统，将试剂盘温度控制在 2~8℃。因此，测试后的试剂无需卸载，可直接置于分析仪中保存。装载试剂时，可通过试剂盘控制按钮转动试剂盘至所需试剂位。

3. 反应杯系统 包括反应杯装载、RV 盘、抓手模块和反应杯丢弃口。反应杯系统负责整个测试过程中反应杯的输入与输出。

4. 系统试剂（预激发液和激发液） 预激发液和激发液用于激发样本发光。预激发液瓶和激发液瓶中均安装有传感器，当预激发液或激发液不足时，将触发瓶内的传感器，发出报警。

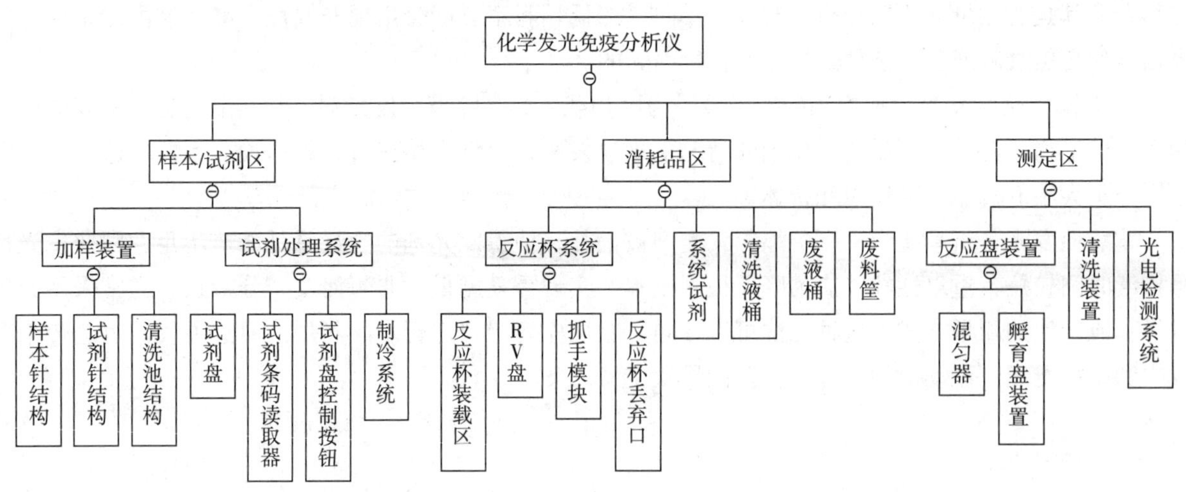

图 19-5　化学发光免疫分析仪主要部件

5. 清洗液桶、废液桶　清洗液桶中配置有浮球及对应的传感器，在清洗液不足的情况下，仪器会进行报警。废液桶上会粘贴有警告标示，用于废液集中收集，交由专门的公司进行回收处理。

6. 反应盘装置　主要包括混匀器和孵育盘。混匀器负责混匀反应杯中的样本和试剂。孵育盘负责孵育反应杯中的样本。

7. 清洗装置　通过注液结构、磁分离盘和吸液结构实现磁分离。

8. 光电检测系统　光电检测系统接收从清洗装置经过磁分离后的样本。通过光电倍增管（PMT）将微弱光信号按照一定的增益进行放大并转换成电信号，由计算机软件将模拟信号转化为数字信号，经过软件处理后得到结果。

三、操作与维护保养

化学发光免疫分析仪在操作使用时，应首先确保仪器处于稳定的工作环境中，并按照制造商提供的操作手册进行操作。开机前需要检查电源、通讯线、打印纸、废液桶等是否符合要求，并确保所有的试剂针、样本针等无污物或损坏。开机后，仪器会进行自检，操作人员应根据仪器提示进行试剂扫描、样本输入等步骤。

为了保证仪器的正常运行和检测结果的准确性，应按要求进行维护保养。日常保养包括清洁仪器外壳、检查系统温度状态、液路部分、耗材部分等。每周保养应检查主探针、清洁探针、废液罐过滤器等，并进行系统检测以确保系统检测数据在控制范围内。每月保养时，使用专用刷清洗主探针、标本采样针、试剂针的内部，并进行机械部件检查。此外，应定期进行仪器校准和质控，更新软件，修复可能存在的漏洞，保持系统兼容性和稳定性。

四、临床应用

化学发光免疫分析仪是一种结合了化学发光技术和免疫学原理的临床检验设备，其主要特点包括：①高效率和高通量，设备每小时可处理样本量≥300，且 10 分钟内可获取结果；②高灵敏度和特异性，实现 ng 级至 pg 级的微量物质的定量检测；③线性范围宽，可实现 10^2~10^6 数量级范围内的绝对定量检测，减少了高浓度样本稀释后对检测结果的影响；④自动化和智能化，具备自动稀释、自动日常维护保养等功能，无需月保养清洁流程，设备还具备样本完整性控制、液面、凝块和气泡检测功能；⑤环保和安全性，与传统的放射免疫检验相比，全自动化学发光免疫分析仪更加环保，因为它不涉及放射性物质的使用，同时也提高了操作的安全性。

全自动化学发光免疫分析仪在医学和生物学领域有着广泛的应用。

1. 临床诊断 能够准确、快速地测量和分析生物样本中的多种标志物，对于疾病的早期诊断、治疗效果评估、病情监测和预后判断具有重要意义。

（1）病原体标志物 用于检测各种病原体的特异性抗体或抗原，帮助诊断和监测感染性疾病。如乙肝表面抗原、丙肝病毒抗体等，用于肝炎的诊断和分型。

（2）心脏标志物 如肌钙蛋白、心肌酶等，用于评估心脏损伤和疾病的诊断。

（3）肿瘤标志物 如前列腺特异性抗原（PSA）、甲胎蛋白（AFP）等，对于肿瘤的筛查、诊断、治疗监测和预后评估极为重要。

（4）激素类标志物 如T3、T4、TSH等，用于评估甲状腺功能状态。雌激素、孕激素、睾酮等性激素，用于评估性腺功能和相关疾病。

（5）代谢物质 如血糖、血脂、电解质等，用于评估和监测代谢性疾病。

（6）药物浓度 用于监测药物治疗的血药浓度，指导个体化用药。

（7）先天性疾病标志物 用于新生儿筛查中的特定酶缺陷、某些遗传性疾病的标志物筛查等。

（8）炎症和过敏原标志物 用于评估炎症反应和过敏性疾病的诊断。

（9）肝纤维化标志物 用于评估肝脏损伤和纤维化程度。

（10）高血压相关标志物 如肾素、血管紧张素等，用于高血压的诊断和治疗监测。

2. 生命科学研究 可用于研究细胞的类型、功能和状态；定量分析特定蛋白质表达水平，精确测定酶的活性，检测血液中的激素水平；还可以用于检测环境中的生物污染物，如微生物、毒素等这对于环境保护和公共卫生具有重要意义。

第二节 电化学发光免疫分析仪

PPT

电化学发光免疫分析（ECLIA）是一种先进的免疫分析技术，它通过结合电化学和化学发光的原理，实现了对生物分子的高灵敏度检测。ECLIA技术的核心在于使用三联吡啶钌[（Ru(bpy)3^2+]作为发光标记物，这种标记物在电化学反应中被氧化，并在还原剂如三丙胺（TPA）的存在下产生稳定的发光信号。

ECLIA技术的优势在于其高灵敏度、高特异性、宽线性范围、快速检测速度和自动化程度高。

一、工作原理

电化学发光免疫分析是将待测样本与特定的标记物（如三联吡啶钌）结合，在电极表面通过电化学反应，产生发光信号。其发光的强度与样本中待测分子的浓度成正比，从而实现对生物分子的定量分析。

电化学发光免疫分析仪工作原理主要包括以下几个步骤。

1. 标记物的准备 在化学发光免疫分析中，使用三联吡啶钌[Ru(bpy)3^2+]作为发光标记物标记抗原或抗体是一种常见的做法，三联吡啶钌是一种稳定的金属配合物，它能够在电化学反应中产生强烈的发光信号。

2. 免疫反应 标记的抗体与样本中的抗原结合，形成抗原-抗体复合物。

3. 电化学反应 当这些复合物被引入到电极表面并施加电压时，三联吡啶钌释放电子并被氧化，同时三丙胺（TPA）也被氧化形成自由基。

4. 化学发光 氧化态的三联吡啶钌与三丙胺自由基发生氧化还原反应，产生激发态的三联吡啶钌，当其返回到基态时释放出光子，产生发光信号。

5. 信号检测和定量分析 发光信号通过光电探测器（如光电倍增管）捕获并转换为电信号，经过放大和数字化处理后用于数据分析。最终，通过与标准曲线比较，可以准确定量样本中目标分析物的浓度。

二、结构

电化学发光免疫分析仪根据应用需求分为单通道和多通道两种。单通道仪器适用于单个样本的检测，多通道仪器则可以同时处理多个样本，提高检测效率。根据自动化程度不同，电化学发光免疫分析仪分为全自动和半自动，全自动仪器能够自动完成样本的加样、反应、检测等多个步骤，减少人为操作误差，确保检测结果的准确性。

电化学发光免疫分析仪通常由样本处理模块、试剂处理模块、电化学检测系统、计算机控制系统、光源和光学系统、信号处理和数据采集系统、样本架和管理系统、清洗系统、废液处理系统等组成。

1. 样本处理模块 负责样本的加入、混合和温育等步骤，为免疫反应提供适宜的环境。

2. 试剂处理模块 储存并分配所需的试剂，包括特异性抗体和发光剂，这些试剂对于后续的免疫反应和化学发光信号的产生至关重要。

3. 电化学检测系统 设备的核心，包括精密的电极和电子设备，用于触发电化学反应并检测随之产生的发光信号。

4. 光源和光学系统 用于检测由电化学反应产生的光信号，并将其转换为电信号进行分析。

5. 信号处理和数据采集系统 将光信号转换为电信号，并进行数据处理和分析，以确定样本中目标分子的浓度。

6. 计算机控制系统 控制整个系统所有模块的运作，处理检测数据，并提供用户界面。

7. 样本架和管理系统 用于自动或半自动地管理样本，包括样本的加载、运输和卸载。

8. 清洗系统 用于清洗和回收试剂，确保实验的准确性和重复性。

9. 废液处理系统 用于处理实验过程中产生的废液，以符合环保要求。

这些模块协同工作，实现了电化学发光免疫分析仪的自动化和高效率，广泛应用于临床实验室中对各种生物标志物的定量和定性检测。

三、操作与维护保养

操作前确保仪器处于适宜的工作环境中，检查仪器的各项参数设置是否正确，包括温度、湿度、电压等。通常温度控制在18~32℃，湿度在20%~80%之间。定期清洗反应槽和管道，以保持系统的清洁和性能，并做好数据管理和存储。系统通常会自动记录和存储检测数据，便于后续的数据分析和追溯。

电化学发光免疫分析仪的日常维护保养主要包括如下内容。

1. 清洁维护 定期清洁仪器表面，避免灰尘和污渍积累；对于电极和传感器，应按照制造商的建议进行清洗和消毒，以避免污染和腐蚀；检查并清洁所有连接部位，确保没有松动或腐蚀。

2. 校准检查 定期进行仪器的校准，使用已知浓度的标准溶液进行，以确保测量结果的准确性。记录每次校准的结果，以便跟踪仪器的性能变化。

3. 软件更新 保持仪器软件的最新状态，及时安装制造商提供的更新和补丁，以修复已知的漏洞和提高性能。

4. 预防性维护　根据制造商的指导手册，执行预防性维护计划，包括更换磨损部件和润滑移动部分。对于易损件，如密封圈和滤器，应定期检查和更换。

5. 故障诊断　定期进行自我诊断，检查仪器是否有异常指示或错误信息。对于出现的故障，应及时联系制造商或专业维修人员进行处理。

四、临床应用

全自动化学发光免疫分析仪通过各模块的紧密协作，提供了一种快速、准确、可靠的检测方法，主要特点如下。①高灵敏度和特异性：ECLIA 能够检测到极低浓度的生物分子，最小检出值可达 1pmol 以下，ECLIA 不仅能够准确检测目标分子，同时减少交叉反应和假阳性结果。②宽线性范围：ECLIA 的检测线性范围可达 6 个数量级，能够检测飞克至纳克级别的待测生物分子。③高重复性和稳定性：ECLIA 使用三联吡啶钌作为发光物质，通过电极激发，在三丙胺的参与下迅速而稳定发光。由于样本本身发光，不需要额外光源，减少了外来因素的干扰，提高了分析结果的稳定性，其精密度和准确度优于传统的酶联免疫法。此外，ECLIA 提供的板内、板间和批间变异系数较低，保证了实验结果的可靠性。④多样性：通过点阵技术，电化学发光免疫分析仪还可以在同一孔中实现多指标的检测，满足复杂实验需求。

电化学发光免疫分析技术适用范围广，可以检测多种类型的生物分子，特别是在肿瘤标志物、激素、病原体检测等领域，为临床提供了强有力的诊断工具，也为生物医学研究提供了精确的分析手段。主要应用于以下几个方面。

1. 感染性疾病诊断　ECLIA 检测高致病性禽流感病毒（H5N1）的结果与传统的鸡胚培养法灵敏度一致，与胚胎培养完全相同。该技术还可对其他致病性病毒、病原微生物进行快速准确的分子诊断。

2. 激素检测　ECLIA 技术提供了一种非放射性的激素检测方法，这对于传统的放射免疫分析（RIA）技术是一个显著的进步。它能够精确测量激素水平，检测范围从皮克级（pg）到纳克级（ng），适用于甲状腺激素、促甲状腺激素、性激素等的测定。这种方法不仅对操作人员更安全，而且减少了对环境的污染，显示出逐渐取代传统放射免疫分析技术的趋势。

3. 抗原与抗体分析　包括快速鉴定抗体亚型、鉴定抗体与抗原结合的表位，以及基于设置方法学的抗体亲和力测试等，这对于理解抗体的结构-功能关系、优化抗体药物设计和评估免疫反应的机制至关重要。此外，该技术还可以用于检测疫苗或药物的免疫原性，评估多价疫苗的免疫效果等。

4. 药物代谢和药物安全性评价　评估药物在体内的代谢过程，以及药物的安全性和有效性。

第三节　时间分辨免疫分析仪

PPT

时间分辨荧光免疫分析技术（TRFIA）是非均相荧光免疫测定法。它使用镧系元素（如铕 Eu、钐 Sm、镝 Dy、铽 Tb）作为荧光标记物，结合时间分辨技术和荧光检测技术，用于临床诊断和生物医学研究中的超微量物质分析。

一、工作原理

时间分辨免疫分析仪工作原理主要是使用镧系元素三价稀土离子及螯合剂（如铕 Eu + 螯合剂）作

为荧光标记物，标记抗体、抗原或核酸探针等物质。当标记抗体与样本中的抗原结合，形成抗原-抗体复合物后，进行激光照射。由于稀土元素的荧光光谱具有特异性好、荧光寿命长等特点，通过时间分辨技术，在关闭激发光后再测定荧光强度，此时寿命较短的背景荧光均已发生衰变，所测得的信号完全源于稀土元素螯合物所发射的特异荧光，从而有效消除非特异荧光的干扰。根据荧光信号强度，进行数据分析和处理，定量或定性分析抗原含量（图 19-6）。在某些分析方法中，如解离增强镧系元素荧光免疫分析（DELFIA），可以加入增强剂，使稀土元素从复合物上解离，形成的胶态分子团在紫外光激发下发出更强的荧光，信号增强可达上百万倍。

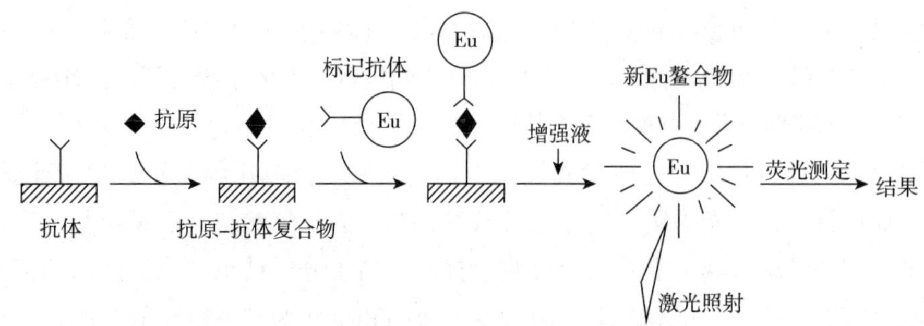

图 19-6　时间分辨免疫分析仪工作原理

二、结构

时间分辨免疫分析仪有全自动和半自动两种类型。全自动时间分辨荧光免疫分析仪通常由加样模块、反应模块、光学检测模块、数据处理模块、温育温控模块、清洗分离模块等组成，能够实现自动化的样本处理和分析。半自动时间分辨荧光免疫分析仪则需要更多的手动操作。

时间分辨免疫分析仪的主要结构通常包括样本处理器、微孔板处理器、光学检测系统和数据处理系统等。

1. 样本处理器　包括样本传送装置、加样针、注射器、移液臂、稀释板条、样本架、质控品架、蠕动泵、探针清洗站等。

2. 微孔板处理器　包括微孔板装载/卸载装置、微孔板传送装置、微孔板洗涤装置、增强液加样器、试剂架及加样装置、条形码扫描器、微孔板振荡器/孵育器等。

3. 光学检测系统　包括光源系统、光学系统、信号检测系统等。光源系统用于提供激发样本荧光的光源，通常采用氙灯或 LED 光源；光学系统包括荧光激发和荧光发射的光学路径，用于收集和分析样本中的荧光信号；信号检测系统用于检测样本中的荧光信号，并将其转化为电信号进行处理。

4. 数据分析系统　用于对检测到的荧光信号进行处理和分析，提供准确的结果。

这些结构组件协同工作，实现对样本的处理、反应、检测和数据分析。时间分辨免疫分析仪的设计旨在通过时间分辨技术排除非特异性荧光的干扰，提高检测的灵敏度和特异性。

三、操作与维护保养

将仪器置于水平、稳固、洁净的环境中，避免稀土离子的污染，并建立相对无尘的操作环境。在不使用时，应将仪器存放在干燥、通风、无腐蚀性气体的环境中，避免阳光直射和极端温度变化。操作时应戴手套穿工作服，避免佩戴首饰，注意用电安全，并遵守生物安全规定。严格遵守仪器的操作规程，包括样本的处理、加样、孵育、洗涤等步骤，并注意温度、pH 值等环境因素的控制，以确保仪器的正确使用和检测结果的可靠性。定期进行仪器的校准和维护，确保检测结果的准确性。仪器的清洁工作包括擦拭滤光片、检查流量传感器、清洁试剂传送器等。仪器校准通常由专业工程师完成，或者按照制造商的指导手册进行。如遇仪器故障，应及时向管理责任人报告，并按照操作手册进行故障排除或联系专业人员处理。

四、临床应用

时间分辨免疫分析仪因具有高灵敏度和特异性，操作简便，自动化程度高，能够提供多参数信息等特点使得它在临床诊断和科研领域受到青睐。在临床诊断、药物研发、食品安全检测和环境监测等多个领域都有着广泛的应用。在临床诊断中，它能够进行感染性疾病的抗原或抗体检测；测定各种蛋白质和多肽激素，如甲状腺功能、皮质醇、前列腺素 F、性激素水平、胰岛素、C 肽等，在内分泌疾病诊断和新生儿筛查等方面具有重要临床价值；还可以进行肿瘤标志物的检测，如甲胎蛋白、癌胚抗原、前列腺特异抗原、神经元特异烯醇酶以及各种糖类抗原等，用于肿瘤的早期筛查和诊断。此外，它还可用于细胞学检查，如细胞毒理试验、NK 细胞活性等，也可以用于核酸的杂交或 PCR 产物鉴定。

第四节　荧光偏振光免疫分析仪

PPT

荧光偏振光免疫分析技术（FPIA）属于均相荧光免疫测定方法，是一种基于荧光偏振原理的定量免疫分析技术，主要用于测定小至中等分子量物质，如药物和激素的浓度。

一、工作原理

荧光偏振光免疫分析仪的工作原理是基于荧光偏振现象，当荧光标记的分子在受到偏振光照射后，会发出偏振方向的荧光（图 19-7）。荧光偏振光程度与荧光分子的旋转速度和分子大小相关。分子越小，旋转越快，荧光偏振越低；分子越大，旋转越慢，荧光偏振越高。

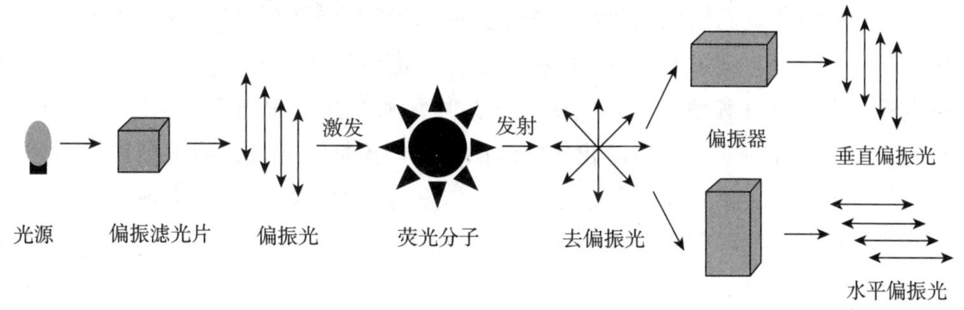

图 19-7　荧光偏振技术原理

在 FPIA 中，待测抗原与荧光素标记的小分子抗原竞争性地与限量的特异性抗体结合。当待测抗原浓度低时，更多的荧光标记抗原与抗体结合，形成较大的抗原-抗体复合物，其转动速度慢，发射的偏振荧光强度较高。相反，如果待测抗原浓度高，游离的荧光标记抗原多，分子小，转动速度快，发射的偏振荧光强度较低。通过测量样本中的荧光偏振程度，根据标准曲线计算出待测抗原的浓度。

二、结构

不同类型的荧光偏振光免疫分析仪在设计和功能上有所不同，以适应不同的检测需求和工作环境，应根据具体的应用场景和检测项目来确定最合适的仪器类型，但仪器的主要结构基本相似。

1. 光源系统 这是光学系统的重要组成部分，负责提供稳定且均匀的激发光源。通常采用LED作为激发光源，通过几何光学理论设计，确保光源与目标面之间的关系，实现高准直度的照明。这样的设计有助于提高系统的能量利用率，对于荧光偏振免疫分析仪光学系统的小型化提供了有效的设计方案。

2. 光学系统 包括照明系统、荧光激发光学系统和荧光检测光学系统。照明系统设计为口径小、结构紧凑且准直度高，以提高系统能量利用率。荧光激发光学系统和荧光检测光学系统采用共光路的工作方式，通过设计共光路物镜和聚焦透镜组，有效增加了进入探测器的荧光量子数。在荧光标记物被激发后，荧光检测光学系统负责收集和检测发射出的荧光偏振光，光电倍增管（PMT）是最常用的光学检测器，负责接收通过检偏器的荧光偏振光，并将其转换为电信号，以供后续的数据处理。光学系统中还设计有与共光路物镜相匹配的聚焦透镜组，可以有效地增加进入PMT接收窗的荧光量子数，从而提高检测的灵敏度。

3. 样本处理与试剂输送系统 对样本进行稀释、混匀等处理，以确保样本的均匀性和准确性。自动化的样本和试剂输送系统用于固定和移动样本，以及实现仪器的自动化操作，确保了反应的精确性和重复性，提高了分析的效率。

4. 控制系统 用于控制仪器的运行和数据处理，通常包括微处理器和相关的电子电路

5. 数据处理和分析软件 将检测到的荧光信号转换为数字信号，并进行数据分析和计算，以得到待测物质的浓度。

荧光偏振光免疫分析仪的模块化设计和自动化操作提高了检测的准确性和效率，适用于批量样本的临床检验和科研分析。

三、操作使用及维护保养

操作使用荧光偏振光免疫分析仪时，应确保所有试剂恢复至室温，并根据需要准备标准品和待测样本。在操作过程中，应注意避免荧光淬灭，所有涉及荧光的步骤应在避光条件下进行。

仪器的校准和维护也是确保分析准确性的关键步骤。操作人员应严格遵守实验室安全规程，特别是在处理荧光染料和样本时，应采取适当的防护措施。应定期更换荧光免疫分析仪中的激发光源，以确保信号的稳定性；定期检查和清洁仪器内部的滤光片，确保其干净和完好，以保证信号的准确性；定期更换仪器内的密封件和O型圈，以防止试剂泄漏和仪器损坏。此外，应定期对仪器进行全面的检查，包括电子元件、传感器、管路等，确保各部件工作正常。如果发现仪器出现异常，应及时停机并进行故障诊断。对于需要更换零部件或者涉及到专业维修的情况，应该由专业技术人员进行处理。

四、临床应用

荧光偏振免疫分析仪适用于多种类型的分析，包括临床检验、环境与食品监测和农药残留量分析等，在临床诊断、药物监测、生物医学研究等领域有着广泛的应用。

在临床检验中，荧光偏振免疫分析仪常用于测定内分泌功能、激素和药物等小至中等分子物质浓度，如环孢霉素、地高辛、免疫抑制剂浓度等，对药物毒性、药物滥用监测发挥作用。在食品安全检测和环境监测方面，它可以用来检测农药残留、食品添加剂等。

第五节　流式免疫分析仪

PPT

流式荧光免疫分析技术是基于液相芯片技术原理，将免疫标志物由单一检测推进至多标志物同时检测的高通量模式。其中流式荧光免疫分析仪和流式点阵发光免疫分析仪都是先进的体外诊断设备。

一、流式荧光免疫分析仪

流式荧光免疫分析技术又称为“液相悬浮芯片技术”“多功能流式点阵技术”“液相芯片分析技术”等，是在传统流式细胞术的基础上，使用磁珠替代细胞。该技术整合了荧光编码微球技术、激光分析技术、流式细胞技术、高速数字信号处理技术等多项科技成果。

（一）工作原理 微课/视频

流式荧光免疫分析仪的工作原理主要包括：

1. 编码微球　液相芯片体系由许多大小均一的聚苯乙烯微球为主要基质构成，每种微球上固定有不同的探针分子，为了区分不同的探针，每一种固定有探针的微球都有一个特定荧光编码。在微球制造过程中掺入了不同配比的红色和橙色两种荧光染料，由于两种荧光染料各有 10 种不同区分，因此可以将微球分为 100 种不同的颜色，即形成一个含有 100 种不同微球的具有独特光谱的阵列。

2. 共价交联　针对不同待测物，以共价交联的方式将特异性的抗体分子或基因探针结合到特定的编码微球上，每个编码微球都对应相应的检测项目。

3. 结合反应　将针对不同待测物的荧光编码微球混合加入待测物质或待测的基因扩增片段形成复合物，再与标记荧光素发生结合反应。

流式荧光免疫分析技术与化学发光免疫分析技术的免疫反应的模式基本相同，主要的区别点在于化学发光免疫分析技术包被的物质为吖啶酯，而流式荧光免疫分析技术包被的物质为 PE 荧光藻红蛋白，该物质不会自发光，需要使用激光器进行激发。

激光分析　微球在流动鞘液的带动下高速单列通过检测通道，在检测通道中使用红色和绿色两种激光对微球进行照射。红色激光可以对微球进行分类，从而鉴定各个不同的反应类型，即定性；绿色激光可以对微球上报告分子的荧光强度进行测定，从而确定微球上结合的目的分子的数量，即定量（图 19-8）。

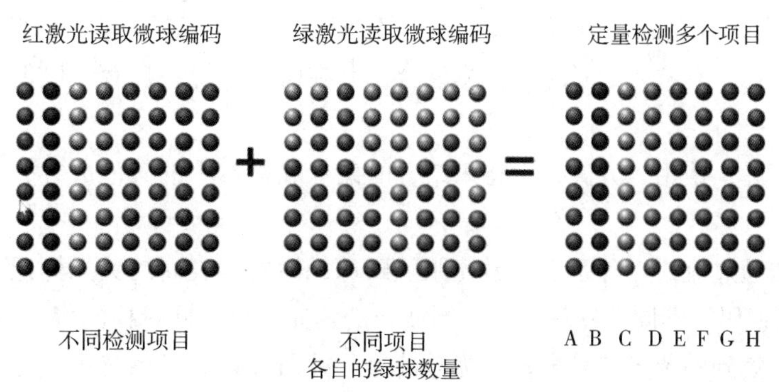

图 19-8　流式荧光检测技术原理

（二）结构

流式荧光免疫分析仪的加样装置、试剂处理系统、反应杯系统、清洗液桶、废液桶、废料筐、反应盘装置及清洗装置几个主要部件与化学发光免疫分析仪在结构及作用上基本相同。

流式荧光免疫分析仪与化学发光免疫分析仪的主要区别在于系统试剂以及核心检测模块。流式荧光免疫分析仪主要部件系统试剂和流式荧光检测系统。

1. 系统试剂 化学发光免疫分析仪的系统试剂为预激发液和激发液，流式荧光免疫分析仪的系统试剂为缓冲清洗液。

ADS 自动稀释系统可以在接入质量合格的纯水且浓缩清洗液足量时，按照固定比例自动稀释浓缩清洗液，配制成为缓冲清洗液供分析仪使用。ADS 自动稀释系统由内置的三级浮球开关（监测纯水液量和配制后的清洗液液量）、外置浮球开关（监测浓缩清洗液液量）、补水泵、双头旋转柱塞泵及电磁阀构成。

2. 流式荧光检测系统 包括激光器及相关光学部件、流体系统及光电检测系统等。

激光器包括红色和绿色两种颜色的激光器，微球高速单列经过流体系统，在激光器的作用下，会激发出不同的荧光信号，荧光信号被光电检测系统接收，结果通过光电倍增体系转换成数值输出，系统对微球得到的信号值进行统计确定检测物的种类和数量。

（三）临床应用

流式荧光免疫分析技术最突出的优点在于仅需要少量样本即可同时定性或定量同一样本中的多种不同粒子，即多重检测。流式荧光技术能够同时检测多种自身抗体，适合进行自身抗体谱的联合检测，这对于自身免疫性疾病的诊断和分类具有重要意义。流式荧光技术的自动化和快速检测能力可以在短时间内（如 30 分钟）提供检测报告，这对于急诊和快速诊断非常重要。此外，流式荧光技术不仅可以检测蛋白质，还能检测核酸，具有更广泛的应用领域，例如，它可以用于 HLA 配型、SNP 分型、微生物的核酸检测、基因突变检测、核酸肿瘤标志物检测、HPV 分型等。

二、流式点阵发光免疫分析仪

流式点阵发光免疫分析仪结合了流式检测技术、激光分析技术、荧光编码微球技术、生物标记技术及数字信号转换技术，能够实现对细胞或生物分子的快速、高通量、多参数分析。

（一）工作原理

1. 样本和磁珠的准备 首先，将特定的抗体标记在编码微球上，这些微球可以通过其内部的荧光染料编码进行区分。样本中的目标分析物（如蛋白质或抗体）与相应的磁珠结合。

2. 混合和孵育 标记有抗体的磁珠与样本混合，并在孵育环境中孵育，以促进目标分析物与磁珠上的抗体结合。

3. 磁分离 孵育后，使用磁分离技术将未结合的磁珠和样本中的其他成分分离，只保留已结合目标分析物的磁珠。

4. 检测 将磁珠通过流式点阵系统，激光照射磁珠，激发其表面的荧光标记，通过检测器收集荧光信号。由于磁珠被编码，不同的磁珠发出不同波长的荧光，可以同时检测多个参数。

5. 数据分析 收集到的荧光信号被转换为电信号，并通过计算机系统进行处理和分析，以定量和定性分析样本中的目标分析物。

（二）结构

流式点阵发光免疫分析仪结构通常包括光学检测模块、反应模块、液路子系统、电路子系统、耗材供应模块以及专用软件等组成部分（图 19–9）。光学检测模块可能包括激光器、收集镜头和光电传感器，用于激发和检测样本中的荧光信号。反应模块则涉及样本和试剂的混合，液路子系统负责样本的输送和处理。电路子系统包括数据采集单元、运动控制单元和开关电源，用于控制仪器的运行和处理检测数据。耗材供应模块提供必要的试剂和消耗品，而专用软件用于仪器的操作、数据分析和结果输出。

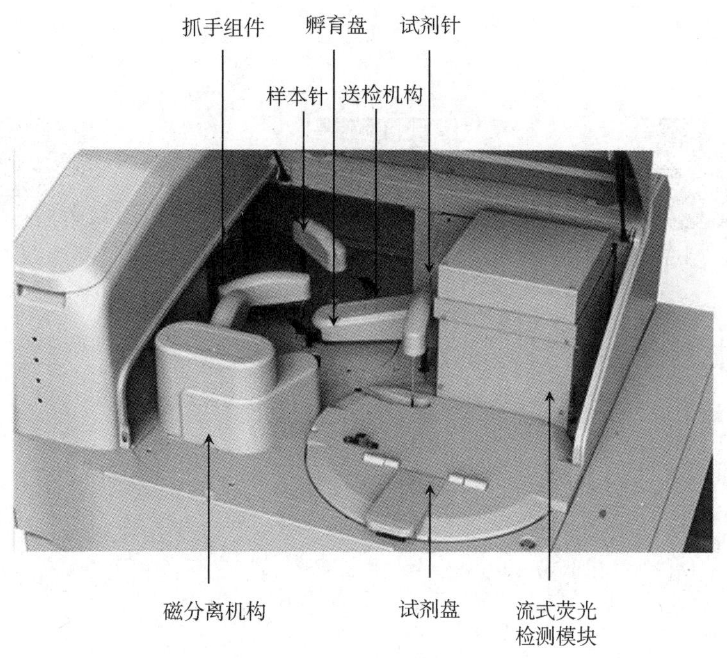

图 19–9　流式点阵发光免疫分析仪

（三）临床应用

流式点阵发光免疫分析仪是一种先进的体外诊断技术，它在临床诊断中的应用主要包括以下几个方面。①免疫分析：该技术可以用于检测和定量多种蛋白质和抗体，这对于自身免疫性疾病的诊断和监测非常重要。②核酸检测：流式点阵技术可以用于病原体的核酸检测，如病毒和细菌的 DNA 或 RNA，这对于感染性疾病的快速诊断至关重要。③酶学分析：通过检测特定酶的活性，可以帮助诊断和监测某些代谢性疾病。④受体和配体分析：该技术可以用于研究细胞表面受体与配体的相互作用，这对于药物开发和疾病机制研究具有重要意义。⑤肿瘤标志物检测：流式点阵发光免疫分析仪可以用于检测与肿瘤相关的生物标志物，帮助肿瘤的诊断和治疗监测。⑥HLA 分型：在器官移植中，HLA 分型对于匹配供体和受体非常关键，该技术可以用于 HLA 的精确分型。⑦过敏原检测：通过检测特定过敏原的抗体，可以帮助诊断和管理过敏性疾病。⑧基因突变检测：在遗传性疾病的诊断中，该技术可以用于检测特定基因的突变。

答案解析

思考题

案例　某医院检验科在使用化学发光仪器检测 hCG。某日审核检验报告发现一名男性患者 hCG 结果显著升高。

初步判断与处理　将该样本使用另外一台仪器复查结果正常。排查发现，上一个样本为孕妇血样，其 hCG 结果为 149886IU/L。

问题

（1）请分析最可能导致本案例中男性样本假性升高的原因。

（2）如何避免出现上述问题？

（肖育劲）

书网融合……

重点小结

题库

微课/视频

第二十章　免疫比浊分析仪

学习目标

1. 通过本章学习，掌握免疫比浊分析仪的基本结构与工作原理；熟悉免疫比浊分析仪的影响因素和仪器的保养维护；了解免疫比浊分析仪的临床应用。

2. 具有免疫比浊分析仪使用和日常维护的基本能力；具有识别和分析常见故障的能力。

3. 树立科学发展观，了解免疫比浊分析技术发展，培养合理应用特定蛋白项目的能力与素质。

免疫比浊分析仪是一类用于检测血清、尿液、脑脊液等体液中特定蛋白质含量的实验室仪器。它结合了免疫学反应特性和比浊分析技术。比浊分析方法又分为透射比浊法（turbidimetry）和散射比浊法（nephelometry）。

免疫比浊法的基础在于通过免疫反应产生可检测的浊度变化。当体液样本中的特定蛋白质与相应的抗体结合时，形成的免疫复合物会增加溶液的浊度，通过测量浊度的变化可以间接地定量分析目标蛋白质的浓度，为疾病的诊断和治疗提供重要的生物标志物信息。

第一节　基本原理

PPT

一、光学基础　微课/视频1

光散射（light scattering）是一种由光和溶液中的颗粒相互作用所导致的物理现象。当辐射能量穿过溶液弹性碰撞到分子时发生光散射，导致光向所有方向散射。散射光的波长与入射光相同。

光散射的影响因素包括颗粒大小、波长、距离、入射光的偏振效应、颗粒浓度等。

1. 颗粒大小　不同大小微粒形成的散射光分布不同。当颗粒直径小于入射光波长的1/10时，散射光强度在各个方向的分布均匀一致，称为Rayleigh散射；当颗粒直径大于入射光波长的1/10到接近入射光波长时，随着颗粒直径增大，前向散射光强于后向散射光，称为Debye散射；当颗粒直径等于或大于入射光波长时，前向散射光远远大于后向散射光，称为Mie散射。

2. 波长　1871年Rayleigh推导出以下公式表述了散射光强度和入射光强度的关系：

$$\frac{I_S}{I_o}=\frac{16\pi^2 a\sin^2\theta}{\lambda^4 r^2}$$

式中，I_S为散射光强度；I_0为入射光强度；a为小颗粒的偏振性；θ为观察角度；λ为入射光波长；r为光散射到检测器的距离。

由公式可见，散射光强度与入射光波长以及颗粒至检测器距离呈反相关。

3. 颗粒浓度与分子量　散射光强度与颗粒浓度和颗粒分子量的关系可表示为：

$$\frac{I_s}{I_o}=\frac{4\pi^2\left(\frac{\mathrm{d}n}{\mathrm{d}c}\right)^2 Mc\sin^2\theta}{\mathrm{Na}\lambda^4 r^2}$$

式中，I_S为散射光强度；I_0为入射光强度；dn/dc为溶剂折光率变化/溶质浓度变化；M为分子量（g/mol）；

c 为微粒浓度（g/ml）；θ 为观察角度；Na 为 *Avogadro* 常数；λ 为入射光波长；r 为光散射到检测器的距离。

二、透射比浊法

透射比浊法的检测器相对于入射光源以 0 度的角度定向（图 20–1），当入射光直接通过样本时，由于光线散射，导致透射到检测器的光量减少。到达检测器光量与样品中蛋白质抗原的浓度成反相关，即透光量减少的程度与免疫复合物的含量成正相关。透射比浊法是用测量光束通过含有免疫复合物溶液后的衰减程度来确定浊度。当样本中的蛋白质含量增加时，透射光量减少，通过与已知浓度的校准品相比较计算出标本中待测物的含量。

透射光强度与浊度的关系可表示为：

$$I = I_0 e^{-bt} \text{或} \ t = \frac{1}{b} ln \frac{I_0}{I}$$

式中，t 为浊度；b 为入射光通过光散射颗粒溶液的路径长度；I_0 为入射光强度；I 为透射光强度。

透射比浊法对样本的透明度和背景噪声较为敏感。透射比浊法广泛应用于生化分析仪中。

三、散射比浊法 微课/视频 2

散射比浊法检测反应介质中颗粒对入射光的散射，而非穿透溶液的透射光。光检测器相对于入射光源成一定角度定向，通常使用前向散射测定或侧向散射测定，前向散射测定角度通常约为 10°~30°，侧向散射通常为 90°（图 20–1）。这种方法测量的是免疫复合物对入射光的散射能力，到达检测器的光量与样品中蛋白质抗原的量成正相关。

散射比浊法通常采用 800~900nm 波长的红外线入射光，若试剂中使用了胶乳颗粒，抗原抗体复合物的直径会保持在大于 1000nm，光束主要朝前方散射，测定效率较高。

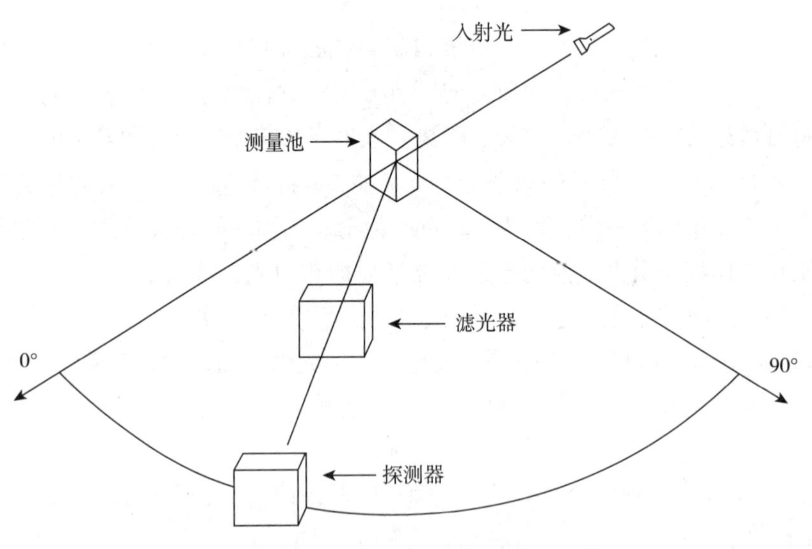

图 20–1　透射与散射光路示意图

血清中的溶血、黄疸不会对入射光产生散射，因此散射比浊法可以很好地避免这些因素对测定的干扰。脂血样本中形成血清浊度的因素主要为极低密度脂蛋白和乳糜微粒，基于前述波长和微粒直径的关系，散射比浊法可避免极低密度脂蛋白颗粒（27~200nm）和大部分乳糜颗粒（70~1000nm）对检测的影响。

第二节　结构与工作原理 微课/视频3

PPT

免疫比浊分析仪是一种高度集成化的仪器，融合了光学、胶体化学、物理学和免疫学等多个学科的技术原理。本节重点介绍散射免疫比浊分析仪的结构和工作原理。

一、仪器结构

免疫比浊分析仪基本结构包括加样系统、试剂系统、检测系统、温控系统、计算机控制系统等（图20-2）。

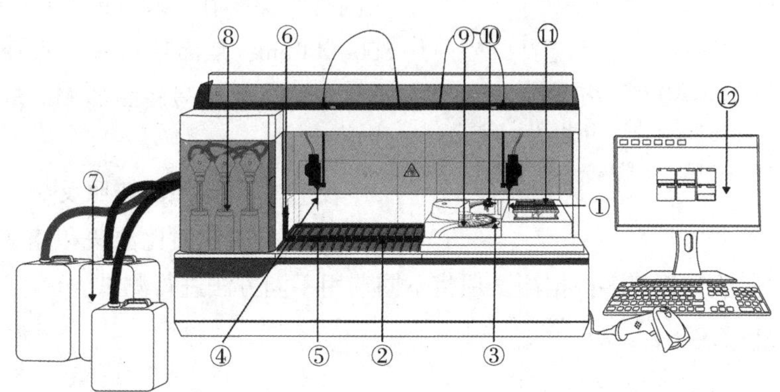

图20-2　免疫比浊分析仪结构图示例

1. 样本针；2. 样本加载区；3. 样本针清洗站；4. 试剂针；5. 试剂加载区；
6. 试剂针清洗站；7. 稀释液/缓冲液/清洗液；8. 注射器；9. 反应杯转盘；
10. 反应杯清洗站；11. 稀释站；12. 操作系统

1. 加样系统　装载和储存患者样本、校准品、质控品的模块，通常为转盘和架式两种类型。

2. 试剂系统　存储和管理所需的试剂，包括主试剂、稀释液、洗液等，以支持分析过程，通常分为转盘或架式两种类型。

3. 分配系统　通常由移液针及其清洗站、注射器及相应的管路及控制阀组成，负责将样本和试剂准确地分配到反应体系中。

4. 反应系统　包括反应杯、搅拌装置、清洗装置、温控系统及稀释站等。

5. 检测系统　包括光源、光学元件、测量池/反应杯和光采集装置。光源提供激发光，光学元件和测量池确保光束与样本的相互作用，光采集装置则负责收集散射光或透射光信号并转换为电信号。光采集装置包括：①滤光器，选择特定波长的光，以提高测量的特异性和减少背景噪声，有些仪器设计中使用了发光二级管作为光源，可以直接产生单色光，而无需使用滤光器；②探测器，捕捉散射光并将其转换为电信号，用于后续的数据分析。

6. 计算机控制系统　用于操作仪器、设置实验参数、收集数据和进行数据分析。

散射比浊仪的主要参数有：①入射光强度，影响散射光信号的强度，需要根据实验要求进行调整；②波长，由于不同波长的光与样本的相互作用不同，选择合适的波长可以优化测量结果；③样本杯至检测器的距离，影响散射光的收集效率，需要控制此距离以保证测量的准确性，但近年来的仪器设计可通过透镜的方式增加光的收集效率，使仪器设计更为灵活；④外部杂散光最小化，通过仪器设计和环境控制可以减少外部光源的干扰。通过优化这些参数，散射比浊仪能够在临床检测和研究应用中提供准确的蛋白质定量分析。

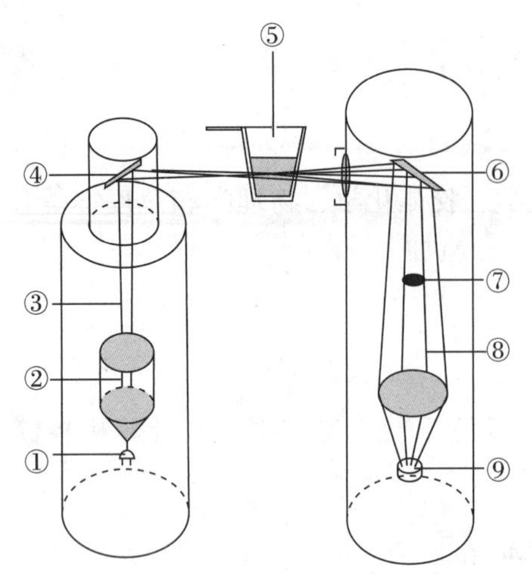

图 20-3 散射比浊测定光路示意图

1. 二极管；2. 透镜；3. 主光束；4. 反光镜片；5. 反应杯；6. 反光镜片；7. 主光束掩膜；8. 散射光；9. 探测器

二、工作原理

免疫散射比浊分析仪的基本工作原理如图 20-3 所示。发光二极管发射光线由透镜聚光后经过反应杯，光束遇到反应杯内的抗原抗体复合物时发生散射。根据各厂商设计不同，在小角度或大角度进行散射光的收集，得到的散射光通过一系列的透镜后聚集在光电探测器上进行测量。

测试中可使用胶乳增强技术，使抗原抗体复合物的直径保持在 1000nm 左右，光源的发射波长为 800~900nm，从而使得颗粒直径一般大于波长，因此主要产生光信号较高的 Mie 散射，从而提高检测灵敏度。

免疫散射比浊法按照反应动力学分为终点散射比浊法、定时散射比浊法和速率散射比浊法，目前临床使用的免疫散射比浊分析仪多根据测试项目不同选用不同方法进行测试。

（一）终点散射比浊法

终点散射比浊法用于测定抗原和抗体反应达到平衡状态时的溶液浊度。在本方法中，当免疫复合物形成的量不再增加，反应体系的浊度也不再变化，此时的浊度测量即为终点散射比浊法的测定结果（图 20-4）。

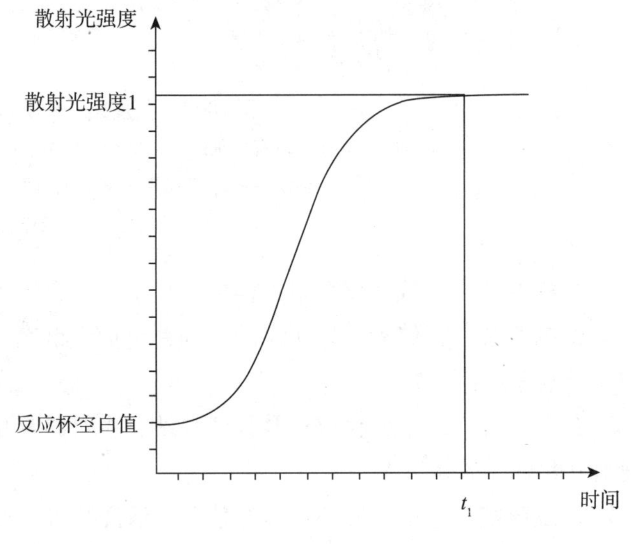

图 20-4 终点散射比浊法示意图

终点散射比浊法通常设置在特定时间内即复合物的浓度不再受时间变化影响时测定散射光强度。反应时间的长短与多种因素有关，包括温度、溶液中的离子浓度以及 pH 值等。随着反应时间的延长，抗原抗体复合物可能会进一步聚合形成更大的颗粒沉淀，这可能导致散射值降低，从而得出偏低的测量结果。因此，需要掌握最适的反应时间以获得准确的测量结果。

（二）定时散射比浊法

定时散射比浊法是一种经终点散射比浊法改良的免疫分析技术，它结合了免疫沉淀反应和散射比浊分析的特点。这种方法特别适用于快速反应的系统，其抗原和抗体接触后立即开始形成免疫复合物。在免疫沉淀反应初期，由于抗原和抗体迅速结合，散射信号会迅速变化，可能会因为反应的不稳定产生误差。为了减少这种误差，定时散射比浊法在反应开始后推迟几秒钟进行散射信号的测量，以避开反应初期的不稳定阶段（图 20-5）。

定时散射比浊法的反应分为两个阶段：①预反应阶段，在抗原和抗体开始反应后的 7.5 秒至 2 分钟内进行第一次散射光信号的读数，该阶段采用抗体过量的方法可以确保抗原抗体反应中形成尽可能多的不可溶性小分子颗粒，从而获得最强的散射光信号，提高测量的灵敏度和准确性；②反应阶段，大多数情况下，在2分钟后进行第二次读数，进行散射信号的测量。通过从第二次读数的信号值中扣除第一次读数的信号值，可以获得待测抗原的净散射信号值，处理转换为待测抗原的浓度。

（三）速率散射比浊法

速率散射比浊法通过测定抗原和抗体结合形成复合物的速率来定量分析抗原的浓度。速率峰时间是指反应速率最快的时刻，此时形成的复合物量最大。在抗体过量的情况下，速率峰的高低与抗原的含量成正相关。通过使用已知浓度的校准品绘制校准曲线，可以推算出待测抗原的浓度（图20-6）。

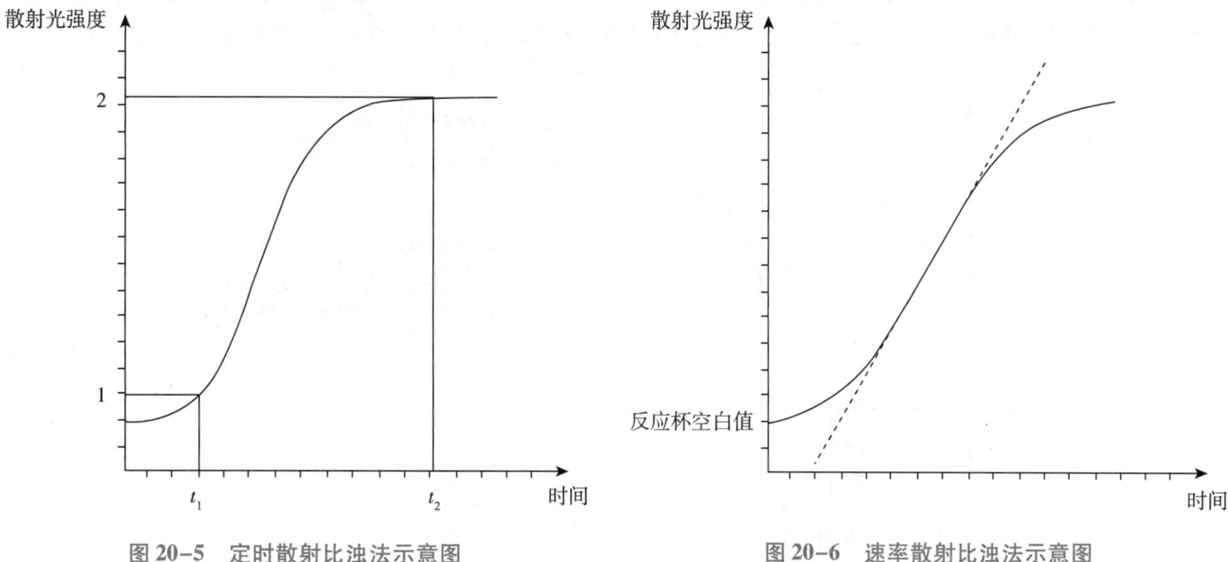

图20-5　定时散射比浊法示意图　　图20-6　速率散射比浊法示意图

速率散射比浊法具有速度快、灵敏度高、稳定性好的优点。该方法实时监测抗原和抗体复合物形成的速率，通过将各单位时间内形成的复合物速率与散射信号相连，实现动态的速率比浊分析。速率法测定的是最大反应速率，通常在反应开始后的20~25秒达到峰值。峰值的高低与待测抗原的量成正相关，而峰值出现的时间与抗体的浓度和亲和力有关。峰值一般出现在反应开始后的10~45秒内，通过优化测定时间，可以提高测定结果的准确度。

知识拓展

免疫比浊与比色技术联合应用 微课/视频4

传统上，散射比浊法需要用免疫比浊分析仪上的散射光度计，而透射比浊法通常在生化分析仪上与比色法共用光度计。散射比浊法的这种要求可能对临床检验工作造成不便，例如尿液特定蛋白的分析往往需要与尿肌酐同时测定计算比值，但特定蛋白和肌酐需要分别在免疫散射比浊分析仪和生化分析仪上进行测定，这就要求分别采样或者分杯检测。

近年来，已有创新设计的全自动特定蛋白与生化分析系统进行整合设计，实现了同一个检测系统中同时搭载分光光度计和散射光度计，即同一台仪器上使用比色法、透射比浊法、散射比浊法进行检测。

这种创新的仪器方法学升级，在继承生化平台高效分析的同时，对比色、透射、散射功能的整合使免疫比浊检测领域更加宽广，既能兼顾传统特定蛋白分析仪的检测灵敏度，又能同时保证高值样本的线性需求，也方便了临床检验常规操作。

（四）钩状效应识别技术 微课/视频5

在抗原抗体反应过程中，当抗原（被检测物）浓度在一定范围内时，结果与检测信号呈正相关。当抗原浓度超过某一界限值后，信号值反而随抗原浓度的增高而下降。这种由于抗原抗体比例不合适而导致假阴性的现象称为带现象（zone phenomenon），也叫钩状效应（hook effect），其中抗体过量叫做前带（prezone）；抗原过量称为后带（postzone）。抗体过量为反应设计的理想情况，因此实际工作中钩状效应通常指抗原过量，免疫比浊分析仪设计了不同的方法监控抗原过量，主要有预反应法和二次反应法。

1. 预反应法 在正式检测前先进行预反应试验，使用部分样本（抗原）和全部量的试剂进行反应。如果信号值显著增加并超过厂商设定的阈值，将会被标记为结果大于测量范围，并且自动使用下一个稀释度重新进行测量。如果预反应信号小于阈值，其余部分的样本会加入反应液中完成主要反应。与二次反应法需要再次添加抗原相比，该方法无需等到反应完成再进行判断，可以节约时间，提高效率（图20-7）。

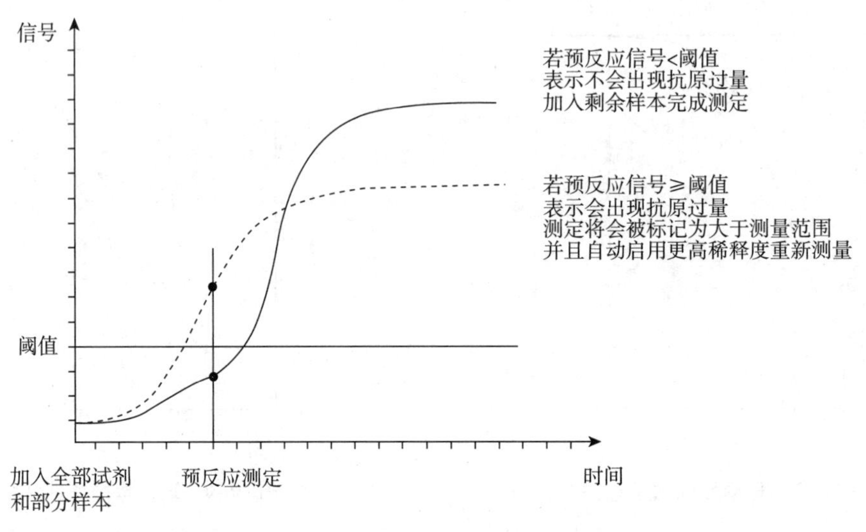

图20-7 预反应法示意图

2. 二次反应法 当反应过程完成时，理想情况下，该反应体系中的抗体应将抗原全部结合，无游离抗原存在，但仍有游离抗体存在。此时再加入标准抗原到该反应体系中，新加入抗原可与游离抗体结合反应产生新的信号，证明之前检测到的信号是由待测抗原完全反应产生的，此结果可信。若再加入抗原后不出现新的信号，则说明反应体系中因抗原过量而无游离抗体存在，需要将样品稀释后重测（图20-8）。

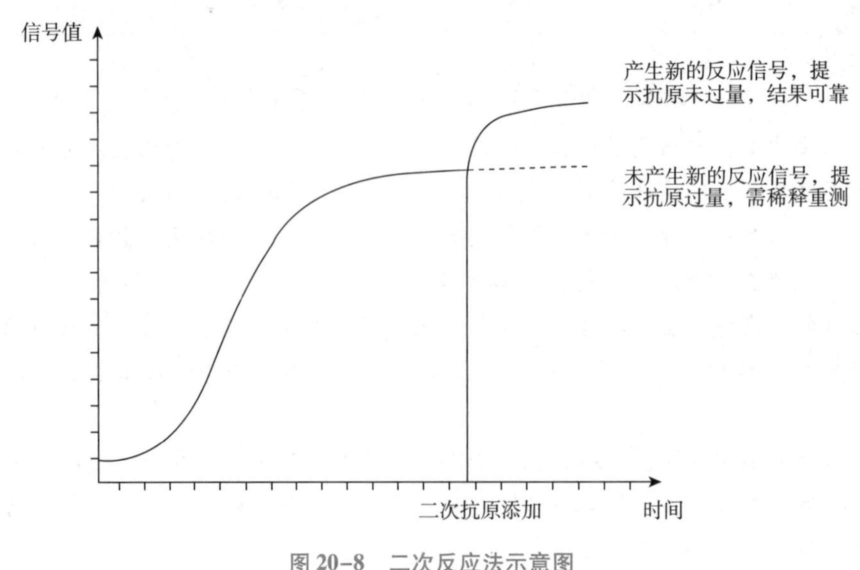

图20-8 二次反应法示意图

第三节 操作与维护

PPT

一、操作与注意事项

（一）日常操作

免疫比浊分析仪日常操作流程如下。

1. 准备工作 主要检查各种洗液、管路、注射器、耗材是否充足、正常，有无超过厂家规定的使用期限或使用次数，保证设备可正常开机。

2. 开机 按照仪器操作要求启动设备电源及控制电脑，仪器自检后进行入待机状态。

3. 试剂准备 按要求将试剂装载到仪器中，注意部分试剂可能需要预先处理，应根据厂家试剂说明进行准备。部分洗液、试剂可能需要放置到特定位置，应注意放到指定的位置。

4. 项目校准 新批号试剂、项目校准过期、质控结果发生系统性偏移、仪器关键部件维护后，都需做项目校准。应严格按照说明书要求准备校准品。

5. 室内质控 开始检测患者样本前应做好室内质控，如果样本量较多，检测完成后也应做室内质控。至少应有2个不同水平的质控品，应严格按照说明书要求准备质控品。

6. 患者样本检测 室内质控结果合格后可开始检测患者样本。操作步骤参照厂家说明书。应关注检测过程中仪器提示信息，保证检测结果的准确性。

7. 关机 检测完成后应做好每日保养工作，再按照操作规程关闭仪器。

（二）仪器校准

为提高免疫比浊分析仪的检测质量，保证仪器正常运行，应对仪器进行定期校准，主要校准内容如下。

1. 仪器组成部件及运行状态监测 检查电脑、电脑与仪器间通讯、打印机、条码阅读器、供水系统、排废系统运行是否正常，试剂针、样本针等机械部件是否正常运行、位置是否准确。

2. 仪器内部状态监测 检测仪器电压、气路、温度、液面、数据采集板、反应杯、光路等的状态，使仪器各功能运行数据在标准范围内。

3. 精密监测 评估加样系统、试剂系统的取样精密度及分析系统检测精密度。

二、维护与常见问题

（一）维护保养

1. 每日维护 在每日使用分析仪之前，应该检查试剂耗材是否准备充分，检查管路有无弯曲、泄漏、气泡或污垢，检查移液针有无泄漏、气泡及是否使用时间过长，检查阀门有无泄漏、有无反应杯空白值超限等报警提示信息。发现问题后应行针对性处理。每日工作完成后应按仪器说明书要求，进行必要的清洗、消毒及检查。一般由仪器自动完成反应杯、管路、冲洗站等清洗。由工作人员对探针外表面、仪器外表面、样本架等进行清洁消毒。

2. 每周维护 仪器表面、转子盖、稀释装置和架通道清洁。注射器和阀门密封性检查。试剂和样本探针检查有无损坏或堵塞。试剂和样本探针清洁等。

3. 每月保养 管道系统消毒清洗、反应杯更换、液位传感器清洁、洗涤液容器清洁或更换等。

4. 半年或年度保养 注射器等易耗品更换、年度设备校准等。

在实际工作中，仪器维护保养应按厂家建议的周期执行，尤其是易耗品的更换，例如注射器、反应杯、管路等，应及时更换，避免严重的质量隐患。

（二）常见故障与处理

1. 液面感应错误 可能是样本针或试剂针报警，主要原因有试剂液面太高、流路中有气泡、探针的液面感应不灵敏等。可通过检查注射器在冲洗时有无气泡、探针有无挂水、针运动是否正常、试剂、洗液、样本有无异常等解决问题。

2. 缓冲液水平低 由于免疫比浊分析仪往往采用桶装缓冲液冲洗，连续使用而未及时更换会发生报警。有时也可能是仪器内部压力过高，导致冲洗液无法进入，应及时更换缓冲清洗液及排查压力问题。

3. 光路异常报警 可能是反应杯使用时间长、杯壁上有污染物、反应杯发生溢水等原因造成。可停机打开仪器反应盘盖板，查看反应杯、排查有无管路堵塞影响排液，应特别注意的是，要严格根据生产厂商说明定期更换反应杯，不能因为成本问题而忽视质量要求。

4. 搅拌针速度错误 可能与搅拌针轴承生锈、混习马达故障有关。可通过添加润滑油、排查马达故障解决。

5. 项目校准失败 常见原因为试剂或校准品失效、硬件问题造成重复性变差导致。通过检查校准报告，确定是重复性不好还是吸光度差异太大。重复性下降往往是硬件问题，可联系工程师解决。吸光度差异大往往是试剂或校准品问题，可更换后重新校准。

PPT

第四节 临床应用

全自动免疫比浊分析仪稳定性好，灵敏度可达 ng/L 水平，精密度高，干扰因素较少，在临床实验室有较广的应用，包括评估免疫功能、炎症状态、心血管疾病风险、肾功能、出凝血、贫血、营养状态等。

1. 免疫功能监测相关项目 免疫球蛋白 A（IgA）、免疫球蛋白 G（IgG）、免疫球蛋白 M（IgM）、IgG 1-4 亚型、补体 C3、补体 C4、C 反应蛋白（CRP）等。

2. 浆细胞疾病监测相关项目 游离轻链 κ、游离轻链 λ、总轻链 κ、总轻链 λ。

3. 过敏相关监测项目 免疫球蛋白 E（IgE）、补体 C1 抑制因子。

4. 神经系统疾病监测相关项目 脑脊液白蛋白（Alb）、IgA、IgG、IgM 等。

5. 心血管疾病风险相关项目 载脂蛋白 A1、载脂蛋白 B、脂蛋白 A、高敏 C 反应蛋白（hsCRP）、同型半胱氨酸等。

6. 炎症评估相关项目 Alb、CRP、α_1-酸性糖蛋白、抗胰蛋白酶（AAT）、触珠蛋白、铜蓝蛋白等。

7. 类风湿性关节炎相关项目 类风湿因子、CRP、抗链球菌溶血素 O、ADNase-B 等。

8. 肾脏功能监测相关项目 尿微量白蛋白、α_2-巨球蛋白、β_2-微球蛋白、尿转铁蛋白、免疫球蛋白 G、胱抑素 C、α_1-微球蛋白等。

9. 营养状态监测相关项目 Alb、前白蛋白、铁蛋白（FER）、转铁蛋白等。

10. 凝血及出血性疾病相关项目 抗凝血酶Ⅲ（ATⅢ）、备解素 B 因子（PFB）、转铁蛋白、触珠蛋白等。

随着技术的快速发展，生化分析仪的免疫透射检测技术日益成熟，其性能符合临床要求，上述很多项目已可在生化分析仪上检测，如免疫球蛋白、补体、C反应蛋白、类风湿因子等样本中浓度较高的项目。但免疫散射比浊仪在检测血液、尿液、脑脊液中物质含量较低的标志物时仍具有优势。新型的免疫比浊与生化分析一体机为传统生化项目与免疫比浊类项目联合检测提供了新的解决方案。

答案解析

思考题

案例　某医院拟开展肾脏损伤相关项目检测包括：尿总蛋白、尿微量白蛋白、尿肌酐、α_1微球蛋白、β_2微球蛋白、尿转铁蛋白、尿免疫球蛋白G。现拟讨论如何选择检测平台。

初步判断与处理　拟开展的项目涉及不同的方法学，可能涉及不同的仪器，仪器的选择需结合项目性能要求、工作流程及管理要求进行分析。

问题

（1）拟开展的项目需要用什么方法或仪器检测？

（2）请为开展上述项目检测设计几个仪器选择方案。

（夏良裕）

书网融合……

重点小结

题库

微课/视频1

微课/视频2

微课/视频3

微课/视频4

微课/视频5

第二十一章　临床微生物培养与鉴定仪器

学习目标

1. 通过本章学习，掌握微生物样本前处理系统、自动化血培养仪、微生物鉴定与药敏分析系统的检测原理。熟悉微生物样本前处理系统、自动化血培养仪、微生物鉴定与药敏分析系统的基本结构。了解微生物样本前处理系统、自动化血培养仪、微生物鉴定与药敏分析系统操作与维护。

2. 具有操作微生物样本前处理系统、自动化血培养仪、微生物鉴定与药敏分析系统的基础知识和基本能力。

3. 树立正确的学习观，培养严谨、认真、实事求是的科学态度，应用微生物培养和鉴定技术提高细菌耐药监测水平，为抗生素的合理使用提供依据。

科学技术的突飞猛进带动了微生物检验仪器的快速发展，自动化、智能化和快速化的微生物检验仪器已经非常普及。目前，主要有微生物样本前处理系统、自动化血培养仪、微生物鉴定与药敏分析仪。这些仪器的应用，使微生物检测从传统的手工操作转变为部分自动化、高通量、高灵敏度的检测，极大地缩短了检测时间，提高了检测的准确性和重复性，推动了临床微生物学科的发展。

第一节　微生物样本前处理系统

PPT

在微生物实验室临床检验中通常需要将微生物样本接种在平板上，经过培养分离出样本中的单菌落，从而进行下一步的鉴定及药敏工作。传统的微生物样本接种工作主要由人工完成。实验室人员需投入大量时间和精力完成繁琐的接种过程，且样本前处理及接种划线工作对经验要求较高，难以实现标准化，同时因接触样本时间较长，暴露风险增大，生物安全风险增高。

近年来，技术的发展推动研制了多款自动化的微生物样本前处理系统，此类系统能够将复杂和繁琐的手工接种过程自动化完成，有效解放微生物实验室人力。

一、工作原理

微生物样本前处理系统是通过样本载入结构把临床样本转移到仪器内，由仪器自动完成样本的开合盖、消化液或增菌液等试剂加注、自动均质化等前处理过程，自动吸取样本并将样本加注到自动分配的平板上，自动完成接种操作和标签粘贴，最后接种后的平板自动载出，放入温箱进行孵育。

目前主流的微生物样本前处理系统按接种方式的不同，可分为三类：接种环式接种、磁珠式接种、接种刷式接种。

接种环式接种：使用灭菌后的接种环，模仿手工接种的方式，通过控制接种环蘸取样本并涂抹到平板上。

磁珠式接种：使用一次性无菌移液头吸取样本加注到平板上，通过控制在平板内部的磁珠运动轨迹，使磁珠表面充分蘸取平板上的样本，在平板上多次运动使样本分散涂抹到平板上（图 21-1）。

接种刷式接种：使用一次性无菌移液头吸取样本加注到平板上，使用一次性无菌接种刷刮取平板上的样本，通过控制接种刷在平板表面转动，使样本分散涂抹到平板上（图21-2）。

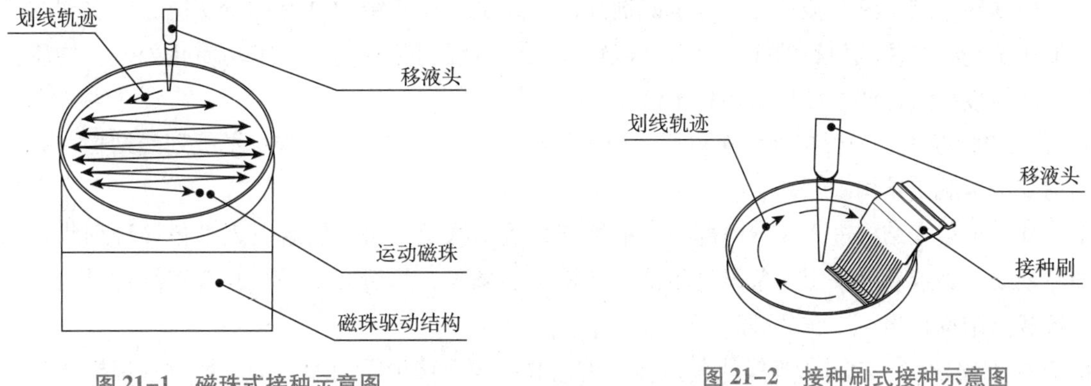

图21-1　磁珠式接种示意图

图21-2　接种刷式接种示意图

二、结构与功能 微课/视频1

（一）结构

微生物样本前处理系统主要结构组成为操作显示屏、样本载入结构、样本转移结构、样本开合盖结构、试剂加注结构、样本混匀结构、样本载出结构、平板载入结构、平板开合盖结构、平板接种划线结构、标签打印粘贴结构、平板载出结构、耗材管理结构、废弃仓等（图21-3）。平板接种划线结构是整个仪器的核心单元，单菌落的分离数量是判断仪器性能的主要参考指标。

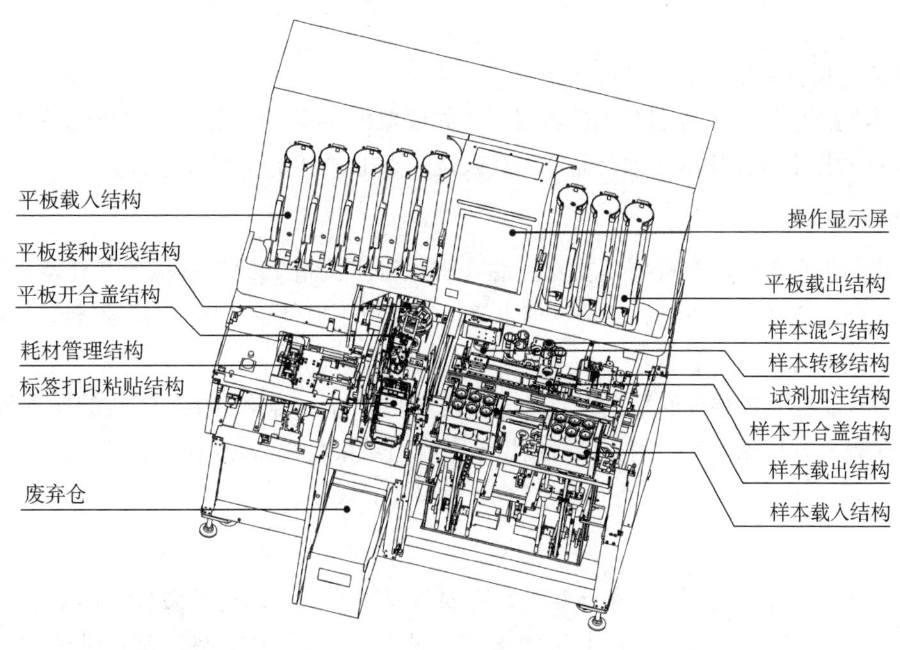

图21-3　仪器结构布局

（二）模块功能

1. 操作显示屏　通过操作显示屏可以设置平板类型及样本接种项目，实时动态监测耗材消耗情况及实验进程。

2. 样本处理模块　样本处理模块包括样本载入结构、样本转移结构、样本开合盖结构、试剂加注结构、样本混匀结构及样本载出结构。

样本通过样本载入结构进入仪器内部，样本转移结构抓取样本放进样本开合盖结构进行开盖，开盖后通过样本转移结构将开盖的杯体送至试剂加注位，试剂加注结构具有称量功能，可实现按样本重量配比加注试剂，加注试剂后的样本自动合盖转移至样本混匀结构进行样本均质化处理，均质化处理后的样本加样接种后由样本载出结构排出仪器。

3. 平板接种模块 平板接种模块包括平板载入结构、平板开合盖结构、平板划线结构、条码打印粘贴结构及平板载出结构。

平板从平板载入结构进入仪器内部，在平板开合盖结构处开盖，然后放入平板接种划线结构进行样本加注划线，划线后的平板由条码打印粘贴结构粘贴条码，然后回到平板开合盖结构进行合盖，最后由平板载出结构排出。

4. 耗材管理模块 耗材管理模块包括移液头扎取结构及接种刷刮取结构。耗材管理模块负责接种操作时，取用和更换移液头和接种刷，移液头吸取样本加注到平板上后接种刷进行涂抹划线。

5. 废弃物模块 废弃物模块主要作用为收集仪器在运行过程中产生的废弃耗材，做到集中处理，减少生物垃圾对环境的污染。有些设备在废弃物处理模块专门设置了紫外线消毒装置，能够定时对污染物进行紫外消毒处理，提高了安全性。

三、操作与注意事项

（一）操作

1. 实验开始前需通过操作显示屏设置平板类型及样本接种项目，并添加平板到对应的载入平板桶中。
2. 检查试剂、耗材余量，如不足需补充。
3. 输入样本测试信息（如姓名、测试项目等，如仪器已连接 LIS 则设备可自动识别样本信息）。
4. 录入信息的样本放在样本架到仪器样本载入位，点击“开始”即可开始实验。

（二）注意事项

实验开始前：①实验前，平板要恢复至室温，防止有水滴造成标签脱落；②样本杯粘贴条码时，应按厂家要求粘贴；③样本上机时，应检查样本量，样本量不应低于/高于容器标线或厂家要求，并检查样本杯密封情况，避免样本溢洒。

实验结束后：①将完成接种的平板放入对应的培养箱中进行培养；接种完成的样本放入冷藏暂存区，以备需要复查或者临床增加检测项目时使用；②实验结束后，需对废弃仓消毒并清理。

四、临床应用

临床样本的分离培养是病原菌分离培养与鉴定的重要环节，自动化的微生物样本前处理系统可以部分取代人工处理的过程，支持多种样本（如痰液、尿液、拭子、脑脊液、肺泡灌洗液、胸腹水，引流液等）的自动接种，能有效完成微生物样本的前处理（如痰样本液化、拭子样本洗脱等），提高了接种的即时性，避免因微生物死亡而影响分离培养的阳性率。但目前多数前处理系统仅能进行固体培养基的接种，对于需要营养肉汤增菌培养的样本仍需要手工补种。另外，多数微生物检验样本需要同时进行涂片革兰染色，目前的前处理系统尚未覆盖自动涂片，还需要进一步提升。

第二节　自动化血培养仪

PPT

血培养是临床微生物学实验室最重要的检查之一，是诊断血流感染的金标准。血培养的发展经过手工培养、半自动培养到目前的自动化培养。最初，血培养是将血液样本置于增菌肉汤中孵育，每天通过肉眼判断是否有细菌生长，敏感度较低，且受主观因素影响较大，不能及时发现阳性样本。随着技术的发展，出现了半自动化血培养仪，这些仪器通过^{14}C标记培养基、红外线穿刺检测等技术来实现，但存在放射性安全问题和交叉污染的问题。

现代自动化血培养仪通常采用非侵入性的检测理念，通过监测血培养瓶内的变化（如CO_2浓度变化）来检测微生物生长，且无需打开血培养瓶，从而减少污染的风险，主要功能为通过连续监测的方式定性检测样本中是否存在微生物。当微生物的生长代谢导致培养液中某些生长参数（包括浑浊度、pH、代谢终产物CO_2的浓度、荧光标记底物或代谢产物等）改变时，仪器会自动报警，提示有微生物生长。自动化血培养仪使得血培养过程更加快速、准确，并减少了人为操作，提高了实验室的工作效率。因其灵敏度高、检测快速和自动化程度高而在现代临床微生物实验室中得到广泛应用。

一、工作原理

自动化血培养仪的工作原理主要分为三类：以测定培养基导电性变化为基础的检测技术、以测定培养基中气体压力变化为基础的检测技术和以光电检测为基础的检测技术。

（一）培养基导电性检测技术

培养基中含有不同的电解质，因此具有一定的导电性。微生物在生长代谢过程中产生的代谢产物会引起培养基的导电性发生改变。通过电极检测该导电性的变化情况来判断有无微生物生长。

（二）气体压力检测技术

许多细菌在生长过程中常伴有吸收或产生气体的情况，因此可利用检测血培养瓶内气体压力的变化来监测微生物的生长情况。

（三）光电检测技术

由于微生物在代谢过程中会产生代谢产物CO_2等气体，引起培养基pH及氧化还原电位改变。利用光电检测技术检测血培养瓶中某些代谢产物量的改变，可以判断有无微生物生长，目前国内外自动化血培养仪主要应用此技术。根据检测方法的不同，分为比色法和荧光增强法两类。

1. 比色法　如果样本中存在微生物，在微生物代谢血培养瓶中的营养物质时，就会产生CO_2，CO_2溶于水生成碳酸，碳酸分解出氢离子和碳酸氢根离子，氢离子会降低血培养瓶中的pH值。血培养瓶底部为注有染料的硅胶感应材料，会随着pH的改变而变色，使颜色由深变浅。随着CO_2不断地生成，pH持续降低，感应材料最终会变为黄色（图21-4）。

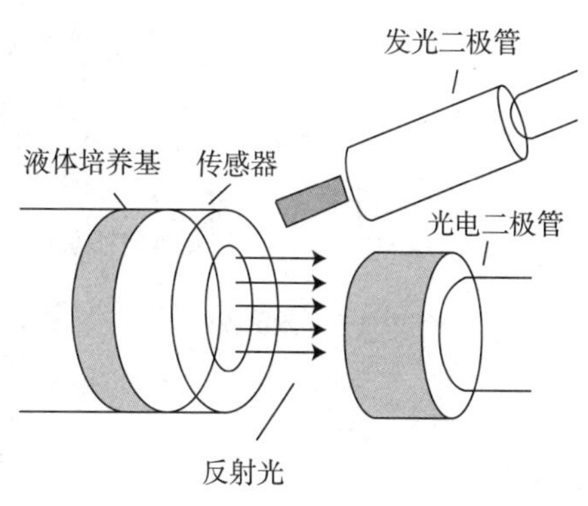

图21-4　比色法原理图

发光二极管（light emitting diode，LED）定时照射瓶底的感应器，光电二极管采集反射光，并且将信号传输到计算机，随着时间变化获得不同的反射单位。颜色越浅，反射光就越强，反射单位值越高。仪器采用相关算法对检测信号进行分析计算，从而判断是否有微生物生长。如果 CO_2生成率异常增高和/或持续生成 CO_2，则被判定为阳性。如果经过一定时间培养后 CO_2水平没有显著变化，此样本培养结果即为阴性。

2. 荧光增强法 微生物在代谢过程中消耗营养成分并引起 CO_2浓度变化，血培养瓶底部含有对 CO_2浓度变化高度敏感的感受器。当 CO_2浓度升高时，感受器释放出荧光物质，在二极管的激发下荧光物质释放出荧光，荧光强度随血培养瓶内 CO_2的产生量增多而增强。系统定时自动测定并记录荧光强度的变化，连续检测获得足够的数据后，生长监测系统根据荧光的线性增加或荧光产量的增加等标准，由计算机处理系统进行综合分析，并立即报告培养结果（图 21-5）。

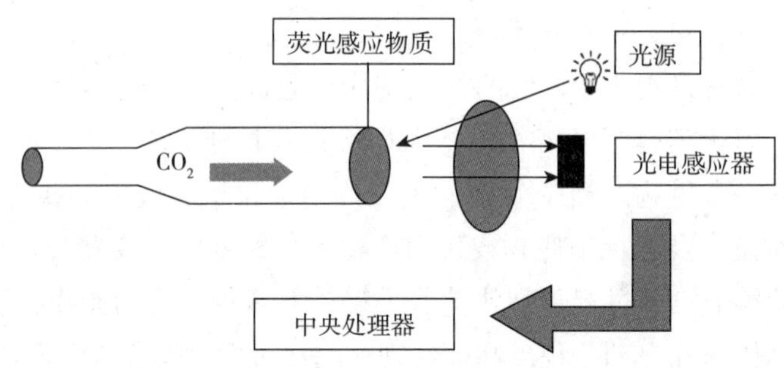

图 21-5 荧光增强法原理图

随着科技的不断发展，自动化血培养仪不断迭代更新。目前新一代自动化培养仪实现了全过程自动化，通过自动加载/卸载血培养瓶、标签扫码等步骤，避免了因频繁开合引起的培养箱内温度波动，并通过改进算法更快地检测是否有微生物生长，缩短报阳时间。

二、结构与功能 微课/视频 2

自动化血培养仪的结构通常由以下几个关键部分组成，以确保其高效、准确地检测血液样本中的微生物。

（一）主机

主机是自动化血培养仪的核心，通常包含孵育模块和检测模块。它负责控制仪器的所有功能，包括温度控制、振荡、检测、孔位状态指示及报警等（图 21-6）。

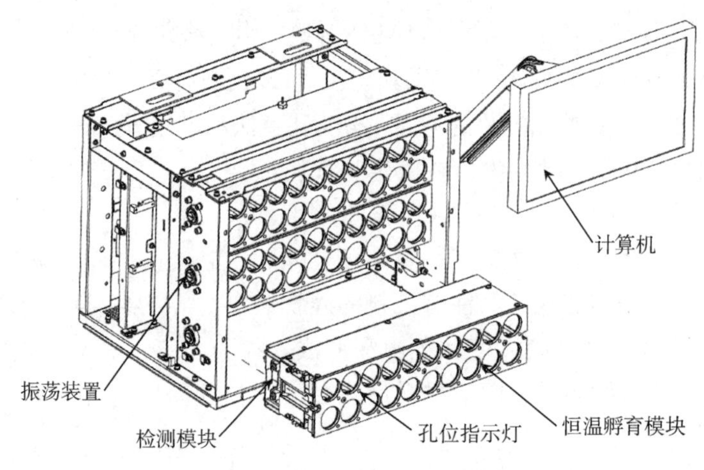

图 21-6 仪器主机结构图

1. 恒温孵育模块 恒温孵育模块模拟人体体温，为微生物的生长提供稳定的温度环境。该模块通常包含加热元件和温度传感器，确保培养环境的温度均匀和恒定。

2. 振荡装置　振荡装置通过轻轻摇晃血培养瓶，增加血液与培养基的接触面积，同时促进气体交换，使培养基中的营养物质均匀分布，避免沉淀或浓度不均，有助于微生物的生长。

3. 检测模块　检测模块是自动化血培养仪的关键部分，用于监测血培养瓶内微生物生长的指标，包括 CO_2感受器、光电检测器等，用于检测微生物代谢产生的 CO_2或其他代谢产物。

4. 孔位指示灯　孔位指示灯位于每个瓶位的一侧，通常用于显示血培养瓶的状态。如：红色表示血培养瓶中检测到微生物生长，即培养结果为阳性；绿色表示血培养瓶中未检测到微生物生长，即培养结果为阴性；黄色表示血培养瓶中的检测正在进行，尚未得出最终结果。

5. 报警系统　报警系统包括声音报警和指示灯报警（一般位于仪器外部醒目位置），用于报告培养结果状态或仪器的工作状态。不同的仪器采用不同的警报声音和指示灯颜色来提示不同的信息，如阴阳性结果、仪器状态等。

（二）计算机及其外围设备

计算机系统负责控制仪器的操作，包括样本信息管理、结果查看、设置参数、数据分析、数据统计等。数据处理系统负责收集检测数据，进行分析，并生成报告，亦可与 LIS 联网，实现数据共享。外围设备包括触摸显示屏、条码扫描器、键盘、打印机等，用于操作界面和结果输出。

（三）血培养瓶

血培养瓶根据其用途和目标微生物的特点有多种类型，常见的有以下几种。

1. 需氧培养瓶　用于培养需氧菌及兼性厌氧菌。

2. 厌氧培养瓶　用于培养厌氧菌及兼性厌氧菌。

3. 儿童专用培养瓶　特别为儿童设计的血培养瓶，含有适合儿童血液容量的培养基量。

4. 特殊培养瓶　包括分枝杆菌培养瓶、真菌培养瓶等。

每种类型的血培养瓶都设计有特定的用途，以确保能够从血液中准确检测和分离出各种病原体。在选择血培养瓶时，需要根据患者的具体情况和临床需求来选择最合适的血培养瓶类型。

三、操作与注意事项

（一）操作

1. 信息录入　自动化血培养仪可提供手动输入和条形码扫描识别两种输入模式，可快速输入病人姓名、住院号、样本号等信息。输入后需检查有无错误，或在仪器出现警示音时注意查看操作界面。

2. 加载血培养瓶　将已录入信息的血培养瓶放入仪器孵育模块中，可用检测孔通常会有指示灯提醒，上机前需要检查血培养瓶外观有无破裂等异常情况，并确保血培养瓶完全插入检测孔内。若血培养瓶未能完全插入检测孔内，可能会出现错误检测结果。加载所有培养瓶后，确保孵育箱箱门完全关闭。培养瓶延迟放入时应在室温放置，切不可放置在水浴箱和温箱内，否则仪器可能会报假阳性。

3. 卸载血培养瓶　按照操作规程进行卸瓶操作，如输入密码、选择相应的卸瓶选项（如：卸阳性瓶、卸阴性瓶等）、扫描条形码等。当血培养仪检测到有微生物生长并报警时，工作人员应立即取出报阳的血培养瓶，并记录报警时间及观察生长曲线。对于疑似假报阳的血培养瓶在取出一定时间内（具体时间依据厂家说明书描述）可重新放回原位置，仍可继续培养。

（二）注意事项

（1）新购血培养瓶或批号更换时需按操作说明用标准菌株进行性能测试，符合要求后方可开始使用。

（2）避免长时间打开仪器门，以保证仪器内部温度的稳定性，更好的促进微生物的生长。

（3）加载血培养瓶时要注意观察孔位指示灯的状态或界面提示，避免将血培养瓶放入故障孔位。

（4）血培养瓶在培养过程中，尽量避免拔出查看，以免改变血培养瓶的光学检测位置而造成结果错误。

四、临床应用

自动化血培养仪 24 小时不间断地恒温振荡培养和连续监测血培养瓶内微生物的生长情况，采用先进的检测技术检测微量的代谢产物，检测灵敏度高，一旦检测到微生物生长的迹象，系统会立即报警，从而实现早期诊断。临床应用范围广，样本种类不局限于血液，还可用于检测其他无菌体液，如脑脊液、骨髓、胸腹水、关节穿刺液、心包积液等。自动化血培养仪在临床应用中具有重要意义，它能够快速、准确地检测出血液或无菌体液中的微生物，提高了血培养的检测效率，也保证了检测结果的准确性和可靠性，对于诊断菌血症和真菌血症等疾病具有关键作用。

知识拓展

血培养假阳性和假阴性的常见原因

1. 假阳性

（1）温度　血培养仪放置的环境温度要求在 18~25℃，最高不要超过 28℃，若仪器长期在 28℃以上的环境中运行会报假阳性。

（2）电压　血培养仪未连接稳压电源，因电压不稳导致电压的骤升骤降使仪器报假阳性。

（3）耗材相关　血培养瓶存放的温度为 2~25℃，存放温度若长期超出该范围，仪器也会报假阳性。注意，培养瓶不能冻存。

（4）样本相关　血细胞也会呼吸产生 CO_2，虽然与细菌相比血细胞的增长非常缓慢，但是当样本中血细胞数量超标或者某些炎性疾病样本中白细胞数量超标时，仪器会将血细胞呼吸产生的 CO_2 当作是由细菌产生的，从而报假阳性。因此，对于该类样本应给予特别关注。

2. 假阴性

（1）在转种至培养平板时没有将培养瓶充分颠倒混匀。

（2）由于较长时间延迟上机，错过了细菌的对数生长期导致检测假阴性。

（3）特殊菌株 如某些嗜血杆菌在巧克力平板上生长，在血平板上不生长，取样时只接种了血平板而未接种巧克力平板；淋球菌对温度较敏感，采样时未将培养瓶恢复至室温或接种时未将淋球菌平板恢复至室温导致淋球菌死亡。

第三节　微生物鉴定与药敏分析系统

PPT

微生物鉴定与药敏分析作为现代医学与生物技术中不可或缺的一部分，其发展是由传统手工操作向自动化、智能化转变的过程。

在 20 世纪 60 年代之前，科学家们主要依靠传统的生化检测和形态学观察来进行微生物的鉴定。这些方法如革兰染色法、显微镜观察等，虽然简单易行，但存在主观性强、误差率高、耗时较长等缺陷。药敏试验也主要依赖于体外培养，周期长且难以应对快速变化的临床需求。

20 世纪 80—90 年代，随着科技的进步，自动化技术逐渐被引入微生物鉴定与药敏分析领域。这一时期，自动化微生物检测技术开始兴起，通过自动化的操作流程和标准化的分析方法，大大提高了检测效率和结果的准确性。研究人员也开始利用计算机技术对微生物进行鉴定与药敏分析，为临床诊断和治疗提供了更加准确和可靠的数据支持。

此外，基质辅助激光解析电离飞行时间质谱仪（Matrix Assisted Laser Desorption Ionization Time of Flight Mass Spectrometry，MALDI-TOF MS）和宏基因组测序技术（metagenomics Next Generation Sequencing，mNGS）的应用大大缩短了微生物的鉴定时间，使得微生物学鉴定有了更多选择。

如今，许多微生物鉴定与药敏分析系统已经在市场上广泛应用，通过自动化、智能化的操作流程和高效的数据处理能力，实现了对微生物的快速鉴定和药敏分析。这些系统的应用不仅提高了检测效率和结果的准确性，还大大减轻了临床工作人员的劳动强度。

一、工作原理

微生物鉴定与药敏分析的工作原理主要包括以下几种。

（一）比色/比浊法

比色/比浊法主要依据微生物生长引起吸光度值的变化，与内置数据库中的标准化吸光度模式或鉴定算法进行比对，从而实现对微生物种类的精确鉴定，并评估其对抗菌药物的敏感性。

比色法是一种基于微生物代谢过程中产生的色素或代谢终产物所发生的颜色变化来鉴定微生物的技术。各类微生物通过其特有的酶系统作用于培养基中的显色底物，引起培养基的颜色转变。举例来说，某些细菌在分解特定化合物的过程中，会生成酸性或碱性的代谢产物，这些产物能够引起 pH 敏感的指示剂发生颜色变化，利用分光光度原理精确测量这些颜色的变化，并将其转换为吸光度值。

比浊法是一种定量分析技术，通过量化微生物悬液的光学性质来评价微生物的生长状况。随着微生物的增殖，细胞密度相应增加，并且微生物在新陈代谢过程中可能产生沉淀等颗粒物，这些变化会导致穿过培养基的光线发生散射或被吸收，检测测试孔中的吸光度值并通过分析吸光度值随时间的变化曲线，实现对细菌生长动态的监测。

比色法和比浊法常常结合使用。比色法可以提供关于微生物代谢特性的信息，而比浊法则监测微生物的生长情况。在测定最低抑菌浓度（Minimum Inhibitory Concentration，MIC）时，比浊法尤为重要，通过分析吸光度的变化，精确地测定在不同抗生素浓度下微生物生长的抑制情况，从而得到 MIC。

（二）荧光检测技术

荧光检测技术是利用某些物质在受到特定波长的光照射后发出荧光的特性，来进行定性或定量分析的方法。这种技术具有高灵敏度和强选择性，广泛应用于化学、生物、医药等领域的分析检测中。

荧光检测技术的原理主要基于分子的激发和发射过程。具体来说，当特定波长的光照射到某些物质上时，这些物质会吸收光能，使分子内的电子从基态跃迁到激发态。由于激发态不稳定，电子会迅速返回基态，并在这一过程中发射出比吸收光波长更长的光，即荧光。

在微生物鉴定方面的原理主要是在含有荧光底物的培养基中，微生物产生的特定酶作用于底物，产生荧光信号。这种荧光信号的产生与微生物的代谢活动直接相关，系统通过荧光检测器实时监测培养基中的荧光变化，记录随时间变化的数据。这些数据包括荧光底物的水解、吸光度的变化、pH 指示剂颜色变化、特殊代谢产物的生成等。系统内置的软件自动分析生化测试卡上的数据，并与标准生化反应数据库中的已知微生物的生化特性进行比较，以鉴定未知的微生物。

在微生物药敏方面的原理主要是基于微生物在特定抗生素存在下的生长情况，通过测定荧光强度来快速、准确地判断微生物对抗生素的敏感性。

（三）质谱技术

基质辅助激光解析电离飞行时间质谱是近年来快速发展起来的一种新型的软电离生物质谱，可以直接检测来自完整微生物的蛋白质构成。鉴定原理是微生物样本与小分子的基质溶液充分混合，待溶剂挥发后形成共结晶薄膜，在激光照射后，基质从激光中吸收能量并将质子传递给微生物蛋白分子，使蛋白分子在气化状态下均带正电荷，完成电离。电离后的蛋白分子在电场作用下获得加速度，待离子门打开后，进入飞行时间质谱分析器进行质量分析，在真空状态下，飞行时间与质荷比（m/z）相关，质荷比最小的离子最先到达检测器，最大的则最后到达。以离子质荷比为横坐标，以离子峰为纵坐标，绘制成特异性的微生物蛋白质组指纹图谱，然后与图谱库中由已知菌种建立的数据库进行对比，得到鉴定结果并最终确定微生物的种类。质谱技术将微生物鉴定从数小时缩短到数分钟，而且仅需分析极少的菌量。

（四）宏基因组测序技术

宏基因组测序技术（mNGS）不依赖于传统的微生物培养，可直接对临床样本中的总核酸（DNA或RNA）进行高通量测序，通过比对数据库，得到感染病原体的相关信息，也可用于微生物的鉴定。检测原理是将带有荧光信号的dNTP在聚合酶的作用下与模板链相结合，利用高分辨率成像系统对荧光信号进行获取，并将荧光信号转化为数字信号，读取碱基信息，从而得到病原体相关信息。

二、结构与功能 微课/视频3

微生物鉴定与药敏分析系统（以下简称“系统”）极大地提高了微生物检验的效率和准确性，为感染性疾病的诊断和治疗提供了重要支持。本部分主要围绕微生物鉴定药敏分析仪详细介绍。

系统通常有微生物鉴定药敏分析仪（以下简称“分析仪”）、数据库和专家管理系统、测试板卡、比浊仪等部分组成。

1. 分析仪 通常由测试卡放置区、样本放置区、耗材及加样区、孵育检测区和废弃仓区组成（图21-7）。

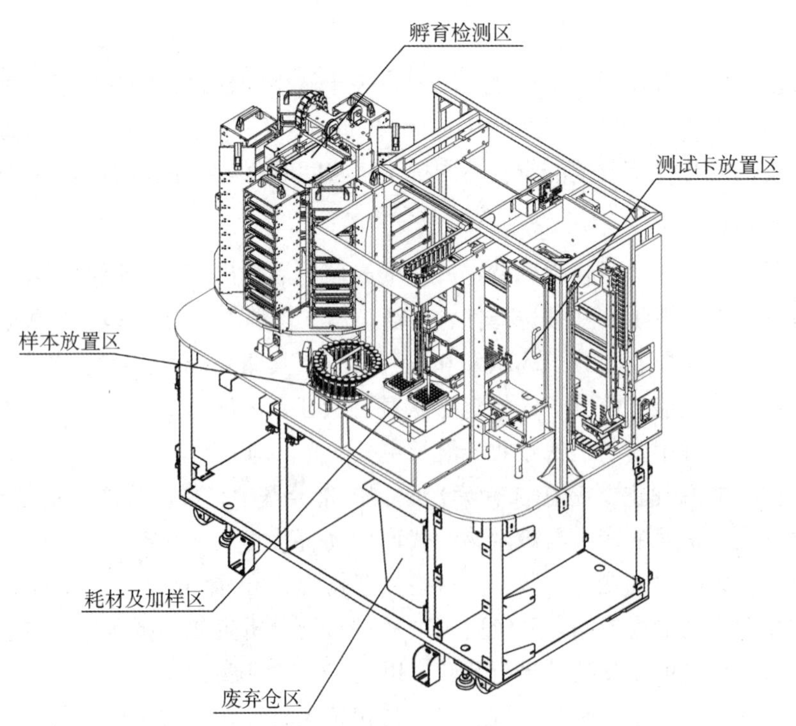

图21-7 微生物鉴定药敏分析仪结构示意图

（1）测试卡放置区　用于放置不同种类的测试板卡，带有条码自动扫描功能，可自动确认测试板卡类型。

（2）样本放置区　用于存放配置好的菌悬液，带有条码自动扫描功能，能和测试卡类型进行智能匹配。

（3）耗材及加样区　用于放置实验用的耗材。分析仪通过软件控制自动匹配测试板卡及样本菌悬液的信息，并进行菌悬液的自动加样。

（4）孵育检测区　为接种后的测试板卡提供一个恒温的孵育环境。这一环境能够为微生物的生长提供最佳的温度，确保实验的准确性。在孵育过程中，检测模块会定时监测各个孔内微生物的生长状态，采用比色/比浊法或荧光检测技术来捕捉生长指标的细微变化，并将检测数据实时上传至计算机系统。

（5）废弃仓区　用于存放实验过程产生的废弃耗材。

2. 数据库和专家管理系统　数据库和专家管理系统是微生物鉴定与药敏分析系统的重要部分，其核心功能包括数据收集与存储，整合分析仪每次的检测数据，确保信息的完整性和可追溯性。其内置的高级算法和专家规则，使得系统能够精确分析测试结果，快速确定微生物的种类及对各种药物的敏感性，自动生成标准化报告，为医生提供明确的治疗决策依据。

3. 测试板卡　系统配套使用的测试板卡，每个测试板卡上有多个测试孔（通常为64、96或120孔），每个孔含有不同的生化底物或抗生素，用于检测微生物的生化反应与生长情况。测试板卡依据用途可分为鉴定卡和药敏卡。

4. 比浊仪　比浊仪用于测定微生物样本菌悬液的浊度变化。实验人员通过比浊仪可制备出符合实验要求的标准浓度菌悬液。当光线通过微生物菌悬液时，由于菌体的散射及吸收作用使光线的透过量降低。在一定浓度范围内，悬液中菌体数量同光密度（即OD值）成正比，与透光度成反比。

三、操作与注意事项

（一）微生物鉴定与药敏分析系统

1. 操作　微生物鉴定与药物敏感性分析系统在市场中存在多种型号，虽然各型号的设备在用户界面和操作细节上有所区别，但它们的核心操作原理和步骤基本一致。通常遵循标准化的微生物检测流程（图21-8）。

2. 注意事项

（1）测试时需确认菌落纯度，必要时重新分纯后鉴定。

（2）选用对数生长期的细菌或真菌进行测试。

（3）根据待测菌种类选择合适的鉴定卡或药敏卡。不同测试卡对浊度要求不同，需按照要求配置相应的菌悬液。

（4）同时进行鉴定和药敏测试时，鉴定结果会自动传送至药敏卡上，无需手动添加。若出现专家评语，应对药敏结果作适当修改并确认最终结果。

（5）鉴定卡每月、药敏卡每周需用相应标准菌株做一次质控；测试板卡更新批号时，鉴定和药敏均需使用相应的标准菌株进行批号验证。

（6）比浊仪每次使用前需进行调零操作。

（7）预防试剂耗材污染，特别是生理盐水分配器，应定期消毒和监测。

（8）废弃板卡应按照实验室的生物安全规程进行处理，在丢弃之前应灭活所有微生物，防止交叉污染或感染。

（9）系统24小时开机，如遇特殊情况需要关机时，将孵育检测仓内测试卡清除完毕后关机。

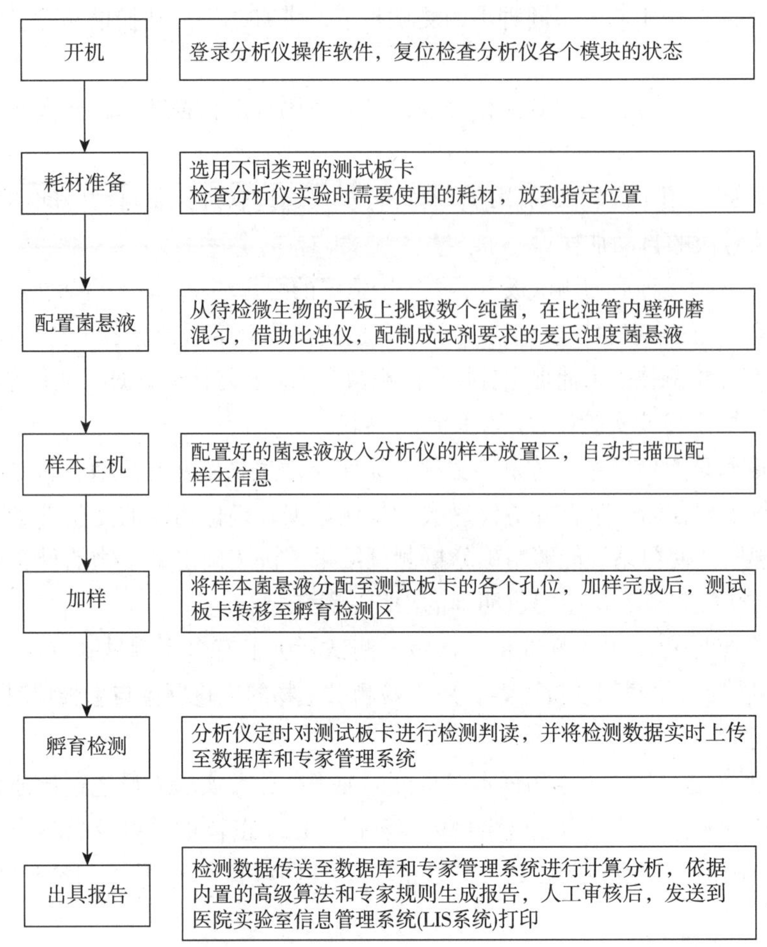

图 21-8　微生物鉴定药敏分析系统上机实验流程图

（二）MALDI-TOF-MS

1. 操作　挑取纯培养菌落均匀涂抹至靶板孔位上，形成一层均匀的薄膜后加相应基质液覆盖，待干燥后即可将靶板上机检测。基质是一种能够吸收激光能量并传递给样本分子的化合物，常用的基质包括α-氰基-4-羟基肉桂酸（α-Cyano-4-hydroxycinnamic acid，α-CHCA）和2,5-二羟基苯甲酸（2,5-Dihydroxybenzoic acid，DHB）。基质的选择对样本的电离效率和质谱图的质量有重要影响。一般临床上鉴定细菌时可直接在菌膜上滴加α-CHCA，而鉴定酵母样真菌时需先用DHB处理后再加入α-CHCA。丝状真菌、分枝杆菌、诺卡菌等特殊菌需用乙醇、乙腈等特殊处理后方可进行质谱鉴定。

2. 注意事项

（1）涂抹的菌量过多、过少、或不均匀可导致无法鉴定。

（2）涂抹时应尽量覆盖整个靶点区域，不要超出靶点区域，否则易造成交叉污染。

（3）黏液型菌落因胞外黏多糖形成的荚膜影响涂抹到靶点的菌体浓度，可能导致鉴定失败。可用棉签拂去菌落表面黏液，挑取下层菌体进行涂抹。

（4）干燥型菌落不易挑取和涂抹均匀，建议使用甲酸处理后再涂抹至靶板。

（5）录入信息时选择待测样本对应的细菌、真菌选项。

（6）每批次对样本检测前，应首先对定标品进行分析，以检查关键的仪器参数是否调整到了最佳检测状态，定标通过后才能进行样本的分析。

（7）使用一次性耗材，预防操作交叉污染和携带污染。

（8）定期更换干燥剂，确保真空系统正常运行。

3. 结果解释

（1）好的单一鉴定结果（绿色），可信度60.0%~99.9%（不同仪器系统有不同的表示方式），可直接报告；但对于带有“!”的重要致病菌，需用其他方法确认后才可报告。

（2）低分辨结果（黄色），报告2~4个鉴定选项，可能的原因如下。①假低分辨，建库时2~3种菌特征太相近，因数据库本身低分辨而无法区别，如阴沟肠杆菌和阿氏肠杆菌，结果显示各50%可信度，无需重新检测，只需用补充实验在这两个结果中进行鉴别。②真低分辨，可能存在混合菌、质谱特异性峰缺失或多余，造成与数据库中多个菌匹配；也可能数据库中没有该菌而匹配上近似菌。建议检查培养平板菌落纯度和形态后重新检测，如问题依旧，则需要做补充试验或用其他方法鉴定。

（3）鉴定失败，无鉴定结果（红色）：①定标未通过，可能由于校准点位的定标菌株涂布质量不高导致，建议用新鲜的校准菌株重新涂靶板，或微调仪器参数；②图谱获取成功，但可用的波峰数量太少，不足以进行分析运算，建议重新获取图谱；③待检测菌不在数据库中，建议用其他方法鉴定。

（三）mNGS

1. 操作　经样本前处理、核酸提取、文库构建、上机检测、高通量测序、生信分析等步骤可得出检测结果。

2. 注意事项

（1）mNGS操作步骤极繁琐，每一步对最终结果都可产生极大影响，对实验平台和技术人员要求较高，仅经过培训和授权的人员可进行操作。

（2）报告签发人员应具备临床医学、病原微生物和分子生物学背景，罕见病原微生物结果解释可咨询相关领域专家。

（3）在必要或紧急情况下，如危急重症、疑难感染、群体性感染事件等，可考虑作为一线检测方法。

（4）无菌部位来源的临床样本（尤其脓肿）中检出微生物种群（包括不同类别或同类不同种属）不轻易视为污染。

四、临床应用

微生物鉴定和药敏分析系统、MALDI-TOF MS和mNGS是微生物检验领域中应用的三种重要技术，在临床应用中发挥着重要作用。它们各自具有独特的优势和局限性。

微生物鉴定和药敏分析系统是一种自动化微生物鉴定和药敏测试系统，广泛应用于临床微生物实验室。它通过使用特定的鉴定卡和药敏卡，对细菌进行鉴定和药物敏感性测试。其操作简便、自动化程度高，能够提供鉴定和药敏结果，有助于指导临床抗生素的合理使用。但由于鉴定速度相对较慢，且受到数据库限制，对于少见或疑难细菌的鉴定可能存在偏差，需要结合其他方法进行综合分析。

MALDI-TOF MS技术通过检测微生物的蛋白质指纹图谱，实现快速、准确的菌种鉴定。它在临床微生物实验室中用于细菌、酵母样真菌等的鉴定，尤其提高了对苛养菌、厌氧菌、丝状真菌以及分枝杆菌等难鉴定微生物的鉴定效率。优点：快速、灵敏、简便、省时且特异性高，能够大幅度扩展可鉴定的微生物种类和范围。局限性：鉴定结果高度依赖数据库，对数据库的完整性和质量有较高要求，且在一定程度上受限于临床样本的质量。虽然目前市场上的商业数据库基本可以满足临床实验室常见微生物的鉴定需求，但用户可建立和完善本地常用、常见微生物图谱数据库，助力临床微生物实验室能力的提高。使用自建库进行临床检验报告发放，需要参考针对实验室自建方法的相关规定与要求。

宏基因组测序技术通过高通量测序方法，对样本中的全部微生物DNA或者RNA进行测序和分析，无需培养即可鉴定微生物。它在临床微生物检验中用于病原体筛查、新种鉴定、耐药性和毒力基因分析等。mNGS 在感染疾病诊断中的灵敏度和特异度较高，尤其是在检测难以检测的病原体如结核分枝杆菌、病毒、厌氧菌和真菌时表现出优越性。mNGS 能够显著缩短病原体鉴定时间，优化难以检测病原体的检测，加快临床决策过程，并促进合理使用抗生素。优点：无需培养，能够鉴定到未培养的微生物，提供微生物群落的全面信息，有助于发现新种和稀有微生物。局限性：成本较高，数据分析复杂，需要专业的生物信息学支持，且对样本质量有较高要求。

综上所述，微生物鉴定和药敏分析系统、MALDI-TOF MS 和 mNGS 技术在微生物检验领域各有所长，它们相互补充，共同推动了临床微生物检验技术的发展。在实际应用中，根据实验室条件、样本类型和检测需求，合理选择和组合这些技术，可以更有效地进行微生物鉴定和研究。

答案解析

思考题

案例　一位 50 岁患者因持续咳嗽和发热被送入医院，临床怀疑为细菌性肺炎。为确定病原体，医生决定对患者的痰液进行微生物培养和鉴定。实验室技术人员收到样本后，计划使用自动化血培养仪和微生物样本前处理系统进行分析。

初步判断与处理　技术人员首先对痰液样本进行预处理，包括稀释和均质化，以适应自动化仪器的要求。接着，将样本加载到自动化血培养仪中，并设置合适的培养条件和检测参数，以期获得准确的培养结果。

问题

(1) 若自动化血培养仪在培养过程中报阳，技术人员应如何初步判断该结果是真阳性还是假阳性，并简述可能的原因。

(2) 在使用微生物样本前处理系统进行接种时，若出现接种失败，技术人员应考虑哪些因素，并描述相应的处理方法。

(3) 在维护自动化血培养仪时，技术人员应遵循哪些维护和保养步骤，以确保设备长期稳定运行？

（张丽丽）

书网融合……

重点小结

题库

微课/视频 1

微课/视频 2

微课/视频 3

第二十二章　临床分子生物学检验仪器

学习目标

1. 通过本章学习，掌握临床分子生物学检验常用仪器和设备的工作原理、核心技术与仪器结构、熟悉仪器的基本性能与临床应用、了解仪器的维护保养。

2. 具有熟练操作各类分子生物学检验仪器的能力、具有解决问题和初步分析仪器故障原因的能力。

3. 树立科学创新意识，关注分子生物学检验仪器的发展趋势和国产化进程，激发对开拓性仪器研发的热情。

随着分子生物学理论与技术的发展，大量新兴分子标志物不断涌现。临床上，对各类核酸和蛋白质的检测需求越来越大。为了提升分子诊断在临床中的诊断效能，分子生物学仪器迎来了快速发展阶段。自动化、高通量的分子生物学检验仪器使得核酸和蛋白质的提取与鉴定过程更加快速和精确。下一代测序（NGS）以及液态生物芯片等先进仪器设备的发展，为精准医疗实施提供了重要技术基础。

PPT

第一节　样本提取系统

核酸和蛋白质是临床分子生物学检验的主要对象，样本质量和提取效率对后续的检测和鉴定至关重要。现代实验室对样本提取的速度和质量要求日益提高，传统的手工操作已经难以满足需求。自动化样本提取系统以其快速、准确、高通量的特点，成为临床分子生物学检验中不可或缺的设备，显著提升了核酸和蛋白质的提取效率，确保临床检测的高效性和结果的可靠性。

一、核酸样本自动提取仪 微课/视频1

核酸样本自动提取仪是一种从复杂生物样本中提取和纯化核酸（DNA或RNA）的仪器。核酸分子的完整性、纯度、样本溶解率和核酸吸附率等是评估提取效率的重要指标。

（一）工作原理

核酸自动化提取仪能对样本进行自动化破碎、溶解、去除杂质等操作，在离心、过滤或磁珠吸附等技术运用下，高通量获取DNA或RNA，并有效提高核酸的纯度和稳定性。

核酸自动化提取仪种类较多，它们的工作原理主要基于不同的核酸纯化方法，包括传统的苯酚有机溶剂法、硅基法、磁珠法、交换树脂法等。苯酚有机溶剂法由于操作复杂，不适合集成到自动化提取系统中。相对而言，硅基法、交换树脂法和磁珠法等技术更适合自动化操作。尤其是磁珠法，因其安全高效和操作简便，是目前应用最广泛的首选技术。

1. 磁珠法　是一种简单、高效的核酸纯化方法，能提供高纯度的核酸。该方法利用磁珠对核酸的吸附能力，实现核酸与其他细胞内成分（如蛋白质、脂类等）的有效分离。磁性材料与纳米材料融合，形成超顺磁性纳米颗粒，该纳米颗粒能在微观界面上高效地与核酸分子结合。

在细胞裂解液作用下，DNA 从细胞释放并与磁珠（或磁性纳米颗粒）结合。在外部磁场作用下，样本溶液中的磁珠（或磁性纳米颗粒）迅速集聚，与其他细胞成分有效分离。移除外部磁场后，磁珠吸附的核酸可以进一步浓缩和纯化。

磁珠或磁性纳米颗粒是磁珠法核酸自动化提取系统的核心材料。磁珠的性能决定了核酸提取效率的高低和时间长短，尤其是磁珠的高磁性、颗粒直径和表面积对微量核酸的提取至关重要。

2. 硅基法 利用带有正电荷的硅胶膜或硅胶微粒（如二氧化硅颗粒）与带有负电荷的 DNA 之间的高亲和力，实现 DNA 的分离。在高盐和酸性条件下，硅基能与核酸紧密结合。通过离心、洗涤步骤去除其他杂质，然后使用低离子强度的 Tris-EDTA（TE）缓冲液或蒸馏水洗脱 DNA 分子。这种方法适用于自动化核酸提取系统，尤其适合从血浆或血清中提取游离核酸。硅基材料也可作为载体与磁珠法联合使用，例如，以氧化硅为载体的纳米磁珠方法，联合了磁珠的快速分离能力和硅基材料的高亲和力，提供了一种更为高效的核酸提取方案，它不仅提高了提取效率，还有助于进一步提高核酸提取的纯度和质量。

3. 阴离子交换树脂法 带有正电荷的树脂，如二乙基氨基乙基纤维素（DEAE），能够与带有负电荷的 DNA 分子通过静电力相互作用，实现 DNA 的分离与纯化。在低盐、碱性条件下 DNA 分子可与 DEAE 树脂结合而被吸附，去除其他杂质后，使用高盐和酸性溶液将 DNA 分子从酸性树脂上解吸，实现其分离。

RNA 自动化提取系统采用与 DNA 提取相似的原理，使用特异性硅胶柱或磁珠吸附 RNA。RNA 分子对这些吸附剂的亲和力与蛋白质、DNA 分子不同，通过这种差异性亲和力选择性结合与分离 RNA，去除非 RNA 干扰物，从而获得高纯度 RNA。RNA 自动提取系统能够快速、高效地提取大量 RNA 样本，减少人工操作误差，提高实验的重复性和标准化。

在核酸提取过程中，精确控制 pH 值、离子强度和使用特定的吸附剂是实现高纯度核酸分离的关键步骤。自动化系统通过精确的程序控制，确保提取过程的一致性和结果的可靠性，为后续的分子生物学研究和临床诊断提供高质量的核酸样本。

（二）仪器结构

本节将重点介绍磁珠法核酸自动化提取系统。该系统由多个关键部分组成：自动化机械组件、核酸提取控制系统和软件系统等。机械组件包括磁棒、磁套以及孔板运送装置（图 22-1）。这些组件在软件系统的精确控制下，能够自动完成进样、信息识别、样本提取、核酸释放、吸附、结合、洗涤、洗脱以及磁珠释放等步骤；软件系统的核心功能是制定并执行预设的程序，有序地控制仪器的磁棒、磁套等关键部件的运动，以及磁珠在不同缓冲液中的转移过程。

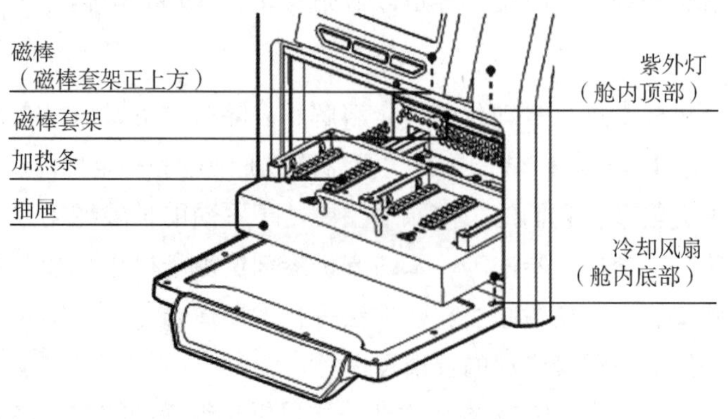

图 22-1　磁珠法核酸自动化提取仪

核酸提取仪可以根据其功能，细分为不同的模块，以适应不同的应用需求。这种模块化设计不仅增强了系统的可扩展性，也便于维护和升级。

1. 样本前处理模块　将新鲜或已存储的生物样本加载至自动化提取系统中，输入相关的样本信息，系统将根据预设程序对样本进行有序的处理步骤，包括样本的物理破碎、化学裂解、溶解以及去除杂质等。

2. 溶剂供应系统　根据既定程序自动分配裂解缓冲液、洗涤缓冲液和洗脱缓冲液至相应的反应容器中。裂解缓冲液中包含特定的化学成分，这些成分能够有效破坏细胞或病毒的膜结构，促使核酸从细胞内部释放。

3. 核酸提取控制系统　按程序有序控制以下过程。①吸附：在裂解后的样本中加入磁性微粒（磁珠），通过充分混合确保释放的核酸与磁珠表面充分接触并吸附。②磁珠捕获：利用磁场的作用，将吸附有核酸的磁珠捕获到磁棒上，实现核酸的有效分离。③洗涤：使用含有特定浓度酒精或其他清洁剂的洗涤缓冲液对吸附核酸的磁珠进行多次洗涤，以去除吸附在磁珠表面的蛋白质、多糖等杂质。④洗脱：在洗涤后的磁珠上加入低盐洗脱缓冲液，使核酸从磁珠表面解吸，完成核酸的最终纯化，同时释放磁珠。

（三）维护保养

按照制造商的建议，对仪器的关键部件进行定期维护保养。实验结束后，关闭仪器电源，使用75%乙醇对实验仓进行清洁，待乙醇晾干后，开启紫外灯照射 30 分钟以上。定期清洁仪器的表面和内部，去除残留的生物样本和化学试剂，避免使用强碱、高浓度酒精、有机溶剂等。

（四）特点与应用

自动化核酸提取系统具有以下的特点。①高通量处理能力：能够同时处理大批量样本或进行单个样本的连续提取，显著提高了核酸提取的效率。②标准化和高精度：确保了提取过程的一致性和结果的可重复性，具有标准化、操作精度高等特点。③灵活性：适用于各种来源的生物样本，包括血液、组织、细胞培养物等。④生物安全性：减少操作者与样本的直接接触，降低生物安全风险。

核酸自动化提取系统为临床病原体核酸检测、肿瘤相关基因分析、遗传性疾病诊断、个体化用药基因检测等提供高质量的核酸样本，是后续定性和定量 PCR、核酸杂交、基因芯片、核酸测序检测的重要基础。尤其在流行病学调查和疫情监控中，大规模和批量 DNA 或 RNA 的提取对提高检测效率、快速响应和控制疫情具有重要作用。

核酸自动化提取系统还可以整合到核酸一体化工作站，这种集成体系通常包括全自动核酸提取系统及定量 PCR 分析系统（图 22-2）。在一体化工作站中，样本可连续循环上样，加样、核酸提取、扩增及一体化分析，从而实现从核酸提取到检测的无缝对接，且可以实现单个样本随来随检。核酸一体化工作站是未来临床分子生物学检验集成化发展趋势的具体体现，它将在临床分子诊断领域展现出巨大的潜力和实用价值。

二、蛋白样本提取仪

自 20 世纪 80 年代以来，质谱和色谱技术已经成为蛋白质分析和鉴定的重要工具。然而，这些技术的有效应用高度依赖于样本的质量和处理方式。蛋白样本提取仪通过自动化技术，提高了蛋白样本处理的效率和质量，为蛋白质组学研究的深入发展提供了强有力的技术支持。例如，国内研发的用于蛋白质谱前处理的工作站，能高通量、精确、自动化处理样本，确保了蛋白纯化过程的精确性和稳定性。

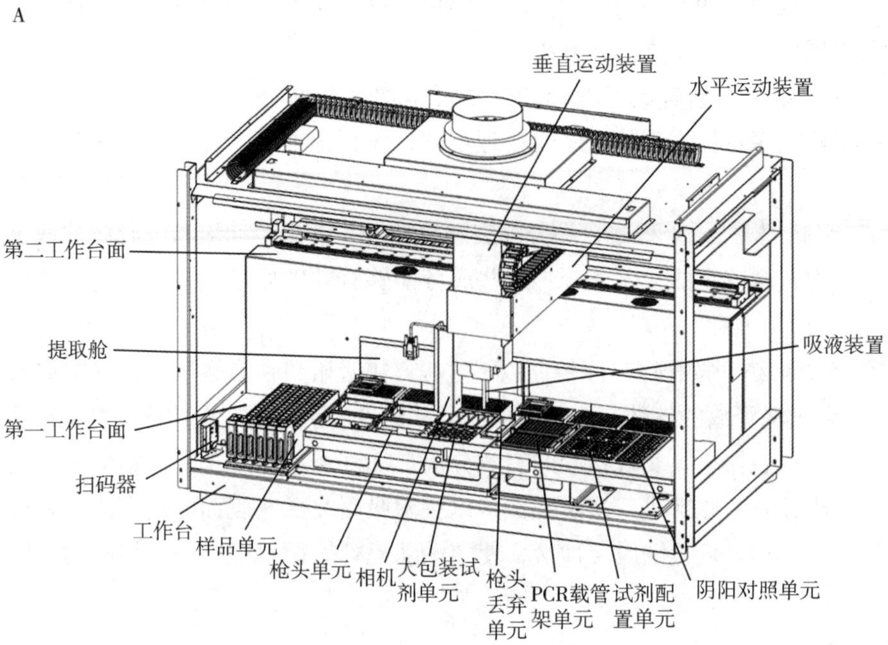

A

垂直运动装置
水平运动装置
第二工作台面
提取舱
吸液装置
第一工作台面
扫码器
工作台
样品单元
枪头单元
相机
大包装试剂单元
枪头丢弃单元
PCR载管架单元
试剂配置单元
阴阳对照单元

图 22-2　核酸一体化工作站结构

（一）工作原理

蛋白样本提取仪通常集成了多种功能，如液体移动、磁珠吸附、分离、振荡和加热等。与传统的层析法相比，磁珠纯化法操作简便、速度快和高通量的特点。

磁珠分离蛋白质是利用磁珠表面的功能分子与目标蛋白质的相互作用，因此磁珠表面的偶联分子决定了它们捕获特定蛋白质的能力。根据不同的实验需求，选择不同的磁珠或试剂盒，用于相应的蛋白质提取与纯化。

常用的分离蛋白的磁珠包括：①通用的蛋白磁珠 磁珠偶联蛋白 A、蛋白 G、蛋白 A/G、蛋白 L 等，能够捕获大多数的免疫球蛋白；②偶联标签的蛋白磁珠 这些磁珠偶联了特定的标签抗体，如抗 Flag、抗 HA、抗 c-myc、抗 Ni-IMAC 等，用于捕获有相应标签的重组蛋白质；③其他 磁珠可以偶联某些与蛋白质结合的化学材料，如某些蛋白质组样本前处理工作站，采用烷基化固体磷酸催化剂（SPA）材料，它与蛋白质共价结合，通过磁珠吸附分离蛋白质，并能进行原位固相酶解，实现从蛋白质提取、还原、酶解等全过程自动化操作，为后续的质谱分析或蛋白质组研究提供高质量蛋白质样本。

（二）仪器结构

以磁珠法为例，蛋白样本提取仪可分为以下几个主要部分。

1. 样本加载系统　用于样本的预处理和前处理，包括样本混合、裂解、洗涤等步骤，仪器还有样本输入口、混合器、加热模块等。

2. 磁珠分离单元　用于将蛋白质与其他杂质分离出来，结构上可有离心机、过滤器或其他分离装置。

3. 洗脱液收集系统　通常有洗涤缓冲液的输送系统和洗涤柱等。该模块可除去杂质，并使用洗脱缓冲液将目标蛋白质从载体上洗脱下来。

4. 控制系统　用于控制整个蛋白样本提取仪的运行，包括温度控制、液体流速控制、时间控制等参数的设定和监控。

（三）操作使用与维护保养

蛋白样本提取仪使用前，应对设备进行全面的功能检查。每次操作完成后，应立即对设备进行清洁和消毒，以防止交叉污染。定期进行维护和检查，清洁设备的内外部件，检查并更换任何损坏的部件，例如滤网或管道；定期对设备进行校准，以确保其分析的准确性和重复性。在遇到异常操作或结果时，应及时联系专业技术人员进行维修或维护。

（四）特点与应用

蛋白样本提取仪通过集成化的设计，实现了液体移动、磁吸、振荡、加热等多种功能的自动化控制。它在高通量、高效率、高稳定性以及均一性方面具有显著优势，极大地提升了实验室的工作效率和对样本处理的高质量需求。

蛋白样本提取仪适用于质谱或色谱技术，以及各种蛋白质研究的前处理工作，为后续蛋白质的分析与鉴定或功能性研究提供高质量蛋白样本。随着自动化提取仪的不断优化，它可以提供更高的灵活性和更多的定制选项，以满足不同研究和应用需求。

第二节　分子杂交仪

PPT

分子杂交仪又称分子杂交箱或杂交炉，是一种采用智能化数字控温技术的实验设备，专为提供核酸分子杂交反应所需的精确温度而设计。

一、工作原理

分子杂交技术是利用核酸碱基之间的互补配对来实现特异性识别。反向杂交是一种特定的分子杂交，主要用于检测样本中是否存在特定的核酸序列，是临床上应用最广泛的杂交技术。基于这一原理，可以设计合成具有特定序列的寡核苷酸探针，并使用放射性同位素或非放射性标记物（如地高辛、荧光素或生物素）对单链 DNA 或 RNA 探针进行标记。使用已知的探针与待测样本进行杂交，并根据探针标记的类型，放射性标记的探针可通过放射自显影检测，而非放射性标记的探针则可通过化学发光、酶显色或荧光检测等方法进行信号的可视化分析，来确认目标序列。

核酸原位杂交（ISH）是一种特殊的分子杂交技术，在细胞或组织中直接检测特定核酸序列的空间分布和丰度。

二、分类与结构

按照分子杂交的应用，可分为点杂交仪，主要用于 DNA 或 RNA 分子的点杂交，如 Southern 或 Northern 印迹杂交；用于蛋白质分析的 Western 杂交仪，以及用于载玻片或平板的原位杂交仪和微孔板原位杂交仪等。

普通分子杂交仪结构主要包括：①智能控制系统，能够精确控制和调整温度或转速等重要参数，温度范围一般可在 10~99℃调节；②杂交瓶、杂交管及转架，用于安放杂交瓶、杂交管或离心管，使其旋转，以促进探针与样本的均匀接触。不同型号的设备可容纳不同数量的杂交容器；③辅助结构，包括隔膜、摇床等，用以提供适宜的杂交环境和增强杂交效率。在分子杂交实验中，核酸固定于固相膜的过程常通过紫外交联实现，紫外交联仪是分子杂交设备中的重要辅助工具。目前市场上已有紫外线（UVP）组合型分子杂交仪，不仅提供杂交所需的温控条件，还配备高强度、254nm 短波长的均匀紫外线光源。

原位杂交仪应用于 ISH 或 FISH 实验。该设备是一种全封闭的温控系统，能够自动调节并维持变性、杂交和固定等过程所需的精确温度，为原位分子杂交实验的成功提供重要保障。原位杂交仪通常设计有多槽位，能够容纳 6~12 张玻片同时进行检测，从而大幅节省实验时间并减少试剂的消耗量。

目前全自动化分子杂交仪已能够实现整个杂交过程的自动化操作，无需人工干预即可完成核酸固定、杂交、洗膜、孵育、显色等一系列步骤，并直接输出检测结果。这种全自动化的设备与基因芯片技术高度契合，特别适合于高通量的基因芯片检测工作，是现代基因芯片检测的理想选择。

三、操作与维护

1. 使用前准备 人员应经过专业培训，并取得相应的操作资质。检测仪器处于良好工作状态，并在洁净区准备所需试剂或实验材料。

2. 使用中注意事项 在仪器运行过程中，避免随意打开分子杂交仪，以防影响实验结果的准确性和造成生物安全风险；严格遵守操作规范，不能在杂交仪中处理具有生物危害性的样本或化学试剂；在高温状态下装取杂交管时，应小心操作以避免烫伤。

3. 使用后处理 完成实验后，使用紫外消毒灯对分子杂交仪进行规范消毒，以预防交叉污染；开启紫外灯前，确保仪器内部无其他非必需物品；在紫外灯照射期间，所有人员应远离操作区域，避免直视紫外光源，以防视力损伤；照射结束后，等待 5~10 分钟，直到紫外辐射降至安全水平后再开启仪器门。

在进行同位素标记的杂交实验前，必须检查杂交管的密封完整性，防止放射性物质泄漏造成污染。如发生污染，应立即通知相关部门和专业人员，并采取措施减少污染扩散和人员暴露。

四、性能指标

分子杂交仪的性能指标是评估其工作效率和实验结果准确性的关键因素，主要关注以下几个方面：

1. 控温精确性 分子杂交仪的控温精度至关重要，它直接影响到杂交效率和特异性。现代分子杂交仪的温控精度可以达到 ±0.5℃，温度均匀性误差控制在 ±0.03℃，保证了仪器内部不同位置的样本能够均匀受热，从而获得一致的实验结果。

2. 升降温速度 快速的升降温能力可以缩短实验准备时间，提高实验效率。一般分子杂交仪的温度范围是室温 ±5~100℃，而温度平衡时间应小于 20 分钟，这有助于迅速达到所需的实验温度，减少等待时间。

3. 转速控制 转架的旋转速度对于保证杂交反应的均匀性非常重要。根据不同的实验需求，可以调节旋转速度，通常杂交反应的转速控制在 5~20r/min。

4. 样本容量 分子杂交仪可容纳的杂交管、玻片或微孔板的数量是衡量其工作效率的一个重要指标。一些设备可以容纳多达 10~20 个不同型号的杂交管，而原位杂交仪可以同时处理 12 个玻片。

5. 自动化程度 现代分子杂交仪的自动化功能，如自动温度控制、自动旋转或振荡、自动定时等，可以减少人工干预，提高实验的重复性和可靠性。

6. 其他 分子杂交仪连续工作时间的能力、用户界面的易用性等均是仪器需要考虑的性能参数。紫外灯灭菌是分子杂交仪的一个重要安全特性，可以定期对箱体内部进行消毒。此外如果同时有紫外交联设备，还应有紫外强度和曝光时间等参数的控制，如预曝光提供 120000 微焦耳能量，曝光 5 分钟。

分子杂交仪与原位杂交仪已经完全实现国产化，因其经济实用的特点，在实验室中得到广泛应用，满足科研和临床的需求。随着技术的发展，分子杂交仪的性能参数也在不断优化，以适应更高标准的实验要求。

五、临床应用

分子杂交仪是现代实验室用于杂交技术的理想设备。在临床诊断中，可以用于细菌、病毒等病原体核酸检测，帮助临床快速诊断感染性疾病，并指导抗感染治疗。分子杂交仪还可以用于检测遗传性疾病、肿瘤等基因突变、基因拷贝数变化以及基因表达定量分析等，对遗传性疾病的分子诊断与遗传咨询，肿瘤的诊断、预后评估和个体化治疗方案选择具有应用价值。例如 FISH 技术目前仍是检测乳腺癌 HER-2 基因扩增的金标准，用于指导靶向治疗。

分子杂交还可以广泛应用在筛选克隆基因、获得酶切图谱、特定靶序列的定性或定量检测等研究领域，而 ISH 技术可以揭示基因表达的细胞模式，或可视化特定 RNA 分子，在细胞和组织层面提供了更为直观和精确的核酸定位信息。

第三节　PCR 扩增仪

PPT

聚合酶链反应（polymerase chain reaction，PCR）是在 DNA 聚合酶作用下对特定 DNA 片段进行体外指数级扩增，使无法检测到的痕量 DNA 被大量克隆，用于后续的核酸分析。

知识拓展

PCR 扩增仪发展

PCR 技术与 PCR 设备的发展伴随着分子生物学发展的历程，1985 年，美国 Kary Mullis 等发明 PCR 技术，成为现代分子生物学发展的一座里程碑。1988 年 PE 公司推出了第一台 PCR 自动化热循环仪，标志着 PCR 技术向自动化、高通量的转变。1996 年 ABI 公司推出第一台商业化定量 PCR（quantitive PCR，qPCR）仪，为基因表达分析、病原体检测等带来革命性变化。2006 年，基于芯片技术的首台商业化数字 PCR 仪问世，为核酸检测的精确度和灵敏度设立了新的标准。

一、工作原理

在临床诊断中，qPCR 由于避免了 DNA 扩增后产物的开放性检测，例如凝胶电泳，显著降低了扩增产物对实验室环境的潜在污染风险。

qPCR 技术通过在普通 PCR 反应体系中引入特异性荧光染料或探针，利用荧光信号的强度变化来实时监测 PCR 扩增过程。它不仅提高了检测的灵敏度和特异性，还可以定量检测模板含量，因而广泛应用于临床诊断和分子生物学研究。目前临床使用的 qPCR 技术多采用以下工作原理。

1. TaqMan 荧光标记探针技术　其探针一般有以下几个特点：① TaqMan 探针序列与目标 DNA 模板完全互补，确保特异性结合；② TaqMan 荧光探针设计的位置位于两条引物之间；③ TaqMan 荧光探针的 5′端标记荧光报告基团，而 3′端则标记荧光淬灭基团。在探针完整时，由于两个基团接近，荧光被淬灭，不产生荧光信号。PCR 反应体系中 TaqDNA 聚合酶不仅具有聚合酶的活性，还具有 5′→3′外切酶活性。当 TaqDNA 聚合酶在扩增过程中遇到结合在模板上的探针时，会将其切割，导致报告基团与淬灭基团分离，从而使荧光信号得以释放并被荧光检测系统捕捉。

2. 分子探针技术 是茎环双标记寡核苷酸探针。探针的5′和3′末端形成约8个碱基的发夹结构，使得荧光基团与淬灭基团非常接近，导致荧光信号被抑制。探针的非茎环序列与目标序列互补，允许在PCR退火阶段特异性结合，茎环结构被打开，增加了荧光基团与淬灭基团之间的距离，荧光信号得以释放。

3. 数字PCR技术（dPCR） 这是一种高度精确的核酸定量技术。利用乳化液滴或芯片将PCR反应体系分割成数万个纳升（nl）大小的独立反应单元，每个液滴中的dPCR反应体系与qPCR相似。dPCR通过精确控制模板DNA的浓度，以确保每个反应单元中包含0个或1个模板DNA分子，从而根据泊松分布定律，实现对样本中目标DNA分子数量的精确计算。

二、分类与结构

PCR仪根据其应用可分为两大类：普通PCR仪和dPCR仪。在普通PCR仪的基础上，进一步发展出梯度PCR仪和原位PCR仪，以满足不同的实验需求。

（一）普通PCR扩增仪

普通PCR扩增仪是分子生物学实验室中最常用的设备，根据温度控制方式的不同，先后经历了以下发展阶段。

1. 水浴式PCR扩增仪 这种设计使用三个不同温度的水浴槽，分别对应PCR反应的变性、退火和延伸所需温度。通过计算机控制的机械臂自动将PCR管在不同温度的水浴槽之间转移，以完成整个PCR循环。水浴式PCR仪以其快速的升降温速度和准确的控温性能著称，但因其设备体积较大且存在水浴槽液体挥发等问题，已被新型PCR仪所取代。

2. 金属块式PCR扩增仪 这是目前市场上的主流产品，能够在同一个金属块上实现温度的有序变化。金属块通常由合金或不锈钢制成。为了提高热传导效率，一些反应孔板采用了镀金或镀银处理。金属块式PCR仪的控温系统分为压缩机控温和半导体控温两种。半导体控温技术通过调节电流的大小和方向来实现精准的温度控制，具有控温精确、稳定性高、体积小和操作简便等优点，是目前应用最广泛的控温系统。但金属块式PCR仪在升降温过程可能需要较长时间，且边缘区域的温度通常低于中心区域，存在边缘效应。但随着技术的进步，边缘效应已经得到了有效改善。

3. 气流式PCR扩增仪 是一种利用气流动力学原理进行PCR反应的设备。它以空气作为介质，对PCR管所处的环境进行快速且均匀的温度变化，以实现变性、退火和延伸步骤的循环。这种PCR仪的加热通常由金属线圈完成，而降温则多采用压缩机进行冷却。气流式PCR扩增仪具有快速的升降温和温度均一性，这对于进行大量样本分析时尤其重要。

（二）梯度PCR扩增仪

梯度PCR扩增仪是一种特殊类型的PCR仪，它具备了普通PCR仪的基本功能，同时还增加了温度梯度设置的功能，允许对PCR过程进行精确的温度调控，尤其对于退火温度的调控更为精细。PCR反应需要一个最适退火温度，它是保证PCR成功的重要因素之一，梯度PCR可以提供不同温度，这有利于在同一次实验中摸索最适的退火温度，提高实验效率，节约实验成本。不同品牌的梯度PCR扩增仪在温度设置上可能有所差异，但大多数设备都支持梯度递增模式，甚至可以对每个单独的反应孔进行温度调控。这种灵活性提供了更大的实验设计空间，有助于进行更为复杂和精细的PCR实验。

（三）原位PCR扩增仪

原位PCR扩增仪结合了PCR扩增和原位杂交技术，能够在细胞或组织切片上直接进行PCR扩增，同时保持组织细胞的形态结构不受破坏。原位PCR扩增仪通常在样本基座上设有若干平行的铝槽，可以垂直放置固定了细胞或组织的载玻片。载玻片与铝槽紧密接触，利用金属的高热传导性，实现快速且精确的温度控制，以满足 PCR 反应对温度的严格要求。

（四）定量 PCR 仪

定量 PCR 仪除了普通 PCR 仪的温度控制系统外，还有荧光检测系统和软件分析系统。

1. 定量 PCR 仪的结构

（1）温度控制系统　与普通 PCR 仪温控系统类同。

（2）荧光检测系统　包括激发光源、滤光镜、反射镜、滤镜轮和荧光检测器等（图 22-3）。其中激光光源提供特定波长光以激发荧光素；滤光镜用于选择特定波长的光通过；反射镜和滤镜轮用于引导和选择不同波长的光；荧光检测器用于检测并转换荧光信号为电信号，包括 CCD 相机、光电倍增管（PMT）或光电二极管（PD）等。

（3）软件分析系统　用于实时收集和分析荧光数据，生成扩增曲线，并计算阈值循环（C_t 值）等关键参数，从而实现对 DNA 或 RNA 的定量分析。

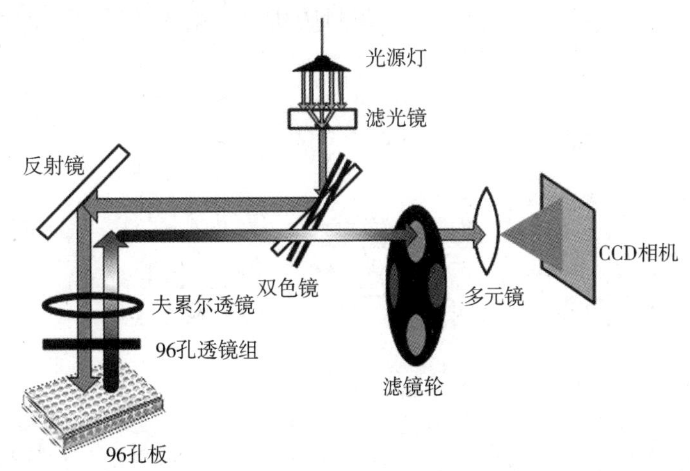

图 22-3　荧光检测系统光路途径

2. 定量 PCR 仪的分类

（1）金属板式定量 PCR 仪　是在传统 PCR 仪的基础上增加荧光激发和检测系统，使其能够实时监测 PCR 扩增过程中的荧光信号。激发光源包括氙灯、卤素灯、汞灯、激光和 LED 等。其中，卤素灯因其光源强度大和稳定性好而成为主流选择。荧光检测系统常配备多色滤光片，多在 450~690nm 的波长范围，允许对 96 孔样本进行多通道荧光检测。荧光检测器能够进行多点和多荧光素的检测，如 FAM™/SYBR Green Ⅰ、VIC/JOE™、Cy5/TAMRA™/Cy3、ROX™/Texas Red 等。目前 CCD 成像系统是应用最广泛的荧光检测器，但其灵敏度和成像边缘效应方面存在局限，新型产品越来越多地采用 PMT 或 PD 作为检测器，以提高检测性能。

金属板式定量 PCR 仪支持实时动态监测和终点读板两种模式。实时动态模式能够动态显示 PCR 扩增过程和生成扩增曲线，具有超过 9 个数量级的线性范围；终点读板模式则利用梯度温度设置，适用于 PCR 产物的特异性鉴定、点突变分析和基因型鉴定等。

（2）气流式定量 PCR 仪　以空气作为介质，以 PCR 反应管或成本较高的毛细管作为反应容器。毛细管的细长设计和大的表面积确保了受热的均匀性和样本间温度的一致性。该仪器的荧光检测系统多采用 LED 冷光源，并配备专一的激发光源和荧光检测器。仪器多采用离心式设计，每个反应管或毛细管旋转至固定位置后，通过特定的荧光检测器读取荧光值。气流式定量 PCR 仪的线性范围可达 10 个数量级以上，但通常需要离心装置，使得仪器内部空间容量较小，多数情况下无法实现 96 个反应的并行处理。

(3) 独立控温的定量 PCR 扩增仪　具备独立控温功能，甚至每个独立模块可以配备独立的激发光源和检测系统，实现对多种荧光染料的同时检测。该类仪器具有高检测通量，可达 96 孔甚至 384 孔，适用于高通量和多指标检测，应用较广泛。

(五) 数字 PCR 仪

dPCR 是一种高灵敏度的核酸绝对定量技术，被誉为“第三代 PCR 技术”。dPCR 基于不同的分液方式，目前主要分为两种类型：微滴数字 PCR（ddPCR）和芯片数字 PCR（cdPCR）。

1. 微滴数字 PCR 仪　主要组成部分：①微滴生成器 将 ddPCR 反应体系（通常为 20μl）加入微滴生成器，在真空负压泵作用下，产生超过 20000 个独立“油包水”微滴，模板 DNA 以随机方式分配至各个微滴中，每个微滴作为一个独立的 PCR 反应器；②PCR 扩增仪 与普通 PCR 仪类同；③微滴读取器 将 96 孔板转移到微滴分析仪上，对每个微滴进行独立的荧光信号检测。当微滴中的阳性率低于 80%时，可以利用泊松分布原理进行定量分析，准确计算出目标 DNA 或 RNA 的浓度；④其他辅助设备 包括微滴生成卡槽、微滴生成封口胶垫、PCR 板封膜机等。微滴数字 PCR 仪的工作原理如图 22-4 所示。 微课/视频 2

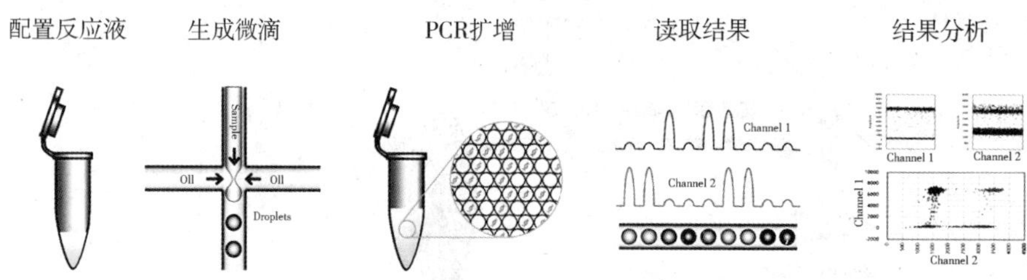

图 22-4　微滴数字 PCR

2. 芯片数字 PCR 仪　该技术采用高密度的纳升流控芯片，通过自动化加样器精确加样后，实现自动的分析流程。cdPCR 仪器主要包括芯片加样器、芯片 PCR 扩增模块、荧光检测系统以及软件分析系统。

在一个面积仅为 $1cm^2$ 的芯片上，通过精密的流体控制技术，将 PCR 反应液均匀分配到 20000 个微孔中。这些微孔内部设计为亲水性，而外部为疏水性，确保液体在流过时能够迅速且均匀地填充每个微孔，实现每孔体积的高度一致性（0.85nl），从而显著降低死体积，提高实验结果的稳定性和可靠性。目前，新一代芯片数字 PCR 仪正处于快速发展和创新阶段，未来在芯片工艺、检测通量、操作便捷性、数据分析能力、集成化和自动化等方面会实现显著进步。

三、操作与校准

通过 PCR 仪的程序设定，精确设置 PCR 反应的关键参数，包括变性、退火和延伸阶段的温度、持续时间和循环次数等。之后，PCR 仪将自动完成整个 PCR 扩增过程。与普通 PCR 相比，定量 PCR 还需要设定荧光信号名称、荧光读取时间和标准曲线等参数。

临床分子诊断实验室对 PCR 操作环境有着严格和标准化的要求，PCR 仪应始终放置在符合安全规范，温度和湿度稳定的环境中。为了确保 PCR 仪器的性能稳定性，必须对仪器进行定期维护和校准，校准的具体步骤和频率应遵循制造商的指导和建议，或由专业工程师进行。有些制造商提供专门的校准和验证试剂盒，以简化校准过程并确保结果的可靠性。

1. 温度校准　确保仪器提供的温度与设定温度值一致。通常要使用专门的温度校准设备来检测每个反应孔的温度准确性。

2. 光学系统校准　对于定量 PCR 仪，光学系统的校准是必要的。这确保荧光检测器的灵敏度和准确性，以及不同荧光通道之间的一致性。

3. 软件校准　软件校准确保数据处理算法的准确性，并与仪器的硬件部分同步。

4. 性能验证　使用已知浓度的标准品来验证仪器的性能，包括灵敏度、动态范围和准确性等。

5. 其他机械部件检查　包括检查仪器的盖子、光学部件和样本板的定位系统等，确保它们正常工作且没有损坏。

此外，还要对实验室环境进行定期检测，以保证环境条件符合实验室要求。对实验室人员也应进行定期培训，使其熟悉正确的操作流程和应急处理措施。

四、性能指标与影响因素

PCR 仪器的核心是热循环系统，对于 qPCR 或 dPCR 而言，荧光检测系统同样重要，以下是影响 PCR 仪器性能的关键因素。

（一）温度控制

1. 温度准确性　该指标是 PCR 仪的重要性能指标。如果样本槽的实际温度不能达到设定温度，易导致扩增不出或产生非特异性扩增甚至错误扩增。性能优良的 PCR 仪设定值与测定值不应超过 ±0.5℃的误差，一般可以达到 ±0.1℃。

2. 温度均一性　温度不均一可能导致实验结果的误差，且难以区分是由样本差异还是仪器性能问题所导致。因此，各样本孔之间的温度一致性对于获得稳定和可重复的扩增结果至关重要。各样本孔之间的温差应控制在 0.5℃以内。

3. 升降温速率　直接关系到 PCR 的工作效率和扩增产物的特异性（快速升降温有助于减少非特异性扩增）。样本槽的材质对温度控制有显著影响，许多 PCR 仪采用镀金或镀银的样本槽以提高热导性，这使得 PCR 仪可以实现高达每秒 5℃的升降温速度。

4. 模式的选择　不同加热方式对温度控制有明显影响，如底座加热或热盖加热，其中热盖加热应用广泛。这种加热方式可以避免液体蒸发，使 PCR 反应体积始终无明显变化，不影响 PCR 结果。

PCR 仪通常可以提供模块温控模式（block-control）和反应管温控模式（tube-control）。前者探测的是金属基座温度，后者则直接检测反应管内部温度。根据不同的实验需求，可以选择相应的温控模式。例如，需要较长时间的静态保温时（如连接反应、酶切反应等），可选择模块温控模式；而正常 PCR 反应时反应管温控模式更加合适。

（二）光学检测系统

1. 激发光源的强度和稳定性　激发光的强度与检测到的荧光强度成正比。因此，光源的选择对 qPCR 仪的性能至关重要。理想的激发光源应具备高光强度、宽光谱覆盖范围和良好的稳定性。目前最常用的光源包括卤素灯和 LED，各有其优势和局限性。此外，光源稳定性对于维持实验结果的一致性也非常重要。

2. 检测器的灵敏度　决定了 qPCR 仪能够检测到的最低信号强度，影响仪器对低浓度样本的检测能力。常用的检测器包括 PMT、PD 或超低温 CCD 相机。PMT 和 PD 因其高灵敏度和快速响应时间将被广泛应用于 qPCR 仪器。

3. 检测通道数量　直接影响能够同时检测的荧光标记数量。更多的检测通道意味着能够进行更复杂的多重检测。此外，qPCR 仪的检测通道设计也会影响信号采集的灵敏度和均匀性。

（三）其他因素

除了核心的温度控制和光学检测系统外，以下因素也在评估 PCR 仪性能时需考虑：①样本通量，

PCR仪能够同时处理的样本数量，对于高通量实验尤为重要；②噪音水平，仪器运行时的噪音水平不仅影响实验室环境，也可能是仪器稳定性的一个指标；③试剂耗材适用性，仪器对不同试剂和耗材的兼容性，可影响实验的灵活性和成本效益；④操作界面友好性，直观易用的操作界面可以提高实验效率，减少操作错误；⑤软件分析系统，强大的数据分析和报告功能，有助于快速准确地解读实验结果。

五、临床应用

PCR技术是一种高效的基因分析工具，广泛应用于医学研究和临床实践。

1. 感染性疾病 与传统的病毒血清学检测和病毒分离方法相比，PCR的检出率通常更高。定量PCR在测定病原体核酸载量方面尤为有效，特别是对于难以培养或缺乏检测方法的病原体。此外，PCR结合测序技术，能够有效鉴定未知病原体。

2. 遗传性疾病 PCR技术可以准确识别基因序列中的碱基突变、分子结构异常以及核酸表达异常等，在遗传病的诊断和分子机制研究中发挥重要作用，也可以用于检测潜在的遗传性疾病携带者，为疾病预防和早期干预提供重要信息。

3. 肿瘤分子诊断 PCR技术有助于肿瘤的临床分子分型、治疗靶点的检测和预后监测等。例如，通过qPCR或dPCR检测微小残留病（MRD）或肿瘤融合基因，这对判断肿瘤发展和评估复发风险至关重要；通过PCR扩增血清或血浆中的ctDNA，实现肿瘤液态活检，这为获取肿瘤细胞的生物信息提供关键途径，有助于深入理解肿瘤的生物学特性。

4. 移植配型 PCR-SSP法、PCR-SSO法或测序法能够对HLA I类或II类分子进行精准的基因分型，已成为HLA配型主要的分型手段，优于传统的血清免疫学分型。

5. 其他应用领域 PCR技术还被广泛应用于食品安全检测、法医学等。在食品安全领域，PCR技术能够快速准确地检测食品中的致病菌。在法医学领域，PCR技术基于DNA多态性进行分子指纹分析、亲子鉴定、个体识别等。

此外，dPCR技术以其更高的灵敏度（可达0.001%）和特异性（可达0.01%），液态活检、稀有突变或突变率检测、微量的基因表达差异与拷贝数等方面具有重要价值。此外，dPCR技术还被应用于环境监控（空气、土壤等）、实验室标准品定量复制等。

尽管dPCR每次一张芯片针对单一样本检测，通量较低，但随着技术的改进，其在分子诊断领域的应用前景非常广阔。

PPT

第四节 基因测序仪

1977年，英国Sanger和美国Gilbert和Maxam几位科学家分别发展了DNA测序的关键技术。随着仪器制造、数据采集以及软件分析的显著进步，DNA测序实现了自动化，这为深入研究基因功能、推动人类基因组计划完成提供了强有力的技术支持。继全自动DNA测序仪之后，第二代测序技术以其高通量的特点，加速了基因组学研究和应用的步伐。第三代测序技术进一步突破了读长的限制，提供了单分子测序的能力。

一、第一代测序技术

第一代测序至今仍是应用最广泛的DNA测序技术，该技术在分子生物学研究领域具有重要的地位。

（一）工作原理

全自动 DNA 测序仪的工作原理主要依赖于 Sanger 双脱氧链终止法或 Maxam-Gilbert 化学降解法。这两种方法都能够实现 DNA 序列的精确测定，但由于双脱氧链终止法更适合荧光标记的光学成像，因此应用更加广泛。

Sanger 双脱氧链终止法是在 DNA 复制过程中，选择性加入能终止链延伸的双脱氧核苷三磷酸（ddNTP），这种 ddNTP 由于 3′末端失去了羟基中的氧原子而无法与下一个核苷酸的 5′磷酸基团形成 3′,5′磷酸二酯键，导致合成的 DNA 链在此 ddNTP 处终止。早期采用放射性核素标记新生链，现已用荧光标记取代了放射性标记。根据荧光标记方式的不同，分为单色和多色荧光标记，前者逐渐被多色荧光标记取代。

多色荧光标记技术有两种主要方法。①荧光标记底物法：将不同颜色的荧光素直接标记在相应的 ddNTP 上，即四种不同的荧光素分别标记 ddATP、ddCTP、ddGTP 和 ddTTP，使得每种终止核苷酸对应一种特定颜色的荧光素，形成长短不一的分别以 A、C、G 和 T 为终止核苷酸的新生链，最后在 4 个不同泳道或合并于同一泳道进行电泳，通过荧光颜色判断碱基信息。②荧光标记引物法：将不同颜色的荧光素标记在引物 5′端，荧光素颜色与特定 ddNTP 对应，在 4 个独立的 PCR 反应体系中进行，再通过独立泳道或合并后于同一泳道电泳，读取结果。其中，荧光标记底物法因标记和终止过程统一，在实验操作和数据分析上更简便，因此应用更加广泛。

（二）测序步骤与仪器结构

全自动 DNA 测序通常包括以下几个关键步骤：①DNA 扩增 在测序前，需要对目标 DNA 片段进行扩增，以获得足够数量的 DNA 模板。这通常通过 PCR 反应实现；②样本准备 DNA 片段扩增后需要进行适当的处理，比如添加荧光标记的引物或核苷酸；③电泳分离 DNA 片段通过凝胶电泳进行分离。根据凝胶介质和电泳方式，可以分为超薄层凝胶电泳和毛细管电泳。由于毛细管电泳具有高分辨率，且可以在高压及较低凝胶浓度下实现 DNA 的快速分离（图 22-5），因而得到广泛应用；④荧光检测 在电泳过程中，荧光标记的 DNA 片段经过激光照射，产生可检测的荧光信号，并通过软件转换成 DNA 序列信息。

全自动 DNA 测序仪基本结构主要包括主机、计算机及各种应用软件。

1. 主机区　全自动 DNA 测序仪的主机区集成了多个关键组件（图 22-6），包括自动进样器、自动灌胶凝胶块区和荧光检测区等。

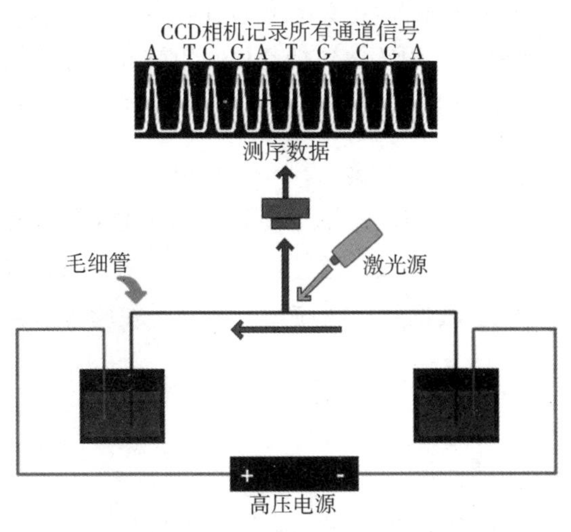

图 22-5　毛细管电泳测序仪

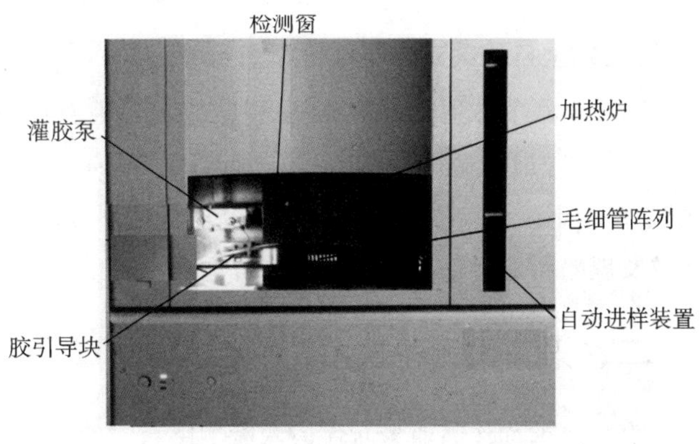

图 22-6　测序仪主机区

（1）自动进样器　包括样本盘、电极、负极缓冲液、洗涤液瓶和废液管等。在计算机程序的控制下，自动进样器能够有序地将样本和缓冲液输送至毛细管。此处使用的电极为负性电极，与凝胶块区的正性电极之间形成巨大电势差，推动 DNA 分子在毛细管中迁移，实现 DNA 片段的电泳分离。

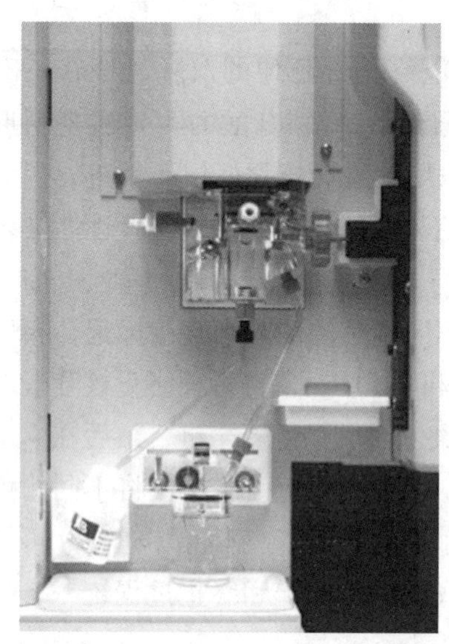

图 22-7　毛细管灌胶区

（2）凝胶块区　包括毛细管、玻璃注射器、注射器驱动杆、样本盘按钮、正性电极缓冲液等（图 22-7）。注射器驱动杆提供压力，将高分子凝胶聚合物填充至毛细管中，每次样本检测后都会重新灌注凝胶。此处的缓冲液为正极缓冲液，通过缓冲液阀控制，以适应注射凝胶或电泳的不同需求。在注射凝胶时缓冲液阀关闭，电泳时则打开提供电流。

（3）荧光检测区　是实现 DNA 序列测定的关键区域，包括以下子组件：①激光检测器：检测区的主要器件，使用氩离子激光器对毛细管检测窗口进行照射（图 22-8）。DNA 链上标记的不同荧光基团在激光激发下产生特异性荧光光谱，通过分光光栅分离后，由 CCD 摄像机捕获成像。窗盖可以起到固定毛细管作用，同时防止激光外泄。② 毛细管：通常直径为 50μm 的玻璃细管，内填充有凝胶高分子聚合物，允许电流驱动 DNA 片段从负极向正极迁移。③ 加热板和热敏胶带：用于固定毛细管，并由加热板提供恒温环境，通常维持在 50℃左右，以保证测序反应的稳定性。

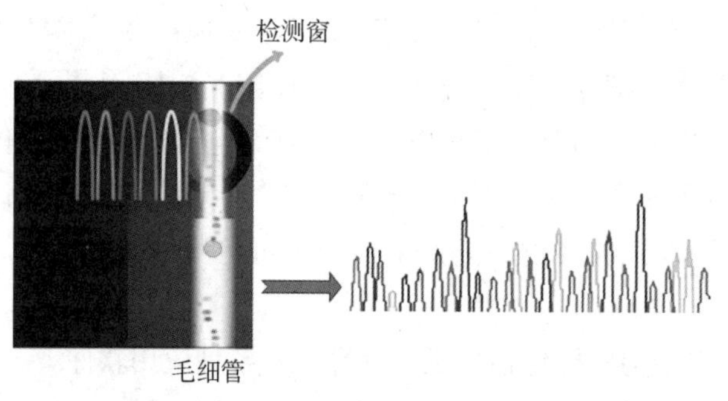

图 22-8　毛细管荧光检测窗口

2. 计算机及应用软件　全自动 DNA 测序仪应用软件，用于控制测序参数（包括进样量、电泳时间、电压和温度等）、仪器运行、数据收集、分析和结果解释等。应用软件包括信号收集软件、序列分析软件、序列比对软件以及片段分析软件等。其中序列分析软件将原始信号转变为 DNA 序列。

（三）全自动荧光测序仪特点

Sanger 测序法是经典的 DNA 测序技术，因其操作简便、测序读长较长、获取数据准确性高等特点，使其成为 DNA 测序的金标准。此外，Sanger 测序法的结果直观可视，通过凝胶电泳图谱，直接读取 DNA 碱基序列。因此，尽管存在新一代测序技术，Sanger 测序法仍然广泛应用，尤其是在验证 NGS 技术发现的新变异位点时具有重要价值。

二、第二代测序技术

NGS 也被称作高通量测序或深度测序，它通过并行处理数百万个 DNA 分子，实现了对基因组的大规模、快速、低成本测序，这极大地提高了测序的通量和效率。

（一）工作原理

目前二代测序有多种测序平台，每种平台采用不同的测序方法，拥有各自独立的核心技术与专利。主要涉及的测序方法包括：

1. 边合成边测序（SBS） 使用改造的 DNA 聚合酶和带有 4 种不同荧光标记的 dNTPs。这种 dNTPs 为可逆的终止子，即 3′末端羟基带有可化学切割的部分，能阻止与下一个核苷酸连接。在每个测序循环中，仅能添加一个与模板配对的碱基，随后进行荧光信号的检测。检测后，3′末端的终止基团被化学切割，恢复其活性，以连接下一个核苷酸，实现连续的 DNA 链合成和测序。以 Solexa 测序系统为主要代表。

2. 连接酶测序 也称边连接边测序（SBL），是目前第二代测序技术中准确性最高的技术。该方法利用 DNA 连接酶，将带有荧光标记的探针连接至 DNA 链上。当探针的 3′端两个碱基与 DNA 链配对时，发出荧光信号。记录信号后，探针的 5′端被化学切割并淬灭荧光，为下一轮测序做准备。由于每个荧光信号对应 4 种可能的碱基组合，形成双碱基编码矩阵，最终转换为 DNA 序列信息。以 SOLiD 测序系统为主要代表。

3. 焦磷酸测序 这是一种酶联级联测序技术，不需要荧光标记的引物，也无需电泳分离。基于 5-磷酰硫酸和荧光素的级联反应，每当一个核苷酸被添加到 DNA 链上，酶联反应就会释放一个荧光信号。焦磷酸测序快速、准确、灵敏度高，在某些应用中与 Sanger 测序相媲美。以 454 测序系统为代表。

4. 半导体测序法 是一种重要的二代测序技术。半导体测序法通过监测化学反应中释放的氢离子变化实现 DNA 序列测定。测序过程中，单个核苷酸被加入到 DNA 链中，每加入一个 DNA，会释放出一个氢离子（H^+），改变环境中 pH。半导体传感器通过实时监测 pH 变化而引起的电流改变，实现 DNA 序列测定。以 Ion Torrent 系统为代表。

5. 纳米球测序法 是一种新兴的高通量测序技术，以纳米球作为载体，结合多个修饰的特定 DNA 序列，形成纳米球锚定探针，捕获目标 DNA 片段，并在纳米球表面实现 DNA 扩增，形成纳米球-高密度 DNA 簇，再进行测序（如合成测序）。由于每个纳米球上有大量相同的 DNA 序列，测序信号可被放大，具有更高的灵敏度和准确性。

（二）测序步骤与仪器结构 微课 3

二代测序一般包括 DNA 文库构建、DNA 片段固定（平面或微球）、DNA 片段单分子扩增、上机测序、光学图像采集与处理、DNA 序列拼接等。

1. DNA 文库构建 待测 DNA 首先被打断成合适大小的片段（通常为 60~600bp），然后在片段的两端加上测序接头。这些接头包含与相应的测序平台兼容的序列，以便于后续的固定和扩增步骤。

2. 固定与克隆扩增 扩增方法包括乳化 PCR（emulsion PCR，ePCR）、桥式扩增和 DNA 纳米球扩增等。其中，ePCR 通常在微球（如磁珠）表面进行，磁珠表面含有的寡核苷酸链与待测单链 DNA 的接头序列互补，从而将待测单链 DNA 序列特异地结合在磁珠上，即 DNA 片段固定，再对每个待测 DNA 小片段进行 PCR 扩增。桥式扩增则在芯片表面进行，通过层流加样方式构建高密度的反应体系。

3. 并行测序 不同的测序平台采用不同的测序原理和技术。常用的有：① 454 测序系统，基于焦磷酸测序原理；② SOLiD（sequencing by oligo ligation detection）测序平台，使用 DNA 连接酶进行连接反应，通过检测连接的探针来确定 DNA 序列；③ Ion Torrent 测序系统，基于半导体芯片，通过检测氢离子浓度变化来实时监测 DNA 合成过程；④ Solexa 测序系统，采用边合成边测序技术，使用可逆终止荧光标记的 dNTPs；⑤ DNB 测序仪，使用纳米球联合探针锚定技术进行 DNA 扩增和测序。

以 Solexa 测序系统为例（图 22-9），测序仪主要包括：① 样本固定单元（流动池）利用超声波将 DNA 打断成 200~500bp 的小片段并加上接头，上机后固定在流动池（flow cell），流动池是一个有 8 条通道的小型芯片，其内表面为化学处理的带有与测序接头互补的寡核苷酸链，能与待测序列形成共价键；② 聚类单元（cluster station）DNA 片段经过桥式 PCR 扩增，形成“DNA 簇”，实现信号强度的放大；③ 测序单元 SBS 技术使用不同颜色的荧光基团标记不同的碱基，边合成边测序，通过激发的荧光基团信息来读取碱基序列；④试剂存储单元（buffer cartridge）提供测序过程中所需的各种缓冲液，包括扩增试剂、测序试剂、洗脱液、清洗液等；⑤数据分析单元 包括计算机硬件和软件系统，负责控制整个测序过程，处理和分析生成的测序数据。Solexa 测序系统软件可以直接提供读长、深度和质量控制等信息。

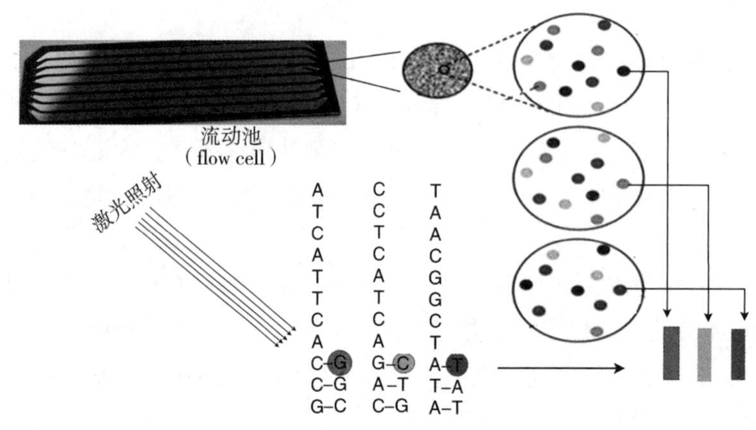

图 22-9 Solexa 测序简图

（三）测序技术的特点

NGS 不依赖于电泳方法，具有高通量、小型化和并行化的特点。它能够一次性处理大量的测序反应，这使得单碱基的测序成本显著降低。但 NGS 技术的缺点是读长短，通常在 100bp~400bp 左右，这限制了它在解决复杂基因组问题上的能力。尽管存在这些挑战，NGS 技术在基因组学研究、疾病诊断、个性化医疗等领域仍然具有巨大的潜力。随着技术的进步，包括测序平台的改进和生物信息学工具的开发，NGS 的应用范围和准确性有望进一步提高。

知识拓展

第三代测序技术 微课/视频 4

第三代测序技术主要分为单分子荧光测序技术和纳米孔单分子测序技术两类。单细胞测序技术允许研究者深入分析单个细胞的基因表达和基因组变异，而纳米孔测序技术则以其长读长和实时数据输出为研究复杂基因组结构和动态过程提供了新的视角和工具。

第三代测序技术最大的特点是不需要经过 PCR 扩增，可以直接对单个 DNA 分子进行测序，避免了 PCR 过程中可能引入的偏差和错误。这项技术能够实现对每一条 DNA 分子的单独测序，提供了更高的测序通量。

三、性能指标与影响因素

全自动 DNA 测序仪的性能是衡量其效率和质量的关键因素，其性能指标主要考虑以下方面：

1. 读长（read length） 指每次测序得到的 DNA 片段长度。较长的读长有助于基因组的拼接、基因功能研究和复杂区域的识别。传统的 Sanger 测序技术读长可达 800~1000bp，而 NGS 技术虽然高通量，但读长短，通常在100~400bp之间。第三代测序技术，如PacBio SMRT或Oxford Nanopore技术，可提供超长的读长，平均读长可达10kb以上，甚至更长。

2. 测序深度（sequencing depth） 指每个DNA片段的测序覆盖次数。更高的测序深度有助于提高数据的准确性和可靠性，尤其是在低复杂性区域或重复序列区域。

3. 测序速度（sequencing speed） 指完成整个测序过程所需的时间。NGS技术目前通常需要24小时以上，某些第三代测序技术可能在较短的时间内完成测序。

4. 错误率（error rate） 指测序过程中的错误比率，低错误率是测序仪器的关键性能指标。第三代测序技术的错误率相对较高，但通过算法和测序深度的提高可以进行有效校正。

5. 数据分析能力 由于二代测序产生的数据量巨大，通常需要高效的数据分析软件和生物信息学工具进行后续的数据处理和分析，因此强大的数据分析能力是测序仪器重要的性能指标。

6. 测序成本 指单个碱基的测序成本，与测序通量和数据质量密切相关。成本效益是选择测序技术时的重要考虑因素。

四、维护与保养

全自动一代DNA测序仪的日常保养如下。

1. 日保养 开机前检测仪器各模块否有气泡；每日检查缓冲液及水的高度以及激光风扇出口是否堵塞。

2. 周保养 ① 每周保持毛细管至少运行一次，有助于维持毛细管性能。② 凝胶一般在25℃左右维持良好性能一周，需要每周更换凝胶。更换凝胶或凝胶使用超过一周时，换胶同时需要清洗下面底座。③ 每周需要更换泵底座内的水封和清洗注射器。

3. 月保养 每月清洗泵座和上下胶引导块。

此外，毛细管大约能进行300次电泳，这与样本纯度相关，杂质越少，毛细管使用寿命越长。未使用过的毛细管应放置在干燥处，用过的毛细管则两端不能离开水。

五、临床应用

精准医学的发展依赖于高通量的测序技术，实现对疾病的更早诊断、更精确治疗和更有效预防。

1. 遗传性疾病诊断 测序技术，尤其是第一代和第二代测序，已成为直接检测单基因遗传病和线粒体疾病等致病基因缺陷的重要手段。全外显子组测序（WES）和全基因组测序（WGS）为识别遗传性疾病的基因缺陷提供最强有力的工具。

2. 病原体检测 测序技术在病原体的鉴定、病毒基因分型和耐药性基因检测中发挥着重要作用。例如，通过设计各种病原体关键序列探针（如16SrRNA）进行病原体核酸测序，与数据库中病原体核酸序列进行快速比对，确定病原体；通过检测HBV病毒P区的耐药突变，可以指导临床抗病毒治疗。

3. 宏基因组学 通过NGS技术，可以直接对环境、生物或临床样本的微生物群落进行基因组测序，无需培养，有助于发现新的微生物物种和探索微生物的功能。

4. 肿瘤相关基因检测 全自动测序技术可以检测肿瘤相关基因的热点突变。例如检测EGFR基因第18、19、20、21号外显子热点突变，对是否使用吉非替尼或厄洛替尼具有重要价值。此外，高通量的肿瘤相关的多基因检测，对于评估患者肿瘤负荷与个体化诊治具有重要的临床意义。

5. 个体化医疗 NGS可以对遗传性疾病、线粒体疾病、肿瘤等患者进行转录组或基因组测序，提供患者的个体化基因信息，并结合药物靶点分析和药物基因组学等为个体化药物治疗提供依据。

6. 移植分子配型 在器官或干细胞移植中，测序技术提供了一种精确的分子配型方法，有助于提高移植成功率和减少排斥反应。

7. 基因组学研究 测序技术在研究基因组学、外显子组、甲基化、单核苷酸多态性（SNP）等方面发挥着重要作用，为理解基因功能、疾病机理和个体差异提供了重要信息。

随着测序技术标准化和数据解读能力的提升，未来的测序仪可能会在提高读长、降低错误率、减少成本和增强数据分析能力等方面取得更大的进步，将在临床分子诊断中得到更广泛的应用。

第五节 蛋白测序仪

PPT

蛋白质测序旨在确定蛋白质分子的氨基酸序列，以揭示蛋白质的结构和功能特性。与基因测序不同，蛋白质无法通过扩增增加样本量，这使其测序过程更为复杂且灵敏度难以达到预期。

一、工作原理

Edman 化学降解法是一种逐步释放和鉴定蛋白质 N-末端氨基酸序列的经典方法。当蛋白质在弱碱条件下与异硫氰酸苯酯（PITC）反应生成硫代酰胺氨基酸衍生物，并在弱酸条件下分解，释放出N-末端氨基酸。随后，这些氨基酸通过高效液相色谱（HPLC）进行分析和鉴定（图 22-10）。

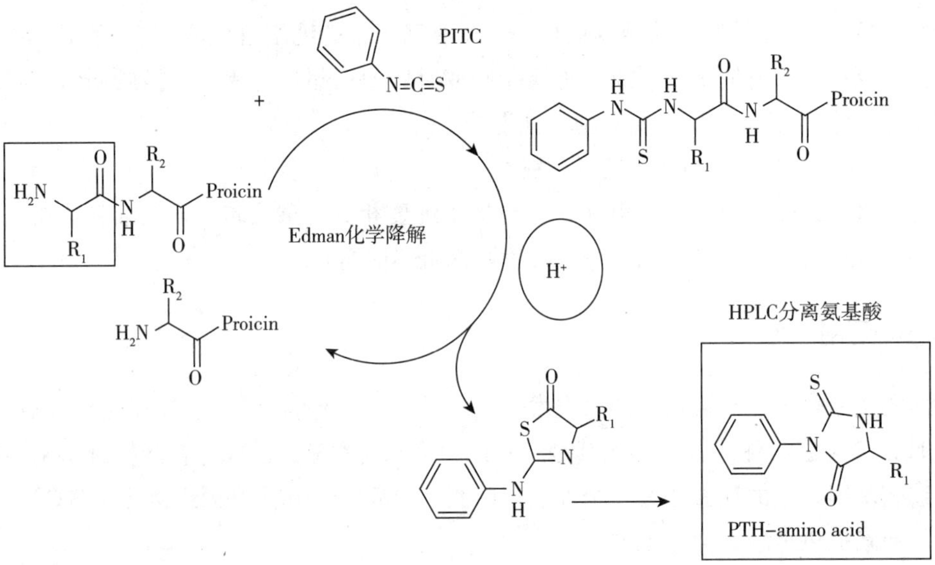

图 22-10 Edman 化学降解法

Edman 降解法是一种直接检测方式，不借助于数据库比对，尤其对检测未知序列的氨基酸具有优势，但该方法随着循环次数增加，准确度会下降，且对较长蛋白质完整测序无法一次实现，需要将蛋白质酶切成片段，再拼接序列，整个过程耗时较长、成本较高。

二、仪器结构

1. 测序反应系统 核心部件为反应器，用于蛋白质或多肽水解。该系统通过精确控制温度、时间、试剂、反应条件和液体流量等参数，实现蛋白质从 N 末端的逐步水解。

2. 进样器 将水解后产生的蛋白质样本导入测序仪中，进行后续的分离和测定。

3. 氨基酸分析系统 主要部件为高效液相色谱毛细管层析柱，是氨基酸分析系统的核心，用于分离不同氨基酸；色谱柱温控装置确保色谱柱在恒定温度下运行，从而提高测序的准确性和重复性。

4. 转换器/检测器 将色谱柱中检测到的氨基酸信号转换为电信号输出，为信息处理提供原始数据。

5. 信息处理系统和控制系统 信息处理系统用于接收、处理和分析信号，确定氨基酸的类型和顺序；控制系统用于监控整个测序仪的运行流程，包括进样、测序、信号转换等步骤。

三、临床应用

在实际应用中，Edman 化学降解法和质谱测序方法可以相互补充。例如，Edman 降解法适合于未知序列的氨基酸检测，而质谱法则适用于快速鉴定已知或复杂的蛋白质混合物。

蛋白质序列分析有助于深入理解疾病的分子机制，揭示疾病在分子水平上的特征，为预防、诊断和治疗提供科学依据。此外，在新药开发中，蛋白质全自动测序仪可分析蛋白质结构和功能，加速药物研发进程。

第六节 生物芯片仪

PPT

生物芯片是一种集成多个学科的先进分析工具，它通过微机械和微电子技术在固体基质上构建微型分析系统。随着生物芯片技术的逐步成熟和成本的降低，一些针对特定检测目标的定制生物芯片，在临床分子检验中越来越受到关注。

一、工作原理与结构

传统的生物芯片是在固相支持物上原位合成寡核苷酸或将 DNA 探针显微打印于支持物表面，并与标记样本杂交，然后通过检测杂交信号分析样本的基因序列及表达信息。生物芯片仪的核心关键是杂交设备和芯片扫描仪。

1. 信息采集系统 自动识别芯片或样本管上的条码信息，输入计算机工作站。在系统控制下依次完成杂交、洗涤、成像、信号分析等过程。

2. 杂交仪 设置反应条件，自动完成杂交过程，可同时检测多张芯片。

3. 孵育箱/清洗箱 完成孵育与清洗，由机械臂、杂交盘、冲洗盘和成像盘等组成。

4. 芯片扫描仪 检测荧光信号，采集数据，通常采用激光共聚焦检测。

5. 软件分析系统 分析荧光信号，进行对比、降噪、背景优化，得出结果或图谱。

微流控芯片是现代实验室应用很广泛的生物芯片。它具有纳米级尺度的流体通道和反应室，是微流控技术转化的主要实现平台。微流控芯片通过精确的流体控制，并可联合色谱或质谱分析等其他技术，用于基因或蛋白质的检测，其中微流控分析芯片被称为“芯片实验室”（lab-on-a-chip）。这种生物芯片仪可以在一台仪器中自动完成核酸扩增、芯片杂交和直接识读程序等，适用于现场快速检测（POCT）领域。

二、临床应用

生物芯片适合全基因组或靶向基因分型、甲基化分析和细胞遗传学分析等。对遗传性疾病的基因诊断，如耳聋基因的检测；病原微生物的鉴定，如结核杆菌的检测和基因分型、肠道病毒的检测与分型等；药物基因组学检测，如 CYP2D6、G6PD、CYP2C9 等常见的药物代谢性基因多态性检测等方面，为群体变异基因的筛查和精准医学提供了一种高效、经济的解决方案。

答案解析

思考题

案例 近期某实验室操作人员进行 CMV 病毒的核酸定量检测，发现扩增曲线不是光滑的 S 型曲线。实验人员进行了复测，发现仍存在异常曲线，即扩增曲线均出现折线，如下图所示。

初步判断与处理 为了确定异常曲线的原因，实验人员进行了多次检测，并对另外一种目的基因进行了定量 PCR，扩增曲线类似。操作人员想要分析这种异常曲线出现的原因。

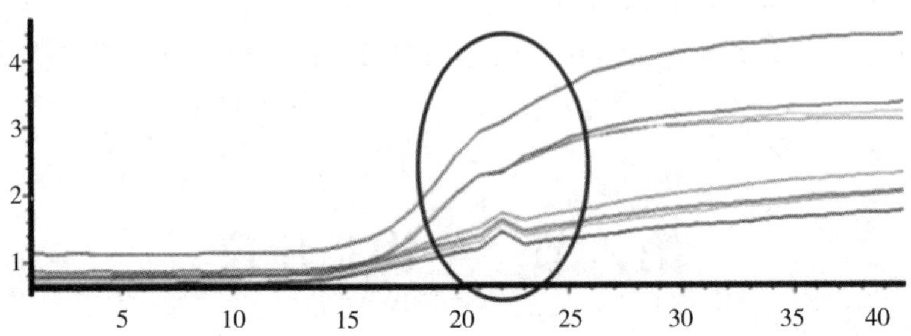

问题

(1) 定量 PCR 仪器如何获得扩增曲线，如何获得 C_t 值？

(2) 定量 PCR 扩增曲线异常有哪些形式？

(3) 扩增曲线出现折线的可能原因是什么？本实验室的原因是什么？如何解决该问题？

(4) 由此想到定量 PCR 仪器如何进行保养和校准？

（刘湘帆）

书网融合……

重点小结

题库

微课/视频 1

微课/视频 2

微课/视频 3

微课/视频 4

第二十三章　实验室自动化系统

学习目标

1. 通过本章学习，掌握实验室自动化系统的基本结构和工作原理，熟悉其操作流程和管理策略，了解维护保养的方法和重要性。

2. 具有综合运用实验室自动化系统进行高效样本处理、数据分析、系统维护的基础知识和基本能力。

3. 树立科学发展观，积极了解国产实验室自动化系统的快速发展历程和现状，培养创新发展意识。

第一节　基本概念与分类

PPT

一、基本概念

随着科技的快速进步，临床实验室设备不断向自动化、信息化、智能化发展：从过去的单机工作模式转变为全实验室自动化模式。早期的实验室自动化主要依靠单一设备形式的自动化仪器，在单一的加样或测量等过程中实现代替手工操作。随着实验室仪器自动化水平的提高，在单机自动化的基础上实现了工作站形式的自动化，但不同检验仪器之间的过程，比如样本的转运、分类等，还主要依靠人工串联。随后出现了流水线形式的自动化，将分析仪器与检验前后的样本处理系统进行连接，通过自动化及信息化技术形成大规模自动化检验。

狭义的全实验室自动化系统（total laboratory automation，TLA）又称自动化流水线，是指为实现临床实验室内某一个或几个检测系统的功能整合，而将不同的分析仪器与检验前样本处理设备和检验后样本存储设备通过样本传输设备等硬件和信息网络进行连接的整合体。

广义的全实验室自动化系统应理解为：涉及检验前、中、后各个步骤，以减低各类医疗差错，提高工作效率、缩短并均衡 TAT 为目的，利用各种自动化的硬件平台及与之相匹配的软件控制系统代替原有手工操作；可以是分步骤、模块式的，也可以是全连接的，客户高选择性的系统。基于此理解，实验室自动化系统可以扩展到从样本进入实验室前的病人采样开始，包含智能采血系统、样本物流传输系统，到进入实验室后的覆盖样本验收、分拣、离心、分杯、传输、检验、存储及废弃的部分过程或全过程的自动化系统。

一般来讲，实验室自动化系统（laboratory automation system，LAS）是由实验室自动化流水线和各分析仪器组成，依靠传输轨道将各模块和分析仪器连接起来，并在软件控制下完成整个系统的流水线作业，继而实现全实验室检验过程自动化。实验室自动化的核心目的在于让实验人员更多地聚焦在临床检验和医学研究，而不是重复性的实验操作上。实验室自动化并非简单的发展代替关系，而是依据实验室的规模、场地、需求等配置不同的产品形式和组合，实现适宜的实验室自动化。

二、分类

根据产品类型和临床实验室应用不同，实验室自动化系统主要分为任务目标自动化（task targeted automation，TTA）和全实验室自动化两种。

任务目标自动化系统，又称为离线式全自动前处理系统、岛屿式自动化系统。该系统的特点是在一台独立运行的设备中整合了样本前处理的各个步骤，例如离心、样本识别、去盖（膜）、分杯、加盖（膜）和分类出样。在大多数情况下各个功能组件无法独立运行，需通过软件协同工作，样本通过抓手和传输带依次完成每步操作，最后到达分类出样区域。实验室可以根据本科室的设备和工作流程对出样区域进行规划和排列，实验室人员可以把出样区域的样本架直接放入对应的仪器中检测。任务目标自动化系统节约占地面积，但覆盖的检验项目和功能较少，样本处理量较低，对于标本量和规模较小的实验室更具成本优势。

全实验室自动化系统，又称为轨道式自动化系统、自动化流水线。该系统的特点是自动化程度更高，除了样本上机以外无需人工操作，实现了样本分类、离心、样本识别、去盖（膜）、分杯、加盖（膜）、检验、复检、存储、自动丢弃等全流程的自动化。全实验室自动化系统占地面积较大，通过连接不同的分析仪器可以覆盖大多数检验项目，缩短 TAT，通过更高的自动化、智能化技术可以更好地提升检验通量、解放人力、减少错误。

除此以外，全自动血细胞分析流水线和微生物检测流水线是功能相对专一的自动化系统。全自动血细胞分析流水线将全血细胞计数仪与推片染片机连接在一起，通过计算机系统实现根据预先设定的复检规则筛选并自动推片染片的功能。微生物检测流水线将自动化样本处理系统、智能孵育箱、数字成像设备、自动化鉴定和药敏分析系统通过传输轨道连接在一起，通过计算机系统对样本进行分析和检测。

随着我国科技进步和检验产业发展，越来越多的临床实验室开始配备全实验室自动化系统。同时由于全实验室自动化系统具备更加全面的功能和更高的自动化水平，可以扩展连接不同类型不同厂家的分析仪器，本章将以全实验室自动化系统为代表展开详细介绍。

第二节　组成与功能

微课/视频 1

PPT

实验室自动化系统集成了临床样本的检验前和检验后处理流程，并通过与分析仪器、自动化传输系统、信息网络的协同工作，实现了样本从接收、进样、离心、视觉检测、去盖（膜）、分杯到输送至分析仪器加样完成后进行加盖（膜）、存储直至废弃的全流程自动化。系统整体示意如图 23-1 所示。

知识拓展

国产实验室自动化系统发展之路

在实验室自动化这一领域，国内行业发展历程分为单机自动化，模块自动化及全实验室自动化三个阶段。

第一阶段为单机自动化，主要体现在仪器本身能够自动识别样本、试剂。上世纪 80 年代到 90 年代，国产全自动分析仪开始出现，开启了国产实验室自动化系统的发展之路。

第二阶段为模块自动化，主要体现在对不同检测功能仪器进行模块化整合。如：全自动生化分析仪可与化学发光免疫分析仪进行集成。这种整合具有便捷，灵活高效的特点。

第三阶段为全实验室自动化，国内公司分别于2017年通过国际合作，推出了中国首家全自动磁悬浮流水线，2019年在国外技术平台上推出了中国第一套全自主检测模块的智能化流水线，2022年推出了国内首个全国产化自动化流水线，完成了由合作开发到国产化的转变，也体现了国内该行业在自动化技术领域的自主创新和进步。

总体来看，国产实验室自动化系统的发展虽然起步较晚，但是国内企业通过自主研发，打破了国外技术垄断，降低了对进口设备的依赖，减少了医疗机构的成本，增强了国内医疗行业的技术自主权和产业安全。

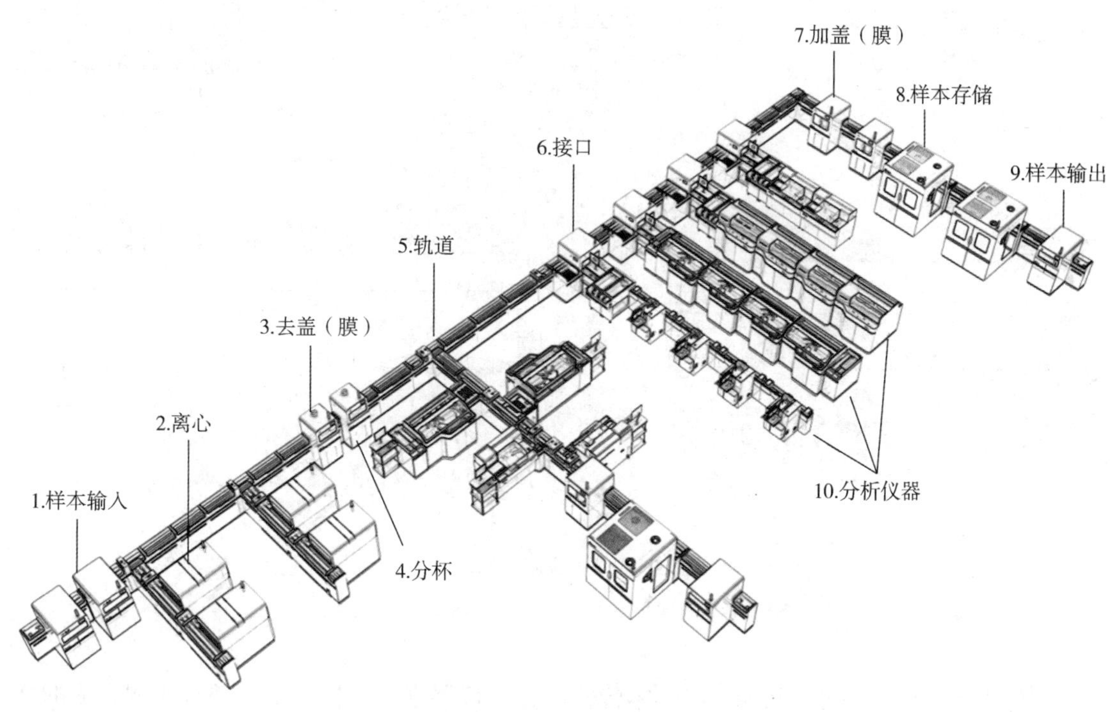

图 23-1　实验室自动化系统整体示意图

一、样本传输系统 微课/视频2

样本传输系统分散位于实验室自动化系统的前中后，由样本输入模块、轨道、接口模块、样本输出模块组成。

（一）样本输入模块

样本输入模块通过信息识别技术收集样本关键信息，包括条码、管帽类型和样本管类型等，然后将样本转移至传输载体，以便开展后续的处理和检测。

样本输入模块根据样本的输入方式主要分为两种类型：倾倒式进样和架式进样。倾倒式进样通过无序样本的批量载入，适用于各科室样本的自动化接收。架式进样则通过样本载体进行样本的有序载入，并应用分区管理技术，适应不同类别（如常规、急诊等）和不同样本管的需求。

（二）轨道

轨道用于连接各功能模块和分析仪器，实现样本在系统内传输、转向、调头及缓存。根据其功能特性，轨道可分为H轨、T轨、L轨、I轨与U轨（图23-2）：H轨用于样本的传输和调头；T轨用于样本的分流，以分支的形式连接到传输轨道；L 轨用于样本的转向；I 轨用于样本的直线传输和缓存，根据长度不同分为不同规格；U 轨用于样本在轨道末端的调头。

上述轨道设计能够使样本在处理前、处理中和处理后之间循环，并满足实验室中仪器灵活摆放的需求，增强实验室自动化流水线的适应性和灵活性。

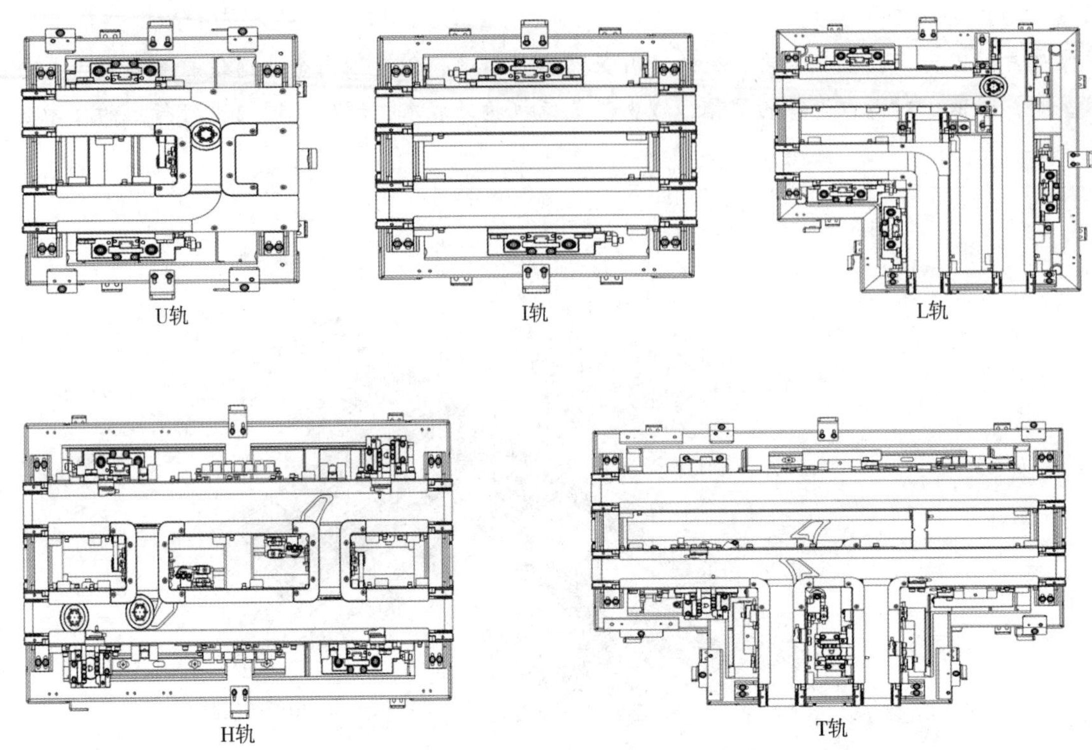

图 23-2　轨道示意图

（三）接口模块

接口模块用于连接各种分析仪器，将样本传输到分析仪器进行加样检测，并将检测完成的样本传输到下一个模块。

接口模块根据样本输入方式主要分为两种：架式接口模块和管式接口模块。架式接口模块以架式传输载体的方式和分析仪器进行对接，一次完成多个样本的输入，具有处理速度高、样本缓存量大以及支持多台分析仪器并联等特点；管式接口模块以单管的方式和分析仪器对接，具有灵活性高、成本低和运行稳定等特点。两种接口模块的对比如表 23-1 所示。

表 23-1　两种接口模块对比表

	架式接口模块	管式接口模块
输入方式	架式传输载体	管式传输载体
功能特点	单载体多样本 处理速度高、样本缓存量大	单载体单样本 灵活性高、成本低

1. 架式接口模块　样本进入架式接口模块后，经过信息识别、筛选、转移等流程，完成检测后的样本被传输至下一模块。

架式接口模块主要由多轴机械臂、内部样本架、传输轨道等组成。如图 23-3 所示。

多轴机械臂用于样本在架式传输载体和管式传输载体之间的转移；传输轨道用于相邻模块之间的样本传递和缓存；内部样本架用于样本在接口模块和分析仪器之间的转移。

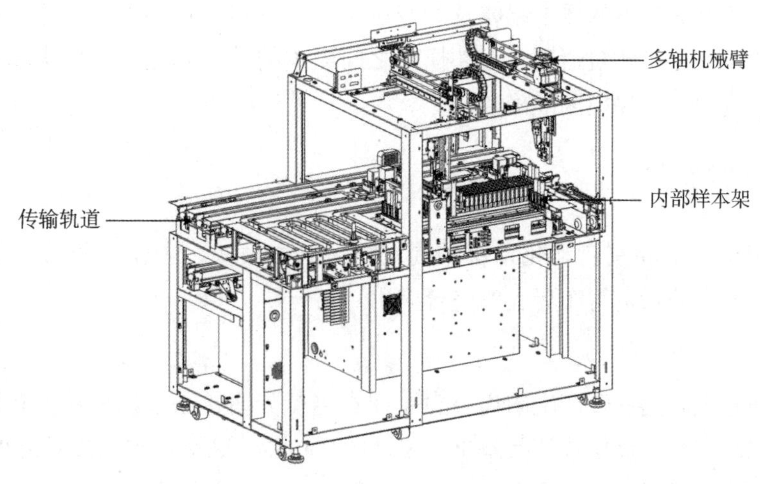

图 23-3　架式接口模块示意图

2. 管式接口模块　样本进入管式接口模块后，经过信息识别、筛选、抽样位置检测等流程，完成检测后样本传输至下一模块。

管式接口模块主要由信息识别装置、抽样固定组件、传输轨道等组成。如图 23-4 所示。

传输轨道用于相邻模块之间样本的缓存和传输；信息识别装置用于样本信息确认；抽样固定组件用于待检测样本的定位。

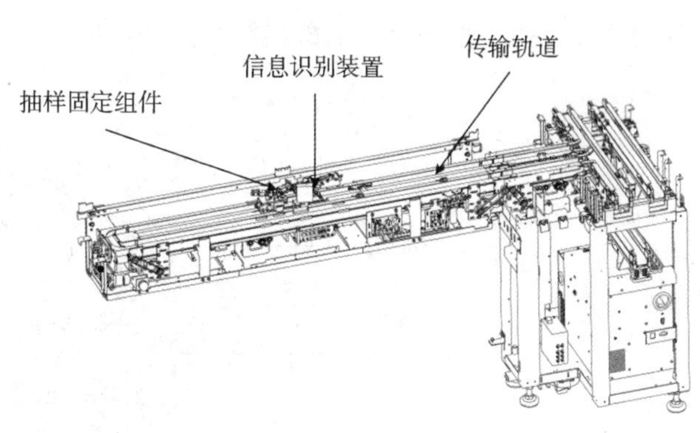

图 23-4　管式接口模块示意图

（四）样本输出模块

样本输出模块用于对已完成检测的样本进行分类、临时存储，并对需要复测的样本调出并转移至下一模块。

样本进入样本输出模块，经过信息识别、转移等流程，被转移至载出平台或传输至下一模块。

样本输出模块处理速度一般在 700 管/时至 1200 管/时。该模块主要由载出机构、转移机构、信息识别装置、传输轨道等组成，如图 23-5 所示。

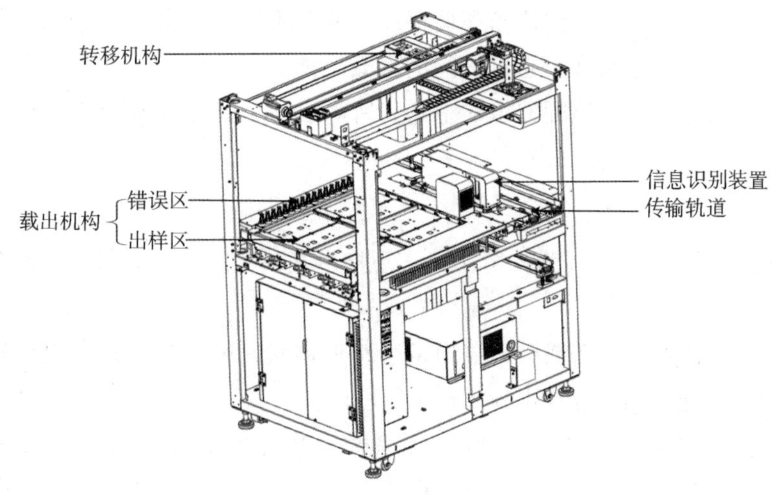

图 23-5　样本输出模块示意图

载出机构用于放置已测样本的样本载体及处理过程中出现错误的样本；转移机构用于载出机构和传输轨道之间样本的转移；传输轨道用于相邻模块之间样本的传输和缓存。样本输出模块可配置混匀机构，用于质控品的混匀，确保检测准确性。

二、样本前处理系统

样本前处理系统位于实验室自动化系统的前端，由离心模块、去盖（膜）模块和分杯模块等组成，并可根据实验室样本数量进行布局上的整合应用。

（一）离心模块

离心模块利用离心机高速旋转产生的离心力对样本进行分离，通过该模块的转移机构实现样本在传输轨道和离心机之间移载。该模块还具备重量自动配平功能，确保样本在离心过程中均匀分布。

样本进入离心模块，经过转移、离心、信息识别等流程，样本被传输至下一模块。

离心模块单次可离心 40~100 管，处理速度一般在 250~600 管/时。该模块主要由传输轨道、离心平台、转移机构、离心机、适配器组、配平组件等组成，如图 23-6 所示。

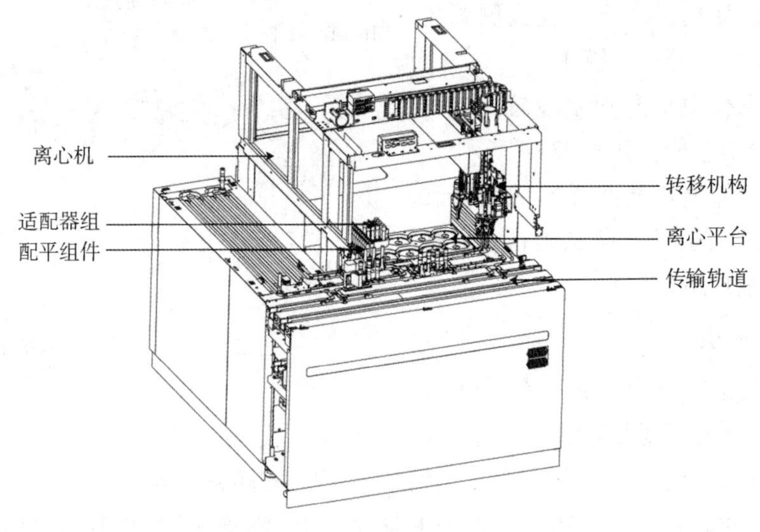

图 23-6　离心模块示意图

传输轨道用于相邻模块之间样本的传输和缓存；转移机构用于样本在传输轨道和离心平台之间的移载，适配器用于样本在离心平台和离心机之间的移载。离心机主要用于样本的离心，实现血清、血细胞等分离；离心平台用于离心机适配器组的中转、待离心或已离心样本的临时存储；配平组件用于待离心样本的配平。

（二）去盖（膜）模块

去盖（膜）模块用于处理带盖（膜）样本，实现样本盖（膜）与样本管的分离，以便后续模块能够对样本进行分析处理。

样本管封口方式一般为两种：盖或膜。盖通常为圆形帽状，采用螺纹旋合或橡胶挤塞式封闭样本管；膜通常为铝箔材质，通过热封等技术封闭样本管。

样本进入去盖（膜）模块，经过信息识别、去除盖（膜）、废弃盖（膜）、气溶胶过滤、紫外消杀等流程，根据信息识别结果，样本被传输至下一模块。

去盖（膜）模块由传输轨道、夹持组件、去盖（膜）组件、废弃组件、气溶胶过滤组件、紫外消杀组件等组成。模块如图 23-7 所示。

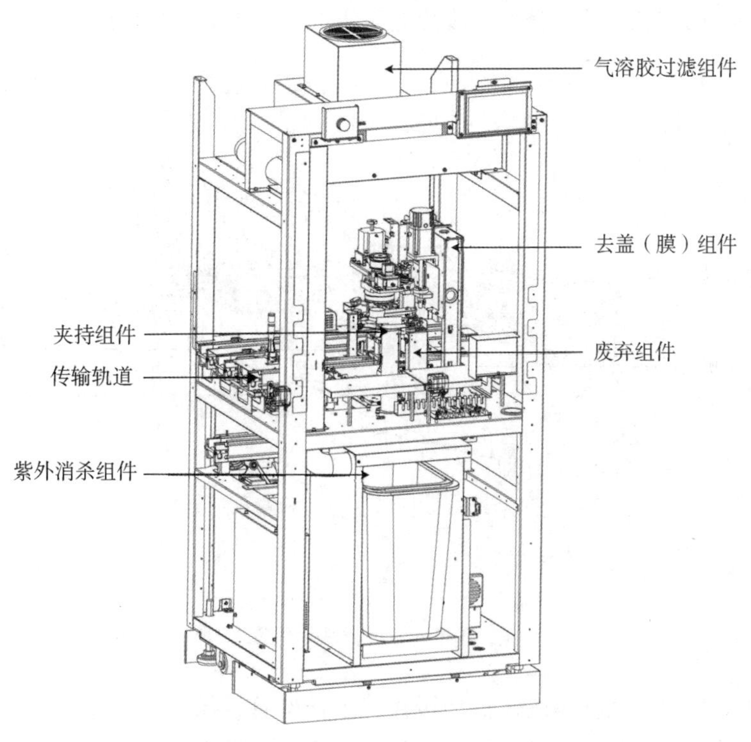

图 23-7 去盖（膜）模块示意图

传输轨道用于相邻模块之间样本的传输和缓存；夹持组件用于固定样本管，并根据样本信息自动调整夹持参数以适配市场主流规格的样本管（直径范围：12~16mm）。去盖（膜）组件用于样本盖（膜）与样本管的分离；废弃组件用于分离后样本盖（膜）的转移和废弃；气溶胶过滤组件用于处理去盖（膜）时产生的气溶胶，满足 YY 0569《Ⅱ级生物安全柜》中“不可扫描检测过滤器检测点泄漏率不超过 0.005%”的要求；紫外消杀组件利用紫外线照射对废弃仓进行消杀。

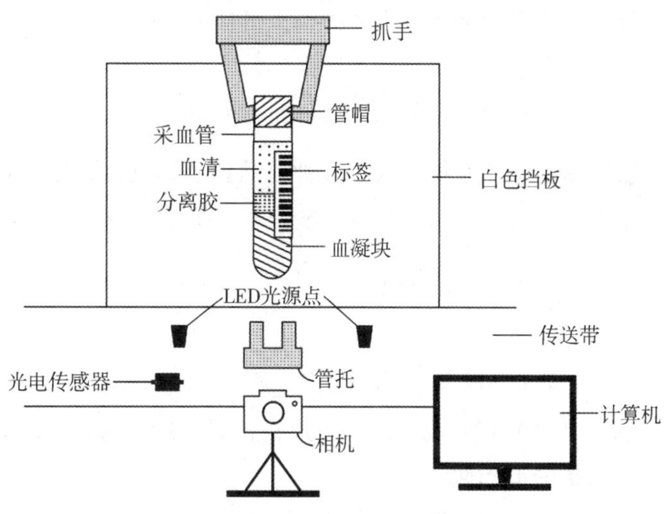

图 23-8 血清质量识别示意图

为了提升检测的准确性并降低检测成本，实验室自动化系统通常在样本离心后、去盖（膜）前配备视觉识别装置。该装置采用人工智能图像识别技术及迁移学习技术，基于样本血清质量识别数据集，构建血清质量识别深度学习模型，实现血清质量检测（正常血清、溶血、脂血、黄疸）。血清质量识别流程如图 23-8 所示。

（三）分杯模块

分杯模块用于将一份样本分成若干子样本，从而支持多个不同检测项目的并行处理，提升整体的检测效率。

样本进入分杯模块后，经过信息识别、贴标、吸液、分注等流程，样本被传输至下一模块。

分杯模块子样本管装载量一般为 500~1000 管，分注头装载量一般为 500~1000 支，分注头容量一般为 200~2000μl，处理速度一般为 450~900 管/时。该模块主要由子样本管供给机构、自动贴标机构、传输轨道、分注头供给机构、分注机械臂、废弃仓等组成，如图 23–9 所示。

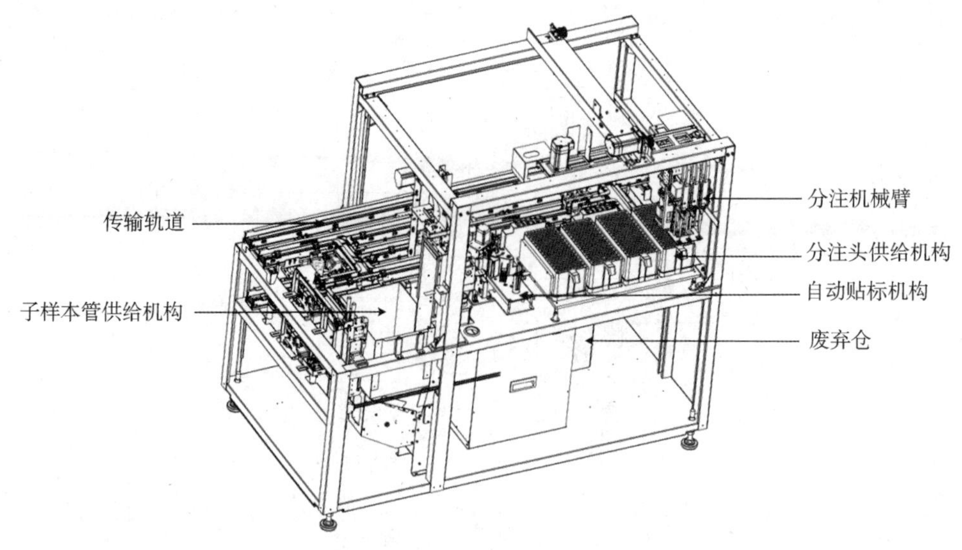

图 23–9　分杯模块示意图

传输轨道用于相邻模块之间样本的传输和缓存；子样本管供给机构用于对无序子样本管进行有序定向排列，并依次传输至贴标位；自动贴标机构用于对子样本管进行条码打印、条码粘贴、扫码识别；分注头供给机构用于提供一次性分注头。分注机械臂用于分注头的移载和样本的分注，分注头完成样本分注后，自动废弃至设有紫外消杀的废弃仓内。

三、自动化分析仪器

实验室自动化系统集成了多种自动化分析仪器，以满足各类样本的全面检测需求。这些仪器包括但不限于生化分析仪器、免疫分析仪器、血液细胞分析仪器以及凝血分析仪器，详见本书其他章节。

四、样本后处理系统

（一）加盖（膜）模块

加盖（膜）模块用于对样本进行密封处理，防止样本污染、挥发，以确保样本的完整性、稳定性及分析结果的准确性。

样本进入加盖（膜）模块，经过信息识别、加盖（膜）等流程，根据信息识别结果，样本被传输至下一模块。

加盖（膜）模块主要由传输轨道、样本信息识别装置、夹持机构、供给机构、加盖（膜）机构等组成。如图 23–10 所示。

传输轨道用于相邻模块之间样本的传输和缓存；夹持机构用于固定样本管，并根据样本信息自动调整夹持参数以适配市场主流规格样本管（直径范围：12~16mm）。

供给机构分为无序散料供给（盖）及盘式供给（膜）两种。无序散料供给方式：盖倒入料仓，通过提升及传送机构（如振动盘）使其按设定方向进行有序排列，并依次缓存于加盖机构抓取位。盘式供给方式：通过搬运装置将膜按设定长度裁切并送至加膜位。

加盖（膜）机构分为盖挤压和膜热封两种。盖挤压：加盖组件将盖移载至需要加盖的样本管上方进行加盖。膜热封：加盖（膜）组件将裁切后的铝箔膜在样本管口进行热封。

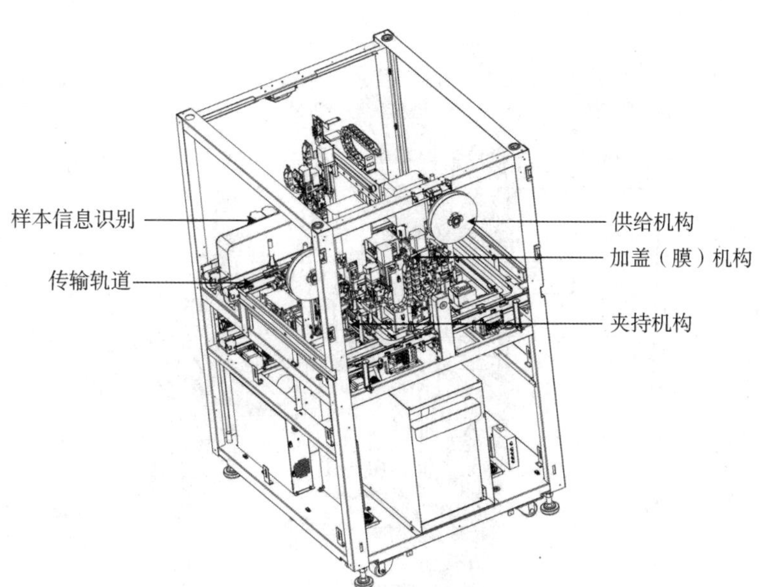

图 23-10 加盖（膜）模块示意图

（二）样本存储模块

样本存储模块用于存储和管理密封处理后样本，并支持对模块内已存储的样本进行检索、复测、丢弃及自动质控。它通过对样本全生命周期监控，确保了样本处理流程的闭环管理。

样本存储模块具有样本载入存储、复测和样本丢弃等功能。

1. 样本载入存储 样本在完成所有检测项目并经过密封处理后，模块根据样本信息识别结果，自动将样本转移至存储区进行存储和管理。

2. 样本复测 模块在接收到样本复测指令后，经过样本存储位置检索、转移、信息识别等流程，样本被转移至传输轨道，并最终被传输至对应的分析仪器进行复测。

3. 样本丢弃 样本存储时间达到预先设置的存储周期（通常为 7 天）时，软件自动检测并触发样本丢弃指令。模块在接收到该指令后，经过样本存储位置检索、转移等流程，到期样本被丢弃至废弃桶。

样本存储模块低温存储区的温度为 2~8℃，样本存储容量有 3000 管、5000 管、15000 管、27000 管等多种规格，并支持不同规格样本管的存储和管理，样本处理速度通常为 800 管/时至 1200 管/时。该模块主要由传输轨道、样本分拣组件及样本存储组件等组成，如图 23-11 所示。

传输轨道用于样本高效传输、自由转向、临时缓存；样本分拣组件用于样本在传输载体、存储区样本载体和废弃桶之间的转移；样本存储组件用于样本低温存储。

五、控制与信息系统

控制与信息系统是实验室自动化系统的关键组成部分，不仅承接了 HIS 和 LIS 等上层系统，而且有效地整合了实验室自动化流水线的各个模块和分析仪器。控制与信息系统采用统一的数据传输标准，优化了分析仪器与上层系统之间的数据交换过程，从而显著提升了系统间的对接效率。

控制与信息系统集成了多项功能，通常包括样本信息获取、测试信息传输、测试结果上报、样本位置上报、模块状态实时监控、危急值实时监控及告警、TAT 实时监控及报警、自动审核、自动复测、自动质控等功能。这些功能提升了样本处理流程的自动化水平，确保了检验过程的连续性和高效性，从而实现了检验全过程的无人值守。

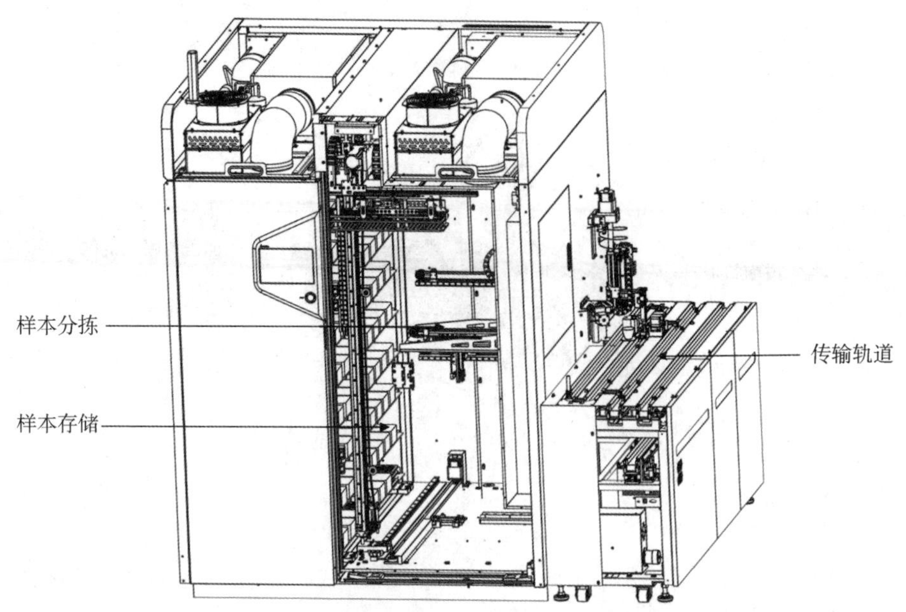

图 23-11　样本存储模块示意图

控制与信息系统的自动审核和自动复测功能，是依据预设的规则对检验结果进行实时的校验，一旦发现结果不符合预设规则，软件将样本自动从存储模块中调出并安排复测，从而进一步确保检验结果的准确性和即时性。

控制与信息系统的设计宗旨在于优化样本处理和检验分析流程，通过遵循标准化的通信协议，与 LIS 实现无缝对接。该模块通常包括线体控制系统和信息管理系统。

（一）线体控制系统

线体控制系统采用先进的调度算法和数据管理技术，将线体内部各自独立的模块有机地整合在一起，消除了不同模块间的差异，从而实现了集中控制和自动化操作。

线体控制的设计与应用，涉及软件和硬件之间的集成。为了提高整体的灵活性和可扩展性，通常遵循模块化的设计原则，并采用分布式控制架构。这种架构将线体控制系统划分为多个子系统，如图 23-12 所示，包括中枢控制单元、模块控制单元以及组件控制单元，以实现分层管理和任务的高效执行。

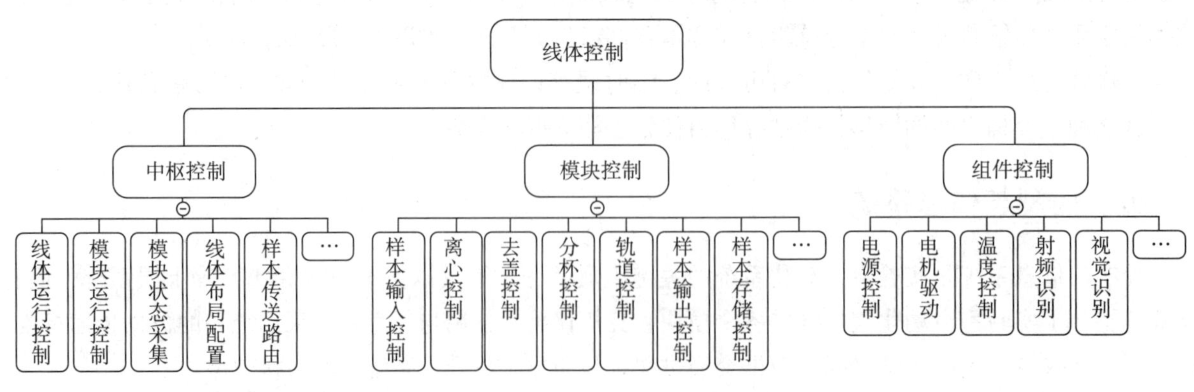

图 23-12　线体控制系统示意图

1. 中枢控制　负责线体整体的管理和监控，提供集成化的线体控制界面，实现线体运行控制、模块运行控制、模块状态采集、线体布局配置、样本路径规划等功能。

2. 模块控制 负责模块内部机构的精准定位和移动，收集并处理实验过程中产生的数据，并向中枢控制反馈模块运行状态。

3. 组件控制 负责独立功能组件的控制，如电源控制、电机驱动、温度控制、射频识别、视觉识别等。

（二）信息管理系统

信息管理系统贯穿样本检验前、检验中及检验后的整个处理过程，具备实时追踪样本状态的能力，确保了样本处理全流程的可追溯性。功能如图 23-13 所示。

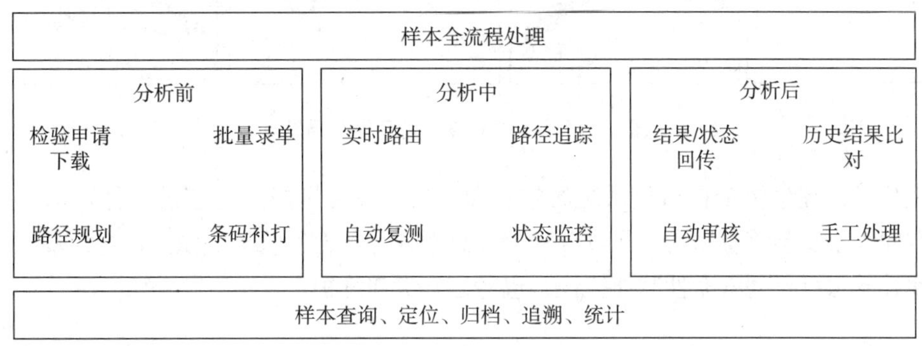

图 23-13 功能展示图

1. 检验前处理 信息管理系统从 LIS 系统下载样本测试信息，支持自动创建工单及手动批量创建工单。样本进入检验前处理环节时，系统根据样本处理的紧急程度、测试需求量，以及各模块的负载情况、消耗品的余量情况等因素，动态地规划样本路径。针对部分样本条码质量问题，用户可以通过条码补打功能重新补打并粘贴条码。

2. 检验中处理 在样本进行分析过程中，系统实时监测样本状态（TAT、危急值、质控等）及仪器状态（运行状态、试剂余量、消耗品等），对异常状态主动告警，便于用户及时获取并处理，实时追踪、调整样本的路径，并把触发复测的样本，自动调入分析仪器进行检测。

3. 检验后处理 信息管理系统在接收到来自分析仪器的检验结果后，依据《WS/T 616—2018 临床实验室定量检验结果的自动审核》标准，运用统计学方法对检验结果进行综合分析和自动审核，并将审核结果发送至 LIS 系统。

六、自动化系统的构建模式

实验室自动化系统通常采用模块化设计理念，使布局配置具有高度的灵活性。工程师可根据实验室空间布局、样本量、检测项目数量及自动化系统处理速度等因素，设计满足检验需求的自动化系统布局，支持单侧、双侧放置和多向扩展功能模块和分析仪器；通常包括 I 型、T 型、U 型、F 型在内的多种常规布局方案，常规布局如图 23-14 所示；同时支持定制化的特殊布局。

1. I 型 又称为直线型布局，所有功能模块按样本处理顺序排列在传输轨道上，适合狭长的空间，充分利用长度方向的优势，适用于样本量小、工序简单的小型实验室。

2. T 型 系统布局以直线型布局为基础，在主线轨道上增加分支以实现多种检测，扩展性强，适用于多种样本类型或多种检测项目的中型实验室。

3. U 型 系统布局呈 U 字形排列，样本传输轨道靠墙安装，功能模块放置 U 型内部，形成封闭的工作区域，使空间得到有效的利用，适用于样本量较大、需要高效处理的大型实验室。

4. F 型 系统布局由双 T 型或多 T 型布局组合而成，形成 F 字形状，通过多 T 型分支完成更多的功能分区，实现高度集成的自动化系统，适用于多种样本类型处理、流程复杂的大规模实验室。

特殊布局：根据实验室的具体需求进行定制化设计，不局限于传统布局，包括垂直空间的利用，进行多层立体式产品设计，将不同功能模块灵活组合，实现最优配置，适用于需要高度定制化解决方案的实验室。

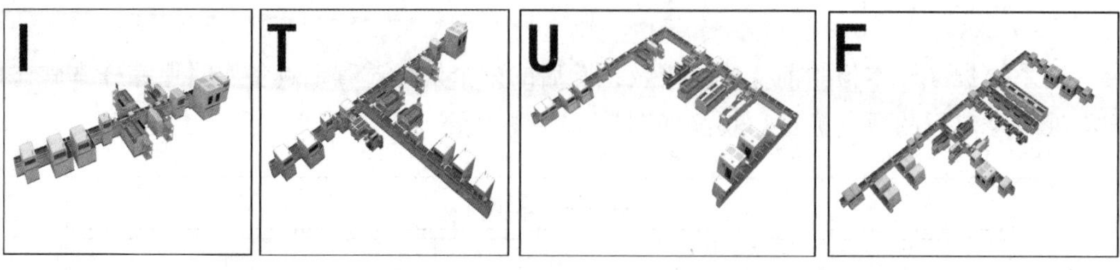

图 23-14　实验室自动化系统布局图

这种模块化设计理念便于自动化系统的整合和扩展，综合考虑实验室的具体需求、样本处理量、工作流程、空间大小和预算等因素，通过合理的设计和规划，最大限度地提高实验室的工作效率、优化空间利用率，确保操作的安全性和便捷性，也易于升级和维护。

第三节　应用、管理与维护保养

PPT

一、自动化系统应用

（一）在常规检验方面的应用

实验室自动化系统在样本检测方面提供了灵活和开放的解决方案。

1. 样本检验前处理　实验室自动化系统取代人工进行样本预处理操作，自动完成样本的离心、去盖（膜）、分杯等步骤，从而简化了复杂的人工操作流程，显著提升了操作效率。

2. 样本自动化检验　通过连接免疫分析仪器、生化分析仪器、血球分析仪器、凝血分析仪器等多种分析仪器，实验室自动化系统提供了灵活且高效的自动化检测方案，可以在不同的检测项目之间进行切换。

3. 样本检验后处理　实验室自动化系统通常具备样本管理和存储功能，通过自动加盖（膜）模块，对完成检测的样本进行密封处理，并转运至样本存储模块进行分类存放和管理。

（二）在自动质控方面的应用

室内质控是实验室用于评估检验过程稳定性及精密度的关键手段，旨在确保检验报告的准确性和可靠性。传统的室内质控方法依赖于人工操作，易出错且耗时较长。相比之下，自动质控能够按照预先设定的方案启动分析仪器进行质控检测，质控品的上机检测全流程由分析仪器自动完成，从而消除了人为操作误差，节省了质控品的消耗成本和质控时间。

（三）在自动比对方面的应用

实验室自动化系统中的各功能模块与分析仪器进行连接和数据交互，结合人工智能技术实现检验结果自动比对。

1. 智能报告生成　实验室自动化系统对实验数据进行自动采集、实时记录和自动存储，通过统计分析，生成专业、准确的检测报告，并及时将信息传递给医生或患者。

2. 临床决策支持　实验室自动化系统不仅能自动处理大量的实验数据并生成报告，还采用图数据库等技术，构建临床医学检验知识图谱，生成包含检验异常结果分析、项目相关性分析、检验项目推荐等内容的报告，通过自动比对辅助医生进行临床诊断和治疗。

二、自动化系统管理

实验室自动化系统的管理主要包含以下方面。

（一）实验室安装环境的确认

1. 现场基础条件确认　实验室自动化系统安装之前，必须对场地基础条件进行全面评估。

（1）在规划实验室自动化系统布局时，需要考虑实验室自动化流水线、分析仪器、不间断电源（uninterruptible power supply，UPS）、计算机操作台等硬件因素，并确保预留充足的人员通道、操作空间以及维护空间。

（2）场地硬件设施应满足仪器的安装要求，如实验室楼层高度、地面承重、地面平整度、运输通道以及电梯承重等。

2. 现场环境条件确认　实验室自动化系统现场环境需满足以下要求。

（1）温湿度　实验室温度保持在10~30℃，实验室湿度≤85%。

（2）电磁环境　实验室应远离高压线、变压器等外在高电磁辐射环境；远离电磁波或放射性强的设备，如X光机、磁共振、加速器等。

（3）噪声环境　实验室远离噪声源，保持安静状态，环境噪声≤75dB。

（4）暖通空调系统　供暖系统一般选用可调式空调系统，其中空调系统送风不能直吹仪器。北方地区若选用水暖系统，需确保暖气片与仪器保持适当的距离。

（5）通风系统　通风系统直接影响实验室空气质量，因此实验室应保持负压，维持实验室气流从低污染区流向高污染区，由非辐射区流向辐射区等。同时通风系统不能影响仪器运行，通风口与仪器应保持安全距离。

（6）环境亮度　避免阳光直射仪器，必要时考虑使用遮光窗帘等措施。

3. 现场电、气、水质条件确认

（1）电气系统　220VAC±10%，50Hz/60Hz±10%及380VAC，50Hz。①接地线要求，接地电阻即火线-地线、零线-地线电阻均小于4Ω，零地电压小于2VAC；②空气开关及配电箱，必须安装空气开关，推荐自动化系统配置专用配电箱；③UPS电源，为保证实验室自动化系统在突然断电下的安全运行，现场需要安装UPS电源；④电源电缆，电缆规格应符合仪器要求。

（2）气体系统　无油干性压缩空气，（80±5）PSI，3.0CFM，7kg/cm^2，100~400L/min。悬浮颗粒，压力泄漏点，油含量应符合ISO 8573.1（Air Quality Standard）的要求。

（3）水质要求　符合NCCLS TYPE2标准水质要求。

（二）实验室自动化系统的操作

1. 系统启动前检查及系统启动　为确保系统正常启动，应遵循以下步骤进行系统启动前的检查和准备工作。

（1）确认计算机、打印机、各分析仪器、实验室自动化流水线的电源线和通讯线正确连接，无松动脱落的现象。

（2）对各分析仪器进行维护检查，确认废弃物得到恰当的处理，同时评估试剂和耗材存量，如不满足使用，则进行更新或补充。

（3）确认所使用的试剂在有效期内。

（4）依次打开实验室自动化流水线及各分析仪器电源开关，启动系统。

2. 系统运行前检查及系统运行 实验室自动化流水线以及所有分析仪器初始化确认无误后，系统将自动执行样本分析工作，无需人工干预。

3. 系统关机前检查及关机 在系统关机前，应确保各分析仪器无样本遗留，并按照正确的关机流程执行关机操作。

三、自动化系统维护保养

实验室自动化系统的规范化维护保养是提高稳定性和延长其生命周期的关键。维护保养人员需要经过专业的培训和考核，并在其维护保养过程中，严格遵循说明书或服务手册的要求进行相关操作。

（一）材料与工具

维护保养的材料和工具包括但不限于医用酒精、纯化水、纱布、无尘布、润滑脂、橡胶手套，以及针对不同仪器的专用工具。材料和工具的管理应严格遵守“定点、定位、定人”的原则，确保其始终处于良好的使用状态。

（二）分类与周期

实验室自动化系统的维护保养分为两大类：预防型维护保养与纠正型维护保养。

预防型维护保养，旨在防患于未然，其保养周期通常分为日、周、月、季度、年度等。其中日、周、月的维护保养主要包括清洁及整理等基本工作，如仪器外观的清洁、操作平台的整理等，可由实验室工作人员完成。季度和年度的维护保养主要包括仪器内部的清洁、润滑、点位确认和易损件更换等更为深入的工作，如传输轨道、传输载体、样本载体、离心机、抓手、滤网的清洁和导向件（如导轨、丝杆）的润滑等，一般由厂家或由其授权的专业技术人员完成。

纠正型维护保养是指在仪器发生故障，且实验室工作人员无法通过常规手段解决时，由厂家或其授权的专业技术人员进行的维护保养。

（三）常见保养内容

1. 传输轨道的保养 使用无尘布蘸取适量酒精擦拭传输轨道，保证其外观清洁。

2. 传输载体、样本载体的保养 使用无尘布蘸取适量酒精擦拭载体表面污渍和浮灰，保证载体外观清洁。

3. 抓手的保养 对有抓手结构的模块，使用无尘布蘸取适量酒精擦拭抓手片的脏污并清理异物，保证抓手片外观清洁，并在抓手传动机械位置处涂润滑脂。

4. 滤网的保养 取出滤网中的过滤棉，使用干毛刷或无尘布清洁滤棉，确保滤棉表面无脏污与异物。

5. 导向件（如导轨、丝杆）的保养 使用干燥无尘布清理导向件表面，保证导向件外观清洁无异物；使用保养手册内规定的润滑脂与专用工具，对导向件进行润滑，使润滑脂均匀附着在导向件表面。

（四）注意事项

在执行维护保养前，必须关闭相关动力源（如电源、压缩空气），在可能接触到腐蚀性气体、腐蚀性液体及生物危害物质时，维护人员应采取适当的防护措施，如佩戴医用手套、护目镜、口罩、防护服等，确保自身安全。对于需要带电进行的维护保养工作，如点位确认、校正等，应由单人独立完成，以避免多人同时操作可能导致的安全风险。

维护保养工作完成后，需对实验室自动化系统进行整机运行测试，确保维护保养工作有效。

未来的实验室自动化系统将进一步集成人工智能和大数据分析，提升系统的智能决策能力，实现区域检验中心数据共享和协同分析。实验室自动化系统将集成更多种类的分析仪器，包括免疫、生化、血球、凝血、质谱、核酸、尿液和流式细胞等分析仪器。这种集成化策略不仅扩展了系统的检测能力，而且通过统一的控制平台，进一步优化了操作流程，提高了检测效率和准确性。另外，通过医疗大数据和人工智能平台，对实验室自动化系统的数据进行整合、分析，结合临床指南和专家共识，训练模型并构建医学检验知识图谱，实现特定疾病的风险评估与排序，以辅助检验和临床决策。

答案解析

思考题

案例　某三级甲等医院，拥有800张床位，服务于市区及周边地区约200万人口。随着医院业务量的不断增长，目前日均样本检测量已超过1000份，并且医院还承担着区域内的急救和重症治疗任务。检验科目前依赖传统的人工处理方式，导致样本检测效率不高，且容易出现错误。为了响应国家卫健委提出的优化检查检验流程的指示，医院计划引进自动化流水线，从而提高整体工作效率。

初步判断与分析　根据医院目前的现状包括实验室空间、仪器设备及预算进行评估，可选择全实验室自动化流水线或部分自动化及模块式自动化等方案。

问题

（1）引进自动化流水线的意义有哪些？

（2）该医院在考虑建立自动化流水线时，需要评估哪些关键因素？

（刘　聪）

书网融合……

重点小结

题库

微课/视频1

微课/视频2

微课/视频3
（基于AI技术对样本的智能识别与控制）

第二十四章　临床检验辅助设备

学习目标

1. 通过本章学习，掌握各种实验室辅助设备的基本原理、结构及功能；熟悉实验室辅助设备的正确操作方法和维护保养方法；了解实验室辅助设备在实验过程中的安全注意事项。

2. 具有正确操作实验室辅助设备的能力，包括移液器、离心机、培养箱、超净工作台、生物安全柜、实验室净水设备、标本分拣设备、采血辅助系统；能根据实验需求选择合适的设备并确保其正常运行。

3. 树立实验室辅助设备规范操作的意识，养成严格遵守操作规程的习惯，增强实验室辅助设备的维护和安全防护素质。

在现代实验室中，无论是执行常规样本检测的临床检验实验室，还是从事生物医学研究的实验室，都依赖于多种辅助设备。尽管这些设备并不直接参与检测和分析，但它们在实验室中起着至关重要的作用。例如，移液器、离心机、培养箱、超净工作台、生物安全柜、实验室净水设备和标本分拣设备、采血辅助系统等。这些设备的正确、合理使用是保证检验质量的前提和基础。

第一节　移液器

PPT

移液器又称加样枪、移液枪等，是各类实验室广泛使用的精密液体计量工具（单位为 μl 或 ml）。它通过仪器内部活塞的伸缩运动，利用弹簧和大气压力实现吸液和排液，从而定量转移液体。相较于传统玻璃刻度吸管，大大提高了实验操作的便捷性和准确性，减少了实验误差。

一、原理、分类与结构

（一）基本工作原理

移液器的基本工作原理基于胡克定律，即在一定范围内，弹簧的伸展长度与弹力成正比。移液器内部弹簧的伸展长度与吸取的液体体积成正比。通过活塞和弹簧的协同运动，移液器实现了吸液和放液的过程。当操作者推动活塞时，空气被排出，利用大气压力吸入液体。释放按钮后，活塞在复位弹簧的作用下恢复原位，完成一次吸液过程。

（二）分类

移液器可按不同标准分类：按工作原理分为空气垫和活塞正移动移液器；按通道数量分为单道和多道移液器；按自动化程度分为手动和电子移液器，电子移液器具备自动吸取和排放功能，更便捷高效；按刻度调节性分为固定式和可调节式移液器，后者可在一定量程范围内调节液体量；按特殊用途分为全消毒、大容量、瓶口和连续注射移液器。

（三）基本结构

移液器主要由控制按钮（或操作杆）、管嘴推出器（或枪头卸却按钮）、手柄盖、手柄、体积显示窗、管嘴推出环管（或套筒）、管嘴圆盘和吸液头（吸嘴）等部分组成，如图24-1所示。

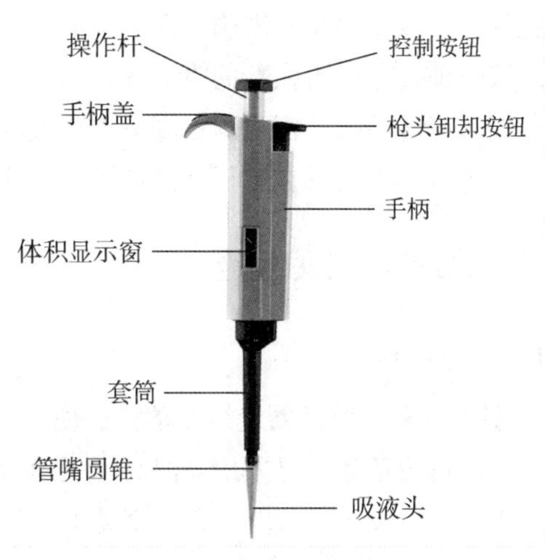

图24-1　移液器的结构示意图

二、操作与注意事项

（一）操作方法　微课/视频1

1. 设定移液体积　调节移液器体积时，逆时针旋转控制按钮以减小体积，顺时针旋转控制按钮以增大体积。务必在额定量程范围内进行调整，以避免损坏移液器。

2. 装配吸液嘴　对于单道移液器，将移液端垂直插入吸头，轻轻旋转并上紧。避免使用撞击方式，以免导致部件松动或损坏调节刻度旋钮。对于多道移液器，将移液器对准第一个吸头，倾斜插入并轻轻摇动上紧。

3. 移液方法　在移液前，确保移液器、吸头和待吸取液体的温度一致。将移液器竖直插入液体中2~3mm。吸液前先吸放几次以润湿吸液头，特别是对于黏稠或不同密度的液体，吸液或排液时建议多停留几秒，以确保准确移液。在吸取液体时，可采用下面四种方法。

（1）前进移液法　按下移液器控制按钮至第一停点，释放按钮回到原点后，再次按下至第一停点以排出液体。稍作停顿，待剩余液体聚集后，再按至第二停点以吹出残余液体。此方法适用于一般液体转移，特别是稀释液体或不太黏稠的液体。

（2）反向移液法　按下按钮至第二停点吸取液体，排液时按至第一停点排出设定量的液体。然后取下吸液头，弃掉残余液体。此方法主要用于转移高黏度液体、易产生气泡的液体或需要保护生物活性的液体。

（3）重复操作移液法　用于快速重复转移等量的同种液体，仅适用于将同种液体连续移至不同空容器，不适用于已有液体的容器。具体步骤如下：先安装一次性吸液头，按压控制按钮至第二停点，将吸液头插入液面下方，缓慢松开控制按钮以吸取液体。随后，将吸液头靠在容器内壁，轻轻倾斜以排除多余液体。将吸液头移至目标容器中，按压按钮至第一停点以放出液体。再次移液时，按压控制按钮至第二停点，重复吸液和放液步骤即可。

（4）全血移液法　适用于将血液或高浓度液体转移至低浓度液体中（如液体稀释）。操作步骤如下：先按前进移液法的步骤将吸液头吸满液体；然后将吸液头插入待加溶液的液面下，缓慢按压控制按钮至第一停点，松开控制按钮让其回到起点位置，重复此操作，直至样本全部转移完成；最后按压控制按钮至第二停点，确保吸液头内的液体彻底排出。操作时确保吸液头始终位于液面下方。

4. 移液器的放置　使用完毕后，应将移液器挂在移液器架上。需特别注意，若吸液头内仍有液体，切勿将移液器水平放置或倒置，以免液体倒流，导致活塞弹簧腐蚀受损。

（二）使用注意事项

使用移液器时，应注意以下事项以确保操作的准确性和设备的安全：①检查是否存在漏液现象，通过将移液器悬空垂直放置几秒钟，观察液面是否下降。如有漏液，需检查吸液头是否匹配，并确保弹簧活塞正常工作；②在调节体积时，需缓慢旋转控制旋钮，避免操作过快或超出设定量程，以免导致移液不准确或损坏移液器的内部部件；③装配吸液头时，应选择匹配的吸液头，避免用力过猛或强烈撞击，以防部件松动或刻度旋钮卡住；④吸取液体时，应缓慢松开控制按钮，并保持移液器垂直，以避免液体倒吸或操作不准确；⑤在移取小体积样本时，应选择适合的量程范围的移液器；⑥每次吸取不同液体前，务必更换新的吸液头，防止交叉污染；⑦如吸取了酸性或腐蚀性液体，建议拆下套筒并用蒸馏水清洗活塞和密封圈；⑧清洗移液器时，避免使用丙酮或其他强腐蚀性液体，应参照正确的清洗方法进行操作；⑨在进行高温消毒前，应查阅说明书，确保设备适合高温处理。

三、维护与常见问题

（一）维护保养

1. 日常保养 移液器应定期清洁，使用95%酒精或60%异丙醇擦拭外壁后，再用蒸馏水擦拭并自然晾干。消毒灭菌处理可采用高温高压灭菌或紫外线照射。使用后，应将移液器调至最大刻度以保持弹簧弹性，并将其垂直放置在移液器架上，避免水平放置造成损坏。

2. 校准 为确保加样的准确性，移液器应每年定期校准。常用的校准方法包括高铁化钾法、水称重法和水银称重法，其中水称重法具有更高的准确性且操作简便，推荐优先使用。校准可由实验室自行完成或委托国家计量部门进行。实验室自行校准的步骤如下。

（1）准备设备 使用超纯水、精密天平（0.5~2.5μl 量程需至少十万分之一的天平）、温湿度计、恒温室及小口容器（防止水分挥发）。确保环境温度保持在25℃ ±2℃。

（2）进行“三点测试” 分别在移液器的100%、50%、10%刻度进行校准。

（3）排除气泡 确保吸液头内无气泡，并选择需要校准的刻度。

（4）称量操作 在精度为0.1mg的电子天平上放置小口容器，并调零天平。

（5）进行加样 按下加液键，吸取固定容量的超纯水并注入容器中。待数据稳定后，记录天平数值及温度。此步骤重复进行10次。

（6）计算容积 容积 = 称量的超纯水重量/水的密度（25℃水的密度值：0.9979g/cm^3）

（7）计算相对偏差（Relative Deviation，RD）

$$RD = \frac{|V - \bar{V}_i|}{V} \times 100\%$$

式中，V 为设定容积；$\bar{V}_i$ 为计算容积的平均值。

（8）计算相对标准偏差（Relative Standard Deviation，RSD）

$$RSD = \frac{1}{V}\sqrt{\frac{\sum_{i=1}^{n}(V_i - V)^2}{n-1}}$$

式中，V 为设定容积；V_i 为计算容积；n 为测定次数。

（9）校准结论 $RD \leqslant 2\%$ 且 $RSD \leqslant 1\%$，则判定为合格；否则判定为不合格。

（二）使用常见问题及处理方法

使用移液器时，及时识别和解决故障对于维持设备精准性和可靠性至关重要。表24-1总结了移液器常见故障及其排除方法。

表24-1 移液器常见故障及排除方法

故障现象	故障可能原因	排除方法
移液器吸头漏液或渗液	1. 吸头损坏 2. 密封圈老化 3. 吸头未安装正确	1. 更换损坏的吸头 2. 检查并更换老化的密封圈 3. 确保吸头正确安装

续表

故障现象	故障可能原因	排除方法
移液器吸液量不准确	1. 活塞松动 2. 刻度盘损坏 3. 吸液嘴堵塞	1. 紧固活塞 2. 检修或更换刻度盘 3. 清洗吸液嘴
移液器出现漏气现象	1. 长期使用造成部件磨损 2. 外部撞击	1. 紧固部件 2. 更换损坏部件

第二节　离心机

PPT

离心机通过高速旋转产生离心力，分离混合物中的各组分，从而实现生物样本的分离、纯化和浓缩。作为临床实验室中不可或缺的常用设备，离心机为临床样本分析提供了重要支持。

一、原理、分类与结构 微课/视频 2

（一）工作原理

离心机利用高速旋转产生的离心力，通过将样本中的不同组分按密度差异分离。在旋转过程中，离心力使颗粒依据其密度、大小和形状沉降，密度大的颗粒沉降更快，形成沉淀层。离心机通过提升转速，克服颗粒在重力场下沉降速度慢的问题，尤其对细小颗粒如病毒或蛋白质，有效加速沉降过程，从而实现样本的分离、纯化和浓缩。具体原理如下：

1. 离心力生成　离心机的转子在高速旋转时产生离心力。离心力（F）与样品的质量（m）、转子的半径（r）以及旋转角速度（ω）的平方成正比。离心力的计算公式为：

$$F=m\cdot\omega^2\cdot r$$

式中，m 为样本的质量，单位 kg；ω 为角速度，单位 rad/s；r 为样本到旋转轴的距离，单位 m。

2. 颗粒分离　在离心过程中，混合物中的颗粒在离心力的作用下，依据其密度、形状和大小等物理属性，在离心机的离心管内沿径向方向沉降。密度较大的颗粒会沉降得更快，形成明显的沉淀层，而密度较小的颗粒则在离心管的上层保持悬浮或沉降得较慢。

3. 沉降过程　颗粒的沉降速度 v（m/s）与离心力、颗粒的直径、密度及液体的黏度有关。沉降速度的公式为：

$$v=\frac{2\cdot r^2\cdot(\rho_p-\rho_f)\cdot g}{9\cdot\eta}$$

式中，ρ_p为颗粒和液体的密度，单位 kg/m^3；ρ_f为液体的密度，单位 kg/m^3；g 为重力加速度，单位 9.81m/s^2；η 为液体的黏度，单位 Pa·s 或 N·s/m^2。

4. 加速沉降　对于较小的颗粒（如病毒或蛋白质），其沉降速度在重力场下可能过慢。离心机通过高速旋转生成强大的离心力，显著提高沉降速度，克服扩散和热运动的影响，实现有效的分离。

（二）分类

按照中华人民共和国医药行业标准（YY/T0657—2017），离心机按型式分为台式和落地式离心机；按转速分为低速、高速和超速离心机；按功能分为冷冻型和非冷冻型离心机；按容量分为普通和大容量离心机。表 24-2 为按转速分类的离心机性能比较。

表 24-2　按转速分类的离心机性能比较

离心机类型	转速范围	分离形式	常见应用	结构复杂性
低速离心机	<10000r/min	固液沉降分离	主要用于血浆和血清的分离，以及尿液、胸腔积液、腹腔积液和脑脊液样本中有形成分的分离	结构简单、操作方便、价格低廉
高速离心机	10000~30000r/min	固液沉降分离	主要用于生物样本的分离、浓缩和纯化，如提取 DNA 或 RNA，分离纯化细菌、细胞碎片、大型细胞器和硫酸铵沉淀蛋白等	结构较复杂，通常配有冷却系统
超速离心机	>30000r/min	差速沉降分离和密度梯度区带分离	主要应用于科研实验室，如分离亚细胞器、病毒、核糖体和生物大分子	高度复杂，包括先进的冷却和真空系统

（三）基本结构

离心机主要由机体部分、离心室、角转子、驱动系统、控制系统和防护系统等组成。冷冻离心机配备制冷系统，超速离心机增设真空系统。

1. 低速离心机　也称为普通离心机，主要由以下几个关键部件组成。

（1）电动机　作为离心机的核心部件，通常采用串激式电动机，由定子和转子构成。它提供较大的启动转矩，并在空载时具有较高的转速。但在负载增加时，电动机的转速会显著下降。

（2）离心转头　实现样本分离的关键部件。离心转头的类型有固定角转头、甩平式转头、区带转头、垂直转头和连续流动转头等，根据具体的应用需求进行选择。

（3）调速装置　用于控制电动机转速，主要通过改变供电电压或电流来实现。常见的调速装置包括多抽头变阻器和瓷盘可变电阻器，现代设备也使用电子控制系统，如可编程逻辑控制器（PLC）或触摸屏面板，以实现精确且便捷的转速调节。

（4）离心套管　用于放置和保护样本，通常由塑料或不锈钢制成。塑料套管（如聚丙烯）质轻但易受腐蚀和变形，适合短期使用。不锈钢套管则强度高、耐热耐腐蚀，适合需要高稳定性和耐用性的实验环境。

2. 高速（冷冻）离心机　核心部件主要包括转动装置、速度控制系统、真空系统、温度控制系统和安全保护装置。该离心机通过低温控制装置保持离心室内温度在0℃~40℃，并精确控制转速、温度和时间。

（1）转动装置　包括电动机、转头轴和连接部件。电动机提供高速旋转动力，转头轴传递动力，连接部件需密封良好以防泄漏并便于维护。

（2）速度控制系统　由标准电压、速度调节器、电流调节器、功率放大器、电动机和速度传感器组成，以实现精确的速度控制。

（3）真空系统　通过维持离心腔内的真空状态，减少空气摩擦产生的热量，以确保离心机能够达到正常所需的转速。

（4）温度控制系统　包括压缩机、冷凝器、毛细管和蒸发器，通过制冷剂的循环实现冷却，保持系统稳定性和能效。

（5）安全保护装置　包括电源过电流保护、超速保护、冷冻机超负荷保护和操作安全保护，监测并防止系统超负荷运行，确保设备稳定和人员安全。

3. 超速（冷冻）离心机　主要由驱动系统、速度控制系统、温度控制系统、真空系统及转头组成。其驱动系统使用水冷或风冷电动机，通过精密齿轮箱、皮带变速或变频感应电机驱动，并由微型计算机精确控制。设备配备过速保护系统和特殊装甲钢板的离心腔，以确保在极端情况下保持密闭。温度控制系统通过安装在转头下方的红外线测量感受器，实现对离心腔温度的准确监测和控制。超速

（冷冻）离心机的主要结构包括：

（1）椭圆形转子　通过柔性轴与驱动装置连接，在高速旋转中形成稳定的轴线，确保有效的离心分离。

（2）真空系统　抽离离心腔内空气，形成真空环境，减少空气摩擦产生的热量，有助于温度控制，保持离心过程的稳定性。

（3）光学系统　用于全程监控样本沉降情况，通过紫外光的吸收或折射率差异进行成像和监测。

二、操作与注意事项

1. 平衡问题　在装载离心管时，必须注意平衡，避免单边重量过重。若样本体积不一致，可使用相同体积的水作为平衡液，确保离心机平稳运行。

2. 转速和时间　根据样本类型和实验要求设置适当的转速和时间，避免过度离心。应严格遵守不同离心机和转子的最高转速和最大容量限制。

3. 安全措施　使用离心机前，检查设备是否完好，特别是转子和离心管是否有裂纹或损坏。在操作时必须确保离心机盖子盖好，以防止样本意外飞出。

4. 环境条件　离心机应放置在平稳、无振动的工作台上，且周围环境应保持清洁，无易燃物品，以保证设备的正常运行。

5. 紧急情况处理　如果离心机在运行过程中出现异常声音或振动，应立即关闭电源并检查原因。处理破裂的离心管时，要佩戴防护手套和护目镜，避免样本接触皮肤和眼睛。

三、维护与常见问题

（一）维护保养

1. 定期检查　定期检查电机、控制系统及机械部件的状态，确保其正常运转，无磨损或松动，电路连接稳固。

2. 维护保养　定期清洗离心机，使用适当清洁剂清除残留物；润滑运动部件，按厂家建议使用适当润滑油；定期校准设备，检查和更换耗材，以保持设备性能。

3. 安全检查　确保防护装置和紧急停机功能正常；保持设备环境清洁干燥，确保设备稳固放置。

（二）使用常见问题及处理方法

离心机出现异常时，应立即停机检查，以减少损失并确保安全。常见故障及其排除方法见表24-3。

表24-3　离心机常见故障及排除方法

故障现象	故障可能原因	排除方法
设备异常震动	1. 样本不平衡 2. 转子安装不当或损坏	1. 检查样本装载是否对称 2. 确保转子正确安装，定期检查转子状态
转速不稳定	控制系统故障或传感器问题	重新校准离心机，如问题依旧，联系专业技术人员检修
温度控制异常	制冷系统故障或温度传感器失灵	检查和清洁冷凝器，确认制冷剂充足，必要时联系厂家维修
噪音过大	轴承磨损、润滑不足或转子损坏	检查并润滑轴承，必要时更换轴承或转子

知识拓展

离心机的发展趋势

离心机的发展趋势是逐渐向专业化方向迈进，以满足临床实验室多样化的样本处理和分析需求。

专用离心机种类繁多，包括自动脱帽离心机（适合血库和临床实验室的真空采血管处理）、血液离心机（分离血浆和血细胞）、细胞涂片离心机（用于细胞学涂片的固定和清洗）、免疫血液离心机（分离抗体和抗原）、尿液沉渣分离离心机（用于尿液样本分析）、微量毛细管离心机（适用于微小样本分离，如细胞培养和分子生物学领域）、富血小板血浆（PRP）离心机（分离高浓度血小板血浆，适用于骨科和美容科）以及冷冻离心机（用于分离和保存温度敏感样本，如细胞培养和基因工程）。这些离心机设计功能各异，以满足不同样本处理和分析的特定需求。

PPT

第三节　培养箱

培养箱是现代医院和科研机构中不可或缺的重要设备，主要用于组织、细胞和细菌的培养。其基本工作原理是通过人工方法在箱内创造适合微生物和细胞生长繁殖的环境，如控制温度、湿度和气体等。

医学实验室常用的培养箱包括电热恒温培养箱、二氧化碳培养箱和厌氧培养箱。

一、电热恒温培养箱

电热恒温培养箱是一种广泛应用于细菌培养和封闭式细胞培养的实验室设备，同时也常用于细胞培养相关器材和试剂的预温及恒温。

（一）分类

电热恒温培养箱有水套式（隔水式）电热恒温培养箱和气套式电热恒温培养箱，两者的基本结构相似，只是加热方式有所不同。水套式通过外部热水循环系统加热，温度控制稳定，适合对温度波动要求高的实验。气套式通过内部加热元件对空气加热，升温快但温度稳定性相对较差。

（二）结构

电热恒温培养箱主要由箱体、电热器和温度控制器三部分构成。

1. 箱体　包括壳、箱门、恒温室、进气孔、排气孔和侧室。箱壳由三层薄铁板组成，外夹层填充隔热材料，内夹层为空气对流层。双层门设计有效减少热量散失。恒温室由金属板围绕，内部有隔层用于放置物品。温度控制器的感温部分位于恒温室内，底部夹层装有电热丝。箱体设有进气孔和排气孔，中央插入温度计以指示温度。侧室与恒温室隔开，内置电器元件，便于检修电路。

2. 电热器　电热恒温培养箱的加热元件，通常由四根并联的电热丝组成，盘绕在绝缘板上，总功率在1~8kW。

3. 温度控制器　负责控制恒温箱内的温度，当温度超过设定值时，电路中断停止加热；当温度低于设定值时，电路恢复，温度上升。

（三）使用注意事项与维护

1. 隔水层的加水　将加水外接头连接到箱体外壁上的进水接口，再将橡皮管连接到水龙头。首次使用时，打开水龙头，低水位指示灯亮起并伴有报警声，表示水位正在上升。当低水位指示灯熄灭且报警声消失时，关闭水龙头。

2. 设定温度　按下控温仪的“SET”功能键进入温度设定状态，SV设定显示开始闪烁。使用移位键和加减键设定所需温度，完成后再次按“SET”键确认。培养箱开始升温，加热指示灯亮。当箱内温度接近设定温度时，加热指示灯会多次亮灭，表示进入恒温状态。

3. 箱内物品放置 在培养箱内放置物品时，应避免过挤，确保有足够的空间便于空气流动。

4. 清洁维护 箱内外应保持清洁，使用完毕后应及时清洁，以防止残留物影响下一次的使用。长期不使用时，应将培养箱放置于干燥的室内，避免受潮，以防生锈或影响电子元件的正常工作。

5. 恒温箱 其无防爆装置，不得在其内存放易燃、易爆物品。

6. 异常情况检查 使用培养箱时，遇异常（如温度、湿度偏差或噪音），立即停机检查原因。无法解决时，快速联系专业人员维修或更换。

（四）使用常见问题与解决方法

电热恒温培养箱常见故障及解决方法可参考表24-4。

表24-4 电热恒温培养箱常见故障及排除方法

故障现象	故障可能原因	排除方法
无法加热或加热不足	1. 加热元件损坏 2. 温度控制器故障 3. 传感器故障 4. 电源连接不良	1. 检查并更换加热元件 2. 检查温度控制器设置和状态，必要时更换 3. 检查传感器，必要时更换 4. 检查电源插头和插座，确保连接良好
温度过高或温度不稳定	1. 温度控制器故障 2. 传感器失灵或位置不正确 3. 加热元件过热	1. 检查温度控制器，必要时更换或重新校准 2. 检查传感器的位置和状态 3. 检查加热元件的工作状态，必要时更换
显示屏无显示或显示异常	1. 电源故障 2. 显示屏连接松动或断裂 3. 控制电路板故障	1. 检查电源插座和电源线，确保供电正常 2. 检查显示屏连接线，必要时重新连接或更换 3. 联系厂家或专业维修人员检查控制电路板
风扇不工作或噪音过大	1. 风扇电机故障或损坏 2. 风扇叶片被异物卡住 3. 风扇轴承磨损	1. 检查风扇电机，必要时更换 2. 检查风扇叶片是否被异物卡住，清理异物 3. 润滑或更换轴承

二、二氧化碳培养箱

二氧化碳培养箱是在电热恒温培养箱的基础上增加了气体控制系统和湿度控制系统，旨在为细胞和微生物提供一个稳定的CO_2浓度（5%）和适宜的湿度环境（95%），以确保其在适宜的温度（37℃）和pH(7.2~7.4)条件下进行正常生长和代谢。目前CO_2培养箱广泛应用于细菌、组织和细胞培养、病毒增殖和克隆技术等领域。CO_2培养箱分为多种类型，主要包括水套式、气套式、高温灭菌式和红外CO_2培养箱等。

（一）结构

CO_2培养箱的核心部件是温度控制系统、CO_2控制系统、相对湿度控制系统、微处理控制系统和污染物控制系统等。

1. 温度控制系统 根据加热介质不同，CO_2培养箱分为水套式和气套式两种类型，水套式CO_2培养箱包含独立热水隔间，通过电热丝加热循环流动的水来调节箱内温度。利用水的储热特性在断电时保持温度稳定性，适合在实验条件不稳定（特别是有用电限制或突发断电）的工作场所使用。气套式CO_2培养箱通过内部气套层的加热器直接加热内箱体，也称为六面直接加热。与水套式培养箱相比，气套式培养箱加热速度更快，温度恢复更迅速，特别适合短期培养和频繁开关箱门的应用。

2. CO_2控制系统 培养箱中CO_2浓度通过CO_2浓度传感器探测并控制。CO_2浓度传感器主要分为两种类型：热导传感器和红外传感器。

（1）热导传感器（TC） 通过监测电阻变化来测量 CO_2 浓度，但其准确性容易受到温度和湿度波动的影响，尤其在环境稳定性要求高的条件下不适用。例如，频繁开关箱门会导致 CO_2 浓度、温度和湿度的波动，进而影响 TC 传感器的精确度。

（2）红外传感器（IR） 通过发射红外线并测量其被 CO_2 吸收后的减少量来计算 CO_2 浓度。由于 IR 系统不受温度和湿度变化的影响，它适用于需要频繁开启培养箱门的细胞培养环境。

3. 相对湿度控制系统 保持饱和湿度环境有助于防止 CO_2 从培养液中逸出，维持 pH 稳定，避免培养液干燥和水分蒸发，从而防止渗透压升高，保障细胞培养的成功。大多数 CO_2 细胞培养箱通过增湿盘的蒸发作用供应湿气，相对湿度可达 95% 左右。大型 CO_2 培养箱则使用蒸汽发生器或喷雾器来控制湿度。

4. 微处理控制系统 集成了高温自动调节和警报装置、CO_2 警报装置、密码保护设置、自动校准系统等功能，使得操作和控制变得十分简便。该系统负责维持培养箱内的温度、湿度和 CO_2 浓度的稳定。

5. 污染物的控制系统 污染是细胞培养失败的主要原因之一。CO_2 培养箱通过多种防污染装置来控制污染风险，包括在线式持续灭菌和高温灭菌。在线式持续灭菌利用紫外消毒器和高效空气过滤器（HEPA），其中 HEPA 滤器能过滤掉 99.97% 的 0.3μm 以上颗粒并杀死微生物。高温灭菌系统通过将箱内温度升至 180℃ 来杀死污染微生物。结合 HEPA 系统使用，这些措施能显著减少污染风险，确保培养环境的无菌。

6. 内门加热系统 CO_2 细胞培养箱通常配备内门加热系统，以防止内门冷凝水的形成，维护箱内湿度和温度的稳定。这有助于降低污染风险，确保细胞培养的无菌环境和实验结果的可靠性。

（二）使用注意事项

1. 首次使用 向水套中添加足够的去离子水或蒸馏水，并确保密封盖子，以减少水分蒸发。

2. 供气 使用专为 CO_2 设计的减压阀，调节压力至 0.1MPa 以内。更换气瓶或首次使用后，确保减压阀压力调节开关关闭以防设备损坏。当气瓶压力低于 1MPa 时，及时更换气瓶。更换时先关闭气瓶开关，松开减压阀螺丝，然后安装新气瓶。

3. 环境温度 若环境温度与设定温度差小于 5℃，使用空调调节环境温度，保持培养过程中的温度稳定，以确保设备温度控制精度。

4. 操作注意 尽量减少打开箱门的次数，以避免 CO_2 浓度、温度和湿度的剧烈变化。

5. 湿度管理 定期维护以防霉菌生长，保持箱内清洁，使用不含碘的消毒液消毒，并定期检查蒸馏水槽中的水量，以维持适当的相对湿度。

（三）维护及常见问题

1. 二氧化碳培养箱的维护 定期维护 CO_2 培养箱包括：检查并补充水套中的水，确保 CO_2 气瓶充足并检查气管道和接口有无泄漏；定期除尘以防堵塞气道和电磁阀；长时间不使用时，关闭电源和供气系统，排除残留水，清洁内部并确保干燥后再关闭箱门。

2. 二氧化碳培养箱的常见问题及处理方法 表 24-5 总结了 CO_2 培养箱在使用过程中常见的问题及其处理方法。

表 24-5 CO_2 培养箱的常见故障及排除方法

故障现象	故障可能原因	排除方法
无法启动	电源连接问题、安全锁未锁定、内部故障	检查电源连接，确保安全锁正确锁定，如问题持续，联系售后服务

续表

故障现象	故障可能原因	排除方法
CO_2浓度不稳定	气体供应不稳定、传感器故障	检查气体供应系统和减压阀，校准或更换 CO_2 传感器
温度不稳定	控制系统故障、环境温度变化	重新校准温控系统，保持环境温度稳定
湿度控制异常	增湿盘问题、蒸汽发生器故障	检查增湿盘和蒸汽发生器，确保其正常工作
内门有冷凝水	内门加热系统故障	检查并修复内门加热系统

三、厌氧培养箱

厌氧培养箱是专为培养厌氧菌设计的设备，通过气体交换系统去除氧气、密封环境防止外部氧气进入以及实时监控氧气浓度，提供稳定的无氧条件。此外，它还配备了可调节的温度和湿度控制系统，确保最佳培养环境。

（一）工作原理

厌氧培养箱通过催化除氧和自动循环换气系统维持稳定的无氧环境，确保厌氧菌的正常生长。

1. 自动连续循环换气系统　该系统可以最大程度地减少氧气含量。培养箱与真空泵相连，自动换气功能可通过按钮控制，自动抽气和换气，从而在箱内产生厌氧状态。换气过程包括三个气体排空阶段、两个氮气净化阶段和一个缓冲室平气压阶段，具体过程为：气体排空→氮气净化→气体排空→氮气净化→气体排空→气压平衡。

2. 催化除氧系统　该系统使用钯催化剂将厌氧环境中的微量氧气与氢气反应生成水，并由干燥剂吸收。系统通过三层催化剂薄片和风扇实现气体的连续循环，维持箱内 85% 氮气、5% 二氧化碳和 10% 氢气的稳定厌氧环境。

（二）结构

厌氧培养箱是一个密闭的大型金属箱，通常包括手套操作区、传递箱和内置小型恒温培养箱。

1. 缓冲室　或称传递舱，设有内外两个门。后部连接间歇真空泵，随时可自动抽气换气，形成无氧环境。实际工作中，先将标本和培养基等放入缓冲室，使其变为厌氧状态后再转移到操作箱内。

2. 手套操作箱　操作箱前面装有塑料手套，操作者通过手套伸入箱内操作，使箱内与外界隔绝。操作箱内侧门与缓冲室相通，操作者可通过手套控制开启。当标本和培养基等在缓冲室内完成厌氧处理后，可通过内门转移到操作箱内。

3. 小型恒温培养箱　操作箱内配有小型恒温培养箱，其主要功能是为培养细菌提供一个稳定且精确的温度环境。

（三）使用注意事项

1. 操作前检查　在操作前，确保厌氧培养箱门完全关闭并密封，通过培养箱自带的手套操作口进行操作，以减少污染风险。

2. 操作安全　定期检查氧气、氢气和二氧化碳气体浓度，以防漏气和避免爆炸。

3. 停止使用后的处理　结束使用后，彻底排除培养箱内残留气体，并进行清洁和消毒，以维持设备的良好状态。

4. 环境与安全注意事项　保持培养箱周围环境清洁，避免温度突变，确保气体管道连接紧密且无泄露，并遵循安全操作规程，以保障实验结果和设备安全。

5. 使用与维护　使用后清洁培养箱内表面，定期检查温度控制器、传感器和气体供应系统，确保其准确性和稳定性，并根据需要进行维护或更换。

第四节 超净工作台

PPT

超净工作台（Clean Bench），又称洁净工作台，是一种箱式空气净化设备，能够在局部操作环境中提供ISO 5级（100级）或更高级别的洁净度。随着医学技术的发展和对操作环境洁净度要求的提高，超净工作台在临床检验实验室和其他相关领域的使用频率逐渐增加。

一、原理、分类与结构

（一）基本工作原理

超净工作台的工作原理如下：室外空气通过进风口进入工作台，首先经过初级过滤器去除大颗粒物，然后通过HEPA进一步净化，去除99.99%或99.999%的微小颗粒物和微生物。经过过滤的洁净空气按照垂直或水平单向流的气流模式流动，形成气流屏障，保护操作区域不受污染。最终，带有污染物的空气通过排风系统被排出，确保操作环境的高度洁净。

（二）分类

按照中华人民共和国医药行业标准（YY/T 1539-2017），超净工作台根据气流流型和操作方式的不同，可以分为以下几类。

1. 按气流流型分类 可分为垂直单向流和水平单向流：①垂直单向流，气流从工作台的顶部垂直向下流动，经过HEPA过滤后，空气流经工作区域，再从台面下方排出。这种气流流型常用于操作区域上方无障碍物的应用场景；②水平单向流，气流从工作台的一侧水平流向另一侧，同样经过高效过滤器进行净化。这种气流流型适用于需要较大操作空间的应用场景，气流可以有效地排除工作区域的污染物。

2. 按操作方式分类 可分为单面操作和双面操作：①单面操作，工作台的一侧设有操作面板，适用于需要单侧操作的场景，常见于空间较小或操作人员仅需从一侧进行操作的情况；②双面操作，工作台两侧均设有操作面板，适用于需要双侧同时进行操作的场景，通常为操作人员在两侧进行工作，增加了操作的灵活性和便利性。

（三）基本结构

超净工作台结构上主要包含工作区、风机和气流系统、过滤系统、照明系统、控制面板等五部分。

1. 工作区 包括台面和挡板，通常由不锈钢或其他耐腐蚀材料制成，易于清洁和消毒。

2. 风机和气流系统 控制气流方向和速度，以确保有效的空气交换和过滤。

3. 过滤系统 包括初效过滤器和高效过滤器，用于去除空气中的微粒和微生物。

4. 照明系统 提供足够的光线以保证实验操作的准确性。

5. 控制面板 控制风机、灯光等功能，通常配有显示屏和操作按钮。

二、操作与注意事项

（一）操作方法

1. 启动设备 打开工作台电源，启动风机，确保气流稳定后方可开始使用。

2. 预热和稳定　启动后，待设备运行15~30分钟，以使气流稳定和过滤器达到最佳工作状态。

3. 准备工作　将所需实验材料和器具放置在工作区内，确保放置位置不会阻碍气流。

4. 进行实验　在操作过程中保持工作区域清洁，不要用手触碰过滤器或挡板。

5. 关闭设备　实验结束后，关闭风机和灯光，整理工作区域，并进行清洁。

（二）使用注意事项

1. 保持清洁　定期清洁工作台面和挡板，避免污染源积累。

2. 避免污染　不要在工作台上放置未经消毒的物品，避免污染过滤器。

3. 操作规范　操作时应避免在工作区内迅速移动物品，减少气流扰动。尽量减少开关工作台前门的次数，以降低污染物进入的风险。

4. 检查过滤器　定期检查和更换过滤器，以确保过滤效果。

三、维护与常见问题

（一）维护保养

1. 定期清洁　定期对工作台表面、挡板和其他部件进行清洁，使用适当的消毒剂。

2. 过滤器更换　根据厂家建议或使用频率定期更换过滤器，以保证过滤效果。

3. 设备检查　定期检查风机和气流系统，确保其正常运转。

4. 校准测试　定期进行性能校准测试，以确保设备的洁净度和气流速度符合标准。

（二）使用常见问题与处理方法

1. 气流不稳定　可能由于风机故障或过滤器堵塞，需检查风机运行状态和更换过滤器。

2. 过滤器更换提示　设备显示过滤器需要更换，按照说明书进行更换，并重启设备。

3. 噪音问题　风机运行噪音过大可能是设备老化或故障，需联系专业人员进行检查。

4. 操作故障　若操作面板无响应，检查电源连接和操作面板状态，必要时联系维修服务。

第五节　生物安全柜

PPT

在临床实验室的日常工作中，处理临床标本时产生的生物气溶胶是一项重要的生物安全问题。生物气溶胶是粒径一般在0.001~100μm的固态或液态微粒，可能含有病原微生物，对操作人员和环境构成威胁，并可能导致样本间的交叉污染。生物安全柜（biological safety cabinet，BSC）是防止这些危害的关键设备。它是一种负压过滤排风柜，可以防止操作者和环境暴露于实验过程中产生的生物气溶胶。

一、原理、分类与结构

（一）工作原理

生物安全柜主要是通过抽吸系统将柜内空气抽出，保持柜内负压状态，使柜内气体不会外泄，保护工作人员安全。外界空气经过HEPA过滤后进入安全柜内，以避免样本在处理时被污染。同时，柜内空气经过高效空气过滤器过滤后再排放到大气中，以保护环境。

（二）分类

按照中华人民共和国国家标准（GB 41918—2022），生物安全柜根据气流及隔离屏障的设计结构分为Ⅰ、Ⅱ、Ⅲ级。

1. Ⅰ级生物安全柜 主要用于保护操作人员和环境安全，但不提供样本安全防护。空气通过前窗操作口进入柜内，流经工作台表面后，经过 HEPA 过滤，再从排气口排到大气中。由于其气流为单向且不循环，前窗操作口的负压气流能够有效防止污染物外泄，从而保护操作人员的安全，同时从安全柜内排出的气流经 HEPA 过滤后排出，保护环境不受污染。

2. Ⅱ级生物安全柜 用于同时保护操作人员、环境和样本安全，是临床生物防护中最常用的类型。其设计通过前窗操作口吸入气流，形成负压以保护操作人员的安全。工作空间内的垂直下降气流经过 HEPA 净化，确保样本不受污染，从而保护样本安全。安全柜内的气流经 HEPA 过滤后排出，以保护环境不受污染。

Ⅱ级生物安全柜按排放气流占系统总流量的比例及内部设计结构分为 A1、A2、B1、B2 四种类型。不同类型Ⅱ级生物安全柜的性能特点比较见表 24-6。

表 24-6 不同类型Ⅱ级生物安全柜性能特点比较

特性	Ⅱ级 A1 型	Ⅱ级 A2 型	Ⅱ级 B1 型	Ⅱ级 B2 型
前窗操作口流入气流最低平均流速	0.40m/s	0.50m/s	0.50m/s	0.50m/s
下降气流	部分流入气流和部分下降气流的混合空气，经过高效空气过滤器过滤后送至工作区	部分流入气流和部分下降气流的混合空气，经过高效空气过滤器过滤后送至工作区	大部分由未污染的流入气流循环提供，经过高效空气过滤器过滤后送至工作区	来自经过高效空气过滤器过滤的实验室或室外空气，不再循环
污染气流处理	经过高效空气过滤器过滤后可排到实验室或通过排风管道排到大气中	经过高效空气过滤器过滤后可排到实验室或通过排风管道排到大气中	大部分被污染的下降气流经过高效空气过滤器过滤后通过专用排气管道排入大气中	经过高效空气过滤器过滤后通过排气管道排到大气中，不允许回到生物安全柜和实验室
负压状态	所有生物污染部位均处于负压状态或被负压通道和负压通风系统包围	所有生物污染部位均处于负压状态或被负压通道和负压通风系统包围	所有生物污染部位均处于负压状态或被负压通道和负压通风系统包围	所有污染部位均处于负压状态或被直接排气（不在工作区循环）的负压通道和负压通风系统包围
用途	不能用于有挥发性化学品和挥发性放射性核素的操作	可用于以微量挥发性有毒化学品和痕量放射性核素为辅助剂的微生物操作，需连接排气罩	可用于以微量挥发性有毒化学品和痕量放射性核素为辅助剂的微生物操作	可用于以挥发性有毒化学品和放射性核素为辅助剂的微生物操作

3. Ⅲ级生物安全柜 具有全封闭、不泄漏结构的生物安全柜。操作人员通过与柜体密闭连接的手套在生物安全柜操作区内实施操作。生物安全柜内对实验室的负压应不低于 120Pa。下降气流经 HEPA 过滤后进入生物安全柜。排出气流经两道 HEPA 过滤后排放到室外。

（三）基本结构

不同类型的生物安全柜结构有所不同，但通常由箱体和支架组成。现以最常用的Ⅱ级生物安全柜为例进行介绍，其箱体内部配有前玻璃门、风机、门电机、进风预过滤罩、空气过滤器、外排空气预过滤器、照明和紫外光源等设备。

1. 前玻璃门 通常由高强度、耐磨损、防紫外线的透明玻璃材料制成。旨在提供清晰视野并防止有害物质溢出，确保操作安全。玻璃门的设计需具备良好的密封性和平稳的开启关闭机制，并且需要定期清洁和维护，以保持其透明度和性能。

2. 空气过滤系统 是保障设备性能的核心系统，由进风口预过滤罩、进气风机、风道、排风预过滤器、净化空气过滤器和外排空气预过滤器构成。其主要作用在于使洁净空气持续进入工作室，维持垂直气流流速一般不低于 0.3m/s，确保工作室洁净度达 100 级，同时净化外排气体。HEPA 为主要生物防护结构，过滤效率达 99.99%~100%，可拦截 23~25nm 病毒颗粒，其前常装预过滤罩和预过滤器以延长使用寿命。

3. 外排风箱系统　主要由外排风箱壳体、风机和排风管道等组成，主要功能是提供排气动力，将工作室内的污染气体抽出，并通过外排过滤器进行净化。系统维持工作室负压状态，确保玻璃门处向内的补给空气具有足够的平均风速（通常≥0.5m/s），以防止污染空气外溢，保障操作者安全。

4. 前玻璃门驱动系统　一般由门电机、前玻璃门、牵引机构、传动轴和限位开关等组成，主要是使前玻璃门的操作轻便顺畅，并保持周边的密封性，保证安全柜内部环境的稳定性和洁净度。

5. 紫外光源　一般位于前玻璃门内侧，固定在工作室的顶端，装有紫外灯管，用于消毒。

6. 照明光源　通常位于前面板内侧，提供均匀的光线以支持实验操作。

7. 控制面板　用于操作和管理生物安全柜的各项功能，通常包括电源开关、紫外灯和照明灯开关、风机开关、前玻璃门控制开关，以及功能设置和系统状态的液晶显示屏。

二、操作与注意事项

1. 个人防护　在使用生物安全柜时，根据实验的具体要求和风险等级，穿戴适当的个人防护装备以确保安全。确保生物安全柜在正常运行状态下使用，并在关闭前至少运行 5 分钟以保持空气流通。

2. 物品摆放　保持生物安全柜内物品数量尽量少，按照从清洁区到污染区的原则摆放，并将物品放置在工作台的后部，避免阻挡前玻璃门的进气口。废弃物和污物容器应放置在柜内污染区。

3. 紫外线灯维护　每周清洁紫外线灯以去除灰尘和污垢，确保灯的亮度适宜。

4. 避免明火　不要在生物安全柜内使用明火，以免扰乱气流和损坏高效空气过滤器。

5. 操作　在安全柜内操作时，手臂应缓慢移动，减少频繁进出，操作完毕后缓慢抽出手臂，避免污染空气带出。同时，减少背后人员的活动，以保持气流稳定。

6. 防止交叉污染　当需要在生物安全柜内移动两种及以上物品时，应遵循低污染向高污染物品移动的原则。

7. 避免震动　避免将产生震动的仪器（如离心机）放入生物安全柜，以防止滤膜上的颗粒物被抖落，影响柜内洁净度。

三、维护与常见问题

（一）维护保养

生物安全柜的维护包括定期清洁与消毒、HEPA 更换和现场检测。每次实验后，应及时清洗和消毒工作区域，以减少残留物和交叉污染风险。定期检查并在过滤器使用寿命到期时更换，HEPA 更换时需由专业人员操作并注意防护。生物安全柜需在实验室竣工前、移动或检修后、更换过滤器后以及年度检测时进行现场检测，检查项目包括气流速度、流向、工作区洁净度、噪声、光照度、排风系统性能和过滤器泄漏等。

（二）使用常见问题与处理方法

表 24-7 为生物安全柜常见的一些故障及相应的排除方法。

表 24-7　生物安全柜常见故障及排除方法

故障现象	故障可能原因	排除方法
噪音过大	风机松动或损坏、内部部件不正常	检查风机是否松动或损坏，确保所有部件正常固定；若问题持续，可能需要更换风机或其他部件

续表

故障现象	故障可能原因	排除方法
紫外灯不工作	电源连接问题、灯管损坏	检查紫外灯的电源连接，确保灯管无损坏；如有必要，替换灯管或修理电源组件
照明灯故障	电源问题、灯泡损坏	检查照明灯的电源连接及灯泡是否完好；必要时更换灯泡或修理电源
前玻璃门难以移动	滑轨或密封条阻碍、润滑不足	检查前玻璃门的滑轨和密封条是否被阻碍；清洁滑轨并检查是否需要润滑或修理
过滤器更换指示灯亮起	过滤器积尘过多	定期检查并根据使用情况更换高效空气过滤器

PPT

第六节 实验室净水设备

实验室净水设备是临床实验室和科研机构必备的关键设施，其主要功能是提供符合实验要求的高质量水，通过去除水中的杂质、离子、有机物和微生物等，保障实验用水的安全性和纯度。

一、实验室用水标准

水中的污染物主要分为颗粒、离子、有机物、微生物和气体五种，这些物质均可对临床检验结果造成影响。我国根据《分析实验室用水规格和试验方法》（GB/T 6682—2008）标准，将实验室用水分为三个等级：一级、二级和三级（表 24-8）。

表 24-8 分析实验室用水规格（GB/T 6682—2008）

名称	一级	二级	三级
pH 范围（25℃）	-	-	5.0~7.5
电导率（25℃）（ms/m）	≤0.01	≤0.10	≤0.50
可氧化物质含量（以 O 计）（mg/L）	-	≤0.08	≤0.40
吸光度（254nm，1cm 光程）	≤0.001	≤0.01	-
蒸发残渣（105℃ ± 2℃）含量（mg/L）	-	≤1.0	≤2.0
可溶性硅（以 SiO_2，计）含量（mg/L）	≤0.01	≤0.02	-

实验室用水目视观察应为无色透明液体，其原水应为饮用水或适当纯度的水，且三个等级的纯水应在独立的制水间制备。

1. 一级水（超纯水） 一级水是实验室用水的最高纯度级别，通常对应于实验室常用水的超纯水。可由二级水经石英蒸馏设备蒸馏或离子交换混合床处理后，再用 0.2μm 微孔滤膜过滤制得，几乎没有溶解的固体、有机物或微生物。一级水适用于对水质要求严格的分析实验，包括对颗粒有要求的实验，如高效液相色谱分析用水，一般不贮存，需现制现用，以避免容器可溶解成分的溶解、空气中 CO_2 和其他杂质的污染。

2. 二级水（高纯水） 二级水的纯度低于一级水，通常对应于实验室常用水的高纯水。大多数分析仪器和实验使用二级水，可通过多次蒸馏或离子交换等方法制取，也可由三级水蒸馏制得。二级水适用于无机痕量分析等实验，如原子吸收光谱分析用水，可适量制备，一般储存在预先经二级水清洗过的相应容器中。

3. 三级水（蒸馏水和去离子水） 三级水的纯度最低，通常对应于实验室常用水的蒸馏水和去离子水。可用蒸馏或离子交换等方法制取。三级水在日常实验中用量最大，适用于一般化学分析实验，可适量制备，储存于预先经三级水清洗过的相应容器中。

二、原理与结构

（一）工作原理

实验室制备纯水时常用技术包括蒸馏、离子交换、电渗析、反渗透和电去离子。通过组合使用这些方法，可以发挥各自优势，克服单一方法的局限，更有效满足实验室对不同纯度水的需求。

1. 蒸馏法（distillation） 是一种基于混合液体或液-固体系中各组分沸点差异制备实验室纯水的物理方法。通过加热使水蒸发，冷凝回收纯净的水蒸气，从而分离出杂质。大部分杂质可去除，但挥发性杂质如二氧化碳、二氧化硅和某些有机物难以去除，因此蒸馏水适用于普通分析实验室。蒸馏法操作简便，但能耗高，需较大电功率，并会浪费大量冷却水。

2. 活性炭吸附法（aclive carbon adsorption） 利用活性炭的物理吸附、化学吸附、氧化、催化氧化和还原性去除水中污染物的水处理方法。活性炭的丰富微孔结构使其能够与水中的污染物充分接触并吸附，其吸附能力与表面积成正比，表面积越大，吸附能力越强。由于活性炭是非极性分子，更容易吸附非极性或极性很低的物质，常用于纯水制备的前期过滤，去除原水中的有机物及氯。该方法经济易操作，但需定期更换活性炭以维持效果。

3. 离子交换法（ionic exchange，IE） 是一种将自来水通过装有阴、阳离子交换树脂的离子交换柱，以去除水中的杂质离子的方法。该方法操作简单、成本低、出水量大且出水电导率低，因此是实验室制备纯水最常用的方法。然而它无法完全去除有机物和非电解质。部分实验室会先使用普通蒸馏水或电渗水替代原水，再进行离子交换处理。为维持其交换效果，需定期进行酸碱再生处理。

4. 电渗析法（electro-dialysis，ED） 在直流电场的驱动下，通过电渗析器利用离子交换膜去除水中的阴离子和阳离子。此过程结合了电化学和渗析扩散原理，使阴离子和阳离子通过选择性透过的离子交换膜迁移，从而分离水中的杂质。电渗析器主要由离子交换膜、隔板和电极等组成，其中离子交换膜是关键部件，由具有离子交换性能的高分子材料制成。在直流电场作用下，阴阳离子选择性地迁移至不同区域，产生纯水和浓缩水。尽管纯化水成本低且膜无需再生，但电渗析法的脱盐率相对较低。

5. 反渗透法（reverse osmosis，RO） 又称逆渗透，是一种以压力差为推动力，通过膜分离从溶液中分离出溶剂的方法。反渗透技术广泛应用于脱盐领域，其原理是在膜的原水一侧施加高于溶液渗透压的压力，使水从高渗透压流向低渗透压，截留有机物、微生物和可溶性盐分，最终随浓水排出。此方法操作简便、运行稳定，能有效去除溶解性盐、分子量大于 200Da 的有机物、细菌以及铁、锰和硅等无机物。然而，它的原水利用率较低，膜容易堵塞需定期清理，并对原水的浊度有较高要求。

6. 电去离子法（electro deionization，EDI） 又称填充床电渗析，是将电渗析与离子交换有机结合的一种水处理技术。在 EDI 系统中，电渗析器的隔膜间填充了阴阳离子交换树脂。这种设计提高了膜间的导电性，增强了离子迁移，并改善了膜面浓度滞留层的离子分布，从而提升了处理效率。EDI 的工作原理是在直流电场的作用下，利用离子交换树脂和选择性渗透膜的协同作用，使水中的离子定向迁移并被有效去除。在这一过程中，离子交换、离子迁移和树脂的电再生同时发生。水分子在电场中解离为氢离子和氢氧根离子，这些离子不仅提供电流，还对树脂进行原位再生。与传统离子交换法相比，EDI 无需外部树脂再生和酸碱贮罐，减少了环境污染，并提供了高纯度的水和更高的水回收率，是一种高效、环保的水处理技术。

7. 混合纯化系统 通过结合多种纯化技术，以满足不同实验室对水质的需求。其步骤包括滤膜预处理、活性炭吸附、离子交换、反渗透膜处理，最终通过0.22μm滤膜去除微生物。系统中常配备回流装置监控水质。通过多级纯化，混合纯化系统可制备出符合或超过国内一级水标准的纯水。

（二）基本结构

实验室的超纯水设备包括预处理系统、精处理系统以及自动监控系统。整个水处理过程分为预处理、软化、反渗透、电去离子和储存五个阶段，以确保最终产生的超纯水符合实验要求。

1. 预处理单元 主要先通过石英砂过滤，再经活性炭吸附，有效去除原水中的悬浮物、微生物、有机物、无机物，减轻后续处理单元负荷，确保水质纯净，系统稳定运行。

2. 软水器单元 通过离子交换技术去除水中的硬度离子。水中的钙、镁离子与树脂中的钠离子交换，树脂吸附钙、镁离子，释放钠离子，使流出的水变为软化水。树脂在交换过程中逐渐饱和后需再生，使用工业氯酸钠（无碳）溶液将吸附的钙、镁离子置换，恢复树脂的软化能力。

3. 反渗透单元 是实验室超纯水制备中的重要环节，主要用于去除水中的无机盐、有机物、细菌和病毒等杂质。该单元采用高效反渗透膜，通常为螺旋卷式结构，能够最大化接触面积。这种膜结构具有水流分布均匀、耐污染程度高、更换费用低、外部管路简单、易于清洗维护以及故障率低等优点。

4. 超纯水混床单元 通过特殊处理的高性能混床树脂，利用离子交换技术有效去除水中的阳离子和阴离子，实现水的脱盐和提纯。混床树脂通过离子交换反应去除水中离子，阳离子与树脂上的阳离子交换，树脂上的氢离子释放到水中；阴离子与树脂上的阴离子交换，树脂上的氢氧根离子释放到水中，与氢离子结合生成水，从而实现脱盐。

5. 超纯水储存单元 主要用于存储由纯水机产生的超纯水。该单元通常配备高低水位传感器，用于自动控制制水过程。当水位低于设定值时，纯水机会启动制水；当水位达到设定的高值时，纯水机会自动停止，以保持水位在预定范围内。

三、操作与注意事项

使用实验室净水设备时，需熟悉操作说明，定期保养和更换滤芯，保持环境整洁，定期清洁设备和测试水质，确保接地良好和用电安全，必要时减慢制水速度。不同型号有不同要求，使用前详读说明书并遵循厂家建议，有疑问时咨询供应商或专业维修人员。

四、维护与常见问题

（一）实验室净水设备的维护

定期清洗和消毒实验室纯水设备，防止细菌和藻类污染，使用适当的清洗剂和消毒剂，依据使用频率和水质决定清洗频率。定期更换滤芯，保持设备性能，确保水质纯净。检查管路和密封件，防止泄漏，确保连接紧固和密封件完好。定期校准和维护水质监测仪器，确保产出水质符合要求。

（二）使用常见问题与处理方法

表24-9总结了实验室净水设备在使用过程中常见的故障及其排除方法。

表24-9 实验室净水设备常见故障及排除方法

故障现象	故障可能原因	排除方法
水流量减少	1. 进水压力不足 2. 滤芯堵塞 3. 管道或泵故障	1. 检查并调整进水压力 2. 更换或清洗滤芯 3. 检查并维修管道或泵

续表

故障现象	故障可能原因	排除方法
水质不达标	1. 滤芯或滤膜失效 2. 树脂饱和 3. 清洁不彻底	1. 更换滤芯或滤膜 2. 更换或再生树脂 3. 彻底清洗设备
设备报警	1. 电源故障 2. 传感器问题 3. 操作设置错误	1. 检查电源连接 2. 检查传感器并重新校准 3. 查看并修正设置
水箱污染	1. 清洗不彻底 2. 设备长期未使用	1. 定期清洗和消毒水箱 2. 定期运行设备即使未使用

PPT

第七节　标本分拣设备 微课/视频3

标本分拣设备是通过自动化和信息化技术，对医院中采集的各类样本（如血液、尿液等）进行高效、准确地分类和管理的设备。旨在提高工作效率、减少错误、提升管理水平。该系统不仅包括基本的接收和分类功能，还涵盖了诸如去盖、分杯、归档等更为复杂的操作。

一、原理、分类与结构

（一）基本工作原理

标本分拣设备通过集成条码扫描、自动分拣、数据管理等技术，实现标本的接收、分类、转运以及信息同步。标本在采集后，设备读取其条码信息，并根据预先设定的规则将标本分类、去盖、分杯，并归档至指定的存储位置。系统还与 HIS 和 LIS 对接，实现数据的实时同步和共享，确保每个标本的处理流程和信息记录准确无误。整个过程几乎无需人工干预，确保了高效、准确的标本处理，提升了实验室的工作效率和管理水平。

（二）分类

标本分拣设备类型日益多样，功能涵盖了从简单的分拣到更复杂的样本处理流程。常见类型见表24-10。

表 24-10　标本分拣设备的分类

分类标准	分类	描述	功能	应用场景
按工作原理分类	机械式分拣设备	通过机械臂、传送带、滚轮等机械部件实现标本的物理分拣。适用于基础分拣任务，能够处理大量标本	物理分拣、搬运	大型实验室、需要处理大量标本的基础分拣任务
	智能型分拣设备	结合计算机视觉、人工智能与机械部件，识别标本类型、状态，并进行相应处理。适用于复杂分拣任务，具有更高的灵活性和自动化程度	智能识别、分类、状态监控、数据处理	需要高精度分拣和复杂操作的实验室，如多种类型样本的高通量处理
按功能分类	基本型分拣设备	提供基本的标本分拣功能，包括样本识别、分类、传送等。适合对自动化要求不高的实验室	样本识别、分类、传送	基本标本分拣任务的实验室，如小型实验室或基础设施较简单的实验室
	多功能分拣设备	除基本分拣功能外，还配备样本追踪、自动去盖、分杯、离心等功能，显著提高实验室工作效率	标本追踪、自动去盖、分杯、离心、分类、数据上传	需要多种处理功能的实验室，如高通量实验室、复杂样本处理场景

续表

分类标准	分类	描述	功能	应用场景
按自动化程度分类	全自动分拣设备	能够自动识别和分拣标本，几乎不需要人工干预。配备高精度传感器、条码扫描器和控制系统，适用于大批量、高通量的标本处理	完全自动化的分拣、分类、传送	大型医院和实验室，高通量样本处理场景
	半自动分拣设备	需要人工参与部分操作，如标本的装载或卸载。适用于中小型实验室或处理量较小的场景	部分自动化分拣，人工干预操作	中小型实验室或处理量较小的场景

（三）基本结构

1. 样本传输系统

（1）传送带与导轨　负责将样本从输入端传输至各个处理模块。传送带可以确保样本的连续流动，避免瓶颈和等待时间。

（2）样本识别单元　配备条码或二维码扫描器，用于自动读取样本管上的信息，确保样本数据与处理流程的准确匹配。

2. 自动去盖系统　自动移除样本管的盖子，为后续的分液或分析操作做好准备。这个模块可以精确地处理各种样本管，减少污染和人工操作的风险。

3. 样本分杯与分配系统　将样本从原始样本管中分配到其他容器中，支持样本的多次使用或不同测试的需求。分配过程自动化，确保精确和一致性。

4. 样本分类系统　根据样本的条码信息或其他标识，将样本自动分类并发送到不同的分析仪器或存储区域。这一模块是标本分拣设备的核心，确保样本按需进行处理。

5. 样本离心系统　对需要分离血清或血浆的样本进行离心操作。离心过程自动化，能够准确控制时间和速度，确保样本处理的标准化。

6. 样本储存与调度系统

（1）临时储存模块　为等待处理或处理完成的样本提供临时存储。系统能够智能管理样本的位置和调度，确保样本及时进入下一步的处理流程。

（2）调度系统　自动选择和调度样本，确保高效的样本流动。

7. 控制与监控系统

（1）中央控制系统　通常包括一个计算机或触摸屏界面，用于控制整个设备的操作。用户可以通过该界面设置参数、监控进程、查看错误信息，并对系统进行调试。

（2）实时监控与报警功能　系统持续监控所有处理过程，并在检测到任何异常时发出警报，以防止错误和损坏。

8. 废弃物处理系统

（1）废液收集与处理单元　在样本处理过程中产生的废液被自动收集，并集中处理，确保实验室环境的清洁和安全。

（2）废弃样本处理单元　处理使用后的样本管和其他废弃物，符合实验室的废弃物处理标准。

9. 扩展与集成模块

（1）模块化设计　许多系统采用模块化设计，允许实验室根据需要扩展功能，如增加额外的分类通道、离心机或存储单元。

（2）系统集成接口　支持与 LIS 和其他实验室自动化设备的连接，实现数据的自动传输和综合管理。

二、操作与注意事项

（一）操作方法

1. 接收样本

（1）登记样本信息　记录样本的相关信息，包括患者姓名、年龄、性别、科室、住院号和样本类型等。这一步骤通常通过扫描条码标签或手动输入信息来完成。

（2）核对标签和信息　仔细检查样本标签和记录信息的准确性，确保与实际样本一致。标签错误可能会导致分拣过程中的问题。

（3）样本运输　将登记好的样本送至标本分拣设备的操作区域，准备进行处理。

2. 样本装载

（1）装载方式　根据设备类型，将样本按规定的顺序放置于分拣机的装载盘或容器中。有些设备可能需要手动装载，而其他设备则可以使用自动装载系统。

（2）标签朝向　对于需要读取标签的设备，确保标签朝上，以便设备能够顺利扫描和识别信息。但对于不依赖标签方向的设备（如可倾倒式进样设备），可按设备说明书中的指示操作。

3. 文件录入

（1）输入样本信息　将样本的基本信息录入计算机系统，这可能包括生成条码、缩略图等，以便系统进行跟踪和处理。

（2）确认信息完整　确保所有输入信息准确无误，并且完整记录了样本的所有必要信息。

4. 分拣操作

（1）自动读取　设备自动读取样本上的条码或二维码，以获取样本信息。

（2）分拣规则应用　设备根据预设的分拣规则进行样本分类。这些规则可能基于样本类型、优先级、测试需求等因素。

（3）分类与传送　标本分拣设备根据分类结果，将样本送至指定的处理区域或存储位置。

5. 存储和后续处理

（1）样本存储　分拣完成后，将样本存储在指定的存储盘、架子或容器中，确保样本安全，并等待后续的测试或分析。

（2）数据记录和归档　系统记录分拣过程中的数据，包括处理时间、分类结果等，并进行数据归档，以备后续查询或审核。

（二）使用注意事项

1. 设备检查　定期检查条码扫描器、分拣传送带和机械臂，确保设备正常运行。

2. 条码准确性　确保条码清晰可读，避免标本信息录入错误。

3. 操作规范　操作人员应按照标准操作流程进行操作，避免误操作。

4. 异常情况处理　遇到异常情况或问题时，立即停止操作并寻求专业人员帮助，以确保设备和操作人员的安全。

5. 信息安全　确保分拣系统与 HIS、LIS 系统的对接安全，防止数据泄露。

三、维护与常见问题

（一）维护保养

1. 定期清洁　对条码扫描器、分拣传送带和机械臂进行定期清洁，防止灰尘和污垢影响设备性能。

2. 设备保养　定期检查和维护机械部件，确保传动系统和机械臂的灵活性。

3. 系统更新　定期更新系统软件，确保系统功能完善和安全性。

4. 耗材更换　及时更换条码扫描器和打印机的耗材，确保条码打印和读取的准确性。

（二）使用常见问题与处理方法

1. 设备故障　如条码扫描器无法正常读取或分拣传送带故障，应检查电源和连接线，必要时联系技术支持。

2. 条码读取问题　条码模糊或无法读取可能是由于打印质量或条码损坏，应检查条码标签的打印质量和完整性。

3. 信息传输问题　若数据无法同步至 HIS 或 LIS 系统，应检查网络连接和系统设置，必要时联系 IT 支持。

4. 分拣错误　如果系统分拣结果错误，应及时查找原因，调整分拣规则或检查设备状态，并进行系统校准和调试。

PPT

第八节　采血辅助系统 微课/视频 4

在现代医疗体系中，采血是基础诊断的重要环节，广泛应用于体检、急诊处理和慢性病监测。然而，传统的采血流程常面临一系列问题，如患者等待时间长、操作错误频发、样本标识混乱以及数据录入繁琐等，这些问题不仅影响了医院的工作效率，也可能危及患者安全。采血辅助系统通过集成自动化和信息化技术，旨在优化采血流程，提升工作效率，减少错误，并改善患者体验。

一、原理、分类与结构

（一）工作原理

采血辅助系统的核心功能包括排队管理、叫号显示、自动包管、条码打印与贴标，以及信息集成与数据管理。系统首先通过自助终端或工作人员引导患者登记并生成排队序号，然后利用显示屏和语音播报管理患者流量。在采血准备阶段，系统根据医生医嘱自动选择和准备试管，打印并贴附条码标签，确保样本标识的准确性。信息通过与 HIS 和 LIS 的对接，实现数据的同步与共享，从而提高采血效率和准确性。

（二）组成系统

1. 排队管理系统　通过自助终端或窗口登记患者信息，生成排队号码，并在显示屏上实时显示叫号信息，配合语音播报有效管理患者流量，优化候诊体验。

2. 自动包管系统　根据医生医嘱自动选择、准备并包装试管，确保试管的清洁卫生，减少人工操作，提高效率和准确性。

3. 条码打印与贴标系统　自动打印包含患者信息的条码标签，并准确贴附在试管上，减少人为错误，提升样本的追溯性和管理效率。

4. 信息集成系统　将采血数据录入电子系统，与 HIS 和 LIS 系统对接，实现数据的实时同步与共享，支持数据分析和报表生成，提升数据管理的效率和准确性。

（三）基本结构

采血辅助系统的基本结构包括以下主要组件：

1. 自助终端 用于患者登记和排队管理，患者通过自助终端输入个人信息，系统自动生成排队号码并安排顺序，优化候诊体验。

2. 显示屏 显示排队号码和叫号信息，实时更新患者的排队状态，提供清晰的指示，减少患者等待的不确定性。

3. 自动包管单元 自动选择、包装和准备试管。系统根据采血要求自动配备所需试管，并进行包装，确保试管的卫生和准确性，减少人工操作。

4. 条码打印机 打印包含患者信息的条码标签。条码标签包含关键信息，如患者姓名、编号和采血项目，为后续操作提供准确的识别信息。

5. 贴标设备 将条码标签自动贴附到试管上。该设备确保标签贴附准确、牢固，防止标签脱落或移位，确保样本的可追溯性和管理效率。

6. 数据管理系统 用于信息录入、传输以及与 HIS 和 LIS 的对接。该系统实现数据的实时同步与共享，提升数据管理的效率和准确性，确保采血信息的完整性和一致性。

二、操作与注意事项

（一）操作方法

1. 排队登记 患者到达采血区域后，通过自助终端或工作人员进行登记，系统自动生成排队序号，为后续流程做好准备。

2. 叫号管理 系统通过显示屏和语音播报显示当前排队序号，引导患者按序进行采血。

3. 试管准备 根据医生医嘱和患者信息，自动选择、准备和包装适合的试管。

4. 条码打印与贴标 自动打印条码标签，并将其准确贴附在试管上。

5. 信息录入与传输 系统将采血信息录入电子系统，并与 HIS 和 LIS 对接，实现信息同步。

（二）使用注意事项

1. 设备检查 定期检查自助终端、显示屏、打印机等设备，确保正常运作。

2. 条码准确性 确保条码打印和贴标的准确性，避免标识错误。

3. 患者引导 引导患者按照系统叫号顺序进行采血，避免混乱。

4. 数据管理 定期检查与 HIS 和 LIS 系统的对接情况，确保数据同步正常。

5. 操作培训 对操作人员进行培训，确保其熟悉系统的操作流程和紧急处理措施。

三、维护与常见问题

（一）维护保养

1. 定期清洁 对自助终端、显示屏、条码打印机等设备进行定期清洁，保持设备的正常运行。

2. 检查和更换耗材 定期检查条码打印机的耗材（如打印纸和墨水），并在必要时进行更换。

3. 系统更新 定期更新系统软件，确保系统功能的完善和安全性。

4. 设备检修 定期对设备进行检查和维护，及时处理发现的故障问题。

（二）常见问题与处理

1. 设备故障 如自助终端无法正常启动或显示屏无反应，需检查电源和连接线，必要时联系技术支持。

2. 条码打印问题 条码模糊或无法打印可能是由于耗材问题或打印机故障，应检查打印机设置和耗材状态。

3. 信息传输问题 若数据无法正常同步至HIS或LIS系统，需检查网络连接和系统设置，必要时联系IT支持。

4. 患者信息错误 如果发现患者信息录入错误，需及时进行系统修改，并通知相关人员进行纠正。

答案解析

思考题

案例 在一次DNA提取实验中，实验室操作人员使用单通道手动移液器从样本中提取溶液。操作过程中，移液器吸液不稳定，有时会产生气泡，导致吸取的液体量出现明显偏差。实验完成后，提取的DNA浓度测定结果偏低，且重复实验也出现了类似情况。经过检查，发现操作人员在进行移液操作时未更换移液器吸头，并且移液器的密封垫圈有磨损痕迹。

初步判断与处理 未更换移液器吸头和密封垫圈磨损可能是导致移液不准确和实验结果异常的原因。为此，实验室立即更换了新的移液器吸头，并对移液器进行了密封性检查。随后，操作人员使用状态良好的移液器重新进行了DNA提取实验，并获得了符合预期的结果。

问题

（1）在移液过程中，未更换吸头可能会导致哪些潜在问题？特别是在DNA提取实验中，吸头的状态如何影响实验结果的准确性？

（2）移液器密封垫圈的磨损对吸液的准确性有何影响？实验室应如何检查并确保移液器的密封性？

（3）为避免类似问题再次发生，实验室应如何规范移液器的使用和日常维护？在发现吸液不稳定的情况下，操作人员应采取哪些步骤进行故障排查？

（孟祥英）

书网融合……

重点小结

题库

微课/视频1

微课/视频2

微课/视频3

微课/视频4

第二十五章　即时检验设备

学习目标

1. 通过本章学习，掌握即时检验设备的原理，熟悉即时检验设备的操作与维护，了解即时检验设备的影响因素与质量控制。

2. 具有对临床检验标本进行即时检验及对检验结果进行初步分析判断的能力。

3. 树立急诊医学的科学理念，深刻理解即时检验在紧急医疗处置中的关键作用，秉持生命至上原则，尊重并关怀每一位患者，展现医者仁心，致力于维护患者的健康权益。

即时检验（point-of-care testing，POCT）设备，是一种在患者床边或现场进行的临床检测设备。它们以其快速响应、便携性以及用户友好的操作界面而著称。POCT设备的主要优势在于其能够提供即时的检测结果，显著减少传统实验室检测所需的时间。这种设备通常设计为便携式，具有较小的体积和轻巧的重量，便于携带至患者所在位置进行现场检测，从而节省了样本运输时间并降低了人力成本。POCT设备在临床检验、疫情监控等多个公共卫生领域中发挥着重要作用，预计未来POCT设备将在医疗卫生领域得到更广泛的应用。

第一节　原理、分类与结构

PPT

一、工作原理

（一）免疫层析技术 微课/视频1

免疫层析技术是一种利用抗原-抗体特异性结合反应的快速检测方法。此技术通过将特定的抗体或抗原固定于介质（例如试纸条、滤纸或塑料薄膜）上，实现对样本中特定生物分子的捕捉。当含有目标抗原或抗体的样本通过这些介质时，它们会与固定在介质上的相应抗体或抗原发生特异性结合，从而在介质上形成可见的结合区域。为了可视化这种特异性结合，通常会使用带有颜色或荧光标记的检测试剂。这些标记物与介质上已结合的抗原或抗体发生二次结合，产生可被肉眼或检测仪器识别的信号。信号的强度或颜色变化通常与样本中目标分子的浓度呈正相关，从而实现定量或半定量分析。该技术的检测原理如图25-1所示。

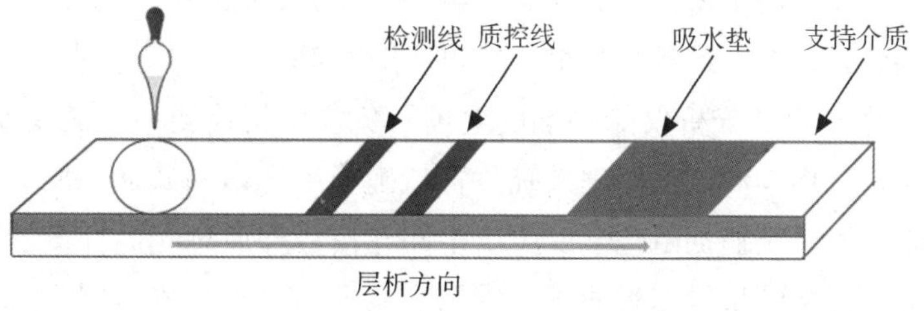

图25-1　免疫层析技术基本原理示意图

（二）生物传感技术

生物传感技术是一种高度集成的分析工具或系统，它融合了固化的生物活性物质（例如酶、抗体、细胞、细胞器或它们的组合）与精密的传感器。这种系统能够将生物识别事件转化为可量化的数字化信号。生物传感技术是生物化学与传感器技术的结合体，它对特定生物分子具有高度反应性，能够将分子浓度转换为可检测的信号。该技术利用生物活性单元作为感应元件，并与适配的物理或化学换能器及信号放大系统相结合，以实现对生命和化学物质的灵敏检测与实时监控。应用生物传感技术的POCT设备能够对生物体液中的多种成分进行超微量分析，如利用电化学技术（例如微型离子选择电极）和光学生物传感器对葡萄糖、电解质和动脉血气进行定量测定。这些设备的灵活性和精确度使它们在医疗和生物科学领域中成为理想的检测工具。

（三）生物芯片技术

生物芯片，也称作微阵列（microarray），是一种集成微型生化分析系统，它利用微电子和微加工技术在固体基底上构建而成。生物芯片的核心目标是实现对核酸、蛋白质、细胞、组织及其他生物分子的高效率、高精度和高通量的检测。其工作原理在于，在固体基底的微小区域内有序地固定一系列已知的生物识别分子。在控制的条件下，目标生物分子与这些固定的识别分子发生特异性结合或反应，随后通过酶催化显色、化学发光或荧光等信号转导机制进行可视化。最终，借助扫描仪或CCD相机等成像设备捕获这些反应的图像，并通过计算机软件进行数据分析，以提取关键信息。

二、分类与结构

（一）免疫层析技术

免疫层析技术是一种基于抗原-抗体特异性结合的检测方法，它根据标记物的不同，可以被分为多种类型，例如荧光免疫层析技术（fluorescence immunochromatography assay，FICA）、胶体金免疫层析技术（colloidal gold immunochromatography assay，GICA）和发光免疫层析技术（luminescent immunochromatography assay，LICA）。

POCT免疫分析仪是一种在医疗领域广泛使用的设备，能够快速检测生物标志物、抗原、抗体等指标。荧光免疫分析仪的结构包括光源模块负责发射特定波长的光激发样本中的荧光标记物，光学系统由透镜和滤光片组成用于引导光线和筛选所需波长的荧光，检测器如光电倍增管或CCD用于捕捉荧光信号并转换成电信号，数据处理系统分析这些信号并将其转换为可读数据，显示界面将分析结果显示给用户，控制系统允许用户操作仪器并进行必要的设置，以及清洗系统确保仪器在每次使用后都能保持清洁，这些组件协同工作以实现高精度的荧光检测和分析。胶体金免疫分析仪通常由以下几个关键部分组成：主机单元，包括控制主板、光电检测系统、机械扫描控制电路等，负责仪器的整体运作和数据处理；液晶显示器，用于展示操作界面和测试结果；外壳，保护内部组件并提供用户操作的物理界面；电源及信息采集装置，如二维条码扫描器或IC芯片读取器，用于样本信息的快速读取和处理。这些组件共同确保了胶体金免疫分析仪能够准确地进行免疫层析检测，提供快速、便捷的诊断结果。发光免疫分析仪的结构包括样本和试剂处理系统负责精确分配样本和试剂，反应系统提供适宜的环境以促进反应发生，光学检测系统捕捉由化学反应产生的光信号并通过光电探测器转换为电信号，数据处理系统对信号进行分析并将结果以直观的方式展示，显示和输出系统向用户展示检测结果并提供打印功能，控制系统通过软件和硬件协同工作确保仪器运行流畅，清洗系统在每次检测后自动清洁以保持仪器性能。这些系统协同工作，使得发光免疫分析仪能够快速准确地进行免疫检测。

（二）生物传感技术

生物传感器基于生物分子识别元件的类型可分为利用酶的催化特性进行目标分子的检测的酶传感器；基于抗体与抗原之间的特异性结合原理进行检测的免疫传感器；采用微生物作为识别元件，用于探测特定化合物微生物传感器；依赖 DNA 或 RNA 的互补配对来识别特定的遗传序列的核酸传感器；使用生物组织作为识别元件，进行特定物质的检测的组织传感器；利用细胞的生物活性来检测特定的生物分子的细胞传感器。

基于信号转换器的类型可分为通过测量电化学信号的变化来识别目标物质的电化学生物传感器；利用声波频率或振幅的变化来探测物质的声波生物传感器；基于光信号的变化，如吸收、散射或荧光，进行测量的光学生物传感器；通过测量生物反应引起的温度变化来检测目标物质的热生物传感器；基于输出信号产生的机制可分为基于生物分子间的亲和作用进行检测的生物亲和型传感器；通过监测代谢过程中产生的信号来识别目标分子的代谢型传感器；利用催化反应产生的信号变化来检测目标物质的催化型传感器。

生物传感器的核心由两个主要部分组成：生物分子识别元件（亦称为感受器）和信号转换器（亦称为换能器）。感受器是能够进行分子特异性识别的生物活性单元，包括酶、核酸、细胞、细胞器膜、组织切片、抗体、有机分子等。感受器不仅决定了生物传感器的应用范围和性能，而且是整个传感器系统的核心。它展现出极高的特异性，仅与特定的目标分子发生反应。此外，生物传感器以其快速的分析速度、高灵敏度、强稳定性和简便的操作性而著称，支持自动化分析流程。它们的小巧体积也使得连续在线监测成为可能，同时低成本的特性有利于大规模生产。信号转换器的功能是捕捉目标分子与敏感材料之间的相互作用，并将其转化为可测量的信号，包括电化学电极、热敏电阻、光学检测元件等。电化学传感器是最早使用的换能器类型，但随着技术的发展，更多种类的换能器不断被开发，极大地扩展了生物传感器的应用范围和灵活性。此外还可能包括一个内置的校准系统以确保测试结果的准确性，以及用户友好的界面和便携式设计以便于在各种环境下快速进行现场检测。

（三）生物芯片技术

目前，生物芯片主要分为基因芯片、蛋白质芯片、细胞芯片、组织芯片、芯片实验室等。生物芯片技术以其高通量、高灵敏度和高准确性的优势，在生命科学、医学研究、药物开发和疾病诊断等多个领域展现出广泛的应用潜力。

基因芯片的结构包括一个固体基底，其上固定有大量已知序列的 DNA 探针，这些探针能够与目标 DNA 或 RNA 序列通过互补配对进行特异性结合，通常使用荧光标记来标识目标分子，以便在杂交后通过扫描仪检测荧光信号的强度和分布，从而实现对基因表达水平的高通量分析，此外基因芯片还可能包含控制杂交反应和信号检测的配套设备，如恒温反应室和光学检测系统。蛋白质芯片的结构由一个固体支撑表面组成，其上固定有特定的蛋白质或抗体，用于捕获和识别目标分析物，如蛋白质或肽段，芯片表面通常经过特殊处理以增强蛋白质的固定和活性，配套的检测系统能够对捕获的分析物进行荧光或其他标记的信号检测，以实现高通量和高灵敏度的蛋白质分析，此外，蛋白质芯片可能包含多个独立的测试区域，以便于同时进行多种样本的平行检测。细胞芯片的结构设计用于在微小尺度上研究细胞行为，它通常包含一个经过特殊处理的固体基底，上面布置有微尺度的腔室或模式，用于培养和操控单个细胞或细胞群，芯片上可能集成了微流体通道以提供营养液和气体交换，同时配备有温度控制和光学检测系统，以便于实时监测细胞的生长、迁移和其他生物学功能，此外，细胞芯片可能还集成了电化学或力学传感器，用于研究细胞与环境之间的相互作用。组织芯片，也称为组织微阵列，是一种将多个小组织样本有序排列在一张载玻片上制成的微缩组织切片。这种技术能够实现对大量组织样本的同步分析，如基因表达检测、新基因特异表达验证、突变体与多态性检测、药物筛选及疾病诊断等。在肿瘤研究中，组织芯片技术通过高效收集和分析肿瘤发生发展过程中的各种基因变化规律，对肿瘤的易感因素判定、早期诊断、及时治疗和预后推测起到重要作用。组织芯片的制备通常涉及选取代表性组织样本、标记待研究区域、使用组织芯片点样仪将标记好的组织按设计排列在空白蜡块上，以及使用切片机对阵列蜡块进行连续切片等步骤。这种技术以其高通量、标准化和节省资源的特点，在生物医学研究中得到广泛应用。芯片实验室，也称为微流控芯片或实验室芯片，是一种集成了多种实验室功能的微型化平台，它通过微加工技术在一个小芯片上构建了网络化的微流体通道和反应室，这些通道和室用于处理和分析极小量的液体样本，芯片上可能集成有泵、阀、混合器、反应器、分离器和检测器等微型化组件，以实现对生物化学样本的精确操控和分析，这种技术在生物检测、分子诊断和药物筛选等领域显示出巨大的潜力和优势。

第二节　操作与维护

PPT

一、操作与注意事项

（一）POCT 血糖分析仪

POCT 血糖分析仪在使用时必须严格遵循制造商提供的说明书指导。尽管不同品牌之间可能存在细微差异，但大多数 POCT 血糖分析仪的基本操作步骤是相似的。血糖分析仪的标准操作程序应遵循以下步骤：首先，根据产品说明书对血糖分析仪进行正确的设置，确保血糖分析仪的校准与试纸代码相匹配。其次，对血糖试纸进行质量检查，确保其有效性和准确性。在检测过程中，应依次执行以下操作：启动血糖分析仪、使用质控品进行仪器性能验证并做出相应的判断、采集末梢血液样本进行血糖测定、读取并记录测定结果。检测完成后，应将结果录入报告系统、关闭血糖分析仪，并进行必要的维护和保养工作，以确保仪器的长期稳定性和准确性。

在 POCT 血糖分析仪的应用过程中，必须遵循一系列严格的操作和维护标准，以确保检测的准确性和设备的稳定性。首先，试剂的保存条件非常关键，应保持原包装，避免潮湿和直接阳光照射，存放在不超过 30℃的环境中。使用前，应检查试纸的血量指示圆点，确保其颜色正常，以避免因受潮或光照而影响检测结果。其次，检测环境的温度和湿度应严格控制在适宜范围内，即室温 10~35℃，相对湿度 10%~90%，以维持仪器的最佳工作状态。此外，定期对仪器进行清洁和维护，使用清水湿润的棉签轻轻擦拭并擦干，避免留下任何残留物。当电池电量不足时，应立即更换，以保证仪器的正常运行。最后，根据 2016 年发布的《便携式血糖分析仪临床操作和质量管理规范中国专家共识》，应遵循血糖分析仪管理的基本要求、选择标准和操作规范流程，确保血糖检测的准确性和医疗安全。

（二）POCT 免疫分析仪

免疫分析仪的使用需遵循一系列精确的操作规程以确保检测的准确性和可靠性。首先，启动仪器时，应严格依照操作手册的指导，确保自检程序完成后仪器处于正常工作状态。其次，根据实验需求，调整仪器的检测模式、测量范围和灵敏度等参数，以确保设置正确。在样本加载阶段，需小心将样本放置于样本槽中，并采取措施防止交叉污染和外界因素的干扰。执行检测时，启动检测流程后，需耐心等待直至检测完成，注意不同仪器的检测时间可能有所差异。检测完成后，应将数据准确保存至计算机或其他存储设备，以确保数据的完整性和可追溯性。

在使用 POCT 免疫分析仪时，确保测试准确性和操作安全性极为重要。操作前，需对设备进行全面检查，排除电路短路或电源线接触不良等安全隐患。根据说明书，精确配制试剂，确保其浓度、比例和稳定性满足实验需求。对生物样本进行适当的预处理，以提高样本质量和检测准确性。遵循仪器操作规程，包括耗材更换、样本加入和数据分析，以减少操作误差和风险。试剂和标准品应存放在干燥、阴凉、避光的环境中，以保持其稳定性和有效性。此外，定期对仪器进行检修、清洁和维护，包括更换易损件，以确保仪器长期稳定运行和性能。

二、维护与常见问题

（一）POCT 血糖分析仪

首先，血糖分析仪应根据设备的说明书要求条件保存，以确保其正常工作。此外，应避免将血糖分析仪置于可能产生电磁干扰的环境中，以防止性能受损。其次，血糖分析仪的清洁工作应使用温和清洁剂和柔软棉布进行，避免使用腐蚀性溶剂，如酒精或汽油，同时确保清洁过程中不使液体渗入设备内部，且不进行设备拆解。最后，对于试纸的使用与储存，应避免触碰测试区域以防止污染，并检查试纸有效期，确保开封后在规定时间内使用完毕。试纸应存放在干燥、阴凉、避光的环境中，并在使用后立即密封，以保持其稳定性。

当血糖分析仪屏幕无显示时，首先应检查设备是否开机。如果设备已启动但屏幕仍然无响应，应检查电池电量是否充足以及是否正确安装。若电池电量充足且安装正确，但问题依旧，建议更换电池。若更换电池后问题仍未解决，应联系生产商的客服部门寻求进一步帮助。若屏幕显示异常，如字符倒置或数据混乱，可能是屏幕损坏，应立即联系售后服务部门进行评估。对于测试结果的不准确，如果血糖值异常且无明显原因，可能是试纸或血糖分析仪的问题，建议重新测试并更换新试纸。若问题持续存在，应联系客服部门。血糖值的显著波动可能由多种因素引起，如时间、饮食、运动等。若观察到血糖值异常波动，应进行多次测试以确保结果的一致性。如果多次测试后血糖值仍不稳定，可能是试纸保存不当或血糖分析仪老化。在这种情况下，应更换试纸，并考虑在必要时更换血糖分析仪。定期检查血糖分析仪和试纸的状态，确保设备正常运行，并妥善保存试纸，是预防常见问题的关键措施。

（二）POCT 免疫分析仪

为确保检测设备的精确度和可靠性，必须遵循制造商的校准指南，定期进行设备校准。通过使用质控参考样本，执行设备测试，以验证结果的准确性和一致性，并严格记录测试数据。同时，保持设备表面和样本接触点的清洁，使用推荐清洁剂或消毒剂，并遵循操作手册进行维护。定期更换试剂和测试耗材，确保其在有效期限内且储存条件符合要求。此外，应保持设备软件和固件的最新状态，以提升系统性能和安全性。最后，控制工作环境的温度和湿度，以避免环境因素对检测结果造成干扰。

在出现测试结果不准确时，首要任务是核实设备的校准状态和质量控制记录。同时，验证试剂和测试卡匣的有效性，并确保操作流程的正确性。若异常情况持续，应考虑重新测试或更换耗材。面对设备无法启动或工作时，应首先检查电源连接和电池状况，排除电源问题。若故障未解，应寻求制造商的技术支持。若发现设备内部液体泄漏，应立即停止使用，定位泄漏源，并联系专业维修服务。在设备通信故障时，检查所有连接线和接口，并尝试重启设备或更新软件。显示屏若出现异常，应检查电源和连接状态，确认设备未受物理损伤。若问题依旧，应联系售后服务。在进行设备维护或故障排除时，应严格遵循制造商的操作指南和安全建议。对于复杂问题或自行无法解决的情况，应及时联系专业技术人员处理。

PPT

第三节　性能指标与影响因素

在 POCT 领域，设备的性能与其在临床诊断中的应用密切相关。血糖分析仪的精确度依赖于试纸的品质、样本的量以及操作环境的控制，而血气分析仪的可靠性则受样本类型、仪器校准以及环境条件如温度和湿度的影响。免疫分析仪与试剂质量、样本处理流程以及操作人员的专业技能紧密相连。微流控芯片技术的 POCT 分析仪，其性能体现在芯片设计的巧妙、分析速度的快捷以及检测灵敏度的提升，而这些性能又受制于芯片的制造工艺和仪器的集成度。生物芯片技术的 POCT 分析仪，在基因和蛋白质检测方面，其检测能力的高低取决于芯片的制备质量、探针设计的合理性以及信号检测与分析的准确性。这些仪器的综合性能指标和影响因素构成了其在实际操作中的科学性和可靠性。接下来，将以常用的血糖分析仪和免疫仪为例，进一步阐述这些性能指标与影响因素的具体表现。

一、性能指标

（一）POCT 血糖分析仪

POCT 血糖分析仪是医疗和个人血糖监测中不可或缺的工具，其性能指标直接关系到检测结果的准确性和可靠性。POCT 血糖分析仪的精密度非常重要，它通过标准差和变异系数来衡量。对于 5. 5mmol/L 的血糖浓度，标准差应控制在 0. 42mmol/L 以下，确保测量结果的一致性。同时，变异系数应不超过 7. 5%，以保证结果的稳定性。准确度是用于评估 POCT 分析仪与生化分析仪静脉血糖检测结果的一致性。在 5. 5mmol/L 及以下血糖浓度时，至少 95% 的结果差异应控制在 ± 0. 83mmol/L 内；而在高于 5. 5mmol/L 的血糖浓度时，差异应控制在 ±15% 内。这一指标对于临床诊断和患者自我监测至关重要。POCT 血糖分析仪可检测范围是 2. 2~22. 2mmol/L，覆盖了广泛的正常和异常血糖水平，确保了对低血糖和高血糖状态的检测。POCT 血糖分析仪还应具备高分辨率，通常达到 0. 1mmol/L，以精确检测血糖的微小变化。其设计应注重操作简便性，配备用户友好的界面，适合所有用户群体，包括非专业人士。设备的校准过程应简便，内置的质量控制功能保障了测量结果的长期稳定性和准确性。便携式设计和耐用性使其适应各种日常使用环境。选择和评估 POCT 血糖分析仪时，应综合考虑操作便捷性、可靠性和维护简易性，确保设备满足医疗标准，并支持定期校准和质量控制，以提供准确可靠的检测结果。

（二）POCT 免疫分析仪

POCT 免疫分析仪的关键性能指标对检测结果的准确性和可靠性起着决定性作用，直接影响临床决策和患者护理的质量。分析灵敏度决定了设备在低浓度水平下识别目标抗原或抗体的能力，通常以最低可检测浓度或信号强度衡量。特异性描述了设备区分目标分析物与其他物质的能力，高特异性有助于减少假阳性结果。准确度反映了测量结果与真实值的接近程度，通过与参考方法或标准物质比对评估。精密度则衡量设备在短时间内重复测量的一致性，低变异系数或标准差表明更高的测量一致性。分辨率是设备区分相邻浓度水平的能力，高分辨率有助于识别微小浓度变化。测量范围应覆盖临床相关的正常和病理浓度区间。检测速度是设备完成单次测量所需的时间，快速检测对于 POCT 设备至关重要。用户界面和操作简便性影响设备的易用性和检测效率。设备可靠性和维护性则涉及设备长期稳定运行的能力及维护的便捷性。

二、影响因素

（一）POCT 血糖分析仪

POCT 血糖分析仪的准确性依赖于多种因素，确保其准确性需严格遵循操作规范。血糖分析仪与试纸条需兼容，使用前应校对设备代码与试纸条包装上的代码，以防不兼容导致结果偏差。试纸条须在有效期内使用，存放于干燥、避光处，开封后立即密封以防受潮或氧化。采血时，确保血样量适中，避免组织液污染，严格按制造商指引操作。消毒剂选择上，应避免含碘消毒剂，以酒精为佳，并确保酒精挥发后再采血。血糖分析仪需定期校准，使用标准溶液验证准确性，尤其在新仪器使用、更换试纸条批号、仪器或试纸疑有异常、测量结果与临床状况不符或仪器受损后。此外，血糖分析仪应定期清洁，避免灰尘和纤维污染测试区。环境因素如室温和电磁干扰也需控制，避免仪器靠近电磁干扰源。患者特定状况，包括贫血、红细胞增多症、脱水或高原居住，以及某些药物使用，均可能影响检测结果。全面考虑并采取措施，可有效降低误差，提升检测的准确性与可靠性。

（二）POCT 免疫分析仪

根据其检测原理，主要分为基于免疫金标记技术和基于免疫荧光技术两种类型。

基于免疫金标记技术的 POCT 免疫分析仪的准确性受多种因素影响，包括抗体或抗原的精确配比，确保特异性结合；垫料的吸水性能，以保证样本均匀扩散；环境条件如光照、温度和湿度的控制，防止物理条件干扰；操作手法的标准化，避免不均匀处理或不当操作导致的偏差；荧光信号检测的光源稳定性、荧光强度和检测器灵敏度；工作环境的干燥、清洁和平坦性，以及仪器的定期校准和维护，这些都是确保检测稳定性和准确性的重要方面。

基于免疫荧光技术的 POCT 免疫分析仪的检测效果受多种因素影响，包括荧光标记物的质量与稳定性、抗原或抗体的特异性与结合效率、样本处理的一致性和均匀性、光源的稳定性与适宜波长、检测器的灵敏度与信号转换效率、环境条件如温度和湿度对荧光信号的影响，以及操作过程中的技术熟练度和标准化程度。此外，仪器的维护和校准也是确保检测准确性和可靠性的关键因素。

第四节　临床应用与质量管理 微课/视频 2

PPT

一、临床应用

POCT 设备在医疗诊断领域的重要性日益凸显。该技术允许在患者护理点或其近旁执行快速且易于操作的检测，为医疗专业人员提供即时的临床数据，从而促进及时且精准的临床决策。

（一）心血管疾病中的应用

2007 年发布的心脏生物标志物 POCT 专家共识为心血管疾病的临床诊断和治疗提供了重要的指导原则。根据该共识，POCT 在心血管疾病检测中的关键应用点如下。

首先，POCT 的检测周期应严格控制在 30 分钟以内，以确保急性心血管事件能够被迅速诊断和处理。其次，在急性冠状动脉综合征（ACS）及心肌损伤的诊断中，POCT 因其快速提供初步诊断信息的能力，被推荐为首选的检测方法。特别是肌钙蛋白（cTn）以其高敏感性和特异性，成为心肌损伤诊断的关键指标。肌红蛋白（Myo）和肌酸激酶同工酶（CK-MB）的检测也对诊断疑似 ACS 具有重要价值，它们联合检测可以提供更全面的诊断信息。

此外，B 型钠尿肽（BNP）、C 反应蛋白（CRP）等生物标志物在危险分层中的应用，有助于对 ACS 患者的病情严重程度进行评估，并指导治疗策略。在应用场景中，POCT 通过检测 cTn、Myo、CK-MB 等心肌标志物，对急性心肌梗死（AMI）的快速检测很重要，特别是对于那些缺乏典型症状或心电图异常的患者。BNP 作为心力衰竭的敏感和特异性指标，POCT 能在 15 分钟内完成检测，对充血性心力衰竭的诊断及急性呼吸困难的鉴别具有重要临床意义。D 二聚体与肌钙蛋白的联合检测不仅辅助 AMI 的诊断，也是溶栓治疗监测的重要指标，为评估血凝状态和心肌损伤提供了更多信息。

综上所述，2007 年的心脏生物标志物 POCT 专家共识明确了 POCT 在心血管疾病快速检测中的关键作用。POCT 的快速和准确检测能力，使临床医师能在急诊和危急情况下迅速做出判断和处理，极大提高了心血管疾病患者的救治效率。通过综合多种生物标志物的检测，POCT 在心脏疾病的诊断、治疗和风险评估中展现出显著的临床价值。

（二）糖尿病诊治的应用

POCT 设备在糖尿病的诊断和管理中具有举足轻重的地位，其快速和方便的特性极大地促进了糖尿病患者的日常监测和治疗调整。POCT 的 HbA1c 测定提供了一种快速且方便的方法来评估过去 2 至 3 个月的平均血糖水平，这对于糖尿病的长期控制效果评估很关键。HbA1c 水平的测定不仅有助于诊断糖尿病，还能监测治疗效果，为患者的长期管理提供了重要信息。最后，POCT 设备在尿微量白蛋白的测定上也显示出其优势。尿微量白蛋白是糖尿病早期肾脏损伤的敏感指标，POCT 的快速检测有助于早期识别和干预糖尿病肾病，同时使医生能够及时了解患者的肾脏健康状况，为防止糖尿病肾病的进展提供依据。

综上所述，POCT 设备通过快速、方便地监测糖尿病相关指标，帮助患者和医生更有效地管理病情，及时调整治疗策略，从而提高糖尿病治疗的总体效果。

知识拓展

分子 POCT

分子 POCT（point-of-care testing，即时检测）是一种在患者身边进行的快速分子诊断技术，它结合了分子生物学的高灵敏性与即时检测的便捷性。通过提取样本中的核酸，利用特定的分子生物技术，如聚合酶链反应（PCR），在短时间内对病原体 DNA 或 RNA 进行扩增和检测。分子 POCT 适用于流感病毒、呼吸道病原体、肠道病原体等病原微生物的快速基因检测和诊断，能在门诊、急诊甚至家庭环境中提供准确的结果，显著缩短了传统实验室检测 TAT。这种技术的便携性和快速性对于传染病防控、患者分流和个性化医疗具有重要意义，尤其在偏远地区和紧急情况下，分子 POCT 的应用价值尤为突出。

二、质量管理

POCT 设备在医疗领域中的作用不可小觑，其便携性和即时检测的特性为快速诊断提供了极大的便利。然而，这些优势也带来了质量管理方面的挑战。为了确保 POCT 设备测试的准确性和可靠性，必须在多个关键环节实施严格的质量控制措施。

首先，操作人员的专业性培训是基础且核心的一环。POCT 设备操作人员可能缺乏医学检验的专业背景，因此他们需要接受全面的培训和考核。这包括正确操作仪器、理解样本类型、状态、采集时间和部位等因素对检验结果的潜在影响。通过这样的培训，可以确保操作人员能够准确执行测试并理解其结果。其次，POCT 设备的性能验证与维护是关键。仪器在使用前必须经过规范的性能评价和验证。

考虑到 POCT 设备在多种环境中使用，定期进行校准和维护是必要的，以避免因环境变化或设备搬运而影响其性能。在检测过程中，实施与实验室相同的质量控制措施是必要的。这包括使用质控品进行检测，并正确解读质控结果，以确保检测质量。通过这种方式，可以及时发现并纠正可能影响测试结果的误差。检测结果的准确记录与应用也非常重要。POCT 设备的检测结果应通过可靠的方式记录和传递，避免因记录错误或褪色而导致的临床误判。同时，应注意 POCT 设备与实验室检测方法和参考区间可能存在的差异，确保结果的准确性和一致性。适宜的工作环境对 POCT 设备检测的准确性同样重要。POCT 设备的使用环境应控制得当，以减少温度、湿度、电压不稳定、强光或磁场等因素对检测准确性的潜在影响。最后，规范化的 POCT 设备管理是确保质量的关键。医疗机构应建立 POCT 设备管理委员会，负责监管仪器设备、操作人员培训和质量控制流程。这有助于确保机构内 POCT 设备检测结果的一致性和准确性。

通过这些措施，可以提高 POCT 设备的检测准确性和可靠性，促进其在医疗领域的健康发展和规范使用。

答案解析

思考题

案例　一家小型乡村医院接收了一位 70 岁的患者，主诉为突发性胸痛和呼吸困难。患者有长期吸烟史，并且有冠心病和慢性心力衰竭的病史。

初步判断与处理　由于医院缺乏大型实验室设备，医生决定使用即时检验（POCT）设备来快速评估患者的状况。

问题

（1）此场景中最宜选用哪种 POCT 设备辅助诊断？

（2）需要使用该设备检测哪些项目？

（3）在使用 POCT 设备时，应如何确保检测结果的准确性？

（彭南求）

书网融合……

重点小结

题库

微课/视频 1

微课/视频 2

第二十六章　前沿技术与仪器创新

学习目标

1. 通过本章学习，掌握微流控分析仪、拉曼光谱分析仪、CRISPR/Cas 技术的基本原理、应用场景及结果解读；熟悉微流控分析仪、拉曼光谱分析仪、CRISPR/Cas 技术的分类、性能特点及人工智能检测仪的分类；了解新技术检验仪器的发展史、微流控分析仪、拉曼光谱分析仪及 CRISPR/Cas 的构造等。

2. 具有学习前沿技术的学习能力，了解新技术发展与应用方向。

3. 树立正确的人生观、世界观和价值观，瞄准科技创新引领健康发展的目标，践行前沿技术服务人类健康的宗旨，保障人民的健康利益。

随着科技的不断进步和人类健康监测更高的要求。现代仪器设备集成了自动化、智能化和数据处理功能，具有样本微量化、指标灵敏化、靶标多样化、读取自动化、分析智能化的检测发展趋势。比如微流控技术的优势主要体现在其微型化、自动化、高效性、低成本、便携性以及多功能集成等方面。拉曼光谱能够提供微生物的化学指纹信息，其高灵敏度和非破坏性分析特点使其在临床医学研究中得到广泛应用。CRISPR/Cas 技术独特的机制、高效的编辑能力以及广泛的应用前景，使其被称为下一代分子生物学技术。以人工智能采血机器人为代表检验医学领域人工智能技术将有更深入的研究与发展。

第一节　微流控分析仪

PPT

微流控（microfluidics）是指使用微管道（尺寸为数十到数百微米）处理或操纵微小流体（体积为纳升到阿升）的系统所涉及的科学和技术。微流控技术起源于 20 世纪 90 年代初，1990 年，George M. Whitesides 等人设计了微流控芯片，实现了稳定连续的微纳流体操作；同期，Manz 和 Widmer 等研究者利用芯片技术实现了电泳分离，并引入了“微型全分析系统”（micro total analytical systems）的概念。随着纳米技术、半导体制造工艺以及微电子机械系统技术的发展，微流控技术已广泛应用于体外诊断（in vitro diagnostic，IVD）、细胞分选、器官芯片等领域。该技术已被列为 21 世纪最为重要的前沿技术之一，其应用范围扩展至生物医学、环境监测、食品安全、材料科学等跨学科领域。

一、工作原理

微流控分析仪是一种利用微纳米级流道对微流体或微反应进行精确控制与分析检测的技术，是将生物化学实验室中的样本采集、预处理、分离富集、混合、反应、检测或细胞培养、分选、裂解等步骤集成到一小块芯片上，实现了对流体的精确操控和分析。微流控装置的核心组成部分包括微流道、微阀、微泵和传感器等（图 26-1）。微流道是芯片上的主要通道，用于输送和分配微流体；微阀负责控制流体的流向和流速；微泵则提供动力，推动流体在系统中流动；传感器则用于检测和分析流体的特性和反应结果。通过微流道构建网络，并利用可控的流体贯穿整个系统，用以取代常规生物化学实验室的各种功能的一种技术平台，具有微型化、高敏感、高通量、自动化等优势。

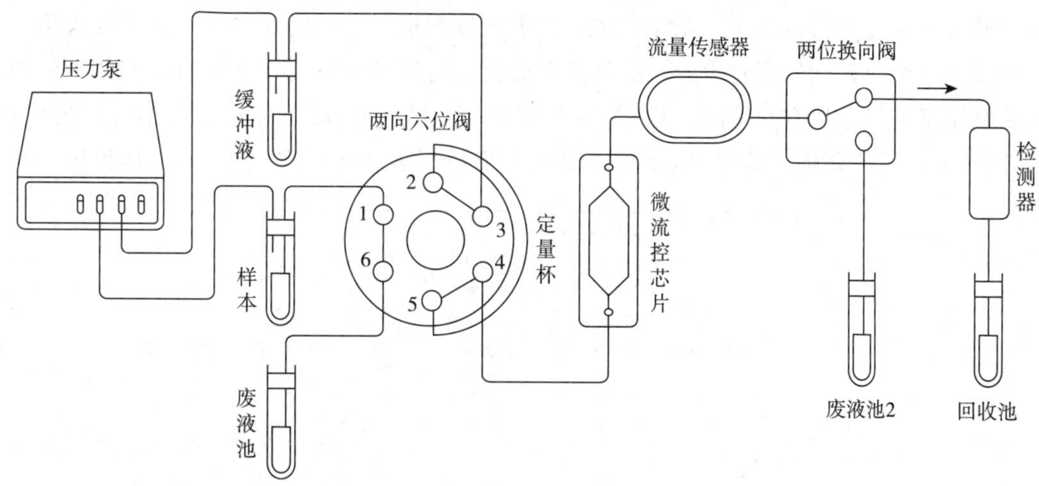

图 26-1　微流控分析仪及其核心组成部分

二、仪器分类 微课/视频

微流控分析仪按照不同应用领域可分为器官芯片、细胞分选、核酸扩增、肿瘤细胞捕获、微阵列、单细胞分析等。

（一）器官芯片

人体器官芯片指的是一种在载玻片大小芯片上构建的器官生理微系统，包含有活体细胞、组织界面、生物流体和机械力等器官微环境关键要素。它可在体外模拟人体不同组织器官的主要结构功能特征和复杂的器官间联系，在生命科学和医学研究、新药研发、个性化医疗等领域具有广泛应用前景。

（二）微流控细胞分选及单细胞分析

通过微流控技术，每秒可以产生成千上万的微液滴，细胞或分子包裹于微液滴之中，可进行生长、裂解、代谢、反应等生物生化过程，且可在每个液滴中对单个细胞和分子进行可视化、条形码化分析，进而从大量组合或表型中筛选或分类，通常适用于药物敏感性测试、癌症亚型鉴定、病毒与宿主相互作用研究，以及多模式分析、时空分析。

此外，微流控系统因其能够提供特定几何形状和精确尺寸的芯片，且可以避免单细胞裂解中其他细胞的干扰，成为了单细胞裂解的理想平台。微流控芯片通过设计成与单个细胞大小相匹配的反应空间，实现了对样本的高度局部化处理，有助于提高检测的灵敏度（图 26-2）。目前常用的分析手段主要包括单细胞荧光成像、单细胞电化学分析及单细胞质谱分析三种方法。

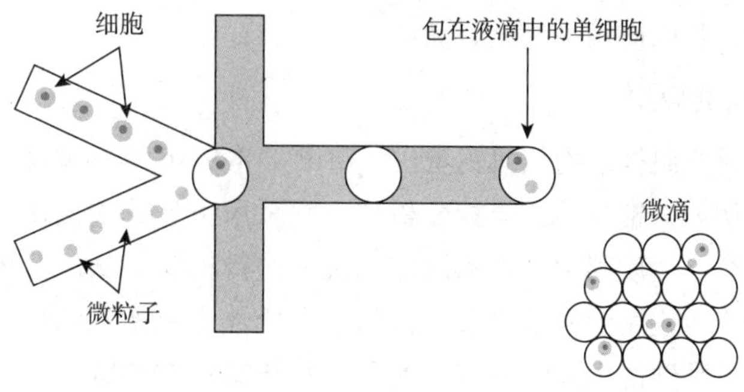

图 26-2　一种基于微滴的单细胞分析芯片

（三）微流控核酸扩增

微流控核酸扩增技术的核心在于能够在芯片上集成核酸提取、扩增和检测等多个反应单元，并能实现对多个样本或多个靶标的同时检测，从而提高检测的通量和效率（图 26-3）。例如，中国科学院精密测量院利用微流控芯片空间编码，开发了一种多靶标核酸检测技术平台，能够在 40 分钟内检测多达 30 种不同的病原体，展现了其在感染性疾病诊断和流行病学监测方面的潜力和应用价值。

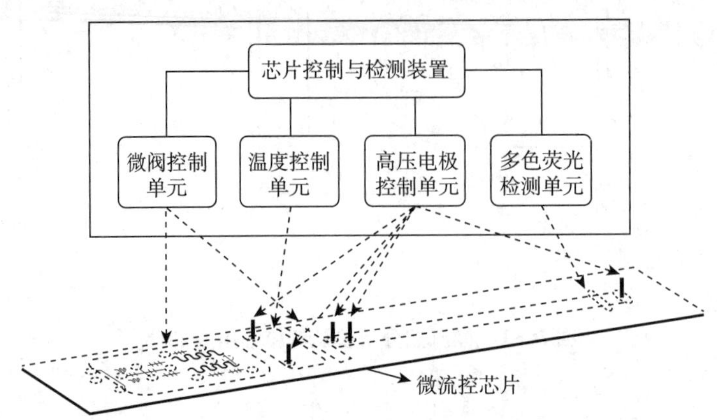

图 26-3　一种用于基因分型检测的微流控芯片

（四）微流控肿瘤细胞捕获

循环肿瘤细胞（circulating tumor cells，CTC）是从原位瘤脱落并进入循环系统的肿瘤细胞。CTC 检测对癌症早期筛查、分期、预后、药物筛选、疗效监测和复发监测等具有重要临床价值。由于 CTC 在血液中极为稀少（约 1~100 个/ml），其高效捕获是检测技术的难点。目前，微流控芯片技术通过整合流体降速和过滤捕获结构，利用 CTC 与血细胞的尺寸和形变差异，实现 CTC 的高效汇聚和保留。

（五）基因芯片

基因芯片（gene chip）又称 DNA 芯片，也称为 DNA 微阵列（DNA microarray）。带有 DNA 微阵列的特殊玻璃片或硅晶圆片，在几平方厘米面积上固定了数千或数万个核酸探针。样本中的 DNA、RNA 等与探针结合后，借由荧光或电流等方式得以检出。应用基因芯片可在同一时间定量分析大量基因的表达，具有快速、精确、低成本等优势。

三、临床应用

微流控分析仪集成了多种实验室功能于微型芯片上，实现了小型化和自动化，提高了分析的灵敏度和效率。它们能够快速响应并处理大量样本，同时保持结果的精确度和可重复性。这些特性赋予了微流控分析仪在科学研究和临床应用中的显著优势。

（一）在免疫检测方面的应用

在临床免疫检测中，对心肌标志物如肌钙蛋白、BNP、CK-MB 等的快速检测对于心血管疾病的诊断和治疗具有重要意义。例如，常用的微流控分析仪，它采用免疫荧光法作为检测手段，通过使用特异性抗体与心肌标志物结合，然后利用荧光标记的二抗体进行检测，从而实现对心肌损伤标志物的定量分析。微流控分析仪在临床应用中显示出重要价值：在急性心肌梗死的快速诊断中，它能够迅速提供关键的生物标志物水平，帮助医生及时确定诊断和治疗方案；在心脏手术中，它可以用于监测手术效果和患者的恢复情况；在心力衰竭的评估中，通过测量 BNP 等标志物，有助于评估心功能的损害程度；在心肌炎的诊断中，肌钙蛋白和 CK-MB 的水平变化可以指示心肌受损的情况；在心脏移植后，监测心肌标志物的水平对于评估移植效果和及时处理排斥反应至关重要；在心血管疾病风险评估中，心肌标志物的测量有助于识别高风险患者群体，从而进行早期干预和治疗。

（二）在生化分析方面的应用

在生化分析应用中，基于微流控技术的生化分析仪代表了一种创新的临床检验设备，它以高度集成化、微型化和便携化的特点，满足了现代医疗对快速、高效检测的需求。该设备采用微流控芯片技术，通过精确控制微量流体，能够迅速对血液样本中的多种生化指标进行检测。操作流程极为简便，只需将抗凝全血样本加入仪器，设备便能自动执行血浆分离、定量分析、样本输送、混合反应，直至最终打印出检验结果，整个过程大约需要 12 分钟。设备内置的智能质控系统对检测过程进行实时监控，确保了结果的准确性和可靠性。因此，该设备不仅适用于大中型医院的临床检验需求，也特别适合于基层医疗机构，如社区卫生服务站和诊所等，甚至在家庭环境中也能使用，极大地扩展了其应用范围和便利性。

（三）在凝血分析方面的应用

凝血分析仪能够精确控制微量血液样本在微流控芯片上的流动，通过特定的电化学、光学、磁珠法等方法来测定凝血指标，如凝血酶原时间（PT）、活化部分凝血活酶时间（APTT）、凝血时间（TT）和纤维蛋白原（FIB）。检测结果通过将电化学信号、光学信号转换为凝血指标的数值，在几分钟内即可得出。在临床应用中，凝血分析仪因其快速、准确的检测能力而被广泛应用于手术前的凝血功能评估、脑卒中预防、出血性和血栓性疾病的检查、抗凝治疗的监测，以及弥散性血管内凝血（DIC）的诊断。此外，该分析仪也适用于基层医疗机构和急诊科，为快速诊断和治疗提供了强有力的支持。它的高通量检测能力使得在短时间内处理大量样本成为可能，这对于需要快速凝血功能筛查的场合尤为重要，如大规模体检或紧急情况下的快速诊断。

（四）在前沿领域方面的应用

基于微流控技术的单细胞测序允许在单细胞层面上探究细胞的异质性和复杂的生物过程。这项技术利用微流控芯片精确操控微量流体，实现对单个细胞的捕获、裂解、RNA 提取、文库构建以及测序。例如，上海交通大学开发了一种称为 Well-TEMP-seq 的技术，可通过 RNA 代谢标记与单细胞转录组测序的结合，高效地解析数千个单细胞内的基因表达模式。此外，液滴微流控技术的应用，如 Drop-seq，通过将单个细胞封装在纳升级的微滴中进行高通量分析，追溯 mRNA 转录物的细胞来源。利用单细胞测序技术，研究人员已经能够识别和分析前列腺癌微环境中的多种细胞亚群，并发现前列腺癌的进展与这些特定细胞亚群的特征有关，从而为前列腺癌的诊断和治疗提供了潜在的新生物标志物。这些进展不仅增强了我们对癌症异质性的认识，也为开发个性化治疗方案提供了科学依据。

微流控技术的最新进展涵盖了多个方面，其中包括数字微流控技术的发展，例如南京航空航天大学在《Lab on a chip》期刊上发表的关于声表面波数字微流控技术的最新成果。这项技术通过结合声表面波和表面浸润梯度，成功实现了多液滴之间的顺序反应并显著提高了液滴的位置精度。此外，微流控技术与超分辨显微镜技术的结合，为细胞复杂结构和生物功能的研究提供了新的洞察方式。这种跨学科的技术融合，为细胞生物学研究提供了新的视角和方法。

在已获得注册证的产品方面，微流控技术已经被应用于多种医疗检验设备，例如一种碟式微流控免疫联检诊断平台，能够在 15 分钟内完成多项生物标志物的定量检测，尤其适用于心内科和急诊科等对快速诊断有迫切需求的医疗场景。还有一种微流控超多重 qPCR 系统，该系统通过单重荧光通道即可完成近百个靶标的检测，同时保证了检测的准确性和重复性。此外，微流控技术也被用于分子诊断领域，包括实时荧光定量PCR芯片、逆转录PCR芯片、数字PCR芯片等，这些产品已经成功商业化并广泛应用于临床诊断和研究中。

总之，微流控技术凭借其在医疗诊断、生物研究和药物开发等领域的显著优势，正展现出巨大的发展潜力和应用前景。

第二节 人工智能仪器

PPT

检验医学发展经历过手工检验的最初时代、半自动化分析，进入到了全自动化分析的飞速发展阶段，下一个检验医学发展的热点和飞跃或许是人工智能（Artificial Intelligence，AI）技术的应用。智能化以人工智能作为平台，可实现临床化学与免疫学、血液学及体液学检验领域的自动判断和审核。人工智能采血机器人研发与应用、人工智能血细胞分析仪、人工智能阅片机、无创全智能身体检测仪等方面，使检验医学领域的人工智能技术将有更深入的研究与发展，具有广阔的发展空间。

一、人工智能采血机器人

传统的采血方法主要依赖于医护人员的专业技能，这在一定程度上限制了操作的一致性和可靠性。为了提高采血操作的自动化程度和智能化水平，人工智能采血机器人的开发成为了一种创新解决方案。

人工智能采血机器人是一种利用人工智能技术实现自动采血的设备（图26-4）。它通常由机械臂、传感器、视觉识别系统和智能控制系统等部件组成。采血机器人可以根据患者的生理特征和血管位置，通过视觉识别系统确定最佳的取血点，然后利用机械臂精准地进行定位和抽取血液，从而实现自动化的采血过程。

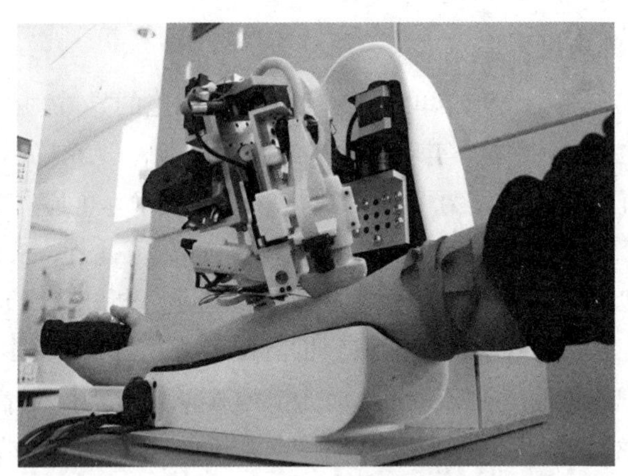

图26-4 人工智能采血仪

应用流程：患者将手臂伸进仪器后，充气的袖套通过收缩将手臂固定，进而压缩血流使血管更易显现；机器人利用红外线相机探测照射手肘内侧，配合超声波与机器视觉技术定位静脉位置，通过自动分析所拍摄影像，检查血管构造与内部血液流量，确定最适合采血的血管和位置；机器人通过校准针头选择最佳角度，并迅速将针头穿刺进入血管，利用真空采血管的负压抽取适量血液标本，整个流程约1分钟。

人工智能采血机器人是医疗行业中一项具有潜力和前景的技术，相对于传统的采血方法，有如下特点。

1. 自动化采血，提高采血质量 人工智能采血机器人可以根据患者的生理特征和血管位置，精准地进行定位并实现自动化采血，不仅能够减少医护人员的操作时间，还可以提高采血的准确性和成功率，减少患者的痛苦和不适感。

2. 减少医护人力成本，提高服务效率 采血机器人的自动化特性可以减少医护人员的工作量，提高了工作效率，从而降低人力成本，缩短患者等候时间，提升医疗服务质量。

二、全自动细胞形态学分析仪

传统的血细胞分析需要依靠专业的医学人员进行手动操作和视觉分析，效率较低且易出现主观误差，特别是对于大量的血细胞样本无法进行高效处理。全自动细胞形态学分析仪应运而生，它是一种利用人工智能技术对血液样本中的血细胞进行自动化分析和统计的设备。它通常由血样处理模块、图像采集设备、智能分析算法和数据输出模块等部件组成。通过人工智能技术，血细胞分析仪可以根据采集到的血液图像，自动识别和区分不同类型的血细胞，包括红细胞、白细胞和血小板等，同时还能对它们的形态、大小和数量进行精确地分析，从而帮助医生做出更准确的诊断和治疗决策。

全自动细胞形态学分析仪的应用流程通常包括以下几个主要步骤。

1. 样本准备 医务人员首先需准备好血液样本（通常是通过采集患者的静脉血或者指尖血），并将血液样本制成薄层涂片，然后将其放置在设备对应的载玻片托盘或加载仓中，确保样本正确定位。

2. 图像采集 全自动细胞形态学分析仪会利用高分辨率的图像采集设备对样本中的血细胞进行拍摄和采集。

3. 数据分析 通过设备内部的人工智能算法，对采集到的图像进行处理和分析，自动识别和分类不同类型的血细胞，并计算细胞数量、细胞比例等各种重要参数。

4. 结果输出 分析仪会生成血细胞分析报告，包括各种血细胞参数的数值和图像，可以通过设备屏幕或者连接的电脑打印输出。

全自动细胞形态学分析仪具有许多显著的特点，其中包括：自动化分析、高精度识别、大数据支持、减少主观误差。

1. 自动化分析 全自动细胞形态学分析仪能够自动进行血液样本的图像采集、血细胞分类和计数，大大减少了人工操作的时间和提高了分析的效率。

2. 高精度识别 利用先进的图像识别算法和人工智能技术，该设备能够精准地识别和分类不同类型的血细胞，提供高度准确的血细胞分析结果。

3. 大数据支持 全自动细胞形态学分析仪可以积累大量的样本数据，并结合医学知识库进行大数据分析，为医生提供更可靠的参考信息，提高诊断的准确性。

4. 减少主观误差 相比手动操作，全自动细胞形态学分析仪减少了人为因素对分析结果的影响，提高了结果的客观性和可靠性。

三、无创智能检测仪

随着经济的快速增长和公众健康意识的不断提升，无创智能检测仪的技术革新和产品多样化正在加速进行，无创智能检测仪正变得更加功能全面，同时提供的数据也更加精确可靠，帮助人们实时监测生命体征、运动状态等重要指标，提供科学的健康管理建议。

（一）常见无创全智能身体检测仪

1. 无创智能血糖仪 无创智能血糖仪采用非侵入性技术进行血糖水平的测定，从而免除了传统血糖检测中频繁针刺采血所带来的不适和疼痛。无创智能血糖仪的出现不仅对糖尿病患者的生活质量有积极影响，也有助于更广泛地帮助人们管理血糖和预防疾病。

2. 无创血氧饱和度检测仪 无创血氧饱和度检测仪多利用光学法测定人体血液内氧合血红蛋白和脱氧血红蛋白不同波长光的吸收系数来估算血氧饱和度，是一种方便、无创、快速而有效的血氧监测工具，能够实现快速、连续地测量，且对检测环境的依赖性较低，在健康监测和医疗护理等方面有着重要作用。

3. 可穿戴式乳酸传感器 乳酸是运动过程中产生的重要生物标志物，是人体内的正常副产物，是评价运动员身体状况的重要指标。随着可穿戴传感器的进一步发展，以无创的方式实现汗液乳酸检测并在运动时持续追踪其变化成为了可能，有助于教练和医务人员对运动员做出针对性的调整，以提高训练效果和竞技水平。

（二）特点

1. 无创检测方法 采用无创检测技术，免除了传统体检中切开或穿刺，从而降低了疼痛感和感染风险。

2. 实时健康数据分析 内置的数据处理系统和人工智能算法能够对采集到的生理数据进行即时分析，并生成详尽的健康评估报告，为用户提供实时的健康状况反馈。

3. 用户友好的操作界面 用户只需遵循设备提示完成相应动作，无需依赖专业医疗人员，即可快速获得准确的检测结果。

4. 个性化建议 智能身体检测仪根据用户的检测结果，提供个性化的健康建议和生活方式管理方案，从而有效预防疾病的发生。

PPT

第三节　体外诊断前沿技术

在科学技术日新月异的今天，临床检验领域的前沿技术正以前所未有的速度推动着检验医学的进步。其中，拉曼散射技术和CRISPR/Cas基因编辑技术作为两个极具代表性的前沿技术，最初分别在材料分析和基因编辑领域得到了广泛应用。随着技术的不断发展与创新，这两种技术也逐渐在临床检验方面展现出了巨大的潜力和广阔的应用前景。

一、拉曼散射技术

（一）基本原理

光照射到物质上时，会发生弹性散射和非弹性散射。弹性散射，即瑞丽散射，其散射光子的频率与入射光子的频率相同。而非弹性散射，则表现为散射光子的频率与入射光子频率不同，频率的差等于分子的振动频率，这种现象统称为拉曼散射（图26-5）。拉曼散射分为斯托克斯散射和反斯托克斯散射，前者散射光频率低于入射光，后者则高于入射光。拉曼光谱（Raman spectroscopy）技术正是基于这一原理，通过探测样本中的分子振动信息来进行分析。

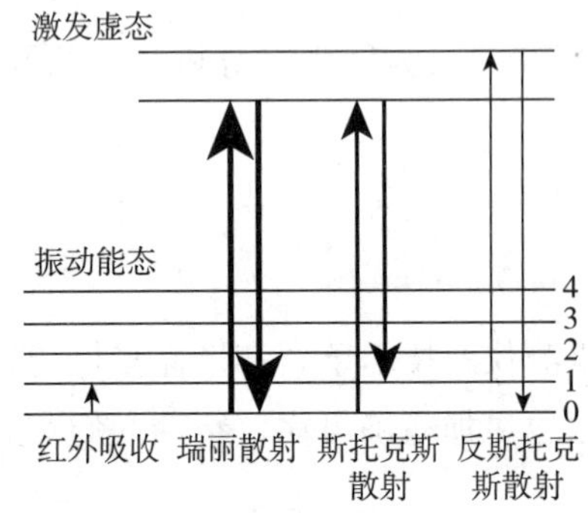

图26-5　拉曼散射、瑞丽散射与红外吸收的能级图

（二）发展历程

自 1928 年印度物理学家 C. V. Raman 首次观察到拉曼散射现象以来，拉曼光谱技术经历了从理论奠基到技术革新的漫长历程。随着光学、光电子学、激光技术以及纳米技术的不断发展，拉曼光谱仪的性能得到了显著提升，并逐渐在多个领域得到广泛应用。

（三）工作原理与仪器类型

拉曼光谱分析仪通常由激光源、样本台、分光镜、光谱仪和探测器等关键部件组成（图 26-6）。激光源产生单色且高强度的激光光束，照射样本后产生拉曼位移，其大小和分子的振动模式以及分子的化学结构密切相关。之后，通过分光镜和光谱仪的分离与分析，由探测器生成拉曼光谱图谱，最终通过分析特征峰的强度和频率变化来确定样本的化学成分和结构信息。此外，根据配置和应用的不同，拉曼光谱分析仪可分为便携式、显微共焦以及增强型等多种类型，各具优缺点，适用于不同的分析需求。

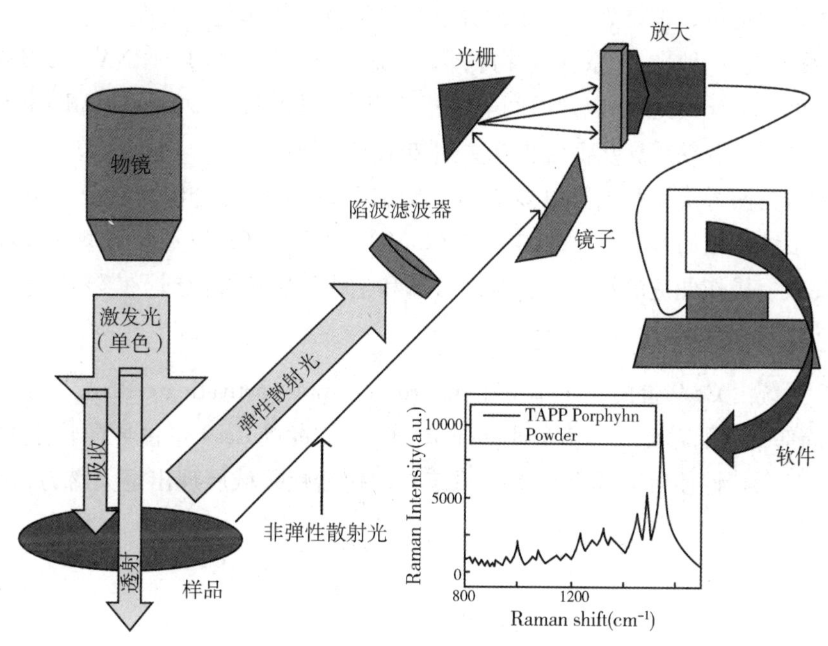

图 26-6 拉曼光谱分析仪原理图

（四）光谱数据指标

拉曼光谱中的峰位置（peak positions）、峰强度（peak intensity）、峰宽度（peak width）和拉曼频移（raman shift）等数据指标提供了丰富的样本信息。峰位置反映了分子振动模式，可以确定样本中存在的化学成分；峰强度可用于样本中不同化学键的相对丰度的定量分析；而峰宽度则与分子结构的复杂度相关；拉曼频移作为拉曼光谱的横坐标，不随入射光频率变化，而是与样本分子的振动和转动能级有关，可以确定样本中的化学成分以及分子的环境。

（五）临床应用与发展趋势

拉曼光谱技术以其高灵敏度与非破坏性分析特性，在临床医学与微生物检测领域展现了广泛应用潜力。该技术不仅能提供微生物详尽的化学指纹信息，涵盖核酸、蛋白质及脂质等关键生物大分子成分，还通过定性与半定量手段揭示微生物代谢产物种类与含量。此外，在细菌检测中，拉曼光谱迅速构建细菌指纹图谱，实现了细菌的种类鉴定，并灵敏监测抗生素作用下细菌的生理与代谢变化，优化了药敏测试。针对病毒检测，表面增强拉曼散射（surface enhanced raman scattering，简称 SERS）技术的进步使拉曼光谱能够高效分析微小分子，并成功应用于新冠病毒、登革热病毒等多种病原体的检测，克服了传统方法的不足。真菌检测方面，拉曼光谱简化了样本前处理流程，保持了真菌活性与生物大分子结构的自然状态，实现了念珠菌、曲霉菌等多种真菌种类的有效检测。综上所述，拉曼光谱在临床医学及微生物检测的快速、无标记、高灵敏度检测方面展现出独特优势，预示着广阔的应用前景。随着技术的不断进步，拉曼光谱分析将朝着更高分辨率、更高灵敏度、更快测量速度的方向发展，并在微型化、集成化方面取得突破，推动其在可穿戴设备、物联网等领域的广泛应用。

二、CRISPR/Cas 技术

（一）系统介绍

成簇规律间隔短回文重复序列（Clustered Regularly Interspaced Short Palindromic Repeats，CRISPR）技术，是一种前沿的分子生物学工具。近年来，以 CRISPR/Cas 为代表的基因编辑及生物传感技术引领了生物技术的革命性进步，被誉为“下一代分子生物学技术的典范”。

CRISPR/Cas 系统是一种源自原核生物的天然免疫机制，通过 crRNA（CRISPR RNA）、Cas（CRISPR-associated sequence）蛋白以及原间隔区相邻基序（PAM，Protospacer Adjacent Motifs）的协同作用，精确识别并切割外源核酸，从而维护宿主遗传系统的稳定。

该系统可大致分为两大类：第 1 类以多个 Cas 蛋白组成的效应复合体为特征，包括Ⅰ、Ⅲ和Ⅳ型；第 2 类则仅需单个多结构域的 Cas 蛋白，如Ⅱ型（Cas9）、Ⅴ型（Cas12）和Ⅵ型（Cas13）等。第 2 类系统因其简单、高效、操作便捷的特点，在基因编辑和生物传感领域得到了广泛应用。

（二）基因编辑：CRISPR/Cas9 系统

CRISPR/Cas9 系统由 Cas9 蛋白、crRNA 和 tracrRNA（trans-activating crRNA）三部分构成，crRNA 与 tracrRNA 通过局部碱基配对形成 gRNA（guide RNA），负责将 Cas9 蛋白导向特定的 DNA 位置进行切割（图 26-7）。这一特性使得 CRISPR/Cas9 系统在疾病治疗领域展现出巨大潜力，能够精确编辑基因组以实现治疗目的。

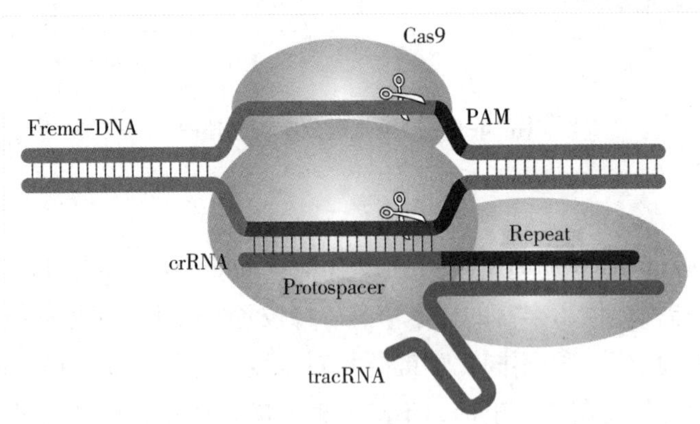

图 26-7　CRISPR/Cas9 识别模式图

（三）生物传感——CRISPR/Cas12、13、14 系统

与 Cas9 不同，Cas12、13 和 Cas14 无需 tracrRNA 即可实现特异性靶位点切割。此外，这些 Cas 蛋白具备反式切割功能，即在识别并切割目标序列后，还能非特异性地切割体系内的单链 DNA 或 RNA 分子（图 26-8）。这一特性为 CRISPR/Cas 系统在生物传感领域的应用提供了可能——通过在反应体系中加入带有荧光基团的单链报告核酸分子，利用反式切割活性释放荧光信号，可实现对目标核酸分

子的检测。基于这些 Cas 蛋白的生物传感系统，如 DETECTR、HOLMESv2 和 SHERLOCK 等，已成功应用于 HPV 和 SARS-CoV-2 等多种病原体的检测。

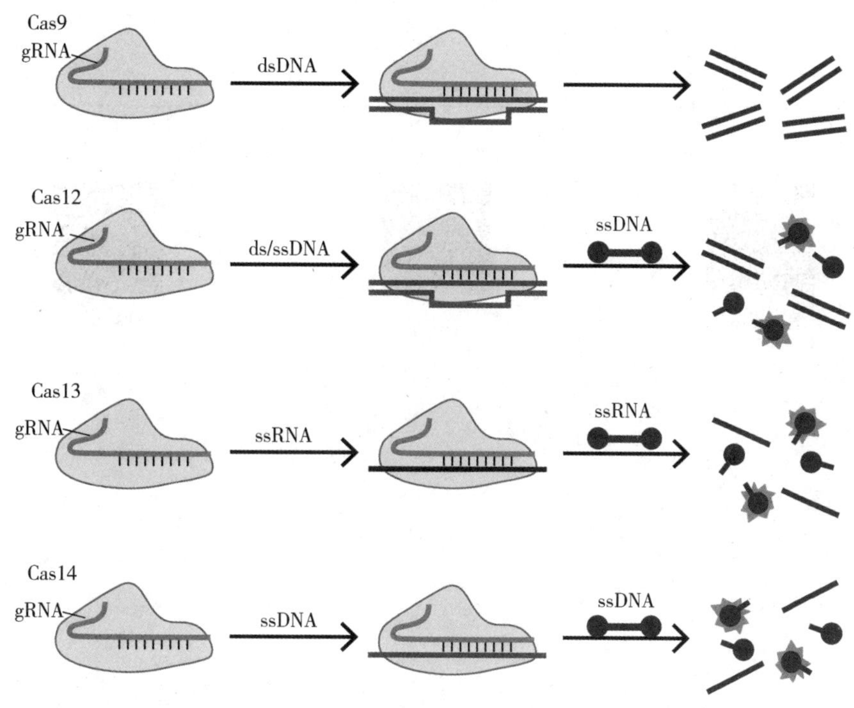

图 26-8　不同 CRISPR/Cas 系统的切割活性

（四）系统的优劣势与发展方向

CRISPR/Cas 系统以其高效、便捷、成本低廉以及定点切割能力强等优点，在基础研究、基因编辑、治疗及生物传感等多个领域得到了广泛应用。然而，该系统仍存在“脱靶”效应、灵敏度较低等问题。未来，随着新型 Cas 蛋白及其突变体的开发，更加灵敏、高效且操作简便的新型 CRISPR/Cas 生物传感系统的突破以及无 PAM 依赖系统的探索，CRISPR/Cas 技术将在提高精准度、灵敏度和拓展应用领域方面取得更大突破。

当前科学技术的迅猛发展正深刻地重塑着临床检验领域的格局，引领检验医学迈向新的发展阶段。拉曼散射技术和 CRISPR/Cas 基因编辑技术作为这一变革中的领军技术，不仅在其原始领域内树立了标杆，更通过技术的跨界融合，为临床检验领域注入了新的活力与潜力。它们的成功应用不仅显著提升了检验的精确度和效率，还为疾病的预防、诊断及治疗提供了更加精准化和个性化的解决方案。展望未来，随着科研人员持续不断地探索与创新，拉曼散射技术和 CRISPR/Cas 基因编辑技术在临床检验领域的应用前景将更加广阔且深入。

答案解析

思考题

情境描述　实验室引进一套先进的微流控芯片系统，期望通过这项技术大幅提升细胞分选和检测的通量。技术人员特别关注了微流控芯片在循环肿瘤细胞分离检测中的应用，在使用这套系统进行少量样本测试时发现，与传统的细胞分析技术相比，微流控芯片的效率并没有显著提升。

初步判断与处理　首先，微流控芯片的设计可能没有充分考虑到特定类型细胞的特性，导致分选效率不如预期。其次，可能需要对微流控芯片进行进一步的优化，以提高其对稀有细胞的捕获能力。

问题　假设我们正在研究一种基于微流控芯片的高通量细胞分选和检测系统，用于癌症细胞的早期诊断，前期工作需要做什么准备？

（罗　阳）

书网融合……

重点小结

题库

微课/视频

第二十七章　临床检验仪器研发与监管

学习目标

1. 通过本章学习，熟悉临床检验仪器从设计开发到上市销售的基本流程和需要考量的因素。
2. 具有学习、跟踪医疗器械监管法规、标准的能力。
3. 树立医疗器械现代质量管理意识、合规意识。

临床检验仪器作为医疗器械在各国都受到严格的监管。其从概念产生到成品进入用户实验室之前，通常要经历设计研发、验证确认、注册备案、生产销售等阶段（图 27-1）；除了仪器制造商作为主要责任方的大量工作，还需要得到原材料供应商、第三方检验机构、临床试验机构等的支持和配合，并最终获得药品监管部门的批准方可上市销售。本章将主要对这一流程以及所涉及的法规和标准进行简要描述。

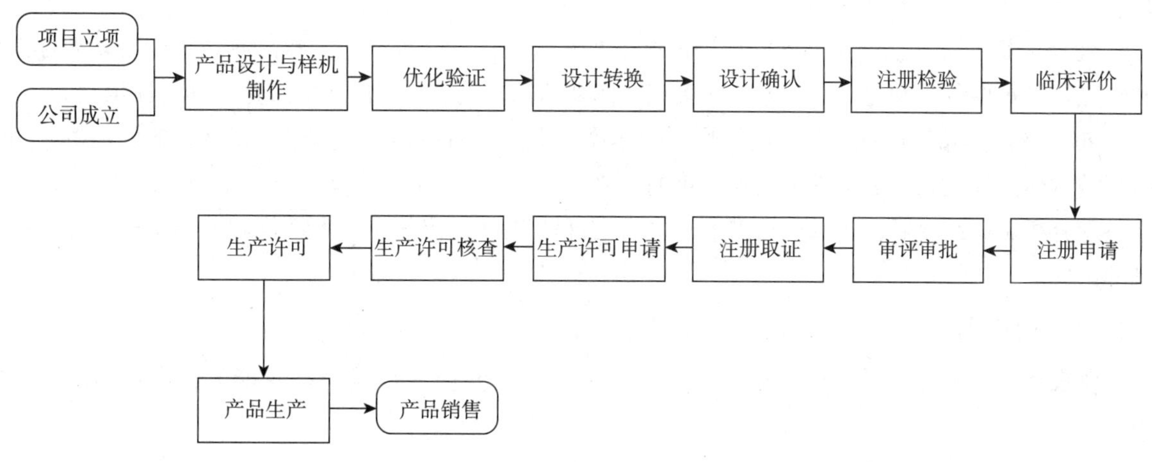

图 27-1　仪器上市流程图

第一节　仪器设计与开发

PPT

在临床检验仪器上市前的开发阶段，从产品定位，需求调研，方案制订，到设计开发和验证优化，每一步都要求严格的科学探究和技术实施。市场和开发团队需要在性能（performance）、质量（quality）、易用性（easy to use）、成本（cost）、智能化（intelligence）及供应链安全（supply chain security）之间获得平衡，并选择其中几点为主要关注点，以突出产品的优势或与竞品的差异性。设计和开发团队需要在功能、成本效益、用户友好性和市场竞争力之间找到平衡。此外，还需注重在应对技术挑战和遵循行业标准和法规要求之间，在创新性与安全性之间寻求平衡。

一、需求输入与系统设计

需求输入和系统设计是临床检验仪器研发过程中至关重要的两个要素。在整个设计与开发过程中，首要的是弄清楚产品的定位，即4W1H，见图27-2。明确定位后，对需求进行调研，而基于需求制定出的系统设计则是整个工作的基础。这一阶段不仅决定了仪器的功能和性能，也直接关系到后续开发的效率和成功率。

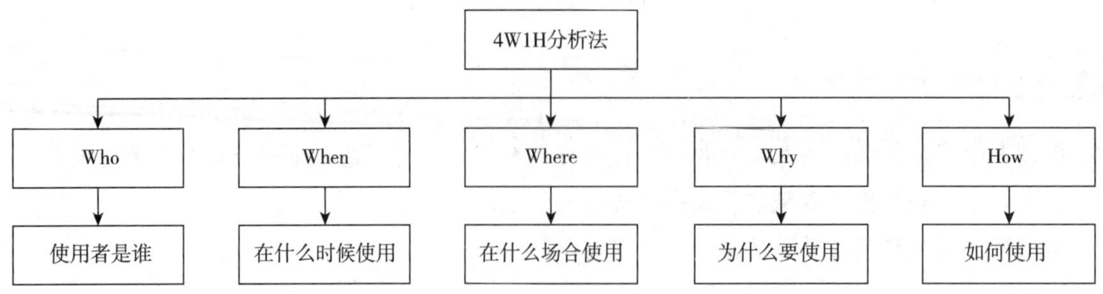

图27-2　4W1H分析法

（一）需求调研

需求调研一般包括三个方面：用户需求，竞品分析和市场法规。

1. 用户需求　通过和临床医生、实验室管理者和操作人员等终端用户的深入交流，了解当前市场对检验仪器的功能需求和性能要求。

2. 竞品分析　分析已上市品牌的市场占有率及其产品特性，进行同类竞品测评，以及新品性能要求和特点。最重要的是确定产品的差异化卖点，例如新的功能、更优的性能或是更佳的性价比。

3. 市场法规　市场法规是长远的影响，例如政府集中采购的影响、监管法规变化的影响等。由于医疗器械的研发周期长，需考虑未来若干年的趋势。

整理分析调研结论后，形成产品需求，之后设计团队将其转化为技术规格和性能指标，这是系统设计的出发点。

（二）系统设计

系统设计的目的在于需求的分解和技术路线的选择，并应综合考虑技术能力，项目周期和成本约束。

1. 需求分解　仪器通常涉及多个技术学科，包括机械、流体、光学、软件、电子等，系统设计在分解需求的过程中将功能划分进不同的子系统，继而形成不同的子系统设计需求，后续指导不同的专业团队进行开发。一般来说，功能划分应是清晰的，若涉及到不同专业团队协作完成，则应明确工作划分并定义其功能接口。

2. 技术路线的选择　一个项目不应引入太多新技术，否则可能给项目带来不确定性。对于必要的新技术，应考虑在项目初期重点投入并充分验证。

3. 成本约束　成本需要在项目初期进行规划，例如总成本预期，不同模块的占比等，并在后续开发过程中不断进行修正。

二、产品设计与样机制作

在产品设计阶段，根据输入的需求，应用工程设计原理和方法，将概念转化为具体的设计。这一阶段涉及跨学科的合作，包括机械设计、电气设计、软件开发以及生物化学等领域的专业知识。设计完成后，便可开展物料采购，并进行来料检验、组装、调试和基础性能摸底测试，生产出设备样机。

三、优化验证

在对样机进行初步测试和评估后，要根据评测结果对设计进行优化并验证。根据测试验证需求，可以组织多轮优化样机的制作，直至验证结果达到预期目标。优化过程着重于提高产品性能，降低成本，增强用户体验。每一轮优化都应根据测试反馈进行，重点解决发现的问题和不足。验证活动涵盖功能性测试、软硬件性能测试、耐用性测试以及安全性测试等多个方面。对于临床检验仪器来说，验证还将包括以典型项目为代表的准确性、灵敏度、特异性等分析性能指标的测试。

四、设计转换

设计完成后，产品最终需通过小样、试产的过程把产品转换成批量生产。设计转换活动是将设计开发输出的产品规范向用于制造过程的制造规范转换的过程，并在产品设计和开发过程中对这些规范进行验证，证明生产规范适于生产，生产出来的产品与设计开发的产品保持一致，并确保生产能力满足产品要求。生产规范可能不是全部或一次转换得到的，有时需要结合产品设计和开发的过程多次不断地转换而最终形成，只有通过设计开发转换，才能证明设计开发输出内容适用于大批量生产。

五、设计确认

为确保产品能够满足规定的应用要求或预期用途要求，应依据策划并形成文件的安排对设计和开发进行确认。在试产转批量生产后，制造商应根据需要组织进行工艺确认、设计确认，确认其生产的产品功能指标、分析性能、安全性能符合要求。

六、风险管理与法规遵循

在临床检验仪器的设计和开发过程中，风险管理是一个系统的过程，旨在识别、评估、控制和监控潜在的风险，以确保仪器的安全性和有效性。这包括从样机设计到临床试验，直至上市后的持续监控。法规遵循则是确保了临床检验仪器满足特定市场的法律和监管标准，在关注产品的安全性和性能的同时，还要确保产品的临床有效性和可追溯性。

（一）主要法规的框架

全球范围内，医疗器械的法规遵循要求各不相同，但都旨在确保产品的安全性、有效性和质量。我国医疗器械监管分为法律法规、规章、配套规范性文件三个层次的法规体系。《医疗器械监督管理条例》是现阶段我国医疗器械监管最高级别的行政法规，后续将升级为国家法律；国家药品监督管理局颁发的《医疗器械注册与备案管理办法》等规章则是对法规内容的进一步细化，一般称为“规定”“办法”；在规章外，国家药品监督管理局还发布各类针对医疗器械的配套规范性文件，这些法规文件与药监部门提出、发布的医疗器械标准一起共同筑造了我国的医疗器械法规标准体系架构，对医疗器械的设计、开发、生产、上市的全生命周期进行监管。

（二）风险评估与控制

风险评估是风险管理过程中的核心部分，它涉及到对潜在风险的识别、分析和评估。通过使用诸如故障模式和影响分析（FMEA）、故障树分析（FTA）等工具，设计团队可以预见和量化产品设计中的风险。基于这些分析，团队之后会制定控制措施，旨在降低或消除这些风险。

（三）知识产权

知识产权方面，正确处理与遵循相关法规对保护创新、确保市场竞争力和避免法律纠纷极为重要。

要确保设计不侵犯他人的专利、商标或版权，避免在后期开发或上市后面临法律诉讼的风险。如果设计涉及创新性的技术或方法、新的制造过程、或是新的用途等，及时申请专利保护是保障知识产权不被侵犯的关键。此外，维护与仪器相关的商标和版权也同样重要，这包括软件代码、用户界面设计、操作手册等方面的内容。

七、质量管理体系建立

在临床检验仪器的开发、生产和流通等过程中，建立一个有效的质量管理体系（QMS）是确保产品安全有效的关键一步。遵循国际标准 ISO 13485 医疗器械质量管理体系的要求，是产品进入全球医疗器械市场的有力保障。

（一）ISO 13485 标准简介

ISO 13485《医疗器械质量管理体系用于法规的要求》是目前国际通行的一项针对医疗器械质量管理体系要求的标准，现行有效的版本是 ISO 13485：2016，我国也将其转化为国家标准 GB/T 42061—2022。ISO 13485：2016 旨在协助医疗器械制造商建立和维护质量管理体系，要求医疗器械制造商和供应商能够持续地提供满足客户需求和适用法规要求的医疗器械，确保这些设备的设计和开发、生产、贮存和流通、安装、服务和最终停用及处置的全生命周期环节安全有效，并帮助制造商提高产品质量、减少风险和安全问题，同时提高客户满意度。

（二）设立质量管理体系的主要内容和要素

ISO 13485 标准适用于所有与医疗器械相关的组织，包括制造商、分销商、服务提供商等。标准内容包括质量管理体系、管理职责、设计和开发、采购控制、生产和服务控制、以及测量、分析和改进的要求。其中，质量管理体系要求规定了医疗器械制造商建立、实施和维护质量管理体系的要求；管理职责要求规定了医疗器械制造商的管理层应承担的责任；设计和开发要求规定了医疗器械制造商在设计和开发医疗器械时应遵循的要求；采购控制要求规定了医疗器械制造商在采购关键零部件和服务时应遵循的要求；生产和服务控制要求规定了医疗器械制造商在生产和提供服务过程中应遵循的要求；测量、分析和改进要求规定了医疗器械制造商应采取的测量、分析和改进措施。ISO 13485：2016 要求依据以下要素设立、运行质量管理体系，见图 27-3。

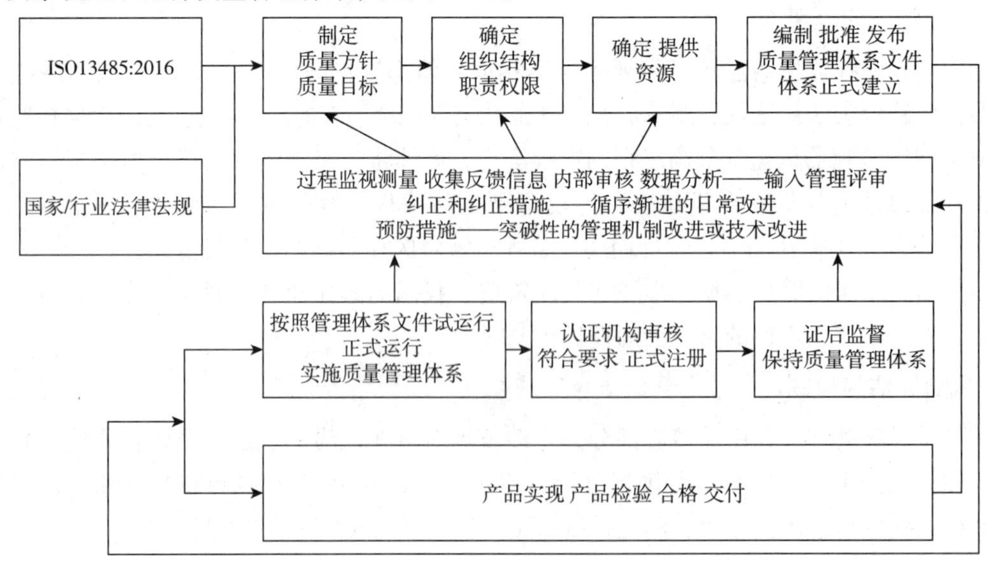

图 27-3　质量管理体系示意图

知识拓展

临床检验仪器相关标准化知识介绍

技术标准是临床检验仪器研发、生产以及监管过程中的重要参考文件，用以保障检验仪器的安全性和有效性。

在临床检验仪器研发、生产、流通和安装等相关的质量管理体系领域，国际标准化组织医疗器械质量管理和通用要求技术委员会（ISO/TC 210）负责制定医疗器械质量管理和其他通用要求的相关国家标准，如ISO 13485等。国内与之对口的镜像标准化技术委员会是国家标准化管理委员会下属医疗器械质量管理和通用要求标准化技术委员会（SAC/TC 221）。

在临床检验仪器性能和使用管理的相关标准化工作，则主要由国际标准化组织医学实验室和体外诊断系统技术委员会（ISO/TC 212）负责，其制定的ISO 15189《医学实验室 质量和能力的要求》、ISO 17511《体外诊断医疗器械 建立校准品、正确度控制物质和人体样本赋值的计量溯源性要求》都是临床检验领域的基础性标准。这些ISO文件已由我国医用临床检验实验室和体外诊断系统标准化技术委员会（SAC/TC 136）转化为相应的国家标准GB/T 22576、GB/T 21415等。SAC/TC 136同时还负责制定临床检验仪器性能要求相关的产品行业标准（YY/T），为我国医疗器械监管部门进行产品审批提供技术依据。国家卫生健康标准委员会临床检验标准专业委员会制定的临床检验技术和检验项目临床应用相关的行业标准（WS/T）也是临床检验仪器开发应用的重要参考文件。

在临床检验仪器电气安全方面，则主要是要满足GB 4793系列、GB 9706系列强制性国家标准中相关的部分的要求；电磁兼容的要求则是根据GB/T 18268系列标准相关内容确定。这些安全性国家标准则主要由国际电工委员会（IEC）制定的国际标准转化而来。

第二节　仪器生产及注册备案

PPT

一、仪器生产要求与服务提供

仪器制造商可参考ISO13485标准，并结合自身产品特点，建立、健全与所生产临床检验仪器相适应的质量管理体系，并保证其有效运行，其设计开发、生产、销售和售后服务等过程中应当遵守国家药品监督管理局颁布的《医疗器械生产质量管理规范》的要求。

（一）生产环境与设施

大多数情况下，仪器设备的生产环境通常只需清洁环境即可满足要求。制造商应根据仪器设备的精密程度和对环境的敏感性，配置适宜的清洁生产区域，保持其无尘、有序，减少污染物对设备性能的影响。同时，生产环境中的温度、湿度等关键参数应得到有效控制和监测，以保障仪器设备的生产质量。

（二）原材料与供应链管理

对所有进入生产流程的原材料进行严格检验，确保其质量符合生产要求。此外，选择合格的供应商并定期评估其供应的原材料质量，是供应链管理的重要组成部分。

（三）生产工艺与过程控制

产品的生产工艺流程是将设计输出转化为合格产品的关键步骤。这一流程必须明确规定关键工序的操作标准、特殊工序的控制要点，以及检验环节的抽样和检验标准。制造商应严格遵循既定工艺流程，通过持续的过程监控，实时跟踪关键参数，确保产品始终符合规格要求。此外，对每个生产批次进行详细记录和追踪，不仅有助于日常的质量控制，也便于在出现问题时进行有效溯源和纠正。

（四）产品测试与校准

每台设备在出厂前必须经过一系列关键性能验证，包括开机自检、测试速度、测量重复性和准确度、线性范围、连续工作稳定性以及其他仪器对应检测性能的测定。此外，还需对软件功能进行全面测试，确保数据接口的正确性。安全性能测试则是确保设备满足国家标准，以保障使用安全。

（五）包装与标识

采用适当的包装材料和方法，保护产品在运输过程中不受损害。同时，确保产品有清晰的标识和标签，包括产品信息、使用说明和警告标签。

（六）服务与支持

1. 用户培训 确保用户能够正确使用和维护设备，减少操作错误和设备故障。

2. 技术支持 解答客户在使用过程中遇到的问题，帮助客户解决技术难题，提高客户满意度。

3. 售后服务 建立有效的售后服务体系，包括维修服务、备件供应和定期维护，确保设备能够长期稳定运行。

4. 不良事件监测和报告 建立不良事件监测和报告系统，确保能及时发现并采取措施解决产品可能存在的问题，保障患者安全。

5. 产品追溯和召回 应建立产品追溯体系，确保在发现产品缺陷或质量问题时，能够迅速定位问题产品并实施召回。

6. 持续改进 制造商应持续关注产品在市场上的表现，收集和分析客户反馈，识别产品改进的机会。通过不断的产品改进和技术升级，提高产品的质量和性能。

二、仪器注册与备案

（一）医疗器械的分类

根据产品风险程度对医疗器械实行分类管理是国际上的通行做法，制造商首先应确认相关临床检验仪器的对应管理类别。我国将医疗器械按照风险程度分为三类进行管理：第一类是风险程度低，实行常规管理可以保证其安全、有效的医疗器械；第二类是具有中度风险，需要严格控制管理以保证其安全、有效的医疗器械；第三类是具有较高风险，需要采取特别措施严格控制管理以保证其安全、有效的医疗器械。国家药品监督管理局负责制定《医疗器械分类规则》和《医疗器械分类目录》，并根据医疗器械生产、经营、使用情况以及医疗器械的风险变化的评价结果，对分类规则和分类目录进行动态调整。在我国，第一类医疗器械实行备案管理，第二、三类医疗器械实行注册管理。对于无法确认管理类别的产品，制造商可申请由监管部门进行分类界定或直接按最高管理类别进行注册申请。

（二）注册检验

在注册申报前，临床检验仪器需通过一系列检测来证明其安全、有效性。这些检测通常由具备资质的第三方实验室或制造商自己的实验室完成，包括但不限于准确性、精密度、灵敏度、特异性、稳定性、软件性能、电磁兼容、环境试验等性能指标的评估。

医疗器械的产品技术要求是确保其安全性和有效性的重要文件，它详细规定了产品必须满足的具体性能和安全标准。这些要求构成了医疗器械注册和市场准入的基础，是监管部门评估产品是否符合法规要求的关键依据。常见检验类仪器设备产品技术要求通常包含表 27-1 所含内容。

表 27-1 常见设备技术要求

内容分类	描述
产品型号与规格	产品的型号和规格说明
软件版本号	包括构建、更新和发布版本的编码方式
运行条件	指定产品运行所需的操作系统、显示器分辨率等技术参数
产品结构组成	描述产品的各个模块和组件
性能指标	外观、功能、测试速度、测量重复性和准确度、线性、连续工作时间等要求
功能要求	包括软件功能、数据接口、用户访问控制和使用限制
安全要求	应满足国家规定的安全标准
电磁兼容要求	产品相关的电磁兼容性标准
环境试验要求	产品需通过规定的气候和机械环境试验要求
检验方法	提供工作条件、外观检查、性能测试、安全测试、电磁兼容测试和环境试验的具体方法
规范性文件	包含基本安全特征、环境条件、设备类别、绝缘要求等规范性文件

（三）临床评价

临床评价是医疗器械上市前的关键环节，旨在通过临床测试验证其安全性和有效性。这一过程通常包括对设备进行的系统性评价，如文献调研、与已上市产品的对比分析，以及在真实医疗环境下的临床试验。临床试验需遵循国家药品监督管理局颁布的《医疗器械临床试验质量管理规范》，这是一套确保临床试验科学性、合规性和受试者安全的标准操作程序。试验过程中，将收集数据以证实设备性能，并确保数据的准确性和完整性。临床评价报告将整合所有研究成果，为监管机构审批提供依据，以评估设备是否达到市场准入标准。

根据《医疗器械临床评价技术指导原则》，医疗器械临床评价可采用表 27-2 中所描述的方式进行。

表 27-2 医疗器械临床评价方式

类型	描述
文献检索	通过科学数据库、临床试验注册中心等来源，检索相关的临床数据，以论证产品的安全性、临床性能和（或）有效性
临床经验数据	利用上市后监测报告、登记数据或病历数据等，收集与申报产品或同品种医疗器械相关的临床经验数据
临床试验	为评价医疗器械的安全性、临床性能和（或）有效性，在一例或多例受试者中开展的系统性试验或研究
同品种医疗器械的临床数据	使用已上市的同品种医疗器械的临床数据来支持申报产品的安全性、临床性能和/或有效性的评价
不良事件数据库	收集和分析不良事件报告，包括严重不良事件，以评估产品的安全性
上市后监测	注册申请人需实施并维持上市后监测计划，对产品安全性、临床性能和（或）有效性进行常规监测
真实世界数据	利用真实世界数据进行临床评价，以支持监管决策
风险管理	通过风险管理活动识别需要的临床数据，解决现有信息未能完全解决的剩余风险和临床性能问题

上表所列出的这些方式可以单独使用，也可以结合使用，具体取决于产品的具体情况、风险等级、已有数据的充分性以及监管要求，其中临床试验是最常采用的临床评价方式。临床评价是一个持续的过程，需要在产品全生命周期中进行周期性审核并更新临床证据。

（四）注册申报

完成前期研究、注册检验和临床评价后，制造商将准备注册申报资料，向监管机构提交上市前申请。注册申报资料主要包括监管信息、综述资料、非临床资料、临床评价资料、产品说明书和标签样稿、质量体系文件等。

（五）审评审批与上市许可

产品注册申请需要经过受理、技术审评、行政审批等环节。按照《医疗器械注册与备案管理办法》要求，审评审批部门需进行文档审核、风险评估、临床和生产现场核查以及综合评定产品安全性和有效性，以确保医疗器械符合国家法规和标准，保障公众健康安全。审评审批通过以后，国家药监部门核发产品注册证及产品技术要求，制造商获得相应上市许可。

三、生产许可

从事第一类医疗器械生产的制造商，在仪器备案的同时可按照法规要求提交证明其生产条件、质量管理体系等方面满足要求的资料，即可完成生产备案。从事第二类、第三类医疗器械生产的制造商，则应在拿到所生产医疗器械的注册证后，在所在地的省级药品监管部门申请生产许可，并提交相关证明资料。药品监管部门对申请资料进行审核，按照《医疗器械生产质量管理规范》的要求进行现场核查，对符合规定条件的申请，准予许可并发给医疗器械生产许可证。合法生产的临床检验仪器便可开始正式上市销售。

PPT

第三节　仪器上市销售和经营监管

临床检验仪器上市销售意味着从生产环节进入经营环节。为了规范医疗器械经营活动，保证医疗器械安全、有效，国家药品监督管理局颁布了《医疗器械经营监督管理办法》等一系列法律法规。

临床检验仪器作为医学实验室专业技术装备，品种多、数量小、专业跨度大，和传统消费品销售有着显著差异，比如不依赖于大众广告宣传、重视安装、保养、维修等售后服务等。针对临床检验仪器特点，制造商往往采取经销为主、直销为辅的销售方式，仅对销售额较高的一线城市大型医疗机构提供直销方式，对于大多数区域则通过经销商开展销售。

一、销售准备与资料完备

当临床检验仪器制造商获得医疗器械生产许可证，该仪器可以作为产品生产。同时制造商作为医疗器械注册人、备案人在符合规定的经营条件时，无需办理医疗器械经营许可或者备案，即可经营上市销售其注册、备案的医疗器械。

经营企业应当有与经营规模和经营范围相适应的经营场所和贮存条件，以及与经营的医疗器械相适应的质量管理制度和质量管理机构或者人员，且应根据经营范围完成经营许可或备案。经营企业在具备合法销售资质的前提下，应做好以下销售准备与资料完备。

（一）市场推广

经营企业应当完成营销战略制定、价格策略制定、市场推广策划等工作，结合市场调研、仪器特性、目标客户等多个因素，制定出针对性强、效果显著的推广策略。如通过行业展会、新媒体等途径进行宣传仪器新品，与潜在客户交流；通过学术交流、科研合作，提高产品影响力等。在市场推广中应遵守法律法规和行业规范。

（二）生产供应

现代临床检验仪器往往由数百数千甚至上万种原材料组成，整合了精密光学、非标结构、集成电路等技术领域，技术要求和质量要求较高，但往往品种多批量小，制造上难以形成规模效应。制造商应完成供应链搭建具备生产能力，攻克“卡脖子”技术，建立原料和成品安全库存，保障市场供应。

（三）销售团队

销售团队是实现产品到临床检验仪器的关键一环，也是企业的核心竞争力之一。完整的销售团队不仅要配备销售业务经理，同时要配备仪器服务工程师、应用技术工程师等协同岗位，协同作战，以应对市场竞争局面。

（四）仪器质量

仪器质量等于仪器生命，是企业赖以生存的底线，尤其针对临床检验仪器更是如此。如果质量出现了问题，受到了临床用户的质疑，多年建立起来信任会瞬间瓦解。同时，仪器销售需要在法规框架下进行，禁止销售无证、过期、失效、淘汰或者检验不合格的仪器。

二、销售渠道选择与管理

销售渠道的选择和管理对制造商至为重要，有效的销售渠道管理可以争取到更多的潜在客户，并提高销售效率，实现业务增长。临床检验仪器企业往往采取经销为主、直销为辅的销售方式。

（一）直销渠道

由制造商直接将临床检验仪器销售给医疗机构等终端用户，有利于制造商与客户建立长期稳定的合作关系，减少中间环节，实施个性化销售和客户服务，提高客户稳定度。采用该种销售模式的优点在于制造商能够有效掌握市场，及时应对市场的种种变化，树立良好的品牌形象，为企业后续的发展赢得先机。但是要建立一个完整的销售渠道，需要投入大量的人力和物力。

（二）经销渠道

制造商可在特定区域内选择有影响力的经营企业作为经销商开展合作，通过经销商销售网络完成市场销售。经销模式节约了制造商的人力物力，提高整体效率，符合专业分工原则，有利于对不同区域实行不同的经营策略。但是这种模式在一定程度上容易受经销商制约，容易受到市场变化的影响。

三、销售人员培训与专业知识

销售人员的职责是通过建立客户关系和销售产品或服务来促进业务增长。临床检验仪器销售具备一定的技术壁垒、专业领域多样、临床应用结合性强等特点，要求销售人员具备较高的专业素养和技术能力，以便为客户提供专业的咨询和支持，所以需要开展专业知识培训。

（一）基础销售知识

基础销售知识包括沟通与谈判技巧、数据分析能力、客户服务意识、团队协作能力、抗压能力等。

（二）行业知识

对于临床检验行业具备一定了解，熟悉不同的检验项目、了解自动化信息化智能化发展趋势、掌握同类厂家和产品信息等。

（三）产品知识

对所销售的仪器有深入的了解，包括功能、特点、使用场景、竞争对手等方面。

（四）临床应用知识

临床检验是一个高技术含量的专业领域，需要高度的专业化和规范化，销售人员应该做到技术性销售，努力达到专家型销售。

四、市场监管与合规销售 微课/视频

根据《医疗器械监督管理条例》《医疗器械经营监督管理办法》《医疗器械经营质量管理规范》等相关医疗器械法规规定，国家对医疗器械在销售及使用等各个环节进行严格监督管理。监管方式一般包括飞行检查、抽查检验、经营企业召回和用户反馈。

（一）飞行检查

简称飞检，是跟踪检查的一种形式，指事先不通知被检查部门实施的现场检查，具有突击性、独立性、高效性等特点。《药品医疗器械飞行检查办法》规定，医疗器械研制、生产、经营和使用全过程都被纳入飞检的范围。

（二）抽查检验

抽查检验是我国医疗器械上市后监管的重要手段。监督管理部门会在医疗器械生产和经营环节进行抽查检验，对抽查检验不合格的，会根据抽查结果及时进行处置。

（三）企业召回

制造商一旦发现产品存在风险时，应当依据法规及时向监管部门报备并进行产品召回。发起召回时，应当立即停止经营，通知医疗器械注册人、备案人等有关单位，并记录停止经营和通知情况。

（四）用户反馈

临床检验仪器的效果评价与用户反馈也间接起到监督管理的作用。用户使用体验可用来评估其在临床应用中的效果和安全性。用户反馈途径一般通过向药品监督管理部门进行不良事件上报，或向企业进行问题反馈。

五、国际市场和合规性

近年来，我国临床检验仪器产业飞速发展，国产品牌迈上高端，创新能力显著增强，更多国产仪器走出国门。自主品牌出口是中国企业长期发展的重要模式，通过建立海外代理商或建立子公司，在目标市场进行本地化市场运营。

除了自主品牌出口以外，中国企业实现出海的方式还有收购模式、代工模式。收购海外公司是企业快速进入国际市场的途径之一，这种方式不仅能直接获取目标市场的销售渠道和客户资源，还能借助已有的品牌影响力，加速产品推广。代工模式是灵活进入国际市场的策略，这种方式利用中国企业技术、供应链等优势进行产品开发、设计和生产，利用国际合作伙伴的市场渠道快速拓展海外市场。

中国企业开展国际市场销售要遵守目标国家的法律法规，一般包含获得必要的注册和许可、满足质量和安全标准、符合标签和包装要求、符合进口和清关要求等，不同国家的监管要求往往存在差异，需要与注册代理人、检测机构等合作，以确保合法合规地开展销售。表 27-3 列举了欧盟与美国监管情况。

表 27-3 医疗器械欧盟与美国主要监管情况

国家/地区	简述	管理等级	监管机构
欧盟	上市之前产品应获得 CE 认证，投入欧盟市场后应满足上市后监督、警戒、市场监管的相关要求	针对体外诊断产品分为四类，按照风险从低到高为 A、B、C、D。	各国主管当局是国家的权力机关，负责处理不良事件的报告、产品召回、产品分类裁定、咨询、制造商和制造商在欧盟地区授权代表的注册、市场监督及临床研究的审查。 公告机构由国家权力机关认可，其名单颁布在欧盟官方杂志上，负责执行符合性评估程序、颁发 CE 证书和进行监督。
美国	上市之前制造商需要提交申请并经过 FDA 审查临床数据、安全性、有效性等方面信息，审查通过之后产品才能上市	分为三类，按照风险从低到高为一、二、三类。	FDA 是美国食品药品管理局（Food and Drug Administration）的简称，确保美国本国生产或进口的食品、化妆品、药物、生物制剂、医疗设备和放射产品的安全

近年来，中国企业通过不断地自主创新、市场拓展和成本控制，在国际市场的布局和表现令人瞩目。随着全球医疗健康需求的增长，国产仪器的出海之路将更加宽广。

答案解析

思考题

案例 某医疗器械公司看到呼吸道病毒核酸检测市场火爆，也匆忙招募团队立项研发了一款面向基层的核酸快速检验系统，经过 1 年多的注册终于在 2023 年 12 月 25 日拿到注册证，但此时基层需求已开始降温，出现多家同类产品占据市场，公司销售经理王某为尽快上市盈利，向经销商表示 2024 年 1 月初就能发货，然而进入发货流程后，发货申请被质量经理李某阻拦，认为不具备发货条件，二人就此发生激烈争执。

初步判断与处理 根据上述事实，王某认为拿到注册证产品就是药监局批准了，没道理不能销售，而李某说要等企业拿到该产品生产许可以后生产的产品才可以销售。根据我国医疗器械监管法规要求，医疗器械在获得生产许可证后生产的产品才可以销售。

问题

（1）针对医疗器械的特点，该公司核酸快检系统立项之初应重点调研哪些信息以提升上市成功率？

（2）如果王某要求拿到生产许可后，把 2023 年 3 月进行注册检验合格的样机发给经销商，是否合法？为什么？

（3）销售流程如何设计才能避免上述争执的发生？

（邹迎曙）

书网融合……

重点小结

题库

微课/视频

参考文献

[1] 丛玉隆，黄柏兴，霍子凌．临床检验装备大全［M］. 北京：科学出版社，2015.

[2] 尚红，王毓三，申子瑜．全国临床检验操作规程［M］.4 版．北京：人民卫生出版社，2015.

[3] 李敏，关明，李冬．分子诊断技术与临床应用［M］. 上海：上海交通大学出版社，2024.

[4] 余蓉，胡志坚，龚道元．医学检验仪器学［M］. 武汉：华中科技大学出版社，2021.

[5] 李莉，胡志东．临床检验仪器［M］.3 版．北京：中国医药科技出版社，2019.

[6] 樊绮诗，钱士匀．临床检验仪器与技术［M］. 北京：人民卫生出版社，2015.

[7] 林炳承．器官芯片［M］. 北京：科学出版社，2019.

[8] 刘世利，李海涛，王艳丽．CRISPR 基因编辑技术［M］. 北京：化学工业出版社，2021.

[9] 潘柏申，译．Tietz 临床化学与分子诊断学基础［M］.7 版．北京：中华医学电子音像出版社，2017.

[10] FLEISHHACKER ZJ, RASTOGI P, DAVIS SR, et al. Impact of Interfacing Near Point of Care Clinical Chemistry and Hematology Analyzers at Urgent Care Clinics at an Academic Health System [J]. Journal of Pathology Informatics, 2022, 20 (13): 100006.

[11] TRAN A, HUDOBA M, MARKIN T, et al. Sustainable Laboratory-Driven Method to Decrease Repeat, Same-Day WBC Differentials at a Tertiary Care Center [J]. American Journal of Clinical Pathology, 2022, 157 (4): 561-565.

[12] WHITING D, DINARDO JA, Whiting D, et al. TEG and ROTEM: Technology and Clinical Applications [J]. American Journal of Hematology, 2014, 89 (2): 228-232.

[13] DROTAROVA M, ZOLKOVA J, BELAKOVA KM, et al. Basic Principles of Rotational Thromboelastometry (ROTEM®) and the Role of ROTEM-Guided Fibrinogen Replacement Therapy in the Management of Coagulopathies [J]. Diagnostics (Basel), 2023, 13 (20): 3219.

[14] OYAERT M, DELANGHE J. Progress in Automated Urinalysis [J]. Annals of laboratory medicine, 2019, 39 (1): 15-22.

[15] ABEBAYEHU A. Urine test strip analysis, concentration range and its interpretations of the parameters [J]. GSC Biological and Pharmaceutical Sciences, 2023, 22 (2): 001-013.

[16] DEBRUYNE S, DEKESEL P, OYAERT M. Applications of Artificial Intelligence in Urinalysis: Is the Future Already Here? [J]. Clinical chemistry, 2023, 69 (12): 1348-1360.

[17] MRJUTO P, LUENGO M, DIAZGIGANTE J. Automated Flow Cytometry: An Alternative to Urine Culture in a Routine Clinical Microbiology Laboratory? [J]. International journal of microbiology, 2017, 9 (27): 1-8.